北京园林绿化年鉴

2023

BEIJING PARKS AND FORESTRY YEARBOOK

北京园林绿化年鉴编纂委员会　编纂

中国林业出版社
China Forestry Publishing House

图书在版编目（CIP）数据

北京园林绿化年鉴.2023 / 北京园林绿化年鉴编纂
委员会编纂. -- 北京：中国林业出版社, 2023.12
ISBN 978-7-5219-2576-0

Ⅰ.①北… Ⅱ.①北… Ⅲ.①园林－北京－2023－年
鉴②绿化规划－北京－2023－年鉴 Ⅳ.
①TU986.621-54②TU985.21-54

中国国家版本馆CIP数据核字(2024)第021036号

策划编辑：何　蕊
责任编辑：杨　洋
封面设计：北京鑫恒艺文化传播有限公司

出版发行：中国林业出版社
　　　　　（100009，北京市西城区刘海胡同7号，电话010-83143580）
电子邮箱：cfphzbs@163.com
网址：https://www.cfph.net
印刷：河北京平诚乾印刷有限公司
版次：2023年12月第1版
印次：2023年12月第1次
开本：787mm×1092mm　1/16
印张：30.5
字数：700千字
定价：260.00元

《北京园林绿化年鉴》编纂委员会

主　任　高大伟　市园林绿化局（首都绿化办）党组书记、局长（主任）

副主任　张　勇　市园林绿化局（首都绿化办）党组成员、公园管理中心主任、
　　　　　　　　党委书记

　　　　廉国钊　市园林绿化局（首都绿化办）党组成员、副局长、一级巡视员

　　　　林晋文　市园林绿化局（首都绿化办）党组成员、副局长

　　　　廖　全　市园林绿化局（首都绿化办）党组成员、驻局纪检监察组组长

　　　　沙海江　市园林绿化局（首都绿化办）党组成员、副局长

　　　　王金增　市园林绿化局（首都绿化办）党组成员、副局长

　　　　洪　波　市纪委市监委一级巡视员

　　　　朱国城　市园林绿化局（首都绿化办）一级巡视员

　　　　贾权民　市园林绿化局（首都绿化办）二级巡视员

　　　　周庆生　市园林绿化局（首都绿化办）二级巡视员

　　　　王小平　市园林绿化局（首都绿化办）二级巡视员

　　　　刘　强　市园林绿化局（首都绿化办）二级巡视员

委　员　（按姓氏笔画排序）

于清德	马　红	王　军	王　浩	王春增	王艳龙	毛　轩	方锡红
孔令水	吕红文	朱绍文	向德忠	刘立宏	刘进祖	刘明星	刘春和
齐　超	米国海	孙　熙	苏卫国	苏振芳	杜连海	杜建军	李　军
李　欣	李延明	李宏伟	杨君利	吴立军	吴志勇	吴海红	张　军
张志明	张香东	陈　鹏	陈长武	陈峻崎	武　军	周玉勤	周荣伍
周彩贤	单宏臣	胡　永	胡巧立	胡克诚	段青松	侯　智	侯劲松
律　江	姜英淑	姜国华	姜浩野	姚　飞	贺国鑫	袁士保	徐　强
高春泉	郭小卫	黄三祥	常祥祯	盖立新	彭　强	曾小莉	

《北京园林绿化年鉴》编辑部

编辑说明

一、《北京园林绿化年鉴》（以下简称《年鉴》）是一部全面、准确地记载北京园林绿化行业上一年度工作成果和各方面新进展、新事物、新经验等重要文献信息，逐年编纂，连续出版的资料性工具书和史料文献。

二、《年鉴》坚持以马克思列宁主义、毛泽东思想、邓小平理论、"三个代表"重要思想、科学发展观、习近平新时代中国特色社会主义思想为指导，坚持辩证唯物主义和历史唯物主义的立场、观点、方法，存真求实，全面、科学地反映客观情况。为领导决策提供可资参考的依据；为园林绿化部门和单位提供有价值的资料；为国内外各方面人士认识、了解北京园林绿化事业提供最新、最具权威性的信息资料；同时为续修《北京·园林绿化志》积累丰富的史料。

三、《年鉴》为北京园林绿化行业年鉴，属地方性专业年鉴类型。

四、《年鉴》根据北京园林绿化行业的工作特点和内容采用分类编纂法，设栏目、类目、条目三个层次，以条目为主。

五、《年鉴》的基本内容，设有特辑、文件选编、北京园林绿化大事记、概况、生态环境、全民义务植树、城镇绿化美化、森林资源管理、森林资源保护、公园建设与管理、绿色产业、法制 规划 调研、科技 大数据 宣传、专项调查研究、党群组织、市属公园管理系统、园林绿化综合执法、直属单位、各区园林绿化、荣誉记载、统计资料、附录等22个基本栏目。

六、编入《年鉴》的文章和条目，均由各级园林绿化部门及局属单位负责撰稿或提供，并经主要负责人审核。

七、《年鉴》采用文章和条目两种体裁，以条目为主，全书采用规范性语文体、记述体、直陈其事，文字力求言简意赅。为精简文字，年鉴中经常提到的机关名称，均用规范性简称。

八、2023卷年鉴，集中记述2022年全年北京园林绿化的总体情况（部分内容依据实际情况时限略有前后延伸），凡2022年的事情，均直书月、日，不再书写年份。

九、计量单位一般按1984年2月27日《中华人民共和国法定计量单位》执行。本年鉴中凡计量单位，原则上采用法定单位，个别遵从习惯。

一、领导调研

⬆ 4月2日，中央军委副主席许其亮（左一）赴海淀区知春路北侧植树点参加义务植树活动，北京市委书记蔡奇（右一）陪同 （何建勇 摄影）

⬆ 4月2日，中央军委副主席张又侠（右一）赴海淀区知春路北侧植树点参加义务植树活动，北京市市长陈吉宁（左一）陪同 （何建勇 摄影）

⬆8月9日，北京市副市长、副总林长卢彦（前排中）一行到丰台区南苑森林湿地公园进行调研
（丰台区园林绿化局　提供）

⬆8月4日，北京市市级林长、副市长谈绪祥（右二）赴怀柔区雁栖镇开展巡林工作
（范宏伟　摄影）

二、新一轮百万亩造林

◀北京城市副中心绿
心森林公园景观
（何建勇　摄影）

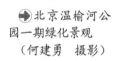◀北京温榆河公
园一期绿化景观
（何建勇　摄影）

◀朝阳区东坝河沿岸
绿化景观（市园林绿化
宣传中心　提供）

➡️密云区太师屯
镇小漕村新一轮
百万亩造林工程景
观（密云区园林绿
化局　提供）

⬅️密云区冶仙塔
公园景观（市园林绿
化宣传中心　提供）

➡️延庆区聚贤公园
景观（市园林绿化
宣传中心　提供）

三、生态环境建设

◀怀柔区潮白河沙坑治理工程效果图（市园林绿化宣传中心 提供）

▶延海花园绿化建设工程（二期）绿化景观（延庆区园林绿化局 提供）

◀永定河综合治理和生态修复景观（何建勇 摄影）

➡奥北森林公
园一期开园运营
景观（生态保护
修复处　提供）

➡顺义区牛栏
山矿坑生态修复景
观（市园林绿化宣
传中心　提供）

⬇蟒山观蟒台景观（林业改革发展处　提供）

四、义务植树

➡3月26日，国家林草局局长关志鸥等领导在朝阳区孙河乡参加义务植树活动
（何建勇　摄影）

⬅4月2日，驻京部队官兵在海淀区知春路北侧植树点参加义务植树活动
（何建勇　摄影）

➡4月7日，全国人大常委会领导，各专门委员会负责人，在丰台区青龙湖植树场地参加义务植树活动
（何建勇　摄影）

◀4月9日，中央直属机关、中央国家机关在通州区张家湾镇南火垡村参加义务植树活动
（何建勇　摄影）

➡4月11日，全国政协领导和机关干部职工，在海淀区西山国家森林公园参加义务植树活动
（何建勇　摄影）

◀10月25日，永森园园艺驿站在石景山区永定河休闲森林公园揭牌
（何建勇　摄影）

五、城镇绿化美化

◀北京冬奥会和冬残奥会举办期间，天安门广场观礼台前绿地景观
（胥心楠 摄影）

➤北京中轴线绿色空间景观提升（东城段）工程景观
（薛毅 摄影）

◀大兴区天宫院地块"揭网见绿"工程景观
（周葛 摄影）

➡️东城区亮马河
周边绿化景观
（薛毅 摄影）

⬅️东城区南
二环永定门滨河
路周边绿化景观
（薛毅 摄影）

➡️房山区月华大街
月季景观（房山区园
林绿化局 提供）

➡国庆节期间，房山区府前广场"欢度国庆"主题花坛（房山区园林绿化局　提供）

⬅国庆节期间，天安门广场"祝福祖国"主题花坛（何建勇　摄影）

➡天安门广场"精彩冬奥"主题花坛（胥心楠　摄影）

西城区广安门
南街喜迎党的二十
大"奋进新时代"
主题花坛景观
（康欣 摄影）

西城区花园式
街道——西长安街
街道义达里胡同绿
化景观（西城区园
林绿化局 提供）

西城区花园式社
区——牛街街道米市社
区绿化景观（西城区园
林绿化局 提供）

六、森林资源安全

3月4日，北京市2022年"世界野生动植物日"主题宣传活动在海淀区翠湖国家城市湿地公园举行，现场放飞国家二级重点保护野生动物红隼（何建勇　摄影）

4月2日，密云区在新城子镇启动古树"九搂十八杈"保护建设项目（何建勇　摄影）

4月8日，市园林绿化局在百望山森林公园组织森林防火演练（何建勇　摄影）

➡️7月7日，市园
林绿化局在通州区
开展森林资源监测
（何建勇　摄影）

⬅️7月28日，科
研人员在延庆区松
山地区开展土壤取
样调查工作
（董艳明　摄影）

➡️8月16日，顺义
区园林绿化局工作人
员在顺义区和谐广场
救助夜鹭（顺义区园
林绿化局　提供）

➡8月31日，市野生动物救护中心工作人员在怀柔区雁栖湖安装红外相机监测野生动物（田颖 摄影）

⬅9月16日，市园林绿化局在朝阳区组织开展美国白蛾突发事件应急演练（何建勇 摄影）

➡10月，市综合执法大队在十里河天骄文化城开展野生动物制品执法巡查工作（市园林绿化综合执法大队提供）

◀北京市重点种质资源——械叶铁线莲
（何建勇　摄影）

➡怀柔区林分质量提升试验示范区昆虫旅馆景观
（刘春颖　摄影）

◀顺义区胜利街道林长制公示牌
（纪旭　摄影）

七、公园建设与管理

◀2月28日，天坛公园开展2022冬残奥会火种汇集暨火炬传递起跑仪式演练（市天坛公园管理处　提供）

▶4月18日，国家植物园在北京市海淀区正式揭牌（国家植物园　提供）

◀7月22日，紫竹院公园举办第二十九届竹荷文化季系列活动（市紫竹院公园管理处　提供）

➡️7月22日，国家植物园万生苑内出现巨魔芋群体开花景观（国家植物园　提供）

⬅️10月28日，北京市第四十三届菊花展在北海公园开幕（市北海公园管理处　提供）

➡️朝阳区奥林匹克公园冬奥主题花坛（胥心楠　摄影）

➡密云区太师屯清水河湿地鸟类——白鹭（密云区园林绿化局　提供）

➡密云区太师屯清水河湿地鸟类——大天鹅（密云区园林绿化局　提供）

⬇通州区大运河白鹭（陈燕平　摄影）

⮕海淀区北坞公园景观
（曾轩鸿　摄影）

⬆通州区大运河文化旅游景区——西海子公园景观（勾海风　摄影）

⮕通州区大运河文化旅游景区（北区）——三庙一塔夜景景观
（范德明　摄影）

八、绿色产业

👉1月15日，2022
迎春年宵花展在北
京市11处花市和5处
园艺驿站拉开帷幕
（何建勇　摄影）

👈4月13日，市产
业促进中心在密云区
巨各庄镇后焦家坞村
放置熊蜂为番茄授粉
（刘进　摄影）

👉5月13日，市
产业促进中心在昌
平区推广多箱体蜜
蜂养殖技术
（王星　摄影）

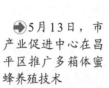

➡6月24日，2022北京（首届）荷花文化节新闻发布会暨启动仪式
（何建勇　摄影）

➡7月18日，顺义区张镇集体林场开展平原生态林养护管理活动
（何建勇　摄影）

➡7月21日，市产业促进中心在大兴区果园开展有机废弃物无害化高效循环利用技术培训工作
（赵夫尧　摄影）

➡9月23日，2022北京菊花文化节在国家植物园（北园）、天坛公园、北海公园、北京国际鲜花港、北京世界花卉大观园五大展区同步启动

（何建勇　摄影）

⬅12月21日，通州区漷县集体林场开展树木科学管护作业

（王凯　摄影）

➡冬残奥会花坛保障花卉景观

（何建勇　摄影）

⬅房山区大石窝
集体林场林下低密度
养鸡试点景观（林业
改革发展处　提供）

➡密云区新城子
镇苹果（密云区园
林绿化局　提供）

⬅通州区漷县集体
林场林下牡丹花景观
（杨杰　摄影）

九、法制 规划 科技

➡️2月7日，市园林绿化局在西山国家森林公园举办森林防火普法宣传活动（法制处　提供）

⬅️3月4日，市园林绿化局在翠湖国家城市湿地公园举办《野生动物保护法》普及活动（法制处　提供）

➡️4月12日，市园林绿化局在大兴区庞各庄镇韩家铺村举行北京园林绿化专家工作站揭牌仪式（科技处　提供）

◀4月12日，园林
行业专家在大兴区庞
各庄镇韩家铺村现场
指导果树种植养护
（科技处 提供）

▶4月21日，市园林
绿化局在通州区开展
杨柳飞絮治理工作
（何建勇 摄影）

◀8月20日，北
京园林绿化科技周
在通州区城市绿心
森林公园启动
（科技处 提供）

◀8月21日，北京园林绿化科技周专家授旗仪式在通州区城市绿心森林公园举行（何建勇　摄影）

➡9月4日，2022中国自然教育大会在北京市园林绿化科学研究院启动（科技处　提供）

◀9月13日，海淀区在万柳地区开展美国白蛾防治工作（何建勇　摄影）

➡11月1日，怀
柔区在红螺寺景区
门口开展普法宣传
活动（怀柔区园林
绿化局　提供）

⬅朝阳区园林绿
化废弃物利用科普
馆景观
（何建勇　摄影）

➡通州区北京林
木智能保护基站
景观
（何建勇　摄影）

十、调研 大数据 宣传

➡️4月14日，2022北京"爱鸟周"活动在西山国家森林公园举办（何建勇 摄影）

⬅️5月27日，市园林绿化局领导到市绿地养护管理事务中心调研（市绿地养护管理事务中心 提供）

➡️7月8日，市园林绿化局领导到市绿地养护管理事务中心调研（市绿地养护管理事务中心 提供）

🔙8月3日，国家林草局生态修复司工作组在北京调研美国白蛾防治工作（何建勇 摄影）

➡9月1日，松山林场管理处联合人民大学在延庆区玉渡山开展生物多样性保护科普宣传活动（王祎飞 摄影）

🔙9月13日，市园林绿化局领导到昌平区调研花卉产业（昌平区园林绿化局 提供）

9月15日，京津风沙源治理工程实施二十周年媒体宣传活动在西山国家森林公园举办（何建勇 摄影）

9月18日，第10个"北京湿地日"主题宣传活动在翠湖国家城市湿地公园举办（何建勇 摄影）

9月19日，市园林绿化局领导到延庆区野鸭湖国家湿地公园生物多样性恢复国际合作示范基地调研（市园林绿化规划和资源监测中心 提供）

9月25日，以
"保护古树名木
共享绿水青山"为
主题的2022年全国
古树名木保护科普
宣传周启动仪式在
国家植物园举办
（何建勇 摄影）

10月11日，
市园林绿化局组
织专家调研顺义
区平原生态林质
量提升工作
（邢红艳 摄影）

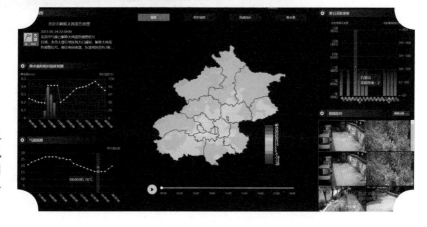

园林气象
数据应用系统
示意图（市园
林绿化大数据
中心 提供）

十一、党群组织

➡️2月14日，西山林场管理处党委组织机关各支部党员到西山无名英雄纪念广场开展扫雪除冰活动
（程峥　摄影）

⬅️4月20日，市林业工作总站党总支与驻市园林绿化局纪检组党支部在通州区潞城党建公园联合开展主题党日活动
（孙佳娴　摄影）

➡️4月22日，市园林绿化综合执法大队组织党员在京西山区中共第一党支部纪念馆开展主题党日活动
（张建民　摄影）

8月8日，市园林绿化局工会人员到市森林防火事务中心慰问一线职工（市园林绿化局工会　提供）

8月12日，北海公园管理处组织全体党员到北大红楼参观学习（市北海公园管理处　提供）

8月12日，市园林绿化局工程管理事务中心党总支在海淀区香山公园开展党日活动（任磊　摄影）

9月8日，市园林绿化局组织职工参加市直机关第六届运动会（市园林绿化局工会　提供）

9月26日，市园林绿化局（首都绿化办）党组书记高大伟（左二）慰问离退休老干部（周奇灵　摄影）

10月21日，首都绿色文化碑林管理处党支部组织开展"清理山林裸露垃圾，建设美丽百望山"主题党日活动

（吴莹　摄影）

目　录

荣誉记载

统计资料

附　录

索　引

后　记

特　辑

市领导有关园林绿化工作重要讲话

在2022年全市园林绿化工作会议上的讲话

北京市人民政府副市长　卢彦

（2022年1月14日）

2021年是党和国家历史上具有里程碑意义的一年。一年来，全市园林绿化系统认真落实市委市政府工作部署，坚持发扬老黄牛精神，攻坚克难，真抓实干，取得历史性的成绩，受到各级领导高度肯定和广大群众的赞扬。去年一年，园林绿化系统可以说是办了两件大事，用一流水平高标准完成建党百年和国庆景观布置工作，以绿色办奥理念为引领狠抓冬奥会景观环境保障，完成党和国家领导人义务植树活动组织保障任务，积极推进京津冀协同发展；扎实推进新一轮百万亩造林，种好"院中一棵树"，全面推进建立林长制，大力发展新型集体林场和林下经济。你们为建设国际一流和谐宜居之都添彩，为建设天蓝地绿水清的美丽北京做出积极贡

献。在此，我代表市政府和首都绿化委员会，向全市园林绿化战线上的同志们表示亲切的慰问！向长期以来关心、支持和参与首都园林绿化事业的中直机关、中央国家机关、驻京解放军和武警部队，以及所有单位、社会各界人士和广大人民群众表示衷心的感谢！

一、要胸怀"国之大者"，深刻认识新发展阶段做好园林绿化工作的重要意义

近年来，习近平总书记多次提到"国之大者"，明确要求"对国之大者要心中有数"。首都园林绿化作为生态文明建设的主体，是落实习近平生态文明思想的具体实践，是建设国际一流和谐宜居之都

的靓丽底色，是提升最普惠民生福祉的重要内容，是名副其实的国之大者。对这一点，我们要从三方面理解。

（一）生态文明建设是"国之大者"

生态兴则文明兴。党的十八大把生态文明建设纳入中国特色社会主义事业"五位一体"总体布局，明确提出大力推进生态文明建设，努力建设美丽中国。党的十九届六中全会总结党的百年奋斗重大成就和历史经验明确指出，生态文明建设是关乎中华民族永续发展的根本大计。习近平总书记在《把握新发展阶段，贯彻新发展理念，构建新发展格局》一文中提到中国式现代化的五个特征，人与自然和谐共生的现代化是其中之一。这一点特别强调的是生态文明建设，指出生态文明建设是"国之大者"。北京作为首都，要在实现第二个百年奋斗目标新征程上走在全国前列，必须坚定不移以习近平生态文明思想为指导，完整、准确、全面贯彻新发展理念，大力弘扬建党精神，持续加快生态建设，为经济社会发展厚植绿色生态基底。园林绿化系统的干部职工，必须对生态文明建设这个名副其实的"国之大者"了然于胸，把贯彻习近平生态文明思想、中央生态文明建设大政方针不折不扣落实到推进首都生态文明建设实践中去，经常对表对标，及时校准偏差。

（二）服务好首都核心功能是"国之大者"

首都无小事，事事关政治。首都工作具有标志性、指向性，直接关系党和国家工作大局。党的十八大以来，习近平总书记10次视察北京、17次对北京发表重要讲话，深刻回答"建设一个什么样的首都，怎样建设首都"这一重大时代课题。当前，北京正处于落实城市战略定位、加快疏解非首都功能、建设"四个中心"和国际一流和谐宜居之都的转型发展期。长期以来，市委市政府将首都园林绿化作为服务首都"四个中心"核心功能的重要内容和首都发展的应有之义，久久为功常抓不懈。去年10月28日，蔡奇书记在市直部门党组书记工作点评会上，高度肯定首都园林绿化取得的成就，特别指出园林绿化部门在服务首都核心功能方面是国家水平、一流水平。10月19日，吉宁市长对全市园林绿化进行专题调研。大家要进一步提高政治站位，深刻认识到首都工作是"国之大者"，服务保障"四个中心"核心功能是"国之大者"，要从政治上考量、在大局下行事。

今年，冬奥会、党的二十大等重大活动景观服务保障是光荣的政治任务，也是对首都园林绿化工作的直接检视，要以精益求精、万无一失的谋划和干劲抓好组织谋划、方案制定、品质提升工作。要坚持"四个办奥"理念和"简约、安全、精彩"办赛要求，全面完成"五区四线三周边"（具体包括："五区"为奥林匹克中心区域、首体区域、五棵松区域、冬奥组委区域、延庆小海坨区域；"四线"为冬奥进京联络线、冬奥场馆联络线、冬奥活动场所联络线、冬奥火炬传递路线；"三周边"为冬奥冰雪运动场所周边、冬奥文化旅游场所周边、冬奥配套服务场所周边。）的景观提升，天安门广场、奥林匹克公园中心区等重要节点和各区重点保障区域百处景观节点环境布置，持续做好延庆赛区周边森林防火、林木养护管理、赛时用果保障和冬奥会碳中和计量检测等各项工作，努力举办一届给世界留下深刻印象和美好回忆的冬奥会。要攻坚克难锐意进取，全面完成首都园林绿化各项年度任务，以优异成绩为党的二十大胜利召开献礼，同时要按照全市统一部署，聚焦重点区域、重要道路绿化品质，全面提升城市园林绿化景观，精心做好党的二十大景观环境布置，为大会召开营造庄重热烈、优美大气的环境氛围。

（三）让人民生活幸福是"国之大者"

习近平总书记指出，让人民生活幸福是"国之大者"。良好的生态环境是最普惠的民生福祉，首都园林绿化作为生态环境建设的主体，是绿水青山的守护者、宜居环境的建设者、生态产品的创造者、人民群众绿色福祉的推动者，承担着优化环境、推动发展、服务民生、促进和谐的光荣使命，已融入首都政治经济社会文化发展的各个方面，与人民生活幸福指数息息相关。蔡奇书记、吉宁市长在各个场合和每次调研中，都是生态环境必谈、园林绿化必谈，在留白增绿、城市森林建设、背街小巷治理、街区生态重塑、美丽乡村建设等各个方面，都从坚持人民立场、把群众的事放在心坎上的角度，对园林绿化提出明确要求。我们要紧扣"七有"目标和"五性"需求，以"接诉即办"为重要抓手，做好群众身边绿化，在园林绿化发展中保障和改善民生。

二、要突出抓好"四个重点"，做好全年各项工作

2022年是党的二十大召开之年，是北京冬奥之年，也是实施"十四五"规划承上启下的重要一年。全市园林绿化系统要紧紧围绕推动发展，统筹扩大绿色空间和

精细化管理、统筹资源保护和生态惠民，坚持改革创新，狠抓落实，确保全面完成各项任务。主要是要突出抓好"四个重点"。

（一）要重点确保新一轮百万亩造林绿化收官

实施新一轮百万亩造林绿化是市委、市政府作出的重大决策部署。2018年以来，在各区政府、市相关部门共同努力下，工程累计完成造林绿化56666.67公顷。今年是新一轮百万亩造林的收官之年，同时也是本届市委换届之年。在这个重要关节，各区各部门要进一步增强政治意识、大局意识，把实现新一轮百万亩收官放在贯彻习近平生态文明思想的具体实践的高度，放在推动首都发展的重要抓手的高度，放在第十二届市委兑现对人民群众庄严承诺的高度，来加以把握和推动，要以等不起、拖不起的责任感和紧迫感，快马加鞭抓推进，心无旁骛保落实，确保全面或超额完成百万亩的规划任务，向历史交出让组织和人民满意的答卷。

一是要通力合作，全面加快手续办理和土地流转腾退。在各区党委、政府高度重视和市、区有关部门的共同努力下，今年造林绿化建设的手续办理整体进展顺利，大家付出艰辛努力。从目前进度看，到3月底前全市完成所有项目手续办理还不乐观。各区政府要切实落实主体责任，将2022年造林绿化任务、指标和各阶段完成情况纳入区政府重点督查事项，进一步明确时序，倒排工期，抢先抓早，加快推进；发改、财政、规自、园林绿化等有关部门要统筹兼顾，通力合作，优化程序，破解难题，推动手续早办理、施工早进场。要确保1月底前完成施工设计方案审查，3月底前完成所有项目施工、监理招

投标等全部手续办理，土地流转和拆迁腾退完成95%以上，6月底完成绿化栽植的主体任务。市总指办要严格按照时间节点的要求，采取倒排工期、建立台账、协调敦促、通报排名等系列措施，务必确保市党代会召开前完成新一轮百万亩主体栽植任务。

二是要全程监管，以科学绿化标准确保建设精品工程。在生态布局上，要继续按照新版城市总体规划确定的"一屏三环五河九楔"市域绿色空间布局，突出城市副中心、回天地区、南中轴地区等重要区域，加大市郊铁路、重要道路、主要河流两侧生态廊道建设力度。在发展理念上，要广泛集成森林城市、绿色城市、海绵城市、节约型城市等一系列新理念、新技术，坚持用生态的办法解决生态的问题，营造大林小园，注重新旧连通、廊道串通，着力提高生态系统完整性和连通性。在工程建设上，要把科学绿化要求落地在田间地头，行业专家全过程参与，严把工程设计、工程质量、工程进度、工程监理、林木养护等各个关键环节，加强精细化施工，确保发展理念落地。

三是要统筹谋划，切实总结好宣传好工程建设成果。在新一轮百万亩收官之际，适时适度开展总结宣传工作，不仅是对刚刚过去的绿化建设历史负责任地总结规律经验，更是为首都园林绿化未来发展凝聚磅礴伟力。要及时总结新一轮百万亩造林中的好经验、好做法，特别是具有示范作用的典型项目和优质工程，要挖掘工作中涌现的先进个人和典型事迹。要充分发挥主流媒体和新媒体作用，加强宣传报道，着力展现党的十八大以来首都生态建设取得的辉煌成就，着力激发园林绿化行业砥砺奋进的不竭动力，着力营造全社会爱林护绿的良好氛围。

（二）要重点推动园林绿化更快发展

当前，碳达峰碳中和已纳入经济社会发展和生态文明建设整体布局，我国生态文明建设进入到以降碳为重点战略方向，实现生态环境质量改善由量变到质变的关键时期，党和国家对园林绿化建设提出更高要求。习近平总书记在《生物多样性公约》第十五次缔约方大会领导人峰会上的主旨讲话，明确提出要加强生物多样性保护，加快构建以国家公园为主体的自然保护地体系，特别指出要启动北京、广州等国家植物园体系建设。国务院发布生物多样性保护白皮书，两办联合印发生物多样性保护实施意见。去年10月发布的《北京陆生野生动物名录（2021年）》显示，全市拥有陆生野生动物596种，光鸟类就在过去10年间增加679种，北京市已成为生物多样性最丰富的国际大都市之一。新发展阶段园林绿化的发展必须坚持生态优先，坚持人与自然和谐共生，坚持维护和保持生态系统的完整性和多样性。

在市委市政府坚强领导下，首都园林绿化高速发展，取得丰硕的成果。特别是随着新一轮百万亩收官，市域范围内的大规模国土绿化已基本实现，与国际城市相比，北京在绿化资源总量方面已达到或超过他们的水平，关键的绿化指标处于领先位置。但我们还存在山区森林蓄积量不高、城市绿化生态服务功能不强、城市森林建设还不够等不足，下一阶段，我们要把增强森林湿地生态系统的完整性、连通性，提升生态系统的质量和稳定性作为重中之重。

一是要更加突出生态一体。要全面落实城市总体规划、园林绿化专项规划，坚持山水林田湖草沙系统治理，把造林绿化与水系治理、湿地恢复、公园建设、基本农田保护紧密结合起来，宜林则林、宜湿则湿、宜草则草、适地适树，深化生态手法，减少人工痕迹，打造近自然的森林生态景观。

二是要更加突出生态系统的稳定性。通过补植补种等措施，推动原有林与新造林有机连接、互联互通和集中连片；对绿化带断档、碎片化的小型地块和林间空地，也要尽量实现微循环，解决绿而不活的问题，消除"绿色孤岛"现象，构建乔灌草相结合、林水廊相结合、功能稳定的城市森林生态系统。要加大力度提质增效，减碳增汇，按照"拟自然林"理念，开展平原生态林分级分类经营，实施郁闭林分密度调控。全面实施山区森林健康经营，促进天然更新；对天然次生林，要按照工作方案的要求，进行全面保护和科学修复。

三是要更加突出生物多样性。要在食源树种选择、隐蔽栖息地构建、生态廊道、小微湿地等方面下大力气，更多考虑小动物的生存需求，着力解决"有林没有鸟、有鸟没有水、有水没有鱼"和"动物饿了没食物、迁徙没通道、生存没栖息地"等突出问题，使整个森林充满生机与活力。要加快建立自然保护地体系，开展自然保护地整合优化、勘界立标、确权登记、资源保护、成效评价等工作，推进风景名胜区整合优化，建立自然保护区人类活动监管机制。同时，要建立城市生物多样性保护示范区，提高生物多样性，增加城市生态系统的韧性。

（三）要重点加强生态资源的保护监管

保护管理生态资源是园林绿化行业义不容辞的重大责任，也是我们承担的首要任务和第一职责。从目前全市园林绿化资源保护管理情况来看，应该说形势不容乐观。比如：生态安全存在薄弱环节，自然保护区建设保护总体规划缺失、更新不及时，部分平原生态林存在弃管失管的现象等等。特别是中央环保督察通报玉盛祥公司非法侵占林地案件，影响非常恶劣，反映出我们有的政府资源保护主体责任缺失等问题。前段时间，住建部通报广州在实施"道路绿化品质提升"等工程中，大规模迁移砍伐城市树木的行为，为我们再次敲响警钟。如何解决园林绿化资源保护难题，避免破坏性"建设"行为，关键要靠体制机制创新，要运用好林长制这一重大制度创新，高位推动，做好园林绿化资源全方位保护监管。各区各部门要充分认识到，全面推行林长制是推动园林绿化资源保护发展由部门管理向社会治理转变的关键一招，要通过全面推行林长制，推动园林绿化部门解决过去想解决而解决不了的问题，多办过去想办而依靠一个部门办不成的事。

一是要切实压实各级林长的主体责任。蔡奇书记去年在履行总林长职责，调研园林绿化工作时强调：林长制既是工作机制，更是责任制。要积极构建党政同责、属地负责、部门协同、源头治理、全域覆盖的园林绿化资源保护长效机制。建立林长制的核心要义就是落实主体责任。要压实各级党政领导的主体责任，让各级党政领导知责明责、履职尽责、考核问责，把责任压实到人、落实到山头地块，真正将"乌纱帽挂到树梢上"；要压实基层"一长两员"的主体责任，打通管理末梢"最后一千米"，把具体任务落实到山头地块，真正实现山有人管、绿有人护、责有人担；要压实各级林长制办公室的主体责任，各级林长制办公室不是园林绿化部门的内设机构，而是承担同级林长的日常事务。要充分发挥林长办与同级林长的工作请示汇报作用、与同级部门的工作沟通协调作用、对下级林长的工作督查督办作用，强化林长办定期调度通报、重点工作督办、信息简报交流等工作手段，让林长制推深做实、取得实效。

二是要用林长制推动解决重大问题。党政一把手担任林长最大的优势就是整合党委政府的行政资源，促进部门之间协调配合，形成党政同责同心、部门通力合作，社会广泛参与的园林绿化新发展格局，推动园林绿化保护发展由园林绿化部门唱独角戏变成全社会共同推进的大合唱。要通过建立林长制的各项工作机制推动解决重大问题。通过建立部门联席会议机制、联络员机制，及时沟通各区各部门园林绿化保护发展的重点工作以及工作中存在的主要问题，合力解决，特别是需要各部门共同攻坚的难题，要建立专门的联席制度；通过建立执法联动工作机制，打击破坏园林绿化资源违法犯罪行为，对案情重大、社会影响大等重大案件实行挂牌督办。

三是要做好对各级林长的督查考核评价工作。市委市政府提出将林长制组织体系建设、各项制度落实、工作任务完成等情况，以及衡量园林绿化资源保护发展成效的一些重要指标纳入考核，各区要进一步细化制定本区各级林长的工作目标和考核指标，使林长制真正由"冠名制"变为"责任田"。要加强巡查督查，切实推动开展各级林长巡林督查，持续开展执法监督专项行动，推进责任落实。要建立健全形式多样的评价机制，比如要把满足市民"七有""五性"和"接诉即办"涉及园林绿

化问题的办结率、满意率纳入各级林长考核指标，将考核结果作为党政领导干部综合考评和自然资源离任审计的重要依据。

各区各部门要以全面落实林长制为统领，切实做好涉林涉绿资源保护监管工作，推动习近平生态文明思想在京华大地落地生根。

（四）要重点聚焦以人民为中心

首都园林绿化发展要坚持人民至上，就是要保持和加强生态文明的战略定力，坚持生态优先，不断满足人民群众日益增长的美好生态需求，坚持兴绿惠民，把造福人民的初心落实到绿水青山的建设管理中。

一是要做好"资源"这篇文章，把资源优势转化为发展优势。目前，全市的园林绿化资源占市域面积的60%多，这些资源是农民实现绿岗就业和生态增收的重要载体，也是实现乡村振兴的重要保障。去年，市政府印发发展新型集体林场的指导意见，主要目的就是保护利用好集体生态林资源，让更多的本地农民就近养山养林就业，实现增收。指导意见集成目前惠民的各项政策，各区要充分发挥新型集体林场建设和管理主体责任，加大政策资金整合力度，制订行之有效的实施方案，切实提高农民就业参保和增收水平；要结合本地特色，统筹谋划新型集体林场建设和林下经济发展，找出符合本地特点的林下经济发展模式，既要规模发展，又要有序发展。

新型集体林场是首都践行"两山"理论的具体实践，各区各部门要严格执行政策要求，切实履行好森林资源保护、财政资金使用、劳动用工、基础设施建设等方面的监管，确保新型集体林场、林下经济发展不走偏不走样；要守住管护底线，林业管护水平只能升不能降；要守住基础

设施底线，严禁以发展集体林场、林下经济的名义建房盖屋；要守住管理底线，集体林场人员要全员参加管护劳动，不养闲人；要守住就近就地就业底线，本地就业率不能低于80%；要守住生态底线，林下经济要坚持绿色、有机、生态，严控化肥、农药的使用，不能因发展林下经济毁坏树木、破坏环境。总之，要切切实实把好事办好，让群众能受益得实惠。

二是要做好"政策"这篇文章，切实把惠民政策落实落好。今年是山区生态林管护补偿、生态效益促进发展两个机制的调整年，园林绿化部门要积极同财政部门沟通协调，尽快提出调整方案，推动政策尽早落地，要一并考虑密云水库一级水源保护区的补偿问题。严格落实新一轮百万亩造林、平原生态林养护用工保障本地农民就业的政策，建立农村劳动力就业参保台账。退耕还林后续政策要落实落细，政策资金要尽快兑现到农民手中。

三是要做好"产业"这篇文章，不断满足市民对优质生态产品的需求。加强顶层设计，加快制定促进首都园林绿化产业发展的意见，全力推动生态产业化，发展生态产业，实现乡村产业振兴。积极推动生态产品品牌化，提升生态产品经营集约化、标准化、绿色化水平，引导个体农户向"农户+"经营模式转变。打造"京字号"特色果品品牌，加强北京特色优良生态产品传统品种的保护、恢复选育，优化提升百万亩优质果园。做大做强"昌平苹果""平谷大桃""怀柔板栗""蜂盛蜜匀""门头沟小院"等公共区域品牌。要推动传统林业向观光休闲、文化创意、体验教育等产业转型升级，走出一条具有首都特色的绿色、乡村振兴之路，让广大农民在乡村振兴中有更多获得感、幸福感。

三、要切实筑牢"三条防线"，夯实发展基础

一是要筑牢廉洁自律防线。当前园林绿化领域管理的生态资源多、覆盖面积广，实施的重点工程多、资金额度大。各区、各部门要认真贯彻落实蔡奇书记在全市领导干部警示教育大会上的讲话精神，坚决落实中央八项规定和党纪处分条例规定，严格廉洁自律。特别是要"以案为鉴、以案促改"，切实强化对权力运行的制约和监督，盯住"关键人""关键事"和"关键环节"，全面加强林地绿地资源审批监管，加强重点项目、大额资金管理，把权力关进制度的笼子，确保"关键少数"依纪依法履职尽责。要坚持问题导向，持续加强政风行风和干部队伍作风建设，坚决克服形式主义、官僚主义。

二是要筑牢资源安全防线。在森林防火方面，当前全市森林火险等级持续走高，一定要高度戒备，确保不发生重大森林火灾事故。特别是春节马上到来，各区、各单位要全面加强林地绿地的火源管理，完善应急预案，切实做到人员值守、安全措施、应急处置三到位。要切实做好重点区域、重要节点的林业有害生物防控工作，做好美国白蛾、松材线虫病等检疫性林业有害生物的监测巡查和预报预警，特别是对越冬代和今年第一代美国白蛾做到统防统治，确保有虫不成灾。

三是要筑牢疫情防控防线。当前全市面临外防输入、内防反弹双重压力，疫情防控正处在关键时刻。现在正处于年末岁初，各种会议、培训较多，要严格按照全市要求，尽可能少开会，减少人员聚集，杜绝疫情传播风险。要全面落实公园景区疫情防控工作方案，严格落实预约、限流、错峰等防控措施，坚决杜绝疫情传播风险。涉及冬奥的绿化工程项目、施工工地，要严格做到闭环管理。

在全市秋冬季森林防灭火工作
电视电话会议上的讲话

北京市森防指总指挥　北京市人民政府副市长　谈绪祥

（2022年9月23日）

在党中央、国务院和市委市政府的坚强领导下，在国家森防指的正确指导下，市森防指全面统筹疫情防控和森林防灭火工作，市森林防办、各成员单位、各区森防指戮力同心、密切配合，2021—2022年度森防期内全市未接报森林火情，未发生森林火灾，春节、两会、清明、冬奥等重点时期保障有力，森林防灭火形势总体平稳。总体上看，2021—2022年度森防期工作有4个突出特点。一是各级责任压得实。市委市政府领导多次作出批示、部署调度、检查指导，将森林火灾纳入全市事故控制指标，实行"零死亡"控制。市森防办统筹调度得当、督导检查有力，各行业部门配合密切，各级签订任务清单、责任书10万余份，有效压实各级责任。二是冬奥保障抓得紧。部署开展护航专项行动，突出重点地区，加强日常督导，强化一线队伍装备配备，制订体系化专项方案预案，开展专项应急演练，组织市级力量下沉保障，冬奥、冬残奥会期间全市实现"不冒烟、不起火"。特别是延庆区，作为冬奥、冬残奥会森林防灭火主阵地，高标准完成基础设施建设任务，狠抓联合执法检查，深化赛区内外应急联动准备，冬奥安全保障任务完成出色。三是防控网络织得密。依托林长制实行网格化管理，系统化组织隐患排查治理、打击违法违规

用火行为、林下可燃物清理，多层次开展森林防火宣传，台账化管控重点人群，全天候巡查巡护，空天地一体化监测森林火情，全方位做好应急准备，各项防控工作扎实有效。四是重点任务推进好。主动筹划开展"野外化、实战化"大练兵行动、森林消防救援队伍规范化建设达标行动、森林灭火作战指挥通信系统建设，统筹乡镇森林防灭火规范化管理试点、区级队伍规范化建设试点建设，积极推进山地水源建设，这些基础性重点任务既富有创新性，又密切贴合当前全市森林防灭火工作实际。

以上成绩凝聚着全市各级各部门的心血，来之不易。我代表市政府向长期以来关心、支持首都森林防灭火工作的中央有关部门和驻京部队表示衷心的感谢！向战斗在森林防灭火一线的广大干部职工、各级森林消防指战员表示亲切的慰问和崇高的敬意！

虽然工作取得一定成效，但我们也要清醒地看到，受自然和社会因素交织、客观和主观原因叠加影响，今年秋冬季森林防灭火形势依然严峻。一是气象条件较为不利，秋季气温总体偏高、降水偏少，极端天气频发且难以预测；二是林下可燃物载量持续增长，物候条件极为不利；三是去年以来各级党委政府集中换届，一些

新上任的领导干部业务不熟悉、进入角色慢，缺乏森林火灾指挥扑救经验；四是疫情反复下林区旅游、祭祀、生产作业时间不固定、活动多元化、规律性难把握，火源管控难度加大。特别是怀柔区青龙峡"6·5"森林火灾以及极端天气条件下重庆、贵州等地多发频发的森林火灾，时刻提醒我们必须对森林防灭火工作面临的挑战保持清醒认识。下面，就秋冬季森林防灭火工作，特别是党的二十大期间森林防灭火工作，我再讲3点意见。

一、深入贯彻落实全国会议精神，提高站位，更新理念，增强抓好森林防灭火工作的紧迫感

以习近平为核心的党中央高度重视森林草原防灭火工作。在不同场合不同时机，总书记多次作出重要讲话、指示和批示。特别是2021年8月份，总书记在视察河北省塞罕坝机械林场期间，再三叮嘱要抓好森林草原防灭火工作，强调防火重于泰山，一定要处理好防火和旅游的关系，坚持安全第一，切实把半个多世纪接续奋斗的重要成果抚育好、管理好、保障好。国务院也十分关注今年的防火形势，李克强总理专门就2022年秋冬季森林草原防灭火工作作出批示，要求各地区各有关部门要以习近平新时代中国特色社会主义思想为指导，认真贯彻党中央国务院决策部署，坚持人民至上、生命至上，强化底线思维，抓细抓实森林草原防灭火各项工作。9月16日，国务委员王勇主持召开2022年秋冬季全国森林草原防灭火工作会议，对秋冬季森林草原防灭火工作进行具体部署。我们要深入学习领会，加紧贯彻落实。

党中央、国务院关于森林防灭火工作的系列重要指示批示精神，既是对我们工作的鞭策和警醒，也是指导我们做好年度森林防灭火工作的根本遵循。各区、各部门、各单位必须以此为遵循，切实把思想和行动统一起来，坚决贯彻落实好党中央国务院和市委市政府的各项决策部署要求，增强做好森林防灭火工作的责任感。

这里需重点强调一点，在此次全国工作会议上，国务委员王勇首次提出森林防灭火工作全覆盖的理念。他指出，随着生态文明建设力度加大，城乡人工造林面积不断增加，城镇森林覆盖率不断提高，城区内形成大量人工林、景观林和公园，城乡之间植被密切相连，城在林中、林在城间，林城相依、重合交织，不仅城乡结合部会面临森林火灾的威胁，城区内部同样存在发生森林火灾的风险。我们各级要高度重视这一新理念，要更新认知、端正态度，不能再将思维仅仅局限于传统的山区林区，要把森林防灭火工作拓展至城区的人工林、景观林和公园，树立并强化全城全域森林防灭火的工作理念和思路。

结合以往工作实际，东城区、西城区和北京经济技术开发区因自身区位特点，一直以来未专项开展过森林防灭火工作。为落实此次全国会议要求，我们首次将上述三区纳入全市森林防灭火工作会议的范围。东城、西城及经开区要以此为契机，把森林防灭火列为城市治理的一项重要内容和职能，研究建立森林防灭火组织、健全责任体系、发展应急救援力量等问题，积极推动城区人工林、景观林和公园的森林防灭火工作。同时，全市其他区在做好林区防灭火工作的基础上，也要把城区内人工林、景观林和公园列入管理对象，加强管理，提高整个城市的森林火灾防控水平。

二、科学管理，综合施策，全力做好秋冬季全市森林火灾防治工作

今年秋冬季全市森林防灭火工作形势依然严峻、任务依旧紧迫。各级政府、各个部门要协同发力，树牢"防是前提、控是关键、救是保底"的理念，加强群防群治、综合治理、网格化管理和基础保障，不断夯实基层基础火灾防治能力。

（一）要加强火源管控，把好第一道关

要严密组织巡查巡护。充分整合各部门资源，综合运用卫星遥感、飞机巡护、高山瞭望、视频监控、地面巡查等手段，开展常态化、全天候森林火情监测；园林、公安等部门要加强技术手段共享，提高火源管控效能。要严格管理野外用火。加强农事用火、生产用火的监督管理，严厉打击违规野外用火，加强涉火前科、留守儿童、独居老人等重点人群管控。一旦发生森林火灾，坚持有案必查，力争做到查处一案、教育一片、震慑一方。要强化森林防火宣传。综合运用多种宣传途径，丰富教育形式内容，深化防火码应用，加大防火知识、安全避险、法律法规和警示教育宣教力度，多渠道、深层次、宽领域开展"八进八有"防火宣传活动，逐步消除盲区漏洞、全面提升防火意识。

（二）要深化隐患排查治理，坚决做到隐患清零

要结合安全生产"百日行动"契机，持续推进森林防灭火领域野外火源管控和打击违法用火、林区输配电设施隐患排查等专项治理，加强挂账隐患治理，进一步组织开展隐患排查整治，明确整改措施、整改时限、整改责任，逐一落实整改，逐一验收销号，实现清单式闭环管理。要严格销账程序，挂账隐患整改完成后，各级森防办要组织相关部门现场核查销账；必要时要组织第三方机构参与检查核查，市森防办要组织"回头看"检查，并将结果纳入政府年度绩效考核扣分项，确保整治效果经得起实践检验。要结合第一次全国自然灾害综合风险普查成果和有关部门数据应用，进一步摸清底数，构建森林火灾风险"一张图"，利用信息化手段，不断提高"智慧应急"水平。

（三）着眼极端情况，做好万全准备

要严密组织研判。抓好重点区域、重要时期的风险分析和预警研判，特别关注大风、严寒、干旱、高温等极端天气的火险变化，研究制定针对性防范措施。遇有重大险情，提前组织防灾避险，该禁的禁，该停的停，该关的坚决关，坚决防范火灾发生。要严格应急值守。各级要严格落实24小时值班、领导带班制度，坚持"有火必报、扑报同步"和卫星监测热点2小时反馈。全市200支森林消防队要保持人员在位，扑火装备机具保持良好状态，能随时出动、随时应战。要优化兵力部署。各区森防指要结合本地林情林相、重点目标、敏感地区、火灾多发易发区域分布情况，统筹使用应急力量，划定好各队伍防区，有序组织辖区森防队伍靠前巡逻、靠前部署；优化调度梯次，集中优势兵力打歼灭战。森林消防局机动支队、中国消防救援学院、市森林消防综合救援总队，要主动向前一步，立足于防大险、救大灾，充分发挥专业优势，帮助属地政府不断提升防范化解安全风险的能力。

（四）推动常态治理，强化基础保障

要加紧完善应急预案。各区要加紧修订森林火灾应急预案，优化指挥组织架构、规范处置程序，组织开展应急演练，提高各级应急处置联动响应能力。指导有林单位和乡镇街道完善预案，做好衔接、形成体系。要加快推进基础设施建设。市园林部门要推动山地水源、森林防火道路等基础设施建设，提高以水灭火、兵力快速投送能力。市应急部门要加快推进应急救援综合保障基地建设的选址、立项论证等工作，市发改、规自等部门及有关地区，要大力支持，积极协助解决项目推进过程中的困难。要加强科技信息化装备支撑。深化无人机在巡查巡护、灭火作战中的应用，研究相关标准规范；抓好森林灭火作战指挥通信装备和调度平台的实际应用，力争年内完成构建"指挥一张图、通信一张网"，提高森林灭火作战指挥信息化水平。要加强政策支撑。健全完善市森防指、市森防办工作制度，着手研究制定新形势下全市加强森林防灭火工作的指导意见。要加强队伍能力建设，总结推广门头沟、延庆、平谷区试点建设经验，依托新型集体林场建设，不断提升街道、乡镇森林消防队伍能力，持续推动全市森林消防救援队伍规范化建设三年达标行动和"野外化、实战化"大练兵行动，切实提高队伍规范化、专业化建设水平。

三、突出重点，严密防范，确保党的二十大期间森林防火形势平稳

党的二十大召开在即，要紧紧围绕"防风险、保安全、迎接二十大"这条主线，全力做好党的二十大服务保障。市政府决定从10月1日起，提前进入森林防火期，正是为做好党的二十大安全保障而做出的一项重要部署。各区、各部门要以积极主动的工作姿态，抓好各项工作落实。下面，我再提以下三点要求。

（一）要严格责任落实

各级党委政府要严格落实"党政同责、一岗双责"，严格执行"林长制"和地方行政首长负责制，地方党委政府要对党的二十大期间森林防灭火工作，专项研究、专项部署。各级森防指及其办公室要强化牵头抓总作用，发挥好组织、指导、协调、督促职能，切实把重点任务统起来、落下去。各行业部门要严格落实"三管三必须"的要求，完善责任链条，强化行业监管和部门分工。特别是在有职责交叉的地方，相关部门要胸怀全局，坚持"一盘棋"的思维，共同出主意想办法，在各项政策措施贯彻落实上相互配合、互相支撑。各经营单位要落实主体责任，全面抓好各项森林防灭火措施，主动加强与属地乡镇、村的沟通联系，建立联动机制，签订联防联控协议，细化日常防控和应急处置方案，适当增加安全投入，消除风险隐患，完善基础设施建设，实现本体安全。

这里需着重强调的是，各旅游景区要深刻吸取怀柔区青龙峡景区"6·5"森林火灾教训，建立健全森林防灭火责任制，划定责任区，明确责任人；制定森林防灭火方案预案，开展经常性防火宣传、隐患排查整治，加强景区内用火行为监督检查，配备专职或兼职巡护人员，完善配套以水灭火基础设施，组织和参加森林火灾应急演练，筑牢安全屏障。文旅部门和属地要加强协调联动，做好所属旅游景点、

景区的森林防火宣传和安全管理工作，严厉查处景区内违规吸烟、非法动火等情况，重点加强对私人性质涉山涉林景点的防灭火安全指导，督促落实防灭火工作措施，确保景区安全。

（二）要严格督导检查

各级各部门要组织"四不两直"和明查暗访检查，压实各级责任。要对情况复杂、治理难度较大、重点目标集中的区域或单位，进行督促指导。重点检查责任制落实、防火宣传，重点目标、用电用气设施周边隐患排查，林区施工区域、人员生活区用火管理，以及护林员上岗履职、森防队伍值班备勤，应急预案修订、防灭火培训、应急演练等内容。对于风险隐患问题较多的单位，要用好约谈巡查、挂牌督导、责任追究等手段，督促工作落实。对工作不到位造成严重后果的，依法依规严肃处理。机动支队要会同各级森防办及有关部门做好森林防灭火检查指导。

（三）要做到严阵以待

党的二十大期间，全市各单位要加强应急值守，严格落实24小时领导带班制度。要保持552个防火检查站、近4000名巡查队员、5万余名护林员在岗在位，要整合基层网格员、综治员等力量，加大巡查巡护密度，重要点位要实行包片蹲点，全时空全过程盯紧，切实把住口、看住人，严禁火源进山入林。各区要根据实际情况，组织森防队伍针对重点地域，加强巡逻。市森林消防综合救援总队要巩固冬奥安保建立起来的"巡护+勘察+训练"靠前保障模式，抽组精干力量，下沉靠前保障。

各级森防办要加强森林火险形势分析与预警研判，严格落实信息直报、速报制度，严禁迟报、漏报、瞒报等情况发生。如遇特殊情况，主要领导要靠前指挥，专业指挥要全程跟进，对敏感节点、关键区域，特别是预判可能失控的火灾要提级响应、提级指挥，确保科学、安全、高效处置。

同志们，森林防灭火责任重大、使命光荣。我们要坚持以习近平新时代中国特色社会主义思想为指导，按照党中央、国务院和市委市政府的部署要求，团结奋进，攻坚克难，全力做好秋冬季森林防灭火工作和党的二十大安全保障工作，为党的二十大创造安全良好的社会环境，让党中央放心、让全国人民放心！

市园林绿化局（首都绿化办）领导重要讲话

在2022年全市园林绿化工作会议上的讲话

市园林绿化局局长　首都绿化办主任　邓乃平

（2022年1月14日）

一、2021年工作总结

2021年是建党一百周年，也是"十四五"开局之年。在市委市政府坚强领导下，全市园林绿化系统坚持以习近平生态文明思想为指导，全面贯彻新发展理念，聚焦"一个开局、两件大事、三项任务"，完成市委市政府和首都绿化委员会部署的各项任务，全年新增造林绿化10666.67公顷、城市绿地400公顷；全市森林覆盖率达到44.6%，平原地区森林覆盖率达到31%，森林蓄积量达到2690万立方米；城市绿化覆盖率达到49%，人均公园绿地面积16.6平方米，实现"十四五"良好开局。

（一）服务首都核心功能取得新成效

一是高标准完成建党100周年、国庆、"9·30"烈士纪念日等一系列重大活动、重要节日的景观环境服务保障任务，充分展示大国首都的良好形象。特别是建党100周年庆祝活动，克服高温、高湿等不利条件，在天安门广场及周边布置的U型花带景观，为庆祝大会营造庄严隆重、恢宏大气的喜庆氛围。从建国门到复兴门，10组立体花坛用园艺的形式讲述建党百年光辉历程和党的十八大以来我国取得的辉煌成就。国庆期间，天安门广场"祝福祖国"巨型花篮，长安街沿线弘扬伟大建党精神的立体花坛，展现"江山就是人民、人民就是江山"的四季画卷，营造欢乐祥和的喜庆氛围。

二是完成冬奥会冬残奥会服务保障任务。突出绿色办奥理念，实施冬奥赛区外围大尺度绿化1200余公顷，完成松山地区生态修复328公顷，北京冬季奥林匹克公园建成并开放，重点地区、重要道路沿线绿化景观显著提升。兑现冬奥申办承诺，松山自然保护区建成生物多样性科研与教育中心并对外开放；持续推进林业碳汇计量监测工作，全力支持冬奥会碳中和目标的实现。加大赛场周边森林防火和林业有害生物防控，延庆赛区外围森林防火视频监控覆盖率达到100%，确保安全办赛。

三是在做好疫情防控的前提下，完成中央领导、全国人大和全国政协领导、共和国将军和部长等重大植树活动的组织协调和服务保障工作。开展纪念林建设、公众展览等"七个一"纪念全民义务植树40周年系列活动，深入开展群众性义务植树活动，全市422万人次以各种形式参加

13

义务植树，栽植树木100万株，养护树木1080万株。持续推动"互联网+全民义务植树"基地建设，累计建成国家、市、区、街乡、社村五级"互联网+全民义务植树"基地37处，群众尽责更加方便快捷。

（二）新一轮百万亩造林工程取得新进展

2021年造林绿化面临的困难因素多、工作难度大、标准要求高，全系统克服疫情影响、项目立项滞后等困难，各级领导积极调度，加大沟通协调，完成年度任务，全年新增造林10000公顷。新一轮百万亩造林绿化工程四年累计完成56866.67公顷。

一是突出生态惠民，市民的绿色获得感不断增强。围绕落实城市总规、核心区控规，统筹城市更新和多元增绿，统筹公园建设与品质提升、统筹留白增绿与战略留白，充分利用拆迁腾退地，新增城市绿地400公顷。建成东城龙潭中湖、海淀西冉等休闲公园26处，新建朝阳康城、石景山衙门口等城市森林4处，建设口袋公园及小微绿地50处，公园绿地500米服务半径覆盖率达到87%。种好"院中一棵树"，在核心区平房院落、文保单位栽植乔灌木497株。结合"疏整促"专项行动，完成战略留白临时绿化664公顷，留白增绿261公顷。改造提升平安大街、两广路、东四南北大街等林荫道路20条。

二是突出重点区域，生态系统逐步实现互联互通。绿隔地区，围绕落实城南、回天地区行动计划，持续推进南苑森林湿地公园、奥北森林公园一期以及温榆河公园等重点项目建设，一道城市公园环更加完善。聚焦大兴机场、永定河、温榆河、南苑等重点地区，以连接连通、断带修复为重点，实施填空造林2620公顷，恢复

建设湿地1023公顷，进一步提升"三城一区"周边环境服务保障能力。落实生态涵养区绿色发展要求，加快浅山生态修复，完成宜林荒山、台地造林5946.67公顷，山区绿色生态屏障不断加宽加厚。

三是突出科学绿化，生态功能显著提升。在地块选择过程中，深化造林绿化用地联合选址机制，确保造林绿化不占用耕地。走科学、生态、节俭路线，坚持山水林田湖草沙系统治理，注重林田、林水融合发展；坚持规划设计方案三级审查、专家全过程参与等制度，突出生物多样性保护，强化保留现状原有树木，低扰动施工，注重野生动物栖息地营建，建设生态保育小区100处；乡土长寿树种使用比例达85%以上，异龄、复层、混交配置林达到80%以上。

（三）京津冀协同发展迈上新台阶

一是城市副中心园林绿化加快推进。在规划层面，编制完成潮白河国家森林公园概念规划，完成六环公园园林绿化规划、地面景观设计方案，积极推进国家级植物园建设。在建设层面，围绕落实城市副中心控制性详细规划，在155平方千米范围内，新增绿地285公顷。完成市纪委办公楼配套绿化及镜河水系绿化工程、路县故城遗址公园一期、环球主题公园及度假区绿化，建成万盛南街、大运河东滨河路林荫大道2条；环城绿色休闲游憩环新增公园2处。在副中心外围，加快推进潮白河生态景观带建设，新增造林绿化600公顷，副中心绿色空间格局不断完善。

二是京津风沙源治理二期工程全面完成，年度实施困难地造林666.67公顷、封山育林16666.67公顷、人工种草2000公顷。营造彩叶景观林466.67公顷、完成公

路河道绿化30千米。支持张家口和承德坝上地区实施植树造林和森林精准提升工程，京津冀三省市联合印发林业和草原有害生物防控协同联动工作方案（2021—2025年），三省市森林资源保护和野生动物疫源疫病区域联防联控机制不断完善。

三是永定河综合治理与生态修复工程新增造林1333.33公顷，完成森林质量精准提升4293.33公顷；5年累计完成造林12666.67公顷，森林质量精准提升27333.33公顷，提前超额完成计划任务。

（四）资源保护管理实现新突破

一是森林灾害防控能力显著提升。区级森林防火机构、防火巡查队伍全部组建完成，全市森林防火巡查队伍达到384支3943人；开展跨区域无人机巡护4057架次，新建498座森林防火视频监控及通信系统基础设施，全市森林防火视频监控覆盖率达到85%；全面推行"森林防火码"，防火码区域设置率、场景覆盖率、卡口启用率均达到100%，全市未发生森林火灾，实现森林火灾零的目标。加强林业有害生物防控。面对今年突发的第三代美国白蛾自然灾害，各区各部门"接诉即办"闻风而动，全市上下群防群治，全力应对，紧急调动农药230吨，出动车辆6万台次、人员21万人次，基本实现"有虫不成灾"，美国白蛾防控受到中央农办、国家林草局的充分肯定和社会各界好评；对10666.67公顷松林开展松材线虫病普查，未发现疫情，全市林业有害生物防控监测预报、绿色防治、应急处置水平明显提升。

二是涉林涉绿资源监管全面加强。扎实推进中央环保督察反馈问题整改，全面完成"废林废绿问题"整改、牛蹄岭生态修复，举一反三在全市开展毁坏林地专项

整治行动，核查问题图斑3351个。绿地认建认养及公园配套用房出租专项整治剩余问题完成整改33个。加强资源资产监管，严格执行森林采伐限额管理，加大行政许可批后监督检查力度，全力开展森林资源管理"一张图"年度更新和森林督查工作，编制完成国有森林资源资产报告。建立园林绿化资源年度监测体系，开展全市森林、湿地资源的监测监管，完成第六次荒漠化和沙化土地监测。加大行政执法。建立全市野生动物保护管理执法协调机制，先后开展一系列打击破坏林地绿地违法行为、野生动物保护和种苗林保等系列执法专项行动，行政立案180余起，收回林地802公顷，确保园林绿化资源安全。

三是生物多样性保护工作稳步推进。落实习近平总书记在《生物多样性公约》第十五次缔约方大会上的讲话精神，筹建设立国家植物园。自然保护地体系建设加快推进，制定出台市级自然保护区总体规划审批管理办法，构建自然保护地保护成效评估指标体系。启动园林绿化生物多样性保护规划编制，发布《北京陆生野生动物名录（2021年）》，收录陆生野生动物596种。野生动物疫源疫病监测体系不断完善，救护野生动物2538只。加强野生植物及其生长环境保护，对铁木、轮叶贝母等极小种群野生植物开展种群资源调查、人工扩繁及迁地保护研究。

四是资源养护管理水平显著提高。在山区，加大生态林管理，核定生态林范围716000公顷，完成天然林资源保护评估，全力推进矿山生态修复治理移交及养护管理，实施森林健康经营46666.67公顷，建设永久性示范区15处。发挥国有林场森林抚育示范作用，设立监测样地36个，抚育森林10000公顷。在平原，制定平原生态

林养护经营管理办法、分类分级养护管理技术规范，对107000公顷平原生态林实行差异化管理、分类分级精准化养护，完成林分结构调整6666.67公顷，建设示范区55处、保育小区112处。在城区，健全完善绿地管理标准化体系，推进绿地信息化管理，对全市9.3万公顷城市绿地建立动态管理台账，采集110万余株行道树信息。加强公园绿地管理，整治黄土露天32万平方米，补植树木30万余株，修复增设设施6000余处；稳步开展文明游园专项整治行动，针对媒体、12345市民热线关注的公园风景区不文明游园问题，联合公安、城管等部门开展执法527次，劝阻不文明行为54万余次。

（五）兴绿惠民迈出新步伐

一是公园绿地服务功能不断提升。完成地坛园外园、人定湖等10处全龄友好型公园改造，建设无障碍环境136处，市属公园延长开放时间、春节期间免费开放；提升智能监管水平，建立统一预约平台、设置智能健康宝查验系统；帮助老年群体跨越"数字鸿沟"，为老年人代查健康宝百万次，现场预约指导14万余次，所有收费公园，保留现金消费。制定绿化隔离地区公园建设和管理指导意见、配套设施建设管理规定，完善郊野公园基础设施。建成村头片林、村头公园105处，完成背街小巷环境精细化整治提升1385条，新建健康绿道100千米，启动建设森林步道5条，市民休闲游憩空间不断拓展。

二是绿色产业加快转型升级。新发展果树760公顷，实施有机肥替代化肥10万吨，对3333.33公顷鲜果园进行土壤改良；发展保护老北京水果，完成全市45种果品摸底调查。种苗花卉产业创新发展，新增

国家级种质资源库2处，建设国家级标准化花卉示范区2个，推广科技创新成果300余项。蜂产业形成品牌效益，建成4个特色中华蜜蜂养殖场，蜜蜂饲养量达28万群，从业人员2.5万余人。促进"京字号"花果蜜品牌深度融合，成功举办花果蜜乐享季系列活动，带动观光采摘、乡村旅游1000万人次。发展林游、林下种植＋自然体验等森林景观利用为主要模式的林下经济13333.33公顷。森林旅游、康养等新兴产业有序推进，带动27万余户农民就业。建成食用林产品质量安全追溯平台，加大抽检监督力度，开展质量安全监测4000余批次，检测合格率99.98%，推动食用林产品从"果园到餐桌"的全程监管。

三是惠民政策带动绿岗增收。严格落实用工保障本地农民就业政策，新一轮百万亩造林等重点林业建设项目吸纳就业7.02万人。严格执行山区生态林两个补偿机制，4.2万余名管护员人均每月增收1328元；平原生态林养护管理补助，使4.5万余名农民实现绿岗就业；全面落实退耕还林后续政策，惠及农户9.5万户。出台新型集体林场指导意见，累计建成新型集体林场77个，经营管护集体生态林103000公顷，创造就业岗位1.1万余个。

（六）生态文化展现新风采

一是创森工作全面推进。通州、怀柔、密云3区创森指标全部达标，等待国家林草局验收；石景山、房山、门头沟、昌平4区完成创森各项准备工作。打造特色创森品牌，建成大兴"森林城市主题公园"、昌平"森林城市体验中心"，创建首都森林城镇6个、森林村庄50个、花园式社区、单位100个。

二是三条文化带建设成效明显。围

绕中轴线申遗，推进老城整体保护，制定中轴线绿色空间景观提升、天坛医院旧址绿化方案，完成天坛、颐和园、景山等古建文物修缮，完成中山公园管理处用房综合整治，天坛西门外公共绿地全部收回。围绕古树名木保护，编制完成全市古树名木保护规划、核心区古树名木保护行动计划，开展全市古树名木体检，对核心区1057株濒危衰弱古树抢救复壮，建设古树主题公园、保护小区、街巷20处，收集保存古树种质资源134份7000余株，"古树健康保护国家创新联盟"获国家林草局批准。围绕三条文化带建设，积极推进路县故城遗址公园二期工程、路县博物馆站选址和副中心城市绿心三大建筑配套绿化，完成十三陵林场沟崖玉虚观文化景观保护提升、长城周边山体生态修复，三山五园、首钢遗址、冬奥会、官厅水库、永定河周边等生态项目建设持续推进。

三是生态文化活动精彩纷呈。讲好红色故事，打造公园红色文化品牌，发布红色旅游地图，推出42项特色红色游活动，开展志愿讲解3700余场次，服务市民游客及各类团体200万人次。弘扬生态文化，开展"爱绿一起"、森林音乐会、月季菊花等花卉文化节、碳中和进百园等一批系列文化活动，新增园艺驿站24家，累计达到100家。市属公园突出"一园一品"和"我们的节日"传统节日活动，举办各类特色文化活动600余场，推出文创产品5400余种，文创产值超1.85亿元；颐和园博物馆挂牌，推出"园说Ⅲ"展览，展示各类文物近300件。讲好绿色故事，回应社会关切，召开主题新闻发布会12次，专题新闻发布60次，刊发宣传稿件2000余篇；微博微信发布稿件消息1521条，阅读量1142万人次。

四是高水平完成2021年扬州世园会和徐州园博会北京园建设，展现首都特色和首善标准；荣获第十届中国花卉博览会组织、团体、室外展园、室内展区四个特等奖和422个展品奖，展示首都花卉园艺科技实力和文化底蕴。

（七）园林绿化治理能力实现新提高

一是深化改革工作扎实推进。全面推行林长制改革，市委市政府印发全面建立林长制实施意见，制定7项配套制度和"林长制＋检察"工作机制，基本建成"一长两员"网格化资源管理体系；建立市、区、乡（镇、街道）、村（社区）四级林长制责任体系，明确各级林长1万余人，形成各级党委政府保护园林绿化资源的长效机制。全面完成事业单位改革，局属单位由33个精简至22个，公园管理中心及所属事业单位由17个精简至15个，优化事业单位布局结构，提高管理效能。持续推进"放管服"改革，规范检查单标准，精简非必要检查单25个，提升审批网办深度，实现"不用跑、不见面"审批；18个审批事项实行告知承诺制，实现立等可取、现场办结；多个审批事项时限缩短30%。加强施工企业信用管理，规范招投标市场秩序，对施工企业实施全覆盖检查，全市553个在建工程施工质量明显提升。加快行政执法改革，除东城、西城、石景山外，各区成立行政执法专项队伍，落实专项编制209人，完善与监察执法、刑事司法的衔接机制。市委市政府印发林长制、新型集体林场等一系列重要改革文件，会同相关部门制定绿隔地区公园建设管理、完善农村集体林地管理、平原生态林养护管理等政策文件。

二是政策法规体系不断完善。编制完成森林资源保护管理条例等3项法规立法调研，北京市种子条例（草案）通过市人大三次审核；开展依法行政四清一提三年行动，制定禁止猎捕陆生野生动物实施办法等一系列园林绿化法律法规配套制度。规划管理不断加强，印发园林绿化专项规划、湿地保护发展规划，编制完成园林绿化发展、太行山国家森林步道（北京段）、潮白河国家森林公园、全市森林步道等一系列专项规划和行动计划。

三是科技支撑不断强化。围绕推动发展，开展城市生态功能提升、生物多样性保护等技术研究6项，制订各类标准41项，打造国家林草科技创新平台11个，推广新优植物品种426个，推动10项科技成果落地转化，印发发展技术导则、"揭网见绿"简易绿化技术指南。推动节水型绿地园林绿化建设，建成一批园林绿化废弃物科学处置、垃圾分类、湿地恢复、植物景观应用示范区，完成园林绿化土壤环境监测评估报告。开展杨柳飞絮综合防治，高发区飞絮同期减少25%。加快园林绿化生态系统监测网络建设，新建生态监测站点13个，创新提出"森林体验指数"。国际合作深入推进，建成十三陵生物多样性恢复、怀柔近自然森林经营等3处国际合作基地，雾灵山自然保护区成为全市第二个联合国森林文书履约示范单位。与多个国家和国际组织开展多渠道交流合作，配合外交部完成140余家在京使馆植树和参访活动。

四是信息技术赋能智慧园林建设。搭建资源管理、指挥调度、公众服务三个管理平台，园林绿化大数据接入市领导驾驶舱，一张图、感知监测一张网不断完善；建成200家公园游客监测应用场景，海淀、玉渊潭等20余家公园开展5G、AI场景应用试点。

（八）全面从严治党取得新成绩

一是按照中央和市委部署，扎实开展党史学习教育。制订学习教育工作方案，确定"我为群众办实事"项目171项，特别是养老保险移（入）库工作，解决2100多名干部职工后顾之忧，化解历史遗留问题。深入开展学习贯彻习近平总书记"七一"讲话精神、十九届六中全会精神专题学习研讨，6个指导组对局属单位学习教育进行全程督导，全系统411个党支部召开专题组织生活会，17名局级领导干部、349名处级领导干部、4436名党员参加。组织全行业党员干部开展"党在我心中"主题征文等一系列庆祝活动，进一步增强"四个意识"，坚定"四个自信"，做到"两个维护"。

二是进一步压实全面从严治党主体责任。制定全面从严治党主体责任清单，认真开展个人事项填报；落实党的组织工作路线，强化忠诚、干净、担当的用人导向，配强局属单位领导班子，加大优秀年轻干部使用力度，配备"80后"正处职干部4名，优化干部队伍结构。制定加强对"一把手"和领导班子监督工作细则；在事业单位改革中，同步调整设置基层党组织23个。

三是坚持把纪律挺在前面，切实加强党风廉政建设。坚持"以案为鉴、以案促改"，召开局（办）系统领导干部警示教育大会；健全完善巡视巡察反馈问题督促整改工作机制，制定巡视巡察问题整改工作实施办法；坚持问题导向，对执法大队、北海公园等12家单位开展政治巡察。

四是严格落实疫情防控领导小组工

作部署，持续做好常态化疫情防控工作。围绕办公楼宇、重点人群、公园景区、施工现场、野生动物疫源疫病监测等重点领域，从严从紧抓好各项疫情防控措施，加强中高风险地区有关人员和境外回国人员排查，加密管控，实现局（办）系统"零感染"的目标。

二、2022年工作计划

2022年的工作目标是：全年新增造林绿化10000公顷、城市绿地200公顷。全市森林覆盖率达到44.8%，平原地区森林覆盖率达到31.4%，森林蓄积量达到2800万立方米；城市绿化覆盖率达到49.1%，人均公园绿地面积达到16.63平方米，公园绿地500米服务半径覆盖率达到88%。

（一）服务核心功能，全力做好重大活动服务保障工作

一是全力做好冬奥会和冬残奥会环境服务保障工作。紧紧围绕冬奥赛时景观保障、疫情防控、防火防虫、文化推广、果品供应五个方面做好冬奥会赛时各项服务保障，完成好在市属公园内举办的各项活动。要在1月中旬之前，全面完成"五区四线三周边"的景观提升，天安门广场、奥林匹克公园中心区等重要节点10处主题花坛的布置和各区重点保障区域百处景观节点的设置工作；要加强赛区周边、交通联络线沿线森林绿地、湿地等生态空间景观提升和维护，确保赛时景观效果；扎实开展赛区外围森林火灾防控工作，严格落实森林防火"护航北京冬奥"专项行动方案，强化风险点监控管理、排查治理林区火灾隐患、严厉打击违规用火行为。

二是全力做好党的二十大景观环境保障工作。按照全市部署，抓紧制订景观环境保障方案，以"精益求精、万无一失"的精神，精心组织、细致谋划，全面提升重点区域、重要道路的绿化品质，营造优美大气的景观环境，充分展示新时代大国首都的崭新风貌。完成好"五一""十一""9·30"烈士纪念日等一系列重大活动、重要节日的服务保障任务。

三是全力做好中央领导、共和国部长和将军、全国人大和全国政协领导等重大植树活动的组织协调和服务保障工作；完善五级义务植树基地体系，建立"互联网+全民义务植树"基地和纪念林电子数据档案库，科学规范管理纪念林。

（二）全力攻坚克难，确保新一轮百万亩造林收官

2022年是新一轮百万亩造林的收官之年，完成今年的任务对于落实城市总规确定的生态空间布局，落实市委市政府的决策部署意义重大，大家一定要提高站位，攻坚克难、全力以赴。根据造林地块选址情况，全年计划完成造林绿化10000公顷，涉及项目136个。

一是聚焦重点区域和重要节点，不断完善绿色空间布局。在核心区、中心城和城镇，围绕服务保障首都核心功能，充分利用疏解腾退空间，新增绿地200公顷，重点建设城市休闲公园26处、城市森林3处，新建口袋公园和小微绿地50处，使公园绿地500米服务半径覆盖率提高到88%。结合城市更新，实施核心区庭院绿化，种好"院中一棵树"，建设前门西大街、崇文门外大街等林荫路20条。在平原地区，围绕城市副中心、回天地区、南中轴等重点区域，通过填空造林、连接连通原有林地、公园、绿地等资源，构建大尺度的城

市森林生态系统，实施绿化建设6206.67公顷。重点突出绿隔地区公园环建设，持续推进奥北森林公园二期、南苑森林湿地公园、温榆河公园等重点公园建设；扩大新城公园绿地面积，建设顺义"千亩银杏园"、昌平生态公园沙河片区；结合落实农村人居环境整治提升五年行动，推进美丽乡村绿化美化，建设村头片林和村头公园100处。在生态涵养区，统筹生态保护和绿色发展，加大生态廊道连通和废弃矿山修复力度，实施生态修复4293.33公顷。在市域范围，结合"疏整促"专项行动，实施"留白增绿"533公顷、"战略留白"临时绿化445.5公顷。

二是聚焦发展，不断提高生态系统的联通性和稳定性。严格落实科学绿化意见，在地块选择上，统筹林、田、水生态空间，正确处理严守永久基本农田保护红线、耕地保有量和耕地保护空间的关系，利用好"国土三调"确定的林地范围，坚决制止耕地"非农化"防止"非粮化"；在施工设计上，统筹山水林田湖草沙系统治理，选择乡土、长寿、抗逆、碳汇能力强的植物种类，构建复层、异龄、混交结构；加大裸地生态治理，使用多年生宿根花卉，林下优先种植花生、大豆等油料作物，提倡推广中草药等经济作物；严格执行施工设计方案三级审查制度，将森林城市、海绵城市、碳中和等新理念新技术有机融合到方案中，确保施工设计方案质量水平；在建设管理上，统筹造林绿化与湿地建设，因地制宜开展动物栖息地、小微湿地建设，为野生动物和鸟类栖息创造条件；在园路建设、微地形堆筑、护坡处理中优先利用建筑垃圾资源化处理产生的再生骨料及衍生品；加强园林绿化施工扬尘管控，强化渣土运输车和非道路移动机械

使用管理。

三是聚焦关键时间节点，全面加快手续办理和工程建设进度。总体上要按照6月底前完成栽植主体任务，安排时间，倒排工期。1月底前完成施工设计方案审查，3月底前完成所有项目施工、监理招投标等全部手续办理，土地流转和拆迁腾退完成95%以上。4～5月份大规模开展春季造林，6月底前完成绿化栽植主体任务。各区要加快项目审批进度，规范项目管理，确保高效推进造林绿化。要认真总结新一轮百万亩造林绿化的经验、做法和成效，采用多种方式宣传展示造林成果。

（三）提高碳汇增量，精准提升森林绿地湿地生态功能

一是加大山区森林经营管理力度。以目标树近自然经营为核心理念，加快退化林分修复、优化森林结构、提高森林生态系统质量，启动"林下补栎"行动，实施山区森林经营46666.67公顷。重点对侧柏等过密林分加大疏伐力度，建设各类林分经营示范区30处，创新森林经营林木采伐管理机制，提升森林经营水平。发挥山区生态林管护队伍作用，加大巡查力度，及时清理枯死树、濒死木、林地垃圾等，提升林地生态景观。

二是精准提升平原生态林质量。以"调密度、补幼苗、沃土壤、防病虫、丰物种"为经营主要措施，完成林分结构调整6666.67公顷，繁育及补植补种栎类、榆树、皂荚、元宝枫等乡土长寿树种幼苗100万株；推进园林绿化废弃物粉碎堆肥还林，实现"落叶化土、枯枝还田"，建设综合经营示范区50处、生物多样性保育小区100处。借鉴国内外城市森林培育经验，探索划出部分禁止或限制进入区域，

保留原始生态；在人为干扰较少的城市森林，推进自然带建设，建设20处城市生物多样性保护示范区。加大养护管理日常监管、综合检查力度，坚决杜绝废林废绿和弃管失管现象的发生。

三是全面提升绿地精细化养护管理水平。以"补短板、强弱项、促提升"为目标，加强裸露地治理，大力推广乡土、节水、耐踩踏植物，抓好野草、落叶的管控。建立完善行道树管理台账，对行道树健康状况进行评估，持续做好治理空树坑、枯死树、有害生物、绿地跑水等群众反映问题的整改。关注老旧小区改造绿地保护提升，制定相关技术标准，开展居住区树冠遮光、过度修剪及危险树木清理整治。建设节水型园林，加大中水利用。提高绿地管护水平，优化绿地动态管理考评系统，建立审批项目批后监管平台，推广绿地标准化管护。

四是全面加强湿地保护，制定湿地保护修复三年行动计划，利用河湖湿地、雨洪调蓄、污水处理等水源，加快推动湿地公园、多功能小微湿地建设，提高湿地保护率。

（四）坚持生态一体，持续推动京津冀协同发展

一是全面落实城市副中心控规、支持副中心发展意见，围绕建设国家绿色发展示范区、通州区与北三县一体化发展示范区，加快园林绿化建设，不断完善副中心生态格局，完成造林绿化1000公顷。在副中心范围内，新增绿化60公顷，重点推进路县故城遗址公园二期、行政办公区二期等绿化建设任务，实施乐成公园、宋庄格拉斯代征绿地建设，完成张家湾公园三期绿化任务。在副中心外围，新增造林绿化

933.33公顷。加快推进潮白河国家森林公园等重大任务和重点项目的落地，做好国家级植物园、通燕运动健身园、潮白自然教育园建设前期准备工作，积极推进六环公园相关工作。

二是落实国家"双重规划"，积极开展京津风沙源治理工程总结工作，按要求适时启动北方防沙带建设；以密云水库周边绿化为重点，启动国土绿化试点示范项目，实施10000公顷林分改造和质量提升。积极谋划国家山水林田湖草沙系统治理项目。

三是持续支持张家口和承德坝上地区实施植树造林和森林精准提升工程，全面完成植树造林百万亩，森林精准提升72666.67公顷任务。进一步完善京津冀生态保护联防联控机制，加强林业有害生物、森林火灾、野生动物疫源疫病区域联防联控，重点支持环京周边54个区县共同开展松材线虫病、美国白蛾等重大林业有害生物监测防治，做到无缝衔接，支持雄安新区实施飞机防治42架次，推动形成京津冀生态防控一体化格局，推进信息共享、资源共保。

（五）加强资源保护，切实守护好首都的绿水青山

一是全面提升森林灾害防控能力。加快推动森林防火数字化、智能化，建立"防火码、卫星遥感、航空巡护、视频监控、地面巡查"五位一体森林防火体系；各区要加大对区、乡镇森林防火视频监控指挥管控平台建设，确保全市森林防火视频监控四级管控平台互联互通，实现监测预警一张网；加大引水上山以水灭火基础设施建设力度，完成全市森林火灾风险普查和林区输配电风险隐患专项排查整改。

21

全面加强林业有害生物防控，制定加强林木有害生物防治工作指导意见，加大对松材线虫病的监测与普查，实施松材线虫病疫情防控五年攻坚行动，确保松林资源监测全覆盖；做好美国白蛾、红脂大小蠹等检疫性林业有害生物的监测巡查和预报预警，特别是对越冬代和今年第一代美国白蛾做到统防统治，严防重大生物灾害；开展好林业有害生物普查。

二是切实承担起园林绿化资源保护主体责任。对接"国土三调"数据，编制市区两级林地保护利用规划（2021—2035年）。目前，市级数据对接工作已经完成，与市规自委建立长效工作机制，各区要主动与区规划分局对接，建立资源数据库，抓紧开展林草湿园地类中差异图斑调查取证，开展各类资源专项分析，研究提出资源调整落实意见，尽快制定不同类型资源的管理办法和政策措施，保护好来之不易的园林绿化成果。深刻汲取"广州市大规模迁移砍伐树木问题"的教训，加大资源保护督查力度，持续推进森林督查、资源审计等发现问题的整改，建立督查整改闭环管理体系。全面完成绿地认建认养和公园配套用房出租专项整治问题整改。做好行政审批事前、事中、事后全链条监管。严格落实园林绿化资源监测制度，统筹各类监测资源，建立统一规范的监测体系，构建资源监测大数据平台，完成资源年度综合监测任务。科学保护古树，完善保护措施，全面开展濒危古树名木抢救，不断改善古树名木生长环境；创新保护模式，积极开展古树名木主题公园、保护小区、古树街巷、古树乡村等建设；抢救性收集好古树名木、珍稀濒危林草等珍贵种质资源。

三是突出生物多样性保护。建立生物多样性保护政策、制度、标准和监测体系。以编制园林绿化行业生物多样性保护规划为统领，统筹编制自然保护地体系规划、市级自然保护区总体规划、野生动物栖息地规划等专项规划，制定全市第一批野生动物重要栖息地名录。严防外来生物入侵，开展生物多样性本底调查，加大极度濒危野生动植物保护力度。加强野生动物疫源疫病监测，做好野生动物救护工作。在野生动物大规模迁徙等时间节点，加强野生动物交易执法，加大联合检查和专项打击力度，严厉打击非法猎捕、采集、运输、交易野生动植物及其制品等违法行为。

四是加快推进自然保护地体系建设。开展自然保护地整合优化、勘界立标、确权登记、资源保护、成效评价等工作，推进风景名胜区整合优化。建立自然保护区人类活动监管机制。按照《国务院关于同意在北京设立国家植物园的批复》精神，加快启动国家植物园总体规划报审，按规划积极推动国家植物园后续建设。

（六）坚持生态惠民产业富民，不断提升市民绿色获得感

一是加快提升公园绿地服务功能。结合体育公园建设，开展西城玫瑰、海淀玲珑等30处全龄友好型公园提升改造，提高绿化品质，增加体育健身、无障碍等基础设施；增加郊野公园服务、休闲、体育等设施，提升市民的体验感和公园综合功能。推动构建公园游憩体系，新增绿道80千米、试点建设森林步道100千米，因地制宜，拆除公园绿地间围栏、围挡，推进城市慢行系统与滨水道路、园林绿道连通融合。扎实开展公园疫情常态化防控，持续推进文明游园整治专项行动，不断提升

游园环境；进一步完善公园分级分类管理制度，研究制定公园分类分级管理定额标准。推进全市公园智慧化管理。

二是加快推动绿色产业转型升级。统筹推进全市园林绿化产业发展，制定促进首都都市型现代园林绿化产业发展意见；保护利用好古老果树资源、"京字号"果品，建设老北京水果示范基地15个；实施高效节水果园灌溉工程846.67公顷，持续推进果园土壤监测，促进产业提质增效、转型升级。加强种业创新，新建国家重点林木良种基地和种质资源库242.93公顷，大力推动北京自主知识产权花卉新品种、乡土植物成果转化。统筹做好果花蜜消费季、"五节一展"花事活动。落实全市促进林下经济发展意见，新发展林下经济13333.33公顷。健全完善食用林产品质量安全监管体系。

三是加快完善生态惠民政策。调整山区生态林管护补偿、生态效益促进发展两个机制，提高森林健康经营资金比例，探索研究对重点生态区域生态林实行精准化、差异化补偿；制定湿地、经济林生态补偿政策，推动完善农业政策性保险对果树等园林绿化产业的覆盖。制定发展新型集体林场、促进林下经济发展相关配套制度，建设新型集体林场示范点30个。各区作为新型集体林场、促进林下经济发展两项改革制度的责任主体，要加大政策、资金整合力度，落实好支农惠农政策，推动资源优势转化为发展优势。严格落实新一轮百万亩造林、平原生态林养护用工保障本地农民就业政策，建立促进农村劳动力就业参保台账，全面落实好退耕还林后续政策。

四是加快国家森林城市创建。全力推进通州、怀柔、密云、石景山、门头沟、房山和昌平7个符合申请条件的区做好国家森林城市考核验收准备工作，朝阳、丰台、大兴年内全部达到国家森林城市标准。各区要围绕不同主题打造独具特色的创森品牌，展现首善之区的创森特色。持续开展群众性绿化美化创建，创建首都森林城镇6个，首都森林村庄50个，创建花园式街道、社区、单位80个。

五是扎实推进生态文化建设。围绕"三条文化带"和中轴线申遗，有序推动颐和园、社稷坛、天坛等腾退区域环境整治，全力推进颐和园长廊彩画等重大古建筑修缮项目，抓好园林绿化资源内革命文物片区保护传承，持续开展"园说"等系列展览，推动文创产品创新发展。积极推进太行山森林步道、长城文化带绿道体系建设，做好长城、大运河两个国家文化公园涉及园林绿化建设任务。高水平筹备好第九届国际樱桃大会，全力做好第十三届徐州园博会、第十四届中国菊花展、香港花卉展等参展工作，充分展示首都园林绿化文化魅力。

六是加大生态文化产品供给。持续办好森林文化节、"爱绿一起"等品牌文化活动，推进碳中和知识进百园；充分发挥100余家园艺驿站和一批首都生态文明宣传教育基地作用，开展3000场以上生态文化活动。做好北京生态礼物宣传推广工作，筹办好第三届北京国际花园节、市民菊花大赛等活动。加大园林绿化文史资料收集利用，积极推动局属单位编史修志。

（七）坚持改革创新，不断提升园林绿化治理能力

一是扎实推动重点改革任务。全面落实林长制实施意见，各区要进一步完善林长制配套制度，健全目标责任体系；制定

各级林长年度督查考核实施细则，完成年度考核工作。要充分发挥各级林长制办公室协调调度作用，积极落实各级林长巡林职责，做好市级林长巡林调研方案制定、调研发现问题督查整改等工作。按照全市"三长联动，一巡三查"工作要求，加快建立"一长两员"网格化管理体系，以"林长制"促进"林长治"。围绕推进生态文明体制改革，做好重点区域园林绿化自然资源统一确权登记、全民所有自然资源资产所有权委托代理机制试点工作，编制国有森林资源资产管理报告。优化营商环境，深化"放管服"改革，加强树木审批权限下放后的监督管理，扩大审批事项电子证照实现比率；市、区同步推进企业信用、招投标和工程质量一体化监管，有序规范园林绿化建设市场。

二是不断完善政策法规体系。持续推动森林资源保护管理条例、重点保护陆生野生动物造成损失补偿办法、林业有害生物防治条例的修订和立法，按照依法行政"四清一提"三年行动计划，抓紧完善园林绿化相关法律法规配套制度，研究制定郊野公园分级分类、生态公益林管理办法。抓好接诉即办条例的实施，推动未诉先办，做好群众关注高频问题的解决。落实新版城市总规，做好区级园林绿化专项规划编制工作。

三是强化科技支撑。围绕园林绿化发展，加强生物多样性保护、常绿阔叶树培育、土壤质量提升等一批关键技术攻关，启动"百项地标"工程，研究制定生态系统监测、"留白增绿"养护管理、林荫路建设等一批标准规范。围绕提升碳汇能力，印发园林绿化增汇减排工作指导意见，完善绿地和湿地碳汇计量监测体系，完成全市林地绿地碳储量及碳汇能力测算；加强与国家碳交易体系的衔接，规范开展全市林业碳汇交易。大力推动科技成果转化，建设科技成果推广基地10处，加强工程中心、创新联盟、科研基地等科研平台的管理，积极推动"产学研用"一体化建设。鼓励科技人才下乡、乡土专家示范带动，推广新优科技成果，培养新型职业农民。

四是推动大数据、物联网、人工智能、5G等信息技术与园林绿化深度融合，建设林长制综合管理平台，加强园林绿化各类数据分析及融合应用，以数据驱动"智慧园林"建设。建立健全网络安全和数据安全制度，提升信息化管理水平。

五是加强安全生产和应急管理。严格落实"管行业必须管安全、管业务必须管安全、管生产经营必须管安全"责任，扎实推进安全生产专项整治和安全风险评估，做好沙尘暴天气预警预测和极端天气应对工作；全面加强公共安全和应急管理，确保重大活动和重点时期全市园林绿化行业安全稳定。

（八）强化政治建设，大力推进全面从严治党

一是全面深入学习贯彻党的十九届六中全会精神。各级领导干部要带头学习，进一步深化对党的百年奋斗重大成就和成功经验的认识，增强"四个意识"、坚定"四个自信"、做到"两个维护"，牢记"国之大者"，不折不扣落实好党中央和市委的决策部署，传承好党的优良传统、成功经验，更好推动工作。今年，大事多、喜事多，市第十三次党代会和党的二十大将陆续召开，全系统要把迎接二十大、宣传二十大、贯彻二十大作为重大政治任务，紧密结合园林绿化工作实际，全

力抓好学习宣传和贯彻落实工作。

二是落实全面从严治党主体责任。全系统各单位要切实扛起管党治党政治责任，抓好党建各项工作。全力做好市委巡视整改工作，把纪律和规矩挺在前面，全面落实蔡奇书记在全市领导干部警示教育大会上的讲话精神，认真分析查找园林绿化重点工程任务中的廉政风险点，制定管用的防范措施，管住关键岗位、关键人，管好关键事、关键环节，确保不发生违规违纪问题。要深化运用"四种形态"，严肃执纪问责。

三是认真落实意识形态工作责任制，守好阵地、管好队伍。全系统各单位要坚持党管宣传、党管意识形态的原则，对行业重点和民生热点问题主动发声，正确引导；加强网络意识形态阵地的管控，对涉及行业敏感和突发舆情及时做好应急联动处置，切实做到守土有责、守土负责、守土尽责。

四是认真落实中央八项规定精神和市委相关措施要求，持续整治形式主义、官僚主义，坚决防止"四风"问题反弹回潮。各级领导干部要牢固树立以人民为中心的发展思想，大力改进政风行风和干部队伍作风，切实提高推动工作、狠抓落实的能力。

首都绿化委员会第41次全体会议报告

（2022年2月21日）

一、2021年首都绿化美化工作情况

2021年是中国共产党建党100周年，也是全民义务植树开展40周年。一年来，首都绿化美化工作深入贯彻习近平新时代中国特色社会主义思想，以习近平总书记参加首都义务植树劳动时重要讲话精神为指引，在市委市政府和首都绿化委员会的坚强领导下，围绕建党百年、冬奥会、冬残奥会生态服务保障等重大事项，狠抓社会绿化美化和专业工程绿化的统筹协调

发展，全面总结全民义务植树宝贵经验，创新推进常态化疫情防控条件下的首都绿化美化工作，完成全年各项目标任务，全市森林覆盖率达到44.6%，平原地区森林覆盖率达到31%，城市绿化覆盖率达到49%，人均公园绿地面积达到16.6平方米，为庆祝中国共产党成立100周年增添绚丽的生态底色。

（一）领导率先垂范，重大植树活动引领全民义务植树尽责新风尚

2021年4月2日，是习近平担任总书记

以来，连续第九次参加首都全民义务植树活动。在植树时强调，要倡导人人爱绿植绿护绿的文明风尚，让大家都树立起植树造林、绿化祖国的责任意识，形成全社会的自觉行动，共同建设人与自然和谐共生的美丽家园。全国人大和全国政协领导、中央军委首长和共和国部长相继带头参加首都义务植树活动，新植苗木5300株，新增纪念林面积43.13公顷，为首都做好全民义务植树工作提供示范遵循。

1. 中央和国家机关做模范。中直机关带头响应习近平总书记植树讲话精神，坚持把"朴素、自然、和谐、节俭"的生态理念融入机关绿化工作全过程，统筹做好义务植树、庭院美化、护林防火等工作。组织驻中办纪检监察组等单位参与十三陵绿化基地义务植树，为中南海、中央宣传部、全国总工会等17家单位庭院治理杨柳飞絮1590株。全年新植苗木2412株、抚育苗木7.5万余株，改造机关绿地草坪16.4万多平方米，立体绿化约1.1万延长米。

中央国家机关以建设节约型绿色机关为重点，广泛开展义务植树活动，积极推进机关庭院绿化美化工作。编印《中央国家机关节约型绿化美化单位建设指引》和《中央国家机关绿化乡土树种花草品种图册》，组织参加"建党百年纪念林"和"首都全民义务植树40周年纪念林"等植树活动，对外交部钓鱼台国宾馆、自然资源部西峰寺办公区、文化和旅游部柏林寺办公区的古树进行抢救复壮，全年义务植树尽责4万余人次，折合植树11.8万余株。

2. 驻京部队当尖兵。中央军委下发《关于深入开展2021年度军队造林绿化工作通知》，军委领导、军委机关各部门和驻京大单位领导连续第39次集体参加首都义务植树活动，栽植苗木1500余株。海军、空军、北京卫戍区等驻京单位以多种方式参与首都绿化美化工作，出动官兵6500余人次，车辆130余台次，参加朝阳望和公园、东城龙潭中湖公园等重大义务植树活动服务保障和重点绿化工程建设；动员军属、子女和离退休老干部参加"互联网+全民义务植树"活动，采取木箱栽植、花盆点缀等方式解决部分营区栽植面积小等问题。全年新增海军大院社区、中国人民武装警察部队第五军事监狱办公区等一批首都花园式社区、单位。

3. 部门（系统）勤作为。发改、财政、规自、住房和城乡等部门在绿化建设项目立项、资金投入、政策扶持等方面给予大力支持；人力和社会保障、广播电影电视等部门围绕典型评比表彰、模范事迹宣传等做大量工作；自然资源和生态环境、农业和农村等部门在土地资源集约利用等方面倾注精力。公路、水务、铁路等专业部门大力推进公路延边、铁路沿线、河湖沿岸的绿化造林和养护管理工作。

4. 社会各界齐参与。共青团系统把绿化美化宣传、植树造林活动与主题团日活动结合起来，开展河堤护绿"保护母亲河"等活动。工会、妇联开展"美丽家园"和"最美庭院"创建等主题活动。教育部门、大中小学校深入开展生态文明教育实践活动，推进绿色校园建设。中国竹藤协会、北京绿化基金会等行业协会主动担起社会绿化责任，为美丽北京建设作出积极贡献。

5. 各区绿委勇担当。各区委区政府注重发挥区绿化委员会统筹协调作用，统筹推进辖区绿化美化工作，主动承担驻京单位赴区义务植树活动服务保障工作，动员社会各界力量参与身边增绿添美。朝阳区绿化委员会主动承担重大义务植树服务保障任务，完成中央领导、中央军委首长等重大义务植树活动服务保障工作；丰台区、海淀区绿化委员会加强工作谋划和指导，为全国人大和全国政协领导赴区开展义务植树活动提供一流服务；大兴区绿化委员会克服极端天气影响，积极整地备苗施工，确保共和国部长植树活动顺利举行。西城区等城六区绿化委员会狠抓花园式单位提质增效试点工作，城市花园核心区的雏形初步显现。延庆区等远郊区绿化委员会结合冬奥会、冬残奥会筹办服务保障，提升区域景观环境。通州、怀柔、密云等区绿化委员会广泛动员社会各界参与，加快推进国家森林城市建设。

（二）坚持发展，首都园林绿化"四个服务"保障水平有新跃升

1. 建党百年等重大活动服务保障。建党百年庆典克服高温高湿等不利条件，在天安门广场及周边布置U型花带景观，在建国门到复兴门布置10组立体花坛，庄严隆重、恢宏大气，世人惊艳。国庆期间，天安门广场"祝福祖国"巨型花篮，长安街沿线弘扬伟大建党精神的立体花坛，展现"江山就是人民、人民就是江山"的四季画卷。"9·30"国家烈士纪念日，党和国家领导人及首都各界向人民英雄敬献的花篮等服务保障工作万无一失。突出绿色办奥理念，统筹推进冬奥会和冬残奥会生态景观保障工作，实施冬奥赛区外围大尺度绿化1200余公顷，完成松山地区生态修复328公顷，布置10个重点花坛、设置百处景观节点、增种千株常绿乔木、补植万株彩色植物。

2. 实施新一轮百万亩造林等重点工程。全年新增造林10666.67公顷，新增城市绿地400公顷。完成环球主题公园度假

区绿化等建设工程；完成城市副中心A5庭院及镜河水系园林绿化工程等45.5公顷；建成东城龙潭中湖等休闲公园26处，新建朝阳康城、石景山衙门口等城市森林4处，建设口袋公园及小微绿地50处，公园绿地500米服务半径覆盖率达到87%。完成战略留白临时绿化662公顷，留白增绿261公顷。改造提升平安大街、两广路等林荫道路20条。加快浅山区生态修复，完成宜林荒山台地造林5946.67公顷。聚焦大兴机场、南苑等重点地区，实施填空造林2620公顷，恢复建设湿地1023公顷，提升"三城一区"周边环境服务保障能力。

3. 生态资源得到科学管护。一是全面落实林长制。市委市政府印发全面建立林长制实施意见，制定7项配套制度和"林长制＋检察"工作机制，基本建成"一长两员"网格化资源管理体系；建立市、区、乡（镇、街道）、村（社区）四级林长制责任体系，明确各级林长1万余人，形成各级党委政府保护园林绿化资源的长效机制。搭建《服务中央单位和驻京部队绿化美化工作双台账》快速沟通机制，为中央和国家机关、驻京部队解决急难险重等生态需求问题1500余件（次）。二是建好智慧园林。搭建资源管理、指挥调度、公众服务三个管理平台，园林绿化大数据接入市领导"驾驶舱"，一张图、感知监测一张网不断完善。建成200家公园游客监测应用场景，玉渊潭等20余家公园开展5G、AI场景应用试点。建成一批园林绿化废弃物处置、植物景观应用示范区，新建生态监测站点13个。三是政策法规不断完善。印发园林绿化专项规划、湿地发展保护规划，制定出台市级自然保护区总体规划审批管理办法。启动园林绿化生物多样性保护规划编制，发布《北京陆

生野生动物名录（2021年）》。加快行政执法改革，除东城、西城、石景山外，其他13个区成立行政执法专项队伍，完善与监察执法、刑事司法衔接机制。加强施工企业信用管理，规范招投标市场秩序，全市553个在建工程施工质量明显提升。四是加强资源管护能力建设。突出生物多样性保护，开展生物多样性保护等技术研究6项，建设生态保育小区100处；建成十三陵生物多样性恢复、怀柔近自然森林经营等3处国际合作基地。加强森林防火，新建498座森林防火视频监控及通信系统基础设施，全市未发生森林火灾。加强林业有害生物防控，基本实现"有虫不成灾"。重点做好冬奥会赛场周边森林防火和林业有害生物防控，延庆赛区外围森林防火视频监控覆盖率达到100%。

4. 办好一批生态惠民实事。弘扬伟大建党精神，践行初心使命，狠抓惠民工作。一是落实绿色惠民。全年新增昌平回天等园艺驿站25家，首都园艺驿站达到100家；完成人定湖等10处全龄友好型公园改造，建设无障碍环境136处；在核心区平房院落种好"院中一棵树"，栽植乔灌木497株。建成村头片林、村头公园105处，完成背街小巷环境提升1385条，新建健康绿道100千米，市民休闲游憩空间得到拓展。二是推动产业惠民。新发展和改造果园4093.33公顷；新增国家级种质资源库2处，建设国家级标准化花卉示范区2个、花坛花卉种苗示范区40个；新建4个特色中华蜜蜂养殖场，推动"京字号"花果蜜品牌深度融合，带动乡村游1000万人次，30余万户农民实现绿岗就业。三是创新政策惠民。新一轮百万亩造林项目吸纳就业7.02万人。落实山区生态林补偿机制，4.2万余名管护员人均每月增收1328

元。落实平原生态林养护管理补助，约4.5万农民实现绿岗就业。实施退耕还林后续政策，惠及农户9.5万户。出台新型集体林场指导意见，建成新型集体林场77个，新增就业岗位1.1万个。

（三）传承全民义务植树宝贵经验，京华大地再掀全民义务植绿尽责新高潮

1. 系统总结40年来首都义务植树宝贵经验。深刻学习领会历届党和国家领导人参加首都义务植树劳动时讲话精神，形成全党动员、全民动手、全社会参与绿化美化动员体制；全面梳理各级各系统各部门绿化委员会及其办公室职能职责，形成条块结合、以块为主的管理机制；深入挖掘40年来首都绿化美化战线的先进单位和先进个人的典型事例，形成一代接着一代干的光荣传统。面对新形势，勇于开拓创新，创造8大类37种首都全民义务植树尽责方式，形成"春植、夏认、秋抚、冬防"四季尽责的北京品牌。

2. 成功举办义务植树40周年系列纪念活动。一是媒体推介。召开年度义务植树新闻发布会，在中央和市级重要媒体报道首都全民义务植树40年主要成就和义务植树重要理论文章，介绍全民义务植树40周年各项活动，组织召开全民义务植树40周年经验交流会；组织中外媒体采访首都40年来义务植树取得的主要成就和先进典型代表；在"首都园林绿化"官方微博、微信公众号开设"全民义务植树40周年"专题，在《绿化与生活》杂志发行《首都全民义务植树40周年》增刊；制作和发行首都全民义务植树40周年专题宣传片、动画片和纪念画册等。二是展览展示。举办"全民植绿四十载美丽北京谱新篇"——

首都全民义务植树40周年展览，通过详实的史料、图片等回顾全民义务植树活动的起源，首都全民义务植树40年发展进程中的重大事件、重要会议及里程碑事件等，全景式展现首都全民义务植树光辉历程。全市16个区相继开展"全民义务植树40周年"主题征文活动和书画大赛等系列活动。

3．广泛开展多种义务植树尽责活动。在昌平区组织首都全民义务植树40周年栽植纪念林大型植树活动。举办"走进纪念林，传承植树爱树好传统"主题系列纪念活动。各系统各部门利用自身优势，开展"生态图谱鉴""北京是你家也是我的家"等系列宣传活动，开展"码上植树""云端尽责"等新模式植树尽责活动。仅第37个首都全民义务植树日，就有121万人次参加植树纪念活动，栽植各类树木93万余株，养护树木711万余株。据不完全统计，全年先后有422万人次参加植树尽责活动，新植苗木约101万株，抚育苗木约1081万株。

4．着力推进群众性绿化美化创建和评比表彰工作。制定出台《首都绿化美化评比表彰工作细则（试行）》，全年对398个先进集体和500名先进个人进行表彰。完成全国绿化先进集体、劳动模范和先进工作者评选推荐工作。通州、怀柔、密云3区创森指标全部达标，石景山、房山、门头沟、昌平4区完成创森各项准备工作。大兴区建成全国首个"森林城市主题公园"，通州区"森林城市体验中心"成为网红打卡地，昌平回天地区森林城市体验中心为110万回天地区居民提供生态服务。狠抓首都花园式单位成果核查和提质增效研究工作；全年新增首都花园式社区、单位100个，首都森林城镇、村庄56个，新创"互联网+全民义务植树"示范

基地7个；在全市涉农区打造和培育通州区永乐店镇老槐庄村等10个绿化美化样板村，共建共享美丽北京的氛围更加浓厚。

（四）服务"文化中心"建设，首都园林文化工作取得丰硕成果

1．认真续写古都文化。围绕中轴线申遗，推进老城整体保护，出台《首都功能核心区古树名木保护行动计划（2021—2022年）工作方案》，推动古树保护与老城整体保护相融合，稳步推进濒危衰弱古树名木抢救复壮，改善核心区古树名木长势和生长环境。制定中轴线绿色空间景观提升和天坛医院旧址绿化方案，完成天坛、颐和园、景山等古建文物修缮，完成中山公园管理处用房、中山音乐堂局部拆除综合整治，天坛西门外公共绿地全部收回。围绕三条文化带建设，积极推进路县故城遗址公园二期工程、路县博物馆站选址和副中心城市绿心三大建筑配套绿化，完成十三陵林场沟崖玉虚观文化景观保护提升、长城周边山体生态修复，三山五园、首钢遗址、冬奥会、官厅水库、永定河周边等生态文化项目建设持续推进。

2．严格古树名木管护。出台《北京市古树名木保护规划（2021—2035年）》。全面开展古树名木体检工作，研发使用体检App，形成"一树一档"古树名木电子、纸质体检报告，为全市古树名木保护管理精细化提供数据支撑。创新古树名木保护模式，持续推进密云区九搂十八杈古树主题公园、昌平区古树乡村等试点建设，完成房山区上方山国家森林公园古树保护小区初期建设，加强古树及其生境整体保护。开展全市古树名木巡查，形成问题发现－反馈－跟进的全流程管理，进一步压实管护责任。助力"古树健康保护国家创新联

盟"成立，推进"国家古树健康及文化保护工程研究中心"的申报与建设。

3．着力推广园林文化。一是讲好红色故事，打造公园红色文化品牌，发布红色旅游地图，推出42项特色红色旅游活动，开展志愿讲解3700余场次。二是弘扬生态文化，狠抓首都生态文明宣传教育基地建设，举办"2021爱绿一起"系列宣传活动700余场次；举办"第二届北京国际花园节市民花园竞赛""首都市民园艺风采大赛""冬奥主题园艺作品征集"等园艺活动；启用北京生态礼物形象标识、开展第三届"北京自然笔记"作品征集工作，出版第二册《自然观察笔记》；举办森林音乐会、森林文化节、碳中和进百园等一批系列文化活动。三是办好展园展会，突出"一园一品"，举办各类特色文化活动600余场，推出文创产品5400余种，文创产值超1.85亿元；颐和园博物馆挂牌，推出"园说Ⅲ"展览，展示各类文物近300件。高水平完成2021年扬州世园会和徐州园博会北京园建设。北京参展第十届中国花卉博览会，荣获组织、团体、室外展园、室内展区4个特等奖和422个展品奖。

以上成绩的取得，主要得益于党中央、国务院、全国人大、全国政协领导亲切关怀、率先垂范的结果；得益于中央和国家机关、驻京人民解放军和武警部队大力支持、积极参与的结果；得益于市委、市政府和首都绿化委员会坚强领导、大力推进的结果；得益于全市16个区绿化委员会主动作为，创新有为，奋力拼搏的结果；更得益于全市人民和绿化战线上广大干部职工辛勤耕作、甘于奉献的结果。但是，我们也清醒地认识到一些急需解决的矛盾和问题不容忽视。

一是在各级绿化委员会统筹协调作用发挥，基层人员履职尽责能力上，距新时代全民义务植树工作的形势和任务要求还有一定差距。

二是在园林绿化资源科学管护和经营上，碳汇增量和生态产品供给能力方面还有许多工作要做。

三是在创新发展"互联网+全民义务植树"基地体系建设与管理上，标准化、规范化程度还不够高。

二、2022年工作计划

2022年是党的二十大召开之年，是北京冬奥之年，也是实施"十四五"规划承上启下的重要一年，做好今年的绿化美化工作意义重大。

2022年工作指导思想是：以习近平新时代中国特色社会主义思想为指导，深入贯彻习近平总书记对北京一系列重要讲话和参加首都义务植树活动重要讲话精神，立足首都城市功能定位，坚持正确政绩观，敬畏历史、敬畏文化、敬畏生态，传承全民义务植树的宝贵经验，组织动员社会各界采取多种形式，广泛参与首都绿化美化；大力宣扬生态文明理念，营造爱绿护绿的时代风尚；持续完善森林生态体系，推动首都绿化美化发展；加强标准制度建设，强化绿色惠民，增强市民的绿色获得感，以优异成绩迎接党的二十大胜利召开。

2022年的工作目标是：全年新增造林绿化10000公顷、城市绿地200公顷。全市森林覆盖率达到44.8%，平原地区森林覆盖率达到31.4%，森林蓄积量达到2800万立方米；城市绿化覆盖率达到49.1%，人均公园绿地面积达到16.63平方米，公园绿地500米服务半径覆盖率达到88%。

重点抓好以下五方面的工作：

（一）充分发挥首都绿化委员会组织协调的重要作用，引领首都绿化美化深入开展

1. 做好中央领导、全国人大和全国政协领导、中央军委领导、共和国部长等重大植树活动的组织协调和服务保障工作。建立健全沟通协调工作机制，细化规范工作流程，提早选取植树地块，各区、各部门（系统）要积极推荐地块，主动承担各项任务；有接待保障任务的区要坚持首善标准，区绿化委员会主任、副主任要亲自谋划，主动搞好对接服务，科学制定工作方案，统筹安排服务保障力量；驻京部队、公安交警、城市管理和交通运输、卫生健康委等有关部门要发挥职能优势，支持和参与服务保障工作，确保重大植树活动安全、有序、圆满。

2. 做好重要会议、重要活动和重要节日的景观环境保障工作。一是做好党的二十大的景观环境保障工作。按照全市总体部署，制订景观环境保障方案，以"精精益求精、万万无一失"的精神，全面提升重点区域、重要道路的绿化品质，充分展示新时代大国首都的崭新风貌。二是做好冬奥会和冬残奥会环境服务保障工作。紧紧围绕景观保障、疫情防控、防火防虫、文化推广、果品供应五个方面做好各项服务保障；做好"五区四线三周边"景观提升，在重要节点布置10处主题花坛，在重点保障区域设置100处景观节点。三是做好"五一""十一""9.30"烈士纪念日等重要节日的服务保障。加强工作统筹，细化工作方案，精心组织、细致谋划，营造优美大气的景观环境。

3. 强化各部门（系统）职责。中央和国家机关要充分发挥模范表率作用，带头落实多种尽责形式，开展形式多样的义务植树尽责活动，组织并参与共和国部长植树活动；做好义务植树责任区和基地的日常管理工作，完善基础设施建设，探索将义务植树责任区和基地改造提升为"互联网+全民义务植树"基地的方法路径。驻京部队要持续发挥突击队作用，抓好营区绿化和景观提升，开展好绿色营区创建，服务保障好中央军委领导植树活动，继续支持北京重点绿化工程建设。公路、铁路、水务等部门和单位要按照职责抓好本单位、本系统绿化工作。各级工会、共青团和妇联要充分发挥自身优势，动员广大群众积极参与首都绿化美化建设。

（二）以全面推开"互联网+全民义务植树"基地为契机，持续激发社会各界参与首都绿化美化的积极性

1. 科学规范义务植树责任区、基地的运行管理。结合工作实际，研究传统责任区和基地的管理模式和新发展方式，对标"互联网+全民义务植树"的标准和要求，提升完善基础设施，持续发挥积极作用。加强五级"互联网+全民义务植树"基地体系建设，健全完善管理制度和标准体系，探索等级晋升机制和档案留存、资源管理、日常巡护检查、年终考核相结合的信息化管理模式；加强与首都园艺驿站、首都生态文明宣传教育基地工作相衔接，把"互联网+全民义务植树"基地切实建设成为方便市民尽责的身边场所。

2. 巩固深化首都义务植树品牌成果。全力推动"春植""夏认""秋抚""冬防"首都义务植树品牌深入人心、见到实效，探索更多符合首都特点的义务植树尽责形式，逐步融入四季尽责活动之中。按

照《关于全面建立林长制的实施意见》要求，将义务植树工作纳入林长制考核内容，推动义务植树工作扎实开展。各区、各基地要围绕全面推广多种尽责形式，周密制定年度工作计划，积极通过"首都全民义务植树"微信公众号等信息平台及时向社会发布活动信息，全年举办多种形式义务植树活动2000场；全方位提升义务植树尽责网络预约服务水平，为群众提供方便快捷的预约服务，满足群众参与义务植树的强烈需求。

3. 加强纪念林的建设管理。按照新的《北京市纪念林管理办法》，严格准入审核，做好纪念林分级管理工作，切实把纪念林管严、管细、管好。对重点纪念林，要进一步细化台账，完善档案资料。加强日常巡查，确保及时发现问题、及时妥善处置。对一般纪念林，建立健全管理台账，完善各项管理制度，明确养护标准，进一步提升品质和质量。

（三）持续完善森林生态体系，推动首都绿化美化发展

1. 突出抓好新一轮百万亩造林收官工作。全年完成造林绿化10000公顷。在核心区、中心城和城镇，围绕服务保障首都核心功能，充分利用疏解腾退空间，新增绿地200公顷，推动花园式核心区建设；在平原地区，构建大尺度城市森林生态系统，实施绿化建设6206.67公顷，织密织牢平原绿网；在生态涵养区，加大生态廊道连通和废弃矿山修复力度，加强平原地区生物多样性保护廊道的保护、修复和管理，实施生态修复4293.33公顷，厚实绿肺绿肾功能；在市域范围，实施"留白增绿"533公顷，"战略留白"临时绿化445公顷，实现应绿尽绿、能绿尽绿，提升

"疏整促"成果转化率。

2. 切实抓好科学绿化。一是坚决贯彻《国务院办公厅关于科学绿化的指导意见》，将森林城市、海绵城市、碳中和等新理念有机融合，走科学、生态、节俭的绿化发展之路。二是突出生物多样性保护，建立生物多样性保护政策、制度、标准和监测体系，开展生物多样性本底调查，制定全市第一批野生动物重要栖息地名录，建设生物多样性保育小区100处、城市生物多样性保护示范区20处。三是精准提升平原生态林质量，完成林分结构调整6666.67公顷，繁育及补植补种乡土长寿树种幼苗100万株，建设综合经营示范区50处。四是加大山区森林经营管理力度，实施山区森林经营46666.67公顷，建设各类林分经营示范区30处。五是提升生态系统碳汇增量，印发园林绿化应对气候变化"十四五"行动计划，完善绿地和湿地碳汇计量监测体系，完成全市林地绿地碳储量及碳汇能力测算；加强与国家碳交易体系的衔接，规范开展全市林业碳汇交易。

3. 加强生态资源保护管理。一是全面落实林长制实施意见，完善林长制配套制度，健全目标责任体系，制定各级林长年度督查考核实施细则，加快建立"一长两员"网格化管理体系。二是切实承担起资源保护主体责任，加大资源保护督查力度，建立督查整改闭环管理体系，做好行政审批事前事中事后全链条监管，对接"国土三调"数据，编制市区两级林地保护利用规划（2021—2035年）。三是加快推进自然保护地体系建设，开展自然保护地整合优化、勘界立标、确权登记、资源保护、成效评价等工作，推进风景名胜区整合优化；全力建设国家植物园体系，积极推动国家植物园后续建设。

4．科学保护古树名木。一是全面落实《北京市古树名木保护规划（2021—2035年）》。加强宣传贯彻，发挥引领作用，推进区级古树名木保护规划编制。二是按照《首都功能核心区古树名木保护行动计划（2021—2022年）工作方案》，对照中轴线申遗的相关要求，明确责任主体，细化工作目标，确保各项任务按时完成。三是提升精细化管理水平，与城管执法部门联合开展古树名木保护管理专项行动，开展现场巡查检查，探索古树名木保护执法联动机制；逐步完善古树名木"一树一档"档案管理，规范古树名木标志管理。四是抓好试点建设，持续推进"九搂十八杈"等古树名木主题公园，以及20处保护小区、古树街巷、古树社区、古树乡镇、古树村庄试点建设。五是加强科学研究，对部分采用水泥、钉钢板等方式进行保护的古树名木全部完成科学修复；积极开展科学繁育古树名木后代技术的研究、实验以及种质资源保存、扩繁与回归。

（四）加大生态惠民力度，让群众充分享受到首都绿化美化的建设成果

1．加快推动公园绿地服务功能提升。结合城市更新，实施核心区庭院绿化，种好"院中一棵树"，建设20条林荫路；结合体育专类公园建设，开展30处全龄友好型公园提升改造；推动构建公园游憩体系，新增绿道80千米、试点建设森林步道100千米；持续推进文明游园整治专项行动，不断提升游园环境；进一步完善公园分级分类管理制度，研究制定公园分类管理服务标准和维护标准，不断加强公园智慧建设。

2．加快推动绿色产业转型升级。制定促进首都都市型现代园林绿化产业发展意见，保护利用好古老果树资源、"京字号"果品，建设老北京水果示范基地15个，实施高效节水果园灌溉工程846.67公顷，新建国家重点林木良种基地和种质资源库242.93公顷。统筹做好果、花、蜜消费季、"五节一展"花事活动。出台《关于科学利用森林资源促进林下经济高质量发展的指导意见》，制定发展新型集体林场相关配套制度，新发展林下经济13333.33公顷，建设新型集体林场示范点30个。

3．加快推动生态惠民政策落地见效。调整山区生态林管护补偿、生态效益促进发展两个机制，提高森林健康经营资金比例，探索研究对重点生态区域生态林实行精准化、差异化补偿；制定湿地、经济林生态补偿政策，推动完善农业政策性保险对果树等园林绿化产业的覆盖。严格落实新一轮百万亩造林、平原生态林养护用工保障本地农民就业政策，建立促进农村劳动力就业参保台账，全面落实好退耕还林后续政策。落实提升农村人居环境建设美丽乡村行动方案，进一步提升农民群众的获得感、幸福感。

（五）着力弘扬生态文化，进一步提升首都绿化美化的号召力和影响力

1．大力传播生态文明理念。持续办好"爱绿一起"、森林文化节、森林音乐会和"世界湿地日""保护野生动物宣传月""绿色科技　多彩生活"等品牌文化活动，推进碳中和知识进百园；充分发挥100余家园艺驿站和一批首都生态文明宣传教育基地作用，开展2000场生态文化活动。做好北京生态礼物宣传推广工作，举办好第三届北京国际花园节、市民菊花节、首都市民园艺风采大赛等活动。

2．抓好群众性创建工作。按照全国

绿化委工作计划安排，全力推进通州、怀柔、密云、石景山、门头沟、房山和昌平7个符合申请条件的区做好国家森林城市考核验收准备工作，朝阳、丰台、大兴全部达到国家森林城市标准。各区要围绕不同主题打造独具特色的创森品牌，展现首善之区的创森特色。组织动员社会力量广泛参与群众性创建工作，持续推进市花月季和乡土植物进社区、进村庄活动，创建首都花园式街道2个，首都花园式社区40个，首都花园式单位45个，首都森林城镇6个，首都绿色村庄50个。

3. 扎实推进生态文化建设重点工作。围绕"三条文化带"和中轴线申遗，有序推动颐和园、社稷坛、天坛等腾退区域环境整治，全力推进颐和园长廊彩画、香山碧云寺、北海白塔等重大古建筑修缮项目，抓好园林绿化资源内革命文物片区保护传承，持续开展"园说"等系列展览。积极推进太行山森林步道、"京畿长城"国家风景道体系建设，做好大运河、长城国家文化公园涉及园林绿化建设任务。高水平筹备好第九届国际樱桃大会，全力做好第十三届徐州园博会、第十四届中国菊花展、香港花卉展等参展工作。

文件选编

北京市种子条例

（2022年1月10日北京市第十五届人民代表大会第五次会议通过）

第一章 总 则

第一条 为了保护和合理利用种质资源，加强种业科学技术研究，激励育种创新，规范种子生产经营和管理行为，维护种子生产经营者、使用者的合法权益，发展现代种业，维护国家种源安全、粮食安全、生态安全，根据《中华人民共和国种子法》（以下简称《种子法》）等有关法律、行政法规，结合全市实际情况，制定本条例。

第二条 在全市行政区域内从事种质资源保护利用、育种创新，以及品种管理、生产经营、扶持保障等活动，适用本条例。植物新品种保护依照有关法律、行政法规的规定执行。

本条例所称种子，是指农作物、林木的种植材料或者繁殖材料，包括籽粒、果实、根、茎、苗、芽、叶、花等。

第三条 全市推进种业之都建设，促进种业科技自立自强、种源自主可控。

第四条 市、区人民政府应当加强对种子工作的领导，将种子工作纳入国民经济和社会发展规划和计划，将种业创新纳入国际科技创新中心建设内容，统筹协调解决种业发展重大问题，制定长期稳定支持政策措施，促进种业高质量发展。

市人民政府应当结合乡村振兴战略和生态文明建设，组织制定和实施全市种业发展规划，并将实施情况纳入绩效考核。有关区人民政府根据本地区实际情况，制定和实施本区种业发展规划。全市种业发展规划应当与城市总体规划相衔接。

第五条 市、区农业农村、园林绿化部门分别主管本行政区域内农作物种子和林木种子工作。

发展改革、财政、科技、规划自然资源、市场监督管理、知识产权等部门，依照各自职责做好有关种子工作。

第六条 市人民政府建立政府主导、企业等多方参与的种子储备制度，储备的种子主要用于发生灾害时生产需要及余缺调剂，保障农业和林业生产安全。

第七条 对在种质资源保护和良种选育、推广等工作中取得显著成绩的单位和个人，农业农村、园林绿化部门依照国家规定给予表彰和奖励。

第八条 农业农村、园林绿化部门和科研机构、高等院校等应当加强种子基础科学技术知识、种源安全形势和相关法律法规的宣传，营造现代种业发展的良好氛围。

第九条 任何单位和个人有权举报违反种子法律法规的行为。

农业农村、园林绿化部门应当健全完善投诉和举报制度，公开受理投诉和举报的方式，对受理的投诉和举报应当及时调查处理。

第二章 种质资源保护与利用

第十条 种质资源保护与利用应当坚持基础性、公益性定位，遵循保护优先、高效利用，政府支持、多元参与的原则，建立健全鉴定评价体系。

第十一条 市农业农村、园林绿化部门应当会同有关部门按照国家要求，编制种质资源保护与利用发展规划并组织实施，建立健全种质资源保护制度和分级分类保护体系，建设种质资源大数据平台，提升种质资源保护与利用能力。

第十二条 任何单位和个人不得侵占和破坏种质资源。

市级重点保护的天然种质资源实行目录管理。未经批准不得擅自采集或者采伐列入目录的天然种质资源；因科研、教学等特殊情况需要，采集或者采伐列入全市目录的天然种质资源的，应当经市农业农村、园林绿化部门批准。

市级重点保护的天然种质资源目录，由市农业农村、园林绿化部门分别制定，并向社会公布。

第十三条 市农业农村、园林绿化部门应当组织开展种质资源普查和专项调查，收集、整理、登记、保存、鉴定、评价种质资源。

市农业农村、园林绿化部门应当定期发布种质资源登记信息和公布全市可供利用的种质资源目录。

第十四条 市农业农村、园林绿化部门可以根据需要建立种质资源库（圃）、种质资源保护区、种质资源保护地，根据实际情况，将下列具有保护价值的种质资源分别纳入其中予以保护：

（一）列入国家和市级重点保护的天然种质资源目录的；

（二）农作物的野生种、野生近缘种、濒危稀有种、特色地方种；

（三）珍稀、濒危树种和古树名木、主要乡土树种、全市特有的林木种质资源；

（四）其他具有保护价值的种质资源。

占用种质资源库（圃）、种质资源保护区、种质资源保护地，应当经原设立机关同意。

第十五条 市农业农村、园林绿化部门负责确定种质资源库（圃）、种质资源保护区、种质资源保护地等的种质资源保护单位。

种质资源保护单位应当按照职责或者服务协议开展下列种质资源保护与利用相关工作，农业农村、园林绿化部门提供相应支持和保障：

（一）建立健全种质资源收集、登记、保存、鉴定、评价、更新、交流和共享利用的管理制度，并组织实施；

（二）加强种质资源保护基础理论、关键核心技术研究，开展种质资源鉴定、评价，发掘优异基因，建立DNA指纹图谱库，创制优异种质；

（三）加强种质资源相关专业技术培训，强化技术支撑，稳定壮大专业人才队伍。

种质资源保护单位可以利用种质资源库（圃）、种质资源保护区、种质资源保护地开展科普教育活动，因地制宜设置科普教育服务设施。

第十六条 在确保生物安全的前提下，鼓励单位和个人从境外引进种质资源，丰富全市种质资源多样性。市农业农村、园林绿化部门应当会同有关部门建立健全从境外引进农作物和林木种质资源的检疫隔离机制，对引进的种质资源开展检疫性有害生物和生物安全风险评估；建立健全快速通关机制，提高通关便利性。

市农业农村、园林绿化部门应当对从境外引进的种质资源进行登记，依托种质资源保护单位做好样品保存工作。

任何单位和个人向境外提供种质资源，或者与境外机构、个人开展合作研究利用种质资源的，应当依照国家有关规定办理许可。

第十七条 鼓励和支持科研机构、高等院校、种子企业及其他单位和个人参与种质资源保护，并按照规定登记其保存的种质资源信息。因科研和育种需要使用全市可供利用的种质资源的，有关单位和个人可以向种质资源保护单位提出申请。种质资源保护单位具备提供条件的，应当提供，签署种质资源获取与利用协议并做好跟踪记录；不具备提供条件的，应当说明理由。

第三章　育种创新

第十八条 育种创新应当围绕提高自主创新能力，坚持市场导向、企业主体、产学研用结合。

第十九条 全市强化种子企业的创新主体作用，推动不同层次和规模的种子企业协调发展。支持选育生产经营相结合的种子企业发展，重点培育具有人才、技术、资本优势的领军企业，培养具有资源、品种、模式优势的特色企业。

市农业农村、园林绿化部门会同有关部门制定政策措施，支持种业智库、种业科技服务机构等专业化平台发展，为政府、企业决策提供技术支持和咨询服务。

鼓励社会单位开展植物新品种测试、种子质量检测工作。

第二十条 支持科研机构、高等院校重点开展育种的基础性、前沿性研究和应用技术研究以及生物育种技术研究，支持常规农作物、林木育种等研究，提高育种基础创新能力。

第二十一条 支持种子企业通过组建创新联盟、产学研用创新联合体和共设研发基金、共建实验室等方式，与科研机构、高等院校在育种关键共性技术创新、优异基因挖掘、新种质创制、新品种培育等方面开展创新合作。

第二十二条 市农业农村、园林绿化部门应当会同有关部门制定并组织实施育种高精尖创新攻关计划，聚焦重大基础理论研究、育种关键核心技术，选育优质高效品种；创新项目立项和组织管理机制，遴选、支持优秀技术解决方案。

第二十三条 全市建立健全以增加知识价值为导向的种业科技成果权益分配机制，尊重、维护和保障种业科技成果转化中各方主体的合法权益。取得植物新品种权或者育种方法发明专利权的品种得到推广应用的，育种者、权利人有权依法获得相应的经济利益。

鼓励和支持采用转让、许可等方式转

移转化种业科技成果。科研机构、高等院校可以以植物新品种权、专利权、种质资源和技术方法等资源与种业企业进行合作。

第二十四条 全市将植物新品种权、育种方法发明专利权等育种领域知识产权纳入全市知识产权保护体系，建立健全跨区域跨部门联动保护和行政司法协同保护机制，依法保护育种领域知识产权权利人的合法权益。

第二十五条 鼓励和支持种业交流交易。举办种业大会、高峰论坛等，促进国内外优势企业和创新机构聚集；搭建种业科技成果交流平台，推进创新成果集成融合与价值释放。

第四章 品种管理

第二十六条 主要农作物品种和主要林木品种在推广前，应当依照国家有关规定通过国家或者全市审定。通过全市审定的主要农作物品种和林木良种，分别由市农业农村、园林绿化部门公告，可以在全市行政区域内适宜的生态区域推广。

应当审定的主要农作物品种未经审定通过的，不得发布广告、推广、销售；应当审定的主要林木品种未经审定通过的，不得作为林木良种推广、销售，但生产确需使用的，应当依照国家有关规定认定。

第二十七条 列入国家非主要农作物登记目录的品种在推广前应当依照国家有关规定办理登记；应当登记的非主要农作物品种未经登记的，不得发布广告、推广，不得以登记品种的名义销售。

第二十八条 引种其他省、自治区、直辖市有关部门审定通过的主要农作物品种和林木良种，到全市行政区域内同一适宜生态区域的，引种者应当将引种的品种和区域报市农业农村或者园林绿化部门备案。经备案的，由市农业农村或者园林绿化部门向社会发布公告。

引种者对引种品种的真实性、适应性和安全性负责。

引种品种被原审定部门撤销审定的，市农业农村部门或者园林绿化部门应当根据主动备案清理工作要求或者引种者申请，撤销引进品种备案，并向社会发布公告。

第二十九条 申请农作物品种审定、登记、备案的，申请人应当向市农业农村部门指定机构提交农作物品种的标准样品，由指定机构建立健全农作物标准样品库和DNA指纹图谱库。

申请林木品种审定、认定、备案的，申请人应当向市园林绿化部门指定机构提交林木品种的标准样品，由指定机构建立健全样品库和DNA指纹图谱库。

第三十条 通过全市审定、认定的品种，有下列情形之一的，应当撤销审定、认定，并由原公告部门向社会公告：

（一）申请人提供的品种标准样品不真实；

（二）申请人利用伪造试验数据等欺骗手段通过审定、认定；

（三）种性严重退化或者失去生产利用价值；

（四）出现不可克服的严重缺陷。

第五章 生产经营

第三十一条 从事种子生产经营的，应当依法取得种子生产经营许可证，但有下列情形之一的除外：

（一）仅从事非主要农作物种子或者非主要林木种子生产；

（二）农民个人自繁自用剩余的常规种子在当地集贸市场上出售、串换；

（三）在种子生产经营许可证载明的

25

有效区域设立分支机构;

(四)专门经营不再分装的包装种子;

(五)受具有种子生产经营许可证的生产经营者书面委托,生产、代销其种子。

有前款第(三)(四)(五)项规定情形之一的,应当向所在地的农业农村或者园林绿化部门备案。

第三十二条 生产经营者申请注销种子生产经营许可证,且不违反法律法规规定的,农业农村、园林绿化部门应当办理种子生产经营许可证注销手续,并予以公告。

第三十三条 种子广告的内容应当符合法律、行政法规的规定,主要性状描述等应当与种子审定、登记、认定、备案的信息一致。

第三十四条 利用互联网等信息网络经营种子的,应当在其首页显著位置持续公示种子生产经营许可证或者备案信息。

电子商务平台经营者应当对平台内种子经营者的身份、联系方式、种子生产经营许可证或者备案信息等进行核验、登记,建立经营者档案,并定期核验更新。

通过种业大会等展销会销售种子的,展销会承办单位应当对销售者的种子生产经营许可证或者备案信息等进行核验。

第三十五条 鼓励林木种子生产经营者使用电子标签,建立生产经营电子档案,增强林木种子质量可追溯性。林木种子电子标签、电子档案的内容应当符合国家和全市有关规定。

第三十六条 市园林绿化部门应当加强保障性苗圃建设,提高重大活动、重点工程的用种保障能力。

政府投资或者以政府投资为主的造林绿化项目,实施单位应当根据园林绿化部门制定的计划使用附有标签的林木良种和乡土树种。

第六章 扶持与保障

第三十七条 全市综合运用产业布局、合作协同、财税金融、人才培养、营商环境等方面的措施,促进种业振兴。

第三十八条 市、区人民政府应当根据全市种业发展规划,优化种业发展布局,规划建设规模适当、集中稳定的种子科研试验、生产繁育、展示示范基地,吸纳种业生产要素聚集,合理配置科研实验设施和其他必要基础设施的建设用地指标,并在土地租赁、设施建设等方面给予政策支持。

第三十九条 全市建立健全种业科技创新协调机制,加强与国家有关部门、在京单位的联系,协同建设联合研究平台,承接国家现代种业重大项目,支持有关单位在京开展种质资源保护、育种创新和育种科技成果转化等活动。

第四十条 市农业农村、园林绿化部门应当与天津市、河北省等周边地区建立健全种业创新、植物新品种权保护、人才技术交流、信息共享、执法等协作机制,促进区域协同发展。

第四十一条 市人民政府应当落实国家南繁规划,支持北京南繁科研育种基地建设,加大科研支持力度,完善科研育种、配套生产生活设施建设,提升服务水平。

全市鼓励科研机构、高等院校、种子企业与外埠优势区域种业基地合作,在全国范围内布局科研育种基地、良种繁育生产与加工基地。

第四十二条 市人民政府应当安排资金专项用于种质资源保护与利用、关键核心育种技术创新、生物育种产业化应用、种业知识产权保护、种业支撑服务平台建设等方面,加大对种业创新的支持力度。

利用财政资金设立的支持企业发展、科技创新的专项资金、政策性基金等，政府有关部门应当加强统筹协调，加大对符合条件的种子企业的支持力度。

第四十三条 符合国家规定条件的创新型种业企业，可以按照规定享受国家支持科技创新的研发费用税前加计扣除等税收优惠政策。

第四十四条 鼓励和支持社会资本投资现代种业创新，扶持种子企业扩大规模，提高竞争力；鼓励和引导金融机构为种业创新发展提供金融支持。

第四十五条 市农业农村、园林绿化部门建立健全优良品种使用补贴机制，制定、公布适宜本地使用的农作物和林木优良品种目录，提升优良品种应用水平。

第四十六条 鼓励科研机构、高等院校和种子企业引进国内外高层次人才，对符合全市有关规定的高层次人才给予相应政策支持。

市人力资源和社会保障部门会同有关部门建立健全种业实用技术人才分类评价机制，将育种辅助、检验测试、鉴定评价等基础性工作情况作为职称评定的重要参考。

鼓励组织种业专业技术人员培训，培养田间育种辅助人员、检验测试人员、鉴定评价技术人员等实用技术人才。

第四十七条 农业农村、园林绿化部门建立健全种业监测机制，收集、整理和分析种子科技研发、生产经营、市场动态等信息，为政策制定和企业生产经营提供参考。

第四十八条 农业农村、园林绿化部门应当会同有关部门建立健全种子生产经营信用管理制度，完善守信激励和失信惩戒机制，建立种子生产经营者信用记录，并依法向社会公开，促进市场主体依法诚信经营。

农业农村、园林绿化部门与市场监督管理、公安等部门建立联合执法协调机制，实行执法信息共享和案件移送。

第四十九条 种子行业协会应当加强行业自律，维护会员合法权益，为会员和行业发展提供信息交流、技术培训、技术服务、信用建设、市场营销和咨询等服务。

第五十条 鼓励种子科研机构、高等院校、种子企业与农民专业合作社、家庭农场、集体林场、农户开展合作，建立利益联结机制，带动农民增收致富。

第七章 法律责任

第五十一条 违反本条例第十二条第二款规定，未经批准擅自采集或者采伐列入市级目录的天然种质资源的，由农业农村或者园林绿化部门责令停止违法行为，没收种质资源和违法所得，处三千元以上三万元以下罚款；造成损失的，依法承担赔偿责任。

第五十二条 种子广告内容违反本条例第三十三条规定的，依照《中华人民共和国广告法》的有关规定追究法律责任。

第五十三条 违反本条例第三十四条第一款规定，利用互联网等信息网络经营种子的种子经营者未在首页显著位置持续公示种子生产经营许可证或者备案信息的，由市场监督管理部门责令限期改正，可以处两千元以上一万元以下罚款；电子商务平台经营者对平台内种子经营者未依法采取必要措施的，由市场监督管理部门责令限期改正，可以处二万元以上十万元以下罚款。

违反本条例第三十四条第二款规定，电子商务平台经营者未核验、登记平台内种子经营者有关信息或者未建立经营者档案的，由市场监督管理部门责令限期改正；逾期不改正的，处二万元以上十万元以下罚款；情节严重的，责令停业整顿，并处十万元以上五十万元以下罚款。

第八章　附　则

第五十四条　本条例下列用语的含义是：

（一）种质资源，是指选育植物新品种的基础材料，包括各种植物的栽培种、野生种的繁殖材料以及利用上述繁殖材料人工创造的各种植物的遗传材料。

（二）品种，是指经过人工选育或者发现并经过改良，形态特征和生物学特性一致，遗传性状相对稳定的植物群体。

（三）主要农作物，是指稻、小麦、玉米、棉花、大豆。

（四）主要林木，是指由国务院林业主管部门确定并公布的林木品种；市园林绿化部门可以在国务院林业主管部门确定的主要林木之外依法确定其他八种以下的主要林木。

（五）林木良种，是指通过审定的主要林木品种，在一定的区域内，其产量、适应性、抗性等方面明显优于当前主栽材料的繁殖材料和种植材料。

第五十五条　草种、烟草种、中药材种、食用菌菌种的种质资源管理和选育、生产经营、管理等活动，参照本条例执行。

第五十六条　本条例自2022年4月1日起施行。2006年9月15日北京市第十二届人民代表大会常务委员会第三十次会议通过，根据2018年3月30日北京市第十五届人民代表大会常务委员会第三次会议通过的《关于修改〈北京市大气污染防治条例〉等七部地方性法规的决定》修正的《北京市实施〈中华人民共和国种子法〉办法》同时废止。

北京市树木绿地认建认养管理办法

第一章　总　则

第一条　为进一步规范全市树木绿地认建认养行为，根据《中华人民共和国森林法》《北京市绿化条例》等相关法律法规，结合全市实际情况，制定本办法。

第二条　本办法所称树木绿地认建认养（以下简称认建认养）是指单位或者个人通过一定程序，对社会公布的公共绿化资源，以自愿出资或者投工投劳形式，认建、认养一定数量树木、绿地的行为。

认建是指单位或者个人在规划确定的公共绿地内，按照批准的绿化工程设计方案和建设标准，出资建设绿地和种植树木、花草的行为。

认养是指单位或者个人对已经栽植的树木、绿地，参照相关养护管理标准，以出资形式委托专业绿化单位或者通过直接投工投劳进行养护的行为。

第三条 认建认养坚持双方自愿、公益和公开的原则。

第四条 市、区两级绿化委员会办公室负责树木绿地认建认养的宣传发动、组织协调、技术指导和监督管理。

区园林绿化部门负责树木绿地认建认养资金管理工作。

第五条 认建认养不得改变原有树木和绿地的性质、功能，以及养护责任主体、产权关系。

第六条 鼓励和倡导单位或者个人通过认建认养的形式履行义务植树的责任，对成效显著的单位或者个人可以纳入首都绿化美化先进集体或者先进个人的表彰范围。

第二章 组织管理

第七条 认建认养实行协议管理。由树木绿地管理责任单位与认建认养单位或者个人签订书面协议，明确双方权利和义务，共同遵守；单位、个人可以单独或者联合认建认养。联合认建认养须在相互协商，达成一致意见后共同与树木绿地管理责任单位签订协议。

第八条 认建认养协议应当明确树木、绿地的名称、位置、数量，认建认养的形式、范围、费用、期限以及双方的权利和义务等。

第九条 认建项目所需费用，依据园林绿化部门审定的绿化方案和双方商定的建设标准进行测算；认养项目依据《市园林绿化局关于城市绿地养护管理投资标准的意见》等进行测算。

第十条 认建认养期限，最低不少于1年，最高不超过10年。协议期满后，经双方协商达成一致意见后可以续签协议。

第十一条 认建认养应当严格按照如下工作流程实施：

（一）征集地块。树木绿地管理责任单位向所在区绿化委员会办公室提交可以用于认建认养地块、绿地、树木的资料。

（二）公布信息。区绿化委员会办公室对树木绿地管理责任单位提交的地块、绿地、树木资料进行审核，在各区政务网站对社会公布。

（三）提出申请。有意愿参加认建认养的单位或者个人，应当向区绿化委员会办公室提出申请并提交相应材料。

（四）条件审核。区绿化委员会办公室负责对认建认养项目单位或者个人的资格及条件等进行审核。

（五）协议签订。区绿化委员会办公室组织双方签订认建认养协议，并于签订后将协议在各区政务网站公示，公示期不少于7个工作日。

（六）组织实施。按照认建认养协议要求，双方履行相应的权利和义务。树木绿地管理责任单位应当及时将认建认养项目涉及的协议、相关批复、施工图纸、竣工验收等资料报区绿化委员会办公室。

单位或者个人认养树木可以适当简化流程，方便操作。

第十二条 区绿化委员会办公室应当规范认建认养协议，健全本区树木绿地认建认养档案资料，加强认建认养工作的监督与管理。

第三章 资金管理与使用

第十三条 认建认养资金按照政府非税收入有关规定进行管理。区园林绿化部门为树木绿地认建认养资金执收单位，负责按照标准收取认建认养资金，及时足额上缴同级财政，实行"收支两条线"管理。

第十四条 认建认养资金在充分尊重认建认养单位或者个人意愿的前提下，可以用于本区绿地建设、树木栽植、抚育管护等工作。

第四章 权利与义务

第十五条 树木绿地管理责任单位应当按照认建认养协议履行相关建设和管护义务，并为认建认养单位或者个人监督其所认建认养的树木绿地提供方便。认建认养单位或者个人应当按照协议约定支付认建认养资金。

第十六条 单位或者个人认建认养公共绿地，对个人出资1万元以上、单位出资10万元以上的，可以设置标志牌。单位或者个人认养公共绿地的，根据认建认养协议对公共绿地可以享有一定期限冠名权。

认建认养树木绿地的，按规定折抵年度义务植树任务，并颁发相应证书。

第十七条 标志牌由认建认养单位或者个人出资制作，树木绿地管理责任单位负责设置和维护。标志牌应当坚持节俭、生态的原则，简要标明认建认养单位或者个人的名称和具体项目的名称、期限。

第十八条 认建认养单位或者个人不得在其认建认养的绿地内增设建筑物、构筑物（含广告牌）等，不得私自围圈绿地，不得改变绿地内建筑物规划使用性质，不得在认建认养绿地内进行任何经营性活动。

第十九条 认建认养单位或者个人应当按照安全生产法律法规和相关管理规定，全面落实安全生产主体责任，服从园林绿化部门和所在区或者乡镇人民政府的监督管理。

第二十条 认建认养期内，树木绿地管理责任单位与认建认养单位或者个人终止认建认养协议的，应当严格按照《中华人民共和国民法典》规定执行，并在终止认建认养协议签订后10个工作日内报所在区绿化委员会办公室。

第二十一条 在认建认养期内，因重大工程建设确需临时或者永久占用绿地的，所涉及的树木移植或者绿地恢复费用归树木绿地产权单位所有。确需进行恢复的，由产权单位负责组织实施。

第五章 附 则

第二十二条 本办法所称树木绿地是指全市行政区域内的树木和绿地。

全市林地的认建认养活动可以参照本办法实施。

第二十三条 区绿化委员会办公室可以结合实际制定实施细则，报首都绿化委员会办公室。

第二十四条 树木绿地认建认养协议、标志牌的规格、式样由首都绿化委员会办公室统一制定。

第二十五条 本办法自2022年3月1日起实施。2020年1月19日《关于印发<北京市树木绿地认建认养管理办法>的通知》同时废止。

北京市绿化隔离地区公园养护分级分类管理办法（试行）

第一章 总 则

第一条 为落实新版城市总体规划，加快城市"绿色项链"建设，提高城乡结合部绿化隔离地区公园建设和养护管理水平，进一步促进科学经营、精细管理、精准养护，发挥公园综合功能效益，特制定本办法。

第二条 本办法所指的绿隔公园是指在城乡结合部第一道绿化隔离地区，由市政府投资建设形成的以公益性为主，由各区政府（乡镇、街道）、市有关单位统一管理或成立专门机构运营维护管理的公园，不含建成区的城市公园绿地。

第三条 各区园林绿化局和市有关单位具体负责本区、本单位承担的绿隔地区公园管理，应明确管理机构，各区要制定本区绿隔地区公园管理实施细则、巡查检查制度、养护技术规范，组织开展技术培训、养护检查、资源监管等。

第四条 绿隔地区公园管理机构具体负责林木绿地养护、设施设备维护、环境卫生保洁、安全应急管理和游客服务等。建立健全绿隔地区公园管理制度和规范；制定林木养护年度实施计划、基础设施维护更新计划；制定自然灾害、应急救灾预案，有效稳妥应对重大突发事件。

第五条 市园林绿化局负责绿隔公园养护标准制定、市级养护资金核算，公园养护管理技术指导，公园等级评定和动态调整等。各区园林绿化局负责具体养护检查、日常考核和具体监督实施等。

第六条 市财政局负责绿隔公园市级养护资金的落实，组织开展阶段性绩效评价，指导各区财政局按要求拨付资金，加强专项资金管理。

第二章 分级分类分区管理

第七条 参照《北京市公园条例》《城市绿地分类标准》等管理规定和《公园设计规范》《国家森林公园设计规范》等行业标准，北京市绿隔地区公园实行分级、分类、分区管理。

第八条 按照公园区位、规模、服务人群、养护管理水平、游客满意度等因素分为：一级公园、二级公园、三级公园。

（一）一级公园。周边已完全城市化，游览面积≥20公顷，知名度较高、年游人量50万以上、设施设备齐全完善，绿化养护达到城市绿地一级养护标准，游客满意度≥90%，无安全事故，公园品质优良，管理和服务水平高，等级考评总分≥85分。

（二）二级公园。周边基本城市化，游览面积10～20公顷，年游人量20万以上，设施设备能基本满足需求，绿化养护达到城市绿地二级养护标准，游客满意度≥80%，无安全事故，公园品质良好，管理水平较高，等级考评总分75至85分。

（三）三级公园。绿化养护达到城市绿地三级养护标准，无安全事故，公园品质达标，等级考评总分60分至75分。

第九条 绿隔地区公园的等级评定由区园林绿化局按照自评情况提出申请，市园林绿化局组织专家综合评定。

第十条 按照主导功能特点，绿隔地区公园分为城市型、郊野型、生态涵养型3类。

第十一条 城市型公园一般可设为一、二级；郊野型公园一般可设为二、三级；生态涵养型公园一般设为三级。

第十二条 绿隔地区公园的养护管理可分为核心区域和一般区域。核心区域主导功能为生态休闲游憩，应进行高标准、精细化养护管理。条件允许的，应在一般区域内划设自然带。

第十三条 公园核心区域可按照一、二级管理，一般区域按照三级管理。

第十四条 绿隔地区公园的分类、分区管理按照《北京市绿隔地区公园建设与管理规范（试行）》执行，由区园林绿化局提出申请，市园林绿化局组织专家核定，核定情况抄市财政局。

第三章 保护管理

第十五条 任何单位和个人不得擅自破坏或占用绿隔地区公园内的一切公共财物与资源，禁止挖掘公园内绿地，禁止擅自砍伐、移植和过度修剪公园内树木。因公共基础设施建设等确需占用绿隔地区公园用地的，应按照规定依法办理相关手续。

第十六条 公园内开展的各类经营性活动，应当坚持公益性为主原则，依法经营，并接受上级行政主管部门监管和社会公众监督。

第十七条 公园内用于游览、休憩、服务和管理的建筑物及构筑物的使用管理，执行《北京市公园配套建筑及设施使用管理办法（试行）》。

第十八条 绿隔地区公园的改建、扩建要符合《关于加强本市绿化隔离地区公园建设和管理的指导意见》和《北京市绿隔地区公园建设与管理规范（试行）》等文件要求。

第四章 资金管理

第十九条 绿隔地区公园养护市级财政补助为一级公园每平方米4元、二级公园每平方米3元、三级公园每平方米2元。各区可结合财力状况，加大区级配套资金支持力度，确保足额投入。

第二十条 公园管护资金应专款专用、专账管理，主要用于林木绿地养护、基础设施维护、环境卫生保洁、安全巡逻巡护等支出，任何单位和个人不得截留、挪用。

第二十一条 各区园林绿化局和市有林单位应在每年8月底前制定下一年度养护计划和资金需求，于9月30日前报市园林绿化局，市园林绿化局结合养护检查情况核定后报市财政局。

第二十二条 市级补助资金采取分批拨付方式，年底前将下一年度市级补助资金80%拨付相关各区和有关单位，春季检查考核达到相应级别的拨付剩余20%资金，达不到相应级别考核标准的扣减剩余资金。

第二十三条 对于舆情处理不到位、发生重大安全事故响应不到位、存在重大隐患及养护管理质量差的公园，市区园林绿化局可要求限期整改，按期整改不到位的公园，按照一定比例核减下一年度养护经费，情节严重的，予以降级。

第五章　监督管理

第二十四条　市园林绿化局每年对绿隔地区公园养护管理进行两次综合检查和月度巡查。检查情况作为养护等级调整的重要依据。

第二十五条　区园林绿化局应对所管辖区域内绿隔地区公园开展月度、季度和年度检查工作，发现的问题应及时整改。

第二十六条　绿隔地区公园连续两年考核得分优秀的，可晋升一级；连续两年得分良好的，维持同等级，任何一年得分良好以下的，调低一级。整改完成后，可

在第二年重新申报相应等级。

第二十七条　年度检查考核得分不合格的公园，次年降低级别，养护管理经费投入执行平原生态林标准。

第六章　附　则

第二十八条　本办法所指的公园均为一道绿化隔离地区公园。二道绿化隔离地区纳入市级政策覆盖的郊野公园，暂按一道绿化隔离地区三级公园养护执行，即按照市级财政每平方米2元予以补助。

第二十九条　本办法由市园林绿化局、市财政局负责解释。

第三十条　本办法自2022年6月6日起实施。

北京市公园分类分级管理办法

第一条　为推进全市公园差异化、精细化服务，满足人民群众休闲游憩的多元需求，实行全市公园分类分级管理，依据《北京市公园条例》《北京市湿地保护条例》《风景名胜区条例》《森林公园管理办法》《城市绿地分类标准》等法规、标准，结合全市实际，制定本办法。

第二条　本办法适用于区园林绿化局申请纳入公园名录的公园。

第三条　全市公园分类分级管理实行成熟一批、公布一批、动态调整的原则。

第四条　市园林绿化局负责制定全市公园分类分级管理办法、标准，并开展组

织实施、监督指导等工作。

区园林绿化局负责研究制定本区公园分类分级管理相关配套措施，并具体负责组织申报、检查评估等工作。

市公园管理中心具体负责市属公园分类分级管理工作。

第五条　依据《城市绿地分类标准》及首都公园游憩体系构建需求，全市公园分为七类：

（一）综合公园：是指功能完善、设施齐全、内容丰富，适合开展游览、休憩、科普、文化、健身、儿童游戏等多种活动，可以满足不同人群多种游园需求的

公园。最低控制规模≥5hm²，适宜规模≥10hm²。

（二）社区公园：是指具有必要的配套服务设施和活动场地，主要为一定居住用地范围内的居民就近开展日常休闲活动服务，侧重开展儿童游乐、老人休憩健身活动的公园。最低控制规模≥0.5hm²，适宜规模≥1hm²。

（三）历史名园：是指具有突出的历史、文化、生态、科学价值，能体现特定历史时期造园技艺，对城市变迁或文化艺术发展产生过影响的园林场景。

（四）专类公园：是指以特色主题为核心内容或具有突出的历史文化价值，具有相应游憩和服务设施，侧重满足特色主题塑造和特定服务内容，兼具其他功能的公园。专类公园依托资源特征和环境优势而布局，空间区位不局限于城市开发边界内，包括植物园、动物园、遗址公园、儿童公园、文化公园、体育健身公园、游乐公园、城市森林公园、城市湿地公园、近郊型郊野公园等多种主题类型。

（五）游园：位于城镇建设用地范围内，用地独立，规模较小，方便周边居民和工作人群就近使用，具有休闲游憩功能和简单游憩服务设施，兼具塑造城市景观风貌的公园绿地。

（六）生态公园：位于城市建设用地范围外，兼顾市民休闲游憩、生态环境保护、自然景观展示、科普教育宣传等多重功能的公园，包括郊野公园、滨河森林公园、乡村等公园等。

（七）自然（类）公园：指自然保护地体系中（包括森林公园、地质公园、湿地公园、风景名胜区等）向公众开放、具有休闲游憩和科普教育等功能、配置相应游憩服务设施的区域。

第六条 依据《北京市公园条例》、相关标准规范及政策要求，结合公园现状品质、管理水平和服务需求，全市公园基础等级分为以下四级：

（一）一级公园：品质优秀，管理水平高，具有示范带动作用的公园。

（二）二级公园：品质良好，管理水平较高的公园。

（三）三级公园：品质较好，管理水平达标的公园。

（四）四级公园：品质一般，管理水平基本达标的公园。

自然（类）公园参照相关规定分为国家级、市级两个等级。

第七条 除相关法规有明确规定的以外，公园类别主要根据功能定位、属性特征、公园规模、用地性质、服务对象等内容进行评定，详见《公园类别评定条件对照表》。对于部分邻近城市集中建设区、具有城市公园形态、发挥城市公园功能的公园，可依据实际用途按综合公园、社区公园或专类公园评定。

第八条 初次评定公园等级时，从基本情况（30分）、保护维护（40分）、服务运营（30分）、加分项（10分）等4个方面定量赋分，总分110分。评分≥85分为一级、70～84分为二级、60～69分为三级、＜60分为四级，详见《公园等级评价指标表》。评价周期内存在否决项的公园，取消该公园的评级资格。

第九条 公园类别、等级的初次申报，由区园林绿化局初评申报，市园林绿化局组织专家论证确认，并以名录信息形式依法向社会公开。

第十条 各公园初评申报材料应包含公园基本管理信息（名称、所属区及街乡、地址、面积、红线范围、机构、人员、土地性质、建成开放时间、是否免费开放、联系方式等）、规划设计和竣工验收情况、游客服务设施及保障情况（游客容量、绿化、建筑、园路及铺装场地、水体等用地比例及面积、设施配置数量等）、区园林绿化局初评意见等。

第十一条　公园命名遵循《地名管理条例》并应当符合以下原则：

（一）公园命名应与属地历史文化、人文习俗、自然地理、公园特性等相适应，体现地域特色，展现时代特征。

（二）应当与规划所明确的游憩、服务、生态、景观、文教和应急避险等主要功能相适应，突出公园主题和文化内涵，避免命名随意化、一园多名等现象。

（三）综合公园一般以"某某公园"命名，社区公园一般以"某某社区公园"命名，游园一般以"某某游园""某某小游园""某某园"命名，专类公园可根据功能类型以"遗址公园、体育公园、主题公园、动物园、植物园、游乐园"等命名，生态公园、自然（类）公园可结合其原有子类命名。

（四）不得使用有损国家主权、民族尊严和领土完整以及带有民族歧视性的字词，不得使用违背社会公序良俗、含义低俗的字词。

（五）未经批准，不得使用明文限制的"大、洋、怪、重"等名称。

（六）不得使用外文、繁体字、异体字、自造字和标点符号，尽量避免使用多音字、生僻字和容易产生歧义的字。

（七）不得以国外地名、国外企业名、国外产品名和商标名命名。

第十二条　区园林绿化局申报评定为一级或者二级公园的，由市园林绿化局核定。评定为三级或者四级公园的，由区园林绿化局核定并报市园林绿化局备案。

第十三条　区园林绿化局应当督促政府投资或运营的新建、改建公园根据相关规定完成竣工验收，并组织及时申报纳入全市公园分类分级管理名录。

第十四条　市、区园林绿化局建立健全公园类别、等级年度更新机制。区园林绿化局于每年9月底前完成本区公园检查、自评以及新建成开放公园申报工作，市园林绿化局于每年12月底前完成抽查、复核工作，于次年1月底前公布。

第十五条　区园林绿化局根据日常监管和年度检查情况，对本区公园类型、等级提出调整意见。对负面舆情多、发生重大事故或者检查认定管理服务不达标的，市、区园林绿化局依职责提出限期整改意见，逾期整改不到位的予以降级，情节较重的予以撤销，并在行业内进行通报。对于管理评价好、养护水平高的公园，市、区园林绿化局可以酌情提升等级。

第十六条　每年公园类别、等级的评价结果抄送区人民政府，建议纳入市、区林长制等相关绩效、管理考核体系，并作为市、区各相关部门政策保障依据。

第十七条　各区园林绿化局及有关单位应当建立公园分类分级管理工作责任体系，明确主管部门、责任到人。

第十八条　纳入分类分级管理的公园应当在入口醒目位置公示公园的类别和等级，接受社会公众的监督。

第十九条　区园林绿化局结合实际，细化制定本区公园分类分级管理措施，并报市园林绿化局备案。

第二十条　本办法自2022年8月1日起实施。2016年3月2日《市园林绿化局关于印发〈北京市公园分类分级管理办法〉的通知》同时废止。

北京市新型集体林场建设和管理实施细则
（试行）

第一章　总则

第一条　为细化落实《北京市人民政府办公厅关于本市发展新型集体林场的指导意见》（以下简称《指导意见》），进一步规范指导我市新型集体林场建设和管理工作，特制定本细则。

第二条　本细则适用于北京市行政区域内新型集体林场登记注册、组织管理、生产运营、督导检查及绩效考核等相关工作。

第三条　本细则所指新型集体林场是指经属地市场监管部门登记注册，具有独立法人资格的集体所有制林业企业，除承担政府委托的公益性项目外，可依托经营管理的林地、森林、林木资源自主开展相关营利性经营活动。

第四条　新型集体林场由属地政府主导建立，不属于政府下属机构，政企分开，自主经营，自负盈亏。

第五条　新型集体林场是在集体林权"三权分置"基础上，受属地政府委托或经林地经营权依法流转，代表属地政府、农村集体经济组织及其成员，行使集体生态林地、森林、林木经营权的新型经营主体；不得以任何形式和名义转包、出租、转让、互换、入股、抵押等方式处置集体林地及林木资源；违反法律规定或者合同约定，造成森林、林木、林地严重毁坏的，委托方、发包方或者承包方有权收回林地经营权。

第六条　本市新型集体林场建设应本着因地制宜，积极有序的原则推进。到2025年底，全市符合条件的集体生态林60%纳入集体林场管理，其中，平原区集体生态林全部纳入集体林场管理范畴，并基本建立新型集体林场现代企业管理制度体系；到2035年底，应纳尽纳，应建尽建，实现新型集体林场100%覆盖，新型集体林场现代企业管理制度体系趋于完备。

第七条　新型集体林场的合法权益受法律保护，不得随意注销、兼并、转让和抵债。区级集体林场的分立、乡镇级集体林场的合并，须经过区园林绿化部门组织专家进行论证。

第二章　登记注册

第八条　新型集体林场组建前应由属地政府组织开展社会稳定风险评估，制定相应工作预案，成立筹备委员会协调推进。区级林场筹备委员会由区园林绿化部门代表负责召集组建，成员由相关乡镇（街道）政府、出资人代表及林业专家5～7人组成。乡镇级林场筹备委员会由乡镇（街道）政府代表负责召集组建，成员由区园林绿化部门、出资人、相关村民代表及林业专家5～7人组成。

第九条　筹备委员会为临时性议事协调机构，新型集体林场取得营业执照之日起筹备委员会自行解散。筹备委员会主要负责研究确定集体林场拟任法人代表、组建方式，明确经营范围，落实资金来源，准备相关申报资料等。

第十条 新型集体林场登记注册前，经筹备委员会研究同意，由拟任集体林场法人代表向区园林绿化部门提出组建申请，区园林绿化部门审核合格后，方可到属地市场监管部门登记注册。区园林绿化部门应当及时将本区新型集体林场审批、成立、变更等信息报送市园林绿化部门汇总。

第十一条 区园林绿化部门应当按照《指导意见》规定的组建条件对拟建新型集体林场进行严格把关，集体林场接管的林地存在边界、合同纠纷，承包期未满，工程建设项目征占用地等情形的，应暂缓纳入新型集体林场管理。

第十二条 新型集体林场登记注册采用现场窗口办理或网上办理方式。窗口办理须到属地市场监管局政务大厅现场填写、提交相关资料。网上办理更为便捷，登录本市企业服务"e窗通"平台（https://scjgj.beijing.gov.cn/ect）提交相关材料，可实现所需事项全程电子化办理。

第十三条 新型集体林场登记注册类型为非公司企业法人，需具有符合要求的企业名称、投资主体、企业章程、企业住所和合法合规的经营范围。

第十四条 本市新型集体林场命名参考格式：北京（市）***（区）***乡（镇）集体林场。名称中"集体林场"字段必须完整保留，可在该字段前增加个性化修饰语。

第十五条 新型集体林场登记注册的出资主体为当地集体企业或农村集体经济组织。审计事务所、资产评估机构、律师事务所、有限责任公司、股份有限公司、集体所有制（股份合作）企业不得作为出资人。

第十六条 新型集体林场登记注册资金额度不低于3万元。

第十七条 新型集体林场的住所应为有房产证的合法建筑，租赁（借用）房屋作为住所登记的，需提交租赁（借用）合同和房屋权属证明。

第十八条 区级、乡镇级集体林场可根据实际情况，按照森林经营单元设立分场（部），分场（部）无需登记注册。试点阶段建立的村级集体林场，应当逐步纳入本乡镇级集体林场管理。

第三章　组织管理

第十九条 新型集体林场建设和管理的责任主体、实施主体是属地政府，按照属地主责、党政同责、部门协同原则，新型集体林场成立后，应当及时纳入属地党委、政府和同级林长制监管、考核体系，层层夯实目标责任。

第二十条 新型集体林场重大事项决策、重要干部任免、重要项目安排、大额资金使用等事项应当经集体林场民主决策后，提请属地党委会议研究审议。

第二十一条 属地政府要充分利用林长制工作制度，对新型集体林场承担的森林资源保护、经营、利用和农民绿岗就业等主要任务，对资金使用、资产运维、场长、副场长履职尽责，场务公开等事项进行监督指导。

第二十二条 新型集体林场实行场长负责制，可设场长一名，主管行政、技术的副场长各一名，原则上，在职公职人员不得兼任。场长（副场长）原则上应具有高中（中专）以上学历或具有农、林相关行业3年以上从业经历，技术副场长须具备农、林业中级职称或同等技术水平。

第二十三条 新型集体林场应当按照《中国共产党农村基层组织工作条例》及城镇、乡村集体所有制企业管理条例等文件规定，经上级党组织批准，成立新型集体林场党支部，落实"一岗双责"责任制，发挥党建引领作用。

第二十四条 新型集体林场场长、副场长等管理人员以公开招聘为主，管理人员占职工总数比例不高于5%，最多不超过8人。会计、出纳需单独设立。

第二十五条 新型集体林场内部管理机构可设综合（财务）部（室）和生产经营部（室），每部（室）2～3人。分场不设内部管理机构。

第二十六条 新型集体林场管理人员的工资由基础工资和绩效工资组成。场长、副场长的基础工资不高于职工平均工资的2倍，绩效工资由属地政府根据集体林场年度绩效考评结果、个人年度考核等次核定。其他管理人员的工资由场长办公会根据岗位职责、年度考核等次核定。

第二十七条 新型集体林场应当按照《中华人民共和国工会法》《中华人民共和国城镇集体所有制企业条例》和《中华人民共和国乡村集体所有制企业条例》等相关规定，依法组织工会和职工代表大会。

第二十八条 新型集体林场用工以当地农村集体经济组织成员为主，原则上不低于工人总数的80%。林场用工优先招用涉林本村（社区）、本乡镇（街道）、本区劳动力，不足时，可在全市范围内统筹解决。

第二十九条 原则上，平原区集体生态林按平均每人经营管护面积不高于50亩核定用工数量，林场管理人员每人承担经营管护面积不少于20亩。山区集体生态林按每人管护面积不高于1000亩核定用工数量。

第三十条 林场职工优先招聘60岁以下、身体健康、有农、林业专业从业经历的人员，兼顾当地有就业意愿的零就业家庭、有工作能力的残障家庭、脱贫易返贫家庭人员等。

第三十一条 新型集体林场应当与职工签订劳动合同并依法缴纳社会保险，工人工资不低于本市最低工资标准的1.2倍，各区也可根据本区实际，适当提高工资系数。原则上，财政年投入的林木经营管护资金用于支付职工工资的占比不高于65%。

第三十二条 新型集体林场应当根据工人培训教育程度、技术职称、岗位职责、工作业绩、林场效益等因素，逐步建立健全职工工资动态增长机制。

第四章 主要任务

第三十三条 新型集体林场开展林木管护、经营和利用等生产活动，应当遵循市园林绿化部门制定的相关技术规范。鼓励新型集体林场通过科学利用绿色资源，适度发展林下经济，具体要求参见市园林绿化局、市农业农村局联合印发的《关于科学利用森林资源促进林下经济高质量发展的通知》。

第三十四条 新型集体林场应当按照林木分级分类经营原则，编制集体林场年度实施方案（作业设计）、中长期森林经营方案，并报区园林绿化部门审批后实施。市级示范性集体林场年度实施方案（作业设计）需经市园林绿化部门审批。

第三十五条 集体林场中长期森林经营方案规划期不少于5年，有技术实力的集体林场可自行编制，也可委托农林科研院所、相关专业社会组织、有林业从业经历和专业能力的行业企业等编制，经专家论证后报批实施。

第三十六条 平原区集体生态林经营管护以5年为一个周期。栽植5年以内的以养护为主，重点提高苗木成活率和保存率；栽植5~10年的应当从养护向抚育经营过渡，合理调整林分密度和树种结构，促进林木健康生长；栽植10年以上的以抚育经营为主，促进群落自然演替，培育稳定健康的森林生态系统。抚育经营的核心技术措施为"调密度、补幼苗、沃土壤、防病虫、丰物种"。

第三十七条 "调密度"是在保证目标树正常生长的情况下，加大对过密林分的疏伐力度，将林分郁闭度控制在0.6~0.8，以确保林木有合理生长空间，促进林下植被天然更新、生态系统快速发育。

第三十八条 "补幼苗"是指在林下补植栎类等乡土实生树种，营造混交复层异龄林分结构。补植补种苗木宜采用2~3年生全冠容器苗。

第三十九条 "沃土壤"是通过施有机肥、菌根肥或园林绿化废弃物资源化利用等方式，提高土壤肥力。适用量应当根据树种、树龄、生长期、肥料种类以及土壤理化性质而定，一般每株施有机肥5~20千克。

第四十条 "防病虫"是指以无公害的物理、生物防治为主要措施，规范、精准、绿色、安全防控林木有害生物。防控过程中，应秉持交替使用不同药剂、减少喷药次数、有效降低农药使用量等原则。

第四十一条 "丰物种"指通过建设生态保育小区，提高生物多样性丰度。原则上，每处生态保育小区不小于15亩。林地内应营造一定数量的本杰士堆、小微湿地、蜂巢鸟巢、昆虫旅馆等。

第四十二条 山区集体生态林经营管护的指导方针是"养山增效、营绿增汇、科学经营、持续发展"，主要技术措施为目标树选育、干扰树伐除、乡土树种补植或保护等。

第四十三条 目标树应当选择寿命长、综合价值高、树干通直、树冠丰满、活力旺盛的树木，特殊规划目标或需要培育种源时可选择特殊目标树。通过目标树选育，高效促进其径级生长、生态功能提前发挥、提高碳汇能力。

第四十四条 干扰树是指对目标树生长直接产生不利影响、或显著影响林分卫生条件需要进行采伐的林木。一般出现在目标树的同冠层、上冠层或上坡位。目标树下冠层特别是下坡位的树木，对目标树生长具有支撑和辅助作用，应作为辅助木予以保留。

第四十五条 确定目标树，伐除干扰树后，应当适时进行林下补植和促进天然更新。林下补植应当选择栎类等乡土树种幼苗。人工促进天然更新后的林分应达到天然更新中等以上等级，目的树种幼苗幼树占幼苗幼树总株数的50%以上。

第五章　政策保障

第四十六条 属地政府要加强辖区内涉林工程项目的政策集成、项目统筹，通过以工代赈方式，直接委托新型集体林场参与涉林工程项目建设，可不组织招投标。

第四十七条 属地政府与新型集体林场属于合同关系，财政投入的林木经营管护资金可由属地政府按相关程序直接拨付新型集体林场统筹使用，新型集体林场应当按照属地财务管理相关规定出具正规票据。

第四十八条 新型集体林场职工技能提升培训可由有条件的集体林场自行组织

开展，也可委托有培训资质的大专院校、科研院所、社会团体等机构承办。

第四十九条 新型集体林场或其委托的培训机构组织开展职工技能提升培训，培训前要有方案、有教材，培训中要有考勤、有记录，培训后要有评估、有总结。

第五十条 新型集体林场职工每年需轮训一次，累计学时不少于80学时或培训天数不少于10天。培训费可从集体林场经营管护收入中列支，原则上，不高于当年经营管护收入的3%。

第五十一条 鼓励新型集体林场依托首都人才、智力资源优势，实施科技兴场、科技兴林战略，对长期下沉集体林场开展科学研究、科技推广、技术指导的专业技术人员，可根据其工作需要和工作量大小，为其提供必要的办公场所、设备、设施及适当的科技支撑费、生活补贴等。

第六章 监督管理

第五十二条 新型集体林场可依法依规与其他法人主体开展互利共赢的项目合作，不得以项目合作名义将林木经营管护工程进行转包、将经营管护资金划转它用。

第五十三条 财政投入的林木经营管护资金采用财政转移支付方式。区园林绿化部门要充分发挥行业监管和技术指导职责，会同区财政部门做好预算安排、进度把控、资金拨付、绩效管理等相关工作。

第五十四条 财政投入的林木经营管护资金，专款专用，严禁各级管理部门以各种理由提取管理费或截留、挪用资金。严禁新型集体林场以其经营管理的国有或集体资产为抵押申请贷款。

第五十五条 新型集体林场的经营管护收入，可用于小型林机（具）、货用车辆的购置及其运维。原则上，每经营管护3000亩平原区集体生态林或10000亩山区集体生态林可配置一辆货用车辆，严禁购置各种类型的小轿车和其他载客车辆。经营管护面积较大的集体林场，应当分年度、分批次、有计划购置机械设备和货用车辆，以保证正常生产经营活动资金使用。

第五十六条 新型集体林场的经营管护收入，可用于支付办公场所的租金和简单装修费用，严禁超标准配置办公室、豪华装修和用于"三公"经费支出。新型集体林场办公场所面积大小参照国有企业办公用房面积大小执行。

第五十七条 新型集体林场的经营管护收入，可用于公共服务导引、提示警示类标识标牌设置，科普宣传展示、森林康（疗）养、森林体验教育课程研发、培训，园林绿化废弃物处理、垃圾分类设备设施以及生态文化解说系统配置等林下经济发展设施。

第五十八条 新型集体林场的经营管护收入，可用于职工技能培训，年度实施方案（作业设计）、中长期森林经营方案、应急预案等的编制，修建直接为林业生产经营服务的设施、本杰士堆、小微湿地、昆虫旅馆、鸟巢、蜂巢、野生动物栖息场所，以及良种繁育、生态定位监测评估、技术咨询等科技支撑工作。

第五十九条 新型集体林场购置的林业机械、车辆、仪器等设备，修建的用于生产经营、科学研究、生态定位监测的设施等，应当按其资产类型分别造册登记和管理。

第六十条 各级集体林权制度改革领导小组办公室负责组织开展新型集体林场绩效考评工作，考评小组成员应由发改、财政、规划和自然资源、人力社保、农业农村、园林绿化等部门工作人员组成，并按照部门职能分工提出考评意见，经园林绿化部门汇总、分析后，提交同级集体林权制度改革领导小组审议后予以通报。考评结果作为兑现奖补资金、调节管护资金、启动退出机制、场长任免等奖惩措施的依据。

第六十一条 新型集体林场绩效考评工作采用区级自评和市级复评（附件2）相结合的方式。区级自评采用全查方式，每年10月底前完成，自评完成后，申请市级复评。市级复评采取随机抽查方式，每年抽查比例不低于1/3，每三年全评一次。

第六十二条 市林业工作总站负责新型集体林场林木经营管护工作的技术指导、日常检查、督导通报、技术规范的制（修）定、技术培训以及森林资源、农民就业信息系统的建立和维护等工作，并协助开展市级绩效考评工作，汇总、分析部门考评意见，撰写市级考评工作报告。

第六十三条 各区园林绿化部门负责制定本区新型集体林场建设工作方案，并报市园林绿化局备案。各区园林绿化部门开展区级绩效考评、资源监测评估、方案编制、宣传培训、技术咨询、应急处置等综合管理工作，可向本区财政部门申请工作经费。

第六十四条 新型集体林场应当借鉴现代企业制度，逐步建立完备的财务管理、组织人事管理、资产管理、生产经营管理、合同管理、应急处置、档案管理等制度体系（附件3～9）。

第六十五条 新型集体林场应当加强对资产、负债、所有者权益、收入、费用、利润及利润分配、财务报表等会计要素的计量和管理。原则上，财政投入的林木经营管护资金应当全部用于当年林木经营管护工作，不得节余，不计入经营性收入，不作为利润进行分配。

第六十六条 新型集体林场应当统筹兼顾各方利益需求，建立利益共享、风险共担、公平稳定长效的多方利益联结机制。新型集体林场取得的利润，应当按照林场组织章程约定的方式、比例进行分配。分配方式、比例确需调整的，由属地政府召集利益相关方代表共同研究决定。

第六十七条 各区可根据本细则精神，结合本区实际，制定本区新型集体林场管理办法和实施细则。

第七章 附 则

第六十八条 本细则由北京市园林绿化局制定并负责解释。

第六十九条 本细则自2022年3月28日起生效。

北京园林绿化大事记

1月

14日　北京市园林绿化工作会召开，会议总结"十四五"开局之年全市园林绿化工作，并对2022年主要工作作出具体安排。北京市副市长卢彦参加会议并讲话。此次会议以视频形式召开，市园林绿化局（首都绿化办）领导班子成员、市公园管理中心领导班子成员、市有关部门及各区主管领导与园林绿化系统各单位主管领导120余人参加。

14日　首部京津冀区域协同古树保护地方标准《古柏树养护与复壮技术规程》正式发布。

14日　首部京津冀区域协同园林绿化剩余物资源化利用地方标准《园林绿化有机覆盖物应用技术规程》正式发布。

15—31日　北京市11家大中型花卉市场和5家园艺驿站同步举办迎新春年宵花展，首次增加市内主要园艺驿站、抖音及微信小程序等线上、线下购买渠道。

19日　北京市首届林草品种审定委员会正式成立。

25日　北京市副市长卢彦主持召开视频会议，调度推进北京市新一轮百万亩造林绿化工作，强调确保3月底前完成手续办理、6月底前完成绿化主体栽植。

1月　北京市密云水库上游山区发现兰科无喙兰属新记录种——叉唇无喙兰。

2月

9日　北京市新增2处国家级林木种质资源库，分别为常绿树种国家林木种质资源库（西山林场管理处）和古树名木国家林木种质资源库（北京市绿地养护中心）。

18日　市园林绿化局联合市农业综合执法总队、市公安局森林公安分局、市城管执法总队等部门协同开展"绿剑行动"。

21日　首都绿化委第41次全会暨深化"疏解整治促提升"促进生态文明与城乡环境建设推动首都高质量发展动员大会召开。北京市委书记蔡奇讲话，市委副书记、市长陈吉宁主持会议，会议审议通过《传承全民义务植树宝贵经验　全面推进首都绿化美化高质量发展》工作报告和

2021年首都绿化美化先进奖评选结果。

25日　市园林绿化局（首都绿化办）完成涉北京冬奥会和冬残奥会赛时服务保障工作，组织专业队伍310人每日对天安门广场及长安街沿线等处冬奥绿地巡护，冬奥花坛24小时专人值守，1.2万余人、900余台车辆每日开展全市冬季绿化养护，赛时城市绿化景观始终干净整洁；全市超常规部署3000余人森林防灭火队伍，畅通指挥调度系统，涉奥区域24小时值守，实现冬奥期间零火情；充分利用各类公园、微博微信等宣传阵地和工具，开展多样化冰雪活动和宣传，累计参与群众140余万人次，线上互动近10万人次；强化应急值守和野生动物执法巡查，累计出动1.4万余人次应对大风、降雪等极端天气，出动执法人员1980人次巡查重点市场点位556处，上报野生动物监测信息3300余条。

2月　北京市城市生态系统国家定位观测研究站通过国家林草局专家评审。

3月

2日　北京市副市长卢彦赴昌平区调研林长制及奥北森林公园一期有关工作。

2日　市园林绿化局联合首都精神文明建设委员会办公室、市公安局、市文化和旅游局等多部门启动"文明游园 青春添彩"主题宣传文创作品征集活动。

9日　北京市副市长卢彦实地检查大兴狼垡城市森林公园建设和运行情况。

17日　北京市副市长谈绪祥带队到平谷区检查森林防灭火工作。

19日　市园林绿化局（首都绿化办）

制订印发《关于进一步加强园林绿化施工工地疫情防控管理工作的通知》。

22日　15只国家一级重点保护野生动物白枕鹤到访北京城市副中心，是北京有观测记录以来最大种群数量。

24日　市园林绿化局（首都绿化办）制订印发《关于开展2022年平原生态林养护经营重点工作的通知》和《关于开展平原生态林林下补栎工作的通知》。

26日　国家林草局局长关志鸥等领导到朝阳区孙河乡参加义务植树活动。栽植白皮松、国槐、元宝枫、紫丁香等树种500余株，并对已栽的200株树木进行抚育。

28日　第十届北京森林文化节在北京市十三陵林场蟒山国家森林公园开幕。

30日　党和国家领导人习近平、李克强、栗战书、汪洋、王沪宁、赵乐际、韩正、王岐山等到北京市大兴区黄村镇参加首都义务植树活动。

4月

1日　《北京市种子条例》正式施行。

2日　中共中央政治局委员、中央军委副主席许其亮、张又侠，中央军委委员以及驻京各大单位、军委机关各部门在北京市主要领导陪同下，到海淀区知春路北侧植树点参加义务植树活动。

4月2日至5月中旬　北京郁金香文化节在北京植物园、中山公园、北京世园公园、北京世界花卉大观园、北京国际鲜花港五大展区联合启动。

6日　北京市房山森林城市主题公园建成开放。

7日　全国人大常委会副委员长曹建

明、张春贤、沈跃跃、吉炳轩、艾力更·依明巴海、陈竺、王东明、白玛赤林、郝明金、武维华，全国人大常委会秘书长、副秘书长、机关党组成员，各专门委员会、工作委员会负责人，到北京市丰台区青龙湖植树场地参加义务植树活动。

9日　共和国部长义务植树活动在通州区张家湾镇南火垡村举行，活动主题为"履行植树义务，共建美丽中国"。来自中共中央直属机关、中央国家机关各部门和北京市的133名部级领导干部参加义务植树活动。

11日　全国政协副主席刘奇葆、万钢、李斌、巴特尔、汪永清、苏辉、何维、邵鸿、高云龙和全国政协机关干部职工，在北京市政协主席魏小东的陪同下，到海淀区西山国家森林公园参加义务植树活动。

12日　北京市首家园林绿化专家工作站在大兴区庞各庄镇韩家铺村挂牌成立。

13日　北京市副市长卢彦赴通州区现场调度新一轮百万亩造林绿化建设进展，检查抢栽抢种有关情况。

16日　以"美丽北京　绿色同行"为主题的"北京国际友好林"植树活动在昌平沙河镇举行。来自爱尔兰、牙买加、坦桑尼亚等40多个国家的驻华使节、在京外国专家和留学生代表百余人参加植树活动。

18日　北京市副市长卢彦主持召开市委生态文明委生态环境建设小组2022年第一次全体会议，审议年度工作要点，调度园林绿化重点工作。

18日　国家植物园在北京市海淀区正式揭牌。

4月22日至5月31日　北京牡丹文化节在景山公园、西山国家森林公园、世界花卉大观园、世园公园、大榆树镇国色牡丹园等七大展区举办。

28日　第三届北京国际花园节在北京世园公园举办。

4月　北京市开展文明游园专项整治行动，市园林绿化局联合市公安局、市城管执法局等部门联合执法1680次，51人被纳入"游园不文明行为记录"名单；通过电视及各类新媒体多渠道、多样化开展文明游园宣传，设立宣传栏6800个、引导提示牌1.1万处，张贴海报9000张；组织文明引导员和绿色使者志愿者14.7万人开展文明游园宣传、代查健康宝、代为预约等服务；联合中国青年报社开展2022年"文明游园·青春添彩"宣传文创作品征集活动，搜狐、首都文明网等转载千余次。

5月

6日　市园林绿化局（首都绿化办）正式颁布《自然带营造和管理技术指南（试行）》。

12日　北京市春季新优花卉品种展示推介会暨第八届北京市花木春季花展在北京国际鲜花港研发中心举办。

12—19日　京津冀三省市联合举办主题为"防控林业生物灾害　共同守护美好家园"的林业有害生物防灾减灾宣传活动。

16日　市园林绿化局（首都绿化办）制订印发《关于进一步加强园林绿化工程招标投标活动疫情防控管理工作的通知》。

25日　京津冀联合举办"5·25"林业植物检疫检查和宣传活动。

31日　北京市委书记蔡奇赴东城区龙潭西湖公园检查防汛工作。

6月

10日 "北京颐和园智慧旅游"项目荣获2022年IDC亚太区智慧城市大奖。

10日 国家林草局正式批复北京市依托北京市园林绿化科学研究院建设城市绿地生态系统科学观测研究站。

22日 北京市副市长卢彦带队到中国林业集团走访调研。

6月28日至8月底 北京市首届荷花文化节在国家植物园(南园)、玉渊潭公园、紫竹院公园、圆明园遗址公园、莲花池公园、奥林匹克森林公园六大展区同步启动。

7月

14日 密云区"九搂十八杈"古柏及生境整体保护成效被世界新闻网、美国MSN、英国新闻等国外10余家媒体报道。

18日 市园林绿化局(首都绿化办)制定印发《北京市公园配套服务项目经营准入标准(试行)》。

26日 北京市公园统一预约平台上线试运行,汇集北京52家公园风景区门票预约入口。

8月

3日 市园林绿化局(首都绿化办)制订印发《北京市公园安全管理规范(试行)》。

4日 北京市副市长谈绪祥带队到地坛公园调研文物保护利用工作。

9日 北京市副市长卢彦赴丰台区南苑森林湿地公园调研检查园区建设管理工作。

21日 以"绿色科技 多彩生活"为主题的北京市园林绿化科技活动周在通州区城市绿心森林公园启动。

31日 北京市副市长卢彦赴市园林绿化局(首都绿化办),主持召开系统领导干部大会。会上北京市委组织部副部长张彤军宣布北京市委、市政府对市园林绿化局(首都绿化办)主要领导的任命决定,高大伟任市园林绿化局(首都绿化办)党组书记。

9月

1日 海淀区建成北京市首个古树社区,该古树社区位于海淀八里庄街道世纪新景园。

4—5日 市园林绿化局(首都绿化办)会同市气象服务中心首次通过电视进行有害生物预测预报。

4—6日 2022中国自然教育大会在北京市园林绿化科学研究院举办,市园林绿化局(首都绿化办)党组书记高大伟出席大会开幕式。

18日 市园林绿化局(首都绿化办)在石景山区永定河休闲森林公园举办第十届"北京湿地日"宣传活动。

23日 北京市菊花文化节在国家植物园(北园)、天坛公园、北海公园、北京国际鲜花港、北京世界花卉大观园五大展区同步举办。

25日 市园林绿化局（首都绿化办）完成国庆和党的二十大天安门广场及长安街沿线花卉景观布置工程。

25日 以"保护古树名木 共享绿水青山"为主题的全国古树名木保护科普宣传周在国家植物园启动，市园林绿化局（首都绿化办）党组书记高大伟出席启动仪式。

25日 北京潞湾国家级陆生野生动物疫源疫病监测站在通州区大运河森林公园挂牌成立。

27日 北京市副市长卢彦检查天安门广场花卉景观布置情况，现场查看广场中心"祝福祖国"花坛及周边花卉布置。

28日 北京市委书记蔡奇、市长陈吉宁共同签发2022年第3号北京市总林长令，发布《关于全面加强国庆、党的二十大期间和秋冬季森林防灭火工作的通知》。

10月

26日 北京市首次在房山区上方山国家森林公园发现罕见热带苔藓植物"光苔"。

28日 市园林绿化局（首都绿化办）与北京树木医学研究会联合举办北京市园林绿化行业职工技能培训——林业有害生物防治员和树木医生培训班，市园林绿化局（首都绿化办）党组书记高大伟出席开班仪式。

28日 北京市建成全国首个生态节约型宿根植物生产标准化示范区样板。

10月 市园林绿化局（首都绿化办）编制完成《北京地区银杏衰弱原因及解决方案》手册。

11月

4日 国家林草局公布新一批26个"国家森林城市"名单，其中北京市石景山、门头沟、通州、怀柔、密云五区入选。

9日 市园林绿化局（首都绿化办）党组组织开展学习宣传贯彻党的二十大精神宣讲报告会，市园林绿化局（首都绿化办）党组书记高大伟作主题宣讲报告。

18日 市园林绿化局和北京市市场监督管理局联合制订印发《首都园林绿化标准体系》。

12月

8日 通州区入选国家林业碳汇试点。
20日 奥北森林公园一期正式开园。

概　况

机构建制

【市园林绿化局（首都绿化办）机构设置】 市园林绿化局是负责全市园林绿化及其生态保护修复工作的市政府直属机构，加挂首都绿化办牌子。局机关设置26个处室，分别是办公室、法制处、研究室、联络处、义务植树处、规划发展处、生态保护修复处、城镇绿化处、森林资源管理处（林长制工作处）、野生动植物和湿地保护处、自然保护地管理处、公园管理处、国有林场和种苗管理处、防治检疫处、行政审批处、产业发展处、林业改革发展处、科技处、应急工作处、森林防火处、计财（审计）处、人事处、机关党委（党建工作处、团委）、机关纪委（党组巡察工作办公室）、工会、离退休干部处。局属各单位23个，分别是北京市园林绿化综合执法大队、北京市园林绿化宣传中心、北京市园林绿化大数据中心、北京市野生动物救护中心、北京市园林绿化局森林防火事务中心（北京市航空护林站）、北京市永定河休闲森林公园管理处、北京市京西林场管理处、北京市大安山林场管理处、北京市八达岭林场管理处、北京市西山试验林场管理处、北京市十三陵林场管理处、北京市共青林场管理处、北京松山国家级自然保护区管理处（北京市松山林场管理处）、首都绿色文化碑林管理处、北京市园林绿化工程管理事务中心、北京市林业工作总站（北京市林业科技推广站）、北京市园林绿化资源保护中心（北京市园林绿化局审批服务中心）、北京市园林绿化规划和资源监测中心（北京市林业碳汇与国际合作事务中心）、北京市园林绿化产业促进中心（北京市食用林产品质量安全中心）、北京市园林绿化局财务核算中心、北京市园林绿化局综合事务中心、北京市园林绿化科学研究院、北京市绿地养护管理事务中心。

（机构建制：陈朋　供稿）

行政职能

【市园林绿化局（首都绿化办）主要职责】

（一）负责全市园林绿化及其生态保护修复的监督管理。贯彻落实国家关于园林绿化及其生态保护修复方面的法律、法规、规章和政策，起草全市相关地方性法规草案、政府规章草案，拟订相关政策、规划、计划、标准，会同有关部门编制园林绿化专业规划并组织实施。

（二）组织全市园林绿化生态保护修复、城乡绿化美化和植树造林工作。组织实施园林绿化重点生态保护修复工程，组织、指导公益林的建设、保护和管理。组织、协调和指导防沙治沙和以植树种草等生物措施为主的防治水土流失工作。拟定防沙治沙规划和建设标准，监督管理沙化土地的开发利用，组织沙尘暴灾害预测预报和应急处置。组织开展森林、湿地、草地和陆生野生动植物资源的动态监测与评价。组织实施林业和湿地生态补偿工作。

（三）负责全市森林、湿地资源的监督管理。组织编制森林采伐限额并监督执行。负责林地管理，拟定林地保护利用规划并组织实施。负责湿地生态保护修复工作，拟定湿地保护规划和相关标准并组织实施。监督管理湿地的开发利用。组织指导林木、绿地、草地有害生物防治、检疫和预测预报。

（四）组织制定全市园林绿化管理标准和规范并监督实施。拟定公园、绿地、森林、湿地和各类自然保护地建设标准和管理规范，拟定林业产业相关标准和规范并组织实施。负责园林绿化重点工程的监督检查工作。负责市级（含）以上园林绿化建设项目专项资金使用的监督工作。负责古树名木保护管理工作。

（五）负责全市公园的行业管理。组织编制公园发展规划，指导、监督公园建设和管

理。负责公园、绿地资源调查和评估工作。

（六）负责全市陆生野生动植物资源的监督管理。组织开展陆生野生动植物资源调查，拟定及调整重点保护的陆生野生动物、植物名录，组织、指导陆生野生动植物的救护繁育、栖息地恢复发展、疫源疫病监测，监督管理陆生野生动植物猎捕或采集、人工繁育或培植、经营利用。

（七）负责监督管理全市各类自然保护地。拟定各类自然保护地规划。提出新建、调整各类自然保护地的审核建议并按程序报批，承担世界自然遗产申报相关工作，会同有关部门组织申报世界自然与文化双重遗产。负责生物多样性保护相关工作。

（八）负责推进全市园林绿化改革相关工作。拟定集体林权制度、国有林场等重大改革意见并组织实施。拟定农村林业发展、维护林业经营者合法权益的政策措施，指导农村林地承包经营工作。开展退耕还林还草工作。

（九）研究提出全市林业产业发展的有关政策，拟定相关发展规划。负责林果、花卉、蜂蚕、森林资源利用等行业管理。负责食用林产品质量安全监督管理相关工作，指导生态扶贫相关工作。

（十）组织、指导全市国

有林场基本建设和发展。组织开展林木种子、草种种质资源普查，组织建立种质资源库，负责良种选育推广，管理林木种苗、草种生产经营行为，监管林木种苗、草种质量。监督管理林业生物种质资源、转基因生物安全、植物新品种保护。

（十一）依法负责全市园林绿化行政执法工作。负责园林绿化的普法教育和宣传工作。

（十二）负责落实全市综合防灾减灾规划相关要求，组织编制森林火灾防治规划和防护标准并指导实施。指导开展防火巡护、火源管理、防火设施建设、防火宣传教育等工作。组织指导国有林场开展监测预警、督促检查等防火工作。必要时，可以提请北京市应急管理局，以全市相关应急指挥机构名义，部署相关防治工作。

（十三）拟定全市园林绿化科技发展规划和年度计划，指导相关重大科技项目的研究、开发和推广。负责园林绿化信息化管理。负责组织、指导、协调林业碳汇工作。承担林业应对气候变化方面的工作。负责园林绿化方面的对外交流与合作。

（十四）负责首都全民义务植树活动的宣传发动、组织协调、监督检查和评比表彰工作。组织、协调重大活动的绿化美化及环境布置工作。承担

首都绿化委的具体工作。

（十五）承办北京市委、市政府交办的其他任务。

（十六）职能转变。市园林绿化局要切实加大全市生态系统保护力度，实施生态系统保护和修复工程，加强森林、湿地、绿地监督管理的统筹协调，大力推进国土绿化，保障首都生态安全。加快建立自然保护地体系，推进各类自然保护地的清理规范和归并整合，构建统一规范的自然保护地管理体系。

【市园林绿化局（首都绿化办）处室主要职责】

办公室。负责机关日常运转工作，承担文电、会务、机要、档案等工作。承担信息、信访、建议议案提案办理、安全保密、新闻发布和政务公开等工作。承担机关重要事项的组织和督查工作。承担机关信息化建设、后勤保障等工作。

法制处。负责机关推进依法行政综合工作。起草园林绿化管理方面的地方性法规草案、政府规章草案。负责行政执法工作的指导、监督和协调。承担行政复议、行政应诉、行政赔偿的有关工作。承担机关规范性文件的合法性审核和有关备案工作。组织开展法制宣传教育工作。

研究室。负责全市园林绿化发展战略和有关重大问题的调查研究，并提出意见、建议。承担重要文稿的起草工作。组织有关地方志、年鉴的编纂工作。

联络处。组织编制首都绿化美化年度计划。组织协调中直机关、中央国家机关、解放军、武警部队等驻京单位和社会其他组织、国际友人等义务植树活动。组织协调有关部门开展绿化工作和对外交流及相关联络工作。协调开展绿化美化宣传。承担首都绿化办的日常工作。

义务植树处。组织开展首都绿化美化和义务植树工作。组织全市公益性绿地、林地和树木的认建认养工作。承担纪念林监督管理工作。组织开展绿化美化检查验收和评比表彰。组织开展群众性绿化美化创建工作。负责古树名木保护管理工作。

规划发展处。负责全市园林绿化规划管理有关工作。参与城市总体规划涉及园林绿化的编制、修订、体检和评估工作。组织编制园林绿化系统规划。参与分区规划、控制性详细规划和镇（乡）域规划园林绿化部分的研究和编制。审查建设工程设计方案中有关绿化用地的内容。承担公共绿地规划设计方案和重点园林绿化工程设计方案组织论证和评审的有关工作。

生态保护修复处。组织全市森林、湿地、草地资源动态监测与评价工作。编制造林营林、防沙治沙等规划和年度计划并组织实施。拟定城市绿化隔离地区、第二道绿化隔离地区、平原地区和山区造林营林、防沙治沙等生态保护修复的政策措施、管理办法、技术规程和标准。负责组织实施重点生态保护修复工程。组织、指导造林营林、封山育林、防沙治沙和以植树种草等生物措施防治水土流失工作。监督管理沙化土地的开发利用，组织沙尘暴灾害预测预报和应急处置。

城镇绿化处。负责全市城镇园林绿化建设和养护管理工作，拟定有关政策措施、管理办法、技术规程和标准。组织开展绿地资源调查和评估。组织编制城镇园林绿化建设规划、年度计划并组织实施。承担园林绿化行业招投标管理工作。负责城镇园林绿化工程的质量监督和城市园林绿化施工企业信用信息管理工作。组织、协调重大活动的绿化美化及环境布置工作。指导屋顶绿化工作。承担直属绿地的管理工作。

森林资源管理处（林长制工作处）。拟定全市森林资源保护发展的政策措施，组织编制森林采伐限额并监督执行。承担林地相关管理工作，组织编制林地保护利用规划并监督实施。指导编制森林经营规划和森林经营方案并监督实施，监督管理森林资源。指导监督平原生态林资源管理。组织实施林业生态补偿工作。指导监督林木凭证采伐、运输。承担森林资源动态监测与评价。指导基层林业站的建设和管理。研究制订全市林长制配套政策、制度和林长制工作规划、计划并组织实施；组织落实市总林长、副总林长和市级林长部署的工作任务，协调解决重点难点问题，开展督查、考核；负责相关的信息、宣传、培训工作；承担市林长制办公室的日常工作。

野生动植物和湿地保护处。负责全市陆生野生动植物和湿地保护工作，拟定政策措施、相关规划和管理标准并组织实施。组织开展陆生野生植物资源调查和资源状况评估。指导、监督陆生野生动植物的保护和合理利用工作。研究提出重点保护的陆生野生动物、植物名录调整意见。指导、监督陆生野生动物疫源疫病监测和重点保护陆生野生动物救护、繁育工作。负责湿地保护的组织、协调、指导、监督工作。组织开展湿地保护体系的建设和管理。承担湿地资源动态监测与评价。组织实施湿地生态修复、生态补偿工作，监督管理湿地的开发利用。

自然保护地管理处。监督管理全市各类自然保护地，提出新建、调整各类自然保护地的审核建议。拟定相关规划、建设标准和管理规范并组织实施。组织实施各类自然保护地生态修复工作。承担世界自然遗产项目和世界自然与文化双重遗产项目相关工作。负责生物多样性保护相关工作。

公园管理处。承担全市公园的行业管理。组织编制公园发展规划并监督实施。拟定公园管理标准和规范，指导和监督公园建设和管理。承担公园的登记注册工作。参与公园规划设计方案的审核。组织开展公园资源调查、评估等工作。承担公园对公众信息服务的管理工作。指导公园行业精神文明建设工作。

国有林场和种苗管理处。承担全市国有林场、森林公园、林木种子、草种管理工作，拟定有关政策措施和管理办法。组织编制国有林场发展规划，指导国有林场基本建设和发展，指导国有林场造林营林、资源保护等工作。承担直属林场、苗圃的管理工作。拟定种质资源保护和利用相关政策，指导种质资源库、良种基地、保障性苗圃建设。拟定林木种苗、草种发展规划并组织实施，监督管理林木种苗、草种质量和生产经营行为。

防治检疫处。拟定全市林木、绿地、草地有害生物防治政策、规划并组织实施，组织指导林木、绿地、草地有害生物防治、检疫和预测预报。组织开展林木、绿地、草地有害生物突发应急除治。负责补充检疫性林业有害生物名单的管理。

行政审批处。负责拟定全市园林绿化行政审批制度改革方面的政策措施并组织实施。依法承担本局行政许可等公共服务事项的办理工作，制定相关办理流程、标准规范并组织实施。指导区园林绿化行政审批制度改革工作。

产业发展处。拟定全市果树、花卉、蜂蚕、森林资源利用等产业政策措施和发展规划，拟定有关管理规范和技术标准并组织实施。组织、指导果树、花卉、蜂蚕等新品种、新技术的引进、试验、示范、推广、技术培训等工作。拟定食用林产品质量安全标准、规范并组织实施。承担促进产业发展和经营管理相关的信息服务工作。

林业改革发展处。负责组织指导全市林业改革和农村林业发展工作。指导、监督集体林权制度改革政策的落实。组织拟定农村林业发展、维护农民经营林业合法权益的政策措施并指导实施。指导农村林地林木承包经营、流转管理。协调指导木材资源的综合利用。负责林下经济发展指导管理工作。

科技处。承担全市园林绿化科技管理工作。拟订园林绿化科技工作的发展规划和年度计划并组织实施。承担园林绿化各类标准的综合管理与协调工作。组织园林绿化重大科技项目的研究开发，承担有关技术推广和科普工作。承担园林绿化环境保护方面的协调工作。组织、指导林业碳汇工作。承担对外技术合作与交流工作。承担林业应对气候变化相关工作。监督管理林业生物种质资源、转基因安全、植物新品种保护。

应急工作处。依法承担全市园林绿化安全生产相关工作。负责突发林木有害生物事件和沙尘暴灾害方面的应急管理。协助畜牧兽医主管部门做好陆生野生动物疫情的应急处置工作。组织相关应急预案的编制、修订与演练。承担应急信息的收集、整理、分析、报告及发布等工作。承担机关及所属单位的应急管理工作。

森林防火处。负责落实全市综合防灾减灾规划相关要求，组织编制森林火灾防治规划、标准并指导实施。组织、指导开展防火巡护与视频监控、火源管理、防火设施建设与管理、防火宣传教育、火情早期处理等工作并监督检查。组织指导国有林场开展监测预警、督促检查等防火工作。参与森林火灾应急处置，负责火因调查、火损鉴定、灾后评估等工作。

计财（审计）处。编制全市园林绿化中长期发展规划和年度计划，提出发展和改革的政策建议。承担园林绿化项目及相关专项资金的监督管理。承担有关行政事业性收费的监督管理。负责机关及所属单位财务管理、固定资产管理、内部审计等工作。承担有关统计工作。

人事处。负责机关及所属单位的人事、机构编制、劳动工资、干部教育培训和队伍建设等工作。

机关党委（党建工作处、团委）。负责机关及所属单位的党群工作。承担局党组落实党要管党、从严治党责任和党风廉政建设主体责任的具体工作。

机关纪委（党组巡察工作办公室）。负责机关及所属单位的纪检、党风廉政建设工作。负责拟定本局党组巡察工作规划计划和规章制度并组织实施。

工会。负责机关及所属单位的工会工作。

离退休干部处。负责机关及所属单位离退休人员的管理与服务工作。

（行政职能：陈朋 供稿）

园林绿化综述

【林地】 全市林地面积98.41万公顷。其中，乔木林地面积68.44万公顷，疏林地0.13万公顷，灌木林地22.03万公顷，未成林地1.33万公顷，苗圃地1.83万公顷，迹地0.02万公顷，其他林地4.63万公顷。

全市森林资源面积85.57万公顷，包括乔木林面积75.08万公顷和经济林面积10.49万公顷，参与森林覆盖率计算的森林面积473.56万公顷，包括乔木林面积71.39万公顷和干果经济林面积2.17万公顷，全市森林覆盖率44.8%。活立木总蓄积量3924.12万立方米，森林蓄积量3373.75万立方米，乔木林单位面积蓄积量44.94立方米/公顷。

山区森林面积64.24万公顷，山区森林覆盖率67%，平原森林面积21.32万公顷，平原森林覆盖率31.03%。全市生态公益林594.82万公顷（增长0.44万公顷）。其中，国家级公益林32.97万公顷，市级生态公益林61.85万公顷。

【绿地】 全市绿地面积9.36万公顷（增长0.05万公顷），绿化覆盖率49.77%（增长0.48%），人均公园绿地面积16.89平方米，公园绿地500米服务半径覆盖率88.70%（增长0.9%）。

【草地】 全市草地面积14667公顷，草地综合植被盖度83.25%，其中包括实有草地5923公顷，均属其他草地；其余8744公顷国土"三调"的草地为其他草资源。

【湿地】 全市湿地面积为60948公顷，湿地率为3.71%。其中，湿地地类面积3069公顷，占湿地总面积的5.04%，包括内陆滩涂2352公顷，沼泽草地407公顷，其他沼泽地181公顷，森林沼泽114公顷，灌丛沼泽15公顷；湿地归类面积57879公顷，占湿地总面积的94.96%，包括河流水面19200公顷、湖泊水面69公顷、水库水面23071公顷、坑塘水面6634公顷、沟渠8905公顷。

【沙化土地】 据北京市第六次荒漠化和沙化土地监测报告，全市荒漠化土地面积为0.37万公顷，均为风蚀类型，亚湿润干旱区荒漠化土地，全部属于轻度荒漠化。全市沙化土地面积为2.23万公顷。具体分布在11个区133个乡镇，其中人工固定沙地面积为21941.22公顷，占98.39%；天然固定沙地面积是358.17公顷，占1.61%。各区沙化土地面积中，最大的为延庆区5607.26公顷，占全市总沙化土地面积的25.15%；其次是大兴区5467.25公顷，占全市总沙化土地面积的24.52%。

【自然保护地】 北京市自然保护地有自然保护区、风景名胜区、森林公园、湿地公园、地

质公园五大类79个。其中，自然保护区21个（国家级2个、市级12个、区级7个），总面积约13.8万公顷；风景名胜区11个（国家级3个、市级8个），总面积约19.5万公顷；森林公园31个（国家级15个、市级16个），总面积约9.6万公顷；湿地公园10个（国家级2个、市级8个），总面积约2343公顷；地质公园6个（国家级5个、市级1个），总面积约7.7万公顷。全市自然保护地在空间上的实际覆盖面积约3680.40平方千米，约占市域面积的22.43%，涉及12个行政区（除东城、西城、朝阳、通州区外），主要集中分布在生态涵养区，在保护生物多样性、保存自然遗产、改善生态环境质量和维护首都生态安全方面发挥重要作用，使全市90%以上国家和地方重点野生动植物及栖息地得到有效保护。

【自然保护区】 全市共设立自然保护区21个，包括13个森林生态系统自然保护区、4个湿地生态系统自然保护区、2个地质遗迹类型自然保护区和2个水生野生动物类型自然保护区。国家级自然保护区2个，分别为松山国家级自然保护区和百花山国家级自然保护区；市级自然保护区12个，其中平谷区四座楼市级自然保护区面积最大，近2万公顷，其次为

怀柔区喇叭沟门市级自然保护区，面积为1.85万公顷；区级7个，全部分布在延庆区（含2017年新设立水头区级自然保护区）。

【风景名胜区】 全市共有风景名胜区11个，总面积19.57万公顷。其中，国家级3个（八达岭－十三陵、石花洞、承德避暑山庄外八庙风景名胜区），市级8个。八达岭－十三陵风景名胜区面积最大，为3.26万公顷；房山十渡风景名胜区次之，为3.01万公顷。

【森林公园】 全市共有31个森林公园，总面积9.66万公顷，其中，国家级15个、市级16个。门头沟区森林公园数量最多，有国家级2个、市级6个。房山区霞云岭国家森林公园最大，面积2.15万公顷；其次为怀柔区喇叭沟门国家森林公园，面积1.12万公顷。

【湿地公园】 全市湿地公园共12个（其中10个属北京市自然保护地），总面积2901.86公顷。国家级3个，包括海淀翠湖国家城市湿地公园、延庆野鸭湖国家湿地公园和房山长沟泉水国家湿地公园，面积均在200公顷以上；市级9个，包括怀柔区琉璃庙湿地公园、大兴长子营湿地公园等，其中怀柔汤河口湿地公园最大，面积

为680公顷。

【地质公园】 全市共设立2处世界地质公园、5处国家级地质公园和1处市级地质公园。

【植物类】 根据《北京植物志》和《北京植物检索表》（1962、1964、1975、1980及修订版）统计，北京地区有维管束植物169科898属2088种。其中，国家重点保护野生植物15种，百花山葡萄列为国家一级重点保护野生植物，野大豆、黄檗、紫椴、轮叶贝母、紫点杓兰、大花杓兰、山西杓兰、手参、北京水毛茛、槭叶铁线莲、红景天、甘草、软枣猕猴桃、丁香叶忍冬14种列为国家二级重点保护野生植物。

【动物类】 北京陆生脊椎动物分布有596种，其中鸟类503种，兽类63种，两栖爬行类30种。其中被列入《国家重点保护野生动物名录》的有126种，包括黑鹳、褐马鸡、麋鹿等国家一级重点保护野生动物30种，斑羚、大天鹅、豹猫、鸳鸯等国家二级重点保护野生动物96种。

【古树名木】 全市共有古树名木41000余株，16个区均有分布，其中古树40000余株，占全市古树名木总株数的97%；名木1300余株，占总株数的3%。古树资源中，一级古树6100余株，占古树总株数的15%，二级古树34000余株，占总株数的85%。全市古树名木资源丰富，种类较多，共计33科55属72种。

全市列入千年以上古树62株，其他知名古树名木60株，共122株。树种主要集中在侧柏、油松、桧柏、国槐、榆树、枣树等乡土树种。两株树龄最长的古树，分别位于密云区新城子镇的古侧柏"九搂十八杈"和昌平区南口镇檀峪村的古青檀。

【公园】 截至2022年年底，全市公园1050家，面积31.15万公顷。其中，综合公园109家，占比10.4%；社区公园283家，占比27%；历史名园19家，占比1.8%；专类公园113家，占比10.8%；游园393家，占比37.4%；生态公园92家，占比8.7%；自然公园41家，占比3.9%。

【绿化隔离地区】 主要位于四环路至六环路范围集中建设区以外的地区，包括第一道绿化隔离地区、第二道绿化隔离地区，总面积约1220平方千米。截至2022年，一绿地区绿色开敞空间占比达到41%左右，建成公园109处、总面积约67.8平方千米。二绿地区绿色开敞空间占比达到63%左右，累计绿化面积达443.2平方千米，建成郊野森林公园44处，环绕城市的绿色生态景观带逐步形成。

【新城滨河公园】 全市共有11个新城滨河森林公园，总面积7661.86公顷，分别位于通州、大兴、延庆、昌平、密云、门头沟、房山、怀柔、平谷、顺义、北京经济技术开发区。

【城市森林】 截至2022年，全市城市森林建成59处、面积686公顷。

【小微绿地和口袋公园】 截至2022年，全市建成小微绿地和口袋公园560处，面积271公顷。

【健康绿道】 截至2022年，全市绿道总里程达1365千米，有机串联沿线公园绿地。

【国有林场】 全市有国有林场34个，分布于11个区，均为生态公益型林场，林地总面积6.62万公顷，占全市林地总面积的6.8%。有林地面积5.07万公顷，活力木总蓄积量237万立方米。从隶属来分，中央单位所属林场2个，包括北京林业大学实验林场和中国林业科学院九龙山林场，林地面积0.32万公顷，占总面积的4.86%；市属林场8个，包括市园林绿化局所属7个林场和市水务局所属密云水库林场，林地面积3.89万公顷，占总面积的58.67%；区属林场24个，面积2.41万公顷，占总面积的36.46%。

【森林防火】　全市有282座防火瞭望塔、1028路林区远程视频监控系统，监控覆盖率达到85%。共有552处森林防火检查站、384支（3943人）森林防火巡查队、4.3万名护林员，161支（3324人）乡镇森林扑火队和市局直属林场防火扑火队伍。全面推行"森林防火码"和"互联网+森林草原督查"系统应用。

【果树产业】　全市果树种植面积19.18万公顷，其中鲜果5.69万公顷，干果6.87万公顷。2022年，果品产量3.99亿千克，收入30.4亿元；从业果农21.65万人，人均收入1.4万元。全市春季发展果树623.13公顷、88.8万株。其中新植果树53.67公顷、35.5万株，更新491.93公顷、47.5万株，高接换优77.53公顷、5.7万株。全市开放观光采摘果园2826个、面积1.67万公顷，其中经过安全认证的果园631个、面积1.34万公顷，年接待游客606万人次，采摘果品3202万千克，采摘收入4亿元。

【种苗产业】　全市办证苗圃1060个，面积1.22万公顷，苗木总产量4805.48万株。开展市、区两级检查验收，验收合格规模化苗圃102个，总面积0.52万公顷。

【花卉产业】　种植面积0.19万公顷，年产值7.8亿元，盆栽植物产量约1.1亿盆，其中花坛植物产量8300万余盆。直接从事花卉生产的企业174家，花农400余家，从业者约5000人，大中型花卉市场20个，通过各种花事活动年接待游客量超过2000万人次。

【蜂产业】　全市蜜蜂饲养总量为25.8万群，其中中华蜜蜂1.6万群，西方蜜蜂24.2万群，全市蜂业专业合作组织57个，蜂业产业基地60个，从业人员2.5万余人，养蜂户0.68万户。

【林下经济】　全市完成以森林景观利用、林下种植、林下养殖（以养蜂为主）、森林康养（疗养）等为主要利用模式的林下经济1.33万公顷。

【新型集体林场】　全市在门头沟、房山、通州等12个区建成108个新型集体林场，涵盖105个乡镇、1775个村、15.33余万公顷集体生态林地，为当地提供1.8万个就业岗位，聘用当地农民1.5万人，当地农民占职工总数的83%。2022年计划建设30个新型集体林场，实际建成

31个，完成率103%。

【森林资源资产价值】　全市森林资源生态服务价值为9549.83亿元，较上年度增加479.82亿元。其中，支持服务1145.89亿元，调节服务5007.64亿元，供给服务3249.70亿元，文化服务146.60亿元。森林植被总生物量5496.11万吨，森林植被总碳储量2652.93万吨。

（园林绿化综述：郭腾飞　供稿）

2022年园林绿化概述

2022年，北京市园林绿化系统紧紧围绕落实首都城市战略定位，完成北京市委、市政府部署的各项任务。全年新增造林绿化10200公顷、城市绿地200公顷，全市森林覆盖率达到44.8%，森林蓄积量达到3164万立方米；城市绿化覆盖率达到49.3%，人均公园绿地面积达到16.89平方米。

【重大任务保障】　年内，全市完成以"喜迎二十大，奋进新征程"为主题的景观环境服务保障任务、北京冬奥会和冬残奥会环境服务保障工作以及党和国家领导人、全国人大和全国政协领导、军委领导和共和国部长等重大植树活动的组织

协调和服务保障工作。

【植树造林】 年内，全市完成新一轮百万亩造林任务10200公顷，栽植各类苗木485万株，城市总规确定的生态格局基本形成。新一轮百万亩造林绿化工程圆满收官，累计完成造林绿化68000公顷。聚焦"一屏三环五河九楔"，持续推进温榆河、南苑森林湿地、奥北森林公园等重点项目建设，平原地区新增绿化面积34933.33公顷，形成万亩①以上绿色板块40处，千亩以上绿色板块498处。累计实施浅山平缓地、台地造林26400公顷，市域绿色空间布局更加完善。统筹山水林田湖草沙系统治理，累计恢复建设湿地1.02万公顷。京津风沙源治理工程林业任务全部完成，20年累计营造林61.47万公顷，首都山区森林覆盖率达到67%。累计支持河北张家口和承德坝上地区完成造林6.67万公顷，森林质量精准提升7.27万公顷。

【扩展绿色空间】 新一轮百万亩累计新增城市绿地2333.33公顷，完成"战略留白"临时绿化3461.8公顷，"留白增绿"5344.3公顷，"揭网见绿"7480公顷，建设生态保育小区479处，公园绿地500米服务半径覆盖率达到88.7%。年内，新建村头片林129处，完成背街小巷绿化美化2.8万平方米，建设城市绿道47千米、森林步道100千米、林荫路20条。

【公园景区建设】 年内，全市持续推进温榆河、南苑森林湿地、奥北森林公园等重点项目建设，提升改造全龄友好公园30处，完成围栏优化7.9万延长米。新一轮百万亩造林累计建成城市休闲公园180处、口袋公园和小微绿地323处，持续开展文明游园专项行动，发布"文明游园"形象标识，市民游园环境明显改善。

【绿色产业】 年内，全市林业产业年产值达到126.3亿元，带动近25万从业人员就业增收。全年新发展果树623.13公顷，建成"京字号"果品示范基地15个。积极推进乡土树种草种培育，审定林草品种14个，新优花卉品种展示会推介品种1400余个；启动实施蜂产业绿色提升行动。发展林下经济1.33万公顷。创新"五节一展"（即：2022北京郁金香文化节、2022北京菊花文化节、2022北京月季文化节、2022北京牡丹文化节、2022北京（首届）荷花文化节、迎春年宵花展）花卉文化活动，年接待游客超2000万人次。

【资源安全】 年内，全市各级林长达到10269人，发布市级总林长令4道，市区林长巡林超600人次，"三长联动，一巡三查"制度逐步完善。完成森林防火视频监控系统建设498处，总数达1028路，林区监控覆盖率达85%；全市形成卫星遥感、航空巡护、视频监控、塔台瞭望、地面巡查五位一体的"天空地"监测预警体系。全面加强林业有害生物防治，美国白蛾防控实现不成灾、不扰民目标；建立园林绿化资源生态监测体系，完善资源督查闭环管理机制，开展打击破坏林地绿地违法行为、野生动植物保护和种苗林保等系列执法专项行动，查处案件815件，没收野生动物及其制品1113件。

（2022年园林绿化概述：
郭腾飞 供稿）

---

①1亩≈0.067公顷。

北京市园林绿化局（首都绿化办）机关行政机构系统

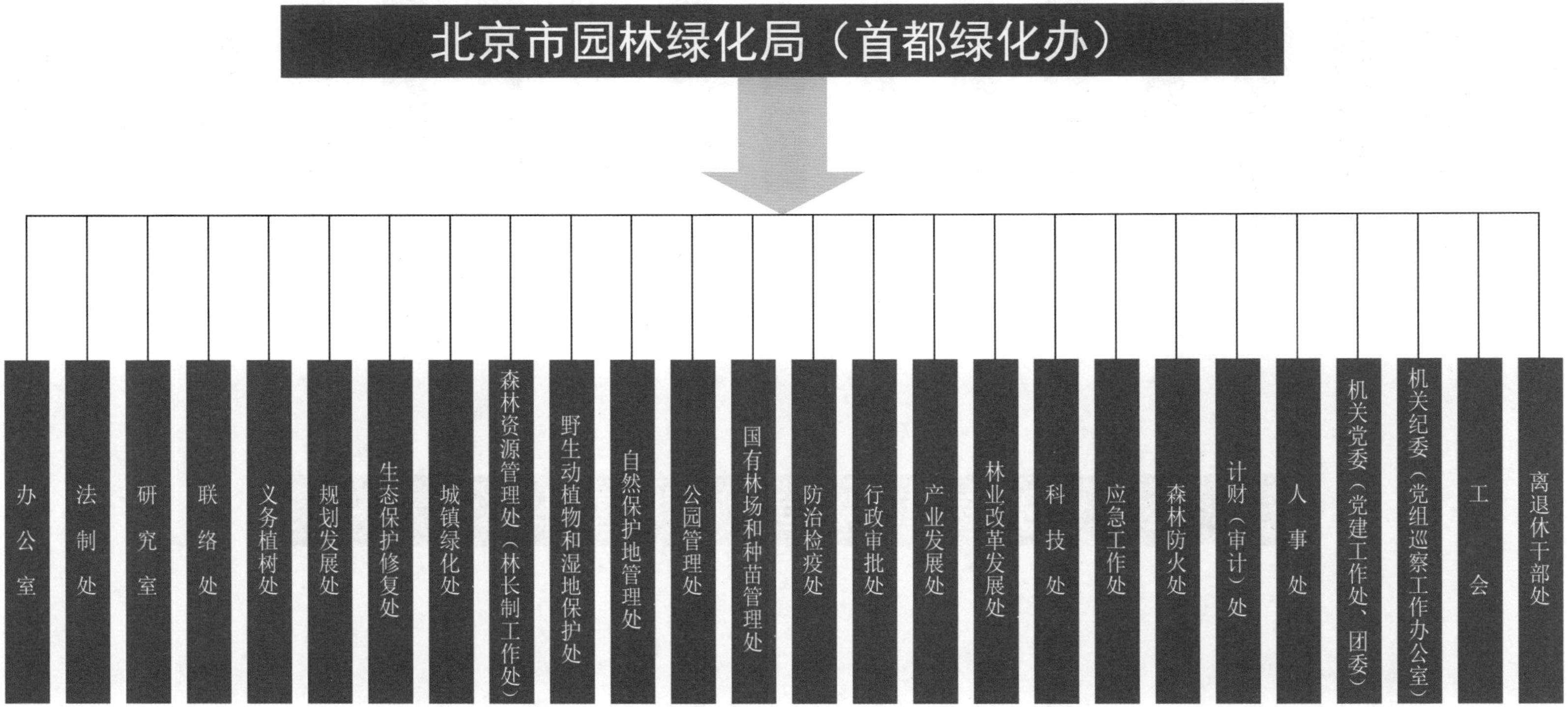

北京市园林绿化局（首都绿化办）

- 离退休干部处
- 工会
- 机关纪委（党组巡察工作办公室）
- 机关党委（党建工作处、团委）
- 人事处
- 计财（审计）处
- 森林防火处
- 应急工作处
- 科技处
- 林业改革发展处
- 产业发展处
- 行政审批处
- 防治检疫处
- 国有林场和种苗管理处
- 公园管理处
- 自然保护地管理处
- 野生动植物和湿地保护处
- 森林资源管理处（林长制工作处）
- 城镇绿化处
- 生态保护修复处
- 规划发展处
- 义务植树处
- 联络处
- 研究室
- 法制处
- 办公室

北京市各区园林绿化行政机构系统

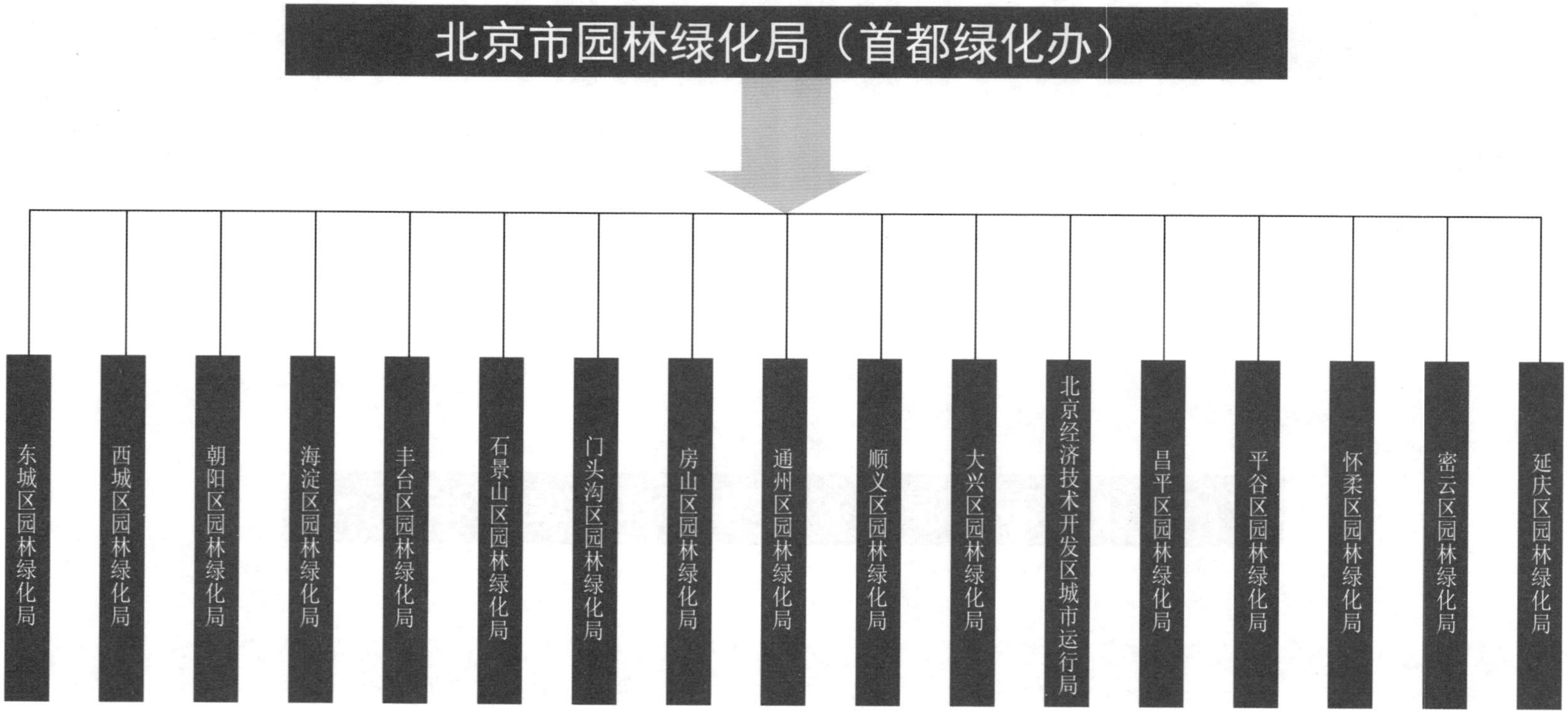

北京市园林绿化局（首都绿化办）

- 延庆区园林绿化局
- 密云区园林绿化局
- 怀柔区园林绿化局
- 平谷区园林绿化局
- 昌平区园林绿化局
- 北京经济技术开发区城市运行局
- 大兴区园林绿化局
- 顺义区园林绿化局
- 通州区园林绿化局
- 房山区园林绿化局
- 门头沟区园林绿化局
- 石景山区园林绿化局
- 丰台区园林绿化局
- 海淀区园林绿化局
- 朝阳区园林绿化局
- 西城区园林绿化局
- 东城区园林绿化局

北京市园林绿化局（首都绿化办）直属单位行政系统

北京市园林绿化局（首都绿化办）

北京市永定河休闲森林公园管理处

北京松山国家级自然保护区管理处

首都绿色文化碑林管理处

北京市京西林场管理处

北京市共青林场管理处

北京市大安山林场管理处

北京市西山试验林场管理处

北京市十三陵林场管理处

北京市八达岭林场管理处

北京市园林绿化科学研究院

北京市园林绿化规划和资源监测中心

北京市园林绿化局森林防火事务中心

北京市野生动物救护中心

北京市园林绿化产业促进中心

北京市园林绿化工程管理事务中心

北京市绿地养护管理事务中心

北京市园林绿化局财务核算中心

北京市园林绿化局综合事务中心

北京市园林绿化宣传中心

北京市园林绿化大数据中心

北京市园林绿化资源保护中心

北京市林业工作总站

北京市园林绿化综合执法大队

北京市公园管理中心机关行政系统

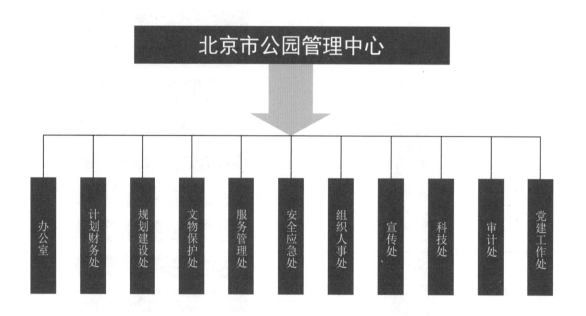

北京市公园管理中心

办公室　计划财务处　规划建设处　文物保护处　服务管理处　安全应急处　组织人事处　宣传处　科技处　审计处　党建工作处

北京市公园管理中心直属单位机构系统

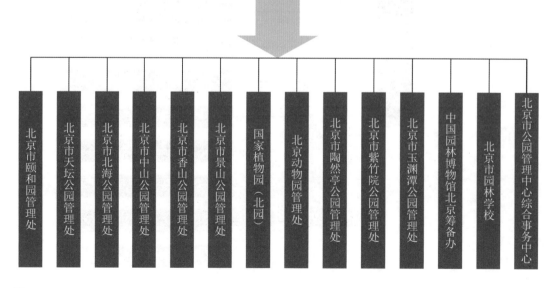

北京市公园管理中心

北京市颐和园管理处　北京市天坛公园管理处　北京市北海公园管理处　北京市中山公园管理处　北京市香山公园管理处　北京市景山公园管理处　国家植物园（北园）　北京市动物园管理处　北京市陶然亭公园管理处　北京市紫竹院公园管理处　北京市玉渊潭公园管理处　中国园林博物馆北京筹备办　北京市园林学校　北京市公园管理中心综合事务中心

生态环境

生态环境修复

【概　况】 2022年，市园林绿化局围绕服务北京冬奥会和冬残奥会以及迎接党的二十大召开两件大事，在绿隔地区推进一道城市公园环闭合和二道郊野公园环建设，在平原地区连小成大、连带成网，建设大尺度森林湿地和生态廊道，在浅山区实施生态修复，推进平原、浅山、深山联动发展，推进"一屏、三环、五河、九楔"市域绿色空间逐步形成。新一轮百万亩造林绿化工程收官，累计完成造林绿化6.8万公顷。实施浅山平缓地、台地造林2.64万公顷。统筹山水林田湖草沙系统治理，累计恢复建设湿地1.02万公顷。注重生物多样性保护，建设生态保育小区479处，北京地区陆生野生脊椎动物种类达596种，首都成为生物多样性最丰富的大都市之一。

（韩丛海）

【"战略留白"绿化工程】 年内，市园林绿化局完成"战略留白"临时绿化建设任务449.76公顷，涉及丰台、门头沟、房山、昌平、通州、大兴6个区，完成"疏整促"综合信息平台上账、销账任务。

（韩丛海）

【绿化隔离地区公园环建设管理】 年内，市园林绿化局持续推进绿化隔离地区公园环建设。两道绿隔共计1220平方千米，一道绿化隔离地区绿色开敞空间占比41%左右，建成公园109处、总面积约67.8平方千米，城市公园环基本闭合。二道绿化隔离地区实现绿化面积443.2平方千米，绿化覆盖率达48.7%，建设郊野公园44处，总面积约135.4平方千米，郊野公园环的骨架基本形成。

（韩丛海）

【村头公园片林工程】 年内，市园林绿化局结合美丽乡村绿化美化，加强村头公园（村头片林）规范化建设和管理。全

2月22日，林业专家赴老山城市休闲公园指导林分结构调整（崔楠楠摄影）

73

市新增村头片林造林项目建设40处；结合全市平原生态林林分结构调整工作，实施60处村头片林景观游憩功能改造提升项目。

（韩丛海）

【京津风沙源治理扫尾工作】年内，市园林绿化局完成京津风沙源治理扫尾任务，门头沟、房山等7个区及京西林场完成2506.67公顷困难立地造林、58666.67公顷封山育林等养护工作，开展补植补造、抗旱浇水、病虫害防治等各项养护管理工作，提高苗木成活率，确保工程建设成效。

（韩丛海）

【园林绿化工程防尘管理】年内，市园林绿化局加强园林绿化工程防尘工作。完成裸露区域苫盖抑尘、车辆机械全部停驶停用等管控措施落实，加大工地出入口及其两侧各100米范围内道路清扫频次，督促各区累计出动1258人次对现有未做竣工验收的工地实地巡查1163处，对发现的因防尘网未做加固被大风吹起产生的裸露区域，重新进行全面苫盖，累计苫盖243.47公顷。通过栽植宿根花卉、种草、种植地被等方式生态治理工地裸露地64.13公顷。

（韩丛海）

【山区生态林经营】年内，市园林绿化局利用中央森林生态效益补偿、山区生态林生态效益促进发展机制，全年实施经营抚育46666.67公顷，包括集体林抚育38666.67公顷、国家级公益林管护8000公顷。采用近自然森林经营技术，强调"目标树"经营，优化林分密度、调整林分结构，加大对侧柏等过密林分疏伐，建设林木抚育示范区30处。完成山区森林健康经营46675.33公顷，其中抚育间伐7320公顷，伐除干扰树、劣质木、病腐木198.84万株；补植补种栎类9993.33公顷192.58万株（穴）；人工促进天然更新302.28万株。

（韩丛海 于青）

【平原生态林分级分类管理】年内，市园林绿化局纳入平原生态林养护面积13.2万公顷，其中两轮百万亩造林移交的生态林10.7万公顷，完善政策生态林24666.67公顷。对平原生态林实施分级分类管护，重点开展"调密度、补幼苗、沃土壤、防病虫、丰物种"五项工作。开展林分结构调整6666.67公顷，林下补栎81万株，建设小微湿地89处，设置本杰士堆390个、人工鸟巢1092个、昆虫旅馆862个。

（韩丛海）

【平原生态林综合示范区建设】年内，市园林绿化局建设平原生态林综合示范区（包含海淀、房山、怀柔、平谷、顺义5处市级示范区）50处。建成市级森林经营示范区30处。实施山区林木调整50万株，其中对天然更新幼苗实施定株抚育30万株，在侧柏、油松等纯林中补植补种栎类等实生幼苗20万株，营造异龄复层混交林。

（于青）

【生态公益林养护管理】年内，市园林绿化局推进全市生态公益林统筹管理。启动编制《北京市生态公益林管护经营管理办法》，研究将现有的国家级公益林、山区生态公益林、平原生态林、退耕还林、矿山修复生态林五类政策林进行统筹管理，明确生态公益林范围和分类，做好分级分类管护制度设计。

（韩丛海）

【退耕还林后续管理】年内，市园林绿化局启动退耕还林区级自查，下发《关于做好2022年度退耕还林后续政策落实开展区级全面检查验收工作的通知》，基本完成区级全面检查验收工作。按照国家林草局要求，通过区级全面调查和市级重点实地调研相结合的方式开展全市退耕还林调查摸底工作，确认保存面积25525.33公顷，面积保存率为83.23%。

（韩丛海）

【废弃矿山修复生态林经营】年内，市园林绿化局与市规划自然资源委对接，对2014—2018年市规划自然资源委牵头治理的废弃矿山项目中生态林养护工作实施移交，累计完成

8月10日，市园林绿化局工作人员在平谷区听取退耕还林后续管理工作汇报（市园林绿化规划和资源监测中心 提供）

达标生态林移交920.57公顷，涉及28个乡镇、76个村、134个小班，包含建材矿、煤矿、砂石坑、石灰矿等矿山类型，各区结合平原造林养护，实施统筹管理。

（韩丛海）

【回天地区生态修复】 年内，市园林绿化局启动3个重点公园项目（回天街区公园、奥北二期、沙河片区建设工程）、追加2个公园项目（回龙观休闲公园、天通苑休闲公园）。回龙观休闲公园（总面积约18.13公顷）和天通苑休闲公园（总面积约30.13公顷）建设，纳入2022年新一轮百万亩绿化新增项目，两个公园均位于回天地区主要居民区周边，切实解决回龙观、天通苑北部公园绿地资源不足问题。

（韩丛海）

【建设顺义"千亩银杏园"】年内，顺义区南彩银杏主题公园一期工程顺利完工。该地块位于顺平辅线北侧，一期总占地面积54.46公顷，总投资2034万元，是全市首个以银杏树为基础的平原造林工程，园内保留原有乔木11483株，移植乔木4979株，新植乔木100余株、灌木7500余株、花卉7.5万平方米。

（韩丛海）

【建设昌平生态公园沙河片区】年内，昌平未来科学城生态休闲公园沙河片区（一期）工程建设完成。项目位于昌平区沙河镇，建设规模约53公顷，项目栽植堤顶路外侧区域乔木、灌木6608株，园路及广场基础和面层施工2.6万余平方米。

（韩丛海）

【重大保障任务生态修复】 年内，市园林绿化局围绕服务新机场通航和京津冀联通，实施新机场高速、京雄高铁、轨道交通新机场线、京台高速、京开高速等绿化提升780公顷。大兴新机场周边，重点实施新机场高速绿化、临空经济区公园建设等生态修复工作，新机场门户区46.67公顷绿化，成为展示良好大国首都形象的窗口。雁栖湖周边，通过实施城市生态廊道、科学城绿化美化等，强化环湖片区生态林养护。围绕服务北京冬奥会和冬残奥会、世园会，对京藏、京新、京礼、京承等高速路两侧实施造林绿化1066.67公顷、改造提升2866.67公顷，在延庆进山口形成了不低于300米的绿色景观带76千米。

（韩丛海）

（生态环境修复：韩丛海 供稿）

新一轮百万亩造林绿化工程

【概　况】 2022年，北京市立足于新发展阶段，贯彻落实新发展理念，服务北京冬奥会和冬残奥会、迎接党的二十大召开两件大事，坚持增加资源总量和提升资源品质，在绿隔地区推进一道城市公园环闭合和二道郊野公园环建设，在平原地区连小成大、连带成网，建设大尺度森林湿地和生态廊道，在浅山区实施生态修复，推进平原、浅山、深山联动发展，推进"一屏、三环、五河、九楔"市域绿色空间逐步形成，为建设国际一流和谐宜居之都奠定良好的生态基础。

【新一轮百万亩造林工程收官】 年内，北京市完成新一轮百万亩造林任务10200公顷，栽植各类苗木485万株，新一轮百万亩造林绿化工程圆满收官。新一轮百万亩造林绿化工程自2018年启动实施，截至2022年年底，累计完成造林绿化6.8万公顷，其中，城区绿化2333.33公顷、平原区增绿34933.33公顷、浅山区修复2.64万公顷、其他形式绿化4400公顷，栽植各类苗木4900万余株，工程范围涵盖315个乡镇（街道）、2936个村，共有126家设计单位、619家施工单位参与工程建设。

【完善市域绿色空间结构】 年内，新一轮百万亩造林绿化工程顺利收官，在"一屏、三环、五河、九楔"空间内增绿56666.67公顷，"一主一副"范围内增绿8666.67公顷，"九楔"范围增绿17333.33公顷，市域空间绿色布局更加完善、空间结构更加合理，空间连通性不断增强。

【浅山区生态修复】 年内，新一轮百万亩造林绿化工程落实浅山区生态保护修复规划，结合农业结构调整、浅山区违法建设专项治理等市级重点工作，截至年底，累计实施浅山区平缓地、台地、荒山造林2.64万公顷。昌平、房山、顺义、平谷等区前山脸一带平原浅山过渡带生态系统有机连通，山区屏障功能更加完善。

【大尺度绿化和生态廊道建设】 年内，新一轮百万亩造林绿化工程完成后，北京市建成了以大尺度近自然森林为主和生态廊道连通的森林生态网络，平原区万亩以上的绿色板块40处，千亩以上绿色板块498处，建成生态廊道30余条。

【重点区域绿化造林】 年内，市园林绿化局在北中轴区域启动奥北森林公园一期、二期建设，持续推进温榆河公园建设；在南中轴地区，推进南苑森林湿地公园建设，弥补城南生态短板；在北京城市副中心新增城市绿心、张家湾、台湖等大尺度公园绿地，万亩以上森林湿地达到8处；在海淀"三山五园"地区、昌平回天地区、大兴黄村新城周边，建设大批休闲公园。

【通州区新一轮百万亩造林】 年内，通州区完成1000公顷栽植任务，完成年度考核任务指标。主要包括：完成景观生态林建设797.33公顷，包括宋庄、潞城等9个乡镇平原景观生态林744.45公顷以及2021年扫尾任务52.85公顷；完成小微绿地、城市公园等55.64公顷，包括乐成公园、小微绿地等3.71公顷以及2021年张家湾公园（三期）、梨园镇云景公园（一期）等扫尾任务51.94公顷；完成广渠路东延道路绿化建设工程0.53公顷；完成"战略留白"临时绿化9.31公顷等。

（新一轮百万亩造林绿化工程：

韩丛海 供稿）

石景山区新安城市记忆公园绿化景观（何建勇 摄影）

京津冀协同发展

【概　况】自京津冀协同发展国家战略实施以来,在北京市委、市政府的高度重视下,市园林绿化局坚持生态协同发展要率先突破的总体要求,加强与河北省林草局对接,建立长效合作机制,在京冀生态水源保护林建设、支持河北省张家口市及承德坝上地区植树造林等方面开展良好的合作。完成潮白河国家森林公园概念规划编制和六环高线公园规划设计方案国际征集;新增城市副中心办公区公共绿地3.5公顷、城市副中心外围造林绿化1000公顷。京津风沙源治理工程林业任务全部完成,20年累计营林造林61.47万公顷,首都山区森林覆盖率达到67%。支持河北张家口和承德坝上地区完成造林6.67万公顷,森林质量精准提升7.27万公顷;实施京津冀生态联防联控,京津冀森林防火、林业有害生物防治、野生动物疫源疫病监测等区域联防机制进一步完善,生态协同治理成效不断巩固。

（韩丛海）

【京冀生态水源保护林建设】京津冀协同发展国家战略实施以来,市园林绿化局加强与河北省林草局对接,建立长效合作机制,在京冀生态水源保护林建设方面开展良好合作。11年来（2009—2019年）累计栽植苗木8009万余株,北京市财政累计总投资8.75亿元,项目区域净增森林面积6.67万公顷,项目区森林覆盖率由37.7%提高到44.77%,建成10000亩以上的工程地块20处、5000亩以上29处、1000亩以上107处,连同原有植被,官厅水库周边、密云水库上游集水区、潮白河流域涵养水源保持水土的能力得到有效改善,水土流失和风沙危害得到有效遏制,入库水质持续改善,初步形成护卫京冀水源的绿色生态带。通过参与造林施工和中幼林管护,每年给当地农民提供绿色就业岗位5760个,年人均收入达6300余元。

（韩丛海）

【绿色通道生态修复】年内,市园林绿化局对全市30余条重点生态廊道实施加宽加厚,连通性和完整性进一步提升。对永定河、潮白河、北运河等市级重点河流两侧和流域范围内实施造林绿化,新增造林绿化13333.33余公顷。加大市郊铁路绿化力度,对怀密线、副中心线、S2线和京张高铁两侧进行美化提升。对五环路、六环路和京哈高速、京沪高速等多条主干道和高速路,进行绿化美化和景观提升。

（韩丛海）

【京津冀森林湿地城市群建设】年内,北京市加大京津冀森林湿地城市群建设。在大运河、潮白河、永定河等区域性河流生态廊道流域及通州、大兴、房山等接壤区域加大绿化力度,两轮造林在北京、天津、保定过渡地区营造森林湿地28000公顷,万亩绿色板块21处（新增10处）,环京绿带基本建成。

（韩丛海）

【城市副中心绿化建设】年内,北京市城市副中心办公区新增公共绿地3.5公顷,建成和园等口袋公园、小微绿地3处;

京礼高速路两侧绿化效果（何建勇 摄影）

梨园主题公园、商务富锦公园稳步推进，小中河、中坝河、大运河等164千米绿道实现连通，建成城市副中心首个碳循环公园和首个5G自然科普教育基地及碳中和科普基地；副中心外围新增造林绿化1000公顷，"两带、一环、一心"绿色生态格局不断完善。

（韩丛海）

【京津风沙源治理工程】 年内，北京市完成京津风沙源治理工程任务，重点完成二期工程2021年项目，包括666.67公顷困难立地造林、16666.67公顷封山育林补植补造、抗旱浇水、病虫害防治等各项养护管理工作。北京市京津风沙源治理工程自2000年试点，2002年正式启动，20年累计营林造林61.47万公顷，首都山区森林覆盖率达到67%，五大风沙危害区得到彻底治理，筑起首都抵御风沙的绿色防线。京津风沙源治理二期工程（2013—2022年）10年共计造林面积达27946.67公顷，封山育林87266.67公顷，低效林改造27400公顷，人工种草9800公顷。

（韩丛海）

【京津风沙源工程20周年成果展】 年内，北京市对京津风沙源治理工程20周年进行成果展示宣传。举办北京市京津风沙源治理工程20周年新闻发布会、座谈会，发布20余篇宣传稿件，制作20周年建设成效宣传展板，拍摄治理工程20周年专题宣传片。

（韩丛海）

【大气污染联防联控】 年内，市园林绿化局按照《北京市深入打好污染防治攻坚战2022年行动计划》有关要求，完成生态保护、土壤污染防治、大气污染防治、应对气候变化等方面涉及市园林绿化局的32项（牵头、主责任务23项，协办9项）重点任务。

（韩丛海）

【京津冀林业有害生物防控一体化】 年内，北京、天津、河北林草主管部门联合召开京津冀林草有害生物联防联治2022年联席会议，安排部署联防联控工作，交流学习松材线虫病、美国白蛾等有害生物防控工作。完成京冀林业有害生物区域合作项目，支援雄安新区飞机防治42架次。三省（市）共享交流监测动态及趋势预警信息，联合组织开展主题为"防控林业生物灾害，共同守护美好家园"的"5·12"林业有害生物防灾减灾宣传活动；宣读全国林业有害生物防灾减灾主题倡议书，培训美国白蛾防控技术、交流分享扰民舆情接诉即办经验等。联合开展"5·25"林业植物检疫检查和宣传活动，对辖区内的苗圃、苗木集散地、木材加工厂等企业进行检疫检查；采取线上培训、悬挂横幅、宣传车广播等多种形式开展《生物安全法》和以松材线虫病、美国白蛾等重大检疫性有害生物为主的林业有害生物防控知识宣传。发布分级分类林业有害生物预警信息57条，覆盖京津冀地区8.55万人次。对京津冀林业植物检疫追溯系统进行改造提升，将京津冀林业植物检疫追溯系统接入北京市统一身份认证平台，实现所有申请人在

林业植物检疫检查和宣传活动（防治检疫处 提供）

政务服务平台上全程网上申办产地检疫合格证、植物检疫证书。

（高灵均）

【森林防火联防联控机制落实】年内，京津冀三地各层面森林防火联防组织、联防责任进一步清晰。建立联防联控机制，每年轮流组织召开森林防火工作会议，商定本年度联防联控工作部署；签订联防工作协议书，三省（市）签订《联合处置森林火灾应急预案》，用于指导三省（市）各相关单位扑救京津冀地区边界火；支持津冀省市建设，连续10年投入1.45亿元专项资金，为环京县（市）及2个自然保护区建设县级森林防火指挥系统、视频监控系统、通信系统并配备各种车辆207辆以及各类扑火物资7.62万件。支持承德市滦平县山区建设数字通信系统；京津冀三地持续开展边界火扑救应急演练。市园林绿化局参加第二届京津冀晋蒙林草主管部门森林草原防火联席会议，介绍北京经验，加强合作交流。持续投入京冀森林防火合作项目1000万元，重点支持北京冬奥会和冬残奥会周边林区的视频监控系统、储水罐、语音宣传杆、通信系统、高压细水雾枪和单兵装备等建设内容。

（吴春水）

【野生动物疫源疫病监测联防联控机制落实】年内，市园林绿化局推动北京市疫源疫病监测体系规范化建设及监测站调研；与天津市规划和自然资源局、河北省林业和草原局联合举办京津冀野生动物疫源疫病监测与救护线上培训班，200余人参加；完成《京津冀地区野生动物疫病监测和预警》等6个国家林草局相关项目的实施工作。

（汤佳）

（京津冀协同发展：
韩丛海 供稿）

2022年北京冬奥会和冬残奥会保障

【概　况】 2022年，市园林绿化局圆满完成北京冬奥会和冬残奥会环境服务保障工作，通过增种常绿彩色植物、布置主题花坛，增加首都冬季色彩，为冬奥盛会营造热情欢乐的氛围。

（韩丛海）

【生态环境修复】 年内，北京市通过大造林，在北京冬奥会和冬残奥会延庆赛区周边形成大尺度绿色基底12000公顷，实施核心区赛道周边生态修复328公顷，强化植被迁地保护，建设冬奥森林公园；沿线实施通道增彩延绿265千米，绿化美化提升景观林3933.33公顷。

（韩丛海）

【城市景观环境布置】 年内，市园林绿化局在北京2022年冬奥会和冬残奥会期间，在全市重点区域布置125处园林景观节点，开展绿地整治1900万余平方米，增种常绿油松，彩色观枝、观叶、观果植物共计367.5万余株。冬奥会期间，在重点保障范围内选取10个重要点位布置主题花坛，天安门城楼前绿地增加园林彩色有机覆盖物，丰富冬季景观色彩。冬残奥会期间，延续冬奥会环境布置成果，更换10处重点花坛会徽、吉祥物及地面彩色有机覆盖物，更换花卉14万余株，涉及9个种类30余个品种，主要为角堇、羽衣甘蓝、石竹、矾根、蓝盆花等。其中，天安门广场"精彩冬奥"更换早春花卉8万余株，长安街及其余重点地区更换早春花卉6万余株。

（胥心楠）

【森林防火】 年内，市园林绿化局成立市冬奥森林防火指挥部，编制印发《北京市冬奥会延庆赛区周边森林防火应急预案》，北京市、河北省两地6家防火单位签署联防联控协议，确定保障区域，明确分工职责，协同多部门联动，全面落实森林防火防控措施，确保冬奥林区周边森林防火安全稳定。

（吴春水）

【有害生物防控】 年内，市园林绿化局在北京冬奥会和冬残奥会期间，强化日常监测巡查和专项普查相结合，加大培训指导和督导检查力度，重点做好首都核心区、城市副中心、城市公园、百万亩造林工程、风景名胜区、交通干线两侧及其周边等重点地区林业有害生物防控工作，确保园林绿化景观完整。

（高灵均）

【生态监测网络体系建设】 年内，市园林绿化局持续开展冬奥外围生态环境监测及生物多样性监测，通过开发北京园林绿化生态监测网络运维与数据平台，对监测站进行数据管理、数据分析和运营维护管理，协助冬奥组委编制完成冬奥可持续发展报告。

（张博）

【果品供应保障】 年内，市园林绿化局制订印发《北京2022年冬奥会和冬残奥会水果干果供应服务和质量安全保障工作方案》《北京市2022年冬奥会和冬残奥会食用林产品质量安全事件应急预案》，对备选基地提出安全保障要求；遴选出4家水果干果生产基地作为餐饮业务领域备选基地，涉及产品为苹果和梨，积极做好赛事期间保供工作，供应优质果品800余吨；对备选基地成熟期的果品实行"批批检测"，组织1300余人参加果品供应保障和食品安全培训。

（李安安）

【特色冰雪文化活动】 年内，市园林绿化局利用公园行业各类资源宣传冬奥文化、弘扬奥运精神，8家公园开展40项冬奥知识宣传等文化活动。开展第八届北京市民快乐冰雪季活动期间，各类公园共推出34块冰雪场地、开展40项冬奥文化活动，带动140万人次参与冰雪运动。

（彭强）

【助力碳中和目标实现】 年内，北京市向北京冬奥组委捐赠53万吨碳汇量，助力北京冬奥会和冬残奥会实现碳中和目标，所捐赠碳汇量由2018—2021年营造的47333.33公顷新一轮百万亩造林地产生，成为大型活动碳中和典型案例示范。

（王欢）

（2022年北京冬奥会和冬残奥会保障：解莹 供稿）

朝阳区机场路沿线冬奥绿化景观（胥心楠 摄影）

2月2日，永定河休闲森林公园管理处完成北京2022年冬奥会火炬传递服务保障工作（王强 摄影）

全民义务植树

全民义务植树活动

【概　况】　2022年，首都绿化办向社会公布17处春季义务植树尽责接待点、28处林木抚育活动接待点和28个"互联网+全民义务植树"基地，完善优化首都全民义务植树微信公众号，及时发布有关信息，为广大市民履行植树义务提供优质服务。结合植树节、首都义务植树日等节点，巩固"春植、夏认、秋抚、冬防"首都义务植树品牌，广泛宣传8类、37种义务植树尽责形式，鼓励市民通过多种形式履行尽责义务。全年组织协调开展2700余场义务植树活动，346万人次以各种形式参与尽责，完成义务植树1211万株。

（杨振威）

【首都绿化委第41次全体会议召开】　2月21日，首都绿化委第41次全会暨深化"疏解整治促提升"促进生态文明与城乡环境建设推动首都高质量发展动员大会在北京召开。北京市委书记蔡奇作重要讲话，北京市委副书记、市长陈吉宁主持会议，会议审议通过《传承全民义务植树宝贵经验全面推进首都绿化美化高质量发展》工作报告和2021年首都绿化美化先进奖评选结果。中央有关部门和北京市领导在主会场出席会议，其他委员、成员单位负责人和16个区绿化委员会主要领导在分会场参加会议。

（杨乐乐）

【国家林草局领导义务植树活动】　3月26日，国家林草局局长关志鸥等领导到朝阳区孙河乡参加义务植树活动。栽植白皮松、国槐、元宝枫、紫丁香等树种500余株，并对已栽的200株树木进行抚育。

（杨乐乐）

【国家森林城市创建】　5月20日，首都绿化办向国家林草局报送《关于推荐通州区、怀柔区、石景山区、密云区、门头沟区申请2022年国家森林城市

首都全民义务植树活动——东城区（何建勇 摄影）

11月17日，成功创建"国家森林城市"新闻发布会在北京城市副中心举办（通州区园林绿化局 提供）

称号的函》。11月2日，国家林草局印发《关于授予北京市石景山区等26个城市"国家森林城市"称号的决定》，通州区、怀柔区、石景山区、密云区、门头沟区5个区被授予"国家森林城市"称号。11月9日，市园林绿化局向北京市委、市政府上报《北京市园林绿化局关于2022年国家森林城市创建情况的报告》。对照《首都森林城镇评价指标》《首都森林村庄评价指标》，全年创建首都森林城镇6个、首都森林村庄50个。

（李涛）

【首都花园式社区、单位创建】年内，首都绿化办印发《首都绿化委员会办公室关于开展首都绿化美化花园式单位复核工作通知》，探索花园式单位提质增效的措施办法。跟踪督导各区创建进度，组织专家团队面对面指导，重点指导城市核心区、回天地区、新首钢地区等重点地区创建工作。全年完成首都花园式街道2个、花园式社区40个、花园式单位45个的综合评定工作。

（杨乐乐）

【首都绿化美化宣传活动】年内，全市30家首都生态文明宣传教育基地及8家观察单位，开展"2022 爱绿一起"首都市民生态体验活动。新增1条生态导览路线，优化3家生态文明宣教基地路线并完成规划建设。征集第四届自然笔记作品10629份，完成第三届北京自然笔记图书编纂出版工作。开展北京市民花园节活动，设置4个主题展区和多个市民花园。开展首都市民园艺风采大赛，线上征集五大主题作品2200多件，记录展现市民园艺生活风采。全年开展绿化美化宣传活动1286场，受众2280万人次。

（杨乐乐）

【首都园艺驿站建设】年内，北京市105家首都园艺驿站发挥园艺驿站基层功能，服务社区，传播生态文明理念，举办2392场活动，受众49.3万人次。配合自然笔记作品第四届征集活动，32家园艺驿站参与往届优秀自然笔记作品驿站巡回展，受众达10万余人次。9家园艺驿站参与协办2022市民

10月25日，2022市民花园节暨首都市民园艺风采大赛作品展在永定河休闲森林公园举办（何建勇 摄影）

花园节暨首都市民园艺风采大赛作品展，展示市民园艺文化生活。

（杨乐乐）

【市花月季进社区】 年内，首都绿化办深入推进市花月季进社区工作，各区街道、社区高度重视，号召社区群众积极参与。各区按照区绿化办指导安排，与社区一道，广泛采纳群众意见建议，进一步提高首都花园式社区创建质量。

（杨乐乐）

【编纂《党和国家领导人植树纪念林》等画册】 年内，首都绿化办完成《共和国将军林》画册的编辑出版和赠送工作，以及《党和国家领导人植树纪念林》和《共和国部长植树纪念林》画册的编辑工作。三本画册总结近10年党和国家领导人、全国人大领导、全国政协领导、中央军委首长等参加首都义务植树的成果。

（杨乐乐）

《共和国将军林》画册封面效果图（市园林绿化宣传中心 提供）

【首都绿化美化先进单位和个人评比表彰】 年内，首都绿化办评选出2022年度首都全民义务植树先进单位209个，首都绿化美化先进单位78个，首都绿化美化花园式单位87个（其中，首都绿化美化花园式街道2个，首都绿化美化花园式社区40个，首都绿化美化花园式单位45个）。

（赵传森）

【森林城市创建示范建设】 年内，市园林绿化局指导相关区结合自身特点挖掘创森资源，持续打造独具特色的创森品牌，稳步推进丰台区和顺义区森林城市体验中心建设。在通州区于家务乡南三间房村、房山区大石窝镇辛庄村、密云区古北口镇司马台村开展森林村庄试点示范建设。

（方芳）

【乡村绿化美化】 年内，市园林绿化局研究制订《北京市园林绿化局贯彻乡村振兴战略推进美丽乡村建设2022年度任务分工方案》，结合创森、新型集体林场、林下经济、产业发展及村头一片林建设，在全市涉农区打造和培育村头片林（公园）100处、创建森林村庄50个。结合森林城市创建工作，摸清各涉农区村庄绿化覆盖率。按照《关于加强市级美丽乡村建设引导资金中村庄绿化项目清算工作的通知》要求，指导各区园林绿化局做好涉及市级资金清算项目的区级审核确认及资金清算工作。

（田静波）

（全民义务植树活动：
方芳 供稿）

重大义务植树活动

【概　况】 2022年，重大义务植树活动高标准服务保障党和国家领导人、中央军委领导、全国人大常委会领导、全国政协领导、共和国部长、在京义务植树活动，栽植、抚育油松、白蜡、海棠、玉兰碧桃等各类乡土树苗3600余株。树种选择上，充分体现"为人民种好树"的思想，选好苗，用小苗，多栽本地乡土树种，多栽春季开花、秋季结果、四季有景的树种。

（杨乐乐）

【党和国家领导人参加义务植树活动】 3月30日，党和国家领导人习近平、李克强、栗战书、汪洋、王沪宁、赵乐际、韩正、王岐山等到北京市大兴区黄村镇，同首都干部群众代表一起参加义务植树活动。在京中共中央政治局委员、中央书记处书记、国务委员等领导参加植树活动。北京市委、市政府和首都绿化委有关领导陪同参加植树劳动。栽植油松、白蜡、海棠、玉兰碧桃等各类乡土树种苗木1500余株。

（杨乐乐）

【中央军委领导参加义务植树活动】 4月2日，中央军委首长、军委机关各部门和驻京大单位领导等76名将军及驻京部队官兵代表近300人，到海淀区知春路北侧植树点参加义务植树活动。中共中央政治局委员、中央军委副主席许其亮、张又侠，中共中央政治局委员、北京市委书记蔡奇，北京市委副书记、市长陈吉宁等领导参加植树。栽种白皮松、白蜡、云杉、文冠果、海棠等苗木1500余株。

（杨乐乐）

【全国人大常委会领导参加义务植树活动】 4月7日，全国人大常委会副委员长曹建明、张春贤、沈跃跃、吉炳轩、艾力更·依明巴海、陈竺、王东明、白玛赤林、郝明金、武维华，全国人大常委会秘书长、副秘书长、机关党组成员，各专门委员会、工作委员会负责

人，到北京市丰台区青龙湖植树场地参加义务植树活动。北京市人大常委会主任李伟、副主任杜飞进、庞丽娟、李颖津、张清、侯君舒，秘书长刘云广及首都绿化办、丰台区委、丰台区人大常委会、丰台区政府等有关部门负责人一同参加植树劳动。栽植油松、七叶树、元宝枫、银杏、秋紫白

蜡等各类苗木300余株。

（杨乐乐）

【共和国部长参加义务植树活动】 4月9日，中共中央直属机关、中央国家机关各部门和北京市133名部级领导到北京市通州区张家湾镇南火垡村参加共和国部长义务植树活动。首都绿化委主任、北京市市长陈吉宁一同参加植树活动。

4月2日，中央军委领导、军委机关各部门在海淀区知春路北侧植树点参加义务植树活动（何建勇 摄影）

4月9日，中共中央直属机关、中央国家机关各部门和北京市133名部级领导在通州区张家湾镇南火垡村参加义务植树活动（何建勇 摄影）

栽植华山松、白皮松、国槐、栾树、臭椿、山桃、华北紫丁香等树苗1100余株。自2002年起，部长植树活动已连续开展21年。

（李涛）

【全国政协领导参加义务植树活动】 4月11日，全国政协副主席刘奇葆、万钢、李斌、巴特尔、汪永清、苏辉、何维、邵鸿、高云龙和全国政协机关干部职工，在北京市政协主席魏小东的陪同下，到海淀区西山国家森林公园参加义务植树活动，栽植、抚育白皮松、山桃、流苏、连翘等树木1000余株。

（曲宏）

（重大义务植树活动：
杨乐乐 供稿）

城镇绿化美化

重大活动绿化美化保障

【概　况】 2022年，市园林绿化局立足首都功能定位，突出重大会议活动保障，坚持服务保障工作与绿地整治提升相结合、与精细化管护相结合，打造干净整洁优美的景观环境，高质量完成2022年北京冬奥会和冬残奥会，"五一"和国庆，党的二十大等重大节日活动的环境美化工作。市园林绿化局城镇绿化处被中共中央、国务院授予"北京冬奥会、冬残奥会突出贡献集体"称号。

【党的二十大景观环境服务保障任务】 年内，市园林绿化局在天安门广场及长安街沿线布置主题为"喜迎二十大 奋进新征程"的15组主题花坛及7000平方米地栽花卉，展示伟大祖国取得的辉煌成就和人民幸福美

京西宾馆前迎接党的二十大花坛景观布置（胥心楠 摄影）

好的生活。在全市重点区域、重点道路及党的二十大会议周边整治绿地620余万平方米，布置主题花坛187组、栽植地被花卉10万余平方米、小型花境组合容器花钵2000余处、花箱1万余个，使用花卉1900万余盆。

【天安门广场及周边国庆摆花】 年内，市园林绿化局在天安门广场中心布置"祝福祖国"巨

型花篮，东、西长安街各摆放7组花坛，展示奋进新时代伟大祖国取得的辉煌成就，使用花卉440余万株。

【重大活动花卉保障】 年内，市园林绿化局完成"9·30"国家烈士纪念日党和国家领导人及首都各界向人民英雄敬献花篮活动的花篮、花台、花束、单枝花制作等保障任务。全国两会期间，按照北京会议中心

会议组要求完成1100平方米、5处景观节点的花卉工程布置，协助京西宾馆开展室内外景观布置及日常养护工作，花卉摆放约180平方米，打造景观节点9处，总用花量约7500盆。布置北京展览馆室外中心喷泉花坛和室内花卉景观，完成室外花卉布置面积1500平方米，室内展陈布置36处。

（重大活动绿化美化保障：胥心楠 供稿）

城镇绿化美化建设与管理

【概　况】 2022年，北京市城镇绿化美化建设与管理工作聚焦首都核心功能，实施公园绿地建设，提升城市绿地服务功能，城市环境水平显著提升。

（曹睿）

【新增城市公园、绿地】 年内，北京市新增城市绿地200公顷。建设海淀区京张铁路遗址公园、石景山区敬德寺公园等26处休闲公园、城市森林，完成东城区香饵胡同、海淀区北京印象北等口袋公园及小微绿地50处。

（曹睿）

【"留白增绿"工程建设】 年内，市园林绿化局对符合"留白增绿"绿化条件的地块加快进度，完成全市60个"留白增绿"项目，面积386.53公顷。

（袁定昌）

【"揭网见绿"工程建设】 年内，市园林绿化局完成7454.72公顷地块揭网和多元见绿工作。其中重点区域完成见绿1162.67公顷，长安街沿线、首都机场周边已实现全部"揭网见绿"。

（袁定昌）

【开展"院中一颗树"建设】 年内，市园林绿化局以院落腾退及违法建设拆除工程为契机，实施"院中一棵树"补种计划，在核心区平房院落、胡同单位栽植乔灌木67株。

（曹睿）

【全龄友好公园建设】 年内，市园林绿化局完成东城区松林里公园、西城区玫瑰公园等30处全龄友好公园改造示范点，通过完善基础服务设施、补足无障碍短板、增加健身场地设

石景山区老山城市休闲公园景观（何建勇 摄影）

西城区全龄友好公园改造工程——玫瑰公园景观（西城区园林绿化局提供）

施、建设生物多样性保护示范区等手段，补充公园服务功能，提升景观环境品质。

（曹睿）

【健康绿道建设】 年内，市园林绿化局建设完成朝阳区绿道、清河绿道、亮马河绿道等47千米主体建设，石景山区40千米西山绿道完成立项批复。

（曹睿）

【林荫绿化工程建设】 年内，市园林绿化局示范建设和平里北街、苹果园南路、檀营街等20条林荫路，提升城市街区绿化品质。

（曹睿）

【背街小巷环境精细化整治】 年内，市园林绿化局完成全市354条背街小巷环境精细化整治提升年度任务，实施绿化美化2.8万平方米、建成口袋公园1000平方米、栽植乔灌木2048株，背街小巷的环境面貌进一步改善。

（曹睿）

【城市副中心绿地建设】 年内，北京城市副中心行政办公区实施建设3处公共绿地，总面积3.5公顷，完成绿化主体工程；同步开展路县故城遗址公园二期园林绿化工程前期工作，完成项目设计方案。

（曹睿）

（城镇绿化美化建设与管理：
胥心楠 供稿）

绿地管理

【概　况】 2022年，北京市城镇绿地养护与管理工作始终贯彻新发展理念，注重强化问题导向与目标导向，坚持运用"四个载体"（《北京市绿化条例》、林长制、《城镇绿地养护技术规范》、《北京市城镇绿地分级分类管理办法》），充分发挥"三个抓好"（城镇绿地养护管理年度考评细则、城镇园林绿化动态管理考评系统平台、首都环境建设管理办重点任务考评系统平台）的作用，日常督导与专项治理并举，城镇绿地精细化管护质量和水平大幅提升。

【城镇绿地质量等级评定】 8月25日至9月26日，市园林绿化局采取点上评级别、线上查环境、面上拍问题的方式，组织对414块城镇绿地开展本年度质量等级评定。核定绿地210块，达标率91.40%，其中特级绿地77块、333.96公顷，一级绿地107块、444.07公顷，二级绿地8块、5373公顷。复核绿地204块，达标率98.00%，其中达标绿地188块，留观绿地12块、405.64公顷，未达标降级绿地4块、46.94公顷。

【提升老旧小区绿化水平】 年内，市园林绿化局研究制订《北京市老旧小区绿化改造提升工作指引》，与市住房城乡建设委老旧小区办公室联合发文，共同推进老旧小区绿化保护和整治提升工作。

【城市绿地管理标准化建设】 年内，市园林绿化局重新修订《城镇绿地养护技术规范》《绿地节水技术规范》《再生水浇灌绿地技术规范》，研究编制《养护项目管理监理指导书》《公共绿地用水定额》，补充完善《城镇绿地管理手册》。

【城镇绿地专项治理】 年内，市园林绿化局针对北京市民诉求量大、关切度高的居住区绿地问题，开展专项整治行动，集中处理截干去冠、侵占绿地、树木遮光、危险树木等情况，全市清理断头树、枯死树1627株，修剪遮光树木4717处，治理乱堆乱放问题1320处，居住区绿地问题诉求量明显下降。

【启动绿地养护示范项目】 年内，市园林绿化局组织编制特级绿地养护示范项目评定标准及程序，区分附属绿地和公共绿地，对养护示范项目评定等级，制作项目宣传视频，公示宣传示范标杆绿地。

【城镇信息化绿地管理】 年内，市园林绿化局优化完善行道树信息管理平台，推广北京绿地App采集系统，完成5378条道路、108万株行道树的基本数据采集工作。健全细化公园绿地、居住区附属绿地、单位附属绿地、区域绿地、防护绿地、道路附属绿地等管护台账；拓展城镇园林绿化动态管理考评系统平台的功能，将行道树缺株、绿化设施破损、绿植缺失、树木养护不到位、绿地卫生脏乱、绿地乱堆乱放影响环境景观六类问题纳入首都环境建设管理办重点任务考核体系。

【城镇绿地常态化督导】 年内，市园林绿化局督导开展春季绿地养护工作，补植行道树9905株、绿地乔木24400株、灌木1030986株、绿篱色块2166824株、月季428477株、草坪及宿根花卉1564724平方米；采取日常查、季度查、专项查的方式，安排日常检查346组次、季度检查和专项检查各4次，解决绿地养护问题3000余件。

（绿地管理：胥心楠 供稿）

园林绿化市场管理

【概　况】 2022年，北京市园林绿化市场管理工作认真贯彻

落实"放管服"改革工作要求，围绕服务首都园林绿化中心任务、优化行业营商环境和提升监管效能的目标，做好新冠疫情各项防控措施，通过招标投标管理、工程质量监督、企业信用信息管理和企业安全生产等职能监管，实现园林绿化监管全流程闭环管理。

【开展园林绿化企业大调研】 8月10日、16日、17日，市园林绿化局对园林企信通管理系统入库的施工企业代表进行走访和座谈。从入库的1200家企业中选取15家企业，收集问题及意见建议100余条，为企业解决实际问题40余件。

【园林绿化工程全覆盖检查】 年内，市园林绿化局对北京市入库在建园林绿化工程开展全覆盖检查。6月22日，召开全覆盖检查工作部署动员视频

会。7月1日，召开全覆盖检查线上培训会，施工企业培训会直播在线人数568人，进入直播间3000余人次。7月5日至8月11日，出动检查85组次，聘请专家46人，出勤171人次，对入库的484个项目进行现场检查和信息统计分析汇总。项目综合评分在95分以上的有38个，占检查项目总数的7.85%，分属18家企业，予以表彰，综合评分低于60分的22家企业的25个项目，占检查项目总数的5.17%，予以通报批评。

【园林绿化工程专项监督】 年内，市园林绿化局结合全龄友好公园和林荫路专项检查、城镇绿地管护工作季度检查、双随机一公开检查、园林绿化行业大气污染防治检查等专项检查，受理工程质量监督项目48个，开展日常监督检查54次，同步竣工验收12个，开展全

8月17日，市园林绿化局相关负责人到北京绿京华生态园林公司开展企业调研（董兆磊 摄影）

覆盖检查项目510个，"双随机一公开"检查项目34个，城镇绿地管护检查172块等级绿地、272块道路绿地、34处花灌木冬季修剪、85个平台问题点位、62个绿化资源批后监督事项。

【建立市区两级监管联动机制】年内，市园林绿化局开展园林绿化工程质量监督区级现状及改进措施的调研工作，结合各区监督任务，对区质量监督人员进行业务指导。通过联合监督，明确监督流程、检查标准和检查重点，为各区园林绿化质量监督工作开展提供支持。

【园林绿化工程行业规范化管理】年内，市园林绿化局完成《北京市园林绿化工程质量监督实施办法》修订工作，履行规范性文件审查、报批程序。

【优化安全生产标准化工作平台】年内，市园林绿化局切实履行安全监管职责，全年受理32家园林绿化施工企业安全生产标准化达标申请，完成5家施工单位安全生产标准化复核和27家施工单位安全生产标准化复评并颁发证书牌匾。因发生事故，撤回1家施工单位安全生产标准化证书和牌匾，取消安全生产达标单位称号。

【安全生产整治"百日行动"】年内，市园林绿化工程管理事务中心结合安全生产整治"百日行动""安全生产月"及普法宣传教育等活动，优化安全生产标准化工作平台。

8月19日，市园林绿化局对官庄公园开展全覆盖检查工作（市园林绿化工程管理事务中心 提供）

【园林绿化工程安全普法宣传】年内，市园林绿化局深入企业普法宣传，利用"安全生产月"的宣传教育，编写园林绿化安全生产宣传手册，定制手提袋、雨伞等宣传品，由市园林绿化局相关负责人亲自带队深入企业进行安全宣传，增强企业安全意识。

【发布园林绿化工程动态信息】年内，市园林绿化局整合数据信息，做好信息整理及发布工作。建立项目负责人变更、项目负责人提前解锁、企业人员离职、企业反馈信息等电子台账，在园林企信通平台及企业微信群等相关渠道发布涉及园林绿化施工企业的相关信息547条。

【园林绿化重点项目招投标】年内，市园林绿化局根据新一轮百万亩造林、北京城市副中心施工项目、"战略留白"绿化项目、广渠路东延道路绿化建设工程项目的不同特点，采取一对一精准服务，对不同主体提出个性化建议，全流程做到精细化监管和服务，确保重点绿化建设工程合法高效完成。

【规范园林绿化工程招投标】年内，市园林绿化局制订发布《北京市园林绿化工程招标投标管理办法实施细则》《关于进一步加强园林绿化工程招标

6月29日，市园林绿化局在温榆河公园开展园林绿化工程安全普法宣传（市园林绿化工程管理事务中心 提供）

投标活动疫情防控管理工作的通知》《关于开展2022年本市依法招标园林绿化项目双随机检查工作的通知》，全面修订完成《北京市园林绿化工程施工招标文件示范文本》等5本示范文本的电子版，同步升级改版标书制作工具软件，规范招投标市场行为，防范违法行为。

【落实优化营商环境政策】 年内，市园林绿化局在优化现园林绿化电子化招标投标系统的基础上，对接北京市公共资源交易金融服务平台，增加招投标担保在线服务功能。6月22日，推广电子保函上线使用。全年受理新入场项目456宗，公开招标455宗，包括施工370宗、监理43宗、勘察设计40宗、养护2宗，邀请招标1宗。其中受理的373宗施工养护项目，计划投资额约为71.08亿元，建设面积约为33712.12万平方米，中标额约为66.87亿元。

【招投标监管区级职能落地】年内，市园林绿化局帮扶各区解决职能落地的问题和困难，将具备基本条件的海淀、朝阳、丰台、顺义、通州5个区作为试点，协调市公共资源交易中心做好招投标系统向区级铺设的技术准备，组织16个区岗位人员进行集中业务培训。

【强化工程事中事后抽查及重点检查】 年内，市园林绿化局强化事中事后监管，采取每月事中事后随机抽查及每年"双随机一公开"检查327批次。

【企业信用信息管理】 年内，市园林绿化局对全市园林绿化建设市场系统信用信息23294条进行审核，录入及审核不良行为310条。通过微信直通群答疑、电话答疑、邮箱答疑反馈等方式点对点处理答疑问题3609个，在园林企信通平台及企业微信群等相关渠道发布涉及园林绿化施工企业的相关信息677条，完成信用修复161条。

（园林绿化市场管理：
李优美 供稿）

森林资源管理

森林资源监督

【概　况】 2022年，北京森林资源监督工作以完善森林资源保护管理制度机制为主线，进一步深化"放管服"改革，制订《关于加强"十四五"期间林木采伐管理的通知》等文件，加强管理制度建设，提升森林资源治理能力和管理效能。

（张玉宏）

【新一轮林地保护利用规划编制工作】 年内，市园林绿化局以第九次森林资源规划设计调查、国土"三调"、2020年国土变更数据为基础，研究明确林地规划范围、林地调入调出原则，完成林地保有量建议指标测算，以及"1+14"市区两级规划文本的编制工作。

（张玉宏）

【完成"十四五"期间林地定额编制任务】 年内，市园林绿化局按照"保中央、保经济、保民生、保重大"原则，形成《北京市"十四五"期间林地定额编制报告》，经国家林草局审核，明确北京市"十四五"期间占用林地定额指标为4000公顷，完成北京市"十四五"期间林地定额编制上报工作。

（张玉宏）

【林地管理】 年内，市园林绿化局指导各区认真落实林地定额、森林采伐限额管理制度，下达年度林地定额指标，完成林地定额、采伐限额执行情况检查并形成报告。其中林地定额执行中，充分发挥定额调控作用，严格审查项目，及时追加相关区定额指标，全年北京市审核同意占用林地项目99件、使用定额538公顷，使用比例67.3%，未超出国家下达至北京市2022年度林地定额总量；全年使用采伐限额24.33万立方米，未超年采伐限额，抽检全市2021年度采伐限额执行情况，涉及65个乡镇、164个村级单位以及5个国有林场，抽检371件，采伐量为33746.95立方米，抽检比例分别为34.91%和40.68%。

（张玉宏）

【林木采伐管理】 年内，市园林绿化局根据《国家林业和草原局关于加强"十四五"期间林木采伐管理的通知》要求，对全市2021年采伐限额执行情况、主要管理经验和措施及存在的主要问题和建议进行梳理，形成《北京市2021年度森林采伐限额执行情况的报告》，报送国家林草局。

（张玉宏）

【森林督查问题整改】 年内，市园林绿化局完成2021年督查整改工作任务。对除东城区、西城区外的14个区进行四轮现地督查，开展国家森林督查暨林政执法综合管理系统填报指导和自查自纠工作，重点选取违法面积较大、侵占公益林、性质恶劣等情况的14件典型案件进行挂牌督办，对整改进度慢的区及时下达督办通知累计8次。北京市1216个问题图斑全部完成整改，整改率达100%，其中立案669件，立案率达100%。同时，对国家林草局移交北京市的6418个2022年森林督查变化图斑，组织各区开展逐一排查和合法性审查工作，确认违法图斑319个，与上一年相比，违法图斑数量降幅达74%。

（张玉宏）

【自然资源资产产权制度改革】年内，市园林绿化局配合市规划自然资源委做好不动产登记工作规范修订，完成自然资源确权登记所需林、草、湿等园林绿化数据清单提供，基本完成共青滨河森林公园自然资源确权登记试点工作；完成2021年度国有森林资源管理情况报告；开展国有森林资源有偿使用课题研究并形成初步成果，对北京西山国家森林公园（昌华景区）特许经营试点实施调研和研究论证。

（陈顺洪）

【园林绿化资源调查监测工作】年内，市园林绿化局对接市规划自然资源委，共同成立北京市园林绿化调查监测工作领导小组及工作专班，联合印发《关于开展2022年北京市园林绿化资源调查监测工作的通知》，组织召开工作推进会、技术专题培训会，赴各区样地调查现场进行外业实操对口指导，组织完成112391个图斑监测和1646个样地调查工作，增加生物多样性、园林绿化产业、生态环境状况等常规监测，形成《2022年北京市园林绿化资源调查监测成果报告》。

（张玉宏）

【行政许可批后监督】年内，市园林绿化局完成行政许可年度批后监督检查，涉及14个区以及市有林单位、局属林场单位，抽检林地占用行政许可事项44件、318.3公顷，其中复检2020年度抽检时未施工的许可事项10件、74公顷，复检率100%；抽检2021年度行政许可事项34件、244.27公顷，抽检率20.9%。抽取2021年10月

7月7日，市园林绿化局与市规划自然资源委在通州区宋庄潮白河边联合开展资源调查监测现场技术培训会（尹燕津 摄影）

8月4日，市园林绿化局对十三陵林场牛蹄岭生态修复林地开展批后监督检查（市园林绿化规划和资源监测中心 提供）

1日至2022年9月30日林木采伐（移植）行政许可47件，抽检率16%。其中林木采伐42件，抽检率15.3%，林木移植行政许可5件，抽检率26.3%。

（张玉宏）

【园林绿化生态产品总值核算研究】 年内，市园林绿化局开展园林绿化生态产品总值（GEP）核算研究前期工作，整理收集全市2022年森林、草地、绿地、湿地和国民生产、产业等生态资源基底数据。

（张玉宏）

（森林资源监督：张玉宏 供稿）

全面建立林长制

【概　况】 2022年，北京市林长制工作进一步完善林长制体制机制建设，制订林长制目标责任督查考核管理办法、年度督查考核实施方案；落实落细林长责任体系，市与区、区与镇街逐级签订目标责任书；组织开展全市林长制督查考核，各区普遍达到良好以上等级。在国家林草局林长制督查考核工作中，北京市被评为优秀。推进林长制改革不断深入，不断提升首都园林绿化治理体系和治理能力现代化水平。

（周珊）

【规范各级林长职责】 5月7日，北京市印发《林长履职工作规范》，提出市、区两级林长职责、履职形式和工作要求。明确细化市、区两级总林长、副总林长、林长工作职责，组织制订相关保护发展规划和重大政策措施，落实林长制目标责任，领导林长制工作，明确各级林长要坚持统筹协调、突出重点，一巡三查、综合治理，问题导向、务求实效的原则，以工作调度、实地巡查、专项督查等主要形式强化履职。

（周珊）

【印发《北京市林长制年度督查考核实施方案（试行）》】 10月12日，北京市林长制办公室印发《北京市林长制年度督查考核实施方案（试行）》，明确将国土绿化、资源保护管理、以国家公园为主体的自然保护地体系建设、野生动植物保护、森林草原灾害防控、林长制实施运行等6个国家基础项内容全部纳入考核，同时突出北京实际，把城镇绿化管理、古树名木、园林绿化行政执法、绿色产业、公园管理等也作为考核内容，有力促进生态资源保护、生态系统治理等改革任务。

（林大影）

【发布全市总林长令】 年内，北京市总林长蔡奇、陈吉宁签发3道总林长令。4月1日，第1号总林长令提出2022年林长制重点工作和总要求，明确林长履职尽责方向。8月26日，第2号总林长令《关于从严从快加强美国白蛾防控工作的通知》针对8月下旬至11月美国白蛾繁衍危害将发展至第三代，防控形势面临严峻复杂情形，要求全面落实防控责任、科学监测、精准防治、加强宣传、引导舆情。9月28日，第3号总

5月2日，大兴区林长制负责人一行到庞各庄镇南地村等地开展巡林工作（大兴区园林绿化局 提供）

林长令《关于全面加强国庆、党的二十大期间和秋冬季森林防灭火工作的通知》，要求各区、各部门扛起森林防火安全保障重大政治责任、健全全流程各环节责任体系、加强源头治理、强化应急响应处置、补齐基础设施和专业力量短板，全面做好国庆和党的二十大期间森林防火工作，确保森林防火季平稳度过。

（周珊）

【林长制情况报送经验交流】年内，北京市林长制办公室落实《北京市林长制信息共享和报送制度》要求，编辑《林长制工作简报》，主要报送印发国家林草局、全市各级林长。

（周珊）

【推进市林长制综合管理平台建设】年内，北京市林长制综合管理平台项目启动建设。平台聚焦构建目标明确、职责清晰、上下衔接、动态管理的林长制综合管理体系，实现责任精准化、监管智能化、办公信息化，为林长制全面推行、切实落地提供有力支撑。

（周珊）

【优化完善网格化管理体系】年内，北京市创新基层资源保护实施网格化护林管理。明确规定区级林长网格责任区为联系负责的乡镇，乡镇林长网格责任区为村，村级林长责任区为该行政村；网格划分统筹结合全市城市网格划分，区、

镇、村三级网格按照行政管辖划分。每个网格落实护林员，将所有园林绿化资源全部纳入网格化管理，管护责任落到山头地块、风景名胜区、国有林场和其他有林单位。

（周珊）

【"三长联动"通州试点示范】年内，根据《北京市建立"三长联动"一张工作底图工作方案》，北京市推动通州区园林绿化局、水务局、农业农村局、城市管理委共同完成街道（乡镇）、社区（村）行政边界的修正工作，在基层林长、田长、河长的设置中，以村书记作为林长、田长、河长，充分调动村委、林场、网格员等多方积极性，进一步推进"三长合一"。在永乐店镇实施"三长联动"试点，将林长制网格和田长制、河长制网格充分融合，林长、田长、河长人员配备高度统一，率先实现"一巡三查"。

（周珊）

【组织开展督查考核】年内，北京市组织开展林长制督查考核工作。按照《北京市林长制2021年度督查考核方案》要求，结合林长制年度主要改革任务设置考核内容。在各区自评基础上，市林长办组成10个督查考核组开展集中考核。通过实地检查34个乡镇（街道）、查阅各区档案资料，完成年度林长制考核任务。按照综合评

分等级划分，各区排名依次为延庆、怀柔、顺义、门头沟、丰台、昌平、东城、房山、海淀、大兴、西城、通州、密云，均为优秀（90分以上）；朝阳区、石景山区、平谷区、经开区为良好（80分以上）。

（周珊）

【专项督察】年内，按照市生态文明体制改革专项小组北京市林长制办公室《关于开展北京市全面建立林长制实施意见落实情况专项督察的通知》要求，组织各区全面开展自查，形成《全面建立林长制实施意见落实情况的报告》。12月2日，北京市委十三届全面深化改革委员会第三次会议审议通过市生态文明体制改革专项小组《〈关于全面建立林长制的实施意见〉专项督察报告》，明确要求各区、各有关部门抓好整改落实。

（林大影）

【签订林长制目标责任书】年内，北京市按照全面建立目标责任制，逐级签订园林绿化资源保护的发展目标，完成市、区总林长对《2021年至2025年林长制目标责任书》的签订工作。同时加强对林长制目标责任制落实情况的监督检查，研究确定13项考核指标：森林覆盖率、森林蓄积量、森林单位面积蓄积量、城市绿地面积、城市绿化覆盖率、公园绿地500米服务半径覆盖率、人均

公园绿地面积、湿地保有量、自然保护地面积占比、古树名木抢救复壮率、森林火灾受害率、林业有害生物成灾率、森林碳储量。

（周珊）

（全面建立林长制：张玉宏供稿）

行政审批

【概　况】　2022年，北京市园林绿化行政审批工作按照《北京市园林绿化局2022年度行政审批工作要点》要求，继续深化园林绿化领域行政审批"放管服"改革，促进全市优化营商环境。市园林绿化局审批服务中心落实"疫情要防住、经济要稳住、发展要安全"的要求，坚持"服务经济社会发展""保护园林绿化资源"两手抓，研究改进审批服务措施、提升便利化水平，高效保障重点项目复工达产，取得较好成效。1—12月，在市政务服务中心共组织办理行政审批2443项。其中，林地林木、绿地树木等固定资产投资类行政许可事项累计办理430项，林木检疫、野生动物保护、种苗管理等市场经营类审批事项累计办理2013项。全部行政审批手续均在时限内按程序办结，

未出现办理超时、违规投诉等现象。

【审批服务标准化便利化】　年内，市园林绿化局填报2022年国家设定事项清单，梳理确定北京市设定行政许可事项清单。进一步落实"一窗"通办，修订《北京市绿地树木许可服务管理办法（试行）》《关于提升建设项目使用林地审核审批便利化服务的通知》，推动建设项目使用绿地（含树木移伐）、林地实现"一站式"改革，调整相关审批办理程序和受理审批要求，审批方式由"线下"转成"线上为主、线下为辅"，线上制件、市区两级联动审批模式。

【告知承诺制审批】　年内，市园林绿化局在推出的低风险工程树木移伐、林草种苗经营管理、野生动物保护利用方面，两批8个事项实施告知承诺制审批实践基础上，推出第三批5个实施告知承诺审批事项。

【"放管服"改革创新试点任务】　年内，市园林绿化局按照创新试点任务清单，与市政务管理局针对"产地检疫"事项办理进行深度改革，试点任务提前完成。改革实现产地检疫合格证电子化，通过数据复用实现"检疫申报"基本信息免

填、纸质申报材料免提交；通过"统一用户空间"，实现办理进程消息通知、结果线上递达，企业群众"零跑动"。

【深化"证照分离"改革】　年内，市园林绿化局在巩固林草种苗生产经营管理、野生动物利用管理方面深化"证照分离"改革。推进落实国家涉企经营许可事项"证照分离"改革全覆盖；统一市、区园林绿化部门行政审批事项实施"证照分离"改革的工作标准；完成《北京市园林绿化局关于落实"证照分离"改革工作的自查报告》。

【配合推进政府投资项目审批制度改革】　年内，市园林绿化局按照市政府办公厅印发《北京市优化政府投资项目决策审批改革方案的通知》要求，配合市发展改革委，积极推进市政府投资项目审批制度改革的落实。配合相关部门和单位分别完成北京歌舞剧院、雁栖湖北二路、中国杂技艺术中心、副中心线西延等重点项目的征求审查意见、联合审议及部分项目审批工作。

【社会投资项目审批制度改革】　年内，市园林绿化局深化分级分类审批、"用地清单制"审批等建设领域审批制度改革。

配合市自然和规划委员会对照世行新一轮评价体系梳理系统建设短板，推进世行BEE初步概念书中二级指标审批改革。优化、细化审批服务场景，呈现"一图一单"即办事流程图和办理事项清单。在推出市政公用报装"一站式"服务办理、市政接入工程"非禁免批"和"并联审批"等系列改革措施的基础上，进一步深化"非禁免批"改革，突出"全程网办"集成化服务。

【完善公平竞争制度】 年内，市园林绿化局按照优化营商环境5.0及创新试点任务清单相关要求，配合市发展改革部门及市政服务管理部门研究推进招投标全领域、全流程、全要素电子化等改革，推广使用标准化招标文件，完善相关服务机制，推进公共资源交易更加公开透明。

【为中央在京单位提供服务保障】 年内，首都绿化办聚焦中央党政军领导机关涉林涉绿方面工作需要，突出政治中心服务保障，提升园林绿化领域"四个服务"工作水平，强化沟通、保障等职能，深入贯彻落实服务中央单位和驻京部队领导小组工作规则，全力解决好中央单位在涉林涉绿审批方面的需求。

（行政审批：张清臣 供稿）

自然保护地管理

【概　况】 2022年，北京市现有自然保护区、风景名胜区、森林公园、地质公园、湿地公园5种类型自然保护地79个，批复总面积5094.57平方千米，去除重叠后实际占地总面积3680.40平方千米，占市域面积的22.43%。在空间分布上，涉及12个行政区（除东城、西城、朝阳、通州区之外），主要集中分布在生态涵养区，在保护生物多样性、保存自然遗产、改善生态环境质量和维护首都生态安全方面发挥重要作用，北京市90%以上国家和地方重点野生动植物及栖息地得到有效保护。

【风景名胜区整合优化】 7月底，市园林绿化局重启风景名胜区整合优化工作。制订《北京市风景名胜区整合优化工作方案》，召开全市风景名胜区整合优化工作推进会，采取区级主体、市级统筹、国家指导的三级联动工作方式，编制形成《北京市风景名胜区整合优化预案》，上报国家林草局。整合优化后，全市自然保护地空间格局基本稳定，所有自然保护地之间不再存在交叉重叠，全市自然生态保护格局更加协调，除风景名胜区外的自然保护地全部纳入生态保护红线。

【制订《北京市生物多样性保护园林绿化专项规划（2022—2035年）》】 年内，市园林绿化局采取组建专家团队的形式开展工作，将空间规划和专业规划相结合、专家咨询和部门研讨相结合，建立《规划》编制咨询专家库。通过组织3次规划推进会、2次局长座谈研讨会、1次专家函审、1次专家评审会，先后征求全市16个区和亦庄开发区园林绿化部门的意见，3次正式征求局相关处室和单位的意见，完成《北京市生物多样性保护园林绿化专项规划（2022年—2035年）》编制与印发实施。

【建设生物多样性保护保育小区】 年内，市园林绿化局指导各区有序开展自然带划建工作，自然带划建工作主要依托现有平原造林区域生态保育小区和生物多样性保育小区建设，栽植恢复食源性、蜜源性植物，设置本杰士堆、人工鸟巢和昆虫旅馆等设施，最终实现荒野化管理。

【自然保护地整合优化】 年内，市园林绿化局根据国家林草局部署要求，与市规划自然资源委同步推进北京市自然保护地（不含风景名胜区）整合优化工作与生态保护红线划定

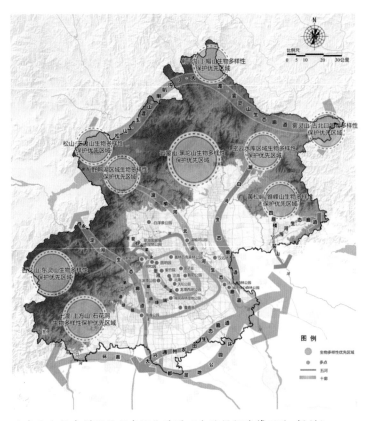

北京市生物多样性保护空间体系图（自然保护地管理处 提供）

奥林匹克森林公园自然带景观（自然保护地管理处 提供）

工作，将自然保护地（不含风景名胜区）整合优化预案全部纳入生态保护红线，经北京市委、市政府审议通过后上报至自然资源部、国家林草局。

【12处市级自然保护区总体规划编制】 年内，市园林绿化局制订《北京市市级自然保护区总体规划编制审批管理办法（试行）》，覆盖12处市级自然保护区，与市规划自然资源委对总规进行联合审查，共同推进总规编制审批工作，全面完成12处市级自然保护区总体规划编制、批复工作。

【生物多样性保护宣传工作】 年内，市园林绿化局加强宣传教育，组织拍摄生物多样性宣传纪录片，推出5期自然保护系列报道，在《北京日报》专题报道"生物多样性之都"建设，展现北京生物多样性保护成效与取得的成绩。

【自然保护地综合管理】 年内，市园林绿化局构建5套考核指标体系，完成79处自然保护地保护管理成效评估考核。组织行业内专家，研究制订北京市自然保护地生态修复导则，开展市级地方标准申报。开展自然保护地风险评估和应急工作机制研究，编制各类自然保护地安全风险源辨识清单，完善安全风险评估标准体系，指导开展安全风险评估工作；设计应急管理机制；编制林长制考核涉及自然保护地和生物多样性的相关评价指标和实施方案，开展林长制考核工作。

【完善自然保护地监督管理工作机制】 年内，市园林绿化局制订《2022年度自然保护地监督检查工作方案》，新下发点位实地核查率达100%。加强自然保护地实地监督检查，实地检查拒马河关于中央环保督察整改情况，实地督导野鸭湖对"大黄鸭"电动游船等设施进行规范管理；开展2021年度自然保护区全面排查整治"回头看",对喇叭沟门、拒马河、云峰山等自然保护区点位整改情况进行现场复核。配合市生态环境局印发《北京市"绿盾2022"自然保护地强化监督工作实施方案》,开展市级点位监管,对全市自然保护区、风景名胜区等疑似违规人类活动进行遥感监测,开展判读分析和现地核查。

(自然保护地管理:
马俊丽 供稿)

国有林场建设管理

【概况】 2022年,北京市国有林场建设按照高质量发展要求,持续推进国有林场生态修复、森林抚育和生态景观林建设,启动现代化林场试点建设,发挥国有林场示范引领作用。强化林地保护管理责任和要求,开展占用林场问题排查专项行动,完成林木伐移、占用林地审核批复30份。

【国有林场实操实练培训】 年内,市园林绿化局组建由院校专家、林场骨干组成的技术队伍,深入林场指导营林生产。通过实操实练培训队伍,开展国有林场森林经营线上直播培训,内容涵盖森林经营方案编制、营林技术与实操、林木采

伐规程与管理、森林经营效果监测设计,参训人数达900人。

【现代国有林场建设】 年内,市园林绿化局启动现代国有林场试点建设。印发《北京市创建首批现代国有林场实施方案》,遴选发布西山、八达岭等10家创建单位,指导10家创建单位编制实施方案,明确目标任务、重点内容和实施路径。印发《北京市现代国有林场建设指南》,明确"四个林场"(生态林场、科技林场、文化林场、智慧林场)框架结构、15项指标组成的目标体系和19大项45小项建设任务指标。

【国有林场森林经营】 年内,市园林绿化局指导市、区各国有林场充分用好中央及北京市财政森林经营项目,开展科学营林,改善林分结构,指导编制年度森林抚育、景观林提升实施方案(作业设计)24份。开展局属林场年度森林经营方案执行情况检查,完成区属林场生态景观林建设项目和中央财政森林抚育补贴项目核查验收。全市国有林场完成新造林733.33公顷,栽植各类苗木60余万株。局属林场实施森林抚育9866.67公顷,实施生态景观林建设1733.33公顷,实施矿山植被恢复10公顷。

【智慧林场建设】 年内,市园

林绿化局按照全市林长制综合信息系统规划布局,以京西林场为试点,搭建"智慧林场"综合管理平台。建立本底资源、巡护监测、森林经营、森林防火、生态监测、森林保护、安全生产、资产管理8个模块,涵盖国有林场资源管理和营林生产主要业务。"智慧林场"系统在京西林场试运行后,逐步推广到局属林场,目前巡护、监测及移动端App运行良好。

【国有林场基础建设】 年内,市园林绿化局开展国有林场管护用房摸底调查,摸清管护用房基本现状和需求情况,建立全市84处在用管护用房台账。推动局属十三陵林场、大安山林场落实4处分场用房。京西林场完成防火道路43千米、防火步道50千米建设任务。严格采伐用地审核,印发《北京市园林绿化局关于进一步加强林地保护管理的通知》,全年审核国有林场林木采伐和占用林地30宗。

【国有林场安全管理】 年内,市园林绿化局对局属林场安全生产进行全范围、全时段监管,建立水电气热、有限空间、电动摩托车等风险点位台账,每季度开展安全生产大检查。在重大活动、重要节假日期间,自行组织开展安全生产检查,通报检查情况,督促整

改。根据疫情防控态势变化，及时指导森林公园大客流应对；盯紧极端天气预报预警，强化大风、强降雨、强对流等极端天气安全应急能力。

（国有林场建设管理：李杰 供稿）

林业改革

【概 况】 2022年，北京市林业改革工作围绕全市新型集体林场建设和管理及园林绿化系统农村劳动力就业参保推进，完成各项工作任务。吸纳本地农村劳动力就业参保人员，建立全市新型集体林场职工实名数据库，及时掌握职工动态数量以及签合同、发工资、上保险等情况。

【建设示范性林场】 年内，市园林绿化局从2021年建成的77个新型集体林场中，遴选出31个示范性集体林场，以财政转移支付方式，每个林场投资100万元，开展林分结构调整及森林多功能利用、小型林机具配置、中长期森林经营方案编制、技术培训等工作。完成林分结构调整1466.67公顷，森林多功能利用600余公顷，购置小型林农具7000余把（台、件），编制审批年度实施方案、中长期森林经营方案40套。

【新型集体林场建设】 年内，市园林绿化局加速新型集体林场建设，累计建成新型集体林场108个，经营管护12个区、105个乡镇、1775个村的153000余公顷集体生态林，其中，平原集体生态林66666.67公顷，山区生态林86666.67公顷，为当地创造1.8万余个就业岗位，1.5万余名当地农民实现在家门口就业。

【新型集体林场管理】 年内，市园林绿化局先后印发《北京市市级示范性集体林场建设项目管理办法》《北京市新型集体林场建设和管理实施细则》《北京市园林绿化局关于进一步加强新型集体林场建设工作的通知》《北京市新型集体林场市级年度绩效考评办法》，全市新型集体林场建设和管理体制机制基本完善。

【新型集体林场体制机制创新调研】 年内，市园林绿化局会同北京林业大学、北京市园林科研院研究新型集体林场体制机制创新课题，经过多次现场调研和讨论，形成调研报告初稿。

【农村劳动力绿岗就业参保】 年内，全市建立270个用工单位涉林涉绿本地农民工1.6万人就业参保（实名）情况数据库（其中新型集体林场就业参保在岗人数0.9万人）。截至2022年年底，吸纳北京市农村劳动力就业（从业）人数达32.5万人。全市园林绿化系统新增本地农村劳动力就业参保人员0.52万人，超额完成年度目标任务。

【新型集体林场培训活动】 年内，市园林绿化局组织新型集体林场、用工单位管理（技术）人员年度在岗政策及管理能力培训3900人次，完成涉林养护单位职工岗位技能提升培训16.6万人次。

（林业改革：杨相坤 供稿）

顺义张镇集体林场建设景观（何建勇 摄影）

森林资源保护

森林防火

【概　况】 2022年，北京森林防火形势总体稳定。北京冬奥会和冬残奥会等国家重大活动期间全市未发生森林火灾，森林防火期（2021年11月1日至2022年5月31日）未发生森林火灾，取得2021—2022年连续两年防火期内无森林火灾的佳绩。

【森林防火卫星遥感监测系统建设】 从4月1日起，覆盖全市域的森林防火卫星遥感监测预警平台正式运行，形成卫星遥感、航空巡护、视频监控、塔台瞭望、地面巡查"五位一体"监测预警体系，建成后系统运行平稳有序，每10～15分钟动态更新1次监测情况，与现有的实时视频监控等手段形成有力互补。

【园林绿化森林防火组织机构建设】 年内，市区两级园林绿化部门推进组建专门森林防火机构。14个有森林防火任务的区级园林绿化部门均成立森林防火科室或指定科室具体负责，全市10个区成立森林防火巡查队或森林防火事务中心。

【森林防火责任制和网格化管理】 年内，市园林绿化局严格落实森林防火属地、部门、单位、个人"四方责任"。坚持区长、乡镇长（办事处主任、林场场长）、村长"三长"负责制，落实"五包"责任制。第3号总林长令《关于全面加强国庆、党的二十大期间和秋冬季森林防灭火工作的通知》推动全市森林防火工作，并将森林防火工作纳入年度林长制督查考核工作重点内容。结合林长制，推进网格化管理，把护林员、巡查队员等个人防火责任落实到山头地块、沟口路段。

【火源管控和隐患排查】 年内，市园林绿化局推进野外火源治理、林区输配电设施火灾隐患排查2项全国性专项治理行动，治理508处火险隐患，

森林防火卫星遥感监测平台界面（吴春水　摄影）

涉及2245处点位、1256.6千米的林区输配电隐患线路。

【森林防火宣传】 年内,市园林绿化局通过发放宣传材料、发送短信提醒、悬挂宣传条幅、开展志愿服务、利用新媒体宣传、进校园宣讲等形式开展全覆盖森林防火宣传工作。持续协调北京市公安局公安交通管理局在长安街、二环路等全市主干道和高速路显示屏24小时滚动播放"护林防火警钟长鸣"警示标语,森林防火宣传进入核心城区,受众面广、成效显著,最大限度减少森林火灾事故发生。

【森林防火视频监控项目】 年内,市园林绿化局推动森林防火视频监控项目建设,解决点位变更、项目进场等疑难问题,截至2022年年底,497处建设点位主体已完工,全市林区森林防火实时视频监控1028路,监控覆盖率达到85%。

【森林防火督导调度和专项检查】 年内,市园林绿化局在元旦、春节、元宵节、清明节、"五一"节假日以及全国两会等国家重大政治活动期间由局领导通过视频会议对各区园林绿化部门进行调度,传达、部署、协调森林防火工作,节假日期间每日统计各区及市属林场森林防火工作开展情况,

春节期间,市园林绿化局加强冬奥延庆赛区森林防火保障(市园林绿化局森林防火事务中心 提供)

北京市全面推行"森林防火码"(森林防火处 提供)

以"四不两直"形式开展抽查督导。

【推行"森林防火码"】 年内,"森林防火码"全市地域(14个)设置率、场景(480个)覆盖率、卡口(1755处)启用率均达到100%,利用"互联网+森林草原防火督查系统"平台,实现内堵外防,线上、线下督查相结合。

【防灾备灾体系建设】 年内,市园林绿化局推动森林防火基础设施建设,将林区防火道路改造提升、多功能蓄水池、标准化集成式防火检查站、平原地区智能保护基站等4个子项目纳入园林绿化领域2022年重大投资项目。无人机智能应用

系统、数字通信基站、森林防火指挥平台建设等纳入智慧园林三年行动计划。以延庆为试点，启动无人机智能应用工作。

【全市森林火灾风险普查】年内，全市森林火灾风险普查工作完成相关调查数据的质检核查和全市森林火灾风险普查数据的横向和纵向汇交。评估区划数据完成"一省一县"试点的延庆区汇交成果。对各区外业调查提交数据进行质检核查，质检合格后，有关数据提交国家林草局和市普查办，进行横向和纵向汇交，开展全市评估区划工作，形成全市森林火灾风险普查评估报告。

【科学划分三级森林防火区】年内，北京市各区完成一、二、三级森林防火区的划分工作，其中全市一级森林防火区86.67公顷。

【森林防火责任制落实】年内，北京市印发市总林长2号令，落实2022年森林防火期全市森林防火工作，逐级压实责任，确保2022年森林防火期安全稳定。2023年度森林防火期前，印发总林长3号令，全面动员部署。从2022年10月1日起，全市提前一个月进入森林防火期，切实保障党的二十大期间全市森林防火安全。

（森林防火：吴春水 供稿）

野生动植物保护

【概　况】　2022年，野生动植物保护工作强化野生动物及栖息地保护，开展濒危珍稀野生动物管理；持续做好野生动物疫源疫病监测和救护工作，推进罚没濒危野生动植物制品接收工作。发挥野生动物保护执法协同机制作用，强化对各区野生动物危害预防和补偿工作指导，加强生物安全防控，组织实施外来入侵物种普查，全面启动月报告和周报告制度。

（张正国）

【《北京市重点保护野生植物名录》线上论证会】　8月25日，市园林绿化局召开《北京市重点保护野生植物名录》线上论证会，明确增补删除的物种需要提出具体的变动理由，应考虑物种的数量、分布、生态重要性、管理的可操作性。对于分类上界定存在问题、难以在保护过程中实施保护的物种建议删除，《名录》均为北京市重点保护野生植物，不再分级。对于具有重要价值的农业种质资源、北京市特色物种应予纳入。《名录》重新确立出北京市需要增补删除的保护植物物种，共退出32种，新增18种，最终确定《北京市重点保护野生植物名录（征求意见稿）》，包含66种+1类重点保护野生植物。

（张正国）

【野生鸟类放飞】　9月6日，市园林绿化局与丰台区园林绿化局共同放飞被救野生鸟类。放飞的鸟类均为国家"三有"保护动物，其中一只为北京市二级重点保护野生动物——煤山雀。煤山雀经健康评估后，满足放飞条件，在钢渣山公园成功放飞。

（张正国）

北京市重点种质资源——槭叶铁线莲（市园林绿化综合执法大队 提供）

北京房山大熊猫科研繁育基地指挥部景观（房山区园林绿化局 提供）

【推动国家大熊猫繁育基地建设】 12月19日，北京大熊猫科研繁育基地项目正式开工。该项目位于房山区青龙湖镇，规划用地面积约133.33公顷，初步规划南、北两个区域，并划分大熊猫文化交流中心及科研办公、大熊猫实训基地、熊猫嘉年华、熊猫山谷、熊猫水苑、熊猫营地等不同主题区域。基地建成后，将成为集大熊猫繁育、科学研究、科普教育等功能于一身的珍稀濒危野生动物保护示范基地。

（张正国）

【疫源疫病监测】 年内，市园林绿化局协调、指导全市88个陆生野生动物疫源疫病监测站做好以防控鸟类禽流感为主的疫源疫病监测巡护及信息上报，做好北京野生动物资源监测平台的运维工作，共接收到国家级、市级陆生野生动物疫源疫病监测站上报监测信息6万余条，累计监测到陆生野生动物246.3万余只。每月收集、汇总全市监测信息及国内外疫情信息，编写《野生动物疫源疫病监测动态》，每日汇总监测及救护信息，编制《北京市园林绿化局野生动物保护工作情况报告》。继续委托中国科学院野生动物疫病研究中心开展北京市陆生野生动物禽流感、新城疫等重要疫病的主动监测预警工作，先后到沙河水库、北海公园、麋鹿苑等重点野生动物栖息地、繁殖地、集中分布区、与人或饲养动物密切接触区域采集样本1764份。

（汤佳）

【推进北京市重点保护野生动植物工作】 年内，市园林绿化局推进野生植物资源调查和全市重点保护野生植物名录制订；完成《北京市重点保护野生动物名录》司法局合法性审查；完成《北京市陆生野生动物重要栖息地名录（第一批）》评估与编制。

（张正国）

【极度濒危野生动植物保护】 年内，市园林绿化局严防外来生物入侵，开展生物多样性本底调查，加大极度濒危野生动植物保护力度。在野生动物大规模迁徙等时间节点，加强野生动物交易执法，加大联合检查和专项打击力度，严厉打击非法猎捕、采集、运输、交易野生动植物及其制品等违法行为。

（张正国）

【陆生野生动物疫源疫病监测体系建设】 年内，市园林绿化局编写《北京市陆生野生动物疫源疫病监测站建设管理指南》，指导各区规范化建设和管理辖区内各级监测站。4月1日，国家林草局下发《国家林草局关于公布国家级陆生野生动物疫源疫病监测站名单的通知》，确定北京潞湾市级监测站正式升级为国家级监测站。9月25日，北京潞湾国家级陆生野生动物疫源疫病监测站在大运河森林公园挂牌，这是全市第11个、也是北京城市副中心首个国家级野生动物监测站。

（汤佳）

【野生动物物种鉴定】 年内，市园林绿化局完成野生动物鉴定相关技术资料、文献的初步搜集整理，完成《陆生野生动物物种鉴定工作方案》初稿。

（汤佳）

8月21日，市园林绿化局在科技周活动中开展野生动物科普宣传活动（何建勇 摄影）

【野生动物科普宣传】 年内，市园林绿化局在"爱鸟周"、"野生动植物日"、科技周等重要时期，组织科普讲座、"首都市民最喜爱的鸟"评选、艺术作品征集、有奖互动游戏等线上、线下多种形式的科普宣传活动。科普基地接待国家林草局野生动物保护监测中心等单位的考察交流，暑期开展两次夏令营研学活动。运营中心微信公众号平台进行宣传推广，全年累计发表文章66篇，累计阅读次数15万余次，阅读人数达8万余人。制作宣传册、折页、海报、短视频、科普文创产品等，接待北京电视台、新华社、《光明日报》等新闻媒体。

（汤佳）

【北京城区雨燕科学调查】 年内，市园林绿化局开展北京城区雨燕科学调查工作，在31个调查点最大监测到11000余只雨燕，调查发现，雨燕分布逐渐扩散。

（汤佳）

【参与鸟类生态圈潜在病原的分离与感染风险评估项目】 年内，市园林绿化局参与鸟类生态圈潜在病原的分离与感染风险评估项目，研究鸟类迁徙对鸟类携带蜱传病原传播的影响。

（汤佳）

【北京地区春季环志】 年内，市园林绿化局在翠湖湿地及汉石桥湿地开展北京地区春季环志工作，网捕鸟类500余只；开展野生鸟类定位追踪研究，给8种17只鸟类佩戴卫星追踪器。

（汤佳）

【深山至浅山区野生动物生态廊道基本实现贯通】 年内，北京市深山至浅山区野生动物生态廊道基本实现贯通。在十三陵林场关沟区域监测到国家二级重点保护野生动物中华斑羚。顺义唐指山水库首次监测到国家一级重点保护野生动物黑鹳，最多达17只，继在温榆河、箭杆河发现国家一级重点保护野生动物东方白鹳之后，再次记录到的珍稀鸟类。18只市一级重点保护野生动物白喉针尾雨燕迁徙途经金海湖；9月底平谷区首次监测到全球性近危物种、国家二级重点保护野生动物"鸟中大熊猫"震旦鸦雀。

（张正国）

【野生动物救护】 年内，市园林绿化局组织救护野生动物183种、1680只（条）。累计放归动物70种、369只（条），其中17只野生动物佩戴了发射器，其放归后的活动情况被持续监测。

（张正国）

【野生动植物制品接收】 年内，市园林绿化局接收中央纪律检查委员会、北京市高级人民法院、北京海关等部门执法罚没珍稀濒危野生动植物制品14批、1.52万件、3060千克；其中象牙制品1.32万件、1940千克；非象牙制品0.2万件、620千克。

（张正国）

【联合专项执法检查】 年内，市园林绿化局开展6轮市级联合行动，查办野生动植物案件184起，打掉犯罪团伙5个，打击处理违法犯罪人员166人，收缴野生动物274只、野生动植物制品320件、非法猎具渔具519个，罚金42万余元。会同市委网信办等部门处置"下山兰"等涉及野生动植物重点舆情113起，清理有害信息11900余条，下架疑似违法商品12000余个，关闭账号200余个，关闭贴吧4个，摘除链接320余条。开展野生动植物保护"百日执法行动"，确保党的二十大期间及秋冬季野生动植物安全。

（张正国）

【野生动植物和湿地行政审批】 年内，市园林绿化局共涉及行政审批事项18项，其中野生动植物保护16项、湿地保护2项，截至8月底完成野生动植物行政审批320件。

（张正国）

【野生植物保护】 年内，市园林绿化局在密云区、门头沟区开展极小种群物种保护，扎实推进百花山、云蒙山极小种群野生植物保护示范项目，强化对黄檗、百花山葡萄、北京无喙兰和叉唇无喙兰等珍稀植物的保护工作。完成铁木和轮叶贝母资源调查与群落多样性研究项目，近地扩繁移栽轮叶贝母和铁木1500余株，移栽脱皮榆幼苗800余株、播种2万粒，栽种七叶铁线莲幼苗50株、播种200穴。

（张正国）

（野生动植物保护：
张正国 供稿）

林草种质资源管理

【概　况】 2022年，北京市林草种苗管理工作以宣传新《种子法》《北京市种子条例》为契机，全面提升依法治种能力；以落实《北京市种业振兴方案》为抓手，推动市级林草种质资源保护利用体系构建，提升国家"三库两基地"建设水平；成立首届北京林草品种审定委员会，加强林草品种审定和良种推广；进一步推进"放管服"，持续优化营商环境，林草种苗工作取得实效。

（李杰）

【《种子法》《北京市种子条例》宣贯活动】 年内，市园林绿化局开展新修订《种子法》和《北京市种子条例》宣贯工作，营造学法用法良好氛围，在首都园林绿化公众号和政务网开设宣贯专栏，发布信息70余篇，印发多种宣传材料6000余份。参加北京市人大常委会组织的新闻发布会，宣传林草种质资源保护的重大意义。组织全市知识竞赛，16个区种苗管理人员及种苗企业数百人参加；开展公众知识问答，千余人次参与答题。组织线上专题培训，对《种子法》《植物新品种保护条例》《北京市种子条例》等法律法规、政策文件进行全面解读，全市480余人

参加培训。

（李杰）

【种质资源保护利用】 年内，市园林绿化局编制完成《北京市林草种质资源保护利用发展规划》，制订种质资源保护三年行动计划。

（李杰）

【林草种业振兴工程】 年内，市园林绿化局研究推动落实北京种业振兴实施方案，研究编制《北京市园林绿化种业振兴行动计划》基本框架，提出种业发展方向和重点工作内容，明确注重林草种质资源保护，强化产业惠民富民，扶持一批重点龙头企业，发展特色产业，促进乡村振兴、农民就业增收。

（李杰）

【林草种苗行政监管】 年内，市园林绿化局实施各类行政检查141批次。开展林草种子"双随机"抽查4批次，抽检企业15家。开展年度林草种苗质量检查，检查13个区及5个局属单位30个造林地块、105个苗批、54个树种，苗批合格率96.2%，对不合格苗批下达通知单督促整改。开展进口草种质量专项抽查，抽查9个草种进出口公司、21个样品、7个草品种，样品合格率为90.5%。

（李杰）

【成立首届林草品种审定委员会】 年内，市园林绿化局成立北京市园林绿化局林草品种审

政策解读 | 林业种质资源 绿水青山源泉

新修订的《中华人民共和国种子法》于2022年3月1日起施行…

首都园林绿化 2022-4-6 已关注

林草普法小课堂 | 林木种苗方面的涉刑情况

新修订的《中华人民共和国种子法》于2022年3月1日起施行…

首都园林绿化 2022-6-23 已关注

市园林绿化局在微信公众号等平台宣传《种子法》（市园林绿化宣传中心 提供）

定委员会。完成换届工作，林草品种审定委员会设立4个专业委员会，承担林草品种审定的初审工作。

（李杰）

【国家级、市级品种审定】 年内，市园林绿化局完成7个国审品种踏查、审核，受理15个北京市级品种审定申请，对现有402个良种数据进行维护，补录系统信息近40条，向相关选育单位补充征集原良种照片近40张。

（李杰）

【探索种苗产业转型发展路径】年内，市园林绿化局初步完成全市6.67公顷以下苗圃矢量数据测量，建立会员苗木销售联盟，开展苗木内循环；组织40余名设计师走进苗圃，了解苗圃内丰富的植物资源；编制标准体系结构图，促进行业标准化建设。

（李杰）

【园林绿化系统"双打"工作】年内，市园林绿化局下发《关于组织开展2022年打击制售假劣林草种苗和侵犯植物新品种权工作的通知》。围绕9项考核指标，对各区"双打"情况进行考核评分，并将评分结果纳入"平安中国"和"平安北京"年度考核内容。

（李杰）

【优化林草种苗行政审批】 年内，市园林绿化局研究优化草种进出口审批事项流程。依法取消"收购珍贵树木种子和限制收购林木种子审批"等行政审批4项，新增"林草种子生产经营许可证注销"行政审批项，补充完善"对省级审定林木良种的检查"等行政检查单4份。全年完成行政审批事项

68件，包括草种苗进出口审批59件、林草种子生产经营许可证核发9件。

（李杰）

（林草种质资源管理：
梁艺馨 供稿）

湿地保护

【概　况】 2022年，北京市湿地保护工作按照保护优先、严格管理、系统治理、科学修复、合理利用的原则，加强湿地保护与修复，制订并发布《湿地保护修复三年行动计划》。结合新一轮百万亩造林绿化行动计划，聚焦集雨型小微湿地建设。加强湿地资源动态监测监管，开展湿地保护宣传，持续开展湿地宣传活动。

【湿地保护修复三年行动计划】年内，市园林绿化局编制发布《北京市湿地保护发展规划（2021—2035年）》，坚持以自然恢复为主、自然恢复和人工修复相结合的原则，努力实现从注重新建恢复湿地向提升现有湿地质量的转变，有序推进未来三年内北京湿地保护修复工作。

【湿地保护修复】 年内，市园林绿化局结合新一轮百万亩造林绿化行动计划，聚焦集雨型

小微湿地建设，以温榆河公园、沙河湿地公园、大兴长子营湿地公园等为重点，加大湿地保护修复工作力度。

【温榆河公园一、二期规划建设】 年内，市园林绿化局协调推进温榆河公园一期建设，科学生境修复，提升区域生态质量，提出对二期规划自然带、生物栖息空间、土壤调查改良、林业碳汇、野草管理等设计方案意见。对二期涉及占用林地、树木移植等问题，协调区园林绿化局加快办理相关手续。加强技术指导，落实列入新一轮百万亩造林任务以及湿地保护修复、生态廊道建设、生物多样性保护等相关技术要求。

【贯彻落实《中华人民共和国湿地保护法》】 年内，市园林绿化局印发贯彻落实《中华人民共和国湿地保护法》工作方案。利用《湿地保护法》施行日、"世界湿地日"、"北京湿地日"、《湿地公约》第十四届缔约方大会在中国举办等关键节点开展宣传活动。开展湿地地类和履约湿地专项分析，摸清湿地资源底数。重点抓好《北京市湿地保护发展规划（2021—2035年）》的落实，利用有限空间，加强小微湿地修复。坚持以自然恢复为主，人工修复为辅，推动重要湿地的生态恢复。根据区域水

资源禀赋条件和承载能力，充分利用雨洪水、再生水，因地制宜，量水而行，宜湿则湿，科学推进湿地保护修复，提升湿地生态质量。强化湿地分级分类系统性保护管理，分批次有序申报国际重要湿地、国家重要湿地，推进各区制订发布区级湿地名录，健全国家级、市级和一般湿地组成的湿地分级体系，依法依规加强对列入名录湿地的保护管理，持续推进湿地公园和湿地保护小区建设。

【《湿地保护法》学习培训】年内，市园林绿化局举办贯彻落实《湿地保护法》培训，邀请北京林业大学张明祥教授等对《湿地保护法》的立法背景、管理制度等进行解读。全市园林绿化系统湿地保护管理从业人员、相关领导干部和行政管理执法人员参加培训。

【加强湿地资源动态监测监管】年内，市园林绿化局继续对全市第一批、第二批市级湿地人类活动点位进行监测。及时发现、制止、处置涉及侵占湿地及违规违章建设行为，将湿地保有量、小微湿地修复、湿地保护率等考核指标纳入林长制考核评价体系。

【申报北京野鸭湖湿地为国际重要湿地】 年内，市园林绿化局按照《湿地公约》关于《国

际重要湿地指定标准》《中华人民共和国国际湿地公约履约办公室关于推荐国际重要湿地的通知》要求，向国家林草局申报北京野鸭湖湿地为国际重要湿地。

【湿地保护宣传】 年内，市园林绿化局积极开展湿地保护宣传，举办线上、线下结合的第26个"世界湿地日"和第十个"北京湿地日"主题宣传活动。拓展宣传渠道，在央视、北京卫视、《新京报》等媒体开展湿地保护宣传。

【国土"三调"成果与湿地资源数据对接】 年内，按照《林草湿数据与第三次全国国土调查数据对接融合实施方案》要求，市园林绿化局研究对接国土"三调"湿地面积变化，开展湿地地类和履约湿地专项分析，摸清湿地资源底数。

（湿地保护：张正国 供稿）

古树名木保护

【概　况】 2022年，市园林绿化局出台《北京市古树名木保护规划（2021—2035年）》，修订《〈北京市古树名木保护管理条例〉实施办法》，稳步推进核心区濒危衰弱古树名木抢救复壮。创新保护模式，加强古树及生境整体保护。建立

古树名木保护联动机制和巡查机制，开展古树名木保护专项行动，进一步压实管护责任。

（曲宏）

【古树名木保护管理工作会】2月25日，北京市古树名木保护管理工作会召开。会议听取了北京市绿地养护管理事务中心、北京市园林绿化科学研究院，海淀、密云、房山区主管部门就古树名木巡查、体检、保护管理、古树主题公园和保护小区建设工作的汇报。中直机关绿化办、中央国家机关绿化办、全军绿化办，市文物局、市公园管理中心，各区园林绿化局及局直属林场等单位主管领导参加会议。

（曲宏）

【"九搂十八杈"古树主题公园】5月，密云区以"九搂十八杈"古柏为核心，建设古树主题公园，这是北京市首个古树公园，占地21.33公顷，通过护树、移路、建园，原本紧挨着古树的松曹路为此东移15米，实现全市最老"树王"及其生境整体保护和提升。

（曲宏）

【首条古树主题文化胡同】6月，东城区建成北京市第一条古树主题文化胡同——东四三条古树主题文化胡同。东四三条胡同是北京最古老的街区之一，距今已有750多年的历史，有着20株100余年树龄的国家二级古槐树。

（曲宏）

【全国古树名木保护科普宣传周】9月25日，以"保护古树名木 共享绿水青山"为主题的2022年全国古树名木保护科普宣传周启动仪式在北京国家植物园举行，"中国古树名木保护图片展"同期开展。活动由全国绿化委员会办公室、国家林草局、首都绿化办主办，中国绿色时报社、北京市公园管理中心、国家植物园协办。通过上下联动、部门协同、线上线下互动等方式，开展各类主题活动60余场。

（曲宏）

【中朝友谊树新碑揭幕仪式】9月28日，中朝友谊树新碑揭幕仪式在北京举行。中国人民对外友好协会、中朝友好协会和朝鲜驻华大使馆在北京市红星集体农庄共同举办"中朝友谊树"新碑揭幕仪式。中国人民对外友好协会会长林松添、朝鲜驻华大使李龙男分别致辞并为新碑揭幕。

（曲宏）

【修订《〈北京市古树名木保护管理条例〉实施办法》】年内，市园林绿化局修订《〈北京市古树名木保护管理条例〉实施办法》，推进核心区濒危衰弱古树名木抢救复壮。《〈北京市古树名木保护管理条例〉实施办法》自2022年3月1日起实施。2007年制订的《〈北京市古树名木保护管理条例〉实施办法》同时废止。

（曲宏）

【区级《古树名木保护规划编制与实施（2021—2035）》】年内，全市各区根据《北京市古树名木保护规划（2021—2035）》中古树名木管理工作的中长期发展思路、保护目标、保护内容、保护制度、科技支撑和文化推广相关内容，推进本区《古树名木保护规划

密云区"九搂十八杈"古树公园景观（何建勇 摄影）

（2021—2035）》编制工作，加大古树名木宣传，提升区内古树名木管理能力和水平。

（曲宏）

【濒危衰弱古树名木抢救复壮】 年内，市、区园林绿化主管部门加大重点濒危古树名木抢救复壮力度，构建古树名木保护制度，出台并修订古树名木评价、日常养护等地方标准规范，推进古树名木体检全覆盖，形成"一树一档"古树名木体检报告，推进古树名木主题公园、保护小区、古树街巷、古树社区、古树乡镇、古树村庄等保护新模式；动员社会力量参与古树名木保护，鼓励社会力量通过捐资、认养等多种形式参与古树名木保护。在保护技术创新上，利用现代科技手段努力实现土壤墒情、水肥管理、病虫害病症的智能识别，以及灾害天气的提前预警等，实现最精细化养护管理。

（方芳）

【古树名木保护专项行动日常巡查检查制度】 年内，市园林绿化局联合城管、公安等部门开展打击破坏古树名木违法犯罪活动专项行动和执法检查。各区级专项行动联合小组由区林长制办公室联合区城管执法局开展古树联合专项行动检查，定期对古树名木的生长和管护情况开展制度性巡查检查。

（曲宏）

【"让古树活起来"主题宣传】 年内，市园林绿化局围绕"让古树活起来"主题，策划组织科普宣传周，持续开展"让古树活起来"系列宣传活动。

（曲宏）

【《古都守望者——北京古树》出版】 年内，首都绿化办深入挖掘北京古树文化，编辑出版古树文化主题科普书籍《古都守望者——北京古树》。该书综合考虑古树名木的知名度、树龄、树形、树种方面的代表性特征，筛选60处古树或古树群进行图文并茂的文化科普介绍，从时间逻辑表现古树与古都共存共生。

（曲宏）

【古树名木信息化管理】 年内，市园林绿化局研发由古树名木档案资料管理、日常巡护和养护、抢救复壮、巡查问题反馈等模块构成的北京市古树名木保护智慧管理平台，推动市、区两级平台数据互联互通，基本实现古树名木资源动态管理。

（方芳）

（古树名木保护：方芳 供稿）

林业有害生物防治

【概　况】 2022年，北京市园林绿化防治检疫工作严格落实党中央、国务院、北京市委、

北京市政府决策部署及国家林草局下达的防治检疫任务，全市有害生物监测面积达11.4万公顷，松林监测11.6万公顷，实现园林绿化资源有害生物监测全覆盖，测报准确率达97.11%；全市未发生重大有害生物灾害和严重扰民舆情，美国白蛾防治29.9万公顷次、白蜡窄吉丁防治4313.33公顷次、红脂大小蠹防治646.67公顷次，有害生物成灾率为0，无公害防治率达99.79%；种苗产地检疫率达100%。

【首次发现1株死亡油松感染松材线虫病】 10月18日，国家级松材线虫病检测鉴定中心检测确认通州区1株死亡油松感染松材线虫病。市园林绿化局成立工作专班，指导各区加强松材线虫病普查和取样鉴定等工作。以疫情小班及周边为重点加大疫情排查力度，完成以疫情小班为中心向外辐射5千米范围内155.2公顷松林和105家松科植物及制品场所的排查工作，取样送检163份，检测结果均为阴性；组织专家团队对疫情小班内所有松科植物开展每木检尺调查，未发现松材线虫及媒介昆虫；11月起，通州区实行每月一次全覆盖日常巡查，22个街乡建立工作机制、执行日常巡查台账制度。经对疫情小班内松树逐棵调查，未再发现松材线虫和媒介昆虫及

其危害状，专家研判认为此次属于偶发事件。

【美国白蛾防控】 年内，市园林绿化局制订美国白蛾防控工作应急预案，做好应急物资储备，建立市、区、街乡三级应急兜底除治机制，组建360支、4966人的应急队伍。加强美国白蛾防控宣传培训，开展宣传活动111次，发放材料13.87万余份，推送宣传视频和信息204件。全市累计出动人员40.52万人次，监测巡查156.15万千米，实现第一代成虫数量同比下降80.98%、第二代成虫数量同比下降79.98%、第三代幼虫受害木同比下降80.61%。全市受理舆情240件，同比下降93.88%。全年未发生美国白蛾灾害和扰民舆情。

【松材线虫病有害生物防控】年内，市园林绿化局落实北京市松材线虫病疫情防控五年攻坚行动计划，组织开展春秋两季松林资源监测普查全覆盖。构建"空天地人"一体化监测普查网络体系，设置松褐天牛监测测报点625个，其中市级36个、区级589个，测报点位数量同比增加167%，应用卫星遥感对全市进行普查，发现异常点位44672个，逐一核查排除风险。在延庆、平谷、密云、怀柔、门头沟、房山、昌平7个区的山区运用固定翼无

市园林绿化科学研究院建立市级松材线虫病检测鉴定中心（市园林绿化科学研究院 提供）

人机普查24架次、覆盖2.16万公顷，发现疑似异常松树972株，使用旋翼式无人机核查100架次。通过松材线虫病专项普查，全市监测发现墨天牛属天牛68头，其中云杉小墨天牛61头、云杉花墨天牛7头。

【园林绿化农药使用管理】 年内，市园林绿化局贯彻《北京市土壤污染防治条例》，将农药使用统计工作纳入林长制考核，指导各区按照《北京市园林绿化系统农药统计管理办法》，制订区级农药使用统计方案，完成全市全年农药使用统计工作。完成园林绿化绿色防控和农药使用数据统计工作情况考核。

【防治检疫制度】 年内，市园林绿化局起草完成《北京市

森林资源保护管理条例》防治检疫相关章节。发布《北京市补充林业检疫性有害生物名单》，对2005年原北京市林业局发布的《北京市补充林业检疫性有害生物名单》做出修订。制订印发《北京市林业植物检疫员管理暂行规定》，对检疫员的职责任务、检疫员证的核发年审、兼职检疫员的任职要求等作进一步的规范。

【检疫审批全程网上办理】 年内，市园林绿化局会同北京市政务服务管理局等多部门推进检疫审批全程网上办理，实现一网通办、材料免交、电子证照、电子印章，正式上线后实现检疫审批全程网办、企业零跑动。

【检疫审批服务】 年内，市园

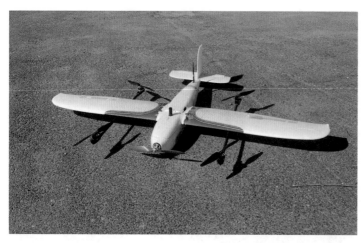

有害生物防控无人机（防治检疫处 提供）

林绿化局从国外引进林草种子、苗木检疫审批1681件，引进草种3.41万吨、种球289.05万个、营养繁殖苗196.02万株、插条40万株、宿根31.95万株、草木花卉23.5万株、接穗14.26万株、木本实生苗3.38万株、盆花2.03万株、草木花卉种子0.5万株、组培苗0.26万株、盆景0.09万株、林木种子180.72吨。签发植物检疫证书261件，检疫苗木、花卉等117万株，原木552吨，种子363.90吨，木制品149立方米。签发产地检疫合格证1761件，检疫苗木、花卉等1010余万株。签发林业植物检疫要求书28160件。

【提升飞机防治水平】 年内，市园林绿化局应用飞机防治质量远程动态监管和自动混药系统，开展飞机防治效果质量跟踪检查，全市9个区完成飞机防治89500公顷、895架次。

【绿色生态综合防控】 年内，市园林绿化局建设北京城市副中心行政办公区、颐和园、天坛公园、绿心公园、奥森公园、温榆河公园、大兴国际机场7个市级绿色生态综合防控示范区。突出生物多样保护，倡导以生物和物理防治措施为主的综合防控，"一园一策"制订实施方案。开展防治技术试验示范。开展白蜡窄吉丁、春尺蠖等标准化防治技术试验示范，规范防控技术措施。

（林业有害生物防治：
高灵均 供稿）

公园建设与管理

公园管理

【概　况】 2022年，全市公园总数达1050家，包括综合公园109家、社区公园283家、历史名园19家、专类公园113家、游园393家、生态公园92家、自然（类）公园41家，共七个类别，年接待游客量4亿余人次。公园管理工作聚焦市民游客关注热点，把握公园事业发展规律特点，突出公园服务保障、资源保护、安全管理、文化建设，不断提升公园规范化和精细化管理水平。

（彭强）

【服务保障北京冬奥会和冬残奥会】 年内，市园林绿化局服务保障北京冬奥会和冬残奥会，做好重大活动游园保障。根据服务保障北京冬奥会和冬残奥会筹办关键时期工作任务，充分利用各类公园资源，宣传冬奥文化和知识，注重突出中国味道，推动群众性冰雪运动普及，持续开展文明游园整治行动。组织开展公园反恐防暴、反邪教工作培训，5—9月进行两轮次隐患排查，守住首都公园意识形态安全底线，助力构建首都国家安全保障体系。

（彭强）

【公园行业疫情防控】 年内，市园林绿化局动态制订公园疫情防控政策措施，更新指引文件18件，及时优化公园管控措施，规范公园应急处理流程，建立重点人群、卫生间管理台账，健全闭园应急措施报备流程，有效解决婴幼儿及来返京游客入园诉求。坚持每日公园游客量和异常情况报告、助老代查代预约报告、重点人员信息台账季更新、紧急突发情况随时报告等常态化信息报告机制，全年累计接报处置各类异常3700余人次、涉疫事件40起，全员建立台账和健康筛查机制，公园从业人员3.6万人，完成疫苗接种96%，1.6万人纳入公园重点人群台账。深化公园"查漏补缺"大检查机制，对公园门区、入口以及卫生间、广场等传播风险高的区域，严格落实健康查验、有序排队、规范佩戴口罩以及环境消杀等措施。

（彭强）

【"迎党的二十大 促公园高质量发展"专项行动】 年内，市园林绿化局累计治理黄土裸露88万平方米，清理枯死树1.6万余株、卫生死角2.7万处、废弃物4.1万吨，水面保洁853公顷，补植树木6.3万株、花草96万平方米，补设、更正、清洁牌示2.85万个，配增园椅、路灯、垃圾箱、售卖点等设施5031处（个）。

（彭强）

【公园行业未诉先办主动治理】 年内，市园林绿化局研究答复涉及公园服务管理方面的市领导批示件54件，完善制度、机制5项。办复市"两会"建议、提案24件（主单办

113

7件），与代表、委员深入沟通回复满意度100%，推荐优秀提案1件。建立"市－区－公园"三级联动的公园常态化"未诉先办"工作机制，从2021年上万件投诉中归纳提炼出疫情防控、文明游园、安全、养护、服务等五个方面、100余项热点进行防范提示，1—9月，全市公园领域诉求同比下降10%，其中票务管理、动植物保护类下降量较大。

（彭强）

【完善节假日游园保障机制】年内，市园林绿化局充分发挥旅游综合治理工作机制和"市－区－园三级值守"机制作用，保障各个小长假及重大活动期间游园秩序，加强与属地公安、交通、城市管理等部门联动执法，做好园内外及周边区域客流疏导。推荐20家赏红叶公园，完成第34届香山红叶观赏期客流分流和疏导工作。依托游人量信息报送小程序，对400余家公园游客量进行动态监测，对大人流公园及时提

醒，加大趋势研判，为行业各级管理机构决策提供支撑。

（彭强）

【完善公园分类分级体系】年内，市园林绿化局完成《北京市公园分类分级管理办法》的修订工作，明确纳入行业名录管理的流程和规定，公布第一批北京市公园名录和基本信息。梳理不同公园类型服务功能和管理要求，制订出台《北京市公园分类分级服务管理标准（试行）》。组织近200家典型公园进行运维分项费用测算研究，充实各区、各公园除绿化养护以外的非植物元素管理经费保障，转变"以养代管"的传统方式，在人员、技术上推动专业转型，初步完成《北京市公园运维分级投入标准》。

（彭强）

【历史名园保护管理】年内，市园林绿化局积极推进第二批历史名园遴选工作。制订《关于加强北京历史名园保护管理工作的意见》，就历史名园保护范围和建设控制地带划定工

作进行指导，突出历史名园文化资源属性的保护传承，加强对历史名园中有形和无形资源的保护力度，提升北京历史名园的保护、管理与利用水平。

（彭强）

【两个国家文化公园园林绿化建设】年内，市园林绿化局制订《推进长城、大运河国家文化公园（北京段）园林绿化任务建设工作方案》。启动八达岭森林步道建设规划报审工作；完成《长城国家文化公园（北京段）景观风貌导则》编制工作。完成昌平沟崖玉虚观及娘娘庵修缮工程两项任务。

（彭强）

【公园体育健身设施场地建设】年内，市园林绿化局扩大公益性、基础性健身服务供给，依托新一轮百万亩造林工程、全龄友好公园改造和绿道建设等项目，推动新老公园体育健身设施场地建设。各公园在体育部门及相关机构的支持下，利用传统节日、全民健身日等重要时点，组织开展丰富多彩的活动。

（彭强）

【文明游园专项行动】年内，市园林绿化局引入公益组织开展志愿服务13.7万人次。春季以来，联合市、区两级公安、城管部门执法249次、处罚77人。

（彭强）

【公园配套用房出租问题整改】年内，市园林绿化局完成剩余

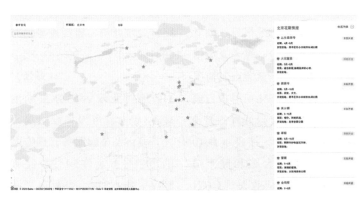

北京日报App赏红叶公园推荐示意图（市园林绿化大数据中心 提供）

《长城国家文化公园（北京段）景观风貌导则》内容示意图（市园林绿化宣传中心 提供）

4月16日，市园林绿化局、市公安局、市城管执法局等部门在温榆河公园开展文明游园现场引导活动（何建勇 摄影）

41个公园配套用房持续整改问题的市级验收销账工作。完成第三轮"回头看"工作，抽查核验375个问题点位，重点检查涉及医疗、教育等民生类项目。督导各区加强配套用房规范化、精细化动态管理，推动腾退返还资源再利用。

（彭强）

【公园应急保障能力建设】 年内，市园林绿化局制订《北京市公园加强急救能力建设实施方案（2022—2024年）》，提出到2024年，实现59家日均接待3000人次以上的热点公园自动体外除颤器（AED）等急救设备安装全覆盖。目前46家公园安装AED设备88台，累计

培训1670人次，取得证书1609人次，培训率78%、取证率76%。作为应急避难场所的公园120家，设有紧急避难绿地183处、面积1352公顷，可疏散人数462万人。

（彭强）

【"四季公园"公众服务品牌推广】 年内，市园林绿化局分季节推出网红公园和特色活动，与高德地图合作推出春季公园赏花地图，精选15种春花、111家公园以及42项文化活动。推出6个夏季赏荷公园，成功举办首届北京荷花文化节。端午节期间，市属公园推出25项端午节文化活动。组织30家公园推出中秋赏月、花卉展览、文艺演出、科普亲子四大类59项中秋文化活动。配合香山红叶观赏期疏导工作，推出20处赏红叶公园，做好分流保障，严防高峰时段扎堆聚集。

（彭强）

【拆除公园围挡】 年内，市园林绿化局推进公园绿地林地"减围栏、促连通"和部分区"拆围透绿"工作，通过科学优化围栏，促进生态系统连通、城市绿道和公园步道系统连通以及生态景观视廊贯通，改善市民游园环境。元大都城垣遗址公园和庆丰公园为首批试点。全面摸排各类围栏点位2300余处，各区及有关单位采取绿篱替代、巡护提示以及电子防护等技术手段，全年52处城

区公园陆续完成"拆栏透绿"。

（彭强）

【公园文化创新活动】 年内，市园林绿化局利用"北京礼物"文创开发平台，促进公园消费升级和公园特色品牌打造。合理利用城市公园、郊野公园、公共绿地等空间资源，增设健身、露营项目设施。具备条件的市属公园推出夜游路线。支持公园加入一刻钟便民生活圈建设，推广智能结算、自助售卖模式。鼓励各公园恢复传统年节游园、庙会活动，创新"五节一展"花事等各类活动。利用"北京消费季""市民快乐冰雪季"等市级促消费平台，培育文体消费新场景。

（彭强）

【公园智慧化管理】 年内，市园林绿化局上线测试公园统一预约平台。平台整合全市71家公园（含12家免费公园）所有105个在线预约端口，核对公园开放以及票务预约等政策信息，建立保障预约平台运维的三级工作协调机制。市公园管理中心及各区开发云直播、云观展、云解说，策划云游赏项目。推动智慧游园场景建设，鼓励各区公园加强智慧防疫、预约、健身、导览、售卖、安防等场景开发。各类公园开通智能查验门区209个、设施刷卡验码设备311套；温榆河公园朝阳示范区设置一键求助灯

杆37根，6.2千米游览线路设置"安全卫士"。

（彭强）

【园林绿化行业文化消费】 年内，市园林绿化局制订《北京市园林绿化行业助力国际消费中心城市培育建设工作方案》，组织市属公园、各区属公园以及行业协会、企业参加北京旅游商品和文创产品大赛。市属公园文创总产值达1.14亿元，新推文创产品销售额2645万元。香山公园"1949香山印记"、颐和园AR数字明信片、紫禁之巅——景山牡丹纸雕灯等市属公园10件作品荣登三个赛道TOP20榜单。

（彭强）

【文明游园宣传引导】 年内，全市各公园围绕"文明游园我最美 生态文明我先行"主题，结合四季景观特色开展84项宣传活动，宣传《北京市公园游客守则》《北京市文明游园倡议书》《北京市不文明游园行为清单》。联合首都精神文明建设委员会办公室等专项行动成员单位以及中国青年报社、北京生态文化协会面向全国开展"文明游园 青春添彩"主题文创作品征集活动，评选出海报、LOGO、吉祥物、口号四类优秀作品32件。9月28日，在紫竹院公园举办北京公园文明游园卡通代言形象"文小明""游小园"发布宣传活动，邀请公园管理者、法律专

家、志愿者代表做客北京交通广播开展"普法+文明游园宣传活动"，深化"文明游园大家谈"系列宣传，推动公园共建、共治、共享。

（彭强）

【城乡公园结对帮扶】 年内，市园林绿化局建立互访观摩、研讨座谈、培训交流工作机制，深化"一对一""面对面""手把手"的帮扶方式。发挥市属公园在公园精细化管理、规范化服务等方面的示范作用，解决郊区公园发展难点，提升市民游客在郊区公园游览过程中的体验感、获得感。

（彭强）

【公园安全管理】 年内，市园林绿化局修订发布《北京市公园安全管理规范》，增加非公用旅游观光车辆、室内新场景、AED急救等安全管理新要求，加大风险预警、生命通道、急救设施等五个体系建设，督导各区加大园内电动车、煤气燃气、危化品、有限空间、水域、牌楼等风险排查，市级排查治理隐患57项，区级排查治理隐患103项，开展警示教育200余次。专项开展全市公园游乐设施调查。开展水上搜救管理，指导开展公园流浪动物处置工作，摸排124家公园有流浪猫1559只（70%以上长期有爱心人士投喂）。开展涉犬管理，排查设有涉犬工作机构的公园120

家、管理人员1331人，2021—2022年开展涉犬管理宣传365次，劝阻携犬入园5.5万人次，联动公安部门处置无主犬697次。

（彭强）

【公园便民惠民服务】 年内，市园林绿化局保留各公园消费场所现金支付渠道，开展学雷锋、"我教老人用手机"志愿活动，全市公园为老年人代查健康宝、代约游园逾65万余人次。对公园主要出入口坡化、园内主要景点的无障碍通行、低位服务设施、无障碍卫生间、无障碍游览指示牌等设施进行优化和改造，在东城、朝阳、密云3个区完成36个点位的无障碍环境改造，具备无障碍环境的公园近500家。开展儿童友好公园、适老公园示范创建，各类公园按规定对军人、军属、残疾人、老年人、未成年人、学生以及儿童等群体提供优先、优惠服务。

（彭强）

【推进民生卡"多卡合一"公园年票】 年内，市园林绿化局会同市公园管理中心参与第三代社保卡管理办法及实施细则、综合应急预案等文件的制订工作，在10家市属、2家区属公园（地坛公园、北京世园公园）完成真人真卡真测试第一阶段小批量人群测试工作。

（彭强）

（公园管理：辛颖 供稿）

绿隔地区公园建设与管理

【概　况】 2022年，北京市第一道绿化隔离地区绿色开敞空间占比达到41%左右，建成公园109处、总面积约67.8平方千米，城市公园环基本闭合；第二道绿化隔离地区实现绿化面积443.2平方千米，建设郊野公园44处，郊野公园环的骨架基本形成。完善绿隔公园管理政策和机制，提升绿隔公园服务能力，年接待游客4454万人次。

（韩丛海）

【政策研究】 年内，市园林绿化局强化绿隔公园制度建设，制订《关于加强本市绿化隔离地区公园建设和管理的指导意见》。加强日常管理，制订《关于加强精细化管理 促进绿隔地区公园高质量发展的通知》

《北京市绿隔地区公园建设与管理规范（试行）》等相关文件，指导绿隔地区公园管理。

（韩丛海）

【奥北森林公园建设】 年内，市园林绿化局分期分批启动实施奥北森林公园建设。截至2022年年底，奥北一期已完成主体栽植工作。重点启动实施奥北森林公园二期工程，总面积140.27公顷。

（韩丛海）

【绿隔地区公园精细化管理】 年内，市园林绿化局印发《北京市绿隔地区公园养护分级分类管理办法（试行）》，明确第一道绿隔地区公园养护标准由4元调整为12元、8元、6元三级养护投入标准，第二道隔离地区公园暂按第一道绿隔地区三级公园养护标准执行。

（韩丛海）

（绿隔地区公园建设与管理：辛颖 供稿）

奥北森林公园一期施工现场图（何建勇 摄影）

森林公园建设与管理

八达岭林场森林步道景观（何建勇 摄影）

【概　况】 2022年，北京市有森林公园31处，包括国家级森林公园15处、市级森林公园16处，总面积9.66万公顷，分布于12个区，其中14处森林公园在国有林场基础上建立。

（马卓）

【探索森林公园新机制】 年内，市园林绿化局探索森林公园建设发展新机制和委托运营新模式，初步形成北京市森林公园特许经营指导意见。率先在西山国家森林公园推动试点。

（马卓）

【森林公园科学经营】 年内，市园林绿化局持续推进森林公园科学经营，逐步提升森林质量，推进山区森林抚育经营4.67万公顷，重点加大对侧柏等过密林分疏伐，建设林木抚育示范区30处；对平原生态林实施分级分类管护，重点落实"调密度、补幼苗、沃土壤、防病虫、丰物种"五项科学管护措施，完成林分结构调整6666.67公顷，林下补栽172万株（穴）。

（韩丛海 马卓）

【森林公园制度建设】 年内，市园林绿化局印发《北京市市级森林公园管理办法（试行）》，规范市级森林公园的设立、规划与建设、管理与保护等，加强监督管理，保护和合理利用森林风景资源，促进森林公园健康发展。印发《关于进一步加强全市森林公园环境整治的通知》，加强森林公园环境整治，倡导无痕山林。

（马卓）

【森林公园规划修编】 年内，市园林绿化局结合自然保护地优先整合推进情况，开展森林公园边界范围调整和总体规划编制（修编）工作。率先推动与自然保护地不重叠、不交叉且建成开放的森林公园，特别是国家级森林公园的边界调整和总规编制。建立森林公园退出机制，对于批而未建且建设积极性不高的森林公园，按程序撤销森林公园。

（马卓）

【森林文化活动】 年内，全市森林公园以第十届北京森林文化节为统领，100余家公园推出200余场次的文化活动和110处赏花片区，举办西山国家森林公园森林音乐节、八达岭森林公园丁香生态文化节、百望山森林公园森林大讲堂、上方山国家森林公园神奇上方山主题活动等一批特色森林文化活动，全年接待游客超3000万人次。

（马卓）

【森林步道建设】 年内，市园林绿化局发布《北京森林步道形象标识与图形标志手册》《北京森林步道标识标牌设计规范（试行）》，规划森林步道建设。在国有林场和森林公园内，建成5条总长100千米的森林步道，接待游客25万人次。

（马卓）

（森林公园建设与管理：
马卓 供稿）

绿色产业

果树产业

【概　况】 2022年，北京市果树种植面积19.18万公顷，其中鲜果5.69万公顷，干果6.87万公顷。全市春季发展果树623.13公顷、88.8万株，其中新植果树53.67公顷、35.5万株，更新491.93公顷、47.5万株，高接换优77.53公顷、5.7万株。全市开放观光采摘果园2826个、1.67万公顷，其中经过安全认证的果园631个、1.34万公顷，年接待游客606万人次，采摘果品3202万千克，采摘收入4亿元。构建"绿色、优质、安全、高效"的都市型现代园林绿化产业体系。

【筹备第九届国际樱桃大会】 年内，市园林绿化局推进"一带、五园、一中心"建设，组建国家林业草原樱桃工程技术研究中心。推进国际学术会议、中国樱桃产业博览会、北京市首届樱桃文化节三大板块筹备工作。

【桃种质创制及品种选育】 年内，市园林绿化局开展"桃种质创质及品种选育联合攻关"项目。建立桃育种基地2个，面积20公顷；建成"新品种、新技术、新模式"应用场景展示示范基地43.33公顷；结合示范基地建设，建立桃优异种质资源圃3个，面积14公顷；建立育苗基地6.67公顷，年生产桃标准化苗木10万株。

【编制《老北京水果资源名录》】 年内，市园林绿化局开展专项调研，制订老北京水果种质资源保护利用和提质增效工作方案，形成《北京市老北京水果资源名录》和老北京水果资源"一张图"。

【挖掘保护利用老北京水果特色种质资源】 年内，市园林绿化局开展区、镇、村三级联动详查，摸清资源底数，构建全市老北京水果种质资源矢量数据图库。建立种质资源库3处，收集保存梨、苹果、枣等特色种质资源38种、285份。13个涉农区建设完成15个综合性老北京水果示范基地。完成"京白梨"等6种老北京水果品质评价，系统建立外观、内在和风味品质评价指标。分析鉴定"京白梨"特异品质性状关联基因2个，筛选老北京苹果品种资源小果型特异遗传变异相关标记9个。

【果树产业信息化管理】 年内，市园林绿化局完成全市果树大数据平台建设，更新完善2公顷以上规模化果园基础数据。截至2022年年底，全市2公顷以上规模化果园2001个，面积2.1万公顷。其中鲜果果园1525个，面积1.4万公顷，干果果园476个，面积0.7万公顷。

【果园有机肥料替代化学肥料试点项目】 年内，市园林绿化局为实现化肥减量总体要求，开展果园有机肥替代化肥试点项目。项目自2019年开始每年施用商品有机肥10万吨，1吨有机肥替代5～8千克纯的氮、磷、钾，2019—2022年共减少纯氮磷钾使用量1500～2400吨。试点对象为全市标准化、集约化、现代化程度较高的果园，也是各区果树产业发展的典型代表，其中密云区90%试点果园分布在密云水库周边，对保护密云水库水源、降低周边果园面源污染意义重大。

【果园园地分类管理】 年内，市园林绿化局会同市生态环境局制订印发《关于统筹做好北京市园地分类管理工作方案》和《受污染园地土壤安全利用与修复治理技术参考方案》。建立完善安全利用类、严格管控类园地经营台账。除石景山区外，怀柔、密云等4个区已建立安全利用类分类管理台账；平谷区建立完成严格管控类园地分类管理台账。按照全市果园园地分类管理要求，统筹做好三类园地的土壤监测与食用林产品质量安全监测的协同管理。平谷、密云、怀柔等区，完成对安全利用类、严格管控类土壤和果品100个样品的抽样监测，开展监测分析和数据整理工作。

【行业政策研究】 年内，市园林绿化局印发《北京市园林绿化产业工作要点》，与市发展改革委、市经济和信息化局沟通协商，在《北京市新增产业的禁止和限制目录（2022年版）》中将酒庄葡萄酒制造从禁限目录中移除，支持酒庄葡萄酒特色产业发展。印发《市级转移支付资金中林业产业发展方面项目建设管理办法（试行）》，明确老北京水果示范基地和"两田一园"果园高效节水灌溉建设管理办法。与市农业农村局、市商务局、市知识产权局等7个部门联合印发《北京市推进地理标识和绿色有机农产品发展工作方案（2022—2025年）》，多部门协同联动推进果品、花卉和蜂蜜等国家地理标志产品保护和发展。

【生态产品（物质类）价值实现机制研究】 年内，市园林绿化局与市发展改革委、市政府研究室、清华大学共同推进生态产品价值研究和实践创新工作，重点围绕物质类生态产品，构建分级分类指标体系、评价体系、检测体系、认证体系和交易体系五个方面，开展系统研究和试点示范。选取密云区中华蜂蜂蜜、水库鱼等特色产品开展论证评估。

【产业疫情防控】 年内，市园林绿化局印发《关于加强园林绿化产业疫情防控管理工作的通知》，加强果树、花卉、蜂等食用林产品生产基地冷库管理，建立动态监管机制。组织专项检查，全面摸查生产基地自建冷库、保鲜库存放进口物品情况，建立冷库管理台账和

8月2日，市园林绿化局在怀柔区开展老板栗保护利用工作（韩超摄影）

产业长期从业人员健康监测台账，加强与进口冷链物品相关的人、物、环境等风险排查与监测，防范新冠病毒疫情通过进口冷链食品输入风险。

【果树产业宣传】 年内，市园林绿化局联合央视农业农村频道《致富经》栏目策划拍摄6集《财富果满枝头》系列节目，展示推广昌平苹果、"京白梨"、磨盘柿、怀柔板栗等特色果品。联合市广电部门打造"北京节节高"公益服务共同体，拍摄18期老北京水果宣传片，在北京卫视生活频道《北京节节高之尝鲜儿》栏目播出。

【建立产销对接机制】 年内，市园林绿化局建立滞销农林产品分级响应处理机制，与市农业农村局、市商务局联合印发《关于做好时令生鲜农林产品销售工作的补充通知》。市、区、乡镇联动，推动樱桃、桃等时令水果销售。组织各区园林绿化产业主管部门了解水果销售情况，统计果品产量、成熟期、销售渠道、困难和应对措施等，未出现大规模果品滞销情况。

【行业管理技术培训】 年内，市园林绿化局围绕生物防控、生产管理技术、新品种推广、果园节水、品牌建设等工作，开展区级培训353次，覆盖果农2.1万人次；开展乡镇级培训1114次，覆盖果农6.5万人次。

【社会资本参与首都果业发展】 年内，果树基金通过与社会资本合作设立子基金，累计募集社会资本认缴额10.84亿元。母基金、子基金投资总额13.79亿元，投资项目61个，支持高效节水果园1257.62公顷，其中，累计投资果园项目39个，投资金额1.58亿元；投资产业链项目22个，投资金额12.21亿元。全年新增投资项目2个，通过投资森标科技，构建现代林果产业数字平台，探索推动国家森林生态标志产品认定，数字化赋能传统果业；通过投资平普科技，推动"以数字乡村大脑"为核心的数字乡村云平台建设，推动农业农村信息化运营服务。

（果树产业：钟翡 供稿）

花卉产业

【概况】 2022年，北京市花卉产业重点围绕花卉研发创新与成果转化、花卉高端高效生产、特色花卉文化创意活动、国家重大花卉活动筹备、数字花卉建设等方面开展工作。截至2022年年底，全市花卉种植面积0.19万公顷，产值7.8亿元，直接从事花卉生产的企业174家，大中型花卉市场20个。

【北京迎春年宵花展】 1月15—31日，全市11家大中型花卉市场和5家园艺驿站同步举办迎春年宵花展。花展创新销售和服务模式，搭建完成并正式启动"北京花卉"产业链数字平台。平台联合线下北京花卉交易中心，为消费者提供"5S"一站式服务，开创全国花卉交易线上、线下数据融通创新示范，全市主要花卉市场联合新媒体首次直播售卖畅销年宵花产品，为市场引流。

【北京郁金香文化节】 4月2日至5月中旬，北京郁金香文化节在北京国际鲜花港、北京植物园、中山公园、世界花卉大观园和北京世园公园同时拉开帷幕，展览面积15万平方米。首次推出郁金香文化节主题花"国泰"郁金香，同时举办以"郁见花开"为主题的首届郁金香插花花艺大赛。

【北京牡丹文化节】 4月22日至5月31日，北京牡丹文化节在景山公园、西山国家森林公园、世界花卉大观园、世园公园、大榆树镇国色牡丹园等七大展区同时拉开帷幕，牡丹品种包含四大种群、九大色系、十大花型的800余个品种，其中自育新品种30多个，首次推出主题花"姚黄"牡丹。各展

1月15日，2022迎春年宵花展在北京市11处花市和5处园艺驿站举办（何建勇 摄影）

区还举办最美牡丹抖音大赛、诗词飞花令、牡丹插花展等活动，增加市民休闲互动新体验。

【第三届北京国际花园节】 4月28日，第三届北京国际花园节在北京世园公园举办，天田山花田、园艺小镇花海、万花广场构成5万平方米花海。花园节期间，龙庆峡景区里300余株樱花树展示"北京最晚樱花季"。

【北京春季新优花卉品种展示推介会】 5月12—22日，由中国花卉协会支持，市园林绿化局、北京花卉协会主办，北京市花木有限公司承办的北京春季新优花卉品种展示推介会暨第八届北京花木春季花展在北京国际鲜花港花木公司研发中心温室举办。花展分为室内和室外展区两部分，总面积5000余平方米，国内外40多家单位参加，400余个北京自育花卉新优品种和乡土植物与600余个国外花卉新品种竞相争艳；筛选出性状优良、抗性强、开花能力好的11个北京自育新品种和5个国外新品种在国内首次发布。国内首个标准化花卉种苗生产体系示范项目成果在本次推介会上首次亮相。此项技术可实现40多个品种花卉种苗的国产化替代。推介会上云展会、云直播、云购物三位一体，首次实现VR线上全景漫游花展，VR云端点击数达10万余人次；同时举办22场专业讲座活动，在线观看交流达3万余人次。

【北京荷花文化节】 6月28日至8月底，首届全市性的荷花文化节在国家植物园（南园）、玉渊潭公园、紫竹院公园、圆明园遗址公园、莲花池公园、奥林匹克森林公园举办。6个公园打造荷花观赏面积达86.67公顷，展出古莲、国内外荷花及北京自育荷花品种200余个，以及睡莲、王莲、香蒲等100多种水生植物。同时举办首届北京荷花摄影大赛，在新闻发布会现场集中展示各展区以荷花为主题的文创产品。

【北京菊花文化节】 9月23日，北京菊花文化节正式开幕。活动以"群芳竞秀迎盛会 菊韵飘香绽金秋"为主题。国家植物园（北园）、天坛公园、北海公园、北京国际鲜花港打造菊花观赏面积共计15万平方米，布置精品菊花3万余盆；展出独本菊、花园小菊、切花菊、食用菊等千余个品种，以及精品造型菊、盆景菊等各类型艺菊。首次推出"金背大红"和"花木小菊·绚秋系列"两款菊花文化节主题花。升级北京菊花擂台赛活动，"斗菊"现场推出"菊花花神"形象大比拼，展示以菊花为主题的插花作品、人体花艺，由北京林业大学戴思兰教授带领的菊花育种研发团队培育、天坛公园栽培选送的"碧目紫髯"获得本届"菊王"。

【北京秋季新优花卉品种展示推介会】 9月23日至10月7日，北京秋季新优花卉品种展示推介会在世界花卉大观园举办，市园林绿化局、北京花卉协会共同主办，北京花乡花木集团

9月23日，2022北京菊花文化节在国家植物园（北园）、天坛公园、北海公园、北京国际鲜花港、北京世界花卉大观园五大展区同步启动（何建勇 摄影）

有限公司承办，28个科研院校、花卉企业协办。活动首次将花卉文化与北京花卉科技创新成果融合，根据花卉新优品种特性，分为景观品种展示区和家庭园艺产品体验区两部分，共展出400余个品种。景观品种展示区以乡土植物为主，搭配新优花卉品种。家庭园艺展区以"家"的改造为主题，将"家"和"庭"空间完美结合，展示家庭园艺产品。活动初步达成成果转化或合作意向50余项。同时开展线上抖音直播和行业专家讲座，促进业界交流。共有50余家单位、4.5万人次现场参观交流，线上专题讲座在线人数超过1300人次。

【花卉科技创新成果研发转化】年内，市园林绿化局创新形式推进花卉科技创新成果研发与

转化，在国庆重大活动保障中大胆尝试应用100多个北京选育的花卉新优品种；在国庆天安门广场和长安街沿线花坛应用北京自主知识产权花卉新品种、乡土植物；在中国农民丰收节启动仪式上展示北京特色自育花卉。

【北京花卉高端高效生产示范】年内，北京市建设完成两个国家级花卉标准化生产示范区。在顺义区建成国家花卉种苗高效生产标准化示范区，年产花坛花卉种苗达1亿株；建设国家生态节约型宿根植物生产标准化示范区4公顷，重点展示示范抗寒、耐阴、低维护、可持续的生态节约型宿根群落组合4个。在大兴区启动建设市花月季种苗高效生产示范基地，开展月季种苗智能化、标准化、规模化生产。

【打造北京数字花卉】 年内，市园林绿化局搭建"北京花卉"产业链数字平台。依托该平台，北京花乡花木集团有限公司和昆明国际花卉拍卖交易中心合作，成立北京首个花卉拍卖中心；搭建全市花卉综合数据平台的数据模块，构建全

9月23日，北京秋季新优花卉品种展示推介会在世界花卉大观园举办（何建勇 摄影）

市花卉产业服务体系。

【新优花卉育种研发创新】 年内，市园林绿化局开展新优花卉育种研发创新工作，重点开展月季和菊花、花坛花境类、球根花卉等优势花卉育种研发。国家授权具有北京自主知识产权花卉新品种83个，通过北京市良种审定6个；引进国内外花卉新优品种500余个；在国内20多个省份示范推广北京自育花卉新优品种200余个，约2亿株种苗，种植面积达4000余公顷。

【花卉种质资源专项普查】 年内，市园林绿化局开展全市花卉种质资源专项普查工作。全市现有月季、百合、牡丹、荷花、多年生草本花卉等14个国家级花卉种质资源圃和1个国家级花卉生物学与种质创制重点实验室（北方）；共有28个在京科研院校和企事业单位、50个花卉育种研发团队，收集保存超过35种花卉作物，共计7.92万份不同类型种质资源。其中宿根花卉类（含乡土地被植物）种质资源保存团队19个，其次为月季，保存团队17个，菊花保存团队有9个。目前花卉种质资源的保存形式以传统的把植株保存在露地、拱棚或温室为主。

【花卉产业规范管理】 年内，

市园林绿化局修订《万寿菊生产技术规程》1项，新制订《牡丹生产技术规程》《林下百合生产技术规程》和《花卉交易服务规范》3项地方标准。《花卉交易服务规范》是国内首个专门服务花卉行业的交易规范。

（花卉产业：李美霞 供稿）

种苗产业

【概　况】 2022年，北京市开展苗圃底数调查，全市有效办证苗圃数量达到1060个，苗圃总面积1.22万公顷，苗圃实际育苗面积1万公顷，在圃苗木总量4805.48万株，在圃苗木产值58亿元，种苗产业从业人员1.7万人。

（刘亚丽）

【北京市林果花草蜂种业振兴行动计划】 年内，市园林绿化局落实国家《种业振兴行动方案》和《北京市种业振兴实施方案》，按种苗、果树、花卉（含草）、蜂分领域组织各区、行业专家研提意见，编写完成《北京市林果花草蜂种业振兴行动计划》初步方案，同时建立项目储备库。

（钟翡）

【延庆种业创新孵化基地建设】 年内，市园林绿化局指导延庆区编写《北京延庆林果花草蜂

药种业创新孵化基地建设专项行动方案》并启动实施。筹备北京首届林果花草蜂种业峰会（因疫情原因大会延迟举办），与延庆区共同研究推进林果花草蜂种业创新孵化基地建设和产业发展。

（钟翡）

【标准化苗圃复耕情况调研】 年内，市园林绿化局完成2021年以来规模化苗圃复耕及圃转林情况摸底调研工作。2020年验收合格的全市规模化苗圃数量133个，总面积7660公顷。受复耕及圃转林政策影响，2021年验收苗圃数量减少至102个，总面积减少至约5093.33公顷。

（钟翡）

【"常绿阔叶树黄杨良种在北京地区的示范与推广"项目】 年内，市园林绿化局开展"常绿阔叶树黄杨良种在北京地区的示范与推广"项目，建立示范区6.67公顷，建设"华源发"黄杨繁育基地1.67公顷、展示园0.33公顷。繁育北海道黄杨良种1万株。

（钟翡）

【规模化苗圃建设】 年内，市园林绿化局检查验收合格规模化苗圃102个，总面积0.52万公顷。其中，通州区22个、549.14公顷，顺义区28个、1154.95公顷，大兴区11个、591.33公顷，平谷区3个、145.31公顷，怀柔区6个、334.14公顷，密云区3

个、108.27公顷，延庆区29个、2284.38公顷。累计用工人数908人，其中本地农民人数727人，工人工资总收入2101.23万元。

（刘亚丽）

【合肥苗木花卉交易大会】 年内，市园林绿化局参加"2022中国·合肥苗木花卉交易大会"，荣获"设计布置奖金奖""组织奖""参展企业奖""参展作品银奖""先进个人"等多个奖项。北京展台集中展示"华源发"黄杨、菊花、蝴蝶兰等优良品种和草品种。

（刘亚丽）

【种苗宣传活动】 年内，市园林绿化局在首都园林绿化公众号和政务网开设专栏，普及种苗法律知识、宣传林草重要种质资源，发布信息70余篇，印制发放法律合订本、宣传海报、宣传标语等6000余份。

（钟翡）

【北京园林绿化文史资料展之林草种苗篇】 年内，市园林绿化局举办"夯实林草种苗根基助力首都生态建设——北京园林绿化文史资料展之林草种苗篇"，展现新中国成立70年来北京种苗发展的辉煌成就和历程。

（刘亚丽）

【"双随机"检查和林草种子执法检查力度】 年内，市园林绿化局开展普及型国外引种试种苗圃专项检查，以执法检查实践贯彻宣传"一法一条例"，加强苗木、种子检疫监管。

（刘亚丽）

（种苗产业：钟翡 供稿）

6月28日，首都绿色文化碑林管理处在园区东门艺园展馆举办北京园林绿化林草种苗文史资料展（何慧敏 摄影）

蜂产业

【概 况】 2022年，北京市蜜蜂饲养量25.8万群，其中，中华蜜蜂1.6万群，西方蜜蜂24.2万群，养蜂户0.68万户，中华蜜蜂自然保护区1家，种蜂场4家，各类蜂产业基地60个，蜂业专业合作组织57家。

（李安安）

【"世界蜜蜂日"庆祝活动】 5的月19日，由中国养蜂学会主办的"5·20世界蜜蜂日"庆祝活动在密云区北京蜜蜂大世界举办。活动主题为"密不可分 共筑绿色生态"，通过抖音直播和微信视频号线上直播，开展蜂场探蜜、讲解"神蜂树"历史、参观蜜蜂科普馆、蜂蜜DIY盛宴等活动。5月20日，中国蜂产品协会在北京市陶然亭公园举办"5·20世界蜜蜂日"科普宣传活动。

（李安安）

【"京·花果蜜"系列品牌文化活动】 年内，市园林绿化局开展"京·花果蜜"品牌文化节庆活动，引导花果蜜产品新消费、新渠道和新业态。推荐64家果园入驻北京电视台生活商城，推荐北寨红杏、香白杏、密云御黄李子、延怀河谷葡萄等老北京水果上线销售。在农业农村部举办的"第二届澜湄水果节"，农业农村部和国家林草局等六部委共同举办的"2022中国农民丰收节"启动仪式上，展示推介"京·花果蜜"特色产品。

（钟翡）

【蜂产业政策体系建设】 年内，市园林绿化局制订《北京蜂产业扶持政策建议方案（初稿）》《北京市中蜂扶持政策建议方案（初稿）》，与市农业农村局共同向市政府呈报《关于发展中蜂产业促进农民增收有关情况的报告》，形成《北京市中蜂扶持政策建议方案（初稿）》。

（钟翡）

【蜂产业质量提升】 年内，市园林绿化局制订《北京蜂授粉技术推广与市场培育项目实施方案》，在北京地区建成千亩连片设施农作物授粉示范区1个，百亩连片示范区5～10个。

（钟翡）

【智慧蜂场建设】 年内，市园林绿化局在密云区、房山区、昌平区、顺义区开展蜂授粉技术推广与市场培育示范。指导房山区蒲洼乡政府与北京农学院智慧农业研究院签订战略合作协议，确立"乡政府+教授工作站+联合社+村集体+农户"的合作发展模式。在蒲洼乡的议合、森水等4个村建设北农智慧蜂场，开展科研、示范工作。选育适合蒲洼地区的优质中蜂种王；试验成功可推广的多箱体成熟蜜生产技术；建设包装、品牌以及互联网认养营销平台。智慧蜂场投入蜂箱2000余套。

（钟翡）

【中华蜜蜂种质资源保护】 年内，市园林绿化局在密云区更新完善4个特色中华蜜蜂养殖场、3个中华蜜蜂种蜂场；推进房山区中华蜜蜂保护区建设，加强中华蜜蜂种质资源保护与良种扩繁，与农业农村部签订《国家级种畜禽遗传资源保护协议书》；在密云区和房山区开展中华蜜蜂生态功能研究，完成同一生境内中、意蜂采集行为监测及北京地区植被多样性本底调查、北京地区节肢动物多样性本底信息调查。

（李安安）

【西方蜜蜂良种繁育】 年内，市园林绿化局选优、选育和免费发放"密云1号"蜂蜜高产种王2000只、"密云2号"蜂王浆高产种王2000只，种用王台和幼虫2万余只，改良优良蜂种率。

（李安安）

【授粉质量提升行动】 年内，市园林绿化局制订《北京市蜂授粉技术推广与市场培育项目实施方案》，推广蜂授粉技术，培育蜂授粉市场，遴选13家蜂授粉供应商，在昌平、密云、顺义3个区，为草莓、番茄两种设施作物授粉总面积超过733公顷，开发农作物授粉管理服务平台，方便授粉供应商和种植户手机线上操作。

（李安安）

【蜂产业示范区建设】 年内，市园林绿化局在密云区建设蜂产业示范区，新建村集体蜂场14个。通过实施"公司+村集体+农户"的养蜂全托管、半托管模式和资源整合模式，部分村集体年收入达40余万元。在太师屯镇后南台村打造林蜂花旅游基地1个，调整林分结构近33公顷，林下栽植蜜源植物11公顷，饲养蜜蜂300余箱，形成"林上有花、地表有药、林下养蜂、林间旅游"的林下养蜂综合示范基地。

（李安安）

【蜂业气象指数保险】 年内，市园林绿化局对原有蜂业气象指数保险条款进行修订，在昌平、密云、怀柔3个区推进蜂业气象指数保险运行，参保蜂农521户，承保蜂群98454群，累计赔付393.02万元。

（李安安）

【蜜粉源植物资源普查】 年内，市园林绿化局开展北京市蜜粉源植物面积统计工作。截至2022年年底，全市12个主要养蜂区共有蜜粉源植物18种，面积49.63万公顷。

（李安安）

（蜂产业：钟翡 供稿）

林下经济

【概况】 2022年，市园林绿化局开展5种不同类型的林下经济产业模式试点，实现年利用森林资源发展林下经济1.34万公顷。研究制订关于科学利用森林资源促进林下经济高质量发展的实施措施，精准指导各区推进林下经济可持续发展。

【制订符合各区特点的林下经济工作意见】 7月19日，市园林绿化局与市农业农村局联合印发《关于科学利用森林资源促进林下经济高质量发展的通知》，为全市林下经济规范发展提供政策依据。通知印发至13个区政府和11个市有关部门，及时指导各区开展符合各区特点的林下经济工作意见的研究制订。顺义、房山等区已完成本区发展意见研究工作。

【探索适合首都特色的林下经济发展模式】 年内，市园林绿化局在多次调研、试点示范的基础上，确定本市林下经济以森林景观利用为主，同时融合森林文化与民俗风情，为市民提供形式多样的生态文化、森林游憩、科普体验等产品的利用模式，指导各区开展有区域特色的林下经济。结合新型集体林场试点建设，选取5家集体林场，开展5种不同类型的林下经济产业模式试点，通州潞城林场的森林文化与自然教育体验，顺义龙湾屯林场一、二、三产业融合发展，顺义李遂林场的生物多样性保育小区建设，延庆张山营林场的森林疗养以及怀柔宝山林场的森林健康经营进展良好。

【林下种植标准化建设】 年内，市园林绿化局组织制定林下百合、万寿菊等林下种植作物的技术标准，收集、整理、归纳林菌、林蜂、林花、林下中药材等13个大类、30多个品种的林下种植养殖标准规范、技术规程，对技术成熟、符合规范的开展林下经济标准的研究，推动成熟技术的标准化建设。

【林下经济建设】 年内，市园林绿化局在指导各区发展首都特色林下经济、开展林下经济试点建设基础上，培育、推荐3家带动能力强、有典型示范作用的林业经营主体为"国家林下经济示范基地"。截止到2022年年底，北京市共有10家林下经济经营主体被国家林草局认定为"国家林下经济示范基地"。

（林下经济：杨相坤 供稿）

潞城集体林场林下芍药开花景观（林业改革发展处 提供）

食用林产品安全监管

【概况】 2022年，市园林绿化局加大食用林产品质量安全监督抽检力度，深入推行承诺达标合格证制度，不断完善追溯体系建设，确保全市食用林产品质量安全。

【食用林产品质量安全追溯管理】 年内，市园林绿化局从制度建设、标准体系建设和技术平台建设三个方面，构建北京市食用林产品质量安全追溯公共服务平台，新增舆情预警监测和大数据分析两个模块。截至2022年年底，平台注册生产企业159家，备案产品324种，印刷追溯二维码标签1100万余枚，二维码标签激活超80万枚。

【食用林产品质量安全监管】年内，市园林绿化局按照《北京市2022年度食用林产品抽样检测方案》，对全市食用林产品进行抽样监测，完成监测任务4894批次。其中，风险监测1900批次，快速检测2194批次，监督抽检200批次，土壤检测300批次，灌溉水检测300批次，监测合格率为100%。

【食用林产品监督检查】 年内，市园林绿化局对部分农产品（林果、蚕蜂和食用花卉）和蜂业质量安全开展行政执法检查工作，针对重点食用林产品生产主体开展日常检查60家，"双随机"抽查10家；针对重点养蜂专业合作社开展"双随机"抽查12家。检查结果均为合格。

【承诺达标合格证制度】 年内，市园林绿化局落实《北京市2020—2022三年食用林产品合格证制度试行方案》，在全市食用林产品生产基地推行承诺达标合格证制度。全年开出合格证60多万张，发放合格证标签打印机700台、标签卷纸9000卷、二连单6000本、生产记录本5000本、宣传折页1万张，培训140人次。

【标准化体系建设】 年内，市园林绿化局制定出台《食用林产品质量安全追溯元数据》《食用林产品质量安全追溯导则》两部标准。

【食用林产品质量安全宣传】年内，市园林绿化局开展以"共创食安新发展 共享美好新生活"为主题的食品安全宣传周活动，向全市食用林产品生产基地发放宣传品、宣传折页17000余件。

（食用林产品安全监管：
李安安 供稿）

法制 规划 调研

政策法规

【概　况】　2022年，园林绿化法治政府建设工作立足园林绿化发展的新阶段，统筹城乡园林绿化资源，以完善园林绿化地方性法规体系为核心推进法治政府建设，以健全执法监督体制机制为重点推进依法行政工作，以落实"八五"普法规划为抓手推动普法依法治理工作，全面推进园林绿化工作法治化。

【森林资源保护管理条例立法调研】　年内，市园林绿化局推动《北京市森林资源保护管理条例》立法调研和立项论证工作，积极申请列入北京市人大常委会五年立法规划一类项目。

【《北京市种子条例》配套制度建立】　年内，市园林绿化局与市农业农村局共同起草《北京市种子条例》草案。加快相关配套制度建立，梳理相关的管理办法、名录等配套制度，纳入市园林绿化局配套依据制订目录。

【《北京市森林防火办法》立法后评估】　年内，市园林绿化局开展《森林防火办法》立法后评估。组织专家及相关部门成立评估组，从合法性、科学性、规范性、执行性和实效性方面全面评估《北京市森林防火办法》的立法质量、执法力度和实施效果。

【依法行政】　年内，市园林绿化局制订《2022年园林绿化法治政府建设暨执法协调工作要点》《落实〈北京市法治政府建设实施意见（2021—2025年）〉的实施方案》。全面履行党政主要负责人履行推进法治建设第一责任人职责清单制度。印发《党政主要负责人履行推进法治建设第一责任人

职责清单的通知》，从严落实法治政府建设督察整改。按照《法治政府建设督察反馈意见的整改方案》制订分工方案，与成员单位紧密联系，截至2022年年底，整改工作全面完成。

【"四清一提"行动计划】　年内，市园林绿化局按照"四清一提"行动方案，督促职能部门加快配套制度规范的制订。截至2022年年底，相关配套制度基本制订完成，为全面依法行政提供有力的法律保障。

【合同规范管理】　年内，市园林绿化局进一步规范合同管理。修订《北京市园林绿化局（首都绿化办）合同管理办法》。全年完成合同审查513份，提出合法性审查意见300余条，严把项目管理第一道关口。

【规范性文件审查备案制度】　年内，市园林绿化局严格履行规范性文件审查备案制度，完

成规范性文件审核12件，清理规范性文件征集86件；反馈《北京市绿地树木许可服务管理办法（试行）》等法律法规、规章制度、行政规范性文件草案征求意见368件次；审核市园林绿化局拟作出的信息公开答复70份。

【探索生态环境损害赔偿制度改革】 年内，市园林绿化局探索生态环境损害赔偿制度改革，协同北林专家开展生态环境损害赔偿制度解析。通过与公检法等司法部门的沟通，探索园林绿化生态损害赔偿改革新模式。

【法律服务】 年内，市园林绿化局充分发挥法律服务外脑作用，与律师事务所合作作为全市园林绿化系统处理信访投诉、调解、文件审查、立法建议等105次。

【动态更新权力清单】 年内，市园林绿化局及时调整执法权力清单。关注新法新规的制修订，对涉及的行政处罚、行政强制以及行政检查事项动态维护，全年行业内行政处罚158项，行政强制12项，行政检查22项。同时及时修订处罚自由裁量权基准。关注法律法规中法律责任的变化，在自由裁量权适用规则中增加免罚、慎罚情形的认定原则、适用规则以及程序要求。

【执法人员动态管理】 年内，市园林绿化局组织87名执法人员完成新版行政执法证件更换，组织16人参加行政执法资格考试，取得执法资格。截至2022年年底，全市持证执法人员有96名。

【行政复议与行政诉讼监督】 年内，市园林绿化局办理、审理行政复议案件5起，行政诉讼案件1起。

【组织案件分析复盘】 年内，市园林绿化局组织案件分析复盘。对中央环保督察挂牌督办的玉盛祥公司违法侵占牛蹄岭林地案件、最高人民检察院挂牌的三和药业骗取野生动物制品许可及清河农场内自种树木擅自处置问题，与执法机构共同研究解决法律适用、违法行为界定、证据采纳等七个方面的问题。针对执法中存在的问题全面剖析、及时复盘，提高执法人员办案能力。

【法治宣传教育活动】 年内，市园林绿化局印发《2022年北京市园林绿化系统普法依法治理工作要点》，督促各普法单位稳步开展普法宣传工作。利用"湿地日""野生动植物日""爱鸟周""植树节""国家宪法日"等重点节日，采取线上与线下相结合、微博与微信媒体相结合、视频与互动答题相结合的方式，提高公众关注度，普及行业法规。结合《中华人民共和国湿地保护法》《信访工作条例》《北京市种子条例》等新法的实施，各业务部门针对目标群体开展普法学习教育。在森林防火期内，加强对《森林防火条例》《北京市森林防火办法》的宣传；在宪法宣传周开展宪法宣誓、宪法系统学习；

8月30日，市园林绿化局针对北京在校大学生开展森林防火宣传活动（法制处 提供）

在民法典颁布两周年之际，学习民法典，掌握民法典中的绿色生态原则。针对园林绿化特点，组织学习安全生产、数据安全、垃圾分类、节能减排、公务员法等法律法规。

（政策法规：蔡剑 供稿）

规划发展

【概　况】 2022年，北京市园林绿化规划发展工作在市园林绿化局（首都绿化办）党组的坚强领导下，坚持规划引领的基本工作思路，重点做好各项规划对接管理，扎实推进专项工作落地，精准落实服务北京城市副中心高质量发展，努力构建科学有效的规划体系，年度工作顺利推进。

【国家植物园总体规划方案】 年内，市园林绿化局完成国家植物园总体规划方案编制工作，形成项目规划建设库，统筹迁地保护，完成22项重点项目选址立项等工作，持续构建京津冀协同发展的植物园体系。

【无障碍环境建设专项规划】 年内，市园林绿化局建立数字台账，完成公园、绿地等无障碍环境建设项目132处、示范项目56项。

【公共绿地和重大工程设计方案审查】 年内，市园林绿化局完成对温榆河公园朝阳、昌平、顺义二期设计方案等46个项目审查，推进全龄友好型公园、小微绿地、林荫路建设。在重大工程专项审查工作中，主动服务中央单位和军队机关等重大项目审查18项。

【"三区三线"划定工作】 年内，市园林绿化局完善市级"三区三线"划定方案，制订局"三区三线"划定审查工作标准和流程，指导各区做好划定工作，配合市规划自然资源委和各区召开联审会议，完成"三区三线"划定工作。

【园林绿化城市体检评估】 年内，市园林绿化局建立"一年一体检、五年一评估"常态化机制，对城市总体规划及园林绿化的实施情况进行实时监测、定期评估。

【推动规划领域专项治理】 年内，全市绿地认建认养及公园配套用房出租中侵害群众利益问题整改完成率达到99.1%。需持续整改的92个问题已完成66个；完成14个区林地内违建别墅问题清查整治"回头看"，抽查点位均已恢复植被。

【配合总规督察工作】 年内，市园林绿化局梳理《北京市国土空间近期规划（2021—2025年）》《北京城市总体规划实施工作方案（2021—2025年）》，根据涉及本单位的41项任务制订印发工作方案。配合市规划自然资源委督察处完成重点任务年度目标和工作进展的填报工作。

【街区控规专项审查】 年内，市园林绿化局加强街区控制性详细规划专项审查，对全市15

《中轴线沿线绿化景观提升方案》示意图（市园林绿化宣传中心 提供）

个街区、35个乡镇的国土空间规划及集中建设区控制性详细规划进行审查，保护公园绿地、保障植物正常生长、为绿色出行创造林荫条件等意见建议得到采纳并体现到控制性详细规划文本。

【新一轮百万亩造林绿化选址】年内，市园林绿化局出台3项保障政策，持续构建园林绿化项目选址体系，全年完成近13333公顷地块分析，助力新一轮百万亩造林完美收官。

【六环高线公园规划】 年内，市园林绿化局编制《六环高线公园国际方案征集任务书》，完成国际方案征集工作，建立由20个国家和地区的专家组成的智库，构建形成多维度、多层次的规划建设工作营。

【核心区控制性详细规划三年行动计划】 年内，市园林绿化局开展核心区三年行动计划年度园林绿化体检工作，形成自检报告。配合提出新一轮核心区三年行动计划及工作任务，开展二环路文化景观环线、口袋公园及小微绿地建设、核心区绿地空间体系规划研究等相关工作。

【高尔夫球场清理整治】 年内，市园林绿化局坚持核查常态化，多次召开专项专题会议，开展高尔夫球场清理整治"回头看"专项行动，印发相关文件，指导各区整改，完成年度工作。

【核心区绿色公共空间阶段性研究成果】 年内，市园林绿化局围绕生态品质提升、绿色空间优化、文化绿化融合、服务设施改善四个方面深入开展研究，形成城市更新背景下北京市核心区绿色公共空间四维更新导则阶段性研究成果。

【服务北京城市副中心高质量发展】 年内，市园林绿化局根据国务院关于北京城市副中心高质量发展意见，制订工作落实方案，提升城市绿化综合减碳效应，建成一批口袋公园和建设潮白河国家森林公园两项牵头任务及8项配合任务，助力城市副中心绿色示范区建设。

【三条文化带建设】 年内，市园林绿化局以生态和文化相融合为引领，绘制西山永定河等三条文化带生态文化地图，编制长城国家文化公园景观风貌导则，完成路县故城遗址公园（一期）39.2公顷绿化规划建设，推动西山方志书院展陈开放，完成十三陵林场沟崖玉虚观及娘娘庵修缮，修复京西矿山植被10公顷，举办西山永定河文化节，生态文化影响力持续提升。

【中轴线沿线绿化景观提升】年内，市园林绿化局完成地安门外大街行道树树木补植、永定门绿地改造和天坛西门外景观恢复等工作，形成南北联通、东西对称的中轴线景观。扎实推进申遗范围内古树保护和技术服务。建立园林绿化设计方案审核绿色通道，完成天坛神乐署、北海漪澜堂等文物腾退修缮工作。

（规划发展：袁定昌 供稿）

调查研究

【概　况】　2022年，市园林绿化调研工作紧紧围绕习近平总书记关于"大兴调查研究之风"重要指示精神，全面落实北京市委关于各级领导干部开展调查研究指示精神，按照北京市委和市园林绿化局（首都绿化办）党组有关部署，加强对调研工作统筹协调，完成重点调研课题33个，跟进调研课题42个。

（付丽）

【关于北京市公园分类分级管理的调研报告】 年内，市园林绿化局完成北京市公园分类分级管理研究的专题调研。报告介绍研究背景以及目的和意义，阐述研究思路，介绍国内外公园分类分级的四种模式，总结公园服务管理现状与主要问题，最后提出构建公园分类分级管理体系建议，以及下一步工作思考。

（付丽）

【关于建立健全园林绿化资源生态补偿机制的调研报告】 年内，市园林绿化局完成关于园林绿化资源生态补偿机制的专题调研。报告介绍国内外森林资源生态补偿的经验与启示，以及澳大利亚的碳信用交易、加拿大多伦多红河谷建立城市国家公园和云南普达措国家公园生态补偿机制，北京园林绿化资源生态补偿的现状及存在的问题；阐述目前实行的园林绿化资源生态补偿政策、园林绿化资源生态补偿的成效和园林绿化资源生态补偿政策存在的主要问题；最后提出完善园林绿化资源生态补偿机制的对策建议。

（付丽）

【关于市属公园强化党组织功能作用的调研报告】 年内，市园林绿化局完成事业单位改革背景下市属公园强化党组织功能作用路径研究的专题调研。报告介绍市公园管理中心所属事业单位改革工作的背景与现状，改革背景下市属公园强化党组织功能作用发挥的重要意义，改革背景下市属公园强化党组织功能作用存在的问题与原因分析；最后提出改革背景下市属公园强化党组织功能作

用发挥的实践路径探究。

（张维）

【关于市属公园红色文化保护传承利用的调研报告】 年内，市园林绿化局完成市属公园关于红色文化保护传承利用的专题调研。报告介绍市属公园红色资源现状及类型，市属公园红色文化建设情况，归纳在红色文化建设发展层面存在的差距；最后提出，推动中心红色文化品牌可持续发展的措施。

（张维）

【关于加强和改进园林绿化系统党员队伍建设的调研报告】 年内，市园林绿化局完成关于加强和改进园林绿化系统党员队伍建设的专题调研。报告分析党员队伍总体情况，指出存在的主要问题，最后提出有关措施和建议。

（付丽）

【关于创新推动首都绿化美化工作高质量发展的调研报告】 年内，市园林绿化局完成以落实"一会两长"制度为抓手创新推动首都绿化美化工作高质量发展的专题调研。报告介绍调研背景和工作开展情况，以及调研总体情况，阐述调研发现的问题，最后提出对策建议。

（付丽）

【关于大数据助力首都绿化智慧管理体系建设的调研报告】 年内，市园林绿化局完成大数据助力首都绿化智慧管理体系

建设的专题调研。报告总结以往大数据建设工作中存在的问题，归纳围绕大数据建设所作的尝试和取得的成效，最后提出大数据建设方面下一步思路和目标。

（付丽）

【关于加强首都园林绿化资源监测体系建设的调研报告】 年内，市园林绿化局完成新时期进一步加强首都园林绿化资源监测体系建设的专题调研。报告介绍监测体系建设基本情况，归纳目前面临的形势和存在问题，以及新时期水资源监测体系发展目标，最后提出新时期资源监测体系发展对策。

（付丽）

【关于北京市园林绿化生物多样性规划的调研报告】 年内，市园林绿化局完成北京市园林绿化生物多样性规划的专题调研。报告介绍研究背景和北京生物多样性现状，保护行动及其成效，问题与不足，最后提出保护行动建议。

（付丽）

【关于平原生态林质量精准提升探索与实践的调研报告】 年内，市园林绿化局完成平原生态林质量精准提升的专题调研。报告介绍调研思路与方法，全市平原生态林的基本现状，分析存在的问题及原因，最后提出对策与下一步工作建议。

（付丽）

【关于首都"互联网+全民义务植树"基地体系建设的调研报告】 年内，市园林绿化局完成首都"互联网+全民义务植树"基地体系建设的专题调研。报告介绍首都"互联网+全民义务植树"五级基地建设情况，当前五级基地建设及运行管理存在的主要问题，最后提出，首都"互联网+全民义务植树"高质量发展对策与建议。

（付丽）

（调查研究：付丽 供稿）

科技 大数据 宣传

科学技术

【概况】 2022年，北京市园林绿化科技工作聚焦技术攻关、推广转化、科学普及与标准化建设相结合，环境保护与提升、碳中和与碳达峰、平台搭建与人才培养等相协调，完善首都园林绿化科技管理与技术创新体系，推动科技创新迈向新的阶段。

（刘松）

【"绿色科技 多彩生活"科技周活动】 8月20—27日，主题为"绿色科技 多彩生活"的北京园林绿化科技活动周系列活动启动仪式在通州城市绿心森林公园举办。活动宣传展示北京园林绿化助力"碳中和"的100余项新技术、新材料、新产品；科技周期间开展线上线下科普活动48场，累计7万人次观众参加活动，278.8万人次线上关注并参与讨论，30余家中央和市属主流媒体以及科技和旅游博主参与报道。

（孙鲁杰）

【园林绿化实用技术科技攻关】年内，市园林绿化局实施30余项重点技术攻关，形成适宜北京生态廊道建设的功能性植物和景观配置模式，"北京花卉"产业链数字平台等多项实用科研成果。

（刘松）

【科研项目申报】 年内，市园林绿化局申报6项市科委科技课题、4项住建部科学技术计划项目、3项科技发展中心中央财政预算专项项目、2项林草国家创新联盟自筹研发项目。获批1项科技发展中心中央财政预算专项项目、2项林草国家创新联盟自筹研发项目，完成"冬季常绿和彩色植物培育及应用场景科技示范""北京城区鸟类聚集性群体生态缓解技术研究与试点"2个科技项目立项。

（刘松）

8月20日，北京园林绿化科技周在通州城市绿心森林公园举办（科技处 提供）

135

【科技成果推广】 年内，市园林绿化局开展科技创新成果统计，汇编形成《北京园林绿化科技成果推介名录》《北京园林绿化科技成果汇编》。创办《园林绿化科技创新》刊物，编制林下补桉、杨柳飞絮防治、鸟类研究与保护、林业碳汇等5期专刊。利用"园说"线上平台，开展专项技术培训直播8场，累计培训技术人员25617人次。

（张博）

【"揭网见绿"工程科技保障】 年内，市园林绿化局开展《北京城市"揭网见绿"简易绿化技术指南》专题培训，组织专家团队及时对各区进行技术指导。

（张博）

【银杏复壮专项工程】 年内，市园林绿化局印发《北京市银杏复壮专项工作方案》，启动全市银杏复壮专项工程，针对公园、绿地、道路、平原造林等区域开展调研，完成银杏存在问题的科学划分。11月8日，开展"衰弱银杏复壮关键技术"专题培训。

（张博）

【林业科技推广示范项目】 年内，市园林绿化局推动24项新技术新材料落地应用，完成54项新优科技创新成果进入国家林草科技推广成果库及12个项目进入国家林草科技推广项目库。组织加快10项中央财政林业科技推广示范项目实施，建立平原森林精准养护技术示范区93公顷、生态经济型地被种植示范区6.67公顷、平原生态林绿色防控技术示范区67公顷。

（张博）

【科技标准化建设及推广】 年内，市园林绿化局制订发布《园林绿化生态系统监测网络建设规范》等24项北京市园林绿化地方标准，启动《古树名木保护复壮技术规程》等14项北京市园林绿化地方标准的修订工作，编制《首都园林绿化标准体系》。组织园林绿化标准化培训和宣贯1000人次，印制园林绿化标准14项、单行本20000册。

（王建军）

【国家农业标准化示范区建设】年内，市园林绿化局推进第10批国家农业标准化示范区项目"国家花卉种苗高效生产标准化示范区""国家生态节约型宿根植物生产标准化示范区"建设，项目通过专家考核，示范效果明显。农业农村标准化示范试点区项目"国家月季种苗高效生产标准化示范区"等4个项目进行申报立项。

（王建军）

【杨柳飞絮综合防治】 年内，市园林绿化局持续开展杨柳飞絮综合防治。成立专项防治巡查队伍128支、专业应急防治服务队79支，建立各类防治示范区100余处，全市223处高发区域全面落实30分钟响应机制，坚持"应湿尽湿、应扫尽扫"。全市飞絮高发区域较上年减少8.5%，通过12345接诉即办收到的投诉建议较上年降低43%，市民满意度达到91.2%。

（张博）

【"京华植物'迹'"科普专栏】 年内，市园林绿化局面向社会公众，在首都园林绿化公众号上推出二十四节气"京华植物'迹'"科普专栏，全年刊发文章62篇，微博、微信阅读总量近40万，"气象北京""北京发布"等多个平台积极转发。通过"园说"线上直播平台开展线上直播培训累计29场，在线累计观看11.9万人次。

（孙鲁杰）

"京华植物'迹'"线上科普宣传专栏示意图（市园林绿化宣传中心 提供）

【科技支撑环境保护】 年内，市园林绿化局按照《北京市深入打好污染防治攻坚战2022年行动计划》有关要求，完成生态保护、土壤污染防治、大气污染防治、应对气候变化等方面涉及市园林绿化局的32项重点任务，其中牵头、主责任务23项，协办9项。

（魏雅芬）

【推动垃圾分类】 年内，市园林绿化局统筹全市11家市属公园、西山国家森林公园和通州西海子公园进行禁塑、行业垃圾分类等试点工作，推动全市园林绿化行业开展无痕山林、垃圾分类市级示范区创建，扩大"无痕西山"垃圾分类科普宣传窗口的影响力。推动园林绿化废弃物科学处置利用，建设完成全国首家园林绿化废弃物资源化利用科普展馆，启动《园林绿化废弃物资源化循环利用技术指南》和《园林绿化废弃物有机质制作标准及应用规范》编写。推动厨余垃圾资源化产品以及污泥在林地的应用，协助完成《厨余有机废弃物制备土壤调理剂技术规范》地方标准编制，启动编制污泥林地使用技术规程。

（张博）

【节水型科技园林绿化建设】 年内，市园林绿化局推进节水型园林绿化建设，与市水务局联合印发《北京市园林绿化滴灌等高效节水灌溉技术推广方案》《北京市加强园林绿化再生水利用的行动方案（2022年—2025年）》，编制和修订5项节水技术标准。启动国家林草局项目《节水型林地绿地示范推广项目的示范区建设》，通过构建混交林、推广种植乡土节水耐旱树种和近自然经营与保护，增强森林涵养水源和保持水土能力，北京混交林水源涵养能力可达639.89吨/公顷/年。3年累计推广使用耐旱植物1500余万株，治理裸露土地933.04公顷，推动乡土宿根地被替代冷季型草坪750万平方米。建成节水集雨型绿地150处，有67家公园配备雨水收集器具，80家公园使用再生水灌溉。建设2.88万个小微湿地、集雨坑，实现集蓄雨水85万立方米/年。推行滴灌等节水设施，99.3%的城市绿地实现节水灌溉。

（刘松）

【提升林地绿地碳汇能力】 年内，市园林绿化局研究发布《关于"十四五"时期北京市园林绿化行业落实"双碳"目标的工作指导意见》，在通州区启动国家级林业碳汇试点。在城市绿心森林公园等全市100个公园内实施"碳中和理念进百园宣传行动"，年受众达5000万人次。组织实施"服务碳中和目标的北京城市绿地（林地）碳汇评价和提升关键技术"科技推广项目。

（刘松）

【国际合作与交流】 年内，市园林绿化局在十三陵林场、野鸭湖湿地建立森林、湿地两种类型生物多样性恢复国际合作示范基地各1处，加快新优生物多样性恢复国际经验落地应用。与亚洲基础设施投资银行、世界自然基金会、世界自然保护联盟、世界动物保护协会、大自然保护协会、国际

8月25日，市园林绿化局领导与国际来访专家探讨人工智能在促进生物多样性保护方面的应用（市园林绿化规划和资源监测中心 提供）

鹤类基金会等生态领域国际组织建立合作机制，组织开展调研、交流研讨7次。围绕密云水库水源林保护、生物多样性保护等重点工作与亚投行、大自然保护协会、德国复兴银行达成合作意向3项。

（张博）

【科技创新平台建设】 年内，市园林绿化局获批北京市城市生态系统国家定位观测研究站1个，古树、百合和樱桃等工程技术研究中心3个，现有国家林业和草原科研平台24个。建成北京园林绿化专家工作站101家，服务对象涉及6个重点乡镇、23个典型村、14家合作社、21家集体林场、11家国有林场、26家企业。

（刘松）

【系列主题宣传活动】 年内，"森林与人"系列活动以宣传生物多样性保护、人与自然和谐共生、绿色低碳生活、生物

防治、林业碳汇及森林文化等知识为核心，开展森林大篷车、"悦"读森林、大众长走等活动，注重体验互动，参与活动的家庭满意度达到100%。在"国际生物多样性日""世界野生动植物日""爱鸟周""保护野生动物宣传月"等重要宣传节点，通过展板、讲座在各大公园、保护地开展宣传活动，同时利用新媒体进行宣传。与北京电视台合作，进行5期生物多样性保护专题报道并制作宣传片。

（孙鲁杰）

【获奖情况】 年内，市园林绿化局在国家林草局举办的全国林业和草原科普讲解大赛中，6名选手荣获一等奖并被认定为金牌讲解员，1名选手荣获二等奖，市园林绿化局获得优秀组织奖。在第九届全国科普讲解大赛中，科普基地的1名选手荣获全国科普讲解大赛

一等奖及"全国十佳科普使者""最佳口才奖"荣誉称号；2名选手获大赛三等奖，4名选手获大赛优秀奖。

（孙鲁杰）

【全国科普日活动】 年内，北京市全国科普日（第十二届北京科学嘉年华）活动期间，园林绿化科普基地开展"绿色科技 多彩生活"系列科普活动，组织园林绿化科普基地开展线上线下活动30余场，辐射受众10余万人次。26个单位和基地被评为全国科普日活动优秀组织单位，31个科普活动被评为北京市全国科普日（第十二届北京科学嘉年华）优秀活动，北京市麋鹿生态实验中心的"观鸟、观花、观鹿"活动被评为2022年全国科普日优秀活动。

（孙鲁杰）

【科普人员专业培训】 年内，市园林绿化局邀请专家从如何提高讲解水平、科普文章的撰写、科普礼仪和服装搭配等内容开展线上线下专题培训，各科普基地130余人参加。

（孙鲁杰）

【"小微湿地修复技术规范"推广应用】 年内，市园林绿化局加强《小微湿地修复技术规范》推广应用，提出适合北京市的小微湿地定义，规范小微湿地修复的功能目标、原则、要求、监测和运行维护等内容，全面规范、指导北京市域范围内退化或消失的小微湿地的修

4月14日，市园林绿化局在"爱鸟周"活动中开展野生动物保护宣传
（何建勇 摄影）

复，以及城市腾退建设用地、造林地块的低洼地或预留的集雨坑等小微湿地恢复工作。

（王建军）

【《大规格容器苗培育技术规程》推广应用】 年内，《大规格容器苗培育技术规程》推广应用以来，北京市主要苗圃均开展了大规格容器苗培育，北京市温泉苗圃、京彩燕园、盛世润禾等6个苗圃开展白皮松、油松、七叶树、银杏、元宝枫、国槐、栾树、流苏树等20余种树种的大规格容器苗培育研究与示范。出圃的大规格容器苗被应用于首长植树、雄安新区"千年秀林"项目、北京市增彩延绿项目、世界园艺博览会绿化、北京冬奥会和冬残奥会生态修复、APEC会议会址绿化、长安街绿化苗木养护项目等北京市重大园林绿化生态建设工程，规程的实施推广提高了城市树木的质量，满足了园林绿化工程对大规格容器苗的需求。规程还被河北、江苏、山东等省份的苗圃借鉴，指导开展大规模培育，应用于160余个树种。

（王建军）

【《杏生产技术规程》和《李生产技术规程》宣传推广】 年内，市园林绿化局宣传推广《杏生产技术规程》《李生产技术规程》，利用专家到延庆三里庄、海淀苏家坨、通州于家务、平谷北寨、密云东邵渠

等基地指导、培训等机会，对规程中涉及的苗木生产、建园、栽培管理新技术、采收分级、包装储藏等技术内容进行针对性地讲解、示范。通过病虫害防治台历的形式向果农普及规程中的技术要点，做到准确把握防治时期、精准实施防治措施。通过编制单位所属的种苗企业，向生产者推介规程附录中的北京市适宜发展的杏、李良种，推进良种及技术普及。

（王建军）

【园林绿化标准化顶层设计】 年内，市园林绿化局发挥北京市园林绿化标准化技术委员会的技术支撑作用，完成第二届北京市园林绿化标准化技术委员会换届，做好园林绿化北京市地方标准全流程管理工作，对涉及复审范围的《城市园林绿化用植物材料木本苗》等31项园林绿化地方标准进行审查，审查结果为：继续有效26项、修订2项、废止3项，完成18项发布且实施满一年的地方标准实施情况评价报告，重点做好《国家标准化发展纲要》《中华人民共和国标准化法》《地方标准管理办法》《北京市地方标准管理办法》《首都标准化战略纲要2035》等指导材料的落实和宣贯。

（王建军）

（科学技术：王若楠 供稿）

大数据建设

【概 况】 2022年，市园林绿化大数据工作重点完成智慧园林三年行动计划编制、园林绿化数据资源管理应用及服务保障等工作，升级完善无障碍浏览、智能问答、全站二维码分享、政策文件集成等功能，上线并及时更新定制版智能问答知识库。严格按照政府信息主动公开范围，围绕重大工程、重要民生实事项目发布主动公开信息1150余条；优化依申请公开批办单，提升依申请公开答复规范，全年共处理政府信息公开申请80件。

【北京市智慧园林三年行动计划】 年内，市园林绿化局编制完成《北京市智慧园林三年行动计划（2023—2025年）》，明确构建"智能感知、数据管理、辅助决策、创新生态"四大体系，建设完善"一张图、一张网、业务管理平台、辅助决策平台、公共服务平台"的规划目标和主要任务。

【公园智慧化建设】 年内，市园林绿化局开展场景设计调研工作，提升场景应用能力，提出"云上公园""无人机智能应用"2个智慧场景榜单，发布"无人机智能应用"榜单；

推进智慧公园建设。推进全市1050家公园边界矢量化，收集公园边界数据约2370条，完成北京地方、高德、天地图三种坐标系下第一版公园图层。

【优化公园预约平台功能】 年内，市园林绿化局提供全市71家公园网上预约统一入口，加强公园公众信息发布，共享市属公园实时在园人数数据，推动全市公园实现一网通查。

【智能识别数据采集】 年内，市园林绿化局做好北京市森林医院推广，完善北京市病虫害、寄主植物等数据库，构建知识图谱，搭建线上树木问诊平台，为林场和企业提供林业有害生物防控的专业服务；利用微信公众号推广拍照识花小程序，帮助公众识别身边的花草，获取植物分布和开放一手数据。

【网络舆情信息监测】 年内，市园林绿化局及时掌握舆情动态，预警监测信息集中在疫情防控、公园风景区管理、公园露营、野生动植物保护、杨柳飞絮、树木倒伏等方面，累计监测相关舆情信息756条。

北京市公园统一预约平台示意图（市园林绿化大数据中心 提供）

北京市线上树木问诊平台示意图（市园林绿化大数据中心 提供）

【优化"北京通"服务】 年内，市园林绿化大数据中心根据入驻"北京通"服务相关要求，优化调整园林绿化服务，将入驻的公园查询、认种认养等23项服务调整为25项，按照"北京通"在微信、支付宝和百度小程序的上线要求，优化移动端页面展示效果。

【完善公共数据目录】 年内，市园林绿化局根据20个业务处室109项自定职责，重新梳理职责目录344条、数据目录347条，建立系统台账。按照《智慧城市建设"月报季评"》相关要求，完成月报季评数据更新。持续做好行政审批过程数据和结果数据的共享，完成1371条市级双公示和五类行政管理的数据汇总。

【公园服务效能评估项目】 年内，市园林绿化局建立公园服务效能监测评估指标体系，包括公园管理服务涵盖的评价与监测两大维度，四大评价模块，106项指标数据测试，实现温榆河、海淀公园等12家试点公园的精细化测评与可视化展示，对188家公园的服务状态和功效量化判断。

【园林气象数据应用】 年内，市园林绿化大数据中心梳理园林气象应用场景23个，建设气象应用系统v1.0，包含当前天气、园林气象预测数据、精准气象观测数据、数据搜索四大模块共11项功能。建立气象信息发布工作机制，发布园林绿化气象信息70期，为森林体验指数项目提供实时气象数据支撑。

【赏花片区推荐服务】 年内，市园林绿化局（首都绿化办）网站发布京城游园赏花和秋色观叶专题，制作赏花地图H5页面，提供赏花地图检索、赏花咨询和赏花指南知识科普等内容，全年线上浏览量达4.7万人次，评论量57条。

【网站规范化建设】 年内，市园林绿化局（首都绿化办）网站策划和建设"京城游园赏花季""数据发布""北京市公园名录"等12个专题（专栏），维护更新27个专题（专栏），发布信息3626条，向市政府网站报送信息404条，向国家林草局报送信息807条，报送视频208个。升级完善无

障碍浏览、智能问答、全站二维码分享、政策文件集成等功能，上线并及时更新定制版智能问答知识库。围绕重大工程、重要民生实事项目发布主动公开信息1150余条；优化依申请公开批办单，处理政府信息公开申请80件。

【健全网络安全工作制度】 年内，市园林绿化局制订《局（办）党组落实网络意识形态和网络安全工作责任制工作方案》，按照分级负责的原则，明确各级党组织对本单位网络意识形态和网络安全工作负责，并建立健全研究报告、会商研判、监测预警等机制。

【信息化服务保障】 年内，市园林绿化局大数据中心完成行政办公系统3次优化升级，优化文件查询、公文流转管理、通知管理等7项系统功能，实现与市接诉即办（北京市12345）系统的对接。建设局

项目储备库模块，实现全局项目申报、需求评审、立项入库等全流程系统管理。完成视频会议服务保障工作，全年完成局系统视频会议保障836场次，推进公务员邮箱和"京办"系统推广使用。

【网络安全和数据安全工作】 年内，市园林绿化局对4家直属单位开展网络安全现场指导、检查。通过新党员培训、专业技术人员培训、张贴海报、发布动态等方式加大对网络安全、数据安全的宣传力度。

（大数据建设：韩冰 供稿）

新闻宣传

【概 况】 2022年，市园林绿化宣传工作围绕市园林绿化局（首都绿化办）重点任务，召开新闻发布会102次，在各大新闻媒体刊发园林绿化宣传稿件及电视专题新闻累计2000余篇（幅、条）；首都园林绿化官方微博、微信发布内容2187条，累计阅读量达847万余人次，持续提升新闻宣传的"时、度、效"，打开园林绿化新闻宣传新局面。

（马蕴）

【野生动植物保护宣传】 3月3日，发布《2022年第九个"世界野生动植物日"》新闻通

"京办"系统示意图（市园林绿化大数据中心 提供）

9月18日，北京湿地日活动中，新闻媒体对活动进行宣传报道（市园林绿化宣传中心 提供）

稿。4月14日，发布《北京市第40届"爱鸟周"主题科普宣传活动暨"首都市民最喜爱的鸟"评选启动》新闻通稿。6月1日，发布《〈湿地保护法〉于6月1日正式实施》新闻通稿。

（马蕴）

【杨柳飞絮科普宣传】 4月8日，市园林绿化局联合市气象局发布首个杨柳飞絮高发时段预报，引导广大市民科学面对杨柳飞絮自然现象，指导政府相关部门精准开展防控工作，降低对市民生活的影响。4月21日，在杨柳飞絮第二个高发期开始前，在通州大运河森林公园举办杨柳飞絮治理现场会，集中对外发布全市精准施策治理杨柳飞絮情况。5月13日，发布杨柳飞絮第三个高发期预报，邀请中央电视台、《北京日报》、北京电视台等

20多家媒体参加，宣传报道杨柳飞絮产生的原因、危害情况、防治措施以及治理成效等内容。在中央及市属媒体刊发稿件100余篇。

（马蕴）

【新一轮百万亩造林绿化工程宣传】 6月21日，市园林绿化局邀请《人民日报》《中国绿色时报》《北京日报》北京电视台等媒体，结合新一轮百万亩造林绿化工程，在温榆河公园现场发布《百万亩林海书写美丽北京的"生态答卷"》新闻通稿。

（马蕴）

【北京科技周宣传】 8月21日，市园林绿化局发布《绿色科技 多彩生活 2022北京园林绿化科技活动周启动》新闻通稿，中央及市属主流媒体发稿30余篇。

（马蕴）

【中国自然教育大会】 9月4日，市园林绿化局发布《2022中国自然教育大会在京开幕》新闻通稿。此次中国自然教育大会以"融合 共享 新时代自然教育新启航"为主题，由国家林草局、北京市人民政府指导，中国林学会、自然资源部宣传教育中心、阿里巴巴公益基金会和市园林绿化局共同主办。大会以"线下会议同步线上直播""室内研讨室外体验"形式设置1个北京主会场、6个地方分会场、12个平行分论坛，邀请近100名国内外有关专家、学者分享各地自然教育经验，开展自然教育理论研讨和交流。新华社、《人民日报》、中国新闻网、《北京日报》、北京电视台等20余家媒体对活动进行报道，宣传覆盖面超1000万人次。

（邵丹）

【主流媒体系列主题宣传】 年内，市园林绿化局与新华社北京分社共同在"新华全媒+"平台打造首都生态建设宣传专栏，发布文章《生物多样性丰富的大都市啥样？每张照片都有答案》等进行深度宣传。与《中国青年报》加强合作，围绕园林绿化服务保障、公园游园绿色惠民等主题开展系列报道。在《绿化与生活》杂志12期内容中针对园林绿化重点工程、野生动植物保护、生态文明宣传教育、古树名木保护、

市民共享绿色福祉等内容进行主题宣传。

（马蕴）

【打造生态文化品牌】 年内，市园林绿化局举办义务植树、摄影比赛、野外观鸟等各类线上线下活动100余次，直接参与人数10000余人次。打造西山永定河网红打卡地、零碳音乐季、森林文化节等系列生态文化品牌活动，通过组织线上线下网友活动，增强生态文化产品的表现力、吸引力和影响力。

（马蕴）

【专题片制作】 年内，市园林绿化局制作完成《首都绿化美化建设汇报片》《北京市新一轮百万亩造林建设专题片》《北京国有林场专题片》《北京生物多样性保护系列宣传片》等30余部主题宣传视频，视频资料近50小时。

（高雨禾）

（新闻宣传：方昊 供稿）

专项调查研究

专项调查

【概　况】　2022年，市园林绿化局开展森林资源及绿地资源调查，为实现园林绿化资源的精细化管理提供可靠保障。

【新一轮百万亩造林核查】　年内，市园林绿化局对朝阳、丰台、大兴、通州、顺义、怀柔、密云、平谷、延庆、共青林场、京西林场、松山自然保护区、首发集团等进行百万亩造林核查。核查时间贯穿全年，各造林单位共上报任务面积22333.33公顷，核查面积11200公顷。在巡视整改工作专报第一项整改任务中提到的百万亩造林核查部分（平原浅山、城区绿化、"留白增绿"、"战略留白"）超额完成，进度100%。

【平原造林及新一轮百万亩复查】　年内，市园林绿化局对核查有问题的区进行地块复查，分别出具平谷区2018年和2019年百万亩造林复查报告、首农集团南郊农场复查报告、顺义区2016年和2017年平原造林复查报告。

【"战略留白"临时绿化造林核查】　年内，市园林绿化局完成"战略留白"临时绿化项目2021年任务量和2020年剩余任务量，面积2548.03公顷，上报面积2506.71公顷，核查面积701.34公顷。

【京津风沙源造林核查】　年内，市园林绿化局完成昌平区、延庆区、门头沟区的核查工作，因疫情影响，房山区检查中断，累计抽查面积5072.73公顷。核查内容包括京津风沙源治理二期工程2020年度和2021年度困难地造林、封山育林、人工种草任务建设情况，以及2017年度和2018年度困难地造林、低效林改造、封山育林成效。

（专项调查：王欢 供稿）

专项规划

【概　况】　年内，市园林绿化局完成《北京市重要野生动物栖息地保护规划（征求意见稿）》《潮白河国家森林公园概念规划（报审稿）》《北京市新一轮林地保护利用规划（2021—2035年）林地保有量指标研究报告》《北京市林草种质资源保护利用发展规划》等园林绿化行业重大规划，为全市的园林绿化建设提供保障。

（袁定昌）

【《北京市重要野生动物栖息地保护规划》】　年内，市园林绿化局加强野生动植物保护相关政策的制订，推进野生动植物及栖息地保护"一个规划、二个办法、三个名录"制订起草工作，完成《北京市重要野生动物栖息地保护规划（征求意见稿）》，与《园林绿化生物多样性保护规划》进行深度融合。

（张正国）

11月15日，市园林绿化局召开北京市新一轮林地保护利用规划会议（市园林绿化规划和资源监测中心 提供）

【《潮白河国家森林公园概念规划》】 年内，市园林绿化局开展《潮白河国家森林公园概念规划》编制工作。与通州区政府、北京城市副中心规划处对接，向国家林草局领导和相关司局进行汇报沟通，征求和吸纳有关部门的意见，完成《潮白河国家森林公园概念规划（报审稿）》，研究制订《潮白河国家森林公园落地深化方案》。

（袁定昌）

【《北京市新一轮林地保护利用规划（2021—2035年）林地保有量指标研究报告》】 年内，市园林绿化局分析北京市林地资源现状，参考各区预测上报的相关保有量数据、国土空间规划测算、国土"三调"林地推算以及分区规划估算的保有量数据，形成《北京市新一轮林地保护利用规划（2021—2035年）林地保有量指标研究报告》，提出林地保有量建议指标，并落实市区2020年规划基数，履行"一下一上"环节，征求各区意见。

（张玉宏）

（专项规划：袁定昌 供稿）

专项监测

【概　况】 年内，市园林绿化局持续对全市森林资源及绿地资源进行监测，形成年度园林绿化资源监测成果，为林业工程建设提供数据支撑。

（王欢）

【园林绿化生态系统监测体系建设】 年内，市园林绿化局完成北京园林绿化生态系统监测网络建设，印发《北京市园林绿化生态监测网络建设规范》地方标准，新建完成13个生态监测站，分布于门头沟、房山、大兴、东城、海淀、密云、延庆、怀柔、昌平、顺义10个区，包括森林生态系统8个（其中天然林2个，人工林5个，经济林1个）、湿地生态系统4个和城市绿地生态系统1个。

（王欢）

【监测站点运营维护】 年内，市园林绿化局对13个新建站点进行样地调查、样品分析、数据诊断与数据管理；对站点进行野外设施设备运营维护（包括探头配件更新替换）、仪器标定、校准。发挥"北京园林绿化生态监测网络"运维与数据平台作用，完成13处新建站和已建站共400个监测指标、2036个仪器设备的多源数据统计和数据处理。推动园林绿化科研院监测站升级为"北京城市生态系统国家定位观测研究站"，纳入全国生态监测系统。

（王欢）

【森林体验指数试点发布】 年内，市园林绿化局推进"森林体验指数"试点发布工作，与气象等部门进行协作，选择密云监测站、翠湖监测站等12个成熟稳定的站点持续开展发布内测。启动《森林体验指数评价技术规范》地方标准编制。

（张博）

【林业碳汇】 年内，北京市推进平原造林、京冀生态水源保护林建设、森林健康经营、湿地保护与修复、公园绿地建设多项重点工程。截至2022年年底，全市森林覆盖率达到44.8%，年碳汇能力达到880万吨。制订发布《关于"十四五"时期北京市园林绿化行业落实"双碳"目标的工作指导意见》；开展全市林地绿地碳汇功能评估与潜力预测；完善城市绿地和湿地碳汇计量监测技术要点；创新宣传形式，广泛开展碳中和理念宣传；引导社会参与碳中和，推进与国家碳交易市场的衔接，资源生态碳汇功能稳步提升。

（王欢）

（专项监测：王欢 供稿）

专项研究

【概　况】　年内，市园林绿化局坚持以首都发展为统领，聚焦"四个面向"，践行"把论文写在京华大地上"，有序开展科研课题70项，完成技术服务项目127项，为首都园林绿化事业发展作出新贡献。

【"北方地区城市背景下多尺度绿化生态效益评价体系"研究】年内，北京市园林绿化科学研究院主持市科委重大项目"基于植被种群选育优化的城市生态系统功能提升"子课题"北方地区城市背景下多尺度绿化生态效益评价体系"的研究。该课题针对超大城市绿地生态环境特征，构建城市绿地生态系统定位监测的指标体系及监测方法；基于提升人居环境质量，深入分析群落、斑块、区域三个不同尺度城市绿地生态效益的关键影响因子，建立三个不同尺度城市绿地生态效益评价指标体系、评价模型及应用平台，实现城市绿地生态效益快速评价。该课题获得国家专利6项、软件著作权7项，发表SCI论文8篇、核心期刊论文10篇等学术论文共22篇，出版专著4部，相关成果报告5份。

【"基于改善本地生态功能的植物引进、筛选、培育研究及示范"研究】年内，北京市园林绿化科学研究院主持市科委"基于改善本地生态功能的植物引进、筛选、培育研究及示范"课题研究。该课题针对北京常用园林绿化植物，开展花粉量测算、耐涝性和耐旱性评价、滞尘能力评估等研究，建立适宜规模化应用的评价方法体系。该课题获批国家发明专利1项，并对常用园林植物进行评价，为根据设计目标或种植环境选择适宜的绿化植物种类提供数据支撑。

【"滑雪场道沿线抗寒、抗旱彩枝彩叶树成苗壮苗与景观营造管护技术研发与集成示范"研究】年内，北京市园林绿化科学研究院主持科技部国家重点研发计划"滑雪场道沿线抗寒、抗旱彩枝彩叶树成苗壮苗与景观营造管护技术研发与集成示范"课题研究。该课题围绕重大赛事场馆区冬季景观营建，研究建立白桦、金枝国槐等彩枝彩叶树大规格容器苗快速培育技术，地栽苗全冠移植活力快速恢复技术，配套的种植管护技术体系方法，对冬季景观营建提供技术支持，为城市绿化用大规格容器苗快速培育和地栽大苗的周年全冠移植及活力快速恢复提供成功范例。

【"北京地区主要气传致敏花粉浓度智能监测及预报技术研究"】年内，北京市园林绿化科学研究院主持市科委课题"北京地区主要气传致敏花粉浓度智能监测及预报技术研究"。该课题对北京市3个主城区空气中的花粉种类和浓度进行监测，将监测区域内不同树种的种植密度与其最大日花粉浓度回归分析，建立根据绿地植被组成对其潜在的花粉污染风险进行定量评估的数学模型。

（专项研究：李鸿毅 供稿）

党群组织

党组织建设

【概况】 2022年，市园林绿化局（首都绿化办）机关党委在市园林绿化局（首都绿化办）党组坚强领导下，坚持以习近平新时代中国特色社会主义思想为指导，深入贯彻党的二十大、十九届六中全会和市十三次党代会精神，紧紧围绕北京市委、市政府工作大局和全局党建重点任务，认真落实管党治党责任，不断提高党建工作水平，为推动园林绿化事业高质量发展提供坚强思想政治和组织保障。

（任慧朝）

【全面从严治党】 年内，市园林绿化局（首都绿化办）机关党委持续加强政治建设，坚决做到"两个维护"，协助市园林绿化局（首都绿化办）党组研究制订《2022年全面从严治党工作要点》和重点任务分工

方案，召开全面从严治党工作会议和机关党委会，坚持把全面从严治党工作与业务工作同研究、同部署、同推进。组织党组理论学习中心组学习20次，其中，开展研讨交流5次；每半年专题研究全面从严治党和意识形态工作，每季度召开1次党风廉政建设形势分析会。成立意识形态工作领导小组，制订印发《局（办）党组落实意识形态和思想政治工作责任制实施办法（试行）》《局（办）党组落实网络意识形态和网络安全工作责任制工作方案》《局（办）党组关于进一步完善新闻发布工作的意见》《党员干部职工思想动态分析报告实施办法》等文件，制订印发《2022年局（办）党组意识形态工作安排》。对直属单位开展全面从严治党工作落实情况动态检查，抓好上级巡视、巡察等问题整改。

（任慧朝）

【基层党组织建设】 年内，市

园林绿化局（首都绿化办）机关党委不断强化组织建设，着力夯实基层基础工作。严肃党内政治生活，派出6个督导组对局属党组织专题民主生活会进行全程督导，指导基层151个党支部召开组织生活会。大力推进党支部标准化规范化建设，重点围绕"五个一"，大力推动"五个规范化"，即：学好一本汇编，推动制度执行规范化；落实一个清单，推动规定动作规范化；掌握一套指引和课件，推动工作流程规范化；统一一套记录，推动会议记录规范化；创新一系列活动，推动党建阵地规范化。指导18个机关处室党支部、17个局属党组织完成换届选举，8个机关党支部按要求设置支部委员会。指导市公园管理中心党委完成换届选举工作。加强党员教育培训管理，制订年度培训方案，举办基层党组织书记、党务干部、入党积极分子和新发展党员培训，新发展党

8月16日，碑林管理处党支部完成支部换届选举（吴莹 摄影）

员15人，预备党员转正40人。扎实推进统战和社团组织管理工作，市园林绿化局（首都绿化办）党组专题研究，推动理论学习与党员干部同部署、全覆盖。严格党费使用管理。

（任慧朝）

【团员青年工作】 年内，市园林绿化局（首都绿化办）团委组织开展"青年大学习"主题团课31期，组织团员青年培训3期，党组书记和党代表围绕党的二十大精神给团员青年作主题宣讲，老干部为团员青年讲园林绿化史，线上参与人数达500余人。4个团支部开展对标定级工作。15名团员青年通过基层团组织"推优入党"发展为党员。持续开展"为民办实事实践"活动，组织开展单身青年联谊活动3场。举办"一起向未来"书香园林亲子阅读主题活动和青年读书分享活动。开展基层单位图书集装箱活动，发放阅读书籍600余册。书香园林读书会荣获2022年北京市"终身学习品牌"。联合城市广播电台，持续推出"书香园林"系列访谈节目21期，选派40余名行业专家和局系统业务骨干通过直播访谈的形式，面向市民开展大讲堂，传播养花、义务植树、游园等绿色文化，市民收听人数达500万人次，点赞留言等互动60万人次。

（乔妮）

（党组织建设：乔妮 任慧朝供稿）

干部队伍建设

【概　况】 2022年，市园林绿化局（首都绿化办）党组落实北京市委选人用人专项检查整改，围绕中心工作，突出干部队伍建设统筹谋划，实施人才战略，加强干部队伍能力建设，为首都园林绿化高质量发展提供坚强的组织和人才保障。

（任津萱）

【组织建设】 年内，市园林绿化局（首都绿化办）党组严格落实《干部任用条例》和处级领导干部选拔任用工作流程，统筹机关处室与局属单位、职务调整与职级晋升、提拔任职与干部交流，通过提拔、调任、交流等方式配备处级以上领导干部23人次。开展职级晋升，晋升二级巡视员2名、一至四级调研员35名。

（陈朋 任津萱）

【干部教育培训】 年内，市园林绿化局（首都绿化办）党组坚持把学习贯彻习近平新时代中国特色社会主义思想摆在干部教育培训最突出的位置，组织参加北京市委组织部调训30人次；举办优秀年轻干部专题培训、人事干部专题培训65人次；选派12名干部参加第十批援藏、国家部委和基层街道挂职锻炼、北京市委巡视、北京市委换届选举考察等重点任务、重大活动。组织挂职锻炼干部、新任处职领导干部、优秀年轻干部研讨交流沙龙，22人次进行分享交流，近200人次参与沙龙。

（任津萱）

【干部监督管理】 年内，市园林绿化局（首都绿化办）党组深入研究北京市委巡视选人用人专项检查反馈意见，细化制订30条整改措施，对反馈的12个具体问题全部完成整改。把选人用人专项检查整改与优化工作机制、加强领导班子和干部队伍建设、推动工作提质增效相结合，制订完善工作制度2项、工作机制5项，实现整改效果长效化。组织开展个人有关事项填报查核工作，首次对随机抽查情况进行通报，对出现漏报、瞒报情形的按要求给予诫勉、取消考察对象资格、批评教育等处理。优化开展局属单位检查考核、公务员和事业单位人员考核，强化结果运用。制订印发《局管干部兼职审批管理办法（试行）》，督促在企业中兼职的干部全部办理退出手续。进一步健全完善领导干部因私出国境管理台账，修订《局（办）干部实践锻炼办法》。

（杨道鹏　任津萱）

【干部人才选拔】 年内，市园林绿化局利用选调生和优培计划政策，首次面向一流高校招收选调生，从北大、北师大、北航、北林各引进1名应届优秀硕士研究生。社会招聘中加大应届生比例，近半数为硕士及以上，"95后"比例达到55%。全年通过公务员招录、优培计划招聘、军转安置以及退役大学生士兵招收等方式引进人才61名。

（陈朋）

（干部队伍建设：姚立新 供稿）

工会组织

【概　况】 2022年，市园林绿化局（首都绿化办）工会以维权服务为抓手，加强职工思想引领，提高服务质量，夯实工会基础，激发职工工作热情和创造活力，稳步推进各项工作。

（孙树伟）

【主题宣传教育活动】 年内，市园林绿化局组织全系统职工参加"中国梦·劳动美——喜迎二十大 建功新时代"全国职工线上健身运动会，开展"奉献冬奥 留京过年"喜迎2022年北京冬季奥运会知识竞赛答题活动，组建足球队、羽毛球队、乒乓球队、篮球队参加市直机关"喜迎二十大 健康伴我行"第六届职工运动会。

（孙树伟）

【家庭家教家风建设】 年内，市园林绿化局在全系统开展寻找"首都最美家庭"活动，引导干部职工大力培育和弘扬社会主义家庭文明新风尚。

（孙树伟）

【劳模和先进人物事迹宣传】 年内，市园林绿化局拍摄4名劳模和先进人物宣传片，分别是首都劳动奖章获得者胡永、王艳春，全国五一劳动奖章获得者董向忠，北京市优秀公务员张博，推荐第三届"北京大工匠"候选人3名。

（孙树伟）

【基层一线职工事迹宣传】 年内，新华社深度报道十三陵林场管理处护林员宋臣、宋宝的先进事迹。中央电视台《道德观察》栏目报道野生动物救护中心临床兽医刘醴君的事迹。筹划拍摄《我是园艺师》访谈节目4期，在北京广播电视台《北京您早》栏目播出。

（孙树伟）

【职工活动】 年内，市园林绿化局组织全系统工会参加北京市2022年度"安康杯"竞赛活动。依托市总工会平台，开展线上心理健康直播讲座。举办"巾帼绽芳华 一起向未来""三八"妇女节插花活动。

（孙树伟）

【职工福利与慰问】 年内，市园林绿化局完成24个基层工会职工互助保险6个险种投保工作。截至9月底，在职职工综合互助保险受益人群达798人次，累计理赔金额达41.57万元。深入开展"两节"送温暖、夏日送清凉、困难帮扶等工会服务品牌活动。筹集资金24.14万元，慰问服务冬奥一线保障人员270人，一线护林员、一线职工378人，劳动模范51人。为716名职工送去夏日清凉包。

（孙树伟）

【职工创新工作室建设】 年内，市园林绿化局各级工会推动职工之家、母婴关爱室、职工创新工作室建设。北京市园林绿化科学研究院园林植物病虫害生态调控车少臣创新工作室，被中国农林水利气象全国委员会命名为全国农林水利气象系统示范性劳模和工匠人才创新工作室。

（孙树伟）

【基层组织建设】 年内，市园林绿化局指导9家基层单位依法成立工会组织，办理独立账户和法人；2家工会完成换届选举。

（孙树伟）

（工会组织：宋家强 供稿）

社会组织

【概　况】 2022年，市园林绿化局作为业务主管部门管理的社会组织13个，分别为北京林学会、北京园林学会、北京屋顶绿化协会、北京果树学会、北京野生动物保护协会、北京

市盆景艺术研究会、北京生态文化协会、北京绿化基金会、北京林业有害生物防控协会、北京花卉协会、北京树木医学研究会、北京中华民族园管理处和北京酒庄葡萄酒发展促进会。

（张妍）

【北京林学会】 截至2022年年底，北京林学会有单位会员17个，个人会员3018人。年内，开展密云区农业技术服务活动，成功举办第九届北京森林论坛、北京市森林健康经营高级研修班、京津冀地区生物多样性保护研讨会、林地管护助力碳中和培训会，完成北京市废弃矿山协助管理技术服务项目。开展"线上＋线下"科普活动23场，包括第九届森林大篷车系列活动、第十届"悦"读森林系列活动、第十二届"森林与人"大众长走活动；组织企业及亲子家庭开展"植树护绿"活动。编写完成政策建议4项。

（张妍）

【北京园林学会】 截至2022年年底，北京园林学会有单位会员83个，个人会员716人。年内，举办北京园林学会科学技术奖评选活动，受理参评项目91个，获奖项目45个。制订《北京园林学会团体标准制订修订管理办法》，为规范团体标准制订提供依据。开设"云课堂"，讲解花卉绿化养护知识，开展修剪技能培训；联

合北京市园林绿化科学研究院开展"生命的黎明""对称之美""隐秘的运输线""植树节亲子活动""义务植树活动""一粒种子的旅行"等30余场次线下科普活动；聘请学会专家库专家参与录制北京电视台科教频道《科普专题》栏目。编辑出版《2021北京园林绿化建设与发展论文集》《北京园林》等书籍。

（张妍）

【北京屋顶绿化协会】 截至2022年年底，北京屋顶绿化协会有单位会员91个，个人会员102人。年内，拓展会员服务职能，助力家庭园艺种植典型。坚持广泛联络和宣传，组织专家考察调研，线上举办讲座培训，座谈中小学实践活动，参加北京园林绿化科技周活动，对《海绵城市种植屋面技术规程》标准进行宣贯。为海淀区8家消防救援站公益建造屋顶花园，通过公益募集为朝阳区金隅爱馨泰和养老照料中心捐赠修建屋顶花园。

（张妍）

【北京果树学会】 截至2022年年底，北京果树学会有单位会员9个，个人会员201人。年内，召开第九届会员代表大会，完成理事会、监事会换届及党建工作小组调整。承担门头沟区白虎头村科技小院建设、孟悟生态园鲜食山楂新品种引进及示范推广、平谷桃兔

8月21日，北京园林学会工作人员在科技周活动中进行现场科普讲解（北京园林学会 提供）

套袋技术研究3个创新发展项目。举办京津冀协同发展优质晚熟葡萄擂台赛、张山营镇金秋采摘节等活动，与北京农学会等8家行业协（学）会联合开展"北京优农"品牌认定工作，组织"弘扬劳模精神 促进科技创新"演讲比赛，协办"香山林果学术论坛"。

（张妍）

【北京野生动物保护协会】 截至2022年年底，北京野生动物保护协会有单位会员8个，个人会员576人。年内，协会参加北京市"爱鸟周"主题科普宣传活动，启动"首都市民最喜爱的鸟"投票活动，共有10万余人次参与，以北京雨燕、大鸨为代表的30种鸟类获得殊荣。依托湿地日活动对30种鸟类摄影作品进行展出并通过线上平台发布生境图。举办北京市中小学野生动物保护知识论坛。上线"知识论坛"微页

面，举办野生动物保护知识趣味答题活动。4—8月，在31个调查点开展城区雨燕调查，最大监测量11000余只；冬季开展三次鸳鸯调查，发现860余只，同比增加200余只。

（张妍）

【北京盆景艺术研究会】 截至2022年年底，北京盆景艺术研究会有单位会员5个，个人会员64人。年内，研究会怀柔教学基地正式揭牌，举行"迎冬奥，携手一起向未来"盆景书画艺术展，在通州大运河森林公园、张家湾公园园艺驿站、永定河森林公园驿站、方庄社区举办培训班。

（张妍）

【北京生态文化协会】 截至2022年年底，北京生态文化协会有单位会员22个，个人会员178个。年内，开展"互联网＋义务植树活动"3次、文明游园系列活动12次、首都园艺驿

站文化宣传工作5次。与爱普生（中国）有限公司联合北京10所著名高校共同举办北京生物多样性摄影大赛，承办"文明游园 青春添彩"主题宣传文创作品征集活动，共27个团体参加，收到作品676件。

（张妍）

【北京绿化基金会】 截至2022年年底，北京绿化基金会有理事23人，监事3人。年内，实施全民义务植树捐资尽责、古树名木保护、美丽乡村建设、碳中和林建设等一批具有影响力的公益绿化项目。与北京君合律师事务所共同发起设立碳中和专项基金，推出"碳中和车贴"；设立丹青生态文化专项基金；在北京林业大学设立三项奖励基金（奖学金）。与北京树木医学研究会合作开展"我为绿水青山献爱心""我为树木健康献爱心"募捐活动。与北京屋顶绿化协会合作，通过社会募集形式筹措资金，捐赠给金隅爱馨泰和养老中心，实施屋顶绿化项目。与北京野生动物保护协会等单位合作举办北京市第40届"爱鸟周"主题科普宣传活动暨"首都市民最喜爱的鸟"评选活动。

（张妍）

【北京林业有害生物防控协会】截至2022年年底，北京林业有害生物防控协会共有会员单位93家，个人会员100人。年内，组织会员单位和协会专

家开展林业有害生物防控团体标准建设工作，召开审定会2次，审定并公布实施标准5项，组织申报立项团体标准4项，完成标准征求意见工作2项。组织开展协会专家巡诊、会诊工作6次。助推提高会员单位技术人员专业化水平和技能，累计开展培训班9期，同步线上覆盖京、津、冀、鲁、豫等29个省份6万余人次。开展科普课程124节、"三进"活动35次，受众7800余人次；协会志愿科普部参与"拍照识虫"相关工作，后台接到市民上传信息2843条。

（张妍）

【北京花卉协会】 截至2022年年底，北京花卉协会共有会员单位207家。年内，打造"京花"品牌，完成北京迎春年宵花展、北京郁金香文化节、牡丹文化节、月季文化节和菊花文化节等传统花事活动，首次在全市范围举办荷花文化节。推进北京花卉科技创新成果研发与转化，在北京春季新优花卉品种展示推介会暨第八届北京花木春季花展和北京秋季新优花卉品种展示推介会期间，集中展示推介400多个花卉新优品种。协助推进全市花卉场景化交易服务平台建设，平台已完成需求清单制订和管理模块搭建，开发"北京花卉"和"北京花商荟"客户端，为供应商和花店商家提供店铺管

理，目前花卉企业陆续入驻平台、上线交易运营。启动以质量控制为核心的花卉实时供应链管理平台建设，编写《2021中国花卉产业发展报告》北京市篇及2021年全市花卉科研教育、生产经营、市场流通、花卉消费等情况；参与推进花卉产业发展政策、地方标准制（修）定工作。

（张妍）

【北京树木医学研究会】 截至2022年年底，北京树木医学研究会共有单位会员57家，个人会员305人。年内，召开第一届理事会第三次会员大会，组建北京树木医学专家库，成立北京树木医生专家服务团和志愿者先锋队，出台《北京树木医学专家服务站管理办法》，制订发布《树木医院设置规范》和《树木医生技能考核评价规范》团体标准，探索并全面启动首批"树木医院"建设和验收工作，启动《树木医学基础知识》和《树木健康诊疗》职业技能培训教材的编写工作。与北京市园林绿化资源保护中心联合举办北京市园林绿化行业职工技能培训——林业有害生物防治员和树木医生培训班，与北京市职工技术协会等单位联合承办2022年北京市职工职业技能大赛——美丽乡村小微公园建设大赛和园林绿化行业花境设计暨造园大赛，推动北京市第四家首都工

匠学院建成并落户，启动园林绿化工中级工（四级）培训班培训授课工作。发起"我为树木健康献爱心"募捐活动，募集树木健康基金100余万元。

（张妍）

【北京中华民族园公园管理处】 年内，北京中华民族园公园园区2万平方米草坪改种为草花地被，形成二月兰、抱茎苦荬菜等季节性花海景观；7800余平方米建植40余种农作物，作为农业景观科普园地；利用3861.25平方米水域模仿湿地植物结构混种水生植物，为水禽打造舒适的生活环境；开辟2523.36平方米种植阴生宿根植物，举办非遗展演活动、喜迎冬奥欢庆新春——童心看世界展览、我们的文化遗产——锦绣中华民族刺绣艺术展、我们的文化遗产——国之色文化遗产艺术展和聚力同行——时装艺术中韩交流文献展。

（张妍）

【北京酒庄葡萄酒发展促进会】 截至2022年年底，北京酒庄葡萄酒发展促进会共有单位会员50家，个人会员100人。年内，促进会召开理事工作会议，完善人员配备，增补副会长1人。举办酒庄葡萄酒联合推广，开展"北京节节高"文化活动，开展技术培训工作，涉及栽培和酿造技术、品牌建设和推广、市场营销、葡萄酒品评等内容，提升了酒庄技术

人员和销售人员的综合能力。

（张妍）

（社会组织：任津萱 供稿）

纪检监察

【概　况】 2022年，市园林绿化局（首都绿化办）机关纪委贯彻落实中纪委十九届六次全会、市纪委十二届七次全会精神以及市园林绿化局（首都绿化办）党组2022年全面从严治党工作要点，把政治监督放在首位，研究制订《中共北京市园林绿化局首都绿化委员会办公室机关纪律检查委员会2022年度工作安排》，明确六个方面、23项重点监督任务，紧盯市园林绿化局（首都绿化办）党组全面从严治党各项工作部署，持之以恒加强纪律和作风建设。

【"以案为鉴、以案促改"警示教育】 年内，市园林绿化局（首都绿化办）党组开展"以案为鉴、以案促改"警示教育。坚持不敢腐、不能腐、不想腐一体推进，惩治震慑、制度约束、提高觉悟一体发力，以发现问题推动查补漏洞，以查办案件促进整改整治，以典型案例开展警示教育。落实巡视组反馈的"对违纪违法人员通报不够"问题整改，及时

在全局范围内通报受处分人员的处理情况，剖析原因，查摆问题，举一反三、完善制度机制，组织机关和直属单位党员干部观看住建部下发的警示教育片《警钟长鸣——陈伟违法犯罪案件启示录》。

【北京市委巡视问题整改】 年内，市园林绿化局（首都绿化办）党组强化过程督导，确保整改措施有序推进。制订《巡视整改督查工作方案》，对每一项整改措施落实情况制订办结标准和验收程序，实行挂图作战、对账销号、倒排工期、全面推进。针对整改过程中出现的重点、难点问题，巡视整改工作专班采取不定期召开专题会议、实地调研、提交情况报告等多种形式，全过程点对点高效抓整改、抓督导，快速研究推动解决。截至2022年年底，通过191项整改措施落实，52个具体事例完成整改50个，需长期推进的2个，整改完成率达96%。

【巡察专项检查整改】 年内，市园林绿化局（首都绿化办）党组完成第五轮、第六轮巡察工作，实现巡察全覆盖。三个巡察组先后对北京市园林学校、园林绿化大数据中心等11个单位进行了巡察。从2019年至2022年11月底，完成37个单位的巡察，包括局属23个和市

公园管理中心所属14个，实现巡察全覆盖。完成巡视反馈巡察专项检查整改工作，修订完善市园林绿化局（首都绿化办）党组《关于加强巡视巡察整改工作的实施办法》，进一步规范巡察工作流程。强化巡察整改和成果运用。建立《巡察发现问题整改督办台账》和被巡察党组织《推进巡察整改落实情况台账》，压实处室职能作用和被巡察党组织主体责任，推动和保障巡察整改各项任务落实落地。

【队伍建设】 年内，市园林绿化局（首都绿化办）机关纪委加强机关纪律检查委员会自身建设，组织召开机关纪委会议4次；组织两次市园林绿化局（首都绿化办）系统纪委书记、纪委委员、纪检委员和纪检干部培训，提高纪检干部能力素质，强化履职尽责意识，更好地发挥纪检监督作用。

【专项政治监督检查】 年内，市园林绿化局（首都绿化办）机关纪委通过列席会议、专项检查、下基层调研等形式，强化政治监督。扎实做好党的二十大党代表和北京市委十三届党代表的人选推荐工作中的监督工作，印发《局（办）党组关于在党的二十大代表和市第十三次党代会代表选举工作中严肃纪律、加强风气监督

的通知》，确保党代表选举风清气正、顺利开展。做实专项监督，会同人事部门开展《局（办）系统离职公职人员违法乱纪问题专项整治工作》，在全面梳理分析离职公职人员从业限制规定、违法乱纪行为处置规定的基础上，全面筛查2007年以来离职人员再就业情况，对3名不符合规定的离职干部兼职情况进行整改规范。配合驻局纪检监察组开展《领导干部在农村违规建房问题排查整治》《农村"三资"问题专项整治》。加强换届纪律风气监督和选人用人廉洁监督，规范审慎回复廉政意见，严把政治关、廉洁关，办理廉政鉴定意见80余人次。

【疫情防控监督检查】 年内，市园林绿化局（首都绿化办）机关纪委加强对常态化疫情防控措施落实情况的监督检查，及时传达学习北京市委、市纪委关于严明疫情防控有关纪律要求，印发《关于进一步严明落实疫情防控措施纪律要求的通知》《关于进一步做好疫情防控监督工作的通知》，转发《市纪委监委关于进一步严明疫情防控有关纪律要求的通知》等通知，组建由局领导任组长的疫情防控监督检查小组，全覆盖检查37家直属单位防疫情况。

【重点监督】 年内，市园林绿化局（首都绿化办）机关纪委把市园林绿化局（首都绿化办）党组《关于加强对"一把手"和领导班子监督的工作细则》要求纳入巡察，列席5家直属单位党组织会议，近距离了解掌握"一把手"执行党组织会议工作规定和议事规则，落实"三重一大"决策制度等情况。强化对党员干部职责权力运行的监督，结合事业单位改革后"三定"职责及岗位职责调整，组织处级干部和重点岗位工作人员填报个人权责清单，明确权责边界，找准廉政风险点，制订防范措施。

【日常监督】 年内，市园林绿化局制订印发《锲而不舍落实中央八项规定精神，纠"四风"树新风工作措施》。每逢重大节假日，及时印发节假日期间坚决防止"四风"问题反弹的通知，成立专项检查小组，采取"四不两直"方式，实地检查局属20余家单位贯彻落实情况。

【深化运用"四种形态"】 年内，市园林绿化局（首都绿化办）机关纪委通过市纪委移交、驻局纪检组转办、自收等多种途径收到信访件42封（其中巡视组移交30封），对十三陵林场管理处党委进行通报问责，及时组织开展警示教育。

定期向驻局纪检组报送信访举报、问题线索台账。向市直机关纪检监察工委每季度报送监督检查发现问题整改台账、接收问题线索台账和党纪处分工作台账。

（纪检监察：苏岩 供稿）

离退休干部服务

【概　况】 2022年，市园林绿化局深入学习贯彻落实《关于加强新时代离退休干部党的建设工作的意见》和《关于加强新时代离退休干部党的建设工作的实施意见》，市园林绿化局（首都绿化办）党组印发落实北京市委办公厅《关于加强新时代离退休干部党的建设工作的实施意见》的工作方案，严格落实《北京市离退休干部工作领导责任制》，更加注重党建引领，用心用情、精准服务，以实际行动迎接党的二十大胜利召开。

【组织建设】 年内，市园林绿化局离退休干部各党支部落实党支部规范化建设，按时换届改选新的支部书记和支部委员，建立党小组；落实"三会一课"、组织生活会、主题党日等制度；加强对离退休干部党员的教育、管理和监督，关心爱护家庭困难党员，组织离

11月2日，市园林绿化局（首都绿化办）党组书记高大伟为市园林绿化局机关离退休干部宣讲党的二十大精神（何建勇 摄影）

退休干部党员充分发挥先锋模范作用。

【学习制度】 年内，市园林绿化局以市园林绿化综合事务中心离退休干部一科、二科（东西区）为平台，组织市园林绿化局机关离退休干部参加北京市委老干部局和市园林绿化综合事务中心安排的线上理论学习活动。广大离退休干部积极撰写学习体会。

【阅读文件制度】 年内，市园林绿化局坚持学习文件制度，每季度组织行动方便的局级离退休干部进行最新文件阅读、学习交流，及时给局离退休干部订阅各类报刊。

【60岁及以上老年人疫苗接种】 年内，市园林绿化局（首都绿化办）党组高度重视60岁及以上老年人新冠疫苗接种工作，多次召开会议或下发通知进行安排部署，下发《北京市园林绿化局关于60岁及以上老年人新冠病毒疫苗接种攻坚行动工作实施方案》。市园林绿化局局属各单位全力推进60岁及以上离退休人员新冠疫苗接种工作，大部分单位完成任务。

（离退休干部服务：李占斌
供稿）

市属公园管理系统

北京市公园管理中心

【概　况】 北京市公园管理中心（以下简称：市公园管理中心）为市园林绿化局归口管理的事业单位，机构规格相当于副局级，负责市属公园及其他所属机构的人、财、物管理。主要职责是：负责市属公园和其他所属机构的规划、建设、管理、保护、服务、科技工作，并实施监督，以及财务管理审计、劳动人事、安全保卫等工作。内设办公室、计划财务处、规划建设处、文物保护处、服务管理处、安全应急处、组织人事处、宣传处、科技处、审计处、党建工作处11个处室。下辖颐和园管理处、天坛公园管理处、北海公园管理处、景山公园管理处、中山公园管理处、香山公园管理处、北京市植物园管理处、北京动物园管理处、紫竹院公园管理处、玉渊潭公园管理处、陶然亭公园管理处、中国园林博物馆北京筹备办公室、北京市园林学校、综合事务中心等14个直属单位。

2022年，市公园管理中心服务游客5965.97万人次，承办人大、政协建议提案15件，办理市领导批示和督办事项36件，便民咨询64万余件，全年总收入29.8亿元，其中自创收入4.94亿元，重点抓好冬奥服务保障、国家植物园规划建设、文物腾退保护、红色资源传承利用、市公园管理中心第二次党代会、新冠病毒疫情防控和复工复产六件大事，全力服务首都"四个中心"功能建设。

【北京冬奥会和冬残奥会服务保障】 年内，市公园管理中心组织颐和园、天坛公园完成冬奥会火炬传递、冬残奥会火种采集、火种汇集传递等服务保

2月27日，在天坛公园开展2022年冬残奥会火种采集演练工作（天坛公园 提供）

障，完成国家元首4批次50余人接待任务。完成媒体接待及宣传工作，配合火炬接力、直播素材等相关拍摄7次，宣传报道15万余条。做好冬奥环境布置，完成相关酒店、延庆冬奥村等4处特色花展和64处硬制景观布展，布展面积1.6万平方米。

【国家植物园规划建设】 年内，市公园管理中心按国务院批复要求，完成国家植物园总体规划编制，以及基础设施、智慧化、活植物引种等专项规划编制，牵头推进改造项目22项，推动五洲温室群、基础设施、后山林、迁地保护中心等重点项目前期工作。4月18日国家植物园正式揭牌，先后完成中国国家植物种质资源库选址和建设初步方案，推动成立四方协调机制和理事会，参加联合国生物多样性保护公约缔约方大会和国际《湿地公约》大会，接待11国驻华大使参观交流，与多国国家植物园签署战略合作协议。

【市属公园景区周边交通整治】 年内，市公园管理中心聚焦全市热门景点景区和网红打卡地，采取各项措施，全力维护公园景区及周边治安和交通秩序，为游客出游提供安全、舒心的游览环境。联动北京市公安局环境食品药品和旅游安全保卫总队以及属地公安分局等单位，针对热门景区景点和网红打卡地进行实地踏勘，围绕安全、有序的工作目标，采取"一园一策"措施，确保各项工作落地落实。

【举办"园说"等系列展览】 年内，市公园管理中心举办"园说IV"专题文物展、颐和园中英文物展、园博馆"物上山水"展等，完成北海漪澜堂景区原状式展览展陈及天坛3个原状陈列、2个展览提升项目，6处临展空间举办小微展览36项。

【市属公园环境整治】 年内，市公园管理中心围绕中轴线申遗开展市属公园环境整治，参照历史风貌完成中山外坛游乐设施拆除还绿、景山西区环境整治及北海琼华岛西坡和北坡绿化景观改造，提升中轴线景观环境。

【市属公园红色文化建设】 年内，市公园管理中心做好"进京赶考之路（北京段）"涉及颐和园景福阁、益寿堂修缮提升，香山双清别墅、来青轩等革命旧址维护保养工作。发挥市属公园爱国主义教育基地作用，统筹开展传统节日缅怀英烈等红色宣教活动。派出3名公园讲解员参加"奋进新时代"主题成就展讲解，北海、中山、香山、玉渊潭等公园多名讲解员承担中央及市、区级红色讲解任务，香山公园讲解员荣获2022北京红色故事讲解员大赛双料"金牌讲解员"称号，"我在双清别墅学党史"定制教育获评北京地区博物馆优秀教育活动。开展庆祝中国共青团成立100周年系列活

9月28日，市公园管理中心在颐和园博物馆举办"园说IV——这片山水这片园"展览（颐和园管理处 提供）

3月25日，颐和园在益寿堂举办爱国主义教育活动（盖楠 摄影）

动，举办"团建十佳"品牌评选，完成15个全国级"青年文明号"星级认定。

【市属公园文物保护】 年内，市公园管理中心完成天坛公园神乐署、外坛墙，北海公园漪澜堂，颐和园东宫门外广场，景山绮望楼、西北区围墙修缮，天坛公园三项原状陈设提升及中检院、药生所腾退地上物评估，持续推动颐和园西宫门文物腾退。完成颐和园平台亭、中山公园松柏交翠亭等修缮，推进颐和园养云轩、景福阁修缮，启动圜丘坛、小西天建筑群、五色土琉璃围墙结构安全监测，开展颐和园长廊彩画文物研究性保护及须弥灵境、画中游大修实录编制，推进景山公园永思殿、中山公园神厨神库及宰牲亭避雷设施安装。收回香山别墅房屋，完成颐和园、天坛公园文物保护规

划及5家公园文物定级，推进天坛公园文物建筑预防性保护，在园博馆建成古籍纸绢修复室，与故宫博物院联合修复颐和园园藏3件文物。4处红色遗址被列入北京市第二批革命文物名录。

【公园治理】 年内，市公园管理中心专题部署调度门区秩序、扎堆聚集、不戴口罩等问题，严控活动团体数量、规

模、时段及行为，景山公园、紫竹院公园唱歌跳舞团队逐步"静下来"，天坛公园开展占道锻炼、拉网划线专项治理效果明显。全员参与"红袖标"行动，狠抓秩序疏导、环境整治和安全防范。开展保安队伍作风纪律专项整顿百日行动，联合执法部门严厉打击不遵守防疫政策闯岗、冲撞辱骂职工、野钓和捕捉动物等行为，报送7例不文明行为案例列入全市旅游"黑名单"。

【公园文化】 年内，市公园管理中心累计开展文化活动419场次，线上点击量超1.2亿人次。完成2022年中国国际服务贸易交易会筹备，15个文创项目入围第六届北京文创大赛总决赛、16个空间获评2022北京网红打卡地、7家公园10件产品在北京旅游商品和文创产品大赛中获奖。打造第七代玉渊潭樱花冰激凌及颐和园彩妆、

玉渊潭公园推出第七代樱花冰激凌（玉渊潭公园 提供）

月饼礼盒3款销售额千万元级单品，动物园熊猫咖啡厅等成为新亮点，新春生肖吉祥物"萌萌"文化创意活动受到青睐，全年实现文创总产值2.1亿元，游客人均消费1.99元，新增文创空间12处，累计推出文创新品502款。天坛公园入选全国第一批非遗旅游景区类优选项目名录，北海公园西岸半壁廊获批全国双拥文化长廊建设项目。举办第八届冰雪游园会，5家公园10处冰雪场接待游客39.36万人次。

【市属公园惠民服务】 年内，市公园管理中心优化无障碍设施、导览标识、外语牌示等，统一规范游船收费计时单位，全市生活垃圾分类示范单位创建达标，配备27台AED紧急救助设备，5家单位新购游船232条。加快推进颐和园苏州街、植物园、北海公园商业规划及紫竹院公园、玉渊潭公园游乐场总体提升方案制订，完成8家公园16处卫生间提升改造。

【公园科技创新】 年内，市公园管理中心承担国家级、市级等重点课题12项，统筹鸟类调查与保护等生态文化研究课题7项，获国家专利、软件著作权等成果28个，全年发表学术论文123篇，其中SCI文章16篇。推动科研成果应用，植物园完成4个示范花园建设、巨

魔芋实现群体开花和结实、中华斑羚时隔百年再次被发现，动物园建立青头潜鸭人工繁育种群，香山公园乡土地被植物示范应用效果明显。加快推进信息化建设，提升网络安全水平，做好"智慧城市月报季评"及数据链路、汇聚等对接工作，中心综合指挥平台正式启用。

【市公园管理中心第二次党代会】 年内，市公园管理中心第二次党代会，选举出中心新一届领导集体，明确今后五年推进中心事业高质量发展的指导思想、奋斗目标和重要举措，提出新征程上坚定不移推进全面从严治党的主要任务，为做好新时期各项工作指明方向。

【市属公园建设与景观提升】 年内，市公园管理中心制订中心重大投资项目清单，将国家植物园基础设施、五洲温室建

设，天坛公园给水管网，北京动物园水环境综合治理和兽舍改造等列入市发展改革委2023年重点支持项目。完成陶然亭公园北部广场生态景观提升及北京植物园地下管网勘探、香山公园水电规划、北京动物园水治理方案等前期工作。完成党的二十大花卉环境布置，设置22组花坛、近8万平方米花卉环境。开展古树名木精细化保护，打造4处专题景区景点，巡检8.3万余株次，复壮古树957株，诱捕美国白蛾成虫6000余头。

【市属公园推进智慧公园建设】年内，市公园管理中心编制《智慧公园顶层设计指南》团体标准，22个5G应用场景全面投入使用，陶然亭公园5G游船智慧管理获多项荣誉，"民生卡多卡合一"公园年票内部测试效果良好，电子年票发售平台成功上线运行，5家游船单

3月21日，陶然亭公园启用5G游船智慧管理系统（陶然亭公园 提供）

位船票全部实现电子化。颐和园智慧旅游项目获2022亚太区智慧城市板块大奖。陶然亭公园5G游船试点项目获评文化和旅游部2022文化和旅游数字化创新实践十佳案例。

【《北京市接诉即办工作条例》学习宣传】 年内，市公园管理中心编制典型案例库，转办市12345群众诉求1905件，同比减少41.2%，响应率100%，解决率、满意率均达97%以上。

【市属公园科普工作】 年内，市公园管理中心开展科普活动369项1344场次，受众超4800万人次。推进科技新星培养，举办中心科普讲解大赛。国家植物园科普馆正式开放，中心科普小屋增至9家，天坛公园、北京动物园、国家植物园、园博馆4家单位获评全国科普基地，北海公园、颐和园分获第四届、第五届全国科学实验展演会演一等奖，5家单位获评北京市科普基地，天坛公园、园博馆入选中小学生社会大课堂资源单位，北京动物园入选团北京市委少先队校外实践基地，5家单位科普成果登上全国科技周会场展示平台，8人获国家林草系统及北京市科普讲解大赛一等奖。

【党建工作】 年内，市公园管理中心细化全面从严治党（党建）考核方案，完成所有领导干部个人事项录入，完善中心领导班子成员落实全面从严治党主体责任清单、对"一把手"和领导班子监督实施细则等，完善工作点评、督查督办等制度机制，落实"一岗双责"。持续推动作风转变，形成调研报告40篇，会议、发文数量逐年减少。开展党员教育培训和党支部标准化规范化自查自改，7个基层党团组织完成换届，自主完成7个单位经济责任、"三公"经费、重点项目全过程等专项审计。

【思想意识形态工作】 年内，市公园管理中心强化思想理论武装，深化学习型党建工作，巩固党史学习教育成果，全面学习宣传贯彻党的二十大精神，深入贯彻习近平总书记对北京一系列重要讲话精神，认真领会市第十三次党代会精神，持续推进中心第二次党代会精神落实，集中学习研讨43次，编发学习摘编21期，所属各单位开展党委理论中心组学习200余次。

【巡视巡察问题整改】 年内，市公园管理中心成立整改工作领导小组，形成整改方案和问题、责任、任务清单，层层压实主体责任，党委常委会5次专题研究，3次专班会分析研判，13项巡视整改任务和73项巡察反馈问题整改完成率均达100%。

【新冠病毒疫情防控】 年内，市属公园始终向公众开放，推动现代科技手段应用，重新核定疫情防控期间市属公园最大承载量。全力抓好疫情防控和复工复产，购置防疫物资8万余件。党员干部积极支援方舱医院、下沉社区值守。推动中心60岁以上老年人疫苗接种率达92.88%。

【领导班子成员】

党委书记 主任 张勇

副主任 张亚红（女） 李高 杨华（2022年8月任）

总会计师 赖和慧（女）

副巡视员 李爱兵

（北京市公园管理中心：张维 供稿）

颐和园管理处

【概况】 北京市颐和园管理处（以下简称：颐和园）隶属于北京市公园管理中心，属财政补助公益二类正处级事业单位，主要职责是：提供休闲场所，丰富人民群众文化生活；园区建设、管理与服务；文物保护、利用及古树名木保护；文化旅游资源开发及文化创意产品研发及推广；文化宣传与科普教育；植物栽培与养护；公园内面向游客的游乐组织、餐饮及零售等经营服务管理。内设党委办公室、行政办公室、人力资源科、计划财务科、纪检审计办公室、群团办公室、管理科、安全应急科、信息科、园林科技科、古建工程科、经营科、资产科、文物保护科、宣传科、研究室16个科室；按业务下设东宫门队、北宫门队、西区队、德和园队、管理队、佛香阁队、指挥中心、服务队、苏州街队、园艺队、古树管理队、花卉园艺研究所、工程队、遗产监测中心、游船队、后勤队、社区队、经营队、颐和园博物馆、游客服务中心、文昌院队、益寿堂队、耕织图队23个队级单位。颐和园原名清漪园，始建于清乾隆十五年（1750年），昆明湖和万寿山构成其主体框架，是中国现存规模最大、保存最为完整、景观最丰富的皇家园林，1914年正式辟为公园对外开放。颐和园是全国第一批重点文物保护单位、首批全国文明风景旅游区、全国文明单位和国家5A级旅游景区，1998年12月被联合国教科文组织列入《世界遗产名录》。颐和园总面积300.94公顷，各式宫殿、园林建筑分布全园，总建筑面积79622.31平方米，其中古建面积69367.53平方米，复建面积10254.78平方米，园藏文物38810件，古树名木

1607株，万寿山、昆明湖、佛香阁、长廊、石舫、十七孔桥等为其代表性景观。

2022年，服务游客740.6万人次，其中购票游客238.9万人次；非税门票收入6114.8万元；自创总收入4865.2万元，其中：文娱收入1273.1万元、游船收入2802.7万元、文创收入156.1万元、其他收入633.3万元。接待国家重要外事及中央单位、驻京部队等参观121批次，完成全国5A级旅游景区复核，位列5A级景区品牌影响力（MBI）100强榜第二。完成长廊、九道湾区域特色店面设计装修，打造知春亭商店、藕香榭、水木自亲和东九间新业态文创空间。知春亭茶饮店获评2022年度北京网红打卡地。北京市颐和园管理处古建工程科获2022年"北京最美文物守护人"集体荣誉称号；公园智

慧旅游项目获2022年亚太区智慧城市大奖；获评市级交通安全工作先进单位和区消防工作先进单位。完成33处商业房屋腾退和5处商业外摊拆除，稳步推进腾退后房屋修缮和招商工作。

（刘宁）

【《香山路程图》文物鉴定和定级】 2月9日，颐和园邀请国家图书馆研究员赵前、中国人民大学古籍研究所研究员宋平生、文物出版社编审孟宪钧三位古籍专家，对颐和园博物馆馆藏《香山路程图》进行文物鉴定及定级工作。专家根据古籍定级标准，将《香山路程图》定为三级文物。

（王晓笛）

【取得国家专利1项】 4月25日，颐和园设计完成公共园林环境生态监测系统（简称：园林生态监测系统V1.0）。系

11月3日，颐和园完成长廊彩画修复工程（张斌 摄影）

统于7月2日首次发表，8月11日申请获得国家版权局计算机软件著作权登记证书，著作权人：北京市颐和园管理处。

（高翠萍）

【颐和园长廊彩画修缮】6月24日，颐和园长廊彩画修缮项目进场施工，11月3日竣工，现场设立临时可视操作间，面向市民游客展示彩画修复、绘制的传统工艺流程，采取彩画除尘清理、原画拓描及彩画修补、局部重绘等方式，完成排云门以东6间廊子彩画保护修复工作。

（张维）

【"双奥之城 未来之光"双奥文化推广活动】7月31日，由北京奥运城市发展促进中心、北京市公园管理中心联合主办，颐和园承办的双奥文化推广活动开幕。活动形成报道20篇次。同期围绕梦圆、凝聚、传递、永恒、拼搏、友谊、人们、文化、未来9个部分举办主题展览，展示北京奥运会和北京冬奥会中的精彩时刻，受众超235万人次。

（马昉 黄璐琪）

【国庆花卉环境布置】9月5日至10月21日，颐和园以"美好家园"为主题完成东宫门立体花坛1处（鸿鹜凤立），北如意地景1处（花好月圆），展摆桂花170株，精品盆景49盆，大型紫薇盆景10盆，特色花缸16盆，使用花卉展摆面积210平方米，花卉75000余株（含立体穴盘苗69000余株）。

（闫宝兴）

【颐和园博物馆"园说Ⅳ"展览开幕】9月28日，"园说Ⅳ——这片山水这片园"展览在颐和园博物馆开展。展览首次以文物为载体，系统讲述以三山五园为核心的古典园林集群在选址、营建、造园艺术、历史功能及保护发展等方面内容。展览共展出展品171件（套），同步开通"云上"观展与重点文物电子导览，展览累计接待市民游客20余万人次，政务接待120余次，服务来宾1300人，提供公益讲解600余场。

（杨馥华）

7月31日，颐和园开展双奥文化推广活动（颐和园 提供）

国庆期间，颐和园国庆花坛景观（闫宝兴 景观）

【东宫门外广场文物修缮工程】9月30日，颐和园完成东宫门外广场文物修缮工程。东宫门外广场位于颐和园东宫门影壁以东，涵虚牌楼以西区域，占地面积12360平方米，在2019年取得外广场土地权属后，特立项对此区域进行专项文物修缮。

（王晨）

【"金光穿洞"5G慢直播活动】12月19—23日，颐和园借助5G技术线上直播十七孔桥"金光穿洞"的奇妙景观。活动期间2500多万网友通过《人民日报》、央视新闻、新华社、《北京日报》、CGTV、《中国日报》、《北京青年报》、北京交通广播、联通各平台、颐和园微博等14家平台观看"金光穿洞"慢直播。

（柏恩娟）

【文创新品】 年内，颐和园联合6家知名品牌，推出41款热销新品，打造卡婷彩妆、万豪月饼两款销售额千万元级的文创产品，文创总销售额7564万元，商业总产值8475万元。多渠道推广颐和园文创品牌，参加北京旅游商品文创产品大赛、北京网红打卡地评选和服贸会，参与人民文旅"世界的礼包"等两场微博话题活动。

（范艺斐）

【科普工作】 年内，颐和园开展"走进玉器文化 体验雕刻之美"、"绘最美古树"自然笔记、"登高颂重阳"等科普活动19项32场，受众50余万人次。推进线上科普，"颐和微科普"栏目发布推送23篇，阅读量48369人次；"大美颐和"互动栏目持续更新，知识内容超5万条，趣味答题超7万条，参与人数达到24万人次。

依托科学传播职称申报，建立科普志愿管理机制，充实12名职工到科普社教队伍。张成瑞等4人在园林科普讲解大赛、市科普讲解大赛中获得优异成绩。张旭瀛、刘畅、赵继雄获第五届全国科学实验展演会演一等奖；王丹、张旭瀛获北京市科学传播科普讲解大赛一等奖；颐和园获得北京市科学传播科普讲解大赛优秀组织单位奖；张传辉、高承分获北京市科学传播科普讲解大赛"与自然同行的故事——生态科普短文征文"最佳作品奖和风采作品奖。

（马昉、颜素）

【颐和园博物馆】 年内，颐和园在博物馆举办"玉见生机"玉器展、"绝艺交辉"中英文物展、"园说Ⅳ——这片山水这片园"3项展览，服务游客24万余人次。借助文博媒体平台，播放展览宣传片及"颐博"历程回顾短片，推出"云观展、云直播、云讲座"，观看总量超880万人次，出版《园说Ⅲ》同名图录，逐步建立"线上+线下""馆内+馆外"的博物馆传播体系。联合故宫博物院对5件纸绢类藏品、1件园藏钟表进行修复。完成"颐和园可移动文物保护与利用工作探究"课题，系统保护和修复馆藏文物，仿制怀仁憬集等9块古建外檐匾联，修复16个品类568件文物，采

集文物图像403件，推进馆藏文物档案管理数字化。

（刘宁）

【文化活动】 年内，颐和园开展文化活动11项18场次，打造"我们的节日"文化活动，完成"傲骨幽香"梅花、蜡梅文化展线上直播和"颐和秋韵"桂花文化节活动。举办戴泽先生颐和园主题艺术特展、罗哲文生平回顾展等4场文化展览，接待游客近15万人次。举办颐和讲堂11场、文化沙龙直播4场，承办北京市纪念《保护世界文化和自然遗产公约》50周年主会场活动，举办第五届北京南海子文化论坛暨颐和园研究院第三届学术研讨会。

（刘宁）

【课题研究】 年内，颐和园统筹7项市公园管理中心重点课题、3项其他类课题管理工作，深化颐和园样式雷等课题研究及运用，配合央视拍摄《样式雷》纪录片，推进"大型乔木整形修剪"课题成果转化。"颐和园园墙历史工艺研究"'三山五园'水利文物遗迹研究"获中国风景园林学会科技进步奖三等奖。

（刘宁）

【党建工作】 年内，颐和园开展28个党支部全覆盖式"过筛子"交流互查会和全面从严治党责任制检查考核暨党支部百分量化考核。严格按照党组织换届选举要求和程序，开展新

成立党支部选举和党支部换届改选工作。积极落实"我为群众办实事"实践活动，制订办实事清单13项，均按照时间计划如期推进。组织开展"共产党员献爱心"捐献活动，全园党员、入党积极分子、群众捐款2.2万余元。完成15名困难党员走访慰问和5位党员"光荣入党50年"纪念章发放。

（刘宁）

【意识形态工作】 年内，颐和园强化意识形态管控，为庆祝党的二十大，制作硬质横幅，更新园内宣传栏展板。各党支部每月报告《意识形态工作落实清单》，园党委每季度进行专题形势分析，量化工作标准，采取科队自查、专项检查、周检普查、分组复查四级检查方式开展日常检查，问题整改率100%。持续开展"颐和榜样"推荐评选，召开宣讲表彰主题道德讲堂1次，推选个人榜样4名，集体榜样5个。开展"好人好事月评"奖励，推送"好人好事"13期，宣传好人好事635件。

（刘宁）

【巡视巡察问题整改】 年内，颐和园履行全面从严治党检查反馈整改主体责任，针对巡视组反馈的4个问题，制订整改措施9项，已完成整改；针对2021年全面从严治党检查反馈的9个问题，14项整改措施已完成整改13项，剩余1项问题在持续推进中。

（刘宁）

【新冠病毒疫情防控】 年内，颐和园累计更换测温仪46台，喷饰、粘贴"一米线"700处，喷漆80余罐，制作防疫类牌示300个，更新防疫帐篷14座。实现915名60岁以上退休职工综合接种率达到93.73%的任务目标。42名党员干部下沉社区值守。疫情防控措施优化后，公园干部职工感染康复后迅速返岗，古建院落、展室展厅、文创空间、餐饮网点应开尽开。

（朱奕丹）

【领导班子成员】

党委书记 园长

杨华（2022年9月免）

李晓光（2022年9月任）

党委副书记

秦雷（2022年12月免）

纪委书记 副园长

王馨（2022年11月免）

党委副书记 纪委书记

原蕾（2022年11月任）

副园长

王树标（2022年1月任）

吕高强

王晓华（2022年8月任）

杜娟（2022年12月任）

（颐和园管理处：刘宁 供稿）

天坛公园管理处

【概　况】 北京市天坛公园管理处（以下简称：天坛公园）隶属于北京市公园管理中心，属财政补助公益二类正处级事业单位，主要职责是：保护世界文化遗产与提供休闲场所，丰富人民群众文化生活；公园绿化管理，花卉培育，公园游览与娱乐项目组织管理，旅游服务与管理，古建文物保护，维护治安秩序管理。内设行政办公室、党委办公室、纪委办公室、群团办公室、遗产办公室、宣传科、计划财务科、审计科、园林科、基建科、管理科、资产科、文创经营科、人力资源科、安全应急科、文物保护科、信息科技科17个科室，下设祈年殿服务队、圜丘服务队、门区服务队、神乐署雅乐中心、游客服务中心、园林东队、园林西队、花卉中心、后勤队、工程队、管理队、宣教中心、文物管理队、商业队、经营队15个队级部门。天坛历史坛域面积273公顷，现管辖面积201.79公顷，全园绿化面积152.6公顷，古树3562株，绿化覆盖率达75%。

天坛是明清两代皇帝"祭天""祈谷"的祭祀建筑群，建于明永乐十八年（1420年），位于正阳门外东侧。坛域北呈圆形，南为方形，寓意"天圆地方"。全坛分为内坛、外坛两部分，坛内主要建筑有祈年殿、皇乾殿、圜丘、皇穹宇、斋宫、无梁殿、长廊、双环万寿亭等，还有回音壁、三音石、七星石等名胜古迹。天坛集明、清建筑技艺之大成，是中国古建珍品，是世界上最大的祭天建筑群。1961年，国务院公布为全国重点文物保护单位。1998年被联合国教科文组织确认为"世界文化遗产"。2007年评为全国5A级旅游景区，2009年评为全国文明风景旅游区。

2022年，天坛公园服务游客876万人，完成冬奥会4次50多人一级外事保障任务和冬残奥会"夏奥之火"火种采集、"九天之火"火种汇集传递保障工作。选派选手分别参加北京市、国家林草局和全国科普讲解比赛，均获团体和个人项目双料"第一"，斩获省部级以上奖项11项。发挥神乐署雅乐中心"创新工作室"、富迎辉"大师工作室"优势，为公园重点领域培养技能人才。职工王恩铭被评为"北京最美文物守护人"，职工张玺被评为2022北京榜样周榜人物，职工富迎辉被评为全国绿化美化劳动模范，并入围北京市"大工匠"，北门票务班获"北京市青年文明号"称号。北京市天坛公园管理处被评为北京市

9月10日，天坛公园举办线上赏月直播活动（天坛公园 提供）

"首都文化和旅游紫禁杯先进集体"。天坛公园成功入选2022年"全国非遗与旅游融合发展优选项目名录"。

（李岩）

【文创空间和文创产品】 1月1日，天坛公园西二门新文创空间"天坛拾光"正式营业，12道拱门为游客规划出东、南、西三个走廊，游客可通过走廊欣赏店内的设计特色和店外公园景色。推出"灵境 天坛"3D系列数字藏品，入围"新知榜城市地标类数字藏品"第一季度优秀案例；推出"月映天坛""红色芳华"等系列新品。天坛福饮、天坛文创、天坛拾光获得商标注册证书，最终核定使用商品46类。

（杨硕）

【天坛公园第41届月季展】 5月14—23日，天坛公园第41届月季展开幕，月季展以"胜春绽放 '香'约古坛"为主题，

设祈年殿景区、月季园两处展区，展出盆栽及地栽月季200多个品种，展出面积2万平方米。

（马钰超）

【古树保护】 7月11日至9月23日，天坛公园开展古树复壮施工项目，地被改造工作。铲除东北外坛、长廊南侧等区域冷季型草坪1万余平方米，栽植崂峪苔草及麦冬草共1.8万余平方米。拆除古树原有破损支撑，完成钢管支撑加工制作及安装工作，推进围栏加工、古树箅子安装及修理清掏复壮井等工作。摘除九龙柏等古树树籽，降低养分消耗，提高树势。对全园古树进行巡视，纠正古树树牌信息38个。10月，完成《天坛公园古树名木及后备古树资源保护规划（2022—2035）》编制工作。

（张卉）

【神乐署修缮工程竣工】 8月30日，天坛公园神乐署保护修

缮工程竣工。工程于2021年8月31日开工，对神乐署署门、凝禧殿、显佑殿屋面整体揭瓦，对破损瓦件、脊兽件进行补配，糟朽的连檐望板局部进行更换，恢复屋面避雷带等设施。

（陈洪磊）

【天坛赏月5G慢直播活动】 9月10日，祈年殿景区内举办"月圆京城 情系中华"线上5G云赏月直播，由央视网、北京时间、北京日报京直播、凤凰网、Youtube等38家海内外新媒体同步直播，超过526.3万人次在线观看，直播获得文化和旅游部官方认可，并通过旗下官方账号"文旅中国"和"中国文化传媒网"点赞转载。

（许霏）

【天坛公园第41届菊花展】 10月21日至11月13日，天坛公园第41届菊花展开幕。菊花展以"古坛四时景 红墙映黄华"为主题，在祈年殿展区设置4个主题展棚、4个专类展棚，展出品种菊、大立菊、附桩盆景等菊花6000余盆，展览面积6000平方米。

（马钰超）

【天坛文物建筑预防性保护项目】 10月31日，天坛文物建筑预防性保护项目竣工。此项工程为国家文物局全国文物建筑预防性保护试点项目，2021年8月16日开工，完成包括东天门、西天门、昭亨门等12组古建筑屋面及3处院墙的屋面查

补、捉节夹垄及檐头油饰等检修；对成贞门、皇穹宇、回音壁东配殿及西配殿等4组古建筑屋面阶段检修等。

（陈洪磊）

【遗产保护】 年内，天坛公园完成《天坛外坛天坛医院旧址风貌整治方案研究》，启动编制天坛历史遗存地面研究性保护方案，推进《世界文化遗产天坛保护规划》报审工作，组织完成《天坛公园非物质文化遗产现状及传承路径研究》课题调研。11月30日，圜丘坛文物建筑检测项目竣工，出具最终检测报告。

（李岩）

【科普工作】 年内，天坛公园开展历史文化、文物古建筑、自然生态科普活动103场次，累计受众超过1200万人次，官方微信发文111篇，总体阅读量超过18万人次。

（姜天垚）

【传统文化活动】 年内，天坛公园分别在春节、元宵节、清明、"五一"劳动节、端午期间开展 "坛乐清音 一起向未来""宫廷音乐过大年 尊祖重农报春来""古韵遗音 元宵十番闹新春""雅韵华章""神乐之旅""制礼作乐"5场专题音乐会的线上直播活动，观看总量近900万人次。

（许霏）

【党建工作】 年内，天坛公园发挥党建引领作用，全年召开党委会37次，内设机构调整后第一时间启动支部换届，完成全部支部换届改选，加强对新组建的支部班子跟踪指导。开展党的二十大、建党101周年及"最佳党日、优秀党课"评选等活动60余次。开展季度党建考核和4次专项检查，健全"明责""督责""考责"体系；抓实每季度支部党建考核，通过任务分解做到清单化

4月16日，天坛公园在互联网平台开展自然生态科普活动（天坛公园提供）

"明责"；查资料、实地检查进行常态化"督责"；通过述职考评、问题通报、整改反馈等方式开展系统化"考责"。充分发挥党建品牌作用，全年选树"天坛之星"个人14名、集体6个。

（李岩）

【意识形态工作】 年内，天坛公园围绕从严治党、意识形态、安全管理、新冠病毒疫情防控、接诉即办等重点领域开展研讨，开展各类监督检查230余次。邀请党的二十大代表到园宣讲，以"领导班子带头讲、支部书记全面讲、支部委员示范讲"三带头方式讲好专题党课，同时开展主题党日活动、岗位练兵、学习研讨、撰写体会等多种形式的学习活动。

（李岩）

【巡视巡察问题整改】 年内，天坛公园围绕巡视巡察反馈问题，加强对人事、财务、合同管理、三公经费使用、文化研究与文物保护等方面的整治力度，修订完善《"三重一大"事项集体决策实施办法》等16项工作制度，完成文物定级工作，深化遗产保护和非遗传承，文物保护和文化研究水平进一步提升。

（李岩）

【新冠病毒疫情防控】 5月，天坛公园共安装9台核酸健康宝核验机，全年门区助老代查健康宝140余万次。防控排查

172次，重点时期发动全园力量建立防控屏障，根据不同限流比例动态调整公园景区最大承载量。完成60岁以上人员疫苗接种工作，强化属地联系，特别是11月疫情期间，争取街道上门进行核酸检测、提供4000余只抗原试剂，代表市园林绿化局，完成定点方舱医院电瓶车保障工作。选派10名下沉干部支援社区，组织党员干部500余人次为社区防疫工作贡献力量。

（李岩）

【领导班子成员】

党委书记 园长

马文香（女）

党委副书记 纪委书记

于辉（2022年12月免）

潘祥华（2022年11月任）

副园长 工会主席

夏国栋（2022年2月免）

副园长

於哲生 刘勇

赵永利（2022年2月任）

齐麟（2022年12月任）

（天坛公园管理处：

杨婷婷 供稿）

北海公园管理处

【概 况】 北京市北海公园管理处（以下简称：北海公园）隶属于北京市公园管理中心，属财政补助公益二类正处

级事业单位，主要职责是：提供休闲场所，丰富人民群众的文化生活；公园设施的维护与管理；公园绿地管理；公园浏览与项目组织管理；植物栽培与养护；古建文物保护；科普宣传教育。内设行政办公室、党委办公室、纪委办公室、群团办公室、宣传科、信息传媒科、管理经营科、人力资源科、计划财务科、安全应急科、资产科、审计科、园林科、科技科、规划建设科、研究室、文物保护科17个科室，下设琼岛队、门区队、北岸队、东岸队、游船队、园艺队、后勤队、管理队、服务队、经营队10个业务队。

北海公园位于首都北京的中心地区，与故宫、中南海为邻，是世界上现存历史最悠久、建筑格局最完整的皇城御苑，占地总面积为68.2公顷，其中水面38.9公顷、陆地29.3公顷，主要由琼华岛、东岸、北岸、西岸景区组成，是"一池三山"建园布局的典范。园内实有树木19655株，其中乔木4905株、灌木14013株，其他737株，草坪128813平方米，古树583株。1925年北海辟为公园对外开放。北海的形成和发展，历经金、元、明、清数个朝代，承载着中国近千年的历史和文化，形成了以皇家园林为代表的造园艺术风格，是我国古典园林的精华

和珍贵的人类文化遗产。1961年北海公园被国务院公布为第一批全国重点文物保护单位，1992年被市政府评定为"北京旅游之最——世界上建园最早的皇城御苑"，2001年被国家旅游局颁布为首批国家级旅游区（点）4A级单位，2003年被评为北京市精品公园。

2022年，北海公园服务游客641.5万人，同比减少13.25%；总收入23681.28万元，同比减少8.36%；自创收入5475.29万元，同比减少23.46%。公园西岸半壁廊被中央军委政工部推荐为全国军民共建活动场所，因工作成绩突出，公园作为全国双拥模范代表应邀到人民大会堂出席建军95周年招待会。

【漪澜堂建筑群开放】 4月30日，北海公园漪澜堂建筑群修缮工程竣工。工程于2019年12月30日开工，总投资金额约

5861万元。修缮范围东至倚晴楼、西至分凉阁、北至延楼、南至延南薰，共38座文物建筑。12月29日，漪澜堂建筑群被纳入琼岛景区胜迹文物展览正式对外开放，增加游览开放空间8700平方米。

12月29日，北海公园漪澜堂建筑群修缮完工并正式对外开放（北海公园 提供）

10月28日，北京市第四十三届菊花展在北海公园开幕（北海公园 提供）

【北京市第43届菊花（市花）展】 10月28日至11月13日，北海公园举办"菊灿沁香"第43届菊花（市花）展暨第十届北京·开封菊花文化节，展览设置阐福寺、万佛楼两个主展区，布置展棚24间，展示标本菊、小菊盆景及造型艺菊等特色菊花1.5万盆；同步开展"菊香悠然来——走进寻常百姓家"菊花进社区文化导赏活动。

【文创产品及销售】 年内，北海公园研发销售额千万元级的文创单品《北海阅古楼〈御制三希堂石渠宝笈法帖〉石刻鉴赏总录》，特色文创冰激凌、棒棒糖，"北海九龙盲盒"特色盲盒获2022北京旅游商品和文创产品大赛优秀奖。全年文创总产值达1006.85万元，同比增长17.62%；自研文创产品销售额476.95万元，同比增长1.14%；总人均销售额1.52元，同比增长38.18%。8月31日至9月5日，精选自研文创精品55款参展中国国际服贸会，公园通过官方微博直播平台在北海

11月13日，北海公园文创产品——"北海九龙盲盒"获2022年北京中轴线文化遗产传承与创新大赛二等奖（北海公园 提供）

8月30日，北海公园在北京城市绿心公园内举办书法传承科普活动（北海公园 提供）

3月21日，北海公园在礼堂召开全面从严治党暨党风廉政建设大会（北海公园 提供）

公园展位开展"北海御苑 皇家风采"主题直播活动，直播观看量累计1300余人。展览期间，累计销售文创产品135件6375元。

【科普活动】 年内，北海公园完成"生物多样性保护科普宣传月"系列活动、科普游园会、"秋韵北京 云赏古树"系列活动及北京市科技周展示活动。以"文化之旅 艺赏北海"为主题、"春赏古树 夏观荷 秋赏菊花 冬品文"为内容，在暑期开展亲子类科普活动18次。

【课题研究】 年内，北海公园开展"叠石三维科技扫描及渎山大玉海数字文化提升"课题研究。完成"民国时期北海公园开放及演进特征研究""北方地区菊花盆景资源收集及造型养护技艺研究"等4项市公园管理中心课题年度研究。

【科普比赛获奖情况】 年内，张萌《纸上萱草 润物无声》获得全国林业和草原科普讲解大赛一等奖；张萌、阎悠悠、苏湲漪《匠人的神仙水》获得第四届全国科学实验展演会演一等奖；徐鑫《万物皆可"扫"三维话乾坤》获得2022年北京市科普讲解大赛一等奖；芦淼《大自然中的慧眼》获得北京市科普讲解大赛二等奖；赵菲《奇思妙想》获得全国科普讲解大赛优秀奖。

【古树保护】 年内，北海公园每两月普查全园古树一次，及时更新古树档案，共完成对全园29株古树保护复壮的施工，为园内6株古树安装了不锈钢仿铜镀钛围栏。

【意识形态工作】 年内，北海公园下发《开展党员干部联系服务职工群众工作的通知》，将公园划分为11个责任区，实行"一支部一网格"管理，实现园领导、支部班子、党员联系职工群众全覆盖，开展展陈、展览、展架、牌示意识形态阵地排查，设立《意识形态工作专刊》。

【党建工作】 年内，北海公园制订《基层党支部全面从严治党（党建）工作检查考核评估指标体系》，半年专项检查结合季度手册普查推进支部工作规范化。完成公园党费账户开户及党费重新测算、收缴工作。结合学习贯彻市第十三次党代会、市公园管理中心第二次党代会精神，党委书记带头宣讲5次，开展理论中心组学习24次，专题研讨4次，举办专题宣讲会5场，理论微平台推送"四史"等重要学习内容30余期。

【巡视巡察问题整改】 年内，

北海公园对应巡察29个问题制订整改措施64条，均已完成整改，运用整改成果，形成《北海公园在强化巡察反馈问题整改中锻炼培养选拔干部研究探索》调研报告。

【新冠病毒疫情防控】 年内，北海公园分三批次选派5名青年党员、科级干部参加社区新冠病毒疫情防控下沉工作。

【领导班子成员】
党委书记 园长 鲁勇
纪委书记 党委副书记 宗波
副园长 工会主席
杜红霞（女）
副园长 胡峻 王嵩
夏何欢（女）（2022年2月任）
管理五级 祝玮
（北海公园管理处：张翼 供稿）

中山公园管理处

【概　况】 北京市中山公园管理处（以下简称：中山公园）隶属于北京市公园管理中心，属财政补助公益二类正处级事业单位，主要职责是：提供休闲场所，丰富人民群众文化生活；保护地面文物建筑及古树名木；公园设施维护与管理；公园游览与娱乐项目组织管理；植物栽培与养护及绿地管理；科普宣传教育及相关社

会服务。内设党委办公室、行政办公室、群团办公室、审计科、人力资源科、管理科、计财科、安全应急科、基建科、文保资产科、园林科、宣传科、信息科、研究室、园艺队、后勤队、经营队、门区服务队、导游服务队、管理队等部门。中山公园坐落于天安门广场西北侧，公园占地面积23.8公顷，是一座带有纪念意义的古典坛庙园林；原为明清时期的社稷坛，1914年辟为公园，现为全国重点文物保护单位。

公园所在位置原是唐代古幽州城东北郊的一座古刹。辽代，扩建成大型佛寺"兴国寺"。元代再次扩建为"万寿兴国寺"。明永乐十八年（1420年），按"左祖右社"制度，于阙右门之右建社稷坛。社稷坛是封建皇帝祭祀五土神、五谷神的场所，也是皇权王土和国家收成的象征。明清皇帝每年农历二月、八月的上戊日都要例行隆重举行祭祀活动，祈望风调雨顺，五谷丰登，祈望国家江山永固。1957年10月28日，中山公园被列为北京市重点文物保护单位，1988年1月13日，被国务院批准为第三批全国重点文物保护单位。公园先后被评为北京市一级公园、首批精品公园、首都文明单位、国家重点公园和国家4A级旅游景区。园内实有乔木72种2680株，其中古树名木

4月12—29日，中山公园在园区举办郁金香观赏季活动（中山公园提供）

612株，灌木57种3412株，草坪2种52844平方米，地被类3种14490平方米。

2022年，服务游客199.21万人，接待政务保障任务200余次。完成《中山公园总体规划（2022年—2035年）》《社稷坛文物保护规划（2022年—2035）》修编。拆除怡乐厅碰碰车，恢复绿地1776平方米，修复环坛仪树景观。邀请专家完成615件藏品现场鉴定。打造古树专题景区景点，二期复

壮养护古树440株。推出沉浸式红色教育"我心中的少年中国"和红领巾讲红色故事活动17期，接待服务游客4.8万人次，社会团体预约240场次。文创销售同比去年上升138%。开展"我们的节日"和一园一品文化活动17项，线上、线下开展科普宣传23项。

（贾明）

【春季名人名兰展】1月27日至3月29日，中山公园举办"四季飘香"春季名人名兰展暨春季

兰花展，展出中山公园养殖的名人名兰、传统名贵春兰、春剑等兰花精品，如朱德的"海燕齐飞""红舌虎头兰"；张学良的"爱国""鹤之华"；松村谦三的"日本兰""观音"；春兰名品"祥字""汪字""万字""环球荷鼎""西神梅"和春剑"西蜀道光"等名品，接待游客43052人次。

（陈红梅）

【春花暨郁金香观赏季】4月12—29日，中山公园春花展览以"喜相逢"为主题，设计"喜庆迎宾""喜相逢""蝶舞花坞""蝶恋春林""流光溢彩""缤纷花语"和"祥云如意"七个主题景区，展出郁金香及风信子、洋水仙、葡萄风信子等其他球根花卉品种94种，约20.1万余株，观花乔灌木40余种1500余株，接待游客27.13万人次。

（柴思宇）

【儿童怡乐厅碰碰车拆除】4月20日，中山公园拆除位于外坛区怡乐厅1950.2平方米，碰

中山公园儿童怡乐厅碰碰车拆除前后对比（中山公园 提供）

中山公园推出文创新品（中山公园 提供）

碰车区域215.8平方米，两处建筑周边地面铺装1293.57平方米，新做人行步道111.64平方米，新做车行道99.16平方米，补植侧柏28棵，修复环坛仪树景观。

（刘鑫）

【文创产品推介】 8月31日至9月5日，中山公园挑选郁金香发光棒棒糖、文创雪糕、来今雨轩手札等11种文创产品参加2022年中国国际服务贸易交易会线下展会，手札打卡盖章广受好评。将来今雨轩茶社后厨搬到服贸会现场，展示冬菜包子传统制作技艺。

（张冬霞）

【国庆及党的二十大花卉环境布置】 9月23日，中山公园以"美好家园"为主题，完成国庆及党的二十大花卉环境布置。在中山像后摆放"共同富裕"立体花坛，布置地栽花境、花坛10处，花钵16组，花堆20组，特色花卉大丽花展示1处。使用小菊、一串红、醉蝶花等花卉60余种9.9万余盆（株）。

（柴思宇）

【来今雨轩饭庄修缮】 11月23日，中山公园来今雨轩饭庄修缮工程竣工，工程自2021年12月13日开工，修缮主楼挑顶475平方米，新作地砖214.27平方米，绘制彩画40.83平方米。

（张京利 张步云）

【文创产品获奖】 11月27日，北京中轴线文化遗产传承与创新大赛公众号公示评审结果，中山公园系列文创产品获得"中轴创意赛道"文创产品类一等奖，来今雨轩获得"新场景新业态赛道"三等奖。

（张冬霞）

【古树复壮保护】 年内，中山公园完成90处古树大树复壮井、122个防腐木树池的检

中山公园来今雨轩饭庄修缮前后对比（中山公园 提供）

查工作。检查100株古树、大树的158处支撑、拉纤、抱箍等安全措施，支撑危险古树4株、大树1株，拉纤有风险的古树枝干4株8处。完成古树树体修复施工18株，修复面积约130平方米。修剪环坛东路、后河、西部区域60余株古柏干枯树橛和危险枝条，修剪影响古树正常生长的大型乔木10余棵。启动4次大风恶劣天气应急预案，9株古树得到保护。怡乐厅、碰碰车拆迁腾退区域内补植树木合理避让古树，扩大绿地1700余平方米。

（唐硕）

【科普宣传活动】 年内，中山公园开展"春兰的赏析""绿色端午——植物压花制作线上科普"等13项线上活动，受众8838人次；开展"做古树的朋友——古树观察"科普系列活动、"低碳生活，做地球的小主人"地球日碳中和主题科普、"科技产品助力病虫害绿色防控"等线下专题科普活动16项20次，受众965人次。接待主流媒体拍摄采访21次、报道184次。加强自媒体宣传策划，持续推出"掌知识""云游中山"版块，发布微博、微信、抖音279篇，阅读量近200万次。研究成果转化成系列科普文章6篇，举办"我们的节日"和"一园一品"文化活动17项，线上、线下开展科普宣传23项。受邀参加中轴线文化

10月21日，中山公园在来今雨轩开展红色文化体验课活动（中山公园 提供）

遗产大讲堂等节目4次，扩大中轴社稷文化影响力。

（张黎霞 贾明）

【沉浸式红色教育】 年内，中山公园承办北大红楼与伟大建党精神研讨会，完成第二批红色讲解员授牌，推出"我心中的少年中国"和"红领巾讲红色故事"活动17期，接待服务游客4.8万人次、社会团体预约240场次。

（贾明）

【党建工作】 年内，中山公园落实班子自身建设实施意见和"三重一大"制度，召开党委会41次，研究决策事项121项。通过三张清单明责、两本台账督责、双述双评考责，逐级落实责任。签订清单责任书85份，确保管党治党责任落实到基层党支部。抓好两委换届和党支部改选，按季度考核支部建设。与北大红楼、国子

监、东城图书馆党组织开展党建交流，各支部开展组织生活日96次。党委中心组学习29次、党课教育6次、分层次宣讲15次。

（贾明）

【巡视巡察问题整改】 年内，中山公园抓细巡视巡察问题整改，落实票务、文物领域12项整改措施，修订制度13项。新修订出台制度13项。持续做好节前廉政提醒，通过诫勉谈话指出干部存在的问题并进行改进。针对新冠病毒疫情防控、巡视整改等方面开展"双随机"检查74次。

（贾明）

【新冠病毒疫情防控】 年内，中山公园动态调整限流管控、游客聚集、远端提示等措施，落实人员管理和防疫措施双随机检查。对全园职工细致摸排、精准研判、杜绝传播风

险，保障公园平稳运行。

（贾明）

【领导班子成员】

党委书记　园长

郭立萍（2022年11月免）

秦雷（2022年12月任）

党委副书记　纪委书记

鲍发志（2022年11月免）

党委副书记

孙颖（2022年2月任）

副园长

张强（2022年2月免）

任春燕（2022年3月免）

董鹏　马良（2022年2月任）

韩凌（女）（2022年8月任）

管理五级　李林杰

（中山公园管理处：李羽　供稿）

香山公园管理处

【概　况】北京市香山公园管理处（以下简称：香山公园）隶属于北京市公园管理中心，属财政补助公益二类正处级事业单位，主要职责是：休闲场所提供；公园设施维护与管理；公园绿地管理；公园游览与娱乐项目组织管理；植物栽培与养护；科普宣传教育；濒临动植物研究与保护。内设党委办公室、行政办公室、纪委办公室、群团办公室、爱教办、宣传科、人力资源科、计划财务科、安全应急科、经营科、园林科技科、规划建设

科、绩效审计科、管理科、资产科、研究室16个科室；服务队、碧云寺队、管理队、经营队、索道队、工程队、后勤队、园艺队、文化队、红叶古树队、导游客服队11个队。香山公园占地185.2公顷，是一座融生态人文景观于一体、拥有千年历史、浓郁山林特色、承载红色记忆的世界名山、皇家园林、红色胜地。香山公园位于北京西北郊，始建于金大定二十六年（1186年），后经元、明、清皇家不断营建，乾隆年间建成静宜园，于京西"三山五园"中独占一山一园，占地188公顷，是一座具有山林特色的历史名园，主峰香炉峰海拔575米。园内林木茂盛，有一、二级古树5800余株，占北京城区古树总量的1/4。2001年被评为4A级景区，2020年被评为全国文明单位。香山革命纪念地旧址是1949年毛泽东率中共中央机关和中国人民解放军总部进驻北京的首个驻地，是党领导解放战争走向全国胜利、新民主主义革命取得伟大胜利的总指挥部，是中国革命重心从农村转向城市的重要标志。毛泽东办公居住地双清别墅于2009年被列为全国爱国主义教育示范基地，2019年被列为全国重点文物保护单位。

2022年，接待购票游客256.1万人次。香山革命纪念地

接待服务游客102万人次，其中双清别墅接待服务游客34万人次。完成罗汉堂、见心斋厕所改造，绿化队花卉班房屋修缮、3号院家属区房屋维修、芙蓉馆科普小屋升级改造、第二办公区改造及基础修缮。举办登高祈福游园送"福"、元宵节、清明节、香山奇妙夜、传统文化系列活动，孙中山逝世97周年、孙中山诞辰156周年纪念活动。索道升级为电子票务管理系统，提升门区智能化防疫工作，5G智能项目实现5G慢直播和5G智能健康步道互动功能。公园索道队机修班获2022年度北京市"青年安全生产示范岗"称号、中共中央北京香山革命纪念地（旧址）上线北京青年报"地图上的青运史——中国青年运动史教育精品线路展示"、中共中央北京香山革命纪念地（旧址）入选海淀区首批区级少先队校外实践基地名单。

（李国红）

【收回白松亭】1月，香山公园配合承租单位完成场地清运工作；3月25日，收回白松亭。

（李妍）

【丰富藏品种类】3月，香山公园接收中央美术学院副教授张峻明《双清别墅》油画捐赠，悬挂在双清别墅红色书屋；与中国园林博物馆北京筹备办公室签订《捐赠协议》，提供展品14件（2014年捐赠给

中国园林博物馆的展品）。6月16日，与中国版本图书馆就借展"小白楼"6本书籍签订《借展协议》，7月20日完成交接。7月1日，接受朱和平捐赠朱德藏书6册。8月底，完成中央礼品文物管理中心承办的"中央文物展"香山文物藏品"绣墩"借展；9月，参与《园说Ⅳ——这片山水这片园》展，提供展品11套20件。

（贾政 王奕）

【传统文化活动】 6月3日，香山公园开展"品三清茶 悟香山文化"传统文化直播活动，浏览量1500余次。8月4日，举办主题为"爱满京城 相约幸福"七夕节系列活动，开展"七夕"中华传统、民俗文化座谈，官方微博和香山视频号同步直播，浏览量3.3万人次；8月6日，开展"国风弄雅韵 七夕印阑珊"古风花草灯笼手作体验活动；8月7日，开展"手

帕里的婉转流年"七夕刺绣手作体验活动。9月10日，开展中秋插花活动，北京插花艺术研究会副会长梁勤璋讲述香山植被文化以及中秋节相关知识；9月10日中秋之夜，开展"耀月华章 国粹之夜"——中秋线上赏月诵诗活动，由公园官方微信服务号播出，浏览量达2000余人次。10月4日，在致远斋举办重阳文艺汇演，由舞蹈演员、歌唱家、街道老干部合唱团参演。10月4日，举办重阳糕手作活动，重阳糕创作人杨秋茗现场讲述重阳糕的节日寓意与制作方法，红叶古树队科普讲解员宿宇霆普及香山植被文化。

（王琳）

【古树养护】 6月18日至11月22日，香山公园复壮古树269株，其中包括支撑、补洞、复壮沟、去撅、枝条整理、摘果、绿地改造、护坡、围栏、

支撑、抱箍、拉纤等13小项、338项保护措施。

（王雪涵）

【收回慈幼院铁工厂】 6月21日，萨奇公司将慈幼院铁工厂房屋返还香山公园，7月7日，香山公园支付相关费用。

（李妍）

【贾莉开展宣讲活动】 8月9日，北京市先进工作者、金牌讲解员贾莉走进市政府参事室、市贸易促进会、市思想政治工作研究会等单位，从首都生态建设、红色文化建设、智慧公园建设等方面，专题宣讲北京市第十三次党代会精神；分享学习心得和思想感悟。11月8日，贾莉赴市委党校宣讲党的二十大精神，结合参会感受与经历，分享香山公园红色文化背景以及近年来红色文化建设、爱国主义教育活动开展情况。11月8日，贾莉为天安门地区消防救援支队消防指战员宣讲党的二十大精神。

（王嘉）

【收回香山别墅】 8月23—25日，香山公园完成香山别墅房屋B、C、D、E、F2楼和水塔楼回收工作。9月14日，香山公园完成资金支付工作，香山别墅案件执行完毕。

（李妍）

【第二届红亭诗会】 9月19日，香山公园和海淀区委宣传部联合举办"喜迎二十大 初心映

8月9日，北京市先进工作者、金牌讲解员贾莉到市直机关单位宣讲北京市第十三次党代会精神（香山公园 提供）

9月19日，香山公园在双清别墅举办第二届红亭诗会（石硕 摄影）

红亭"第二届红亭诗会。央视频、北京日报客户端、海淀宣传、香山公园官方微博等平台同步现场直播，观看量17万人次。北京电视台、《劳动午报》、北京广播电视台、《北京日报》等媒体现场采访报道。

（杨雪）

【园林科普讲解大赛】 12月21日，香山公园派人参加2022年全国林业和草原科普讲解大赛与2022年北京市科普讲解大赛，赖天蔚获全国林业和草原科普讲解大赛一等奖及最佳口才奖。

（王雪涵 郭蕊）

【第五届红色故事讲解比赛】年内，香山公园开展第五届红色故事讲解比赛。3月15日，全园12个分会职工及社会化员工190人参加初赛，35人进入复赛，18人进入决赛。8月24日决赛中，索道队梁华获得金牌志愿讲解员，大北公司高雪获最佳展示奖，文化队李鑫、徐婧、赖天蔚获金牌讲解员称号。

（郭蕊）

【红色文化教育】 年内，香山公园推进红色文化进校园，与海淀区教工委、教科院等协同合作，走进10所中小学校，将香山红色文化植入开学第一课，推出7部"云队课""云团课"精品课件，受众20余万人。深挖红色故事奠定文化基础，邀请开国元勋后代先后为干部职工授课"红亭讲堂"，革命后代到园与讲解员交流座谈。以贾莉当选党的二十大代表为契机，建立红色人才培养体系，开展红色文化宣教员三级考核评定，多名优秀讲解员参加文化和旅游部开展的线上进校园及海淀区"强国复兴有我"百姓宣讲团，2人首次晋级全国科普讲解大赛决赛。联合香山革命纪念馆举办红色故事展示、读书分享会、"新赶考新答卷"——第三届香山革命精神与历史文化理论研讨会。

（李国红）

【科普活动】 年内，香山公园推动线上、线下科普，开展香山奇妙夜线下活动6次，建设"林中漫步自然科普径"，500米步道新增23组固定科普牌示。发布科普视频17部、线上主题科普活动5次，拍摄发布"静翠湖小鸭子"视频，创下单篇阅读量17万的记录。

（李国红）

【文创新品】 年内，香山公园启动文创素材库收集，申请商

10月17日，香山公园东门花卉环境布置景观（王雪涵 摄影）

品条形码，自研产品持"身份证"上市，设计2023年文创日历、公园IP等产品，推出5类59款文创产品。

（李妍 李慧 杨玥）

【花卉环境布置】 年内，香山公园加强宿根花卉及乡土地被使用，种植宿根花卉及乡土地被6万株；布展主要包含东门广场、枫林村等六大景区、四个节点，面积3000平方米，春季及秋季共计使用花卉品种55种，用花量12.7万余株，散摆花卉6000余盆。

（王雪涵）

【新冠病毒疫情防控】 年内，香山公园纪委牵头组成联合检查组深入班组和服务一线，开展检查64次，下发通报39期。选树典型，按月评选新冠病毒疫情防控等三方面的"香山之星"。根据疫情形势不断优化防疫措施，迅速调整公告牌示，动态调控预约购票量，合理调配人员管理，加强香山饭店通道、东南门车辆进入管理，松林餐厅、职工食堂建立食品台账，实时做好防疫设备设施增补。索道运营前对168把吊椅进行集中消杀，在"一客一消"的基础上，根据客流先后推出"坐一隔一""单程放空""单双号乘坐"等举措，暑期延长运营服务时间。实时更新疫苗接种、居家隔离情况、社会化人员信息、每日职工到岗人员情况等台账，严

格实行健康情况"日报告"制度，建立"一人一台账"管理机制。密切关注职工思想状况，深入班组、社会化驻地，开展谈心谈话，解读政策措施。

（李国红）

【领导班子成员】

党委书记 园长

孙齐炜（女）

党委副书记

王金立（2022年1月任）

副园长

韩捷 康玲（女）

王延 武巍（2022年8月任）

（香山公园管理处：
李国红 供稿）

景山公园管理处

【概　况】 北京市景山公园管理处（以下简称：景山公园）隶属于北京市公园管理中心，属财政补助公益二类正处级事业单位，主要职责是：负责园内文物、古建筑的保护和维修工作，负责公园的绿化养护和管理工作，负责园内旅游秩序和安全的管理工作等。内设党委办公室、行政办公室、纪委办公室、安全应急科、管理经营科、规划建设科、人力资源科、宣传科、计划财务科、园林科技科、资产科、服务队、经营队、管理队、园艺队、后勤队16个内设机构。景山公园

位于北京城中轴线上，占地23万平方米。园内古建筑面积8427.24平方米，绿化覆盖面积约20万平方米。园内古树名木1025棵，牡丹569和2万余株，芍药318种2万余株。景山是元、明、清三代的皇城御苑，公园于1928年开放，1957年被定为北京市重点文物保护单位，2001年被列为全国文物保护单位，国家4A级景区，2005年被评为北京市精品公园。景山公园保存有清代建筑寿皇殿、观德殿、护国忠义庙、绮望楼等。

2022年，景山公园服务游客304.12万人次。完成西区景观提升、绮望楼修缮、西北区围墙修缮等工程项目；围绕"紫禁之巅"品牌，在观德殿举办系列特色主题展览；牡丹文化季期间开展"点亮中轴 花开京城"夜赏牡丹游园活动，以老北京文化为主题，举办暑期民俗文化季；持续打造"山右里"文创空间，被评为新晋网红打卡地；寿皇殿连续三年蝉联网红打卡地。

【保障北京冬奥会和冬残奥会开闭幕式】 1月27日，为保障北京冬奥会和冬残奥会相关活动，景山公园提前制作闭园公告，线上、线下多渠道发布，各门区及园内主要游览线路及时摆放牌示提醒，并循环播放广播宣传，对平台已经预约游

客逐一电话提醒，并做好退票的解释说明工作。2月4日17时顺利闭园。3月2日，为保障冬残奥开闭幕式相关活动，景山公园线上、线下提前发布闭园公告，处理好已预约游客退票问题。3月4日15时对游客进行静园提示，引导游客有序离园。3月13日15时播放静园广播，引导游客有序从公园东、西门离园。闭园后，门区加强解释工作。

【寿皇殿网红打卡地揭牌】 2月1日大年初一，"北京网红打卡地"揭牌仪式在景山公园寿皇殿前广场举办。从7月起，推出《云讲解|中轴线上寿皇殿建筑群》系列云讲解视频共3期。

【第三届第七次职工代表大会】 2月11日，景山公园召开第三届第七次职工代表大会暨2021年度总结表彰大会，听取并审

议通过《景山公园2022年工作报告》《景山公园2021年业务招待费使用情况报告》。

【南门商业提升改造工程启动】 3月28日，景山公园以"山"为主题，启动南门商业提升改造工程。

【文物定级】 4月20日，北京市文物鉴定委员会专家对景山公园在册的90件（套）、116件未定级文物，开展文物定级工作。7月6日，北京市文物局下发博物馆、图书馆和其他文物收藏单位文物藏品档案、管理制度备案通知书，同意对景山申报的4件（套）三级文物藏品档案以及34件（套）一般文物藏品档案进行备案。

【公园之友团队管理】 10月，景山公园劝散暂停14个点位、21个在园活动团体。在园活动

团体以10人为限，对80个点位进行实时调度。

【植树护绿活动】 4月1日，景山公园组织公园党员干部及职工代表，开展植树护绿活动，栽植黄槽竹300株。

【牡丹观赏季活动】 4月19日至5月13日，景山公园展出国内外牡丹品种多达569种、2万余株。其中，国内珍贵品种西北紫斑牡丹109种、国外珍贵牡丹品种114种。牡丹花季"夜赏牡丹 点亮中轴"夜赏期接待游客1.89万人次，日均接待游客1000余人次，占全天日均游客量的15%。

【文创工作】 上半年，景山公园文创产值突破百万元。西门文创空间山右里景山文创咖啡店扩大景山"一园一品"文创知名度。南门打造以茶饮、中式糕点为主的餐饮文创空间。配合暑期文化季，全新推出御猫折扇等文创产品。10月2日，山右里文创咖啡店推出"抹茶花"饮品，推出专为秋、冬季节研发的新款蛋糕"老北京蜂窝煤蛋糕"。紫禁之巅文创店、福气馆推出景山五亭盲盒积木、五亭书签、中轴香具等"公园礼物"文创产品。

【暑期文化季服务保障】 8月6日，景山公园在观德殿举办

4月19日，2022年牡丹观赏季活动在景山公园举办（安然 摄影）

8月6日，景山公园在观德殿举办"紫禁之巅系列展——老城记忆"小微展览（李梦岚 摄影）

"紫禁之巅系列展——老城记忆"小微展览，共接待游客近6万人次。8月6日至9月12日，暑期文化季共接待游客41.07万人次，门区积极引导游客预约购票，购票预约率首度达到95%；门区适老化设备服务游客8.29万人次，劝阻不符合入园条件的游客353人次，含健康宝黄码1人次、弹窗17人次、核酸超72小时335人次，协助代查914人次。

【暑期科普活动】 7月29日，景山公园组织开展以家庭为单位的"天敌施放""自然笔记"等科普亲子活动。8月12日，举办"'花开中轴'——自然笔记活动"暑期科普活动。8月29日，以"京城往事——穿越时光看北京"为主题，举办亲子互动科普体验活动。推出"发现寿皇殿之旅"科普活动，微信公众号同步推出"中轴线上寿皇殿建筑群"云讲解系列视频5期。针对学生群体开展"寻找昆虫""花开中轴"等动植物科普活动3次。

【国庆节期间媒体宣传】 10月3日，景山公园加强节日期间融媒体宣传，邀请北京电视台记者到园报道观德殿"紫禁之巅 天高地迥"——古都园林绘画展。公园新媒体通过图文、视频的方式发布网红咖啡厅山右里和文创商店资讯2期，配合北京电视台拍摄网红打卡地展览，公园新媒体推送网红打卡地云赏文章。

【西区景观提升（二期）项目竣工】 11月29日，景山公园西区景观提升（二期）项目竣工验收，项目总施工面积5400平方米，竣工后新增2.68万平方米游览面积，集中展示新优品种牡丹、园艺盆景。

【北京中轴线申遗保护三年行动计划】 12月20日，景山公园完成全国文化中心建设重点任务清单项目2项，完成《北京中轴线申遗保护三年行动计划》中涉及景山公园重点任务6项；拆除房屋4054.9平方米、考古勘探面积23796.5平方米，经过环境提升项目后开放面积可达26780.5平方米。

【景山历史文化展】 12月30日，"紫禁之巅 亘古通今"景山历史文化展开展。作为2022年度景山7个小微展览中最后亮相的展览，开展当天参观游客370人次，展期至2023年2月26日。

【花卉环境布置】 年内，景山公园完成迎接党的二十大花卉环境布置工作，在公园东门、南门分别设置主题景观小品，主路沿线设置花带2处，花钵23个，南门广场摆放荷花缸9个，东门广场设置盆景展示区，共计使用花材24万余株。10月11日，对东门盆景区域进行更换调整，展示盆景15盆。更换乡土地被种植850平方米、冷季型草坪补植600平方米，将绮望楼两侧古树周边120平方米竹子移植至寿皇殿二期，完善寿皇殿二期景观效果。对园内盆栽牡丹进行移栽和种植，移植盆栽牡丹70余棵。

【古树养护】 年内，景山公园

完成古树复壮18棵，设置古树围栏7组；修复、新建山体荆坝1500延长米，增加渗井8个；退除后山主路南侧冷季型草坪8500平方米，更换乡土地被，山体边缘线生态多样性初显。7月，完成园内8棵古树树洞修补、树冠整理、增设支撑、树箍更换、土壤透气等工作；对影响古树生长的4棵高大核桃树进行回缩修剪。

【牡丹引种业务交流】 年内，景山公园先后到中国农科院蔬菜花卉研究所、延庆妫州牡丹园及北宫森林公园交流四季牡丹花期调控、牡丹引种育种方面的技术。成立牡丹工作室，尝试性推出牡丹红叶观赏周。

【党建工作】 年内，景山公园党委全面落实从严治党主体责任，通过查看工作记录、与一线职工（社会化）谈心谈话，

深入了解各科队落实全面从严治党责任情况。园领导班子成员分别带队，采取听取汇报、谈话问询、查阅材料等方式，对各党支部、相关科队全面从严治党工作落实情况、巩固巡察整改成果情况等进行检查和指导。严把发展党员入口关，对即将发展党员的支部进行专项培训，进一步梳理流程、规范程序。结合党支部"过筛子"及巡察整改"回头看"相关工作要求，景山公园领导班子成员分别带队深入基层各党支部，对党建工作开展情况、党支部标准化规范化建设情况、意识形态责任制落实情况及巩固巡察整改成果情况等进行检查和现场指导，对相关党支部人才队伍建设、票务管理、防疫物资采购与发放和社会化人员管理等进行监督检查，层层传导压力，逐级夯实责任，有效促进全面从严治党

主体责任落实落细。

【意识形态工作】 年内，景山公园党委形成《景山公园党委落实意识形态工作责任清单》48条。10月18日，根据《景山公园党委落实意识形态责任工作清单》对全园意识形态工作进行专项检查，重点排查园区树木植被、宣传栏、电子屏、园内设施、园区内外大墙体等重要区域，检查覆盖全园景区和游览空间，经过地毯式检查未发现意识形态方面的问题。

【新冠病毒疫情防控】 年内，景山公园实施"网格化"管理，公园门区广场、重点景区、园区主干道等游客易扎堆聚集区域全天增设值守点位17个，劝阻游客扎堆聚集，提示佩戴口罩。在门区广场、主干道等区域增设"提示游客佩戴口罩、保持一米间距"牌示5个。在万春亭区域增设提示广播喇叭2处，增加向辑芳亭（西二亭）疏解客流牌示，在观妙亭（东二亭）设置游客缓冲区域，缓解万春亭客流压力。

【领导班子成员】
党委书记　园长　陈志强
党委副书记　纪委书记
杨艳（女）
副园长　宋恺　汪兵
（景山公园管理处：韩佳月 供稿）

10月18日，景山公园对全园意识形态工作进行专项检查（安然 摄影）

国家植物园（北园）

【概　况】　国家植物园（北园）隶属于北京市公园管理中心，属财政补助公益二类正处级事业单位，于1956年经国务院批准建立，是集植物科学研究、植物知识普及、游览观赏休憩、种质资源保存、新优植物推广等功能为一体的大型综合性植物园。主要职责：为游客提供休闲场所、公园绿地管理、植物栽培与养护、公园游览及娱乐项目管理、科普宣传教育、绿化工程设计与施工、苗木花卉培育与推广等。内设党委办公室、行政办公室、对外办公室、群团办公室、纪委办公室、计划财务科、人力资源科、安全应急科、管理经营科、规划设计科、绩效审计科、基建科、资产科、科技科、园林科、宣传科、科普馆、研究室18个职能科室；另设管理队、服务队、经营队、后勤队、盆景队、文物管理队、卧佛山庄服务队、山林防火抚育队、园艺中心、温室中心、游客服务中心、曹雪芹纪念馆、植物研究所13个基层队。

2021年12月28日，国家植物园经国务院批准设立，依托中国科学院植物研究所和北京植物园，由国家林草局、住房城乡建设部、中国科学院和北京市人民政府合作共建。国家植物园位于北京西山，包括南园（中国科学院植物研究所）和北园（北京植物园）两个园区，现开放面积约300公顷，收集植物1.5万种（含种及以下单元）。

国家植物园（北园）建有桃花园、月季园、海棠园、牡丹园、梅园、丁香园、盆景园等14个专类园和中国北方最大的珍稀植物水杉保育区；展览温室建筑面积9800平方米，分为热带雨林室，沙漠植物室，兰花、凤梨和食虫植物室，四季花厅，是开展植物资源保护、研究和教育的基地；园内有全国重点文物保护单位卧佛寺、北京市重点文物保护单位梁启超墓，以及"一二·九"运动纪念地和曹雪芹纪念馆。北园拥有国际海棠品种登录权，是全国科普教育基地和中国生物多样性保护示范基地，每年举办桃花节、菊花文化节、兰花展等活动。

2022年，国家植物园（北园）服务游客346.6万人次。园区补栽地被22种7000平方米，修剪大乔木328株，新栽灌木225株，铺设有机覆盖物8500平方米，绿化养护水平全面提升。升级改造樱桃沟喷雾设备，喷雾效果提升显著。举办桃花观赏季活动及首届菊花展活动，科学部署人力应对大客流挑战。开展观鸟、自然观察等科普活动50次，"拓福"等传统节日活动17次，永生花制作等特色园艺活动30场。首次招收博士后进站1人。荣获第一批全国科普教育基地、北京市接诉即办工作先进集体、首都劳动奖状、首都绿化美化先进单位、林草系统先进集体，获评新华社2022年度十大卫星影像、首届北京最具人气网红打卡地TOP20、北京市红色旅游景区（景点）、北京市技能大师工作室、首都生态文明宣教基地、微信公众号获评网络正能量称号。

【国家植物园揭牌】　4月18日，由国家林草局、住房城乡建设部、中国科学院、北京市人民政府合作共建的国家植物园正式在北京揭牌，中国科学院和北京市人民政府组建成立国家植物园理事会，在共商、共建、共管、共享的崭新管理模式下，统筹国家植物园的建设运行管理，形成了统一规划、统一建设、统一标准、统一标识、统一运行的管理体系。年内，完成总体规划编制，推动建设方案审批，编制基础设施、智慧化、活植物引种等专项规划，牵头推进改造项目22项，推动五洲温室群、基础设施、后山林、迁地保护中心等重点项目前期工作。完成中国国家植物种质资源库选址和建

4月18日，国家植物园在北京市海淀区正式揭牌（何建勇 摄影）

设初步方案，推动成立四方协调机制和理事会，参加联合国生物多样性保护公约缔约方大会和国际《湿地公约》大会，接待11国驻华大使参观交流，与多国国家植物园签署战略合作协议。

【海棠新品种通过国际海棠品种登录权威授权登录】 4月，国家植物园（北园）海棠新品种"国植新艳"通过国际海棠品种登录权威授权登录。

【玉簪新品种在美国玉簪协会登录】 6月，国家植物园（北园）培育新品种——"紫葡萄"玉簪在美国玉簪协会登录。

【巨魔芋群体开花】 7月6日，国家植物园（北园）巨魔芋在科研温室开花，花、叶罕见同时绽放，通过网上直播的方式展出巨魔芋开花盛况。7月19—20日，国家植物园（北园）推出"巨魔芋之夜"花期观赏夜场活动。7月23日，国家植物园（北园）第三株巨魔芋开花，开展花粉采集、全球征婚、人工授粉等工作。

【樊金龙珍稀植物栽培繁育技能大师工作室完成现场核验】 7月25日，国家植物园（北园）完成樊金龙珍稀植物栽培繁育技能大师工作室现场核验。

【国家植物园理事会召开第一次会议】 8月30日，国家植物园理事会召开第一次会议。会议宣读国家植物园理事会组成人员名单，审议通过《国家植物园理事会工作细则》，审议国家植物园总体规划和建设方案。

【国家植物园（北园）儿童花园正式对外开放】 9月13日，国家植物园（北园）儿童花园正式对外开放。儿童花园安装兔子小品雕塑3个，瓢虫座凳5个。

【第十三届曹雪芹文化艺术节开幕】 9月19日，由北京曹雪芹学会发起，中共北京市海淀区委宣传部、国家植物园（北园）和北京曹雪芹学会共同主办的第十三届曹雪芹文化艺术节在国家植物园（北园）举办新闻发布会。

【全国古树名木保护科普宣传周】 9月25日，由全国绿化委员会办公室、国家林草局、首都绿化办主办，中国绿色时报社、市公园管理中心、国家植物园（北园）协办的全国古树名木保护科普宣传周启动仪式在国家植物园（北园）举行。同日，中国古树名木保护图片展正式开幕。

【巨魔芋结实】 10月，国家植物园（北园）实现巨魔芋结实。此次结实的巨魔芋果序，对珍稀濒危植物巨魔芋的生态保育意义重大。人民日报客户端、北京日报客户端等媒体进行报道。

【《中国——二十一世纪的园林之母》出版】 10月，国家植物园（北园）主编系列丛书《中国——二十一世纪的园林之母》首批出版发行。系列丛书共四卷，首批出版第一卷和第二卷。

【"墨王"品种菊荣获品种菊

10月19日，国家植物园万生苑内出现巨魔芋结实（高雨禾 摄影）

植物展、食虫植物展、中国特有植物展、"兰花幻境"展、"非洲秘境"展、苦苣苔展、精品盆景展等室内花展，推出"共读经典"网络荐书活动、红楼梦最美汝窑展、"寻梦西山"等文化展览。

金奖】11月10日，国家植物园（北园）培育选送的"墨王"品种菊在2022年北京菊花文化节——北京第十三届菊花擂台赛中荣获品种菊金奖。

【发现国家二级重点保护野生动物】11月20日，国家植物园（北园）和北京大学等联合开展生物本底调查，在芍药园区域发现国家二级重点保护野生动物中华斑羚。

【樱桃沟景区荣获"最具人气网红打卡地"称号】12月16日，国家植物园（北园）樱桃沟景区荣获2022年北京市"最具人气网红打卡地"称号。

【室内场所全部恢复开放】12月31日，国家植物园（北园）展览温室、卧佛寺、曹雪芹纪念馆、科普馆、盆景园等

室内场所全部恢复开放。

【自育丁香新品种被授予新品种权】12月，国家植物园（北园）自育丁香新品种"紫玉""紫霞"被国家林草局授予新品种权。

【文化展览活动】年内，国家植物园（北园）举办春季精品

【科研交流成果】年内，国家植物园（北园）在《人民日报》《光明日报》《经济日报》发表署名文章和专题报道。参加《湿地公约》大会论坛作《守护"在河之洲"，国家植物园的使命与担当》主旨发言。在COP15大会蒙特利尔第二阶段会议上展示国家植物园成就。《中国外来植物名录》出版，记载中国外来植物14710类群。完成国家植物园植物普查，出版《国家植物园植物名录》，收录17343种植物，数量居全国第一。发表SCI、核心文章33篇，获专利

国家植物园曹雪芹纪念馆景观［国家植物园（北园）提供］

5项，申报新品种5个。获批国家财政科技专项5项。接待全国各植物园、景区、机关单位到园学习考察交流近100次，接受上海、重庆、广州、厦门等20余个城市咨询建设国家植物园事宜。

【科普活动】 年内，国家植物园（北园）获评"首都生态文明宣传教育基地2021年度推荐基地"并入选2021—2025年全国科普教育基地首批认定名单。科普馆相继推出中国特有植物曾孝濂艺术绘画展、中国极小种群野生植物展等专题展览5期，推出"发现植物园之美"等线上科普课堂、推文27期，拍摄制作科普短视频20个。组织开展线下生物多样性调查活动13期，科普进校园3期，科普进社区3期，直播课程4期。自然笔记观察活动获评北京地区博物馆优秀教育项目，在园林科普讲解大赛中获非专职讲解组团体二等奖。

【文创产品和文创空间】 年内，国家植物园（北园）加大文创产品开发，文创产品超过300种，开展文化创意活动30余场，文创销售350万元，"桃气满满"文创雪糕实现单款销售超百万元的目标。打造园艺生活馆、节气昇活馆、芹溪茶社（凹晶馆）特色文创空间，优化露营主题环境布置，蝶豆花拿铁等草本饮品成为网红。卧佛山庄四时下午茶、庭院会议等消费新举措实现增收40余万元。强化知识产权保护，注册19类220余项"国植"商标。

【党建工作】 年内，国家植物园（北园）履行"一岗双责"，3次调整班子分工，3次安排调整班子成员及政工人员联系支部。全年党委书记讲党课4次，班子成员到支部讲党课12次。制发党建工作要点，把全面从严治党工作列入重要议事日程，制订分工方案，从严落实责任清单，把政治标准和政治要求贯穿于党的建设始终。每半年专题研究全面从严治党工作，召开党委会31次，审议154个议题，召开行政办公会21次，研究144个议题。加强队伍建设，成立由全体党员和先进群众组成的"攻坚先锋队"，内宣平台发布推文57篇，全面树立"国植新风"党建品牌。召开党支部书记工作例会4次、政工人员工作会议5次，举办支部书记培训班，提升支部工作水平，修订完善《支部党建考核评分细则（试行）》，班子成员带队开展党建工作检查，抓好党支部规范化建设，助推党建高质量发展。

【意识形态工作】 年内，国家植物园（北园）严守意识形态阵地，党委专题研究意识形态工作2次，重要节点召开意识形态部署会议6次，深入开展意识形态专项督导24次，下发5次重要节点敏感舆情风险提示，检查指导13个支部意识形态工作。强化支部自主宣传阵地建设，形成"1+N"宣传矩阵，对内加强党务宣传，对外弘扬文明新风。开展"一二·九"运动纪念地义务讲解，服务游

国家植物园科普馆［国家植物园（北园） 提供］

客5万人次，召开首届"国植新风"表彰大会，强化奋斗精神和爱岗敬业意识。

【新冠病毒疫情防控】 年内，国家植物园（北园）根据北京市新冠病毒疫情防控形势及时落实相关最新政策，常态化进行人员健康监测，开展环境消杀和卫生间扫码，加强社会化用工管理，开展相关教育培训。电瓶车支援方舱医院。60岁以上退休职工疫苗接种率由60%提升至76.13%，综合接种率达92.19%。加速复工复产，干部职工感染康复后迅速返岗，公园景区、室内场所、商业餐饮应开尽开。

【领导班子成员】

党委书记　园长 贺然

党委副书记　纪委书记
董亚力

副园长　工会主席 宋强

副园长

魏钰（女）

李秀君（女）（2022年2月任）

毕然（2022年3月任）

　　　　[国家植物园（北园）：

　　　　　　石鑫 供稿]

北京动物园管理处

【概　况】 北京动物园管理处（以下简称：北京动物园）隶属于北京市公园管理中心，属财政补助公益二类正处级事业单位，主要职责是：休闲场所提供，公园设施维护与管理，公园绿地管理，公园游览与娱乐项目组织管理，动物繁育与饲养，植物栽培与养护，科普宣传教育，濒危动植物研究与保护。内设机构33个。其中，科室包括党委办公室、行政办公室、计划财务科、人力资源科、安全应急科、基建科、文创经营科、管理科、种群管理科、动物业务科、审计科、工会、研究室、宣传科、纪委办公室、园林科、科技科、资产科、绩效科共19个，基层队包括饲养队、动物饲养保障队、科普馆、重点实验室、兽医院、门区服务队、游客服务队、商业队、经营队、管理队、园艺队、工程队、后勤队、十三陵繁育基地共14个。北京动物园占地面积86.54万平方米，其中，兽舍面积3.45万平方米，湖水面积4.26万平方米。北京动物园前身为清代农事试验场，于清光绪三十二年（1906年）在乐善园、继园和广善寺、惠安寺及其附近官地

上筹建，1949年定名西郊公园，1950年3月1日，西郊公园正式开放。1955年4月1日，经市政府批准，定名为北京动物园。北京动物园是国家重点公园、国家重点文物保护单位、全国科普教育基地、全国4A级景区，发挥着国家动物园的功能。

2022年，服务游客497万人次。饲养展示动物390种5000余只。完成冬奥会、冬残奥会、党的二十大等服务保障工作；承办市公园管理中心科普游园会。完善核心动物种群发展规划，建立我国首个青头潜鸭人工繁育种群，北京城市副中心放归的鸳鸯成功繁育。出版圈养野生动物技术专著2本、获批专利著作权29项。完成水环境综合整治方案，增加大运河文化带规划；打造熊猫咖啡等网红打卡地；5G应用项目、"智游北京动物园"科普导赏系统服务游客。荣获全国科普教育基地、北京市安全宣传"五进"暨"安全生产月"活动优秀组织单位称号。

（周瀚）

【北京冬奥会和冬残奥会景观布置】 1月4日，北京动物园完成正门广场、筒子河花境和两爬馆门前3处重要景观节点布置工作，包括立体景观"飞跃吧，冬梦"，彩绘景观"旗开得胜"，地面景观"2022，我们来了"，总计布展面积约

300平方米。

（汪和佳）

【熊猫咖啡提档升级】 2月1日，北京动物园熊猫咖啡店正式对外营业，店内销售以高品质咖啡为主，饮品及餐具均选用熊猫造型，凸显熊猫主题。

（隋静）

【验收首个青头潜鸭人工繁育种群】 4月15日，北京动物园召开中国首个青头潜鸭人工种群建立验收会，标志着首个青头潜鸭人工繁育种群在北京动物园正式建立。

（郝菲儿）

【两栖爬行动物馆升级改造】 5月16日至8月31日，北京动物园验收竣工两栖爬行动物馆鳄鱼、蟒厅玻璃天窗、玻璃幕墙改造房屋修缮采购项目。

（孙蕊）

【北京城市副中心放归鸳鸯成功繁育】 8月1日，北京动物园鸳鸯保护项目组赴北京城市副中心绿心森林公园开展野外调查，检查3月21日在绿心公园福泽湖岸边安装的两个鸳鸯人工巢箱（编号18、21），发现21号巢箱成功孵化出雏1巢。这是绿心公园建成开放以来首次发现鸳鸯成功繁殖。项目组当天在福泽湖面发现8只鸳鸯，1只亲鸟带领7只幼鸟，幼鸟已经具备飞行能力。

（胡昕）

【长颈鹿文创商店】 年内，北京动物园以公园专属IP长颈鹿

2月1日，北京动物园熊猫咖啡店正式对外营业（北京动物园 提供）

4月22日，中国首个青头潜鸭人工种群建立新闻发布会在北京动物园举办（北京动物园 提供）

8月31日，北京动物园两栖爬行动物馆室内设施完成升级改造（北京动物园 提供）

"小九"为创意原型，创新尝试"临时商亭+文创"，结合打造文创商店。8月4日，长颈鹿文创商店正式对外营业。店内销售的食品、玩具、日用品、文具、服饰等50种100余件文创产品均为"北动家族"系列自研文创产品，是公园第一家自主品牌文创店。

（隋静）

【文创产品推介】 年内，北京动物园选取长颈鹿文创商店8款"北动家族"系列专属文创新品作为中国国际服务贸易交易会参展商品，熊猫拍拍手环、长颈鹿文创冰棍以独特可爱的造型深受群众喜爱。

（隋静）

【科普活动】 年内，北京动物园在世界环境日、全国科普日、主题动物日等时间节点，开展30余项主题科普活动、4次主题展览，20余万人次参观；户外讲解站17期；校外实践主题授课81批次，累计接待1343人次；研学课堂和自然笔记共7次，200人参与。"虎啸山林"项目入选2022年北京市科技周云上科技周数字化展览。"北动科普季一起向未来"全国科普日系列活动被市科协平台宣传推广。"生态环境与动物行为"研学课程和"世界犀牛日"主题活动，被全国科普基地推荐参加2022年"科创筑梦"全国青少年科学节，获得中国科协宣传平台、

科普中国网推广。

（郝菲儿）

【科研工作】 年内，北京动物园与中国大熊猫保护研究中心等11家单位签订战略合作协议；与铜仁学院等3家科研院校和动物保护机构签订黔金丝猴、青头潜鸭等物种的科研合作协议。召开圈养野生动物技术北京市重点实验室学术委员会。获批发明专利2项，实用新型专利15项，外观设计专利3项，计算机软件著作权2项，作品登记3项。发表科研文章45篇，其中SCI文章3篇、核心文章18篇。

（郝菲儿）

【AB组4×4工作模式】 年内，北京动物园党委全力保障公园正常运行，发布《致北京动物园全体职工的倡议书》，4月30日，制订并启动《特殊时期饲养工作闭环管理方案》，饲养部门实行AB组4×4工作模

式，AB两组人员4天4夜轮班制闭环管理。加强整体统筹，园党委对非饲养部门进行思想动员，形成20余人的后备力量，随时支援饲养保障工作。累计实行闭环管理32天，涉及9个饲养班组96名职工，参与736人次，保障饲养工作安全平稳运行。

（郭营）

【党建工作】 年内，北京动物园党委发挥中心组引领作用，抓处级领导关键少数，落实第一议题制度，围绕党的二十大、市公园管理中心第二次党代会以及习近平总书记系列重要讲话精神，组织学习35次、研讨7次；抓党员领导干部绝大多数，多层次开展科级干部脱产理论学习培训班，强化政治理论提升。坚持榜样塑造，持续开展"北动人物"评选，结合特殊节点打造"北动战疫"故事，发布内宣公众号48

北京动物园与中国大熊猫保护研究中心等单位合作繁殖大熊猫（北京动物园 提供）

期，对优秀典型进行广泛宣传，筑牢思想根基。开展党务知识培训，制作《党支部工作手册如何记》口袋书，录制下发《党务知识培训》视频；制作《党建工作日常检查表》，结合科队长周例会形成"一周一查一点评"机制；召开组织生活会部署会，规范政治生活；开展"喜迎党的二十大"优秀主题党日评选活动和党建工作互查，推进支部规范化标准化建设。

（郭营）

【意识形态工作】 年内，北京动物园严格落实意识形态责任制，专题研究意识形态工作3次，举办专题培训会1次，通报情况3次，制订《领导联系基层和服务群众制度》《关于新时代加强和改进思想政治工作的方案》，全面开展思想动态摸排及谈心谈话。加大重点时期的意识形态管控，开展意识形态情况全面自查和专项检查4次。规范基层意识形态工作管理和督导，实行支部每月研判、每季通报。充分利用职工思想动态和意见建议收集"双渠道"管理模式，做好思想动态摸排管理。

（郭营）

【新冠病毒疫情防控】 年内，北京动物园落实测温验码、查验核酸证明等措施，劝返弹窗游客1374人次、核酸超时游客

2497人次，累计代查健康宝1.26万人次。联合社会力量服务4965人次，总时长18352小时。实现动态储备防疫物资。支援属地累计服务达51人次578小时。以"安全可控、工作到位、信息畅通、保障坚实"为工作原则，制订特殊时期饲养工作闭环管理方案。疫情防控关键时期，先后选派5名干部下沉支援社区；职工居家办公期间，党员、团员就地转为志愿者，50人服务600余小时。

（周瀚）

【领导班子成员】
党委书记　园长　丛一蓬
党委副书记　纪委书记
王馨（2022年11月任）
副园长
王树标（2022年1月免）
冯小苹（女）　张成林
单希　肖洋（2022年2月任）
管理五级　张颐春（女）

（北京动物园管理处：
周瀚 供稿）

陶然亭公园管理处

【概　况】 北京市陶然亭公园管理处（以下简称：陶然亭公园）隶属于北京市公园管理中心，属财政补助公益二类正处级事业单位，主要职责是：提供休闲娱乐场所；公园浏览

与娱乐项目组织管理；丰富群众文化生活；公园设施建设维护与管理；公园绿化美化建设与管理，植物栽培与养护；科普宣传教育及提供餐饮服务等。内设：党委办公室、行政办公室、计划财务科、人力资源科、管理经营科、安全应急科、规划建设科、园林科技科、宣传科、资产科、信息科、审计科、研究室、纪委办公室、工会、接诉即办办公室、文创中心、东区服务队、西区服务队、综合指挥中心、园艺队、殿堂队、华夏名亭园队、游船队、管理队、工程队、游客服务中心、后勤队、经营队29个科队级单位。陶然亭公园为4A级景区公园，1952年依托清代陶然亭和元代庙宇"慈悲庵"挖湖堆山、疏浚苇塘建成，1955年作为公园售票开放，是新中国建立以后首都北京最早兴建的融古典建筑和现代造园艺术为一体、以突出中华民族"亭文化"为主要内容的一座历史名园。公园占地面积56.56公顷，其中水面16.15公顷。

2022年，服务游客759.43万人次，严格推进预约限流、错峰管控，畅游公园预约量同比增加151%；重新核定疫情期间游客承载量，妥善应对5月28日晚间游客黄色预警，全年启动黄色预警以上限流管控4次，开展公厕新冠病毒疫情防

控专项行动；开展冰雪嘉年华活动、"冰之舞"陶然系列冰上活动助力冬奥会；完成"陶然"牌楼油饰翻新工程、北部广场生态景观提升工程；正式启用5G游船智慧管理应用场景项目，慈悲庵上线有声导览服务；发挥爱国主义教育基地作用，开展"铭记英雄革命史 缅怀英烈祭忠魂"主题教育活动，举办高君宇烈士生平事迹展；弘扬红色公园文化，召开首届北大红楼与伟大建党精神学术研讨会第四分会场专题研究会；强化完善基础管理，召开总体规划修编专题会，完成房屋构筑物揭牌工作。

【"冰之舞"陶然系列冰上活动】 1月15日，陶然亭公园"冰之舞"陶然系列冰上活动开幕。活动场地覆盖公园西湖及部分东湖区域，占地2.5万平方米。2月1日，陶然亭公园"福虎报春 冰雪陶然 助力冬奥"主题宣传活动在科普小屋设立联合宣传台，公园领导班子、学雷锋志愿者为游客送上手写福字60余副、中国结300余个、文明游园宣传品200余个、宣传折页200余张、环保袋100余个。

【启用5G游船智慧管理应用场景项目】 3月21日，陶然亭公园启用5G游船智慧管理应用场景项目。通过5G游船智慧管

理平台动态管理，实现"5G+北斗"实时定位、游客统一云上排队、等待叫号登船、游船起航智能控制、线上线下统一收银管理等功能，实现售、验、管智能化，扫码乘船游客达95%以上，单船使用率提升4.8%，产值增长16.6%。公园5G游船智慧管理项目荣获第五届"绽放杯"智慧文旅赛二等奖和2022年北京文旅技术创新优秀案例奖。

【第七届海棠春花文化季】 3月26日，陶然亭公园第七届海棠春花文化季开幕，以"糖果"造型为主元素。打造糖果互动体验馆，推出打卡集印章、海棠春花饼DIY等趣味活动，海棠科普展、海棠春花摄影展等。公园自主研发的海棠花棒棒糖首次在海棠春花文化季亮相。

【高君宇烈士生平事迹展】 3月30日，陶然亭公园通过"线上

+线下"形式举办"铭记英雄革命史 缅怀先烈祭忠魂"——高君宇烈士生平事迹展。线下展览位于高君宇烈士墓旁长廊内；线上利用公园微博、微信公众号推广。

【缅怀英烈主题教育活动】 4月4日，陶然亭公园开展"铭记英雄革命史 缅怀英烈祭忠魂"主题教育活动。组织党员团员代表、北京市第十五中学师生代表、公共文明引导员等40余人赴高君宇烈士墓聆听讲解。

【北部广场生态景观提升工程】6月6日至9月30日，陶然亭公园北部广场生态景观提升工程完工，重点对窑台山以南和北门两侧绿地进行提升改造，新增绿地面积4000平方米，种植海棠、玉兰、丁香等特色春花植物150余株、绿篱200平方米、乡土地被13000平方米，新做景观坐凳、铁艺栏杆，总体改造面积23330平方米。

6月30日，陶然亭公园慈悲庵启动线上有声导览服务（陶然亭公园 提供）

【慈悲庵上线有声导览服务】6月30日，陶然亭公园与"北京之声博物馆"项目组合作在慈悲庵上线有声导览服务，游客通过手机扫描二维码收听高君宇烈士革命事迹、"先驱者的奋斗"——慈悲庵党的早期革命活动专题展等语音讲解服务。

【学术专题研讨会】7月2日，首届北大红楼与伟大建党精神学术研讨会第四分会场专题研究会在陶然亭公园召开，北京大学历史学系教授欧阳哲生等10余位专家围绕"新文化运动、五四运动相关事件与历史人物研究"议题展开讨论。

【陶然佳话系列文化活动】8月1—10月，陶然亭公园举办"陶然佳话"系列文化活动启动仪式，首期活动邀请中国共产党早期著名领导人、革命烈士马骏之孙、市老干部局原副局长马为平讲述马骏烈士的光辉革命事迹；由北京史地民俗学会副秘书长张世强讲述爱晚亭和毛泽东的故事等。

【国庆节前花卉环境布置】9月，陶然亭公园在门区、陶然牌楼、高君宇烈士墓等重点区域利用花坛、花卉营造喜庆热烈的游园环境，共设主题花坛2处、重点布置点位7处、赏花路线3条，布展面积约1500平方米，用花20余种、约4万盆。

【"陶然"牌楼油饰翻新】10月20日至11月13日，陶然亭公园"陶然"牌楼围挡施工，对牌楼柱体等部位进行油饰翻新。

【第13届冰雪嘉年华】12月28日，陶然亭公园第13届冰雪嘉年华开幕。活动场地覆盖公园南湖及东湖部分区域，占地3.85万平方米。

【文创产品】年内，三元梅园携"海棠奶糕"特色文创入驻陶然亭公园，推出海棠花、企鹅造型棒棒糖等文创新品；"陶花园"文创店推出移动花车鲜花业务，开展中秋节夜间经营，销售额达33.6万元。

【党建工作】年内，陶然亭公园深化党委书记第一责任，坚持民主集中制原则下党委领导、集体决策和园长办公会制度。对"三重一大"进行两次修订，严守党内纪律，落实"第一议题"、中心组学习制度，运用政治思维推进全面从严治党。通过"第一议题"、

国庆期间，陶然亭公园东门广场国庆花坛景观（陶然亭公园 提供）

10月20日，陶然亭公园对"陶然"牌楼进行油饰翻新（陶然亭公园 提供）

中心组学习等载体，发挥领导班子、党代表领学作用，广泛宣讲。落实党性教育，规范落实"三会一课"、主题党日等制度，利用线上平台拓展教育渠道，深化党员经常性教育。组织"喜迎二十大 共筑陶然梦"系列活动、"抗疫先锋"评选，开展党员"双报到"。19名党员参与社区防控志愿服务，2名党员参与市直机关工委下沉服务。抓实督促指导，在日常管理中加强分类指导和督促检查，开展《党支部工作手册》专项检查3次。围绕党支部标准化规范化建设，把党支部"过筛子"与全面从严治党党建检查相结合，以问题为导向出具考核报告并逐一反馈整改，全覆盖督促指导基层党建工作。

【巡视巡察整改问题】 年内，陶然亭公园针对巡视巡察反馈问题，第一时间召开党委会深刻剖析、对照检查。紧盯整改方案、推进情况、整改报告等重点环节，进行"过筛式"审核。通过召开专题民主生活会，持续传导压力、夯实责任，激发各部门抓整改的内生动力。重新修订三大类12项制度，重新完善10项表单，废止《组织工作重要事项请示报告制度》《党风廉政监督员工作实施细则》等重复相似制度，修订《陶然亭公园"三重一大"制度规定》《陶然亭公园纪委信访工作规则》等，深刻反思"6·12履行新冠病毒疫情防控工作不到位"问题，严肃处理相关责任人6名，召开全园警示教育大会、中层干部会、问题通报会，开展全园工作大整顿和作风大检查，分层级召开专题民主生活会、组织生活会、党员大会和班组长会，深刻挖掘思想问题根源。以案为鉴、举一反三，扎实开展新冠病毒疫情防控、岗位履责、工作作风专项整治工作，成立督察组，编写督查专报27篇，治理检查发现情况。

【新冠病毒疫情防控】 10月，陶然亭公园开展公厕新冠病毒疫情防控专项行动，按照"一厕一码"要求为8处厕所增加健康宝登记码，门口播放扫码如厕温馨提示语并安排专人核验游客健康码、提示佩戴口罩，确保不漏一人。加强日常监管，建立防疫专员、工程队和管理经营科三级检查监督机制，做好一客一清、一客一消等清洁工作，开放期间开窗通风，同步加强保洁员个人防护，要求全程佩戴N95口罩和一次性手套上岗。

【领导班子成员】
党委书记 园长 王颖（女）
党委副书记 纪委书记
王金立（2022年2月退休）
党委副书记 纪委书记
张强（2022年2月任）
副园长 工会主席
李海军（女）
副园长 宁悦（女）
任凯（2022年7月任）
宋宇（2022年2月任）
郝刚云（2022年12月任）
（陶然亭公园管理处：袁峥 供稿）

紫竹院公园管理处

【概况】 北京市紫竹院公园管理处（以下简称：紫竹院公园）隶属于北京市公园管理中心，属财政补助公益二类正处级事业单位，主要职责是：园区建设、管理与服务，文物保护、利用及古树名木保护，文化旅游资源开发及文化创意产品研发推广，文化宣传与科普教育，植物栽培与养护，公园内面向游客的游乐组织、餐饮及零售等经营服务管理。内设行政办公室、党委办公室、纪检审计科、宣传科、人力资源科、群团办公室、园林科技科、计划财务科、资产科、管理经营科、基建科、安全应急科、信息科、文化队、行宫队、游客服务中心、园艺队、游船队、游艺队、服务队、综合指挥中心、管理队、后勤队23个部门。紫竹院公园建于

1953年，全园占地45.7公顷，其中，陆地面积30.6公顷，水面面积15.1公顷；建筑面积1.7公顷，南长河、双紫渠穿园而过，园内有"三湖两岛一堤"。公园因园内古庙宇"福荫紫竹院"而得名，是一座以竹造景、以竹取胜、环境优美的自然式山水园林。1992年，紫竹院行宫被海淀区政府评为"海淀区文物保护单位"。

2022年，服务游客591万人次。完成北京冬奥会和冬残奥会环境布置及安全服务保障工作，完成3处厕所修缮工程、儿童游乐场规划编制、澄碧山房油饰、游乐场设备设施、游船及浮动码头规划更新，以及机房防火改造及监控数据存储空间升级。筹办文化展览13项，开展"我们的节日""科普知识"等线上、线下活动55场。举办第29届竹荷文化季、第五届欢乐冰雪季活动。通过4A级景区质量等级复检。

【北京冬奥会和冬残奥会景观环境布置】1月7日，紫竹院公园结合竹特色、北京冬奥会、冬残奥会和节日元素，在公园东门外广场布置"喜相迎"立体花坛1处，以北京冬奥会和冬残奥会吉祥物为主体，以传统纹样冰裂纹为背景，呼应冰雪主题。在公园文化广场及主要游览路线，选取与冬奥主题相关的布置地景3处，东门至南门沿线布置花箱18组，栽植羽衣甘蓝，外立面制作悬挂北京冬奥会和冬残奥会宣传牌示。

【第五届欢乐冰雪季活动】1月16日至2月20日，紫竹院公园开展第五届欢乐冰雪季活动，打造3.7万平方米的天然冰场和1.5万平方米的人工雪场，推出冰上速滑、冰滑梯、雪滑梯、雪地摩托等13项冰雪活动项目，历时51天共计接待游客6.7万余人次，其中，冰上活动接待3.1万余人次，雪上活动接待3.6万余人次，创历史新高。

【第六届第五次职工代表大会】1月28日，紫竹院公园召开第六届第五次职工代表大会暨2021年度总结表彰大会，听取公园2021年度"三公"经费使用情况报告、2021年安全生产报告，表彰先进集体、先进个人。

【"手卷里的中国"展览】3月9日至6月6日，紫竹院公园举办"手卷里的中国"展览。展览分为手卷画的艺术特色综述、典籍话手卷、装裱话手卷、题跋话手卷、手卷里的中国（山河、文字、生活、自然）五个部分。

【"北京中轴线历史河湖水系保护"展览】4月3日至6月19日，紫竹院公园举办"北京中轴线历史河湖水系保护"主题展览。展览由水源、护城河水系、六海水系、通惠河水系、金水河水系五大部分组成，图文并茂地展现中轴线与水系的发展变迁过程及水环境风貌和格局体系。

【当代国画名家作品展】4月15日至6月26日，紫竹院公园举办"春之韵——当代国画名家作品展"，展览以"春"为主题，邀请30余位当代国画名家参与，共展出37幅画作。

【"百部经典"主题诵读线上音乐会】4月22日，"百部经典"主题诵读线上音乐会由国家图书馆《中华传统文化百部经典》编纂工作办公室与北京市紫竹院公园管理处联合主办，北京国图书店有限责任公司承办。音乐会以"激活经典，熔古铸今，立足学术，面向大众"的宗旨为主导精神，以《百部经典》书目为主题，融合诗词吟诵、昆曲表演、展览展示、民族器乐演奏等多种展示形式。启动仪式主会场在紫竹院公园友贤山馆，万寿路街道乐府书局作为分会场联动举办。

【李燕、傅以新、郭伟华作品展】7月1—31日，紫竹院公园在问月楼举办"浓情瑞彩——李燕、傅以新、郭伟华作品展"，展览邀请李苦禅先生之子李燕及其同学傅以新、郭纬华三位画家，展出花鸟、山水、人物等36幅作品。

【人间有情——丰子恺漫画艺术传承展】 7月5日至10月7日，紫竹院公园举办"人间有情——丰子恺漫画艺术传承展"，展览以丰式漫画传承与美育培养为主题，以丰子恺、丰一吟、宋菲君丰氏三代人漫画为主线。

【第29届竹荷文化季】 7月22日至8月22日，紫竹院公园第29届竹荷文化季开幕，此次文化季以"玉竹扶风翠 荷花映日红"为主题，在主要门区及游览路线布置盆栽荷42个品种150盆，灯杆旗100面，硬质造景及文化宣传展板30余处，花钵18组，地栽面积1000余平方

米，花卉品种60余个，接待游客49.6万人次。在官方微信公众号、微博开展线上直播，举办诗词鉴赏、科普、传统民俗等文化活动12场，户外文化展1场、文创市集2场。线上观看量近247.3万人次。

【升级改造公园路椅】 7月，紫竹院公园推进"我为群众办实事"，升级改造公园路椅，在西部区域石制座椅上增加木制椅面70延长米，澄碧山房游廊座椅增加镁铝合金包边150延长米。

【七夕诵读游园会活动】 8月4日，紫竹院公园与首都图书馆"阅读北京"举办方在友贤山馆联合举办"鹊桥仙"七夕诵读游园会。开展线上直播，公园官方微博观看量11.4万人次，新华网、中新网、首都图书馆

官方微博、搜狐新闻客户端、新浪新闻客户端等平台观看量207.9万人次，线上直播观看量共计219.3万人次。

【海淀文创市集活动】 8月，紫竹院公园联合海淀区文化促进中心在北门小广场举办"我们的节日海淀文创市集"活动，设置10个摊位、2个互动体验区，展示非遗产品、创意工艺品、文创IP等各类产品。中关村图书大厦、体育大学冠军书店、海淀文化书店等20家商户参与此次文创市集。

【文创产品推介】 9月3日，紫竹院公园在中国国际服务贸易交易会现场通过公园官方微博开展"竹烟波月"直播，介绍公园文创产品和文化空间展示，利用线上直播和线下展台共同推出"紫竹绿马系列""紫竹中秋花前月下月饼礼盒"及钥匙扣、随行背包、口罩共10款产品，线上观看量达1.2万人次。公园全年文创收入329.29万元，同比增长48.52%。增加文创自营点1处，自动售卖机4台，全时段满足游客购买需求。推进商业网点特色化经营，茶点部完成升级改造，天福号紫竹餐厅成为新晋网红打卡地。

7月5日至10月7日，紫竹院公园在园内举办丰子恺漫画艺术传承展（紫竹院公园 提供）

【工会换届选举】 9月9日，紫竹院公园召开工会第七届第

一次会员代表大会，审议通过《紫竹院公园工会第六届委员会工作报告（草案）》《财务工作报告（草案）》《经费审查委员会工作报告（草案）》，选举产生第七届工会委员会委员及经费审查委员会委员。

【中秋文化活动】 9月10日，紫竹院公园开展"月圆京城 情系中华"主题宣传活动。举办"非遗互动体验活动（兔爷）"，邀请非遗传承人展示和讲解老北京兔爷的发展过程和制作工艺。举办"八仲桂花落紫竹——与宋代美人一起趣聊中秋"活动，邀请汉服社团成员以桂花为题，讲解中秋节的传统习俗。

【重阳节宣传活动】 10月4日，紫竹院公园在公园东门内广场举办"我们的节日"重阳节宣传活动暨"文明有序逛公园"公共文明引导行动，传播敬老爱老的传统美德及节日文化。通过新发布的文明游园卡通形象"文小明""游小园"引导游客有序排队、文明旅游、爱护环境，以及新冠病毒疫情防控、垃圾分类和光盘行动等方面宣传提示。

【与国际竹藤组织签订合作协议】 11月7日，紫竹院公园与国际竹藤组织签订关于设立"国际竹藤组织科普教育基

地"的合作协议。

【问月楼获评北京网红打卡地】 12月12日，在推动文旅企业复工复产扩大文旅消费暨2022北京网红打卡地推荐榜单发布会上，紫竹院公园问月楼获评2022新晋网红打卡地推荐榜单新消费场景类网红打卡地称号。

【第六届欢乐冰雪季活动】 12月30日，紫竹院公园第六届欢乐冰雪季活动面向游客试营业。

【文化活动宣传】 年内，紫竹院公园3处文化空间筹办文化展览13项，开展"我们的节日""科普知识"等线上、线下活动55场，举办新闻发布会5次，邀请主流媒体客户端进行推流，直播观看量达433万人次，自媒体粉丝量较去年增长53%。

【科普活动宣传】 年内，紫竹院公园设计制作安装科普互动牌示23块、植物牌示60余种200余块，组织开展公园科普品牌系列活动30余场，科普推送40余篇，录制科普视频4期，视频资料被选录中国自然教育大会云导赏栏目；"观鸟科普课堂"入选市公园管理中心科普创新项目。

【党建工作】 年内，紫竹院公园完成严格组织生活制度，规范细化"三重一大"事项，落实主体责任、党务公开、重大事项请示报告等制度规定。8个党支部高质量完成换届选举工作，批准1个支部延期换届，加强离退休干部党建工作，用心用情做好服务。严格按照要求完成工会及团总支换届选举工作，持续发挥"青"字号品牌作用，策划开展13次志愿服务活动。

12月30日，紫竹院公园在园内开展第六届欢乐冰雪季活动（紫竹院公园 提供）

【巡视巡察问题整改】 年内，紫竹院公园完成巡视反馈意见问题整改，针对主责的两项问题，分解细化整改任务，建立清单台账，把整改和成果运用融入全面从严治党，提高巡视巡察质效。首次运用月度例会点评形式，每月点问题、盯成效，严考核、督落实。

【新冠病毒疫情防控】 年内，紫竹院公园始终向公众开放，因时因势完善防控措施，全员延长服务时长，夯实门区防疫、网格化巡视管理，严格专项督察与跟踪整改。加速复工复产，干部职工感染康复后迅速返岗，公园景区、室内场所、商业餐饮应开尽开。选派2名干部下沉社区进行新冠病毒疫情基础防控工作，选派2名干部外借锻炼。

【领导班子成员】
党委书记　园长 杨静（女）
党委副书记　纪委书记 勇伟
副园长 吴西蒙
姚江（2022年2月任）
任凯（2022年7月免）
王寿远（2022年8月任）
管理五级 程炜
（紫竹院公园管理处：王静 供稿）

玉渊潭公园管理处

【概况】 北京市玉渊潭公园管理处（以下简称：玉渊潭公园）隶属于北京市公园管理中心，财政补助公益二类正处级事业单位。主要职责是：管理园林绿地、美化城市环境，提供休闲场所，丰富人民群众文化活动，公园设施维护与管理，公园绿地绿化美化管理，公园游览、娱乐水上项目组织管理，公园经营服务，旅游开发，公园设计施工，安全及卫生管理，公园科普宣传教育与文明建园。内设14个科室，12个队，分别为：党委办公室、行政办公室、纪委办公室、计划财务科、安全应急科、管理经营科、人力资源科、园林科、科技科、宣传科、研究室、群团办公室、绩效审计科、规划建设科，管理队、园艺队、樱花技术中心、游船队、服务队、游艺队、文化队、游客服务中心、后勤队、工程队、湿地保育队、经营队。公园占地面积134.84公顷，以樱花为特色，以水为主题，其中水面面积56.71公顷。玉渊潭公园现为市属历史名园、城市休闲公园，既是华北地区最大的樱花专类园，也是首都城市核心区水域面积最大的城市湿地，国家4A级旅游景区。玉渊潭古称钓鱼台，其历史可远溯金代，清乾隆时期疏浚成湖，由此开启了玉渊潭皇家苑囿的历史，1960年正式定名为玉渊潭公园。经过60余年的建设，现已形成两山、两湖、一堤的景观格局，分为樱花区、湿地区、文化展示区和运动休闲区4个区域。樱花区位于公园西北部，园中最负盛名的樱花园便坐落于此，目前已有40余个品种、3000余株樱花，并形成了著名的"樱花八景"。

2022年，服务游客856.75万人次，接待中央单位及驻京部队到园参观游览700余人次。完成西南部绿地提升工程、西北部边界墙建设工程、西湖南岸湖岸修复工程。第33届樱花暨春花观赏季，接待游客209.87万人次；举办公园第13届冰雪季活动，接待游客3.15万人次。自研文创商品50余款，第七代樱花冰激凌实现了"打造千万级单品"的文创目标。深化公园5G场景应用，"5G+AR"导览体验20.75万人次参与，打通全票种服务功能，闸机实现票、证、卡、码、核酸同步查验。大山樱嫁接试验取得成功，发表樱花养护论文4篇，取得实用新型专利1项。荣获北京市妇女儿童工作先进集体；公园团总支获评2022年建团100周年"北京市五四红旗团支部"荣誉；"5G+AR"互动智慧公园项目入选"2021年度中国智慧旅游创新案例"。

（邹建玲）

【第13届冰雪季活动】 2021年12月31日至2022年2月16日，玉渊潭公园举办第13届冰雪季活动，活动以"玉渊冰雪季 健康迎冬奥"为主题，共接待游客31400余人次。

（李倩）

【小樱文创商店】 3月24日，玉渊潭公园"小樱文创商店"正式营业，展陈面积150平方米，成为公园新晋网红打卡地标。樱花活动期间，在小樱文创商店和樱花商店共推出自研文创商品50余款，与知名企业推出定制款饮品，部分商品春季断货式热销。

（李倩）

【第18届摄影比赛】 3月25日至6月5日，玉渊潭公园第18届"春到玉渊潭"摄影比赛活动首次与中国新闻图片网合作举办，共收到摄影作品5578幅，评出一等奖1名、二等奖3名、三等奖5名，最佳早樱奖、最佳晚樱奖、最美春色奖、最美游客奖各1名，优秀奖50名，最佳人气奖10名。摄影比赛获奖作品在公园"玉和光影"影廊展出。

（郭晗）

【第33届樱花暨春花观赏季】 3月25日至5月15日，玉渊潭公园春花观赏季共接待游客209.87万人次，同比上年下降23.87%；综合收入2431.68万元，同比上年上升34.46%。科学测算调整预约购票量，实现门票全部预约销售。对各时段票量进行精准优化，实现客流的"削峰填谷"，游客游览秩序平稳。

（董璐璐）

【文创产品】 3月25日至5月15日，玉渊潭公园春花观赏季共推出全新第七代樱花冰激凌及10余种文创新品，其中樱花冰激凌创单品收入过1000万元的历史新高。

（董璐璐）

【中国少年英雄纪念碑护碑行动】 4月21日，玉渊潭公园联合海淀区教育委员会在中国少年英雄纪念碑广场启动"护碑行动"。年内，中国少年英雄纪念碑被列入《北京市爱国主义教育基地导览手册》，入选首批"红领巾爱首都——北京市少先队校外实践教育基地"。

（宗白菡）

【西南部绿地提升工程】 9月底，玉渊潭公园西南部绿地提升工程竣工，对游客开放。该工程为跨年度项目，延续以樱花为特色的春花主题，通过不同品种特性，营造樱花水岸、樱花坡和樱花溪的不同景观。栽植乔木253株、常绿灌木3478株、花灌木4014株、竹子2800株丛、地被花卉11241平方米、湿生植物386平方米、紫藤3株、涝峪苔草5600平方米；安装树箅12组、坐凳5组，扩大可游览面积20000余平方米，实现景区的扩容和功能的提升。

（孙玉红）

【5G票务服务平台上线运行】 年内，玉渊潭公园与中国电信北京分公司联合开发便捷的5G小程序，开通线上预约购票、

4月21日，玉渊潭公园联合海淀区教育委员会在中国少年英雄纪念碑广场开展"护碑行动"（玉渊潭公园 提供）

9月30日，玉渊潭公园西南部绿地提升工程完工并向游客开放（玉渊潭公园 提供）

实名制分时段预约、票务数据多维度分析、票务信息管理自定义等多项功能，为6个门区配置17台闸机，实现年票、身份证、老年卡、预约二维码在闸机上同一区域可刷并同步进行健康宝查验，预约比达到95%。

（李倩）

【科普活动】 年内，玉渊潭公园开展线下科普活动15项117场次。完成湿地导赏97场次，开展"自然笔记"活动3次，以"湿地草木""湿地海绵""鸳鸯的一生"等为主题的湿地课堂特色活动6项，结合元宵节、中秋节和重阳节开展生态文明体验活动3场，与北京小学合作开展"科普进校园"活动4次，与天下工坊自然教育机构合作开展"呵护高原孩子的小手"公益捐赠科普活动1次，举办"我们的朋友"生态摄影精品展1项，举办湿地昆虫及生态导览科普讲座2次。举办线上科普活动8项8次，发布科普文章36篇、科普视频10部，阅读量23.18万人次。在《科普时报》发布文章2篇。梁莹在中国科普作家协会生态科普征文比赛中，获得优秀作品奖，玉渊潭公园荣获最佳组织奖。

（梁莹）

【樱花栽植养护】 年内，玉渊潭公园完成60株樱花栽植工作。春节期间展出促培樱花13株，满足游客更早观赏到樱花的期待。春、秋两季共出圃樱花苗木97株，其中规格在12～15厘米的山樱55株，其花期早于"染井吉野"，弥补公园3月中旬开花品种数量相对较少的缺陷。针对1973年栽植的大山樱开展嫁接试验，打破了大山樱嫁接难以成活的固有经验。完成2000余株樱花GPS定位工作，通过开展28株樱花大树培育实验、扩大坑径和土壤改良等措施，为樱花营造更好的生长环境。

（邹建玲）

【野生动物保护】 年内，玉渊潭公园记录到国家一级重点保护野生动物大鸨和白尾海雕；国家二级重点保护野生动物鸿雁、鸳鸯、斑头秋沙鸭等；以及反嘴鹬、棕头鸥、普通秋沙鸭、凤头䴙䴘、绿翅鸭等稀有鸟类。记录到野生鸟类18目50科176种，湿地鱼类4目8科17属21种，包括北京市重点保护鱼类黑鳍鳈，在湿地保育区发现北京市重点保护动物金线侧褶蛙，全年救助野生动物42次。

（姜鹏）

【花卉环境布置】 年内，玉渊潭公园完成春季赏花活动，迎接党的二十大、国庆花卉环境布置，樱珞花谷冬季羽衣甘蓝展示三个重要时段的环境布置，全年总用花量37万余株，呈现四季花卉景观的无缝衔接。栽植鲁冰花10万盆（株）、4000平方米。以迎接党的二十大为中心思想，以"加强生态环境保护 建设美好家园"为主题，全园共布置花坛及小品花境4处、花带20余处，总用花量23万余盆（株），布展总面积达8000平方米。国庆节后，樱珞花谷景区栽植羽衣甘蓝近4万盆（株），组成花谷冬日的五彩景观。冬季，对花坛花带裸露地利用落叶及木屑覆盖。

（范友梅）

【樱花季大客流管控】 年内，玉渊潭公园坚持园区游客扎堆聚集管理，分析研判樱花季大客流管控，通过属地联动、网格化管理、大客流预警、合理部署人员力量等，约谈园内健身团体27个，签订活动团体协议书20份，劝返唱歌、跳舞团体21个，有效缓解游客扎堆聚集现象。

（邹建玲）

【水体保护】 年内，玉渊潭公园在樱花小湖和湿地园栽植王莲、睡莲和千屈菜等水生植物，增设浮岛200平方米，改善湿地水环境。采集地表水样8次，通过实时水质监测仪，掌握水质情况。在湿地内发现北京市重点保护动物金线侧褶蛙和黑鳍鳈，园内生态链已形成。

（魏硕）

【红色文化资源】 年内，玉渊潭公园结合"湿地+红色"特色，推出2期红色文化线上体验活动"樱红之行"，推出3期"传承红色基因 赓续红色血脉"线上系列导赏；启动"红色血脉 薪火相传"小小红色讲解员培训及"红色文化进校园"活动。

（邹建玲）

【党建工作】 年内，玉渊潭公园党委始终坚持把党的政治建设摆在首位，把习近平总书记系列重要讲话精神列为"第一议题"6次。落实民主集中制度，修订完善《玉渊潭公园三重一大集体决策办法》，全年召开行政会51次，党委会30次，审议议题200余项。严格履行全面从严治党主体责任，领导班子成员集中学习市园林绿化局（首都绿化办）党组全面从严治党主体责任规定，组织支部专类学习16次，完成调查研究7次，申报中心级党建课题1项，开展园级党建课题1项；领导班子深入基层指导党建工作30余次。严格履行安全生产责任制，在党的二十大等关键节点进行行政议安3次、党委议安2次。全年完成党员发展1名。举办党支部书记、中层干部培训班，将学习范围扩大至全体党员、班组长骨干、民主党派人士、职工代表等，全年累计各类培训10余场，受训1000余人次。开展菜

单式培训，组织新任党支部书记就党员发展、党员E先锋管理以及支部手册填写等进行专题解读。依托党日活动平台，组织党员干部职工参观军博"领航强军向复兴——新时代国防和军队建设成就展"及北大红楼、陶然亭慈悲庵、西山无名英雄纪念碑等，不断丰富党员教育形式。

（邹建玲）

【意识形态工作】 年内，玉渊潭公园制订《中共北京市玉渊潭公园委员会关于落实网络意识形态工作责任制实施细则的工作措施》，签订《玉渊潭公园基层党组织落实意识形态工作责任书》13份，规范党员干部职工网络言论，进行舆情预警提醒50余次。在党的二十大召开等重要时间节点，以支部为单位，开展职工思想动态摸排和政治形势分析工作2次，梳理意见建议50余条。加强日常服务和宣传牌示排查，做好党的二十大牌示、标语的设置巡视工作，会议期间安排正式职工88人，深入园区开展网格化巡视，确保意识形态安全。邀请专家到园为副科级以上干部开展意识形态专题培训，将支部抓意识形态工作纳入党建考核范围。做好舆论引导，在樱花文化活动期间，第一时间发声，妥善处理"大爷拍照狂摇樱花"舆情。此事后公园调整早晚班职工力量，管理队建

玉渊潭公园工作人员在园区门口协助游客查验健康码（玉渊潭公园提供）

立全时段管理常态工作机制，将负面舆情转化为强化管理的工作举措。

（邹建玲）

【新冠病毒疫情防控】年内，玉渊潭公园职工长时间、不间断在重点时段支援门区落实各项新冠病毒疫情防控要求，支援人数达到3700人次，共劝返不符合防疫要求的游客4500余人次，为游客提供代查健康码服务68000余人次，切实把好门区防疫第一道关口。樱花观赏季及重要节假日期间，多次启动单向循环疏导措施和门区外蛇形疏导通道，在关键点位增加疏导牌示和人员，通过动态引流，确保樱花园景区的游园舒适度。

（邹建玲）

【领导班子成员】

党委书记 园长 刘军

党委副书记 纪委书记

高捷（2022年2月免）

夏国栋（2022年2月任）

副园长 工会主席

章艳林（女）

副园长 贾锁钢 许兴

王晓军（2022年8月任）

熊涛（女）（2022年8月任）

（玉渊潭公园管理处：邹建玲 供稿）

北京市园林学校

【概 况】 北京市园林学校（以下简称：市园林学校）为正处级公益一类财政补助事业单位，隶属于北京市公园管理中心，是一所行业办学特色鲜明的国家中等职业教育改革发展示范学校。主要职责是：培养中专学历园林人才，促进园林事业发展；园林技术、园林绿化、旅游服务与管理、宠物养护与经营、古建筑修缮、会展、花艺设计等学科中专学历教育；园林行业技术技能培训与考核。内设14个科室，包括：党委办公室、行政办公室、教务科、督导室、园林系、服务管理系、基础课教学部、学生发展中心、培训办公室、继续教育办公室、计划财务科、安全应急科、后勤管理科、信息中心。园林学校始建于1951年，中专办学始于1984年，设有1个校区，3个系部。主校区位于北京市房山区良乡镇，另有依托行业建设的三个专类实训校区，分别位于北京植物园种苗中心、北京动物园十三陵动物繁育基地、颐和园耕织图景区。

2022年，园林学校新招生279人，完成2021届74名毕业生派遣工作。学校以特色高水平项目建设为主线，开设21个专业，31个教学班，在校生573人，第二批特高项目建设通过市教育委员会阶段评估。中专学历教育，全面推进专业中高学段衔接，招生规模大幅提升。扎实推进中心技能人才自主评价工作。开展市公园管理中心职工自主评价培训824人次。面向师生开展"何以中国"故宫特展系列讲座、南海生态岛建设3次线上科普大讲堂活动，累计742人次。开展"校园花事"系列科普活动，撰写云科普文章2篇，《邂逅春柳的浪漫》《洁白如雪、清香如玉之白玉兰》阅读量500余人次。最大限度降低疫情对教育教学的影响，线上教学期间，全校师生相聚云端，13个教研室22个班级的113门课程线上授课情况良好。完成《园林植物》《草坪灌溉系统》等6门网络培训课程录制工作。完成下属4家企事业单位注销工作。

【会展服务与管理专业岗位认知实践教学】 1月13—22日，市园林学校10名会展服务与管理专业的学生与1名专业教师在新瑞鹏宠物医疗集团完成为期10天的岗位认知实践教学。

【宠物养护与经营专业课程实践教学】 3月7日，市园林学校为期一个月的2019级宠物养护与经营专业学生课程实践教学开课仪式在北京动物园举行。

【教学活动】 3月28日至4月8日学生居家学习期间，市园林学校结合专业和课程教学资源开展清明节主题教育活动。思政教研室推出"清明祭英烈"主题课程。文科教研室历史课讲述水门桥史实，让学生深入理解那些最可爱的人英勇无畏的革命精神；语文课结合园林

诗词，开展"清明时节飞花令——花"诗词活动，体验传统诗词中的清明植物意象。景区教研室组织本专业学生通过线上聆听，或线下"打卡"市属公园爱国主义教育基地红色文化景点，在教师指导下学生自主撰写讲解词，自制朗读小视频，表达对英雄的敬仰和缅怀。

【党支部换届选举】 7月6日，中共北京市园林学校总支部委员会党员大会召开，大会审议并通过党员大会选举办法和监票人、计票人名单，以无记名投票的方式，选举产生了园林学校党委委员和纪委委员，审议并通过园林学校党总支工作报告。

【"科普惠民 点亮生活"暑期系列专场活动】 8月11日，市园林学校科普团队走进伊林郡社区开展"科普惠民 点亮生活"暑期系列专场活动最后一堂课"古建之美"——瓦当拓印体验，让社区小学生亲手拓印瓦当。

（张旭）

【协助完成重大活动用花布置任务】 9月27日，市园林学校花艺设计与制作专业2021级学生与专业教师到校外实训基地北京市花木有限公司进行课程实践，协助企业专家共同完成"9·30天安门广场敬献花篮"制作任务，完成200余枝红掌的绑扎任务。

（张旭）

【党的二十大精神走进园林学校思政课堂】 10月17日，市园林学校思政教研室教师开展教学研讨和集体备课，将党的二十大报告中的新理念、新提法、新论断融入课堂教学中，开展"学习二十大，奋进新征程"专题教学活动。11月15日，园林学校全体思政课教师

7月6日，中共北京市园林学校党员大会在园林学校召开（市园林学校 提供）

8月11日，市园林学校科普团队在房山区伊林郡社区开展瓦当拓印体验活动（市园林学校 提供）

在文体艺术节期间为全校学生讲述以《百年辉煌：从一大到二十大》为题的一堂思政课。

【第17届文体艺术节】 11月8—12日，市园林学校举办以"青春力量心向党 踔厉奋进绽芳华"为主题的学生文体艺术节。

【第二批特高项目建设】 年内，市园林学校技术特高专业建设完成9个一级指标、34个二级指标。绿京华园林工程师学院建设完成4个一级指标、17个二级指标。通过市教育委员会阶段评估工作。完成专业课课程标准19个。

【课题研究】 年内，市园林学校完成北方职教集团课题立项2项，结题3项，获得二等奖1项、三等奖1项；北京市职业技术教育学会新开题3项；北京市教委改革立项项目3项完

成结题论证。

【教学成果】 年内，市园林学校在教学成果申报、评选方面，获得北京市职业教育教学成果二等奖1项，2个教学成果被评为中国都市农业职教集团职业教育提质培优增值赋能典型案例。

【教学设计比赛奖项】 年内，市园林学校花艺教研室团队荣获北京市职业院校技能大赛教学能力大赛一等奖。3个教学团队参加北京市职业院校教学能力比赛，获一等奖1个、二等奖2个。宠物教学团队获得北京市课程思政示范课程。5个教学课程团队进行北京市职业教育在线精品课程申报，其中《语文（职业模块）》获批北京市在线精品课。《中国特色社会主义》课程教学团队，参加北京市职业院校教学能力比赛获二等奖，参加北京市职业院校师德师风教学设计竞赛

10月17日，市园林学校组织学生学习党的二十大精神（市园林学校 提供）

11月8—12日，市园林学校在校内举办第十七届文体艺术节（市园林学校 提供）

获一等奖，参加北京市中职学校思政课优秀教学设计征集活动获三等奖。

【学生获奖情况】 年内，市园林学校16名学生组成7个比赛队参加北京市职业技能大赛园艺、花艺、工程测量、蔬菜嫁接4个项目，获得一等奖1个、二等奖2个、三等奖3个。8名学生、1名教师参加2022北京郁金香文化节主题活动——首届郁金香插花花艺大赛，获得2个金奖、3个银奖。宠物专业4名学生参加北京市高职组"鸡新城疫抗体检测"国赛项目，其中2名同学获得二等奖，2名同学获得三等奖。旅游专业2名学生首次参加北京市中职组"酒店服务项目"比赛。会展专业8名学生组成4支参赛队伍，首次参加第三届全国高校商业精英挑战赛会展文案全国总决赛，8位参赛选手全部获奖，其中一等奖1项、二等奖1项、三等奖2项。

【党建工作】 年内，市园林学校党委坚持每季度专门听取全面从严治党年度考核反馈问题整改情况汇报，压紧压实党委主体责任、书记"第一责任人"责任和班子成员"一岗双责"责任。严格落实民主集中制，坚持"三重一大"事项集体研究决策，切实把党的政治建设融入日常工作。

【新冠病毒疫情防控】 年内，市园林学校完成市公园管理中心、房山区教育委员会专项督查及市教育委员会新冠病毒疫情防控复盘和自查整改工作。完成师生、退休人员、外聘教师新冠疫苗接种，落实健康监测、核酸检测、离京审批等各项要求。加强重点人群管理，研判各种错综复杂的流调信息，动态管理居家办公学习的师生情况，对校内隔离学生在心理、生活、学习方面进行人文关怀。加强校园封闭管理，加大门区管理力度，严格落实门区防控措施。落实四方责任，加强属地联动。党员干部主动报名下沉社区，参加志愿服务活动。根据疫情形势变化，学校动态调整线上、线下教学方式，最大限度降低疫情对教育教学的影响。线上教学期间，13个教研室22个班级的89门课程线上授课情况良好。

【领导班子成员】
党委书记 主任
王立新（女）
党委副书记 校长 甘长青
纪委书记 副校长
陈凌燕（女）
副校长 马继红（女）
戴全胜 李峰松
管理五级 杨宝利
杜刚（2022年11月退休）

（北京市园林学校：
张旭 供稿）

中国园林博物馆北京筹备办公室

【概 况】 中国园林博物馆北京筹备办公室（以下简称：园博馆）隶属北京公园管理中心，是财政补助公益一类正处级事业单位。主要职责是：受市公园管理中心委托，具体负责中国园林博物馆的筹建和运营、管理工作。内设党群办公室、行政办公室、组织人事部、财务部、藏品部、科研部、展陈部、宣教部、服务部、运行部、物业部、安保部、信息部13个部门。园博馆是中国第一座以园林为主题的国家级博物馆，作为公益性永久文化机构，是收藏园林历史文物、弘扬中国传统文化、展示园林艺术魅力、研究园林价值的国际园林文化中心。中国园林博物馆自2010年开始筹建，于2013年5月开馆运行，占地6.5万平方米，建筑面积49950平方米，由主体建筑、室内展园与室外展区三部分组成。主体建筑内28200平方米可用于展览展陈。

2022年，服务游客24.3万人次。按照新冠病毒疫情防控要求三次闭馆达123天，始终坚持"闭馆不闭展，不停止文化传播"，推出各类园林文化、绿色生态主题线上、线下科普活动400余场次，开展线上科普宣传累计观看4372万人次，超上年全年观看量122.8%。从全国6000余家博物馆脱颖而出，荣获"中博热搜榜"2022年度全国热搜博物馆百强榜单第33名。获评首批"2021—2025年全国科普教育基地"、"红领巾爱首都"北京市少先队校外实践教育基地、"首都学雷锋志愿服务"最佳志愿服务项目；申报国家专利1项，荣获北京市博物馆优秀教育活动、科普创新项目，"窗——园林的眼睛"展览入选北京市十大优秀展览第二名，物上山水展跻身中博热搜榜"十大热搜展览"第四名，入选文博行业100个热门展览。手语讲解员庞森尔获市科委、全国林草系统科普讲解大赛等科普比赛3项一等奖；6名"园林小讲师"志愿者获评市文物局"首届北京博物馆志愿百星"称号。

【传统建筑彩画技艺展】 5月18日，园博馆举办传统建筑彩画技艺展。展览通过200余件展品综合展示宋、元、明、清建筑彩画的构图、纹饰、色彩、演变、技艺等，向公众普及中国传统建筑彩画艺术。展期内共接待观众3.4万余人次，共发布微信54篇、微博31条、北京日报客户端"北京号"48篇、短视频2部，完成相关直

播26场，媒体报道2次，线上播放量约630万人次。

【孟兆祯院士学术成就展】 5月18日至10月30日，园博馆举办孟兆祯院士学术成就展。展览通过212件（套）展品，综合展示孟兆祯先生在教书育人、园林设计、科学研究、文化传承、服务社会等方面的杰出成就。展期共接待观众1.6万余人次，共发布微信56篇、微博42

条、"北京号"47篇、短视频3部，完成相关直播7场，相关媒体报道1次，线上播放量约420万人次。

【物上山水展】 9月30日至12月25日，园博馆举办物上山水展。展览由中国园林博物馆与沈阳故宫博物院主办，北京市颐和园管理处、古陶文明博物馆、北京古琴文化研究会协办。展览展出100余件（套）山

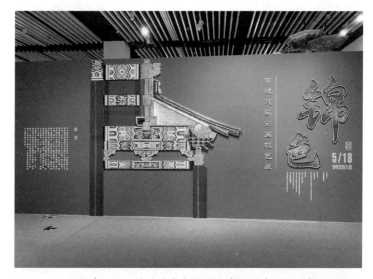

5月18日，传统建筑彩画技艺展在中国园林博物馆举办（园博馆 提供）

5月18日至10月30日，孟兆祯院士学术成就展在中国园林博物馆举办（园博馆 提供）

水主题的文物和当代艺术品。

【走进青藏高原展】 11月16日，园博馆举办走进青藏高原展。展览由中国园林博物馆、中国科学院青藏高原研究所主办，中国地图出版社、北京林业大学博物馆协办。展出矿化石标本、科考仪器、成果书籍、高原动物标本等50余件（套）展品。

【自主开发研学课程】 年内，园博馆开发"传统文化""自然科普""生态文明"三类研学系列课程，包括园林植物宏观及微观探索、秘密花园生态文明展示等10个主题系列，向北京市中小学生大课堂、全国中小学生研学实践教育基地、北京市民族宗教事务委员会等教育机构报送推广。

【自媒体科教传播】 年内，园博馆根据新冠病毒疫情防控政策调整需要，在闭馆期间结合"收藏、展示、研究、教育、园林"五项基本职能，在微信公众号设置"赏景、观展、品珍、社教、听苑、万卷、说园"七大基础栏目，在微信、微博、"北京号"等平台推送图文信息1100篇（条），累计阅读量440余万人次。与北京科协自媒体平台、北京博物馆学会社教专委会、北京市教育学会社会大课堂专业委员会等文博行业重点自媒体领域建立常态信息传播机制。

9月30日至12月25日，物上山水展在中国园林博物馆举办（园博馆提供）

11月16日，走进青藏高原展在中国园林博物馆举办（园博馆 提供）

【工程院院士学术收藏入藏园博馆】 年内，中国工程院院士、风景园林学家汪菊渊、陈俊榆、孟兆祯先生相关学术资料入藏园博馆。园博馆先后接收汪菊渊、陈俊榆、孟兆祯3位院士共计665件（套）珍贵园林资料。

【打造"7×24小时"线上博物馆】 年内，园博馆建立全景漫游、VR漫游、3D展品等六种形式数字展览体系，推出351项线上数字展览；完成永不落幕系列线上数字展览第一期，即孟兆祯院士学术成就展；云园林和导览小程序实现11项主题展览与固定展览互联、互通、互动，展厅张贴295个展品一维码实现线上、线下互联互通；创新实现导览小程序微信双号和微网站融媒体聚合；网站群持续发挥园博馆科普作用，"云园林"获评首届首都科普展教课程特色课程。

【学术活动】 年内，园博馆与中国风景园林学会等单位合作，举办纪念计成诞辰440周年国内学术研讨会；邀请国内知名专家，打造学术活动品牌"园林讲堂"，举办园林文化大讲堂2场，各类学术活动10余场。主持编制中国风景园林学会团体标准《园林文物分类指南》；出版第8期《中国园林博物馆学刊》，收录学术论文24篇，共计30万字，完成第9期馆刊的征稿编辑工作。

【藏品管理】 年内，园博馆完成玉雕"三阳开泰"摆件、渔樵耕读图端砚等13件文物及2件玉石盆景工艺品的征集，填补馆藏玉石类藏品的空白，征集藏品出展利用率为57%。完成290件（套）文物定级工作，评出二级文物10件、三级文物66件，珍贵文物总比例占鉴定总数的26%。接收中央美院、北京林业大学书画、出版物等藏品260余件（套）。完成古籍善本共计8件套3300页的藏品数字化及馆藏32件瓷器文物高清拍摄。

【藏品利用】 年内，园博馆开发数字化藏品资源功能，满足馆内藏品资源在展览设计、宣传品制作、自媒体插图、图书出版等方面的应用。加强博物馆馆际间交流合作，外借馆内藏品实物，配合颐和园"园说IV——这片山水这片园"、北京林业大学园林学院"高山景行 七秩华章"——园林学院庆祝建校70周年大师学术成就展暨学院重大成果展等园林文化展览。首次外借数字藏品，协助北京艺术博物馆改陈项目，提供馆藏"万佛阁三圣殿安置图样"样式雷图档电子版。

【党建工作】 年内，园博馆党委制订党委成员落实全面从严治党主体责任清单，召开全面从严治党暨党风廉政建设大会，加重党建工作在绩效考评中的分值，推动支部工作更加制度化、规范化。全年召开党委及行政办公会63期，开展集中学习10次，研讨交流6次，专项检查47次，创立"园林典范"党建品牌。创办"园林好故事""涤我尘襟""锁绿"青年讲堂，党建引领助力4项市公园管理中心折子任务和33项馆级任务顺利推进，党建品牌助力核心业务。新增、修订各类制度11个，加强服务体系建设，提高科学决策和管理水平。

【意识形态工作】 年内，园博馆开展意识形态专项检查9次，进行职工思想意识形态调研3期。开展130次四级谈话。

【新冠病毒疫情防控】 年内，园博馆成立新冠病毒疫情防控领导小组，明确主责部门。全年三次因疫情原因临时闭馆，工作重心调整为"保基本、保一线、保重点"。严把门区第一道防线，压实责任，不折不扣落实分时预约、限流管控、健康码查验、体温测量、戴口罩不聚集提示等防控措施。加强远端疏导，分时分段网上预约，严格客流管控，动态调整限流比例，精准控制游客量。全馆在职员工网格化支援一线防疫岗位，累计服务时长89小时。

【领导班子成员】
党委书记 主任
杨秀娟（女）
党委副书记 工会主席
白旭
副主任 谷媛（女）
刘明星（女） 尹连喜
管理六级 陶涛 陈进勇
（中国园林博物馆北京筹备办公室：孙萌 供稿）

北京市公园管理中心综合事务中心

【概　况】　北京市公园管理中心综合事务中心隶属于北京市公园管理中心，为公益一类财政补助正处级事业单位。主要职责是：主要负责公园管理中心系统综合事务和中心机关后勤保障工作，包括接诉即办、信息化建设及网络安全、教育培训、老干部管理、机关服务保障、固定资产管理等。内设10个科室，分别是：行政办公室、党群办公室、组织人事科、计划财务科、接诉即办办公室、信息化办公室、教育培训科、老干部科、服务保障科、安全保卫科。

2022年，北京市公园管理中心综合事务中心转办市12345群众诉求1905件，同比减少41.2%，响应率100%，解决率、满意率均达97%以上；"畅游公园"累计预约购票游客645万人次，售票金额6337万元，实际验票率74.73%，微信公众号关注累计577万人次，新增98万人次，同比增长20.46%；门户网站页面总点击数1115万次，发布信息863条，同比增长24%；大数据全市"月报季评"总体指标位居全市各委（办、局）前列，10项指标中6项高于全市平均

值；全年保障会议1074场次，其中视频会议316场次，提供会议服务1万余人次；完成中心"依托红色文化资源开展党性教育的研究"等两项调研课题；完成中心系统60岁及以上老年人疫苗接种年度既定目标任务。

【综合指挥平台建设】　年内，市公园管理中心综合事务中心完成指挥调度平台建设，实现24小时视频适时检查调度值守功能，保障国庆、红叶观赏期等重点时期指挥调度工作。平台建成后的两个月时间，提供指挥调度服务50次，其中视频指挥调度24次，统计、上报客流数据1000余次。

【网络信息化建设】　年内，市公园管理中心综合事务中心推进大数据工作，做好网络安全和票务运维优化调整，整合市属公园客流统计、票务预约、古建、古树、科研管理等多个项目，完善综合数据展示平台功能，全年为市属各公园对账504次，结算490次，清分结算票款4789万元；向市各委（办、局）提供"畅游公园"票务数据、客流统计等数据资源，共享数据项19条，推送数据31万余次（条），申请使用信令数据10条，生成香山重点区域热力图；提供视频监控图像资源522路，共计914.54万小

时图像资源；红叶季期间通过大数据平台接收香山地区图像监控资源273路，共计22.93万小时图像资源；完成日常及重点时期视频会议保障和值守服务。

【党建工作】　年内，市公园管理中心综合事务中心完成党总支及三个党支部的选举成立工作。规范党总支议事规则，修订并严格落实"三重一大"制度。严格执行民主集中制、"三会一课"、主题党日等党内组织生活制度。建立领导干部联系党支部工作机制，领导干部每月至少一次深入联系支部，指导帮助支部建设；规范党费收缴公示、党员发展、"e先锋"系统维护等基础工作。

【巡视巡察问题整改】　年内，市公园管理中心综合事务中心对照巡察反馈的18类5项具体问题，制订整改措施70项，35项巡察整改任务按时完成。

【意识形态工作】　年内，市公园管理中心综合事务中心制订印发《党员干部职工谈心谈话工作制度》，建立以科室为基础的职工思想动态摸排机制，实现党员干部职工谈心谈话全覆盖。

【新冠病毒疫情防控】　年内，市公园管理中心综合事务中心发放防疫物资1万余件；建立

在职人员及社会化人员新冠病毒疫情防控台账，严格核酸检测、测温扫码及登记制度；完成日常保洁、防疫消杀及重点区域环境检测；制订突发疫情应急处置预案、快递包裹消杀操作规范等；8名党员干部职工先后服务社区，主动值守；新冠病毒疫情防控措施优化后，复产复工按下"加速键"，干部职工感染康复后迅速返岗。全年组织核酸检测1.2万人次，组织环境检测1830个点位，组织抗原检查2000人次，全年安保岗位登记外来访客5.3万余人次；查验核酸、测温、登记7万余人次，劝返健康码或核酸检测异常者40人次；全年快递消杀1万余件，最大限度保障市公园管理中心机关正常办公秩序。

【领导班子成员】

党支部书记　主任

高捷（2022年2月任）

副主任（主持工作）

孙颖（2022年2月免）

副主任　刘景起

（北京市公园管理中心综合事务中心：范岩雪　供稿）

园林绿化综合执法

行政执法

【概　况】　2022年，市园林绿化综合执法工作以"2022绿剑行动"为抓手，结合国家林草局等部委部署的"清风行动"、"双打"、打击毁林等专项行动，有效打击涉林涉绿违法行为，为保障首都生态安全提供坚实的执法保障。

（李倩）

【野生动植物保护专项执法】年内，市园林绿化综合执法工作采取市级协同、区级联动模式，协同市农业综合执法总队、市公安局森林公安分局、市城管执法总队等相关部门，开展清风行动、网盾行动、绿剑行动、网络市场监管等11轮野生动植物保护专项执法行动；围绕首都生物多样性保护、异宠交易、外来物种入侵等社会焦点，直接查办野生动物类案件5起，其中跨省案件3起，跨区案件2起。督导各区开展89次专项行动，查办野生动物违法行政案件76起，处理违法犯罪人员76人，出动执法人员13.9万余人次，检查6241处点位。开展宣传活动63次，宣传教育公众320余万人次。

（胡玥）

【种苗林业保护执法】年内，市园林绿化综合执法工作开展全市重点保护种质资源保护情况摸底调研，及时全面掌握种质资源在各区的分布与保护情况。指导各区加大种苗林业保护执法力度；组织开展隔离试种苗圃和规模化苗圃专项执法检查，累计完成监督检查190余次；年内累计出动车辆67车次，执法人员275人次，涉及点位200余个，督导各区查办种苗林保类案件立案7件，结案7件，其中种苗4件，林保3件，罚款1.32万元。

（贾喆）

【森林督查专项行动】年内，针对北京市委巡视北京市园林绿化局发现的368个问题图斑和国家林草局下发的2504个问题图斑整改开展四轮督查工作，累计出动110余人次，核查点位50余个，完成国家森林督查暨林政执法综合管理系统平台省级审核图斑900余个（1200余次）。涉及北京市1214个图斑中，督导各区立案749件，立案率100%，已办结686件，结案率91.6%。

（李倩）

【转督办线索办理工作】　年内，市园林绿化执法大队全面落实国家林草局、市领导在《今日舆情》等信息上对城市树木砍伐、森林资源破坏等方面的舆情信息批示件以及市园林绿化局（首都绿化办）领导的批示件46件（38个批示），均已办结。以市园林绿化局名义首次行使指定管辖权，督促指导房山区完成指定管辖案件1件。

（行政执法：李倩　供稿）

执法机构

【概　况】 北京市园林绿化综合执法大队（以下简称：市园林绿化执法大队）是北京市市园林绿化局管理的正处级行政执法机构，以北京市园林绿化局名义执法。主要职责是：负责集中行使法律、法规、规章规定，应由省级园林绿化主管部门行使的行政处罚权以及与之相关的行政检查、行政强制权；负责相关领域重大疑难复杂案件和跨区域案件的查处工作；监督指导、统筹协调各区园林绿化执法工作；完成北京市委、市政府和市园林绿化局交办的其他任务。

2022年，市园林绿化执法大队围绕履行四项主要职能，办结国家林草局、北京市委、市政府和市园林绿化局（首都绿化办）领导批示件46件，北京市行政案件立案861件，同比增长363%，办结849件，罚款698万元，补种树木2792株，收缴野生动物及制品119件，出动执法人员24370人次、执法车辆6279台次，现场检查点位15973个，切实提升执法办案能力整体水平，市园林绿化执法大队参评案卷3个，均为优秀案卷（90分以上）。

【完成北京市委第六巡视组巡视反馈意见整改】 年内，市园林绿化执法大队按照市园林绿化局（首都绿化办）《关于市委第六巡视组巡视反馈意见整改工作方案》，配合整改工作4项，推动整改森林资源监管，对全市13个区364个图斑进行现场督查督办，累计出动执法人员39人次、执法车辆13台次，现场检查点位38个，占全部问题图斑的98.9%。结合"绿剑行动""清风行动"，加强对野生动物和野生植物的执法监管力度。配合市园林绿化局（首都绿化办）机关党委、机关纪委、办公室、计财处、人事处、综合事务中心等部门，做好党员思想摸排、谈心谈话、办公用房自查、人员兼职、干部任用等情况梳理。

【区级综合执法队建设】 年内，市园林绿化执法大队推动东城、西城、石景山3个区组建执法队。推动已批复编制的区配齐配强执法人员。除东城区、西城区、石景山区的其他13个区行政执法专项编制213人，到位164人，到位率76.9%，确保森林公安转隶后园林绿化行政执法队伍的稳定性。

【区级执法队业务督导】 年内，市园林绿化执法大队自主完成编印园林绿化行政执法工具书并配发北京市执法人员，解答各区一线执法疑难问题2710次，集中线上研讨培训9期，开展现场业务指导17次，累计指导各区办理案件50件。

【提升综合执法能力】 年内，市园林绿化执法大队按照国家林草局要求，完成2022年度北京市林业行政案件数据统计分析工作。发挥律师顾问作用，创新培训方式，探索由专业律

1月10日，市园林绿化执法大队在门头沟区大峪街道开展新冠病毒疫情检查工作（市园林绿化执法大队 提供）

师团队对北京市区园林绿化行政执法提供业务指导。截至9月底，出具律师咨询意见22次，发布执法月刊6期。

【疫情检查】 年内，市园林绿化执法大队参加北京市委疫情指导组工作，深入一线开展疫情指导检查，全年累计出动执法人员247人次，动用执法车辆107台次，先后赴东城、大兴等区，累计开展执法检查91次，检查点位840余处，发现问题340多个，提出整改建议210余条，反馈市指导组意见建议170余条。

【普法宣传】 年内，市园林绿化执法大队开展多形式普法宣传，依托"蓝心普法"公众号发布普法文章50篇，开展"小手拉大手 争做护鸟小先锋"普法进校园活动，助推"首都市民最喜爱的鸟"评选活动。利用"云课堂"开展法律授课6次，通过微信工作群推送执法理论、实务性参考文章260多篇，先后有4篇理论性文章获奖。

【党建工作】 年内，市园林绿化执法大队坚持锻造"四铁"执法队伍（铁一般理想信念、铁一般责任担当、铁一般过硬本领、铁一般纪律作风），将"第一议题"制度作为党支部落实全面从严治党重要内容，严格执行"三重一大"事项集体决策制度，召开支委会13次，做好预备党员转正2名。严格按照程序，开展支部换届

选举工作。逐级制订主体责任清单和权责清单，印发"四项制度"及"七个严禁"，着力规范执法行为。开展理论中心组自学53次、集中学习4次、研讨交流3次，参观"不忘初心 牢记使命"主题展，组织"传承红色血脉，践行护绿使命"，"聚焦绿色科技，助力综合执法"等主题党日活动，开展习近平总书记在庆祝中国共产主义青年团成立100周年大会上的讲话主题研学活动，制作"正青春，一起拼"微视频，开展向困难党员捐款，慰问防疫下沉干部。

【意识形态工作】 年内，市园林绿化执法大队坚持每半年开展意识形态、全面从严治党以及党风廉政建设工作专题分析会。扎实开展警示教育活动，完成思想摸排57人次，实现谈心谈话全覆盖。

【领导班子成员】
党支部书记 队长 向德忠
一级调研员 牛树元
副大队长 杜德全
宋涛（2022年12月任）
三级调研员 王国义 王怀民
四级调研员
王刚 滕玉军 薛杰喜
（执法机构：李倩 供稿）

3月1日，市园林绿化执法大队在人大附中石景山学校开展"小手拉大手 争做护鸟小先锋"普法进校园活动（张建民 摄影）

直属单位

北京市林业工作总站（北京市林业科技推广站）

【概　况】 北京市林业工作总站（北京市林业科技推广站）（以下简称：市林业工作总站）是北京市园林绿化局所属正处级公益一类事业单位。主要职责是：承担全市园林绿化生态保护修复工程、重点林业生态工程、防沙治沙、退耕还林、生态林养护管理等方面的事务性工作；承担林业技术推广体系建设等具体工作。编制72人，内设科室12个，分别为办公室、人事科、党建工作科、计划财务科、平原生态林管理科、防沙治沙科、绿隔公园管理科、山区森林经营科、工程管理科、资源管理科、科技推广科、基层林业机构管理科。

2022年，市林业工作总站完成京津风沙源治理二期工程相关工作，开展京津风沙源治理工程动态监测。加大平原生态林养护管理日常监管、综合检查力度。开展重要道路沿线平原生态林环境整治，为北京冬奥会和冬残奥会、全国"两会"、党的二十大等重大活动提供服务保障。完成春季沙尘蓝色预警应对工作，与宣传、气象、生态环境等部门联动，向社会公众发布预测预报和预警信息。发布杨柳飞絮预报信息，在北京市杨柳雌株分布较密的地区建立100处监测点，实时掌握杨柳雌株果絮动态变化，全程监控飞絮飘絮情况，为北京市杨柳飞絮综合防治提供信息支撑。

【废弃矿山修复养护】 年内，市林业工作总站完成《北京市废弃矿山达标生态林现状调研报告》。接收合格生态林面积201.83公顷，完成北京市矿山生态林养护面积793.73公顷，市级配套资金742.9万元，涉及

9月15日，市林业工作总站在西山国家森林公园举办京津风沙源治理工程实施20周年媒体宣传活动（何建勇 摄影）

6个区、29个乡镇、79个村、135个项目。完成养护工作扩堰苗木21.94万株，补植乔灌木25.75万株，定株13.35万株，有害生物防治369.13公顷，客土改良2.25万立方米，施肥55.54吨，林地巡查3557次。汇总《北京市已移交矿山修复生态林基本情况表》《2022年度北京市已移交矿山修复生态林经营管护情况统计表》，收集北京市已移交小斑地块GIS数据并上图，全面掌握北京市矿山生态林基础数据。

【绿隔郊野公园管理】 年内，市林业工作总站印发《绿隔公园分级分类管理办法》等通知，推进75个公园分级、分类、分功能区养护；完成春、秋绿隔郊野公园管理情况检查2次；建立市级示范公园2个；划定自然带20处；完成公园林

分结构调整16处，补植食源蜜源植物6450株；村头片林改造提升80处。

【落实退耕还林政策】 年内，市林业工作总站完成北京市退耕还林基本情况调查摸底，确认保存面积25499.81公顷，面积保存率为83.23%，林木管护率88.4%，成林面积25168公顷，成林率98.6%，未保存面积5141.33公顷。推进退耕还林区级自查和市级抽查工作，确认市级补助面积17900公顷，兑现资金22737.70万元。实地调研北京市7个区退耕还林后续政策的目标、制度机制、执行效果和重难点问题，形成调研报告。回复解决12345市民诉求热线中涉及退耕还林政策，落实相关诉求581件。

【林业科技成果推广】 年内，

市林业工作总站完成林分结构调整、林木有害生物防治、林下补栎和抚育物堆肥等技术成果推广6项；修订《沙化土地监测指标体系》标准，编制《美国白蛾绿色防控技术实用手册》《白蜡窄吉丁绿色防控技术实用手册》；组织开展城镇园林植物和平原生态林修剪技术线上培训，点击量5.6万人次；开展园林绿化科普教育专项活动，举办交流展会，组织"提升生态碳汇 助力碳中和"科技成果讲座活动；开发"园林科创"微信小程序，打造园林绿化科技成果推广线上平台，完成春季沙尘蓝色预警及杨柳飞絮预报工作，向社会公众发布预测信息3次，服务市民出行防护。

【基层涉林机构建设】 年内，市林业工作总站完成10个2021年标准化林业站建设实施单位市级验收以及国家林草局的核查工作；开展山区生态林管护员纳入城市协管员队伍情况调研，完善山区生态林管护员信息管理系统；升级北京市林业工作站管理信息系统，完成年内本底调查报告；开展"林草网络学堂"线上培训，乡镇林业站站长（涉林机构负责人）及相关工作人员300余名参加；组织山区生态林管护队伍日常巡查；协助国家林草局拍摄《绿色使命》MV，完成第

2月22日，林业专家赴老山城市休闲公园指导林分结构调整（姬鹏 摄影）

四版《北京市基层林业工作站建设指导文件汇编》。

【党建工作】 年内，市林业工作总站规范党内组织生活，召开党员大会6次，站党总支会议26次，党总支专题会1次，完善商讨并修订工作制度26项。制订年度领导班子理论中心组学习计划，严格落实每月一天的党日活动。全年理论中心组学习10次，其中学习研讨4次；二级党支部学习9次，学习研讨3次；党总支开展主题党日活动2次，党总支书记讲党课1次、二级党支部书记讲党课8次，领导班子成员讲党课11次，参加党课学习的党员和积极分子102人次。

【意识形态工作】 年内，市林业工作总站制订《北京市林业工作总站思想动态排摸工作要点》等文件，落实谈心谈话和分析研判制度，全站开展思想动态摸排2次，召开征求意见座谈会2次，函询人员谈话4次，退休前谈话3人次，民主党派人士谈心谈话3人次。

【新冠病毒疫情防控】 年内，市林业工作总站完成涉疫排查160次，组织站内全员核酸检测10次，上报涉疫信息200人次，出京人数统计13人次，疫苗接种率90%。

【领导班子成员】
党支部书记 站长 杜建军
一级调研员 胡俊 张继伟
孙长青（2022年5月任）
二级调研员
王连军 秦永胜 李荣桓
三级调研员
续源（女） 张小龙
徐记山 翁月明 刘景海
四级调研员 张洪

（北京市林业工作总站：于青供稿）

10月20日，市林业工作总站组织党员学习党的二十大精神（周丽红摄影）

北京市园林绿化资源保护中心（北京市园林绿化局审批服务中心）

【概况】 北京市园林绿化资源保护中心（北京市园林绿化局审批服务中心）（以下简称：市园林绿化资源保护中心）是北京市园林绿化局所属正处级公益一类事业单位。主要职责是：承担全市林木、绿地、草地有害生物防治、检疫、预测预报等事务性工作；承担林木种质资源管理、林木良种和先进育苗技术推广、林木种苗信息服务等事务性工作；承担野生动植物和古树名木保护管理、园林绿化土壤污染防治等事务性工作；承担市园林绿化局行政审批相关技术性、事务性工作。内设科室10个，分别是办公室、党建人事科、计划财务科、综合防治科、植物种质资源保护科、监测预报科、检疫检验科、种苗科、审批服务科、野生动物保护科。

2022年，市园林绿化资源保护中心以党建为引领，统筹新冠病毒疫情防控与业务开展，聚焦北京冬奥会和冬残奥会、党的二十大服务保障任务，以维护首都生态安全、强化野生动植物及其栖息地保护修复、促进种苗产业健康发展和提升政务服务水平为重点，完成全年各项工作任务。全年办理政务服务事项1847件，其中野生动植物类337件（法定本级事项245件，受国家林草局委托事项92件）；检疫类签发《引进林木种子、苗木检疫审批单》1445张（件）；办理草种进出口审批事项59件，以告知承诺制办理林木种子生产经营许可证5件，办理从事种子进出口业务的林木种子生产经营许可证初审1件。协助市公安部门调取涉及野生动植物案件证据并函复39件。累计定制260万余个本地苗木电子标签，向各区发放250万个，绑定标签数量180万余个。

市园林绿化资源保护中心发布林业有害生物监测预警信息（郭蕾 摄影）

【林业有害生物监测预警】 年内，市园林绿化资源保护中心设立国家级监测点10个，林业有害生物市级监测测报点586个，区级监测点4829个。落实国家及北京市松材线虫病疫情防控五年攻坚行动，开展北京市域松材线虫病普查工作，运用卫星遥感技术对北京市116666.67公顷松林全覆盖监测。完成24架次的无人机飞行监测任务，监测面积达21600公顷，运用旋翼式无人机定点核查100架次，未发现松材线虫病疫情。发布预测预警信息，发布3—10月林木有害生物监测防治月历8期，编发美国白蛾等预警信息57条，覆盖京津冀8.55万人次。

【外来入侵物种普查】 年内，市园林绿化资源保护中心成立北京市园林绿化外来入侵物种普查工作领导小组和专家团队，建立普查联络工作机制，召开工作调度会，下发普查工作方案，编制普查识别图谱，对普查App的安装和使用进行培训。

【防控美国白蛾】 年内，市园林绿化资源保护中心成立美国白蛾防控专班，和国家蹲点服务指导组一起开展分区包片督导检查，全年开展督导检查近1000人次，全市累计完成美国白蛾防治任务298559.23公顷。建立美国白蛾问题点位等台账，统计全市美国白蛾防治周数据，上报《北京市美国白蛾周报告》23份，编发《美国白蛾防控工作专刊》48期，开展下基层专项培训49次，培训人员近5000人；开展线上培训4次，培训近5万人次。编制印发《美国白蛾快速识别》《美国白蛾快速鉴定》《白蜡窄吉丁防治手册》6万册，发放美国白蛾防治和"拍照识虫"等宣传海报4000张。组织开展北京市第三代美国白蛾发生趋势及防控对策新闻宣传活动，联合北京市气象服务中心进行有害生物预测预报，通过中央广播电视总台《中国三农报道》、《北京新闻》、《绿化与生活》、微信公众号等平台广泛宣传美国白蛾防控知识。

【飞机防治林业有害生物】 年内，市园林绿化资源保护中心启用飞机防治远程质量监测管理综合平台手机端App，实现作业任务高效管理。全年飞防作业895架次，防治面积89500公顷。在北京城市副中心行政办公区、城市绿心森林公园、温榆河公园、颐和园、天坛公园、奥林匹克森林公园和北京大兴国际机场周边设立7个绿色生态综合防控示范区，"一园一策"制订防控实施方案。

【种质资源保护】 年内，市园林绿化资源保护中心成立北京市园林绿化局林草品种审定委员会，按照林草用途设立4个专业委员会，承担林草品种审定的初审工作；开展14个品种的区试现场踏查和初审工作，完成8个国审品种踏查、审核工作。在松山自然保护区和玉渡山自然保护区对植物及林草种质资源开展调查，记录物种255种，国家级保护植物8种，北京市保护植物9种，极小种群1种，完成采集野生植物标本100份以上，收集重要野生树种及特色资源DNA样品100

份，收集具有利用价值或潜在利用价值的林木和草本植物种质资源400份。

【苗圃结构调整】 年内，市园林绿化资源保护中心推进苗圃结构调整，北京市2021年度因复耕政策导致苗圃减少147家，复耕总面积3321.92公顷。同比2021年，苗圃数量减少107个，面积减少3366.67公顷，苗木产量减少2453万株。

【野生动植物资源保护】 年内，市园林绿化资源保护中心完成天鹅属鸟类春、秋季专项调查，记录到天鹅1661只。春、秋季水鸟同步调查记录到水鸟7目11科54种9508只，包括国家一级重点保护野生动物青头潜鸭、中华秋沙鸭、白鹤等不常见鸟类。开展智慧栖息地建设及"迎豹回家"评估工作。申报并启动"北京及周边地区豹适宜栖息地评估项

目"，开展调查并完成评估报告。加强与周边省份的协同和资源共享，全力推进智慧栖息地建设工作，制订《北京市陆生野生动物人工繁育管理规范兽类》，将人工繁育单位按三大类五小类进行综合分级分类精准管理；完善人工繁育数据平台的相关设置，确定房山、大兴两家繁育单位为"互联网+"管理模式试点单位。

【优化行政审批服务】 年内，市园林绿化资源保护中心依据最新版北京市园林绿化局政务服务事项清单梳理中心事项，涉及行政审批事项21项。推进"两区"建设，企业通过"首都之窗"网上平台在线提交申请材料，全程网办率达100%。依托北京市政务服务中心门户，除国家林草局委托事项外，实现全程网上办理。开展利企审批改革，将部分专家论证纳入政府内部环节，组

7月12日，市园林绿化局林草品种审定委员会2021年度主任委员会会议召开（市园林绿化资源保护中心提供）

3月16日，市园林绿化资源保护中心到雾灵山自然保护区开展植物极小种群保护情况调研（市园林绿化资源保护中心 提供）

织"猎捕国家二级保护野生动物""建设项目避让保护古树名木"等事项专家论证会15次。

【野生动物人工繁育单位新冠病毒疫情防控】 年内，市园林绿化资源保护中心编写陆生野生动物人工繁育单位新冠病毒防控工作指引，对北京市人工繁育场所动物和人员健康情况进行每日动态监测，对人工繁育单位发布防疫和安全保障通知，对动物园等对外展示单位发送重点单位新冠病毒疫情防控提醒。

【陆生野生动物危害补偿】 年内，市园林绿化资源保护中心统计2021年9个区报送的野生动物危害情况，发放补偿款546万元，其中财产损失补偿544.6万元、人身伤害补偿1.4万元。

【科普宣传】 年内，市园林绿化资源保护中心联合京津冀相关单位共同举办"5·25"林业植物检疫检查和宣传活动，对辖区内苗圃、苗木集散地、木材批发市场、木材加工厂等企业进行检疫检查；采取线上培训、悬挂横幅、宣传车广播等多种形式开展林业有害生物防控知识宣传，发放各种宣传材料12000余份。通过抖音公众号编发草履蚧、春尺蠖、杨潜叶跳象、美国白蛾等林业有害生物的监测识别与防治技术

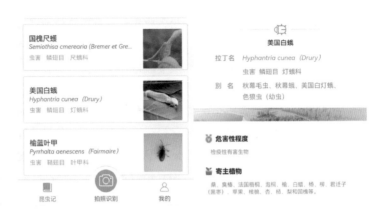

市园林绿化资源保护中心开发线上识虫App（市园林绿化资源保护中心 提供）

小视频13条。宣传推广拍照识虫软件，倡导"全民监测"理念。围绕法律法规和野生动物资源及栖息地保护，开展培训2600余人次；参加"世界野生动植物日""爱鸟周"等宣传活动，发放宣传材料10000余份。

【党建工作】 年内，市园林绿化资源保护中心组织理论中心组学习11次，研讨交流6次，中心6个党支部集中学习累计54次、主题党日活动18次。强化主体责任落实，制订全面从严治党主体责任清单，班子成员认真履行"一岗双责"，全体人员均制订权责清单，各科室均制订廉政风险防范责任书；制订《贯彻落实中央八项规定实施细则精神的实施办法》，召开季度警示教育大会，制订"清风常伴 廉洁齐家"倡议书。

【巡视巡察问题整改】 年内，市园林绿化资源保护中心多次召开巡察整改工作推进会，反馈的42个问题中，在集中整改期内已完成41个。

【新冠病毒疫情防控】 年内，市园林绿化资源保护中心14名职工累计40人次参与社区疫情志愿服务工作。严格落实党员"双报到"制度，人均社区报到4次。

【领导班子成员】
党总支书记 主任 黄三祥
二级调研员
闫国增 陈凤旺 贺毅
副主任 潘彦平
张月英（女）（2022年11月退休）
王超群（女）（2022年12月任）
赵佳丽（女）（2022年12月任）
三级调研员
王合 肖海军 张运忠
（北京市园林绿化资源保护中心：郝晨曦 供稿）

北京市园林绿化大数据中心

【概　况】 北京市园林绿化大数据中心（以下简称：市园林绿化大数据中心）是北京市园林绿化局所属正处级公益一类事业单位。主要职责是：承担全市园林绿化大数据相关工作；承担园林绿化感知体系建设、行业预约平台建设运营等事务性工作。内设科室5个，分别是：办公室、计划财务科、数据应用科、公共服务科、政务服务科。

2022年，市园林绿化大数据中心编制完成《北京市智慧园林三年行动计划（2023—2025年）》，构建"智能感知、数据管理、辅助决策、创新生态"四大体系和建设完善"一张图、一张网、业务管理平台、辅助决策平台、公共服务平台"，全面推进首都智慧园林建设，提升公园的精细化管理水平。

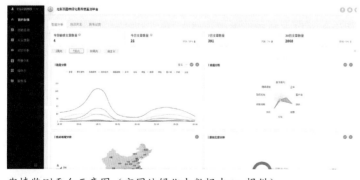

舆情监测平台示意图（市园林绿化大数据中心 提供）

【网络舆情与安全保障】 年内，市园林绿化大数据中心为网络舆情信息、掌握网络热点发展态势、应对舆情危机提供数据支持，预警监测信息主要集中在新冠病毒疫情防控、公园风景区管理、公园露营、野生动植物保护、杨柳飞絮、树木倒伏等方面，累计监测相关舆情信息756条。

【优化行政办公系统】 年内，市园林绿化大数据中心完成行政办公系统3次优化升级，优化文件查询、公文流转管理、通知管理等7项系统功能，实现与市接诉即办（北京市12345）系统的对接，为市园林绿化局接诉即办工作提供数据支撑。完成市园林绿化局行政办公系统适配和迁云工作，行政办公系统的公文归档及历史数据整合、检索。新增信息报送视频会议申请模块，优化通知公告、印章申请、数据查询、数据共享等模块，完成与数字档案系统对接。提升办公系统交互性、易用性与稳定

性，建设局项目储备库模块，实现全局项目申报、需求评审、立项入库等全流程系统管理。

【视频会议系统服务保障】 年内，市园林绿化大数据中心完成局系统视频会议保障836场次，推进公务员邮箱和"京办"系统在全局的推广使用。

【"我为群众办实事"实践活动】 年内，市园林绿化大数据中心开展"我为群众办实事"实践活动，以市园林绿化局（首都绿化办）官网为主要渠道，开展公园片区赏花观叶地点推荐服务，满足公众个性化赏花观叶需求，制作并发布"京城游园赏花专题"，在市园林绿化局（首都绿化办）官网发布《北京市公园名录（第一批）》，为公众获取公园信息提供便捷服务。

【党建工作】 年内，市园林绿化大数据中心印发《党支部、书记及班子成员落实全面从严治党主体责任清单》《党支部、书记及委员抓党建工作责任清单》等相关文件，报机关党委、机关纪委备案。支部书记带头落实"一岗双责"，认真履行全面从严治党第一责任人职责，严格落实双重组织生活制度和领导干部党建工作基层联系点制度。

9月7日，市园林绿化局在第二届"长城杯"网络安全大赛知识竞赛中获奖（市园林绿化大数据中心 提供）

【意识形态工作】 年内，市园林绿化大数据中心制订《局（办）党组落实网络意识形态和网络安全工作责任制工作方案》，明确单位网络意识形态和网络安全工作责任。建立党建引领文化墙，总结提炼"用数据说话、靠数据管理、用数据决策"和"态度决定一切、行动决定未来、专业决定高度、细节决定成败"的价值观精神内核，宣传吕晖、金昊旻在"长城杯"网络安全知识竞赛活动获得三等奖的事迹。

【巡视巡察问题整改】 年内，市园林绿化大数据中心成立巡察整改工作领导小组。7月20日，召开巡察整改专题民主生活会，党支部书记代表班子进行对照检查，其他班子成员严格按照要求分别进行对照检查。9月23日，提交大数据中心党支部巡察整改工作情况报告，完成整改任务。

【领导班子成员】
党支部书记 主任 胡永
副主任 赵丽君（女）
（北京市园林绿化大数据中心：韩冰 供稿）

北京市园林绿化宣传中心

【概 况】 北京市园林绿化宣传中心（以下简称：市园林绿化宣传中心）是北京市园林绿化局所属正处级公益一类事业单位。主要职责是：负责全市园林绿化宣传、新闻报道及园林绿化通讯报道队伍的培训，组织园林绿化先进典型宣传。核定财政补助事业编制25名，内设科室5个，分别是：新闻科、宣传策划科、党建人事科、生态文化科和综合办公室。

2022年，市园林绿化宣传中心围绕市园林绿化局（首都绿化办）重点任务，从全媒体角度统筹谋划宣传工作，构建大宣传格局。召开新闻发布会12次，在各大新闻媒体刊发宣传稿件及电视专题新闻累计达2000余篇（幅、条）；首都园林绿化官方微博、微信全年发布内容2187条，累计阅读量达847万余人次。深入推进生态文化建设工作，举办中国自然教育大会、北京科技周园林绿化展，组织各类生态文化活动200余场次；完成史志年鉴编纂任务，累计拍摄图片资料4000余张，制作主题宣传视频30余部。

（方昊）

【市级新闻发布】 年内，市园林绿化宣传中心与北京市委宣传部联动谋划，市园林绿化局（首都绿化办）新闻发言人2月15日出席北京生态文明建设专场新闻发布会，介绍首都园林绿化贯彻习近平生态文明思想，持续拓展全市绿色生态空间，不断满足人民群众对优美生态环境、优质生态产品和优秀生态文化的新需求、新期待的有关情况。

（方昊）

【主题新闻报道】 年内，市园林绿化宣传中心与市园林绿化

9月13日，市园林绿化局在海淀区举办美国白蛾防控发布会（何建勇摄影）

局（首都绿化办）业务部门联动，围绕园林绿化服务保障、生态建设、绿色惠民和生物多样性建设等主题挖掘热点、亮点工作，召开主题新闻发布会12次，开展专题新闻发布90次，刊发园林绿化宣传稿件达2000余篇（幅、条），在中央电视台、北京电视台制作播出新闻70余条。

（方昊）

【专题深度报道】 年内，市园林绿化宣传中心聚焦局（办）重点工作，开展全方位深度报道。与中央电视台合作开展《北京赏红正当时》等专题报道10余次。与《北京日报》策划刊发《学习贯彻党的二十大精神 以绿为底绘就大国首都壮美生态画卷》等专版、大篇幅深度报道10余篇。与北京广播电视台联合推出《奋进新征程 建功新时代 大美北京》系列专题报道，在《北京新闻》栏目制作播出专题电视新闻65条。

（方昊）

【生态文化传播】 年内，市园林绿化宣传中心以西山永定河文化带为基底，选取10处生态文化打卡地向市民进行推介；以园林绿化科普基地为资源，开展线上、线下互动体验活动200余场次，累计辐射人群100余万人次；承办全国自然教育大会，发布自然教育《北京宣言》，倡导每年7月第二个星期六为"全国自然日"；首次创新生态文化科学普及、宣传推广新形式，在重大活动中邀请微博达人沉浸式带游，扩大活动影响力。

（方昊）

【新媒体宣传】 年内，市园林绿化宣传中心全年发布"首都园林绿化"新浪微博1347条，较上年增长8.9%，阅读数776万人次，粉丝量17.6万人；微信公众号发布文章840条，较上年增长21.03%，阅读数71.5万次，粉丝量4.2万人；将长短视频、H5小程序、海报长图等新媒体产品主动应用在主题宣传和政策解读中，制作发布新媒体产品12个；微博、微信全新推出"二十四节气""春华秋实 京·花果蜜之旅"等内容板块，继续做好成熟的"园林小课堂""园林人风采"等话题。

（方昊）

10月14日，市园林绿化宣传中心与《北京日报》策划刊发首都生物多样性专版报道（马蕴 提供）

10月29日，市园林绿化宣传中心在永定河休闲森林公园开展西山永定河文化带打卡活动（邵丹 摄影）

【史志年鉴编纂】 年内，市园林绿化宣传中心完成2022卷《北京园林绿化年鉴》编纂任务，收集文档130份，照片666张，形成初稿31万字，配图200张。组织市园林绿化局（首都绿化办）各单位史志年鉴负责人进行线上业务培训。

（高雨禾）

【党建工作】 年内，市园林绿化宣传中心党支部坚持以提升党支部的组织力为重点，严格落实民主集中制，全年召开支委会25次，研究重要议题30余项。坚持以政治理论学习为统领，全年组织理论学习12次、党的二十大专题研讨2次、研讨交流4次，开展主题党日活动12次，召开支委会、支委扩大会25次，党员大会14次，党小组会36次。修改完善新闻发布工作的意见、中心组理论学习、党支部议事规则、干部谈心谈话、请休假管理、考勤制度、专业技术人员聘用等27项管理制度。

（张雪）

【巡视巡察问题整改】 年内，市园林绿化宣传中心领导班子抓好市委巡察市园林绿化局（首都绿化办）党组反馈意见整改工作，完成机关党委牵头整改的9项整改内容。巡察期间为巡察组提供446卷（份）材料，针对巡察提出的33个问题，研究制订85项整改措施，形成整改工作机制，研究调度整改各项工作，确保巡察整改工作顺利完成。

（张雪）

【意识形态工作】 年内，市园林绿化宣传中心严格落实谈心谈话制度，主动了解党员干部思想动态，及时解决存在的问题，全年完成思想摸排80人次，实现谈心谈话全覆盖。

（张雪）

【新冠病毒疫情防控】 年内，市园林绿化宣传中心累计向市园林绿化局（首都绿化办）新冠病毒疫情防控专班上报异常人员、阳性人员有关情况报告15份，采购两批防疫物资。根据调入、借调、实习人员增减情况及时变更中心监测人员范围。根据市园林绿化局（首都绿化办）要求接种疫苗加强针第二针。

（贾卫静）

【领导班子成员】
党支部书记 主任
马红（女）
副主任 胡淼
五级职员 袁士永
六级职员 方昊
郑蓉城（女）（2022年8月退休）

（北京市园林绿化宣传中心：
方昊 供稿）

北京市园林绿化局综合事务中心

【概 况】 北京市园林绿化局综合事务中心（以下简称：市园林绿化局综合事务中心）是北京市园林绿化局所属正处级公益一类事业单位。主要职责是：承担市园林绿化局机关综合服务保障、干部教育培训、离退休干部服务等事务性工作，以及"接诉即办"相关工作；承担园林绿化专业职称评审的事务性工作。下设办公室、党建工作科、人事科、计划财务科、房屋管理科、安全管理科、公车管理科、物业服务科、培训科、离退休干部服务一科、离退休干部服务二科、接诉即办科12个科室，实有在编在岗人员75人。

2022年，在统筹开展好各项服务职能的基础上，综合事务中心不断加强党的建设，配齐配强干部队伍，凝心聚力，强弱项补短板，团结协作，各项业务工作深度融合，完成各项年度任务。

【接诉即办】 年内，市园林绿化局综合事务中心通过群众来电、来信、来访、网上留言以及上级转办等渠道受理群众诉求5717件。

【系列教育培训】 年内，市园林绿化局综合事务中心配合市园林绿化局（首都绿化办）相关部门组织开展干部在线学习，局机关公务员、参公单位人员、局属单位处级干部，市园林绿化局（首都绿化办）系统410名干部学员通过北京市干教网完成在线学习年度50学时任务。组织开展政工师专业职务评定工作，最终2人通过，其中考取中级政工师资格1人，高级政工师资格1人。

【安全防范管理】 年内，市园林绿化局综合事务中心修订安全管理制度和安全应急预案，加强抢险、防汛等应急队伍建设。登记外来人员4314人次，登记外来车辆268辆次，劝返健康宝异常人员81人次，快递消杀4313件，进楼物品登记3025件，公共区域消杀15687次（7个点位2241次），开展

全区域专项督查3次和定期安全隐患排查6次，排查出12类141处安全隐患。

【办公服务保障】 年内，市园林绿化局综合事务中心在安全保卫、卫生保洁、绿化美化、设备维护维修等领域积极推进社会化服务，改造完善服务配套设施，丰富服务保障项目，建立健全服务监管机制，全面提升服务保障质量和成效。听取西办公区干部职工意见建议，更换餐饮服务保障单位。开发订餐小程序规范数据统计，在食堂增设人脸识别刷卡系统优化用餐管理，开发固定资产统计管理小程序，高效推进局系统固定资产盘查清点等新方法，优化日常服务保障方式。

【搬迁通州办公用房相关工作】 年内，市园林绿化局综合事务中心重点围绕市机关事务管理局和北京城市副中心工程办的总体要求，统计收集局系统办公用房使用需求，调整局办公用房使用面积，制订局办公用房房间配置方案，完成最终排布方案、平面布局设计方案、大开间预留实施方案、家具布置图等相关工作。

【节约型机关建设】 年内，市园林绿化局综合事务中心推进厨余垃圾减量及机关生活垃圾强制分类，严格控制运行经费

9月28日，市园林绿化局综合事务中心对局机关办公区、西办公区开展安全大检查工作（贾迪 摄影）

支出和能源资源消耗。在食堂安装厨余垃圾就地处理设备，月均清运厨余垃圾1447千克，同比下降50.4%，减量效果明显。在市级"回头看"抽检和国家机关事务管理局抽查验收中，被评为市级党政机关生活垃圾分类工作成效显著单位。一人被北京市生活垃圾分类推进指挥部办公室评选为"北京市生活垃圾分类达人"。

【老干部服务保障】 年内，市园林绿化局综合事务中心为退休干部提供多样化服务保障。办好每周绘画、书法、合唱、钢琴、瑜伽、手工编织等内容的小课堂和兴趣班。走访慰问老干部、老党员、老职工2800余人次。协助11名老干部家属处理善后事宜。开展"共产党员献爱心""老党员先锋队 金秋送温暖"捐赠衣物等活动，引导离退休老党员在基层党建、社区建设、志愿服务、群众工作等方面发挥积极作用。

【党建工作】 年内，市园林绿化局综合事务中心召开全面从严治党工作部署会，研究制订《综合事务中心党委2022年全面从严治党工作要点》《综合事务中心党委2022年全面从严治党工作重点任务分工方案》《综合事务中心党委、党委书记及领导班子成员落实全面从严治党主体责任清单》《综合

事务中心党支部、书记及其他委员抓党建工作责任清单》。落实"一岗双责"和领导干部党建工作基层联系点制度，建立领导班子成员党建联系基层台账。开展基层党组织设置情况自查和调研摸排，指导裕中东里离休党支部与裕中东里退休一支部成立联合党支部。培养入党积极分子4人，党员发展对象1人。看望慰问困难、身患重疾党员2人。

【意识形态工作】 年内，市园林绿化局综合事务中心专题研究并统筹开展意识形态各项工作。以开展党员干部思想动态摸排和谈心谈话等活动为契机，摸排在职干部职工、离退休干部职工和社会化用工人员90余名。做好先进典型宣传引领，通过首都园林绿化公众号、局思想政治工作动态、微

信工作群等媒介，及时报送先进事迹材料3篇，党组织、先进个人抗疫一线事迹3篇。

【巡视巡察问题整改】 年内，市园林绿化局综合事务中心贯彻落实各项中央重大决策、北京市委重要部署以及市园林绿化局（首都绿化办）党组有关文件和会议精神。8月1日至9月12日，市园林绿化局（首都绿化办）党组第二巡察组对市园林绿化局综合事务中心党委开展巡察，市园林绿化局综合事务中心党委从学习教育、制度机制、工作实施等各层面研究制订57项整改措施并明确分工逐项跟进，修订完善相关制度、办法、规定18项，确保整改落实。

【新冠病毒疫情防控】 年内，市园林绿化局综合事务中心严

9月12日，市园林绿化局综合事务中心针对局机关后勤工作人员开展巡察整改工作（市园林绿化局综合事务中心 提供）

格落实人员管控、物资消杀等防范措施，做好办公环境消杀、食堂用餐保障、核酸检测等服务保障。开展核酸检测146次，完成检测36625人次，物表检测110个点位，制订3套疫情突发情况应急处置预案，提前做好防疫物资储备。疫情暴发高峰时期，高效落实紧急排查、转运隔离、跟踪监测等措施严控涉疫风险外溢，将突发事件妥善处置到位，确保办公区域安全和干部职工身体健康。

【领导班子成员】

党委书记 主任 米国海

管理五级

佟永宏 赵伟琴（女）

五级职员

崔东利 张宝珠（女） 赵志强

管理六级 朱晓梅（女）

副主任 赵兰（女）

杨彦军 闫琰（女）

（北京市园林绿化局综合事务
中心：贾迪 供稿）

北京市园林绿化局
财务核算中心

【概　况】 北京市园林绿化局财务核算中心（以下简称：市园林绿化局财务核算中心）是北京市园林绿化局所属正处级公益一类事业单位。主要职责是：承担市园林绿化局所属单位财务管理、会计核算、资产管理、审计和绩效考评等事务性工作。内设科室6个，分别为办公室、党建人事科、计划财务科、稽查审计科、绩效评价科、资产管理科。

2022年，市园林绿化局财务核算中心重点对财政资金使用效益、补助资金优先用于支付土地租金进行验收，同时对农民工用工管理、落实用工政策进行检查。选派审计干部，加入对市领导延伸审计工作专班，完成审计需求单30张，审计取证单10张。对审计提出的问题，形成《即审即改问题台账》，制订整改实施方案。落实事业单位所办39家企业清理规范的事务性工作，截至2022年年底，完成11家的清理注销和整合工作。

【稽查审计】 年内，市园林绿化局财务核算中心协同局相关业务处室及局属相关单位对2021年度通州区、延庆区等7个区102家规模化苗圃的用工情况及资金使用情况进行抽查验收。选派审计干部加入对市领导延伸审计工作专班，完成审计需求单30张，审计取证单10张。对审计提出的问题，形成《即审即改问题台账》，制订整改实施方案。

【绩效管理】 年内，市园林绿化局财务核算中心完成局系统全过程预算绩效管理工作，2021年度中央对地方转移支付自评、部门绩效自评及部门整体评价，2022年度绩效运行监控和成本绩效评价，明确2023年财政支出项目绩效目标；初步建立园林绿化行业核心绩效指标，完成10类200余个园林绿化领域的核心绩效指标体系，并应用于2023年度预算项目绩效目标的编制工作。

【项目评审】 年内，市园林绿化局财务核算中心全过程参与预算项目评审工作，强化评审结果在预算编制的重点应用；完成中央转移支付资金项目的合规性审查，进一步规范中央转移支付项目预算编报；制订《北京市园林绿化局预算项目评审管理办法》，规范预算评审工作职责、范围、流程及结果应用。

【森林保险】 年内，市园林绿化局财务核算中心在原有山区生态公益林保险的基础上，新增平原生态公益林保险、城市园林绿化林综合险和林木公众责任险，对北京市16个区和8家局属林场（含松山林场和碑林管理处）836426.67公顷公益林和4000余万株城市园林绿化林进行投保，实现森林资源保险保障全覆盖。完善森林保险防灾防损机制，向8家局属单位提供31辆水车、39辆四驱皮

223

卡专项作业车，向房山、顺义区等10家园林主管部门提供割灌机等设备590台。

【固定资产清查】 年内，市园林绿化局财务核算中心完成33家局属单位2021年度资产年报编报工作，局属23家企业2021年度企业决算编报工作。完成局机关25个处室1082件资产以及改革后23家事业单位的资产清查盘点工作；完成局机关25个处室涉及台式机、扫描仪等767件可替换设备的资产统计工作；完成23家事业单位替换设备盘点表汇总工作。开展固定资产回收工作，对机关处室及站院523台替换设备进行统一封存。依据《北京市财政局关于北京市园林绿化局财务核算中心和北京市绿地养护管理事务中心两家新组建单位整体接收原单位资产的复函》，整体接收原北京市林业基金管理站和北京市园林绿化局物资供应站的全部资产和负债。原基金站车辆1台划转到市园林绿化局财务核算中心，新购置1台新能源车，原物资站车辆1台进行报废。

【财务专项工作】 年内，市园林绿化局财务核算中心开展北京市2021年度全国林业行业会计决算编制的审核上报工作，完成15个区36个单位及局属28家单位决算报表数据审核上报

工作；开展2019—2021年中央财政林业改革发展资金使用管理自查工作，汇总10个区、14个局属单位收支情况表及自查情况报告。

【党建工作】 年内，市园林绿化局财务核算中心党支部从强化党员意识、建立长效机制、提高专业素养入手，开展"领学＋参观见学""读红色经典 诵红色诗篇"等主题党日活动，坚持把"第一议题"纳入支委会、理论中心组学习。组织党员大会6次，支部委员会议19次，党小组会12次，支部书记及处级领导讲党课3次；用好红色资源，开展主题党日活动12次，专题研讨12次，走出去学习交流2次，上报信息20余篇。

【巡视巡察问题整改】 年内，市园林绿化局财务核算中心针对巡察反馈的四大方面、14个主要问题、33项具体问题。按照市园林绿化局（首都绿化办）党组关于市委第六巡视组

7月12日，市山区生态公益林保险工作会暨防灾防损项目资产交接会在蟒山国家森林公园举办（陈永胜 摄影）

8月26日，市园林绿化局财务核算中心与计财处党支部联合开展主题党日活动（张颖 摄影）

《巡视反馈意见整改方案》要求，市园林绿化局财务核算中心组织局属23家单位对近三年实施的5000余项36.9亿元经济类合同进行自查，形成合同自查及整改报告23项。落实事业单位所办39家企业清理规范的事务性工作，截至2022年年底，完成11家的清理注销和整合工作，剩余28家企业。梳理局属单位房屋出租情况，修订完善《北京市园林绿化局国有资产出租、出借管理办法》，建立436处房屋出租台账，规范房屋出租管理机制。

【领导班子成员】

党支部书记 主任 周荣伍

管理五级 宋涛 陈宝义

五级职员

李军（女）（2022年10月退休）

副主任 吴忠高 张彩成

六级职员 宋欣（女）

（北京市园林绿化局财务核算中心：杨子璇 供稿）

北京市绿地养护管理事务中心

【概　况】 北京市绿地养护管理事务中心（以下简称：市绿地养护管理事务中心）是北京市园林绿化局所属正处级公益一类事业单位。主要职责是：承担全市重要节日、重大活动期间重点地区的环境景观服务保障工作，以及重要绿地建设和养护管理的事务性工作。内设机构10个，分别是办公室、人事科、党建工作科、计划财务科、工程管理科、养护管理科、景观环境科、苗木保障科、古树名木科和科技科。市绿地养护管理事务中心位于北京市昌平区小汤山镇大东流村南，占地153.33公顷，拥有现代化自控温室3万平方米、日光温室1万平方米、炼苗场2万平方米、球根花卉专用冷库2300平方米、组培车间626平方米等基础设施。培育乡土树种10万余株，品种涵盖28个科49个属。

2022年，市绿地养护管理事务中心重点实施天安门广场、长安街沿线、中央重点机关、北京城市副中心行政办公区、首都机场辅路等绿地景观环境保障。完成大东流城市森林建设项目，建设绿竹苑、橡树苑、小微湿地等不同主题功能区，打造多种生境交织的近自然景观风貌，织就城市绿网，形成生物多样性可持续发展和低成本维护的园林景观，提升北方优良种苗花卉科学研究、游览科普的示范窗口作用。

【首都重大义务植树活动保障工作】 年内，市绿地养护管理事务中心完成自成立以来首次春季首都重大义务植树活动保障工作，组建一支20余人的保障队伍，先后组织150余人次专业技术人员进行现场作业，累计提供油松、白皮松、碧桃等各类苗木819株，保障作业人员200余人次、各种车辆30车次、各种物资3600余件，累计繁育各类苗木7.94公顷、30080株，完成首都重大义务

3月28日，市绿地养护管理事务中心为2022年首都重大义务植树活动提供保障工作（李世安 摄影）

植树活动的保障工作。

【中国国家版本图书馆山体修复三期工程】 年内，市绿地养护管理事务中心完成中国国家版本图书馆山体修复三期工程。从3月下旬至8月底，完成削山约3万立方米，垂直喷播约2万平方米，回填土1万余立方米，反季节栽植乔木800余株、灌木2万余株、地被0.8万平方米。

【天安门广场花卉景观布置】 年内，市绿地养护管理事务中心完成"五一"天安门广场花卉景观布置工作。"五一"期间，天安门广场花卉景观布置以"吉祥如意"为主题，利用超级矮牵牛、孔雀草、四季海棠等多个品种28万余株花卉，在天安门广场两侧布置了9600平方米"吉祥如意"模纹花坛。国庆节期间，在天安门广场中心布置"祝福祖国"巨型花果篮；东长安街摆放7组花坛，展示奋进新时代伟大祖国取得的辉煌成就；西长安街摆放7组花坛，体现人民对美好生活的向往。

【苗木保障与生产管理】 年内，市绿地养护管理事务中心完成圃地苗木培育管理工作，作业量397.29公顷；完成苗木市场化销售向苗木保障的转变，出圃各类苗木7872株，其

中针叶树类3312株，落叶阔叶树4560株。

【重要绿地工程及养护】 年内，市绿地养护管理事务中心承接市直属绿地与北京城市副中心行政办公区绿地养护管理事务性工作，推进城市绿心森林公园绿地委托养护工作。完成城市副中心行政办公区174地块、175地块总工程量30%建设任务；148地块开展施工招标工作。开展路县故城遗址公园二期园林绿化工程、行政办公区二期北部绿地、东单公园全龄友好公园改造提升工程前期工作。

【古树名木保护】 年内，市绿地养护管理事务中心建立市、区联动巡查机制，简化优化北京市古树名木保护智慧管理App，提高各区、各管辖单位对古树名木保护管理的责任意识，改善古树名木生长环境；

结合巡查检查工作，完成种质资源收集、繁殖材料储备、环境资源采集等工作，完成北京古树名木国家林木种质资源库补助项目；联合农林高校、林保企业、社会团体等单位和部门共同开发古树保护与文化研究。

【环境景观布置】 年内，市绿地养护管理事务中心系统梳理机场高速沿线景观短板，通过增植110余株油松、圆柏等常绿乔木，300余株金枝槐、海棠、山楂等观枝观果乔木，3800平方米红瑞木等彩色灌木，铺设2400余平方米园林彩色覆盖有机物，提升了机场沿线冬季景观色彩及整体景观效果。首次在2月底的室外大规模应用耐寒花卉，布置9个种类30余个品种，14万余株角堇、羽衣甘蓝、石竹等盆花。

【流苏种质资源选育研究】 年内，市绿地养护管理事务中心

天安门广场"迎国庆·祝福祖国"主题花坛吊装现场（胥心楠 摄影）

首都机场专机楼出口"喜迎盛会"主题花坛景观（胥心楠 摄影）

采集北京怀柔琉璃庙镇和宝山镇100年以上野生流苏古树种质资源两份。通过嫁接的方式保存两份种质资源，其中琉璃庙镇的干接13株、宝山镇嫁接15株，成活率达100%；根接保存琉璃庙镇种质23盆，宝山镇种质17盆，成活率达100%，探索出一套古流苏树复幼技术方法。开展86份流苏种源的物候观测，进一步筛选出适应性强、观赏性佳的优质种质资源11份，撰写并提交新品种申报材料11份，向国家林草局新品种办申报流苏树新品种11个。北京市西山试验林场管理处、北京市永定河休闲森林公园管理处、北京市园林绿化科学研究院、北京市八达岭林场管理处4个单位签订联合合作协议，开展流苏良种区域测试工作，筛选出19个优良单株进行嫁接，嫁接301株，期间针对嫁接苗养护管理、物候观测等开展针对性指导，分别于春、秋季到各单位现场踏查、对接交流。

【重点地区节水型适生地被筛选繁育】 年内，市绿地养护管理事务中心开展《重点地区节水型适生地被筛选繁育》项目相关工作，秋季实地踏查北京喇叭沟原始森林公园、西山国家森林公园等地护坡地被的生境特点、生长状态。收集不同海拔、不同生境下的乡土野生地被15种（针叶型13种，阔叶型2种）、乔灌木5种。制订《毛梾苗木繁育与栽培技术规程》地方标准规范，通过北京市市场监督管理局审查会，发表文章3篇，其中专业技术类文章2篇，树木文化类1篇。

【科普活动】 年内，市绿地养护管理事务中心完成线上、线下科普活动16场，累积参与1312人次。其中线上活动6次，参与人数1078人次；线下活动10次，参与人数234人次。举办8次园艺驿站活动，服务近1000人次。

【苗木储备与供应】 年内，市绿地养护管理事务中心完成

7月15日，市绿地养护管理事务中心在昌平区大东流城市森林建设项目（南区）开展主题党日活动（市绿地养护管理事务中心 提供）

"林下补栎"栓皮栎播种容器苗150万株、出圃64万株、收集栓皮栎种子12吨；引进草花、地被和盆花绿植80种；为通州区、密云区、海淀区、平谷区有关国家单位提供银杏、白皮松、元宝枫、文冠果等各类苗木4600余株。

【党建工作】 年内，市绿地养护管理事务中心制订《党总支、书记及委员落实全面从严治党主体责任清单》《二级党支部、书记及委员党建工作责任清单》；抓好支部书记监督考核工作，采取现场述职的方式开展评议考核，促进提高基层党建工作质量；开展线上"支部书记云课堂+线下支部书记座谈培训"150余课时；召开民主生活会，查摆问题并制订整改方案；结合中心班子成员工作分工和单位实际，班子成员分别确定有助于实际工作的二级支部作为党建联系点，并将联系点建成党建工作示范点。将大东流森林公园确定为"我为群众办实事"责任事项，明确责任人和完成时限；落实思想动态摸排和谈心谈话，组织民主生活会和二级党支部组织生活会，完成4名预备党员发展工作，确定1名发展对象、1名积极分子。

【巡视巡察问题整改】 年内，市绿地养护管理事务中心按照机关党委《关于市委第六巡视组巡视反馈意见中机关党委牵头整改事项的整改方案》的要求，逐条进行对照和自查自纠，并将问题整改的具体情况报送机关党委。

【新冠病毒疫情防控】 年内，市绿地养护管理事务中心及时关注疫情信息，提升防控能力，紧盯薄弱环节查缺补漏，实时更新全员监测台账、离京人员台账、疫苗接种台账、重点人员台账和防疫物质储备分发台账，做到底数清、情况明。

【领导班子成员】
党总支书记　主任　吴志勇
副主任　方志军　王瑛
（北京市绿地养护管理事务中心：赵玲 供稿）

北京市园林绿化工程管理事务中心

【概　况】 北京市园林绿化工程管理事务中心（以下简称：市园林绿化工程管理事务中心）是北京市园林绿化局所属正处级公益一类事业单位。主要职责是：承担对全市使用国有资金投资或者国家融资的园林绿化工程质量监督方面的辅助性、事务性工作；承担园林绿化工程招标投标活动监督管理的辅助性、事务性工作；承担园林绿化施工企业信用信息管理的辅助性、事务性工作。内设机构8个，分别是工程质监科（质监一科）、绿地质监科（质监二科）、质监服务科（质监三科）、质监信息管理科（质监四科）、招投标事务科、企业服务科、党建人事科和办公室。

2022年，市园林绿化工程管理事务中心通过招标投标管理、工程质量监督、企业信用信息管理和企业安全生产等职能监管，实现园林绿化监管全流程闭环管理。对48个新建园林绿化工程项目开展工程质量监督，召开质量监督告知会28次，竣工验收12个。开展日常监督、全覆盖检查、"双随机一公开"、城镇绿地监护检查、"大气污染防治"等园林绿化监督检查1170次。受理新入场招投标项目456宗，公开招标455宗，其中工程施工养护项目373宗。入场招投标项目计划投资额为71.08亿元，工程施工养护项目面积33712.12平方米。全年审核各类信息23294条，录入及审核不良行为310条。完成信用修复161条。结合"我为群众办实事"实践活动，深入15家企业开展大调研活动。受理32家园林绿化施工企业安全生产标准化达标申请，完成5家施工单位安全生产标准化复核和27家施工单位安全生产标准化复评并颁发证书牌匾。荣获首都绿化美化先进集体；在冬奥城市运行及环境保障工作"两美两星"主题宣传活动中荣获最美城市运行及环境保障团队。

【城镇绿化智慧监管服务平台】 11月3日，市园林绿化工程管理事务中心与城镇绿化处共同召开城镇绿化智慧监管服务平台系统整合推进会，会议对单独运行的行道树系统、北京绿地资源动态监管系统、北京市园林绿化建设市场信用信息系统、工程质量监督管理进行监管流程再造和迭代升级，整合成为城镇绿化智慧监管服务平台。

【工会改选】 11月18日，市园林绿化工程管理事务中心工会召开第三次会员大会，换届选举产生新一届工会委员会。选举产生工会第三届委员会委员。选举耿晓梅为新一届工会委员会主席，讨论决定委员分工。

【新一轮百万亩造林绿化项目招投标】 年内，市园林绿化工程管理事务中心依法受理进入市交易平台和公共资源交易平台招标的造林绿化项目288宗，分别为72个施工项目、200个标段，23个监理项目、34个标段，39个设计项目、41个标段，10个勘察项目、10个标段，3个测绘项目、3个

标段。其中，72个施工项目、200个标段，招标项目计划投资额累计43.26亿元，建设面积8833.18公顷。招投标工作按照时间要求全部完成，持续五年的百万亩造林绿化建设工程招投标服务保障工作收官。

【招投标示范文本】 年内，市园林绿化工程管理事务中心完成修订《北京市园林绿化工程施工资格预审文件》《北京市园林绿化工程施工招标文件》《北京市园林绿化工程监理招标文件》《北京市园林绿化工程设计招标文件》等5个示范文本的电子化版，同步升级改版标书制作工具软件。起草完成《北京市园林绿化工程养护招标文件示范文本》。

【评标专家管理】 年内，市园林绿化工程管理事务中心根据

《北京市评标专家库和评标专家管理办法》《北京市评标专家库专家管理细则》等规定，配合市人力资源社会保障局完成2022年度评标专家增选审核工作，对申报园林绿化相关专业且通过基本条件审核的183人进行专业审核与录入系统工作。全年抽取评审专家763批次计4017人次，审核招标选派专家859人次。补选应急专家、现场调整专家39人次，针对招投标工作中的评审异议，组织专家复议13次，修正专家初次评审中出现的错误。对36位存在违法违规行为的评标专家依法做出约谈警示或记分处理，在动态监督平台中进行记录。

【大气污染检查】 年内，市园林绿化工程管理事务中心依据《北京市园林绿化行业大气污染防治2022年行动计划落实检

3月8日，市园林绿化工程管理事务中心举办2022区级招投标监管职能落地座谈会 （市园林绿化工程管理事务中心 提供）

查办法》，对东城区、西城区、海淀区、丰台区、石景山区、通州区、北京经济技术开发区7个区进行大气污染防治检查。依据各区园林绿化工程施工工地台账和安装视频监控设备工地台账抽查地块，对扬尘污染、车辆机械移动源污染、废弃物焚烧污染等进行现场检查及评分。全年开展检查6次，检查工地42个。

【"双随机一公开"检查】 年内，市园林绿化工程管理事务中心依据市园林绿化局"双随机"抽查摇号系统，对园林绿化检查对象库内的园林绿化项目，按照6%的抽取比例随机抽取，抽取工程项目54个，检查种类38个。

【全龄友好公园和林荫路专项检查】 年内，市园林绿化工程管理事务中心对丰台区、石景山区、西城区、东城区、海淀区、昌平区的3个全龄友好公园和10条林荫路开展专项检查8次。

【城镇绿地管护季度检查】 年内，市园林绿化工程管理事务中心围绕北京冬奥会和冬残奥会、全国"两会"等重大环境保障任务、养护等级绿地、批后监督项目等方面，全年开展随机抽查170处行道树、34处花灌木冬季修剪落实情况、172块养护等级绿地、30个绿化资源批后监督项目。

【地方标准编修】 年内，市园林绿化工程管理事务中心完成《绿化种植分项工程施工工艺规程》修编工作，3月24日发布，7月1日正式实施。

【新一轮百万亩造林核查】 年内，市园林绿化工程管理事务中心对2018—2020年城镇绿化纳入百万亩造林任务的项目进行市级现场核查，完成东城区、西城区、朝阳区、海淀区、丰台区、石景山区、通州区、门头沟区、房山区、顺义区、昌平区、大兴区、平谷区、怀柔区、密云区、延庆区16个区的市级核查任务。

【党建工作】 年内，市园林绿化工程管理事务中心党总支组织理论中心组集体学习20余次，深入开展研讨交流7次，召开党总支会研究党建相关工作近20次，组织学习讨论、主题党日等各类活动累计40余次，发展党员1名，1名预备党员如期转正。11月2日，组织召开退休党支部党员大会选举完善支部委员会，补齐中心党建短板。坚持党建引领，深入开展"我为群众办实事"活动，研究制订3件实事项目，已全部完成。从3月起，创办《清风廉韵》纪检教育专刊，设置每月一法、每月一"习"话、以案为鉴等板块内容，发布月刊10期。

【新冠病毒疫情防控】 年内，市园林绿化工程管理事务中心开展疫情排查200余次，分析研判重点人员50人次，组织核酸检测150余人次，消毒消杀700余次，下发新冠病毒疫

8月19日，市园林绿化工程管理事务中心在潞城遗址公园开展全覆盖工作检查（市园林绿化工程管理事务中心 提供）

情防控工作通知及防疫提醒100余次，党员干部参加社区志愿活动50人次，选派1名党员参加为期两个月的下沉支援工作，职工疫苗接种率为100%，退休老干部疫苗接种率为83%。

【领导班子成员】

党总支书记 主任 张军
管理五级 马彦杰
五级职员 郭永乘
副主任
耿晓梅（女） 史京平（女）
（北京市园林绿化工程管理事务中心：李优美 供稿）

北京市园林绿化产业促进中心（北京市食用林产品质量安全中心）

【概 况】 北京市园林绿化产业促进中心（北京市食用林产品质量安全中心）（以下简称：市园林绿化产业促进中心）是北京市园林绿化局所属正处级公益一类事业单位。主要职责是：承担全市林果、花卉、蚕蜂、林草种苗、林下经济、森林资源利用等园林绿化产业发展促进等方面的事务性工作；承担食用林产品质量安全监督管理等事务性工作。内设机构6个，分别是计划财务与科

技科、林果花卉科、蜂业种苗科、质量安全监管科、发展合作科和办公室。

2022年，市园林绿化产业促进中心完成林果、花卉、蜂产业及食用林产品质量安全，以及北京冬奥会和冬残奥会水果干果供应服务、质量安全保障等各项工作，4月收到北京冬奥组委运动会服务部的感谢信，被授予"北京2022年冬奥会和冬残奥会服务保障贡献集体"荣誉称号，方锡红、史玉琴、李天舒、蔡熙、陈浩5名职工被授予"北京2022年冬奥会和冬残奥会服务保障贡献个人"荣誉称号，其中蔡熙被授予"北京2022年冬奥会和冬残奥会餐饮服务保障先进个人"荣誉称号。

【老北京水果提质增效】 年内，市园林绿化产业促进中心印发《北京市老北京水果示范基地建设管理办法（试行）》，做好老北京水果示范基地遴选和公示，建设15个综合性老北京水果示范基地，新建"国光"苹果、郎家园枣10公顷，完成对红肖梨、"京白梨"等10余个品种约400公顷的提质增效工作。

【农业文化遗产资源保护利用研究】 年内，市园林绿化产业促进中心开展区、镇、村三级联动详查，构建北京市老北京

水果"京字号"果品种质资源矢量数据图库（GIS形式）；建立老北京水果"京字号"果品种质资源库3处，收集保存梨、苹果、枣等种质资源38种285份；开展"京白梨"、"金把黄"鸭梨、"国光"苹果等6种果品品质评价和果品品质特异性遗传性状分析；研究提出老北京水果"京字号"果品示范基地建设规范，编制形成资源保护、提质增效和品牌建设工作建议书。

【质量安全例行监测】 年内，市园林绿化产业促进中心开展第二次国家农产品质量安全例行监测抽样工作，涉及样品18批次，包括葡萄和桃。

【蜂业质量安全监督检查】 年内，市园林绿化产业促进中心开展蜂业质量安全监督检查12次，抽查合作社12家，出动执法检查人员24人次，每月抽查结果录入北京市行政执法服务平台，抽查结果均为合格。

【行业标准化】 年内，市园林绿化产业促进中心制定北京地方标准《食用林产品质量安全追溯元数据》《食用林产品质量安全追溯导则》；制定北京地方标准《北京优质单花蜂蜜》标准，规范北京优质单花蜂蜜的生产、加工、销售；参与制定北京地方标准《蜜蜂病

虫害防治综合技术规范》，规范蜂场消毒、蜜蜂病虫害的预防、蜜蜂病虫害防治原则、蜜蜂用药管理、蜜蜂消毒用药和常用中草药使用。

【果园园地分类管理】 年内，市园林绿化产业促进中心按照北京市果园园地分类管理要求，统筹做好三类园地的土壤监测与食用林产品质量安全监测的协同管理。完成安全利用类、严格管控类土壤和果品协同监测样品72个，其中土壤样品47个（安全利用类18个，严格管控类29个），果品25个（安全利用类15个，严格管控类10个）。

【传统花事活动】 年内，市园林绿化产业促进中心联合市公园管理中心、北京花卉协会等单位，先后举办迎春年宵花

展、北京郁金香文化节、北京牡丹文化节、北京月季文化节、北京荷花文化节、北京菊花文化节等传统花事活动，活动期间涉及展出面积305.33公顷，汇集国内外、北京乡土品种、北京自主知识产权2600余种、500万株，首次推出文化节主题花等内容。

【推介"京·花果蜜"特色产品】 年内，市园林绿化产业促进中心参与农业农村部国际合作司主办的第二届澜湄水果节、市广播电视局等单位主办的"北京节节高"公益服务共同体启动仪式暨"尝鲜儿"乡村振兴公益主题活动、第三十届中国种业大会种业振兴成果展筹备会、2022年中国农民丰收节启动仪式、北京电视台首都经济报道直播带货等活动，展示平谷大桃、密云蜂产品、

房山酒庄葡萄酒等有代表性的"京·花果蜜"特色产品，打通销售渠道，激发市场消费活力。

【行业人才培养】 年内，市园林绿化产业促进中心围绕林果、花卉、蜂产业等行业发展趋势、育种研发、新品种新技术推广、生产管理技术、现代营销手段、食用林产品安全监管等方面，通过线上培训和线下指导等多种形式，加大企业管理人员、产业专业技术人员、一线生产人员培训力度，全年培训规模1000余人次。

【党建工作】 年内，市园林绿化产业促进中心组织修订和完善《"三重一大"决策制度（试行）》《支部委员会议事规则》等26项制度，对行政、办公、财务等都作出严格的约束规范，形成"党政决策、全员献策、精准施策"的科学民主决策机制。制订《2022年度理论学习中心组学习计划》。抓好党史学习教育，深入开展"我为群众办实事"主题实践活动2项。免费为果农、蜂农提供食用林产品上市前"体检"4000余批次，对全市7家低效果园进行改造和提升。开展庆祝建党101周年系列活动，组织开展"守护绿水青山 共享自然之美""弘扬奥运精神 践行廉洁之风"等主题党日活动12次。深化"双报到"工作，党

6月24日，市园林绿化产业促进中心对平谷区果园果品进行质量安全监测取样 （陈颖辉 摄影）

6月21日，市园林绿化局联合市广播电视局等单位共同开展乡村振兴公益主题活动，推动京味鲜果品牌建设（王振江 摄影）

9月23日，市园林绿化产业促进中心在十三陵林场开展主题党日活动（梁崇波 摄影）

员参与社区活动24人次。

【意识形态工作】 年内，市园林绿化产业促进中心成立意识形态工作领导小组，制订《2022年意识形态工作方案》《政务网站专题专栏信息发布制度》。落实谈心谈话制度和领导班子联系点制度，深入开展党员干部职工思想动态分析，领导班子深入联系点20次，全体职工参加谈心谈话60

人次，征求意见建议16条。

【巡视巡察问题整改】 年内，市园林绿化产业促进中心完成巡视巡察整改自查自纠工作，对照市委巡视组反馈问题和局各项整改措施，认真自查，逐项制订整改措施，落实责任领导和部门，确定整改时限。

【新冠病毒疫情防控】 年内，市园林绿化产业促进中心全力

做好常态化新冠病毒疫情防控工作，严格落实"四方责任"，着重做好全市园林绿化产业领域和冷链食用林产品的防疫管理，中心5名干部职工投身社区防疫工作服务15次。

【领导班子成员】
党支部书记 主任 方锡红
管理五级 张增兵 朱国林
副主任
汪平凯 史玉琴（女）
（北京市园林绿化产业促进中心：李安安 供稿）

北京市野生动物救护中心

【概 况】 北京市野生动物救护中心（以下简称：市野生动物救护中心）是北京市园林绿化局正处级公益一类事业单位。主要职责是：救护、繁育野生动物，维护生态平衡；伤病野生动物救护；罚没与收留野生动物饲养；野生动物保护宣传；野生动物救护研究；野生动物人工饲养研究；野生动物人工繁育研究；野生动物疾病预防研究；濒危野生动物繁育；野生动物养殖及合理利用。内设办公室、后勤管理科、救护管理科、疫源疫病监测科、科研宣教科5个科室。

2022年，市野生动物救护

中心围绕野生动物救护体系和疫源疫病监测体系建设工作思路，开展野生动物保护宣传和科普教育。举办北京市第40届"爱鸟周"宣传活动，宣传野生动物保护知识。开展陆生野生动物疫源疫病监测工作。评估全市主要野生动物疫病的发生风险和流行趋势，组织实施野生动物疫源疫病监测主动预警工作。

【野生动物救护】 年内，市野生动物救护中心接收市民救护、公安等执法部门罚没野生动物230种2528只（条）［直接救护173种1521只（条），接收执法罚没移交98种1007只（条）］，其中：国家一级重点保护野生动物7种44只，国家二级重点保护野生动物51种814只，《濒危野生动植物种国际贸易公约》附录Ⅰ物种4种25只，《濒危野生动植物种国际贸易公约》附录Ⅱ物种28种177只，列入《国家保护的有重要生态价值、科学价值、社会价值的野生动物名录》的野生动物132种1880只，北京市一级重点保护野生动物18种209只，北京市二级重点保护野生动物60种757只。

【野生动物饲养繁育放归】 年内，市野生动物救护中心繁育国家二级重点保护野生动物豹

猫、白枕鹤各1只，放归野生动物93种858只（条），为其中8种17只动物佩戴卫星追踪设备并监测其活动情况。截至2022年年底，救护中心存栏动物150种778只（条）。

【野生动物救护体系建设】 年内，市野生动物救护中心对《北京市陆生野生动物收容救护技术规范》进行意见征询，申报北京市地方标准一类项目。指导北京市多个野生动物临时收容站建设，与各区园林绿化局开展联合放归活动，会同多区进行野猪等野生动物现场救护工作。

【野生动物疫源疫病监测值守】 年内，市野生动物救护中心维护野生动物资源监测平台，协调全市88个疫源疫病监测站监测巡护及信息上报工作，接收监测信息8万余条，监测野生动物320万余只；做好特殊时期疫源疫病监测防控应急值守，应急职守率达100%；与中国科学院野生动物疫病研究中心合作开展禽流感、新城疫等野生动物疫病主动监测预警，先后到牛口峪水库、沙河水库、麋鹿苑等重点野生动物栖息地、集中分布区、与人或饲养动物密切接触区域采集样本2500余份，研判野生动物疫病发生风险。

【特殊时期疫源疫病监测防控】 年内，市野生动物救护中心制订《2022年春节和冬奥会期间陆生野生动物疫源疫病监测督导工作方案》，先后对海淀等区开展督导工作，发放监测应急物资；新冠病毒疫情防控期间，完善《北京市陆生野生动物疫源疫病监测站监测人员防疫规范》，落实各级监测人员健康情况日报告制度；制订《二十大期间陆生野生动物疫源疫病监测防控专项工作方案》，成立陆生野生动物疫源疫病监测防控领导小组，层层压实责任。

【野生动物疫源疫病监测站升级】 年内，市野生动物救护中心向国家林草局申请将北京潞湾市级监测站升级为国家级监测站。9月25日，北京潞湾国家级陆生野生动物疫源疫病监测站在大运河森林公园挂牌，这是北京市第11个也是北京城市副中心首个国家级陆生野生动物监测站。

【野生动物制品鉴定】 年内，市野生动物救护中心参与完成北京海关、中纪委等向国家珍稀濒危野生动植物制品北方储藏库11批次的移交工作，组织专家鉴定并监督移交野生动植物制品7857件2615.11千克，其中象牙制品5964件、穿山甲41件、动物骨（牙）制品332

件、动物皮毛148件、动物标本123件、动物角489件、沉香紫檀299件、其他制品271件，非野生动植物制品190件。

【科普宣传】 年内，市野生动物救护中心组织"爱鸟周"、"野生动植物日"、野生动物保护知识大讲堂等科普宣传活动，与各大媒体合作，普及野生动物保护及法律法规相关知识。运营微信公众号平台，发表文章70余篇，阅读量25万余次，阅读人数达10万余人。

【区级野生动物收容救护】 年内，市野生动物救护中心指导各区野生动物临时收容救护。疫情期间，野生动物救助中心积极推动各区落实野生动物救护属地主体责任，处置市民相关需求。

【野生动物救护繁育平台】 年内，市野生动物救护中心按照要求在北京野生动物救护繁育平台填写野生动物救护接收、检查治疗、康复饲养等各类救护动物档案信息，及时统计上报野生动物救护情况，及时处理平台运行中的各类问题，根据基层使用意见制订技术优化方案。

【党建工作】 年内，市野生动物救护中心制订2022年全体干部职工权责清单、中心党支部从严治党主体责任清单、全面

6月14日，市野生动物救护中心在国家北方罚没野生动植物制品仓库接收移交野生动植物制品（史洋 摄影）

4月14日，市野生动物救护中心在北京市第40届"爱鸟周"宣传活动中放飞救治动物（奥丹 摄影）

11月1日，市野生动物救护中心党支部在会议室召开党员大会，学习党的二十大会议精神（汤佳 摄影）

从严治党工作要点。开展理论中心组学习12次、研讨4次，召开支部党员大会14次，开展主题党日活动16次，支部书记讲党课1次，1名预备党员按期转正。落实"三会一课"制度，每月开展一次主题党日。深化党建引领，完善"接诉即办"和"双报到"工作机制。

【意识形态工作】 年内，市野生动物救护中心专题研究意识形态工作一次，每半年进行一次思想动态摸排，开展一次谈心谈话，确保干部职工谈心谈话全覆盖，牢牢把握意识形态的领导权、管理权和话语权。

【新冠病毒疫情防控】 年内，市野生动物救护中心及时更新方案预案，下发新冠病毒疫情防控通知60余篇，上报局疫情专班报告10余篇。加强人员管理，开展涉疫区域人员排查百余轮，组织开展全员以及重点区域的核酸检测10余次。引导党员主动参与社区新冠病毒疫情防控志愿服务，党员干部参加新冠病毒疫情防控志愿服务时长40余小时。

【领导班子成员】
党支部书记 主任 杜连海
副主任
胡严 纪建伟（2022年3月免）
（北京市野生动物救护中心：
汤佳 供稿）

北京市园林绿化局森林防火事务中心（北京市航空护林站）

【概 况】 北京市园林绿化局森林防火事务中心（北京市航空护林站）（以下简称：市园林绿化局森林防火事务中心）是北京市园林绿化局所属正处级公益一类事业单位。主要职责是：承担全市森林防火相关事务性工作；承担森林防火航空护林具体工作；承担市级森林防火物资储备库建设与管理、森林防火相关队伍指导培训等事务性工作。内设机构5个，分别是办公室、计财装备科、防火安全科、航护通信科、宣传教育科。

2022年，市园林绿化局森林防火事务中心选派业务骨干和30名森林消防员赴延庆区张山营镇完成为期74天的靠前驻防任务，累计出动车辆300余台次，巡护时间超400小时，巡护里程9600余千米，保障会议期间零火灾、零火情。清明节前后，中心分别选派10名优秀森林消防骨干队员赴碑林管理处开展为期77天的靠前驻防，协助碑林管理处做好森林防火技能培训、巡查巡护及火情早期处置工作。

【靠前驻防任务】 1月1日至3月15日，市园林绿化局森林防火事务中心抽调30名森林消防员到延庆赛区开展2022年北京冬奥会和冬残奥会靠前驻防保障工作；3月15日至5月30日，选派10名优秀森林消防员到首都绿色文化碑林管理处执行靠前驻防、防火培训、巡查备勤任务；4月11日，组织调派30名森林消防员与西山林场管理处联合开展巡查工作。

【森林防火重大项目】 年内，市园林绿化局森林防火事务中心通过开展森林防火卫星遥感项目，对北京市全域及北京市界向外辐射50千米区域实施森林防火遥感监测服务，林火最小10平方米即可快速发现、及时预警。自4月1日运行以来，累计发现火情4次。推进北京市森林防火视频监控及通信系统建设，完成基础设施工程、视频监控设备购置安装项目初步验收，基本完成主体工程。推进京冀森林防火合作建设，通过建设河北省大海陀国家级自然保护区重点林区路口监控系统、河北省张家口市赤城县安装储水罐及太阳能防火语音提示杆、河北省林原局直属洪崖山林场安装数字集群系统、森林草原防灭火装备四部分，预警监测以水灭火，切实助力京津冀协同发展。

【航空护林基础设施建设】 年内，市园林绿化局森林防火事务中心根据国家林草局和应急管理部《关于切实解决我国森林消防航空器不能满足重特大森林火灾救援需要的实施方案》要求，推动空天技术在北京市航空护林建设上的应用，提高北京市空中森林火情预警、早期火情处置能力。10月，与定陵机场共商空间技术在航空护林中的应用并签订框架协议，提升北京市森林防火治理体系和治理能力现代化建设。

【森林防火队伍建设】 年内，市园林绿化局森林防火事务中心推进北京市近5万人的防火队伍规范化、标准化建设。市森林消防队伍、防火巡查队伍、护林队伍，统一规范职业工装。以碑林管理处为试点，经充分调研，研究制作"碑林管理处森林防火指挥一张图"，集成防火物资、扑救力量、紧急道路等内容。

3月15日，市园林绿化局森林防火事务中心完成北京冬奥会和冬残奥会延庆赛区靠前驻防巡护保障任务（市园林绿化局森林防火事务中心 提供）

【市级森林防火物资储备库建设与管理】 年内，市园林绿化局森林防火事务中心优化国家库、北京库的管理工作，提升全国特别是北京森林草原基层防火装备水平。应急管理部库出库物资11批次、18635台（件、套）；国家林草局库进出库物资16批次、5625台（件、套）；北京库进出物资23批次、6371台（件、套）。

【森林防火宣传】 年内，市园林绿化局森林防火事务中心制作1部反映北京市森林防火的工作纪实片和2部科普短视频。制作森林防火宣传品水杯、帆布袋、海报等3万余件。制作禁种铲毒宣传品帽子、口罩、横幅等60余万份，发放至各区和局直属单位。

9月22日，市园林绿化局森林防火事务中心到西山林场检查森林防火视频监控基础建设工作（市园林绿化局森林防火事务中心 提供）

【党建工作】 年内，市园林绿化局森林防火事务中心组织中心组理论学习会议9次、主题党日活动9次、召开支部扩大会16次。4月14日，森林防火事务中心支部委员会顺利完成换届选举工作。7月29日，与国家林草局防火中心联合开展支部共建活动。

【意识形态工作】 年内，市园林绿化局森林防火事务中心开展102次谈心谈话，完成在职干部、社会化用工人员全覆盖目标，工作成果形成《北京市园林绿化局森林防火事务中心党风廉政建设报告》。

【巡视巡察问题整改】 年内，市园林绿化局森林防火事务中心全力配合做好市局巡察相关工作，做到发现问题立行立改，完善行政办公会、党小组等制度。

【新冠病毒疫情防控】 年内，市园林绿化局森林防火事务中心实时统计跟踪8类人群101人的动态监测情况，定期开展防疫监督检查。发布和传达相关通知20余次，开展疫情排查100余次，并与属地村委会对接，联防联控。

【领导班子成员】
副主任 纪检委员 向群
（北京市园林绿化局森林防火事务中心：宋泽 供稿）

北京市园林绿化规划和资源监测中心（北京市林业碳汇与国际合作事务中心）

【概 况】 北京市园林绿化规划和资源监测中心（北京市林业碳汇与国际合作事务中心）（以下简称：市园林绿化规划和资源监测中心）是北京市园林绿化局所属正处级公益一类事业单位。主要职责是：承担全市园林绿化规划编制的技术性、事务性工作；承担森林、湿地、绿地、草地和陆生野生动植物等园林绿化资源调查、监测、评价等事务性工作；承担园林绿化领域应对气候变化、国际合作交流等事务性工作；承担自然保护地体系建设的事务性工作。内设机构11个科室，科级领导职数11正4副。

2022年，市园林绿化规划和资源监测中心完成2018—2020年新一轮百万亩核查、平原造林及新一轮百万亩复查、退耕还林后续政策落实、"战略留白"临时绿化核查、京津风沙源核查5项专项调查。与市园林绿化局森林资源管理处、生态修复处、城镇绿化处、湿地保护处、自然保护地处、产业发展处等处室就2022年监测指标体系、业务需求、资源监测平台优化需求等要点进行对接，形成园林绿化资源监测工作框架，初步完成北京市园林绿化资源智慧管理平台框架优化设计，由单纯的信息采集平台向数据采集更新、监测评价、监管决策等为一体的综合性平台进行转变。对各区开展调查监测技术培训指导；严格按照质量检查方案，督促各区自查，配合国家林草局进行国家级核查；对各类园林绿化资源监测数据进行内业整合，完成数据处理、统计汇总，编制年度调查监测成果。

【北京市森林资源管理评价制度】 年内，市园林绿化规划和资源监测中心建立完善北京市森林资源管理评价制度。对一套指标（森林资源资产价值核算指标体系）、三项制度（有偿使用、损害赔偿、评价和发布）和一次测算（"十四五"时期林地定额测算）开展研究，提出符合北京森林资源资产特点，包含3个层级、13个资产核算指标、33个指标类型的北京市森林资源资产价值核算指标体系；完成综合权衡林地供给、园林绿化发展目标和社会经济发展需求的北京市"十四五"时期林地定额测算结果；提炼出目标任务明确、法律法规政策规定齐全、核心参与者权责合理的北京市森林生态环境损害赔偿工作流程；建立内容完备、程序合规的北

通州区京彩燕园苗圃园林绿化科普宣传示范基地景观（市园林绿化规划和资源监测中心 提供）

京市森林资源评价和发布制度。

【科普工作】 年内，市园林绿化规划和资源监测中心依托"基于新媒体技术的园林植物科普示范与推广"项目，完成通州京彩燕园苗圃园林绿化科普宣传示范基地1处，在基地内悬挂植物科普树牌1000个；搭建AR植物科普互动产品5套，开发主题互动游戏1套及科普宣传公众号1个；完成植物三维模型设计35个，编写《新媒体技术园林植物科普技术手册》1册，编拍相关技术推广视频1套；培训科普专兼职人员143人次，科普宣传受众超450人次。

【国际合作示范基地建设】 年内，市园林绿化规划和资源监测中心与世界自然基金会和安踏集团合作，开展十三陵林场生物多样性恢复国际合作示范基地二期建设，完成13.33公顷林地和灌木林的精细化经营管理及食源蜜源植物补植的设计和施工。与世界自然基金会、中国林业科学研究院、北京市延庆区自然保护地管理处开展四方合作，在野鸭湖自然保护区建设湿地生物多样性恢复示范基地6.67公顷。两处示范区均在施工前后进行持续的生态监测，形成监测报告各1份，完成森林、湿地生物多样性恢复技术手册各1册。

【引导国际非政府组织工作】 年内，市园林绿化规划和资源监测中心完成世界动物保护协会年度工作及财务审核，对其进行业务指导和监督；与世界自然基金会、北京林业大学合作，完成北京市湿地植被碳储量调查评估、湿地土壤碳储量调查评估、北京市湿地生态系统碳储量调查评估，形成相关评估报告，填补北京市湿地碳储量数据空缺；与大自然保护协会达成合作意向，在密云水库流域开展以鹤类为旗舰物种的鸟类栖息地适宜性评估研究及以提升森林质量和生态服务功能为目标的森林经营长期示范；与亚洲基础设施投资银行达成合作意向，联合开展候鸟声音监测，出版《北京常见鸟类150种》，编制公园、湿地等常见鸟类科普系列折页，开展相应技术培训及自然教育活动。

【资源监测大数据管理能力提升项目】 年内，市园林绿化规划和资源监测中心开展资源监测大数据管理能力提升项目，完成包括二类调查数据、林地变更数据、公益林数据等历年工作数据的检查、修正、完善和系统化入库管理工作。制订完善基础数据库的相关操作规范和数据使用说明，实现园林绿化资源数据的系统化、规范化、精准化存储管理和使用。召开数据监测大数据管理能力提升项目的成果验收会，项目成果通过审核验收。

【森林资源数字化信息化数字采集处理】 年内，市园林绿化规划和资源监测中心完成森林资源数字化信息化数字采集处理项目，制作完成5个不同树种的视频，对5个树种的形态、生长环境、生长数据等进行采集整理，汇总形成5部资料影像。采集毛白杨、银杏、黄栌等10个常见树种资源图片5000余张。11月22日，召开森林资源数字化信息化数字采集处理项目的成果验收会并通过验收。

【制订"十四五"行业落实"双碳"目标工作指导意见】 年内，市园林绿化规划和资源监测中心制订发布《关于"十四五"时期北京市园林绿化行业落实"双碳"目标的工作指导意见》，提出到2025年北京市森林覆盖率达到45%，北京市森林蓄积量较2020年增加400万立方米，北京市林地绿地资源年碳汇量增加到1000万吨的阶段性目标，从行业的增汇、减排、适应、管理体系建设、推广示范、公众宣传六个层面提出具体行动措施和保障要求。

【林地绿地碳汇功能评估与潜力预测】 年内，市园林绿化规划和资源监测中心完成北京地区的城市森林、绿地生态系统的主要造林树种生物量模型构建，为全面估算北京市主要造林树种生物量及碳储量奠定基础。完成城市绿地、湿地碳汇计量监测技术方法指南，完善北京市不同生态系统类型的计量监测技术支撑体系。基于森林资源清查数据，利用蓄积生物量的评估方法，完成北京市及各区林地绿地植被和土壤碳储量及林业碳汇能力的年度测算和未来潜力预估工作。

【碳中和理念宣传】 年内，市园林绿化规划和资源监测中心以"北京园林绿化科技周"活动为依托，开展以"林业碳中和"为主题的科普宣传与成果展示。落实碳中和理念进百园宣传行动，筛选大运河森林公园、城市绿心森林公园、海淀公园等全市100个公园，推进林业碳中和宣传标识体系建设。基于园林绿化科普基地、园艺驿站、社区、学校的30个碳中和宣传触摸查询网络机，开展碳中和理念宣传活动，受众5000万人次。面向北京市行业人员开展各类林业碳汇专项技术培训4次，累计培训上千人次。

【北京市林草湿数据与国土"三调"数据对接融合及草地监测】 年内，市园林绿化规划和资源监测中心厘清林地、草地、湿地的现状范围界线，解决地类交叉重叠问题；融合林地、草地、湿地等资源信息；优化国家级公益林范围，将国家级公益林落到山头地块；形成与国土"三调"无缝衔接的林草湿资源"一张图"。完成对国土"三调"中22111块图斑的分析处理；开展1411个草地图斑的踏查、拍照等调查核实，完成样地的地类、草原型、草地型、植被结构、植被盖度、优势草种、利用方式等数据采集统计；编制北京市草地资源基况监测报告等文字成果。绘制草原资源分布图、草原类（类

8月21日，市园林绿化局在通州区城市绿心森林公园科技周活动中宣传"碳中和"进百园行动（市园林绿化规划和资源监测中心 提供）

组）分布图等专题图，构建草原基况监测成果数据库等数据信息库。

【林草湿地生态综合监测评价】年内，市园林绿化规划和资源监测中心完成北京市园林绿化资源生态监测评价工作，初步建立国家、市、区三级调查监测相衔接，图斑监测、样地调查、现地调查相结合的动态监测体系。完成监测图斑更新18.37万个，其中，新造林图斑7.51万个，占地图斑0.84万个，采伐图斑8.35万个，其他变化图斑1.67万个；完成样地调查2666块，其中，国家级森林样地595块、草地样地61块、湿地样地12块、市级加密森林样地1519块、草地样地479块。

【实行北京市域资源动态变化监测】年内，市园林绿化规划和资源监测中心以2019年园林绿化专项调查数据与国土"三调"数据对接融合成果为底版，开展全年度、全要素、全覆盖监测活动，及时掌握记录各类资源变化的空间位置、管理属性、自然要素、资源特征等信息，为全局性指标（森林覆盖率、活立木蓄积量、林木植被总生物量、林木植被总碳储量等）的评估提供数据基础。

【搭建年度监测管理平台】年内，市园林绿化规划和资源监测中心利用互联网技术搭建数据矢量化、业务智能化、管理扁平化的北京市园林绿化资源智慧管理平台，将市域内的林草湿荒园绿等资源统一纳入监测平台管理，形成北京市园林绿化资源最新监测成果137.77万个小班（林业小班51.31万个、草地小班3.84万个、湿地小班0.12万个、园地小班13.20万个）；形成荒漠化（沙化）土地（2.90万个小班）及绿地资源（46.31万个小班）两个专项数据库。

【园林绿化资源年度监测】年内，市园林绿化规划和资源监测中心按系统抽样方法，结合各区实际情况布设加密样地4616个；依据调查操作细则对1519个乔木林固定样地从林分因子、林木因子和其他因子等方面进行现地调查；录入1519个固定样地的调查数据，建立样地调查数据库；利用第六次至第九次清查的北京市森林资源连续清查样地样木数据库文件，完成单木水平13个树种组的一元和二元胸径生长率和材积生长率模型研建，林分水平10个优势树种组一元和二元材积生长率模型研建；利用第九次清查样地数据，建立10种主要森林类型的林分蓄积量、生物量和碳储量模型。

【森林资源动态监测一体化管理数据服务】年内，市园林绿化规划和资源监测中心推进北京市园林绿化资源智慧管理平台建设，利用年度监测、专项监测成果，开展北京市园林绿化资源的数据挖掘分析，及时掌握森林生态状况和变化趋势，全面反映森林资源及生态变化状况的监测成果。以北京市域内森林（林地）、草地、湿地等为主要监测对象，开展全市园林绿化资源监测工作，完成林、草、湿样地调查1646个，图斑监测1.16万个，属性更新11.2万个。开展资源年度监测市级核查工作，完成林、草、湿样地首件必检81块，样地质量合格性检查113块，抽取15个乡镇（街道）进行图斑监测质量检查。

【北京园林绿化生态系统监测网络平台】年内，市园林绿化规划和资源监测中心完成北京园林绿化生态系统监测网络平台构建BEON管理员综合信息平台、站点端信息平台及生物多样性平台建设，实现实时接收、处理各监测站实时发送的数据，可提供和展示森林空气温度、湿度、土壤温度、土壤含水量、辐射强度、释氧量、负氧离子、$PM_{2.5}$、PM_{10}、碳密度、物候、生物多样性等指标的数字和影像数据。截至2022年年底，已有15个监测站纳入平台统一管理。

【编制《园林绿化生态系统监测网络建设规范》和《森林体验指数评价技术规范》】 年内，市园林绿化规划和资源监测中心编制完成《园林绿化生态系统监测网络建设规范》（DB11/T 1989—2022）和《森林体验指数评价技术规范》（DB11/T 2029—2022）地方标准。

【自然保护地保护研究项目】 年内，市园林绿化规划和资源监测中心对自然保护地管理措施组织开展评估，适时引入第三方评估制度，在自然保护地行业安全领域引入风险管理的理念和方法。开展自然保护区人类违法活动点位监管项目，建立持续可靠的监督监管体系和平台。综合利用卫星遥感、空间技术等手段，对全市自然保护区开展空间数据库构建和人类活动监测监管工作，建立监测指标体系和保护地人类活动台账，实现"市级变化监测－成果下发－实地核查－整改销账"全流程"一张图"资源监管模式。

【森林督查】 年内，市园林绿化规划和资源监测中心在全市范围内开展森林督查图斑核实、林地管理情况检查和森林采伐限额核查工作。完成工作初期的内业资料整理和抽样工作，分组到各区开展外业调查核实工作。完成既定标准和比例的抽样检查，对抽取的森林督查图斑现场核实变化原因，与区级自查结果对比分析一致性。对林地林木审批执行情况按比例抽取进行内业档案管理和外业执行情况检查，形成省级督查报告。

【党建工作】 年内，市园林绿化规划和资源监测中心制订完善《中心党总支、党总支书记及班子成员落实全面从严治党主体责任清单》《2022年规划监测中心全面从严治党工作要点》和重点任务分工方案，推出"党建引领 融合发展——微课堂"系列主题党日活动，推进党建和业务的深度融合，开展"林业应对气候变化与碳中和""浅谈森林体验指数""那些年规划那些事""关于资源监测想说的事""北京冬奥会带来的机遇与思考"为主题的党日活动5期。征集"我为群众办实事"项目11件，完成全部工作。

【意识形态工作】 年内，市园林绿化规划和资源监测中心党总支制订《中心党员干部思想动态分析报告实施办法》和《意识形态工作方案》。召开专题会议，按照"一岗双责"要求，对意识形态工作进行部署，抓好分管科室和领域的意识形态；7月，及时总结上半年意识形态和思想政治工作，召开党总支会议专题研究。全年开展谈心谈话300余人次。

【巡视巡察问题整改】 年内，市园林绿化规划和资源监测中

8月9日，市园林绿化规划和资源监测中心对西山林场开展批后监督检查工作（市园林绿化规划和资源监测中心 提供）

心结合机关党委《关于市委第六巡视组巡视反馈意见中机关党委牵头整改事项的整改方案》《关于市委巡视组市委宣传部落实意识形态工作责任制专项检查反馈问题整改方案》和机关纪委开展巡察整改"大起底"要求，逐条对照检查，开展巡视自查整改工作，全部完成整改。

【新冠病毒疫情防控】 年内，市园林绿化规划和资源监测中心居家办公期间，18名党员、统战成员和团员参加社区的各类新冠病毒疫情防控工作。党员干部带头报名，积极参加市直机关第三批和第四批下沉支援任务，涌现出杨春欣、张楠、张恒、高永龙等一大批先进典型。出抗疫专刊《战"疫"心声》17期，营造良好氛围。

【领导班子成员】
主任 刘进祖
管理五级 蒋薇（女）
副主任 李伟
（北京市园林绿化规划和资源监测中心：王欢 供稿）

北京市园林绿化科学研究院

【概况】 北京市园林绿化科学研究院（以下简称：市园林绿化科学研究院）作为北京市唯一的市属园林绿化行业公益性科研院所，是北京市园林绿化局所属正处级公益二类事业单位。主要职责是：开展全市园林绿化中长期发展战略、重大改革等基础研究，提供决策咨询；承担园林绿化科技攻关、技术咨询服务、科研成果推广、科学技术普及等具体工作。北京市园林绿化科学研究院占地面积177.44万平方米，拥有"园林科创"国家级星创天地、北京乡土观赏植物育种国家长期科研基地、北京市重点实验室等21个行业领先的科技创新平台。

2022年，市园林绿化科学研究院开展各级科研课题（含科研类项目）64项，包括国家级课题3项、省部级课题9项、局级课题9项、中央财政科技成果推广项目3项、中央财政林木良种培育补助项目1项、市财政科研项目5项。获得2021年度北京市科学技术进步奖1项，2022年度华夏建设科学技术奖1项，2022年度中国风景园林学会科学技术进步奖3项；主编、参编地方标准发布或实施7项；发布国标图集1项；编制并印发完成《首都园林绿化标准体系》；取得发明专利3项，实用新型专利7项，软件著作权1项，植物新品种权9个；建立20个专家工作站，为相关林场等企事业单位提供技术服务；组织4场专项科技成果推介活动；杨柳飞絮抑制剂等研发产品在全国推广至20余个城市；举办线上推广活动29场，在线观看11.9万人次。

【新一轮百万亩造林线上培训】 1月13—24日，市园林绿化科学研究院完成北京市新一轮百万亩造林绿化工程管理培训，累计在线收看达3235人次。

【发布《古柏树养护与复壮技术规程》地方标准】 4月1日，市园林绿化科学研究院主编的北京市地方标准《古柏树养护与复壮技术规程》（DB11/T 3028—2022）发布实施，标准针对古柏树制订春夏秋冬四季日常养护技术以及生长环境改良、古树树体修补、支撑加固、常见病虫害防治等多项复壮技术措施。

【发布《园林绿化有机覆盖物应用技术规程》地方标准】 4月1日，市园林绿化科学研究院参与编写的北京市地方标准《园林绿化有机覆盖物应用技术规程》（DB11/T 3029—

1月13日，市园林绿化科学研究院在线上开展北京市新一轮百万亩造林绿化工程管理培训（市园林绿化科学研究院 提供）

2022）发布实施。标准对京津冀三地广泛应用有机覆盖物提供技术支持，制订园林绿化有机覆盖物加工、施工操作及维护保养等技术要求，首次对染色剂和固定剂质量提出要求。

【栎类种质资源圃建设】 4月28日，市园林绿化科学研究院在黄垡基地开展栎类种质资源圃阶段建设，收集栓皮栎等6个国内种源品种、沼泽白橡木等5个美国种源品种，共4000余株，对不同家系、种源的栓皮栎耐盐碱性进行评价。

【北京城市生态系统国家定位观测研究站】 6月10日，市园林绿化科学研究院经国家林草局批复，成立北京城市生态系统国家定位观测研究站。这是北京首处国家陆地生态系统定位观测研究站，可开展北京城市绿地、森林等生态系统结构、功能、干扰等动态过程长期观测研究；在城市核心区绿地、建成区绿地、平原林地及山区水源保护林地设置综合观测区和多个辅助观测点，长期定位观测不同类型生态系统七大类150余个生态要素；填补京津冀城市群城市生态站建设的空白，完善中国超大城市生态系统定位观测布局。

【发布《古树名木评价规范》地方标准】 7月1日，市园林绿化科学研究院主持修订的北京市地方标准《古树名木评价规范》（DB11/T 478—2022）发布实施。标准替代2007年《古树名木评价标准》（DB11/T 478—2007）。

【发布《主要花坛花卉种苗产品等级》地方标准】 7月1日，市园林绿化科学研究院主编修订的北京市地方标准《主要花坛花卉种苗产品等级》（DB11/T 1052—2022）发布实施。标准替代原北京市地方标准（DB11/T 1052—2013）。

【示范性集体林场建设项目实施方案】 7月19日，市园林绿化科学研究院完成顺义区后沙峪集体林场、顺义区赵全营镇集体林场和顺义区马坡集体林场《示范性集体林场建设项目实施方案》编制工作并通过专家评审。

市园林绿化科学研究院成立北京城市生态系统国家定位观测研究站（市园林绿化科学研究院 提供）

【聘任首批首席专家】 8月19日，市园林绿化科学研究院举行首批首席专家聘任仪式。首席专家制，是北京市园林绿化科学研究院以领军人才驱动创新发展的重要举措。评聘工作于4月启动，严格按照《北京市园林绿化科学研究院首席专家选聘办法》实施。聘任园科院李新宇、韩丽莉、王永格、冯慧、仇兰芬、王艳春6名首席专家，学科涵盖生态环境、屋顶绿化、古树保护、植物育种、有害生物防治、土壤与水六个领域。

【"科创中国"园林绿化创新基地获得中国科协认定】 8月23日，市园林绿化科学研究院"科创中国"园林绿化创新基地获得中国科协认定，成为全国首批194个"科创中国"创新基地之一。

【银杏衰弱复壮关键技术专题培训】 11月8日，市园林绿化科学研究院完成银杏衰弱复壮关键技术专题培训。来自市公园管理中心、各区园林绿化局及各绿化队、集体林场一线工作人员2956人次在线参加培训。

【碳中和研究所成立】 11月10日，市园林绿化科学研究院成立碳中和研究所。研究所围绕园林绿化与碳中和，推动基于自然的气候解决方案实施，为实现"双碳"目标提供科技支撑。

【中国风景园林学会园林生态保护专业委员会学术年会】 11月10日，由市园林绿化科学研究院承办的中国风景园林学会园林生态保护专业委员会学术年会暨第四十届全国园林科技信息网网会以视频形式召开，来自9个省（市）的相关专家作学术报告15个，5000余人次参会。

【首位博士后研究人员进站】 11月14日，市园林绿化科学研究院博士后科研工作站首位博士后研究人员正式进站，主要研究"超大城市绿色发展监测与评价优化应用示范"。

【北京市第三次全国土壤普查园林绿化采样工作】 12月5日，市园林绿化科学研究院完成市园林绿化第三次全国土壤普查工作调查采样和测试化验工作。完成2748个园林绿化点位的采样和化验工作，包括2713个土壤表层样的35个土壤剖面的采样，组织质控实验室专家和省级数据审核专家对数据进行审核。

【结构土示范应用】 年内，市园林绿化科学研究院完成市园林绿化局项目"银杏等行道树健康诊断及复壮技术研究——结构土示范应用"，项目示范应用了具有承重能力并为根系提供生长空间的道路垫层替代材料结构土，在十八里店老君堂村修建一条长400米的结构土示范道路。

【有害生物防治技术集成示范】 年内，市园林绿化科学研究院在国有林场、市属公园、郊野公园、平原造林地等不同类型绿地建立15个典型害虫生物防治示范区，开展以瓢虫、花绒寄甲、蠋蝽为主的多种天敌应用技术研究，评价天敌昆虫的生物防治效果，确定京枫多态毛蚜、黄栌跳甲等有害生物防治技术，开展以生物多样性为指标评价生物防治示范区的研究。

【专利信息】 年内，市园林绿化科学研究院取得以下专利成果：4月19日，实用新型专利"ZL2021226294736 树木样芯取样的助力装置及包括其的树木样芯取样装置"获得授权；4月26日，发明专利"ZL201910077232X一种月季新品种'燕京粉'及其诱导与培养方法"获得授权；5月31日，实用新型专利"ZL2021224644059 一种适于多场景的便捷、耐用型植物插牌"获得授权；6月14日，实用新型专利"ZL202122842377X一种便携式花粉样品存储盒"获得授权；7月5日，发明专利"ZL2021103785865 一种芳香植物挥发物的采集系统及其采集方法"获得授权；8月2日，发明专利"ZL2020102120130苔草分子鉴定的SSR引物及应用"获得授权；9月16日，发明专利"ZL2020115218461一种植物耐涝性的综合评价方法"获得授权；9月20日，实用新型专利"ZL2022214068550一种树木复壮系统"获得授权；10月4日，实用新型专利"ZL2022213933492一种行道树给水装置"获得授权；11月1日，实用新型专利"ZL2022213822714一种道路结构"获得授权。

【科研成果获奖】 年内，市园林绿化科学研究院科研成果"城市困难立地防护与生态修复关键技术研究与应用"获得2021年北京市科学进步技术奖技术开发类二等奖。"城市古树名木养护和复壮工程技术规范"获得2022年度华夏建设科学技术奖三等奖。"裸露坡面植被恢复技术规范"获得2022年度中国风景园林学会科学技术进步奖二等奖。"西城区广阳谷城市森林公园生态环境监测与自然科普教育"获得2022年中国风景园林学会科技进步奖三等奖。"夏热冬暖地区立体绿化技术规程"获得2022年度中国风景园林学会科学技术进步奖三等奖。"园林植物病虫害绿色防控技术创新与集成应用"获得2022年中国植保学会科学技术奖技术推广类三等奖。"月季种质创新与推广应用关键技术研究"获得2022年度北京林学会林业科学技术奖一等奖。"多途径建立几种常见优良宿根花卉快速低耗无性繁育体系研究"获得2022年度北京林学会林业科学技术奖三等奖。"北京城市副中心生态绿化技术体系研究"获得2022年度北京园林学会科学技术进步奖一等奖。"自育一串红良种推广应用及其耐热性研究"获得2022年度北京园林学会科学技术进步奖二等奖。"主要宿根花卉露地栽培技术规程"获得2022年度北京园林学会科学技术进步奖二等奖。"城市生活污泥用作园林绿化产品的研发及应用示范"获得2022年度北京园林学会科学技术进步奖三等奖。"低维护长观赏期可持续型地被的综合开发技术"获得2022年度北京园林学会科学技术进步奖三等奖。"多途径建立几种常见优良宿根花卉快速低耗无性繁育体系研究"获得2022年度北京园林学会科学技术进步奖三等奖。"万寿菊花色突变机理研究和新品种培育"获得2022年北京市园林绿化行业协会科学技术进步奖二等奖。"园林植物病虫害绿色防控技术创新与集成应用"获得2022年北京市园林绿化行业协会科学技术进步奖三等奖。《园林植物对雾霾的消减作用》获得第十二届"钱学森城市学金奖"提名奖。

【党建工作】 年内，市园林绿化科学研究院制订《园科院党委、书记及领导班子成员落实全面从严治党主体责任清单》《园科院2022年全面从严治党工作要点》《园科院全面从严治党工作任务分工方案》，指

工作人员在月坛公园放置昆虫诱捕器（市园林绿化科学研究院 提供）

导基层党支部完成《园科院基层党支部、书记及其他委员抓党建工作责任清单》制订和备案。召开2021年度处级党员领导干部民主生活会，召开征求意见座谈会8次，书面征集到意见建议126条，查摆五个方面13项问题，已全部完成整改。召开党委会52次，研究议题175项，涉及"三重一大"决策事项126项。完成支部手册检查2次，年内举办1次"过筛子"评比，评选出先进党支部3个、一般党支部7个、后进党支部1个，按时提交考核情况报告1份，严格督促后进党支部完成相关问题整改。全年确定入党积极分子7名、吸收预备党员3名、预备党员转正8名。参加局机关党委及人事处组织的入党积极分子、发展对象和新党员集中培训4次。

【巡视巡察问题整改】 年内，市园林绿化科学研究院完成2021年市园林绿化局（首都绿化办）党组第一巡察组检查原黄垡苗圃党支部反馈问题的整改工作，反馈问题3类、28项，制订整改措施65项，召开党委会议8次，研究部署落实巡视整改工作。完成2021年市园林绿化局（首都绿化办）考核检查小组检查原北京市园林科学研究院反馈问题的整改工作，反馈问题两方面12项，制订整改措施39项。完成市委第六巡视组巡视市园林绿化局（首都绿化办）党组反馈问题的整改工作，反馈问题三方面25项，逐项对照检查，制订整改措施57项，重点针对房屋出租、合同管理和企业兼职等问题进行自查自纠。

【新冠病毒疫情防控】 年内，市园林绿化科学研究院深入院属基地、各部门、出租单位等8个重点区位进行监督检查5次，认真做好新冠病毒疫情防控情况统计与排查，督促落实疫苗接种。院党委选派党员干部下沉支援顺义、朝阳、东城社区防疫4人，居家办公干部就地转为志愿者参与防疫25人，选派1名党员干部借调至市委组织部新冠病毒疫情防控专班服务首都防疫工作。制作党员防疫宣传片1期，微信公众号推送党建引领新冠病毒疫情防控专刊1篇。

【领导班子成员】
党委书记 院长 李延明
党委副书记 纪委书记 副院长 任桂芳（女）
管理五级 赵世伟 梅生权
副院长
彭玉信 于永法 郭佳（女）
管理六级 冯天爽（女）
（北京市园林绿化科学研究院：李鸿毅 供稿）

北京市八达岭林场管理处

【概况】 北京市八达岭林场管理处（以下简称：八达岭林场管理处）是北京市园林绿化局直属正处级公益一类事业单位，实有各类土地面积2940.85公顷，其中林地面积2912.52公顷、非林地面积28.33公顷；林地面积中，有林地面积1722.2公顷、灌木林地面积1104.5公顷、未成林地面积77.65公顷、辅助生产林地面积8.17公顷；森林覆盖率58.56%，林木绿化率96.12%。主要职责是：管理国有林场，促进林业发展；林场规划计划编制、森林培育经营、病虫害防治、护林防火、林业科技研究、林业技术和管理人员培训、林业技术服务、多种经营。内设办公室、人事科、党建工作科、计划财务科、森林经营科、资源保护科、森林防火科、科技科、项目管理科、后勤安全科、森林公园管理科、青龙桥分场管理站、三堡分场管理站、北分场管理站、石峡分场管理站、西拨子分场管理站1室10科5站。

2022年，北京市八达岭林场管理处完成新一轮百万亩造林绿化工程专项建设任务，提升京礼、京藏高速及京张高铁之间的景观效果。北京冬奥会和冬残奥会期间，及时清理铁路沿线和公路两侧垃圾，为冬奥赛区外围提供良好环境。

【国有林场森林管护】 3月，北京市八达岭林场管理处上报2022年度国有林场森林综合管护经费项目实施方案并获市园林绿化局批复，投资832.5万元，实施森林防火及林业有害生物监测2940.85公顷、森林抚育276.19公顷、林业有害生物防治261公顷。6月16日至10月20日，进行抚育措施施工，完成扩蔊88.59公顷、修枝101.68公顷、疏伐85.92公顷、人工促进天然林更新276.19公顷、补植18.8公顷、抚育剩余物处理187.6公顷。6—9月，实施药剂防治面积117.67公顷，生物天敌防治面积143.33公顷，未发现大规模检疫性有害生物。从10月15日起，生态管护员在防火期（10月15日至翌年6月15日）每日按时到岗并通过智能巡更系统实时上报管护轨迹，森林防火指挥中心通过瞭望塔、电视监测设备对林区启动周期性（15分钟）持续监测，扑火队24小时备勤。10月28日至12月15日，组织监理、施工单位自查，森林抚育工程及病虫害防治服务各项建设内容合格。

【清查辖区林地违规违法专项行动】 3月28日至4月15日，北京市八达岭林场管理处清查辖区内林地违规违法事件，整改辖区内村民放养啃树、林地内社会人员堆放垃圾等问题15处。

【优良树种花卉引种驯化试验】 3—4月，北京市八达岭林场管理处从北京市园林绿化科学研究院黄垡院区引种"大都市"豆梨、美国红枫、夏栎、女贞、珙桐等彩叶树种190棵；从北京农学院引种波浪胡枝子、紫云胡枝子、粉蝶胡枝子、娇颜胡枝子、扶风胡枝子5个品种100棵，扦插幼苗4650株，金叶丁香、金小叶丁香、红丁香3个品种150株。4—10月，开展彩叶树种观察试验和胡枝子栽培试验，经物候观测，豆梨、夏栎、红枫适生情况稳定，4个品种的胡枝子经扦插繁殖长势良好，引种植物原有观赏价值和生态价值未发现明显降低。

【野生动物监测调查】 4—12月，北京市八达岭林场管理处开展野生动物监测调查，在石峡王家沟、西沟1059、丁香谷至延昌交界等处沿线布设红外相机30台，监测到兽类13种，隶属4目8科，获取影像数据8万余条；聘请北京林业大学专家就红外相机使用、数据资料整理、野生动物鉴别等方面对林场职工培训24学时，筛选有效数据5000余条。

【科研战略合作】 4月29日，北京市八达岭林场管理处与北京农学院挂牌建立产学研合作基地，签订校场合作协议。10月27日，北京农学院园林学院林学专业技术团队到八达岭林场为病虫害治理、提高森林质量、森林文化建设等方面提供技术支持服务。

【建场70周年纪念林揭碑植树活动】 6月30日，北京市八达岭林场管理处举行"喜迎二十大 庆祝建场70周年纪念林"揭碑植树活动，64人参加活动，新植白皮松30株。

【第16届红叶生态文化节】 10月8—30日，北京八达岭国家森林公园以"魅力八达岭 片片红叶情"为主题举办第16届红叶生态文化节，通过实行网上预约购票、执行体温检测、"北京健康宝"扫码入园、按照最大游客承载量的75%限流开放等措施严控游园秩序，北京电视台新闻频道《天气晚高峰》栏目、北京卫视频道《北京新闻》栏目及"北京头条"等14家媒体宣传报道，吸引游客2.5万人次到园赏游，实现收入40余万元。

【涉林案件】 10月17日至11月21日，八达岭林场辖区内发生"八达岭长城索道经营单位在林地内堆放垃圾"涉林案件2

项，均已立行立改。

【中央财政森林抚育项目】年内，北京市八达岭林场管理处完成2021年中央财政林业改革发展资金森林抚育项目，抚育面积333.33公顷，由中央财政资金拨款210万元在八达岭林场三林班、八林班、十一林班实施抚育措施。2—6月，完成割灌除草104公顷，疏伐5.6公顷，修枝193.53公顷，人工促进天然更新327.73公顷，抚育剩余物处理303.13公顷。

【新一轮百万亩造林绿化工程专项建设任务】年内，北京市八达岭林场管理处完成北京市新一轮百万亩造林绿化工程专项建设任务，工程总投资2077万元，建设面积46.67公顷，作业区位于北京市八达岭林场十二林班，主要建设内容为栽植常绿乔木、落叶乔木、亚乔木、灌木和地被等。4月2日至6月30日，栽植常绿乔木2785株、落叶乔木5239株、亚乔木3853株、灌木9818株、地被3.51万平方米。11月3日，组织设计、勘察、监理、施工单位验收，苗木成活率达97%以上。

【红叶岭景观提升项目】年内，北京市八达岭林场管理处完成红叶岭景观提升项目。项目位于八达岭林场六林班3小班和4小班，作业区面积21.33

公顷，在林间空窗、路边及护坡地带栽植替代树种、补栽苗木并进行重点抚育管理，完成项目区林地清理、修枝、割灌及项目区道路修缮。

【森林防火】年度防火期内，北京市八达岭林场管理处建立完善零散坟头及变压器分布、隐患排查、各管理站防火巡查等台账3类5套，共15个；森林防火指挥中心30名扑火队员靠前驻防，7座瞭望塔、10路监控、100部对讲机、10台定位巡检器正常运行；清明节期间在22处坟场放置灭火水桶并靠前驻防灭火水车，增加护林员至70人重点看护进山入口，看护辖区内零散坟头253个，跟防祭扫民众9946人次，劝返驴友20余批次1000余人；防火期内组织各分场管理站、监理单位、施工单位、辖区有林单位召开森林防火专题会议13次；

开展森林防火宣教活动3次、森林防灭火演练15次、日常防火监督检查50余次，协同市园林绿化局领导检查防火工作24次；森林防火指挥中心接报警4次，扑火队出警3次（火情地点均在林场辖区之外）；清理防火隔离带64.98万平方米、可燃物面积21.7万平方米；布置防火标识和防火码牌示各10块、地插牌示100块、宣传展板42块、宣传横幅及宣传旗帜各200幅（面），配发防火袖标及胸牌各240个。

【森林体验中心运维项目】年内，北京市八达岭林场管理处完成森林体验中心运维项目。项目批复金额122.48万元。项目拍摄各类公园照片14798张、录制视频2157条，制作宣传短视频3个，通过官方微信平台发布信息34次；对青龙谷景区及红叶岭景区进行绿化养

4月5日，八达岭林场管理处在林区开展清明节防火检查工作（八达岭林场管理处 提供）

护4.75万平方米，完成公共设施日常维护34项；定制公园纪念折叠伞、长伞200套，笔记本100套；更新标牌6块，制作安全警示牌14块、垃圾分类宣传牌2块。

【山地油松森林质量精准提升技术示范与推广】 年内，北京市八达岭林场管理处开展山地油松森林质量精准提升技术示范与推广工作。项目位于八达岭林场七林班，建设面积53.33公顷，由中央财政拨款120万元，实施生长伐、补植、人工促进天然更新、林地土壤改良和生物多样性保护等措施。

【太行山国家森林步道（八达岭林场段）建设】 年内，北京市八达岭林场管理处完成太行山国家森林步道（八达岭林场段）建设工作。太行山国家森林步道（八达岭林场段）北起

青龙桥火车站，南至清水顶，主要路线东西贯穿八达岭林场，途经青龙桥分场管理站、三堡分场管理站、石峡分场管理站，全长33千米（包括支线）。步道建设主要是利用八达岭林场已有山径，基本围绕八达岭森林公园景区原有木栈道、自然路面及硬化路面的原自然面貌和荒野氛围设立标识标牌，完成17块标识标牌、40块科普牌布设。

【论文汇编】 年内，北京市八达岭林场管理处整理1999—2022年本单位专业技术人员及关联科研院所对八达岭地区森林资源的科研课题、专项研究论文87篇，形成70余万字的《北京市八达岭林场管理处论文汇编》。

【有害生物监测与防治】 年内，北京市八达岭林场有害生

物监测面积2940公顷，设置测报点50个、各类监测设备280套（个），监测病虫害14类，监测预报准确率达90%以上，未发生大规模有害生物侵害林木情况；开展各类调查16次，实施天敌及药剂防治10次。3月，开展油松毛虫普查；4月及9月，分两期（均为期一个月）开展鼠害调查；5月1日至10月31日，开展春秋两季（春季5月1日至6月10日，秋季9月1日至10月31日）松材线虫病普查；5—10月，开展红火蚁普查6次；6—9月，实施药剂防治117.67公顷，释放赤眼蜂3250万头、周氏啮小蜂1500万头，投放花绒寄甲卵40万粒、异色瓢虫卵4万粒、蒲螨4亿头进行生物天敌防治143.33公顷；11月15日至12月15日，布设标准地40处，开展黄栌胫跳甲卵、松梢螟幼虫、犁卷叶象成虫、油松毛虫幼虫等林业有害生物越冬调查。

【义务植树活动】 年内，北京市八达岭林场管理处接待各级机关、企事业单位、团体及个人开展"互联网+全民义务植树"尽责活动41批1953人次，栽植黄栌、白皮松、油松、国槐等乔灌木1953株，整形修剪90株，涂白树干60株。

【林木采伐】 年内，北京市八达岭林场管理处办理2021年度

八达岭林场森林步道景观（八达岭林场管理处 提供）

国有林场森林综合管护经费项目采伐、2021年中央财政森林抚育项目采伐、铁路加固山体铺设防护网建设项目采伐3项林木采伐手续，办理采伐证18件，合计采伐林木17591株，采伐蓄积量684.78立方米。

【林地审批手续】 年内，北京市八达岭林场管理处协助北京市延庆区博物馆（北京市延庆区文物管理所）为修缮防火步道申请办理林业生产服务占用林地手续1项，占用林地700平方米。

【事企分开改革】 年内，北京市八达岭林场管理处对北京八达岭森林公园有限公司、北京市八达岭园景绿化服务有限公司、北京市八达岭青年旅游服务公司、北京八达岭青龙商贸有限公司等下属企业实施关停并转。7月，完成北京市八达岭园景绿化服务有限公司清理注销；北京市八达岭青年旅游服务公司及北京八达岭青龙商贸有限公司产权并入北京八达岭森林公园有限公司；11月，完成北京八达岭森林公园有限公司清产核资审计和资产评估。

【森林文化活动】 年内，北京市八达岭林场管理处编制森林疗养课程4项；通过官方微信公众号发布宣传视频及风景图文帖65篇；组织开展森林疗

养活动4次、自然教育活动20次、线上活动2次，累计参与人数1500余人，收集自然笔记28份。举办义务植树和"无痕山林"宣传活动3场。

【森林体验馆修缮】 年内，北京市八达岭林场管理处完成北京八达岭国家森林公园森林体验馆修缮，更新铝合金方板吊顶7.5平方米、墙砖面65平方米，安装成品木窗1套。

【接待参观考察】 年内，北京市八达岭林场管理处接待中央、市属、驻区机关企事业单位和团体到访参观、学习和举办会议38批次、515人次。

【新冠病毒疫情防控】 年内，北京市八达岭林场管理处研究疫情防控工作7次、召开专题会6次、发布要求32份、实地检查20余次、整改问题19项。投入资金2.5万元组织8次核酸检测。动员干部职工35人参加社区防疫志愿服务。组织离退休职工完成"60岁及以上老年人新冠病毒疫苗接种攻坚行动"任务，疫苗接种率达标。北京八达岭国家森林公园对社会公众开放期间（6月7日至10月30日）实行线上实名预约购票入园，严格进行公共空间消毒，确保人员和工作场所安全。

【领导班子成员】
党委书记 主任 刘春和

副主任 纪委书记
陈庆合（2022年6月退休）
副主任 裴军 吴晓静
李黎立（2022年7月援藏）
工会主席
吴晓静（2022年1月免）
裴军（2022年1月任）

（北京市八达岭林场管理处：
刘云岚 供稿）

北京市十三陵林场管理处

【概　况】 北京市十三陵林场管理处（以下简称：十三陵林场管理处）是北京市园林绿化局直属正处级公益一类事业单位。主要职责是：管理国有林场，促进林业发展；林场规划计划编制、森林培育经营、病虫害防治、护林防火、林业科技研究、林业技术和管理人员培训、林业技术服务、多种经营。内设机构8个，分别是办公室、人事科、党建工作科、计划财务科、森林资源管理科、防火安全科、科技科和森林公园管理科；10个管理站，分别是蟒山分场管理站、南口分场管理站、长陵分场管理站、牛蹄岭分场管理站、沟崖分场管理站、龙山分场管理站、四桥子分场管理站、燕子口分场管理站、沙岭分场管理站和上口分场管理站。十三陵

林场管理处管辖林区范围东至半壁店、南接昌平城区、西至四桥子、北至上口，平均海拔400米，林区最高峰为沟崖中峰顶，海拔954.2米。管理处林地总面积8561.29公顷，其中林地面积8485.88公顷，非林地面积75.41公顷。林地面积中，主要有乔木林地面积6931.63公顷、灌木林地面积1100.72公顷、苗圃地面积14.69公顷、疏林地面积409.81公顷。森林覆盖率80.96%，森林绿化率91.08%，全部为国家级重点公益林和一级森林防火区，国家级公益林管护面积8413.57公顷。

2022年，北京市十三陵林场管理处按照"调结构、提质量、促健康"的森林经营方针，以林业生态项目为载体，以森林质量精准提升为重点，全力做好森林培育经营管理和林业科技工作。

（丁小玲　李杨）

【景区森林文化宣传】 3月28日，第十届北京森林文化节线上开幕式在蟒山景区举行，向市民推广发布总长20千米的蟒山景区5条森林步道。年内，北京市十三陵林场管理处举办建场60周年系列活动、"彩绘森林 乐享健康"主题活动、"登高远望观红叶 信步林间品树香"主题活动、"森林中的小星星"自然亲子主题活动、"绿美京华"生态建设摄影展、"醉美蟒山 邀您共赏"生态摄影大赛、推广中小学生的实地森林自然教育课程等多项活动。推出近100项、200余场次文化活动，组织开展"生态建设六十载 绿美首都新征程"建场60周年纪念林植树活动、"生态 生命 生活"生态建设摄影展、蟒山景区红叶登山节等活动，景区接待游客23万余人。

（李振磊）

【纪念建场60周年】 年内，北京市十三陵林场管理处举办纪念林场建场60周年系列活动。种下白皮松、银杏等60棵常青树与彩叶树，命名为"建场60周年纪念林"，制作"六十年历程回顾纪录片"。展出以"春华秋实六十载 绿色林海美京华"为主题的建场60周年回顾展。制作征文合集册，组织开展纪念建场60周年历史知识问答活动，邀请老干部参加座谈会。

（张宇琨）

【林长制管理】 年内，北京市十三陵林场管理处成立林长制办公室，制订林长制工作方案，对林场全域进行网格化管理，划分42个网格区，每个网格区域在醒目位置设立2个林长制公示牌。建立总林长、分场级林长两级负责，林管员、护林员两级巡视制度，实现全场辖区网格化管理，每个网格区配备林管员，负责配合落实分场工作，督导护林员履行职责。结合市林长制工作处关于林长制年度督查考核有关工作要求，全场辖区设立10个分场管理站，按照网格划分布局，其中9个分场管理站辖区在自然保护地范围内，配备村级林长9名、林管员36名、护林员139人。每月巡查辖区60余次，实现森林资源保护共管共治。

（张咏）

【新一轮百万亩造林绿化工程浅山荒山造林项目】 年内，北

3月28日，十三陵林场管理处在蟒山景区开展建场60周年植树活动（张宇琨 摄影）

京市十三陵林场管理处完成新一轮百万亩造林绿化工程浅山荒山造林项目。项目造林87.73公顷，涉及虎峪、牛蹄岭、上口西沟、太平庄4个分区。5月完成主体栽植，新植常绿乔木32788株，主要为白皮松、油松、侧柏、华山松；落叶乔木8571株，主要为栾树、元宝枫、车梁木、栓皮栎、流苏等；亚乔木6147株，主要为山桃、山杏、黄栌、文冠果、暴马丁香；攀缘植物2036株，主要为爬山虎、五叶地锦。

（张咏）

【森林管护项目】 年内，北京市十三陵林场管理处完成森林管护项目。项目规模1329.54公顷，涉及东园、花园、定陵、景陵、上口东沟、半截沟、清凉洞、东河滩和蟒山分区，共143个小班。针对达到中幼龄林抚育年份、郁闭度大、林分质量低效和景观功能不佳的林木，完成间伐300公顷、补植66.67公顷、人工促进天

然更新635.54公顷、修建作业道545.42公顷、修枝515.24公顷、割灌577.56公顷、抚育剩余物处理784.12公顷等抚育作业。

（张咏）

【森林抚育】 年内，北京市十三陵林场管理处完成2021年中央财政林业改革发展资金项目，项目完成森林抚育333.33公顷，涉及南站、吕西沟、侨委等分区，包括人工促进天然更新333.33公顷、浇水333.33公顷、割灌除草333.33公顷、疏伐27.57公顷。完成中央财政林业改革发展资金项目，森林抚育面积266.67公顷，抚育任务安排在蟒山分区和龙山分区，抚育措施包括修枝28.27公顷、疏伐70.42公顷、人工促进天然更新129.15公顷和综合抚育95.40公顷。

（张咏）

【森林防火】 年内，北京市十三陵林场管理处在重要节庆关键时期，加强巡护力量，增强巡护频次，保障森林生

态安全，实现全域森林火情零发生。防火期内，清理林下可燃物14.8万延长米，总面积312.13公顷，北京市十三陵林场管理处10个分场管理站防火期内每月进行防火隐患排查和防火小结。加大山区和平原造林地区视频监控的建设力度，现有瞭望塔13座，其中9座有人值守，4座无人值守，均在防火期前完成提升改造。管理处办公楼设有森林防火监控指挥中心，已接入16路火情自动识别系统和400兆、800兆无线寻呼电台。

（王纯）

【针叶人工林多功能经营推广与示范项目】 年内，北京市十三陵林场管理处完成针叶人工林多功能经营推广与示范项目，进行修枝、定株、局部割灌和生态疏伐，伐除干扰树、被压木、衰弱木、病死木等调整林分密度。完成生态疏伐70.20公顷，严格执行抚育间伐报批手续，对抚育间伐剩余

2022年森林管护项目割灌前后对比（李杨 摄影）

253

打除防火隔离带前后对比（李杨 摄影）

物就地利用，伐柏木段铺路示范2000米，编制树盘示范500个；对示范区间伐出的林中空地进行整地挖坑，补植补造3年生栓皮栎、元宝枫和栾树等，完成补植5015株，修建幼苗围挡1000株。施工期间，编制《侧柏、油松人工林多功能抚育经营技术指南》，开展现场技术培训和技术讲座6次，累计培训专业技术人员140人次。

（张咏）

【白皮松林木良种基地项目】年内，北京市十三陵林场管理处编制良种基地作业设计，采收白皮松种子100千克、栓皮栎种子500千克，按计划完成种子采收工作；春季播种白皮松8500粒，出苗5073株，出苗率59.7%。申报蟒山白皮松母树林种子的北京市林木良种审定。与北京农学院签订长期合作协议，开展花楸的新品种选育，引入花楸2000株引种试验。开展基地的日常养护和土壤改良工作，施肥5吨，对基地内3.33公顷育苗田进行土壤改良，打药3次，全年无病虫害发生，苗木生长情况良好。

（张咏）

【文物修缮】年内，北京市十三陵林场管理处完成北京市昌平区沟崖玉虚观遗址保护及娘娘庵文物修缮项目。项目实施建筑本体修缮及保护面积110.42平方米，山路入口修建钢筋混凝土栈道33米、山路整修493米、护坡加固面积600平方米，排除全部险情。对文物范围内的杂树进行清理，清运覆土，修建栈道排除险情，增加安全技术防范设施，尽最大可能保证遗址安全。

（王纯）

【生物多样性保护】年内，北京市十三陵林场管理处在蟒山、珍水泉等侧柏林景观提升和多功能经营示范区设立项目介绍宣传牌5块，监测样地宣传牌12块。在"爱鸟周"和"国际生物多样性日"组织宣传教育活动，倡导公众理解并参与到生物多样性保护工作中。完成十三陵林场生态系统监测网络平台建立，利用红外相机，实时监控数据动态变化，实现辖区动植物资源动态监测，监测到中华斑羚、豹猫等国家二级重点保护野生动物。

（张咏）

【获奖情况】年内，北京市十三陵林场管理处团支部荣获建团100周年北京市五四红旗团支部；赵建国被评选为2022年度首都绿化美化先进奖评选表彰对象；李敏被评选为2017—2021年度北京档案系统先进个人；王莹、王晓丹获北京市园林绿化局2022年度"弘扬赛罕坝精神 喜迎二十大召开"主题演讲比赛三等奖；10月，李振磊、侯丽娜、张立才、王岗获中共北京市十三陵林场管理处委员会"服务标兵"称号。

（丁小玲 李杨）

【党建工作】年内，北京市十三陵林场管理处制订完善《北京市十三陵林场管理处党委工作规则》《党委、书记及领导班子成员落实全面从严治党主体责任清单》等制度文件，制订《2022年全面从严治党工作要点》《2022年度工作安排》，召开党委会19次，研究决策"三重一大"事项62项。落实理论中心组学习制度，党委理论学习中心组学习17次，开展专题研讨34人次。开展党支部"过筛子"检查，对所属13个党支部落实组织生活会、党建与业务融合、发展党员等情况进行考核评分、评定等次。

（李静）

【巡视巡察问题整改】 年内，北京市十三陵林场管理处依据《中共北京市园林绿化局首都绿化委员会办公室党组关于市委第六巡视组反馈意见整改工作方案》文件要求，针对巡视反馈的原龙山纪念林问题进行整改。原龙山纪念林已按照整改方案及恢复方案完成整改恢复。针对违建别墅、督查图斑、非法公墓、散坟、侵占林地、毁林伐树、开挖山体等各类历史涉林问题"回头看"工作落实到位，无未整改到位问题，无新增问题。通过市规划自然资源委"无违建区"、公共公益类设施专项行动、森林资源"一张图"融合数据核实、结合林长制综合管治机制等多方面措施，积极配合属地政府，主动解决侵占问题和争议问题，207项问题全部整改，收回并恢复林地16.07公顷。

（丁小玲 李杨）

【新冠病毒疫情防控】 年内，北京市十三陵林场管理处加强景区、办公区、食堂、施工场所等重点位置的人员管理、环境消杀、食品物品采买等工作。纳入疫情管控人员543人，其中在职职工87人（借调5人由借调单位统计），施工队伍150人，外包服务人员224人，退休人员82人。

（王潇）

【领导班子成员】

党委书记 主任 王浩

副主任 于洋 胡东阳

任本才（2022年9月退休）

副主任 纪委书记

张波（女）

管理六级 王玉雯（女）

（2022年12月退休）

（北京市十三陵林场管理处：

张宇琨 供稿）

北京市西山试验林场管理处

【概　况】 北京市西山试验林场管理处（以下简称：西山试验林场管理处）是北京市园林绿化局直属正处级公益一类事业单位。主要职责是：管理国有林场，促进林业发展；林场的计划规划编制，林木种苗生产供应，森林培育经营，护林防火，林业技术人员和管理人员培训，病虫害防治，林业科技研究，林业信息服务，森林旅游，多种经营。内设机构20个（含11个科室、1个温泉种质资源站、8个分场管理站），包括办公室、人事科、党建工作科、计划财务科、后勤服务科、森林经营科、资源保护科、防火安全科、森林公园管理科、项目管理科、文化建设科、温泉种质资源站、卧佛寺分场管理站、魏家村分场管理站、福寿岭分场管理站、黑石头分场管理站、三家店分场管理站、黑龙潭分场管理站、东北旺分场管理站、香峪分场管理站。

2022年，北京市西山试验林场接待游客157.2万人次，接待国务院台湾事务办公室、中央党校等预约参观团队187个、13992人次。完成森林经营方案年度任务，实施森林抚育作业面积1660.21公顷。其中重点实施抚育间伐901.52公顷、补植248.04公顷。以林场管理处温泉种质资源站为基础申报的北京市常绿树种国家林木种质资源库成功入选第三批国家林木种质资源库名单。开展14.67公顷土壤培肥及重点针叶树精准施肥，进行土地区划、苗木移植及大田养护等工作。收集常绿树种源55份、白皮松种子家系104份，以及优质草类资源25份。

【种质资源库建设】 1月22日，国家林草局公布第三批国家林木种质资源库名单，以北京市西山试验林场管理处温泉种质资源站为基础申报的北京市常绿树种国家林木种质资源库成功入选。年内，北京市西山试验林场管理处积极推进种质资源库建设，聘任中国林业科学研究院林业研究所郑勇奇教授等专家进行指导，编制完成《北京市常绿树种国家林木种质资源库建设发展规划》，完成55份种源（7科7属21种）收集工作；完成草园建设，栽植乡土草类3份，并引进22份优质国外草类资源；完成104份白皮松种子家系的收集工作；完成59株大规格丝棉木嫁接工作；完成竹园场地清理及引种前期准备工作。

【全国政协领导义务植树保障】4月11日，北京市西山试验林场管理处完成全国政协领导义务植树重大活动保障工作。全国政协机关干部职工在西山国家森林公园栽植抚育白皮松、山桃、流苏、连翘等树木1000余株。

【森林管护项目】 年内，北京市西山试验林场管理处完成国有林场森林综合管护经费（森林抚育）项目，涉及70个小班1068公顷森林抚育工作，具体包括间伐735.3公顷、割灌47公顷、林地清理318.41公顷。

【森林抚育项目】 年内，北京市西山试验林场管理处完成2021年中央林业改革发展资金（森林抚育）项目。项目涉及21个小班333.7公顷森林抚育工作，其中黑石头分场253.1公顷、魏家村分场12.7公顷、卧佛寺分场67.9公顷。作业措施包括间伐43.6公顷、补植（播种）81.8公顷、修枝254.1公顷、割灌90.3公顷、人工促进天然更新230.7公顷、采伐剩

余物清理43.6公顷。完成2022年中央财政森林抚育补助项目（第二批），涉及15个小班266.67公顷森林抚育工作，其中三家店分场64.63公顷、黑龙潭分场135.9公顷、福寿岭分场66.14公顷。作业措施包括间伐66.14公顷、补植（播种）69.76公顷、人工促进天然更新135.9公顷。

【中央森林生态效益补偿项目】年内，北京市西山试验林场管理处完成2022年中央林业改革发展资金（森林生态效益补偿）项目，涉及5个小班56.48公顷森林抚育工作，其中卧佛寺分场37.79公顷、黑龙潭分场18.69公顷。项目作业措施包括间伐56.48公顷、补植35.47公顷、抚育剩余物处理56.48公顷。

4月11日，全国政协领导和机关干部职工，在海淀区西山国家森林公园参加义务植树活动（何建勇 摄影）

9月27日，西山试验林场管理处组织召开森林管护项目验收会（温静 摄影）

【《联合国森林文书》示范单位建设项目】 年内，北京市西山试验林场管理处完成履行《联合国森林文书》示范单位建设项目年度任务，重点对三年来项目开展情况进行总结验收。通过对示范林建设、森林文化基地建设、自然教育活动开展、对外合作交流、建设成果宣传等方面的工作及成效进行梳理与展示，项目顺利过审，成为唯一获得"优秀"评价的单位。

【林业科研】 年内，北京市西山试验林场管理处加强与林业院校的科研合作，与中国林业科学研究院林业研究所开展兰科植物种质资源保育科技合作。引入兰科植物13000余盆，包括：卡特兰属兰花6000余盆，60个杂交品种，石斛兰属兰花7000余盆，20个杂交品种。与北京林业大学和北京市科学技术研究院绿废资源化联合研究团队合作，开展森林公园区域园林绿化废弃物调研工作；与北京林业大学林学院合作开展种质资源库土壤检测科研合作、栓皮栎资源搜集与资源圃建设工作。

【森林防火】 年内，北京市西山试验林场管理处修订完善《森林火灾应急预案》，制订《"北京冬奥"期间森林火灾应急预案》。开展"打击野外违法用火行为专项治理清整"行动、森林防火"百日行动"、林区输配电隐患专项排查治理工作，及时消除森林火灾各类风险隐患。巡查4700人次，出动巡查车辆约1650车次，巡查总里程约6.1万余千米，制止违规用火行为110起、人数75人次。运用多种形式开展防火宣传，发放宣传材料9490份，悬挂张贴宣传横幅450余张，设置防火宣传警示牌120余块，防火宣传喇叭100个，为森林管护员配发GPS定位终端90个，集中开展防火宣传活动73次，受众1.8万余人。

【林政管理】 年内，北京市西山试验林场管理处办理使用林地手续7件，面积2.94公顷；办理移植手续2件，移植林木2156株，抚育采伐手续6件；办理采伐林木193529株，采伐蓄积量4378.17立方米。处理涉林事件16起，完善林地占用和林木移伐流程。

【林业有害生物防治】 年内，北京市西山试验林场管理处悬挂各类常发性林业有害生物和检疫性有害生物诱捕器5644套、黄绿板1500片，释放30万头异色瓢虫、1万头茶角丽蝽、264万头管氏肿腿蜂、1亿头赤眼蜂、5000万头周氏啮小蜂、6万头蠋蝽、1亿头蒲螨、1万头花绒寄甲等天敌昆虫。综合采取物理防治、化学防治等措施保护森林资源安全，通过调查未发现松材线虫。发现第三代美国白蛾所在林木140株，均及时处置。

【古树名木保护】 年内，北京市西山试验林场管理处建立"一树一档"制度，配合海淀

3月28日，西山试验林场管理处与市园林绿化局森林防火事务中心在西山国家森林公园进行森林防灭火联合演练（廖晓平 摄影）

区完成82株古树复壮，其中2株为濒危古树。

【野生动植物保护】 年内，北京市西山试验林场管理处完成动植物本底调查工作，林场现有植物703种，两栖类动物6种，爬行动物13种，鸟类134种，哺乳动物20种，昆虫1381种。

【森林公园建设】 年内，北京市西山试验林场管理处着力提升公园景区园容绿化管理水平和景观效果。开展无名英雄纪念广场周边及金山环线道路景观提升项目，完成无名英雄纪念广场4座雕像清洗封釉，纪念碑墙面雕刻、碑文及围墙墙面修缮及油性防护，对周边环境进行提升。

【森林文化活动】 年内，北京市西山试验林场管理处举办第11届踏青节、第6届牡丹文化节和第11届红叶节等传统节庆活动。开展系列主题活动，包括"西山红"主题摄影征稿、"森林与人"长走等活动，展示西山森林景观、森林文化、人文历史等内容。

【西山方志书院森林讲堂】 年内，北京市西山试验林场管理处在西山方志书院举办第九届北京森林论坛暨2022年度西山森林讲堂，邀请中国工程院尹

10月29日，第九届北京森林论坛暨2022年度西山森林讲堂在西山方志书院举办（张秋双 摄影）

伟伦院士及多位专家、学者以"双碳背景下的林业高质量发展"为主题进行授课；邀请北京林业大学彭祚登教授，以"现代苗圃建设与生产管理标准"为主题，围绕现代苗圃机械设备与智能化建设路径进行讲授。全年接待社会团体15个，接待约240人次。

【党建工作】 年内，北京市西山试验林场管理处建立"第一议题"制度，及时传达贯彻中央、北京市委和市园林绿化局（首都绿化办）党组的重要讲话、重要指示批示精神和重大决策部署。严格落实执行《中国共产党重大事项请示报告条例》《关于新形势下党内政治生活的若干准则》等规章制度，召开党委会议37次。以开展党支部"过筛子"为抓手，提升全场19个二级党支部规范化水平。

【意识形态工作】 年内，北京市西山试验林场管理处开展形式多样的党性教育活动。组织统战成员参加"共话百年统战"征文活动，获二等奖1篇。组织团员青年学习党的知识，1名团员撰写的党的二十大报告感悟被北京青年公众号公开刊登。创建《西林党建动态》内部宣传刊物6期，编发图文110余篇。发挥西山无名英雄广场市级党员现场教学点作用，加强对干部职工的教育。

【巡视巡察问题整改】 年内，北京市西山试验林场管理处党委按照市园林绿化局（首都绿化办）党组的系列工作部署，坚决落实推进巡视巡察问题整改，成立以林场党委书记任组长的整改工作领导小组，建立巡视巡察整改工作机制。针对房屋出租出借规范管理等难点问题，形成周例会制度，加强

巡视巡察成果运用，修订完善管理办法13项。

【新冠病毒疫情防控】 年内，北京市西山试验林场管理处修订疫情防控工作方案，通过林场管理处-社区-派出所三级联防联控机制，落实四方责任。组织党员下沉社区一线支持防疫工作，累积支援服务天数39天，服务时长170小时。

【领导班子成员】

党委书记 主任 姚飞

党委副书记 管理五级
白正甲

管理五级 蔡永茂

副主任

邵占海 王金钢 张文荣

（北京市西山试验林场管理处：
程峥 供稿）

北京市大安山林场管理处

【概 况】 北京市大安山林场管理处（以下简称：大安山林场管理处）是北京市园林绿化局直属正处级公益一类事业单位。主要职责是：承担管辖范围内森林资源和生物多样性保护、森林防火和林业有害生物防治等事务性工作；承担植树造林、低效林改造和森林抚育管理等森林资源培育工作；承

担林业科技推广示范、科普教育、社会宣传、森林公园管理等事务性工作。内设机构8个，分别是办公室、人事科、党建工作科、计划财务科、安全生产科、森林保护科、森林经营科和森林防火科，以及良乡、长沟峪、溪沟、瞧煤涧、天竺5个管理站。大安山林场地处北京市房山区，下辖林区分布于大安山和周口店两个乡镇，林权证登记在册总面积为2222.3公顷（房山区发证）；北京市2019年森林二类调查数据成果显示林场总面积为2256.45公顷（涉及355个小班），包含乔木林地总面积937.06公顷，森林覆盖率为41.54%。其中长沟峪林区乔木林地面积315.27公顷，森林覆盖率为29.14%；大安山林区乔木林地面积621.79公顷，森林覆盖率为52.96%；瞧煤涧管理站经营面积为646.26公顷，溪

沟管理站经营面积为527.9公顷，长沟峪管理站经营面积为1081.9公顷。

2022年，北京市大安山林场管理处推进绿化造林、生态修复、资源管护项目建设，加强林业基础设施建设提高森林管护水平，实施森林抚育215.6公顷，完成全年造林任务76.8公顷，构建生物多样性保护体系，对辖区外来入侵物种开展普查监测，开展林区昆虫多样性调查，鉴定出昆虫12目174科821种。

（左艳平 鲁占欧）

【浅山荒山造林】 3月25日至6月30日，北京市大安山林场管理处瞧煤涧、溪沟和长沟峪分场管理站完成浅山荒山造林任务，核定造林56公顷，投资692.26万元，栽植常绿乔木28402株、落叶乔木9436株、落叶灌木400株、地被3370株。

（鲁占欧）

4月18日，大安山林场管理处在溪沟分场举办首届植树造林活动（大安山林场管理处 提供）

【台地造林工程】 4月25日至6月30日，北京市大安山林场管理处瞧煤涧、溪沟和长沟峪分场管理站完成台地造林工程，核定造林20.8公顷，投资585.97万元，完成原有树抚育2870株，栽植落叶乔木5794株、灌木927株、常绿乔木4578株、亚乔木357株。

（鲁占欧）

【林业有害生物监测巡查】 3—10月，北京市大安山林场管理处对所辖林区松材线虫病、美国白蛾等重大林业有害生物以及松梢螟、松毛虫、黄栌胫跳甲等常发性林业有害生物、林业检疫性植物开展人工地面日常巡查。在林场范围内布设6条巡查线路、90个监测点，通过定期巡查准确测报虫情动态，确保关键时期林区重要区域景观完整，有效降低虫口基数。

（王杰熙）

【中央财政有害生物防治项目】 年内，北京市大安山林场管理处完成中央财政有害生物防治项目，项目投资100万元，通过对所辖林区外来入侵物种普查、主要林业有害生物人工地面日常监测巡查、无人机松材线虫病普查核查和林业有害生物的防治，实现对外来入侵物种和有害生物成灾率控制在0.11%以下，灾害测报准确率达90%以上，种苗产地检疫率达到100%，无公害防治率90%以上。

（王杰熙）

【林政资源管理】 年内，北京市大安山林场管理处全面清查占用林地及其他公共绿地违法违规私建"住宅式"墓地情况，重点核查疑似图斑6个，均未发现任何问题。林场占用林地项目1个，占用林地118平方米，办理采伐许可证1份，采伐面积107.7公顷，采伐株数19244株，采伐蓄积量511.21立方米，不存在违法使用林地或采伐现象。

（王杰熙）

【森林防火管理】 年内，北京市大安山林场管理处成立50人防火队和42人护林员队伍，开展防火技术训练和全域护林巡查。与京西林场和大安山、长沟峪地方社区紧密联合，结合主题党日活动全面开展森林防火知识宣传，以"鲜花换纸钱"的形式大力倡导文明祭扫新风。党员干部带头助力森林防火，在春节、清明等重要时间节点重点加强巡查管控，辖区内全年未发生森林火情。

（袁德龙）

【国有林场森林综合管护】 年内，北京市大安山林场管理处瞧煤涧、溪沟和长沟峪分场管理站完成管理处所辖林区全部森林防护和有害生物防治，管护面积2222.3公顷，项目总投资预算1041.02万元，其中森林抚育220.12万元、森林防火515.32万元、有害生物防治212.1万元、新造幼龄林养护42.31万元、其他50.16万元。完成森林抚育215.6公顷，包含疏伐11.98公顷、生长伐91.39公顷、修枝整枝22.74公顷、定株4.33公顷、补植30.83公顷、人工促进天然更新84.99公顷、抚育剩余物处理130.44公顷，

3月14日，大安山林场管理处在长沟峪分场开展清明节前防火演练（大安山林场管理处 提供）

新建作业路5000.09米、维护原有作业路3818.88米。

（鲁占欧）

【安全生产】 年内，北京市大安山林场管理处成立安全工作委员会，明确各项工作责任落实，制定完善20余项安全生产制度。积极开展安全月活动，开展"一警六员"实操培训以及应急能力培训。组织日常安全检查100余次，施工安全检查20余次，重要时间节点专项检查40余次，实现安全生产零事故。

（张艳景）

【党建工作】 年内，北京市大安山林场管理处全年理论学习中心组集中学习12次、研讨4次，组织全体党员集中学习3次，组织专家授课2次。制订《党委全面从严治党责任清单》《全面从严治党工作要点》，修订完善《"三重一大"决策制度》《重大事项报告清单》等10余项党务制度规范。召开党委会28次，研究具体工作141项。

（谢卫国）

【意识形态工作】 年内，北京市大安山林场管理处制订《落实意识形态和思想政治工作责任制实施办法》，组织党务干部进行意识形态工作培训。全年召开会议专题研究组织意识形态工作两次。加强干部职工思想动态管理，全年开展思想动态摸排两次、反邪教情况摸排1次。推动工作改进，对意识形态工作责任制专项检查反馈的三个方面13项问题深入对照、查找不足、进行全面整改提高。

（谢卫国）

【巡视巡察问题整改】 年内，北京市大安山林场管理处制订《落实局（办）党组巡视反馈整改任务实施方案》，分别成立3个工作专班确保责任落实到位。巡察反馈意见32项问题91个具体问题全部完成整改，相应建章立制21项。完成企业清理整改注销工作，事企混岗问题整改纠正到位；严格落实项目规范管理，"靠林吃林"现象彻底消除。加强出租出借土地房屋问题整改，努力协商沟通依法依规有序推进。出租出借的31处土地房屋中，29项整改完毕，其余2项已采取法律诉讼途径推动解决。

（郎建伟）

9月29日，大安山林场管理处在溪沟分场举办首届登山比赛（大安山林场管理处 提供）

【新冠病毒疫情防控】 年内，北京市大安山林场管理处及时调整完善疫情防控常态化工作方案，及时统计人员健康信息汇总形成台账，定期对各办公区、各部门防疫工作进行现场检查，确保落实到位，对重点环节、重点部位着重监管，多次组织专项抽查。全年下发新冠病毒疫情防控通知25份，严格监控人员345人，开展检查30余次。

（谢卫国）

【领导班子成员】

党委书记 主任 杨君利

副主任

安玉涛 刘海龙 马健

管理五级 张俊辉

管理六级

李艺琴（女） 王瑞玲（女）

康继光（2022年6月退休）

（北京市大安山林场管理处：

谢卫国 供稿）

北京市共青林场管理处

【概况】 北京市共青林场管理处（以下简称：共青林场管理处）是北京市园林绿化局直属正处级公益一类事业单位。主要职责是：管理国有林场，促进林业发展，林场规划计划编制；林木种苗供应；森林培育与经营；病虫害防治；护林防火；林业技术和管理人员培训；林业信息服务；多种经营。内设机构分别是办公室、人事科、党建工作科、计划财务科、公园管理科、资源保护科、森林经营科、防火安全科、罚没品管理科、宣传教育科10个科室和李遂、河南村、郝家疃3个分场。实有各类土地面积1003.16公顷，其中林地面积945.18公顷、非林地面积57.98公顷；林地面积中，乔木林地754公顷、疏林地面积108.37公顷、灌木林地面积14.83公顷、宜林地面积67.98公顷；森林覆盖率75.16%，林木绿化率77.98%。

2022年，北京市共青林场管理处全年接待游客50万人次。围绕"四个林场"建设，全年完成开堰浇水、林木施肥、修枝割草等森林抚育措施1000公顷。强化森林资源保护管理，完成1000公顷森林资源巡察检查全覆盖，未有破坏、侵占森林资源事件以及其他违规违法情况。依法依规完成移栽七叶树253株，清理风倒树295株。协助各机关企事业单位组织活动30场次，累计约3000人次。

【共青滨河森林公园运营维护项目】 年内，北京市共青林场管理处完成共青滨河森林公园运营维护项目，包括河南村工区2小班、王家场工区3小班、李遂工区11小班等7个小班9个地块的景观提升，面积10.2公顷，栽植乔灌木7338株、花卉地被1112平方米。结合树木生长态势，因地、因树、因品种制订修剪方案，累计修剪碧桃、金枝国槐、西府海棠等林木4067株。共青滨河森林公园全年接待游客量50万人次。

【林政管理】 年内，北京市共青林场管理处开展园林绿化资源调查监测，林地占用、林木采伐（移植）行政许可批后监督检查，市委巡视反馈森林违法问题专项整改等专项行动，召开林长调度会4次，林长和副林长执行巡林检查30次，站级林长巡林检查120次，护林员巡林2700余天，实现1000公顷森林资源巡察检查全覆盖，核查2001—2022年核发行政许可决定书35件，查验使用林地设施43.2公顷，未有破坏、侵占森林资源事件以及其他违规违法情况。完成253株七叶树移栽工作，清理风倒、枯死树993株。

【森林防火】 年内，北京市共青林场管理处完成森林防火指挥中心及配套4座视频监控塔联网启用。春冬两季防火期设置火源检查点7处，出动人员3300人次、机械660台班，巡

4月20日，国家林草局有害生物防治工作专家到共青林场检查指导林业有害生物防治工作（北京市共青林场管理处 提供）

查1000余千米，湿化作业300公顷，清理林下可燃物800公顷。

【有害生物防治防控】 年内，北京市共青林场管理处针对美国白蛾、杨潜叶跳象、春尺蠖等常发性有害生物开展综合防治1000公顷，监测踏查2866人次，悬挂诱捕器50套，释放天敌2462.2万头。

【生物多样性保护工作】 年内，北京市共青林场管理处新建昆虫旅馆6套、本杰士堆3个、昆虫屋15个，投放人工鸟巢100个，布设红外相机10台。

【生态服务功能拓展】 年内，北京市共青林场管理处新建森林知识探索步道650米，新增景观区1.73公顷，栽植乔灌木262株、花卉地被1489.5平方米，安装科普小品26组，以四季节气、林业碳汇、生物多样性等科普知识为重点讲好"共青故事"。依托"爱鸟周""国际森林日"等时间节点，开展主题活动、科普宣传、技术培训等66次，累计受众人数6000人次。

【"互联网+"全民义务植树尽责活动】 年内，北京市共青林场管理处接待人力资源社会保障部、全国总工会、中国石化工程建设有限公司等机关、企事业单位全民义务植树77场次，累计3936人，发放尽责证书2756份，折算尽责株数1.18万株。

【国家珍稀濒危野生动植物制品（北方）储藏库建设】 年

工作人员投放昆虫旅馆和悬挂人工鸟巢（共青林场管理处 提供）

8月20日，共青林场管理处举办保护野生动物宣传活动（共青林场管理处 提供）

4月20日，中国农林水利气象工会、中国财贸轻纺烟草工会职工40余人到共青林场参加义务植树尽责活动（共青林场管理处 提供）

内，北京市共青林场管理处制定《储藏库接收工作流程管理制度》《储藏库安保消防管理制度》《储藏库库房管理制度》等20项管理制度，进一步建立健全储藏库制度体系。

【党建工作】 年内，北京市共青林场管理处党委班子组织理论学习中心组集中学习12次，开展研讨交流5次，每位班子成员至少完成重点发言1次。强化党建引领中心工作，开展"党旗飘扬在林间"共青特色品牌主题活动。全体党员戴"党徽"亮党员身份、穿"红马甲"亮共青身份，在场园建设、资源管护、全民义务植树服务、新冠病毒疫情防控等工作中发挥先锋模范作用。开展"喜迎二十大奋进新征程 辉煌六十载接续再出发"演讲比赛及"党旗飘扬在林间"等共青特色党建品牌主题活动51次，推动党建与场园建设、资源管护、义务植树尽责服务、新冠病毒疫情防控等中心工作融合发展。

【意识形态工作】 年内，北京市共青林场管理处利用《共青林场管理处工作动态》宣传党的新思想，宣传管理处重点工作、亮点活动，收集并刊登各类信息293篇，被市园林绿化局采用68篇。以谈心谈话形式完成在职职工69人、社会化用工人员40人的思想动态摸排工作，未出现信访情况。

【巡视巡察问题整改】 年内，北京市共青林场管理处对各支部党建工作中存在的问题进行总结梳理，现场反馈意见，要求立行立改。各支部"三会一课"、主题党日、党员发展、党费收缴、支部记录等工作标准化、规范化建设得到进一步加强，巩固了巡察反馈问题整改成果。

【新冠病毒疫情防控】 年内，北京市共青林场管理处推进新冠病毒疫苗接种，引导干部职工自觉做好个人健康防护，保障重点工作的持续推进和共青滨河森林公园的开放服务。

【领导班子成员】
党委书记 主任 律江
副主任 纪委书记 徐小军
副主任 石云（女） 邢长山
　　（北京市共青林场管理处：
　　　　　　马司杨 供稿）

10月26日，工作人员在共青林场国家珍稀濒危野生动植物制品（北方）储藏库开展象牙制品相关知识专题培训（共青林场管理处 提供）

10月12日，共青林场管理处举办喜迎党的二十大主题演讲比赛（共青林场管理处 提供）

北京市京西林场管理处

【概　况】 北京市京西林场管理处（以下简称：京西林场管理处）是北京市园林绿化局直属正处级公益一类事业单位，是北京市面积最大的国有林场，是首都西部重要的生态涵养区。主要职责是：负责辖区范围内森林资源的保护和培育，负责森林防火和林业有害生物防治，负责植树造林、低效林改造和森林抚育管理，负责林业科技研究、科普教育和社会宣传。内设办公室、党建人事科、计划财务科、森林经营科、资源保护科5个科室，

以及木城涧、千军台、北港沟、曹家铺、斋堂山、雁翅、桃园7个分场管理站。内设机构已全部组建完成，曹家铺、斋堂山、雁翅、桃园分场管理站因暂不具备办公条件，统一集中在木城涧分场管理站联合办公。林场总面积为9375.4公顷，由大台、斋堂山、珠窝、雁翅、河南台和二斜井6个林区组成，最高峰位于斋堂山，海拔高度为1625米，其中，林地面积9082.7公顷，占林场总面积的96.9%；非林地面积292.7公顷，占林场总面积的3.1%。截至2022年年底，森林覆盖率达37.4%，主要树种有油松、华北落叶松、白桦、侧柏、刺槐、杨树、栎类、黄栌、山桃、山杏等，国家二级

重点保护野生植物、北京市一级重点保护野生植物槭叶铁线莲，北京市二级重点保护野生植物中华秋海棠，北京市二级岩壁三绝之一独根草及万亩落叶松林在林场分布。

2022年，北京市京西林场管理处开展造林和森林抚育，推进防火公路建设工作，加强森林防火及安全工作，强化监督森林资源保护工作，着力打造智慧林场平台建设，推进森林步道建设，开展义务植树尽责活动，涉及10个项目建设，其中5个市财政项目，3个中央财政项目，2个市政府固定资产投资项目。

【编制现代国有林场实施方案】10月，北京市京西林场管理处根据《京西林场生态建设与发展规划（2017—2030）》《京西林场"十四五"规划（2021—2025年）》《京西林场森林经营方案（2021—2030年）》，编制完成《北京市京西林场管理处创建现代国有林场建设实施方案（2023—2025年）》。

【浅山台地、荒山造林工程】年内，北京市京西林场管理处完成浅山台地造林158公顷、浅山荒山造林373公顷。栽植栓皮栎、元宝枫、油松、白皮松等各类苗木27万余株，实现造林项目实施安全零事故、实现山区造林成活率90%以上的

5月10日，京西林场管理处在大台地区开展矿山植被恢复工程（朱尚同 摄影）

目标。

【矿山植被恢复工程】 年内，北京市京西林场管理处首次实施矿山植被恢复工程，通过工程整治、植被恢复及景观改造等措施，完成矿山植被恢复工程10公顷。栽植各类苗木3万余株，修建挡墙2750.2立方米，喷播植草5235平方米，挂网喷播1356平方米，植生袋护坡2093平方米。

【防火公路建设】 年内，北京市京西林场管理处完成防火道路43.13千米、防火步道49.5千米建设任务。

【森林步道建设】 年内，北京市京西林场管理处新增森林步道10千米，起点为王平口关城，经大华沟京西古道翻越木城涧东坡进入禅房沟，沿新建防火公路向西进入南港沟，终点与大台森林步道连接，森林步道全线贯通，全长25千米。

【智慧林场平台建设】 年内，北京市京西林场管理处初步搭建智慧林场综合管理平台系统，建立本底资源、巡护监测、营林生产、森林防火、红外相机、环境监测、样地管理、病虫害监测8个模块。巡护监测模块已经启用，其他模块正在录入信息逐步完善。初步建成资源一张图、监测一张网、管理一平台的智慧林场雏形。

【森林管护项目】 年内，北京市京西林场管理处完成项目管护面积9375.11公顷，其中森林抚育384.82公顷、新造林管护面积914.57公顷。栽植苗木5533株、疏伐204.07公顷，生长伐19.74公顷，修枝15.12公顷，抚育剩余物处理238.94

公顷，修作业道32710.34米，防火隔离带维护完成182.89公顷，林下可燃物清理及处理55.07公顷，原有防火小路69055.7米，原有防火路维护16300平方米，安装太阳能杀虫灯81台、物联网虫情测报系统2台、高空诱控灯4台，建立落叶松样地监测16块。

【生物多样性保护监测】 年内，北京市京西林场管理处建立长期生物多样性监测网络，形成可在ARCGIS上按需演示数据库，评估保护威胁、指导保护行动。每月对林区80台红外观测相机进行一次数据收取整理，监测到哺乳动物16种、鸟类43种。积极探寻京西林场范围内国家二级重点保护野生植物槭叶铁线莲就地保护工作。

【森林防火】 年内，北京市京西林场管理处在春节、北京冬奥会和冬残奥会、清明节及党的二十大等重要节点期间，开展森林防火宣传活动14次，发放各类防火宣传品3000余份，建立6支巡查队，出动15967人次每天对本辖区进行巡逻检查，森林消防队24小时备勤。加强与属地联防联动，开展8次防火演练。

【林业有害生物防治】 年内，北京市京西林场管理处搭建有害生物自动监控平台，设置物

国家一级重点保护野生动物——褐马鸡现身京西林场（京西林场管理处 提供）

11月9日，京西林场管理处在大台街道中心广场开展森林防火宣传活动（刘武 摄影）

联网自动虫情测控站两套，高空昆虫诱控设备4台，物联网太阳能杀虫灯诱控系统81台，建立7个物理、生物诱控、天敌防控区域，分布于斋堂镇、王平镇、雁翅镇、龙泉镇等多个乡镇区域内约7190.36公顷。组织松材线虫病、美国白蛾等检疫病虫害识别培训4次。开展有害生物普查工作，完成线路巡查工作245次，完成双条杉天牛、美国白蛾等诱捕器悬挂117套，监测有害生物387种。

【森林资源违法行为排查整治】年内，北京市京西林场管理处清查建场以来存量违法图斑和2020年、2021年森林督查图斑中涉及非法侵占林地、毁林开垦、滥砍盗伐林木，违规拆分审核审批、临时用地逾期使用、违规调整和破坏国家公益林等问题。重点对历年森林督查结果、"绿卫2019"森林执法专项行动、2020年中央环保督查问题案件整改工作部署、2021年北京市打击毁林专项行动整改情况再核查，梳理建立未整改到位问题数据库，实行台账管理。

【林地林木采伐管理】年内，北京市京西林场管理处检查建设项目使用林地及临时占用林地管理情况，补办、办理林地占用手续8件，总计占用林地38.77公顷，均为林业服务用地且手续齐全。梳理2017年建场至今采伐证办理情况，办理采伐许可证104份，采伐株数130108株，采伐蓄积量7033.53立方米；办理移植许可证1份，移植树木129棵。按照要求，占用林地、采伐移植许可证统一到市园林绿化局审批办进行审批。

【疑似图斑核实】年内，北京市京西林场管理处下发疑似图斑5个，分别位于木城涧分场和北港沟分场，经现场核查，

3月13日，京西林场管理处在木城涧分场开展义务植树活动，并向参与活动的学生发放尽责证书（李金刚 摄影）

其中一处图斑为京西林场2019年森林防火道路系统工程建设项目，已于2020年9月14日取得市园林绿化局行政许可决定书《使用林地审核同意书》；其他四处均为地质灾害造成的自然垮塌，不存在违法使用林地或采伐现象。

【义务植树】 年内，北京市京西林场管理处依托"互联网+全民义务植树"京西林场基地平台，不断丰富拓展春植、夏认、秋抚、冬防义务植树尽责形式，在植树节、"国际森林日"等关键时间节点，开展8大类37种尽责形式宣传，发布活动61场，56家单位及家庭近3000人次参与，发放义务植树尽责证书近3000份，报送信息20篇，以生物多样性保护科普研学为特色的宣传活动信息，在国家林草局网站及国土绿化刊物刊登，初步形成自身义务

植树品牌特色。

【党建工作】 年内，北京市京西林场管理处党总支制订《全面从严治党工作要点》《重点任务安排》《意识形态和思想政治工作责任制实施方案》，召开党委会32次（党委会26次，党总支会6次），研究审议"三重一大"事项68项，传达通报18项，传达学习贯彻落实上级工作部署19项，研究分析事项5项；党委理论中心组开展集中学习14次，专题交流研讨3次；每季度召开1次支部书记工作例会，推进党支部标准化规范化建设。开展重温入党誓词、共产党员献爱心、祭奠韩祥海烈士等主题党日活动14次；组织讲党课活动9次；完成支部工作计划和工作提醒24次，开展"回头看"检查4次，召开党务和纪检干部培训4次；做好4个党支部书记述职

工作；落实党支部自查整改，评出1个先进党支部，2个一般党支部和1个后进党支部，配合党总支做好后进党支部的整改；严格落实"双报到"制度，39名党员全部巡视巡查完成双报到。

【巡视巡察问题整改】 年内，市园林绿化局（首都绿化办）党组第二巡察组对北京市京西林场管理处党委反馈了三个方面12项26个巡察问题，截至3月底，26个问题全部整改完成。

【新冠病毒疫情防控】 年内，北京市京西林场管理处严格执行国家优化措施，全年开展新冠病毒疫情防控督导检查18次，31名党员干部利用休息日主动到社区报到参与防疫志愿服务。

【领导班子成员】
党委书记
苏卫国（2022年8月免）
主任
苏卫国（2022年10月免）
党委委员
李迎春（2022年8月免）
正处职
李迎春（2022年10月免）
纪委书记
祝顺万（2022年8月免）
党总支书记
苏卫国（2022年11月任）
党总支委员　主任

4月24日，京西林场管理处开展党员集中学习活动（徐银健 摄影）

李迎春（2022年11月任）

党总支委员　管理五级

梁莉（女）（2022年9月任）

党总支委员　副主任

宋增兵（2022年9月任）

党总支委员　副主任　纪检委员

祝顺万（2022年9月任）

（北京市京西林场管理处：
郑瑶 供稿）

首都绿色文化碑林管理处

【概　况】首都绿色文化碑林管理处（以下简称：碑林管理处）是北京市园林绿化局直属正处级公益一类全额拨款事业单位。主要职责是：承担首都绿色文化碑林管理和园林绿化文史资料收集整理、负责管辖范围内森林资源和生物多样性保护、森林防火、林业有害生物防治、林业科技推广示范、科普教育、公园管理等工作。内设机构8个，分别是办公室、党建人事科、计划（财务）科、文化管理科、资源管理科、防火安全科、游客服务科、宣传教育科。碑林管理处位于北京市海淀区黑山扈北口19号，面积246.34公顷，主峰海拔210米，森林覆盖率达95%，建有特色景观——"绿色文化碑林"，镶嵌宣传绿化、生态、环保、爱国主题碑刻和石刻1253通。管辖区百望山森林公园现为国家3A级旅游景区、首都生态文明宣传教育基地、北京市科普基地、北京市中小学生社会大课堂基地、北京园林绿化科普基地、北京红色旅游（爱国主义教育）景区。

2022年，全年接待游客116万人次，其中免票人数25.2万人次，接待游客量比上年增长20.95%。门票收入471.39万元，比上年增长37%。栽植乔木952株、灌木6914株、宿根花卉7181株，节日摆花18409盆。碑林和公园两个微信公众号发布宣传生态文化、科普教育等视频17篇、文章48篇。碑林管理处被首都绿化办评选为首都全民义务植树先进单位。百望山森林公园被北京市红色旅游景区（点）评定委员会评选为北京市红色旅游景区（点）。

【林草种苗文史资料展】　4月30日至7月31日，碑林管理处在百望山森林公园东门艺园展馆举办"夯实林草种苗根基 助力首都生态建设——北京园林绿化文史资料展之林草种苗篇"，展出180幅图片、100件实物及数盆花草新品种。参观者好评留言20余条，通过碑林微信公众号同步展示阅读量400人次。

【十三陵林场建场60周年回顾展】　9—11月，碑林管理处在百望山森林公园北门竹园展馆举办"春华秋实六十载 绿色林海美京华——十三陵林场建场60周年回顾展"。按照新冠病毒疫情防控要求实行人员限流，接待参观者1000余人次，好评留言50余条。展览报道在碑林微信公众号阅读量近700人次，北京市十三陵林场管理处微信公众号转发阅读量200余人次。

9月20日，碑林管理处在园区北门竹园展馆举办十三陵林场建场60周年回顾展活动（姚爱静　摄影）

【海绵城市建设科普展】 9月下旬至11月，碑林管理处在百望讲堂展出海淀区水务局主办的海绵城市建设科普展，展示百望山海绵公园建设的成功案例，普及海绵城市建设发展理念及海淀区海绵城市建设成果，接待参观者1000余人次。

【宣传工作】 年内，碑林管理处微信公众号发布宣传生态文化、碑林文化等视频17篇、文章7篇，发布科普教育、游览信息等文章41篇。接待中国人民抗日战争纪念馆拍摄黑山扈战斗纪念园，其官方公众号发布《走访北京市抗战遗址遗迹系列报道（十六）》，阅读量1300余人次。向陆军防化学院提供黑山扈抗日战斗史料，被收录于陆军防化学院文化读本《鹰阳关山》中。制作2023年百望源水青山周历。7月9日，配合市园林绿化宣传中心举办"律动·西山永定河生态文化沉浸之旅"活动，接待20位市民打卡碑林。11月8日，接待市园林绿化宣传中心邀请的微博博主拍摄碑林文化视频并在微博发布，观看量达5.4万人次。开展"画笔记录美丽百望山"自然科普活动，征集作品19幅。

【园林绿化文史资料收集整理】 年内，碑林管理处收集19位个人、16家单位捐赠的园林绿化资料七大类30839件，其中图书类272件、文书类312件、实物类15件、照片类163件、声像类14件、电子类30063件。分类整理2021年和2022年实物资料588件、照片资料910件、电子类资料30063件。完成图书资料数字化65本合计35850页。完成2913张和35组要素不全照片资料的信息补充。提供资料查阅利用2961件（次）。

【绿色文化碑林建设】 年内，碑林管理处刻碑56通，面积26.78平方米，其中征集中国书法家协会理事级别以上书法家创作的北京冬奥会和冬残奥会内容书法作品22幅刻碑，收集官方发布的北京冬奥会LOGO、体育图标、吉祥物图片34幅刻碑，安装于2号路2008年奥运碑刻沿线护坡墙上。按照碑刻、石刻、雕塑分类，细化碑刻台账，统计现有碑刻1210通，石刻43块，室内室外雕塑19座。完成碑刻日常养护1106通。

【森林景观提升】 年内，碑林管理处实施东门区景观提升，完成面积600平方米。更新银杏及丽红元宝枫树4株，更新绿篱大叶黄杨、紫叶小檗、棣棠、月季及竹篱5494株，面积300平方米，更新地被青绿苔草1.12万余株，面积300平方米。实施一号路沿线景观提升，补植连翘、黄刺玫920株，在太行前哨周边裸露地面撒播二月兰等草籽25千克。实施东门区沟峪湿地景观改造，在湿地两侧栽植元宝枫6株、山杏20株，栽植连翘、凌霄、金银木、迎春、黄刺玫等花灌木500株，在湿地南侧林下和岸坡林窗内栽植绣球、矾根、

9月23日，碑林管理处在园区内雕刻北京冬奥会有关内容碑刻作品56通（高源 摄影）

6月29日，碑林管理处在园区东门区沟峪湿地开展景观改造提升工作
（张丹丹 摄影）

紫露草、金边玉簪等宿根花卉7181株、青绿苔草6.8万余株。"五一""十一"及党的二十大等重大节日期间，在两个门区和碑亭广场摆放立体花坛，摆花18409盆。

【森林抚育】 年内，碑林管理处将森林资源划为重点区和一般区分类管理，对重点区域的行道树、景观树、古树7000余株采取扩堰、浇水、施肥、修枝、去除干扰木、修补树洞、支撑等措施加强养护管理。对一般区域采取间伐、修枝、扩堰、补植、人工促进天然更新等措施进行抚育管理，栽植乔木922株。播种栓皮栎、山杏种子300穴，播种美国红栎种子500粒，开展两轮抚育并将抚育剩余物进行粉碎还林处理1000立方米。

【林业有害生物防治】 年内，碑林管理处实施生物防治面积246.34公顷，安装美国白蛾、松褐天牛、桃潜叶蛾等害虫诱捕器590套，更换诱心1870个，释放天敌昆虫1.01亿头。实施化学防治面积66.67公顷，

主要针对白粉病、华山松腐烂病进行喷药防治。实施物理防治面积96.67公顷，安装黑光灯4处，挂黄色粘虫板2000张，人工剪除受害树枝522人次，绑草把130株，胶带围环300株，用水车及高压细水雾喷水防控蚜虫6次，摆放侧柏诱木300根，用敲击方式防治黄栌胫跳甲4次，利用吸入式风机防治黄栌丽木虱2次。

【制作二维码树牌】 年内，碑林管理处对60余种乔灌木制作二维码215块，打印树牌1075个，方便游客扫码了解植物信息。

【旅游服务保障】 年内，碑林管理处调整检票人员早晚班工作时间为早7点至晚18点。在门区设置失物招领牌示、公示服务电话，免费提供卫生纸、

7月1日，碑林管理处工作人员在园区油松林开展天牛诱捕情况调查
（张君玉 摄影）

开水、口罩、创可贴等。

【森林防火】 年内，碑林管理处逐级签订森林防火安全责任书16份，在东门、北门、环都路口、309医院路口设立4个防火检查站。制作防火宣传牌30块、悬挂防火宣传横幅4个。春节、旅游旺季等重大节假日期间，采取增加巡逻岗位、重点区域专人值守、延长夜间巡视时间、启用洒水车、设微喷带、储备防火物资、应急车辆备勤等方式加强防控。清明节期间，编写《致村民的一封信》和《致祭扫人员的一封信》张贴在重点区域，宣传文明祭扫，未发生烧纸现象。3月15日至5月30日，市园林绿化局直属森林防火队派驻10名防火队员支持公园森林防火工作，对护林员进行集中培训15次、指导护林员练习使用防火

器材11次、联合护林员开展森林防火演练2次。实现全年无火情。

【基础服务设施改造提升】 年内，碑林管理处完成友谊亭、西环路入口两处卫生间建筑外墙皮脱落、内部设施陈旧等情况改造，增加空气源热泵暖水系统，实现全天候开放。完成百望草堂一二号院、艺苑展馆、山门、绿化祖国碑亭、望乡亭5处仿古建筑修缮，面积1790.11平方米。对绿化祖国碑亭、枫岭碑林、吟诗阁等处碑墙小瓦进行修补换新，并进行屋顶除草除尘清理，面积300平方米。完成友谊亭、揽枫亭修补及彩绘翻新。对休憩平台及木栈道等木材面刷桐油养护两遍，面积3400平方米，检修木栈道、木护栏、木扶手，更换木方460根。实施小路维

护，完成111步道翻新142延长米，在111步道和3号路入口处设置护栏220延长米。对两个门区进行改造，拆除东门区检票闸机处的门槛，增加轮椅和儿童推车专用通道，增设储物柜，在游览旺季摆放客流引导栅栏。在北门入口东侧新开设行人和非机动车专用通道，修建非机动车停车场，面积286平方米，对北门停车场开通ETC电子摄像进场与无感支付功能。按照国家旅游景区公共信息符号标准，委托专业公司设计制作，更新园内导览牌、安全提示牌、景点介绍牌159块。

【推进"我为群众办实事"】 年内，碑林管理处增设2条步道、1处木质休息平台及更新5处休憩座椅，配套完成1500平方米的林下景观改造提升，方便游客游览沟峪湿地景观。

【党建工作】 年内，碑林管理处党支部制订《理论学习中心组理论学习制度》，中心组开展集体学习17次，召开支委会21次，党员大会12次，召开专题民主生活会、组织生活会各1次，开展"假日我在岗 党员树先锋""庆党的生日 踏崭新征程——参观城市绿心森林公园"等党日活动11次。转入党员3名，转出党员1名，预备党员转正1人，发展预备党员1人。党支部按期完成换届

3月31日，碑林管理处在园区友谊亭处开展森林防火演练（孙玮临摄影）

10月28日，碑林管理处党支部在会议室组织全体党员学习党的二十大精神（张丹丹 摄影）

工作，成立3个党小组，制订《碑林管理处党支部党小组工作指引》。召开巡察整改部署会、整改推进会、整改通报会6次。对6名正科级干部、2名副科级干部进行岗位调整。打造党建活动区域，改造会议室、党员活动室，新建党建主题墙、支部和党员风采展示区、碑林文化宣传区等展示区域。

【意识形态工作】 年内，碑林管理处制订《碑林管理处党支部落实意识形态工作和思想政治工作责任制实施办法》《碑林管理处党支部干部职工思想动态分析报告实施办法》，领导班子成员与分管部门负责人进行谈心谈话，部门负责人和本部门人员、购买服务及第三方人员进行谈心谈话，从政治立场、理想信念、生产生活、社会热点等角度全面了解干部

职工思想动态，做到干部职工谈心谈话全覆盖，及时形成谈心谈话台账。

【巡视巡察问题整改】 年内，碑林管理处针对巡察整改查出的园区牌示缺失、损坏污损等问题进行整改，委托专业制作公司设计、更换园内导览牌，完善了一级导览牌、安全提示牌、景点介绍牌等159块，总面积130.4平方米，增加园区地图、中英文对照、公共符号标识等。对查找出的房屋出租问题进行整改，收回到期房屋，按照巡视整改要求持续推进所办企业清理整改工作。巡察整改问题全部完成整改。

【新冠病毒疫情防控】 年内，碑林管理处严格落实北京市委有关文件精神，按照市园林绿化局新冠病毒疫情防控专班要

求，及时调整防控措施，严格执行核酸检测要求。做好重点人员疫苗接种工作，推动第四针疫苗接种工作。随着防疫政策持续优化，全面落实复工复产工作精神，恢复常态化工作秩序，做好个人健康监测，持续加强人员台账动态更新管理，异常情况及时上报。

【领导班子成员】

党支部书记　主任　孙熙

副主任　王文学（女）

管理五级　高源

（首都绿色文化碑林管理处：

何慧敏 供稿）

北京松山国家级自然保护区管理处（北京市松山林场管理处）

【概　况】 北京松山国家级自然保护区管理处（北京市松山林场管理处）（以下简称：松山林场管理处）是北京市园林绿化局直属正处级公益一类事业单位。主要职责是：贯彻执行国家有关方针、政策和规定，加强管理开展宣传教育保护和发展珍贵稀有野生动植物资源，保护好自然生态环境。内设机构7个，分别是办公室、党建人事科、计划财务科、监测保护科、科研管

理科、科普宣教科和防火安全科，以及塘子沟分场管理站、大庄科分场管理站、玉渡山分场管理站。北京松山国家级自然保护区位于北京西北部延庆区境内，距市区百余千米，地处太行山脉军都山中，北依北京地区第二高峰——主峰为海拔2241米的海陀山。自然保护区成立于1985年，1986年经国务院批准为森林和野生动物类型国家级自然保护区，总面积6212.96公顷，其中，国有林面积4371.68公顷，集体林面积1841.28公顷。重点保护对象为暖温带落叶阔叶林森林生态系统、天然油松林森林生态系统以及水源地。

2022年，松山林场管理处服务保障北京冬奥会、冬残奥会和党的二十大期间维稳及生物多样性保育，保障赛区内外森林防火、动物监测、生态修复、生态监测等工作落地；强

化后冬奥时期松山生物多样性保护工作，推动丁香叶忍冬、北京水毛茛、百花山葡萄、大花杓兰等物种保育工作取得显著成效，完成14株百花山葡萄和4株丁香叶忍冬幼苗野外回归栽植工作，成功扩繁北京水毛茛17平方米，大花杓兰授粉试验100余株，收集成熟种子并开展人工繁育科学试验，通过落实系列保育措施增加辖区内极小种群的数量和遗传多样性。实现52项指标不间断监测，为奥运赛时和后期生态系统恢复评价提供科学数据。建立"一核心多支点"的科普宣教布局，对外展示宣传松山生态保护和管理成效。

【北京冬奥会和冬残奥会期间安全保障工作】 年内，松山林场管理处召开冬奥服务保障工作总结暨冬残奥工作部署会。极端天气开展扫雪铲冰工作，通

过微信群推送预警信息通知，强化安全防范措施。安排专人多次对野外火源、有限空间、消防设备等进行重点排查治理，着力消除风险隐患，全力保障冬奥外围生态资源安全。

【森林防火】 年内，松山林场管理处实行防火日报日查制度，重点防火期、重要时间节点扑火队员全员在岗，加大冬奥赛区周边、松闫公路等火灾易发地段、重点部位、薄弱环节的巡查力度和频次，累计登记进入保护区人员10135人次，车辆5821台次。实行24小时值班制度，制止野外吸烟23起，劝返游客500余人次，排查整改火灾隐患23处，累计出动巡护人员9600人次，车辆240车次。使用防火视频监控系统，现有防火监控14路，监控覆盖率达80%以上，对赛区的监控基本可以达到100%。新建山路口阻隔8处，长220余米；新建加水泵站1座，有效容积可达80立方米。设森林防火指挥中心1个，14个高清视频监控可与市、区协同指挥；防灭火机具储备库1座；森林防火瞭望塔和森林防火检查站各2座；防火公路3条，宽4～6米，长约21.2千米；防火隔离带3条，宽约40米，长约11.2千米。开设防火隔离带44万平方米，开展过境公路两侧可燃物清理，累计清理面积2.5万余平

10月20日，松山林场管理处在延庆冬奥赛区周边开展森林防火演练活动（程瑞义 摄影）

方米，清除可燃物18吨；重点防火期每日完成3次道路两侧林地洒水湿化作业，完成杨柳飞絮治理。加强森林防火实战技能培训演练，开展森林防灭火实战演练4次。组织开展森林防火进社区、进景区主题宣传活动，在保护区主要沟道、公路两侧悬挂宣传条幅40余条；利用松山微信公众号推送宣传信息，出动宣传人员450人次，发放宣传折页30000余张，提示过往人员18000余人。严格管控制止违规野外用火，开展防火日巡、夜巡工作，安排巡查队员不少于20人，在主要道路、冬奥赛区周边、沿途进山口以及玉渡山地区重点路口，每天8—22时不间断开展防火巡查。3个分场管理站设置9个防火监控巡查点，每天8—17时开展森林防火巡护，实行每日三报告。胡巴沟检查站、闫家坪检查站和科普宣教区入口，在高火险期安排24小时有人值守，严格执行进山扫码制度，收缴火源火种。

【保护区资源监测工作】 年内，松山林场管理处开展保护区及林场范围的巡查监测工作，完成巡护里程4.05万千米，采集资源数据近4.1万条，巡护人员9200人次，采集野生动物疫源疫病监测数据2529条，救助野生动物6次，处理正常死亡动物5次。布设红外相机164台，完成数据收集8.1万条，拍摄数据同比增加343条，监测到野生动物29种，其中兽类11种，鸟类18种。开展动物专项调查工作2次，收集动物粪便183份，送检2次，对200个人工鸟巢进行监测统计，入住84巢，入住率为42%，比上年增长12%，入住鸟类种类有褐头山雀、大山雀、黑头鸭等。完成37只褐头山雀环志工作。收集生态监测数据221次，诊断修复14次，采集土样48次、水文水样132袋。完成保护区及林场与国土"三调"数据对接融合，形成各类资源综合监测本底，包括核查国土非林地－专项林地图斑19块，国土林地－专项非林地图斑56块以及国土林地范围内的外业数据采集工作。完成自然保护地人为活动位点核查4次，位点位于松山边界外围。完成2022年森林督察暨"一张图"更新工作，核查图斑19块，无违法占地情况；申报北京市松山林场44个小班469.22公顷Ⅰ级保护林地的保护等级调整为Ⅱ级保护林地。持续加强重点公益林管护工作，填写管护记录表168份，全年未发生公益林异常报告。

【林业有害生物防控】 年内，松山林场管理处通过"物联网+杀虫灯+实地踏查"的预测预报工作方式，实现有害生物"空天地"一体化监测体系，重点监测松材线虫病、美国白蛾发生情况。科学合理设定调查样线23条，调查样线长度约20千米，累计踏查650人次，增设诱捕器60套，释放天敌昆虫管氏肿腿蜂20万头、周氏啮小蜂4000茧、赤眼蜂300万头，用"以虫治虫"的生物防治措施精确、无害化防治天牛幼虫。按照"疑似从有"的防治要求，及时采样送检，快速处置。加强与高校科研团队合作，在传统灯诱、网捕监测昆虫的基础上，引入"马氏网"调查技术手段，扩大调查范围，掌握昆虫种类多样性动态变化规律，全年未发现检疫性害虫，林业有害生物发生率控制在较低水平。

【外来入侵物种普查】 年内，松山林场管理处在松山区域范围内开展外来入侵物种普查工作。参加普查人员121人次；踏查线路19条；调查距离139.3千米；踏查面积4666.67公顷，占辖区园林绿化资源面积的70%；拍摄图片312张，发现外来入侵物种12个，未发现入侵昆虫和入侵病原物。

【松材线虫病疫情专项防控项目】 年内，松山林场管理处累计踏查650人次，布设天牛诱捕器40套，释放管氏肿腿蜂20万头，全年未发现松材线虫病。国有林场森林管护经费项目完成森林抚育120公顷，巡护监测、有害生物监测与防治等建设任务进展顺利，达到预期目标。

【监测站运营维护项目】 年内，松山林场管理处实现冬奥延庆赛区外围松山自然保护区生态环境及生物多样性52项指标不间断监测，为奥运赛时和后期进行生态系统恢复评价提供科学数据。

【基于菌根共生特性】 年内，松山林场管理处完成植株菌根真菌采样分析，探究北京松山地区极小种群兰科植物的种质保育项目，完成200余株兰花人工授粉繁育及成熟种子采集工作。

【科普宣传】 年内，松山林场管理处以松山科教中心为载体，在冬奥赛时和后冬奥时期围绕绿色冬奥和生物多样性保护工作，在微信公众号发布信息148篇，浏览量2万余人次；发布抖音视频14条，浏览量近6万人次；市园林绿化局工作动态发布信息120条，首都绿化政务网发布信息20条。通过"线上+线下"相结合的方式深入开展科普宣传活动6次；开展生物多样性讲解33场次，受众人数1500余人。印制《醉美松山2021》宣传册。围绕生物多样性科普教育能力提升推进中央财政国家级自然保护区补助（第二批）项目建设，完成科教中心周边科普体验区标识牌制作130套，制作宣传片1部、科普短片2部、三维影片9部、VR影片1部，完成2022年北京冬奥会和冬残奥会生物多样性保护文化宣传主题宣传布展。助力北京科技周，开展"保护生物多样性，助力北京科技周"低碳环保宣传及松山之美生态摄影比赛评选等活动。组织参加2022年"塞罕坝杯"全国国有林场职工主题演讲大赛，获得一、二等奖。

【兰科植物保护与研究】 年内，松山林场管理处与中国林业科学院合作开展松山地区兰科植物种质保育及研究。通过测定兰科植物菌根－根际土、开展大花杓兰人工授粉和成熟种子采集、人工辅助播种繁育试验等工作，开展松山地区兰科植物种质保育与研究。

【科研合作交流】 年内，松山林场管理处深化与科研院所、大专院校等专业技术人员的合作，与中国科学院、中国林业科学院、北京林业大学等7家单位联合开展松山野外调查及活动24次。

【科教中心场馆】 年内，松山林场管理处建成1000余平方米科教中心场馆，通过图片、模型、视频、互动体验等多种形式，为公众展示生物多样性保护科普知识，生物多样性保护科教中心全年讲解68场次，受众群体近1000人次。

【保护区内豹猫种群研究】 年内，松山林场管理处利用红外相机和非损伤采集DNA分析鉴定个体技术手段，对保护区内豹猫分布点位和种群数量进

8月30日，松山林场管理处联合中国人民大学在玉渡山开展保护生物多样性主题活动（王祎飞 摄影）

7月15日，科研工作人员在塘子沟分场保护区开展天然油松林土壤取样工作（董艳民 摄影）

行专项研究，统计出现点位有42处，种群数量密度为1.51～2.13平方千米内，有94～132只个体。

【加强林地保护管理专项行动】年内，松山林场管理处开展加强林地保护专项行动，未发现侵占林地、滥砍盗伐林木、违建别墅、破坏野生动植物、伐树毁林、开挖山体等非法破坏森林资源问题。严格执行林地审批流程，落实并完善《北京松山国家级自然保护区管理处（北京市松山林场管理处）占用林地管理办法（试行）》，保障松山地区森林生态安全。

【"绿盾"专项行动】年内，松山林场管理处根据北京市延庆区生态环境局下发核查通知，对历年"绿盾"专项行动图斑点位现状及整改情况进行全面系统核查。通过对27处点

位现场核查，除2块图斑位于保护区辖区之外，其余25处点位均符合项目使用林地行政许可，不存在违法占地行为。

【自然资源确权登记工作】年内，松山林场管理处启动自然资源确权登记工作，建立和实施自然资源统一确权登记制度。

【野生动物疫源疫病监测及野生动物救护】年内，松山林场管理处持续加强野生动物疫源疫病监测工作，实施24小时疫情报告制度，全年未发现疫源疫病情况，救助受伤动物6次，包括达乌里寒鸦1次，戴胜、褐头山雀、猪獾各1次；狗獾2次。

【古树名木体检】年内，松山林场管理处全面启动2022年度松山古树体检，详细核查古树的相关生长状况、历史文化等

信息，梳理总结分析体检结果，对叶片、枝条、树干状态及长势情况进行跟踪记录。

【自然保护地管理】年内，松山林场管理处加强动物监测，布设红外相机164台，监测到野生动物8.1万条，拍摄数据同比增长343条；监测到29种动物，其中兽类11种，鸟类18种，较2021年增加鸟类2种。生态监测内容涵盖52项指标，收集数据221次，诊断修复14次，采集土样48次、水文水样132袋，为优化冬奥赛区及外围的环境、水质等保护措施提供有效数据支撑。

【了解华北豹历史情况】年内，松山林场管理处通过走访老职工了解松山地区华北豹有关情况，掌握历史分布点位、种群数量，为迎豹回归工作奠定基础。

【意识形态工作】年内，松山林场管理处完成13次中心组学习，6次专题研讨，组织党员集中学习12次，开展主题党日活动12次，组织观看"零容忍"警示教育片4次。召开党风廉政建设形势分析会议2次，意识形态工作会议3次，对44名干部职工和89名社会化用工人员思想动态进行摸排，完成谈心谈话268人次。

【党建工作】年内，松山林场

管理处组织48名干部职工制订权责清单，查找出岗位廉政风险点139条。接收1名职工的入党申请书，按程序确定4名积极分子和2名发展对象，接收1名预备党员，完成3名预备党员转正。推进党支部规范化建设，8月12日，松山林场管理处召开北京松山国家级自然保护区管理处（北京市松山林场管理处）支部委员会党员大会，选举盖立新、田恒玖、刘桂林、蒋健为支部委员会新一届委员，选举盖立新为新一届支部委员会书记。根据制度规定和工作需要，松山管理处支部委员会于9月7日完成3个党小组的设立工作。

【巡视巡察问题整改】年内，松山林场管理处持续加强纪律和作风建设，全面完成巡察反馈的35项问题整改任务，营造风清气正、干事创业的良好政治氛围。

【新冠病毒疫情防控】年内，松山林场管理处及时修订防疫工作方案和应急预案，迅速开展风险排查，自觉落实核酸检测和消杀等各项措施，实现"零感染"目标。做到防疫生产两不误，确保森林防火、生态建设、基础设施等重点工作任务有序推进和单位正常运转。号召党员积极投入到社区新冠病毒疫情防控工作中，28名在职党员深入社区和村镇，巡守值班、排查登记、宣传防控，进一步充实社区抗疫力量，充分发挥了党组织的战斗堡垒作用。

【领导班子成员】

党支部书记 主任 盖立新
管理五级 王秀芬（女）
副主任 刘桂林 田恒玖

（北京松山国家级自然保护区管理处：段巧丽 供稿）

北京市永定河休闲森林公园管理处

【概况】北京市永定河休闲森林公园管理处（以下简称：永定河休闲森林公园管理处）是北京市园林绿化局直属正处级公益二类事业单位。主要职责是：承担永定河休闲森林公园的运行管理工作。内设机构12个，分别是办公室、党建工作科、人事科、计划财务科、宣传教育科、后勤保障科、游客服务科、安全保卫科、绿化管理科、资产管理科、科技科、湿地管理科，下属企业有北京市永定园林绿化有限公司。北京市永定河休闲森林公园占地面积约141公顷，其中公园绿化区占地约121公顷。

2022年，永定河休闲森林公园管理处接待游客412310人次，完成接待任务76次，组织活动13次，出动电瓶车173次。劝阻各类不文明行为159次，处理突发事件4次，更新户外大屏、门区广播25次。接待国家林草局、中国民主促进会石景山工委等义务植树活动6次，栽植西府海棠、玉兰、榆叶梅等乔灌木223株。通过微信公众号向公众做好宣传，传递正能量；制作200余块宣传湿地和永定河文化的宣教牌、1200余个植物二维码标牌、组织科技讲座、开展科技周宣传活动、举办小型公益活动等，年内，荣获"石景山区生态科普教育基地"称号。

【北京冬奥会和冬残奥会服务保障】1月，永定河休闲森林公园管理处参与北京冬奥会和冬残奥会4千米、90棒次火炬传递任务。对公园环境设施进行清理、检修，更新火炬传递沿线座椅100套、路灯223个以及标识牌65个，修缮东门岗亭，新装广播、监控系统1套，组织安排保障人员72名，与公安、街道等相关部门密切配合，协助检查、视察及演练活动150余次。

【公园资源调查项目】3月，永定河休闲森林公园管理处成立公园本底调查小组，完成植物调查320余种，其中湿生植物11种，发现野生湿生、水生

3月31日，永定河休闲森林公园管理处邀请园林专家对园区绿化养护工作进行考核（王小萌 摄影）

植物近40种。8月，与中国林业科学研究院森林生态保护与自然修复研究所合作，启动公园昆虫本底调查工作。

【公园运营维护】 年内，永定河休闲森林公园管理处开展公园绿化养护监督管理，建立半月工作例会机制和月度考核检查机制，邀请园林专家对公园绿化管护工作进行指导。对园林绿化废弃物由随扫随清的处理方式，改为自然生态的形式，保留秋季落叶景观效果，及时排查处置落叶堆积较为严重的局部区域，降低火灾隐患。采取生物防治形式进行绿色防治，加强公园病虫害防治工作。开展智慧灯杆改造项目，安装高清视频监控、扩音、报警装置，布设网线2万米，实现全园29个关键点位监控、播音及报警功能。落实公园园容卫生管理工作，每月开展一次专项清理活动。

【公园景观提升】 年内，永定河休闲森林公园管理处移植补植国槐、白皮松等乔木600余株，丁香、卫矛等灌木400余株，鸢尾、萱草、大花海棠、马蔺等地被花卉约20000平方米，补植草坪约15000平方米。挑选园内规格大、长势好的苗木移植到门区附近主要景点，3—5月，在门区设置公园标识1处，栽植北美海棠等乔木10株、紫薇等灌木11株、金鱼草百里香等地被500余平方米，完成门区路面铺装50平方米、灯带安装1处等。对湿地南侧外围裸露区域以及公园重点区域进行补植，引入栽植各类茅、芒、稷等观赏草22种，生态景观草7000余株，补植百日草、委陵菜等地被花卉10000余平方米。重大节日期间，摆放花坛8组、花带2处、花箱6组，品种包括美女樱、天竺葵、紫菊及乒乓球菊等时令花卉76个品种及三角梅、红枫、变叶木、鸭掌木、黄金榕、苏铁等观叶植物。

【北京园博园北京园景观管理】 年内，永定河休闲森林公园管理处完成园博园北京园日常运维管理。对园外凌霄进行修复支撑，栽植宿根花卉和护坡地

9月22日，永定河休闲森林公园管理处启动园博园北京园聚景阁维修工作（李鑫缘 摄影）

279

被约300平方米，修复园区竹篱230米，铺设汀步100余块，节日期间栽植时令花卉300平方米，摆花18000余盆，对园区主阁聚景阁破损区域进行修缮。

【海棠谷景观提升工程】 年内，永定河休闲森林公园管理处对海棠谷景区进行提升改造，8月，完成一期建设项目，整理地形1.2万平方米，铺设土工膜1.2万平方米，种植荷花600平方米、四季秋海棠800平方米、委陵菜2500平方米、百日草600平方米，完成排水循环系统和叠水堆砌景观，初步实现集雨节水与补充灌溉阶段性工作任务，并向游客开放。

【湿地运营维护管理】 年内，永定河休闲森林公园管理处在前期永定河南大荒水生态修复工程建设的基础上，加强湿地运营管理维护工作。对湿地部分区域的植被进行改良提升，增加低矮野花地被组合。严格监测水质情况，保证再生水经湿地净化后的水质满足永定河生态补水的指标要求。加大湿地生态保育区的基本配套建设，提供更多食源植物，为鸟类及其他动物提供良好栖息环境。在湿地观赏游览区修筑汀步道路460余米，制作各种宣传、告示牌52块。

【永森园园艺驿站】 年内，永定河休闲森林公园管理处建成永森园园艺驿站。驿站建筑面积266平方米，开展公益性生态文化宣传、园艺技能培训、园艺生活交流等生态实践活动。自10月开始试运营以来，承办2022市民花园节暨首都市民园艺风采大赛作品展，开展亲子沙画、鸟巢制作、重阳节敬老爱老、市民读书、湿地科普、消防宣传等多场小型公益活动。

【旅游服务接待】 年内，永定河休闲森林公园管理处接待游客量41万余人次，开展社会大课堂、团建等活动27次，完成各项接待任务109次，劝阻不文明行为159次。受理"接诉即办"22件，均得到妥善解决，回访满意率达100%。

【企业清理规范】 年内，永定河休闲森林公园管理处制订《北京市永定河休闲森林公园管理处关于所办企业清理规范方案》，完成北京市林业送变电工程有限公司整体挂牌出售工作。7月，完成北京市石景山区永定金属材料有限公司企业注销手续。12月，完成对北京永定制药有限责任公司股权收购及永定园林绿化28名职工的解聘、安置、善后和资产核对转交工作。

【党建工作】 年内，永定河休闲森林公园管理处严格按照党委的职责范围、议事规则和决策程序办事，对重大问题坚持集体研究、集体决策，杜绝"一言堂"和"临时动议"。组织中心组学习15次，专题研讨6次，召开党委会28次，开展"我为群众办实事"事项14件。认真落实党内政治生活制度，充分利用"三会一课"、"主题党日"活动等开展学

10月20日，永定河休闲森林公园管理处完成海棠谷一期景观提升工程（姜水莉 摄影）

9月9日，永森园园艺驿站在永定河休闲森林公园揭牌（陈韦华 摄影）

习交流，不断提升党建工作水平。全年培养入党积极分子1人，发展对象4人，预备党员1人，预备党员转正2人，做好后备人才储备工作。

【意识形态工作】 年内，永定河休闲森林公园管理处落实意识形态工作责任制，常态化长效化开展党章、党规、党史学习。

【巡视巡察问题整改】 年内，永定河休闲森林公园管理处制订房屋租赁巡视"一案一策"整改工作方案。对单位所属房屋进行全面、系统的梳理，重点查阅合同租期、合同金额，结合租户现状制订对应整改方案，定期按要求向相关部门报送整改进展情况。

【新冠病毒疫情防控】 年内，永定河休闲森林公园管理处严格落实好"限量、预约、错峰"扫码、查验、"两米线"排队，游客疏导等措施。成立疫苗接种退休专班，组织退休职工及时接种。

【领导班子成员】

党委书记 主任 贺国鑫

纪委书记 谢维正

副主任 赵云 冉升明

管理六级 孙丽君（女）

（2022年12月退休）

（北京市永定河休闲森林公园管理处：靳韬 供稿）

各区园林绿化

东城区园林绿化局

【概　况】北京市东城区园林绿化局（简称：东城区园林绿化局），挂北京市东城区绿化委员会办公室（简称：东城区绿化办）牌子，是负责本区园林绿化工作的政府工作部门。主要职责是：负责全区绿化规划的编制监督实施，组织指导监督园林绿化美化、资源保护，进行园林绿化行政执法，负责园林绿化的行业管理，监督指导区管公园的管理和服务，承担区绿化委员会的日常工作等。东城区园林绿化局党组履行区委规定的职责。所属事业单位11个，其中直属管理单位3个：区公园管理中心、绿化一队和绿化二队。东城区公园管理中心下辖地坛公园、龙潭公园、青年湖公园、柳荫公园、永定门地区公园、明城墙遗址公园、南馆公园和龙潭西湖公园8个区属公园管理处。

2022年，东城区完成绿化美化任务，创建首都绿化美化花园式街道1个、花园式社区1个、花园式单位1个。复壮古树280株。

绿化造林　年内，东城区改造绿地13万平方米，建设屋顶绿化5000平方米。公园绿地500米服务半径达96.03%。

资源安全　年内，东城区完成春、秋两季松材线虫病普查；组织外来入侵物种普查；开展越冬基数调查。购置发放有害生物防治药品13642千克，悬挂各类诱捕器1689套，治理枣疯病患病枣树641棵。释放周氏啮小蜂、异色瓢虫、管式肿腿蜂等生物天敌1.75余亿头。配备各类打药设备262台，组织林木有害生物防控培训7次，组建应急队伍对街道药物喷洒进行专业指导示范和有效打药支援。设置8个市级和894个区级美国白蛾防控点位，对防治困难区域的受害树

4月3日，东城区在天坛公园西侧举办首都第38个主题义务植树日活动（东城区园林绿化局　提供）

木开展围草诱蛹10000余株。

【全民义务植树活动】 4月3日，东城区开展首都第38个义务植树日活动。活动以"弘扬生态文明 助力中轴申遗 建设美丽东城"为主题，在北京中轴线绿色空间景观提升（东城段）项目天坛西门北侧绿地举办，区委、区政府、区人大常委会、区政协班子领导和社会各界200余人参加，栽植油松、元宝枫、银杏、海棠等乔灌木170株。全年全区组织开展各类义务植树尽责活动约30场，认养树木1120株、古树名木20株，认养绿地2.26万平方米。

【柳荫公园柳文化节】 4月3—5日，东城区柳荫公园开展以"双奥之城 折柳寄情"为主题的第十二届柳文化节，通过生态科普、自然教育、志愿服务、义务植树、文化宣传等多项活动，传播"让生存自然、让生活从容、让生命优雅"的生态理念。

9月10日，东城区在明城墙遗址公园举办"月圆京城 情系中华"中秋主题活动（薛毅 摄影）

【明城墙遗址公园中秋活动】9月10日，东城区明城墙遗址公园举办"月圆京城 情系中华"中秋主题活动。活动主要包含"月·中秋""约·旅行""阅·空间""悦·市集"四大主题，为广大市民群众提供新颖的文化体验，营造中秋佳节浓郁的节日氛围。

【青年湖公园第七届游人艺术节】 9月24日，东城区在青年湖公园举办主题为"礼赞新时代 启航新征程"第七届游人艺术节活动。活动内容包括民乐合奏、游人团体歌舞、花式健美操、朗诵、文化讲堂等。

【北京中轴线绿色空间景观提升（东城段）工程】 年内，东城区完成北京中轴线绿色空间景观提升（东城段）工程。项目位于天坛公园西门周边和永定门外大街沿线，是中轴线南端环境提升的重要节点，总面积约2.7公顷。共铺设御道67米，栽植乔灌木280株，色带、地被花卉等1万余

9月24日，东城区在青年湖公园举办第七届游人艺术节（薛毅 摄影）

北京中轴线绿色空间景观提升（东城段）工程现场图（东城区园林绿化局 提供）

平方米，翻新廊架1座，安装座椅、垃圾桶及各类照明灯具100余套。项目贯通南中轴线御道景观，提升了中轴线周边环境品质。工程于2021年9月启动，2022年6月底完工。

【亮马河（东城段）景观提升工程】 年内，东城区完成亮马河（东城段）景观提升工程。项目位于北京市东城区东二环外与朝阳区交界的亮马河沿岸。工程主要包括绿化种植、园林景观构筑物及其他造景、园林铺地、园林给排水、园林用电5个部分，整合东城区域内亮马河沿线滨水绿地空间、周边有条件统一改造的城市绿地空间以及城市公园（香河园大绿地），形成蓝绿融合的城市森林水岸游廊体系。工程于2021年4月开工，2022年10月完工并对游人开放。

【南二环永定门滨河路周边绿化景观提升工程】 年内，东城区完成南二环永定门滨河路周边绿化景观提升工程。项目列入2022年市级"疏整促"林荫路专项任务，改造范围为南二环永定门滨河路周边区域，陶然桥至景泰桥之间道路绿化带，涉及改造面积约6000平方米。通过补植缺失的乔灌木及地被、实施立体绿化等方式，形成大树连荫、层次丰富、景观连续的绿色廊道。工程于

2022年5月开工，10月完工。

【全龄友好公园建设】 年内，东城区完成对二环路陶然亭桥至永定门桥沿线的燕墩遗址北绿地和松林里绿地的全龄友好公园改造提升。燕墩遗址北绿地位于永定门桥西南侧，东侧紧邻永定门外大街辅路，占地面积1.2万平方米；松林里绿地紧邻二环路沿线，占地面积1.7万平方米。共更新乔灌木1000余株，色带绿篱地被等约1.4万平方米；翻新广场园路约5000平方米，全龄友好型改造提升场地11处，翻新、新建廊架设施等4处，设置各类健身器械、活动引导牌等50余组，铺设各类管线近9000米。项目于2022年6月开工，10月竣工开园。

【南馆公园水质改善项目】 年内，东城区完成南馆公园水质改善项目。南馆公园湖水来自南馆公园中水站处理过的居民小区生活污水。改造主要包括在中水站3号SBR池内增设污水处理一体化设备以提升对湖体的供水水质，并在湖区增设出水口以及曝气推流装置，增加湖区流动性，通过快速过滤介质等循环设备对水质进行进一步净化，并利用增设水封井隔断臭气排放及"过滤+UV灯处理+吸附+臭氧破坏的气体排放处置工艺"，对有害气体和异味进行治理，解决湖水水体

爆发水花等问题，实现湖水水质好转。中水站产生气体经过处理后达到环保标准。项目于2022年7月正式施工，9月完工。

【党的二十大环境布置及服务保障任务】 年内，东城区园林绿化局完成党的二十大环境布置及服务保障任务。围绕会场及住地高质量部署安排落实好环境布置及服务保障工作，摆放立体花坛2座，通过花球、花箱、花钵及地栽等多种形式栽摆花卉约42.5万株（盆）。

【新冠病毒疫情防控】 年内，东城区园林绿化局完善新冠疫情防控制度预案，协调落实防控物资和药品，设置系统内部集中隔离点位，实施网格化管理措施，落实优化防控措施，实现园队全面复工复产。选派51名党员干部分5个批次，赶赴和平里街道封控区、通州台湖健康驿站等抗疫最前线。完成景山街道、东直门和东华门街道社区历时70天防疫值守任务，下沉干部职工3800人次。

【绿化资源管护】 年内，东城区园林绿化局督促指导专业绿化队伍集中人力物力，落实各项绿化管护措施，通过监理巡查、领导检查、单位互查、专项抽查等方式实施综合考评，加大系统内专业养护人员及服务外包队伍质量管理。利用网

5月5日，东城区园林绿化系统干部职工下沉街道支援社区防疫（薛毅 摄影）

格化管理信息平台，对市区两级园林绿化检查问题实施动态管理，开展杨柳飞絮治理，药物注射杨柳树雌株8364株，对杨柳飞絮重点区域巡查20余次。引进养护智慧化管理平台，区属公园绿化精细化养护管理，通过数据积累、智能分析、提前预警、专业技术指导等措施与手段，形成专家全时空服务，养护月历、工单管理、病虫害防治精准指导，绿化基础数据收集分析便捷，农药管理科学规范。

【林长制工作】 年内，东城区园林绿化局落实主体责任，开展各级林长巡林工作，将林长制纳入区政府年度绩效考核体系。深化"林长制+检察"协同工作机制，联合制发《关于建立"林长制+检察"协同工作机制的意见》，年内移送生态环境损害赔偿案件线索3起，

全部启动生态环境损害赔偿磋商机制，立案办结，有效保护东城区绿化资源和生态环境。

【古树名木保护】 年内，东城区园林绿化局制订"一树一策"复壮方案，建成北京市第一条古树主题文化胡同——东四三条古树主题文化胡同。

完成《东城区古树名木保护规划》编制，实现区级古树名木保护管理系统与市级系统对接。推进全区古树名木"云"管理，稳步推进核心区内濒危、衰弱古树名木的抢救复壮，年内完成280株濒危、衰弱古树名木保护工作。

【防汛应急】 年内，东城区园林绿化局制订园林绿化系统防汛方案预案，明确责任体系，组建应急抢险队伍，做好防汛物资准备、危险隐患点排查、防汛演练等工作。汛期共计处置各类险情78起，出动抢险队伍752人次，派出巡查人员1090人次，动用抢险设备120余台次，处理倒伏树11株，修剪树木折枝63处，处理倒伏、折枝树木砸车4起。

5月8日，东城区园林绿化局在龙潭街道处理汛期树木倒伏险情（张可柯 摄影）

【领导班子成员】

局长　党组书记　区绿化办主任

苏振芳（女）

党组副书记　副局长

辛晓东（2022年7月免）

褚玉红（女）（2022年12月任）

副局长　徐永春

冯丽（女）（2022年12月任）

驻区局纪检监察组组长

王军（2022年12月免）

区公园管理中心主任　陈雷

（东城区园林绿化局：程亚宏 供稿）

西城区园林绿化局

【概　况】北京市西城区园林绿化局（简称：西城区园林绿化局），挂北京市西城区绿化委员会办公室（简称：西城区绿化办）牌子，是负责本区园林绿化工作的政府工作部门。主要职责是：制订区内园林绿化中长期规划和年度计划并组织实施；组织、指导和监督区内城市绿化美化养护管理；组织、协调重大活动的绿化美化及环境布置；管理和保护区内绿地和林木资源；负责区内公园、风景名胜区的行业管理；承担区绿化委员会的具体工作等。内设科室6个，分别为办公室、计划财务科、规划建设科、园林管理科、绿化科、法制科。在职人员26人。西城区公园管理中心（简称区公园管理中心），为区园林绿化局所属副处级财政补助公益一类事业单位。主要职责是：负责区属登记公园的组织人事、劳动和社会保障、财务管理、审计、安全保卫工作；指导区属登记公园的规划、建设、管理、服务、科技等工作并监督实施。设办公室、公园管理科、公园建设科、安全应急科、综合服务科、检查科、组织人事科7个科室，事业编制64人，实有53人。

2022年，西城区园林绿地面积1103.47万平方米。其中，公园绿地551.41万平方米，附属绿地552.06万平方米，绿化覆盖面积1625.29万平方米，绿化覆盖率32.16%，绿地率22%，人均绿地10.11平方米，人均公园绿地5.01平方米。

绿化造林　年内，西城区新增城市绿地9207平方米，改造绿地2万平方米，新建屋顶绿化5096平方米、垂直绿化3000延长米。全区累计屋顶绿化总面积24.7万平方米，垂直绿化6.29万延长米，累计创建花园式社区32个，花园式单位412个。区园林绿化局管辖的古树名木1656株，其中一级古树253株、二级古树1402株、名木1株。

资源安全　年内，西城区开展执法检查667次，防治树木10.41万株。对辖区内109株濒危及保护方式不当的古树名木采取"一树一策"的方式进行复壮、修复。查没、解救各类保护鸟类32只，其中国家级5只。

【全民义务植树活动】3月12日，西城区开展第44个中国植树节植树活动39场，参与人数

4月9日，西城区在天桥街道虎坊路路口东南角等地开展首都第38个全民义务植树日活动（西城区园林绿化局 提供）

1.1万人次。4月9日，西城区开展首都第38个全民义务植树日活动，区委、区政府领导首次结合林长巡林工作，与居民、志愿者一同参与绿化美化活动。全区共栽植乔木142株、花灌木752株、绿篱及宿根花卉234平方米，清扫绿地48.6万平方米，发放宣传材料及宣传品7.9万份，参与人数达2.8万余人次。各社区、公园、园艺驿站、义务植树基地组织开展各类义务植树尽责活动，建成西城区首家全民义务植树尽责常态化社区——金融街街道中央音乐学院社区。全年共开展义务植树尽责活动288场，参与人数1.3万人。

【创新增绿】 年内，西城区新增茶马街游园、白纸坊智能体育公园等城市绿地9307平方米，完成玫瑰公园和南礼士路公园全龄友好公园改造2万平方米，全区公园绿地500米服务半径覆盖率达到97.74%，位列全市第二。持续推进立体绿化，新增屋顶绿化5096平方米、垂直绿化3000延长米；完成"揭网见绿"45处、35.18万平方米，完成全年任务的113.85%。

【园艺文化推广】 年内，西城区结合疫情防控工作开展园艺文化推广活动。举办启发少年儿童爱绿意识的"亲子小菜

西城区新建茶马街游园景观（西城区园林绿化局 提供）

园"、慰问白衣天使的"多肉组盆"等线下活动343场，园艺讲座、园艺制作等线上活动331场，惠及居民20余万人次。利用线上平台，传播园艺知识，宣传绿色理念，展示绿化建设成果，全年推送信息121条，总阅读人数1.68万人次，分享962次。参加"首都市民园艺风采大赛"，在全市55件获奖作品中，西城区的8件作品分别获得一、二、三等奖和最佳人气奖。

【花卉布置】 年内，西城区精心做好北京冬奥会和冬残奥会、"五一"、"十一"和党的二十大期间景观环境布置工作。西城区冬奥景观主要节点位于北京北站前广场、西单生态墙和广安门桥区绿地，运用冰雪雕塑、地景雕塑、夜景灯光、树挂造冰、生态环保彩化和大地景观等多种创新手法。按照全市国庆环境布置和"喜迎二十大 奋进新征程"的主题要求，设置"又见青绿""月

西城区广安门南街迎接党的二十大花坛"奋进新时代"（康欣 摄影）

西城区西直门北京北站前广场迎接冬奥会花坛"绽放2022"（康欣摄影）

上云端""万象中轴""奋进新时代""守护星光"5组主题花坛，在区属公园、二环路、三环路、前门西大街等29条大街和重点区域栽植地栽花卉1.6万平方米、约77万株，营造欢乐祥和的节日氛围。

【花园式创建】 年内，西城区创建首都绿化美化花园式街道1个（西长安街道），花园式社区5个（北新华街社区、西交民巷社区、西长安街钟声社区、陶然亭米市社区、金融街中央音乐学院社区），花园式单位2个（西城区园林绿化局、白纸坊紫金印象小区）。超额完成"十四五"创建总任务。对全区自1984年以来创建成功的461家花园式单位、垂直绿化单位等进行复核，复核率达100%。

【绿化养护管理】 年内，西城区加强园林绿化景观常态化、精细化管理和监督检查指导，在全市四个季度城镇绿地养护管理检查中均排名第一。严密做好美国白蛾等林木有害生物防治工作，全年投入资金246.73万元，设立美国白蛾监测点787个，出动巡查人员1700余人次、巡查车辆343台次，监测虫害树木1596株，人工剪除网幕约3000处，挖蛹4541头，普防总量553.33万平方米，累计防治树木10.41万株；15个街道巡查松材线虫病16954千米，全区林木有害生物得到有效控制。积极践行"红墙意识"，为驻区中央单位提供防治病虫害和树木修剪等绿化服务。对全区9378株杨柳树开展药物防治，协调环卫部门、各街道办事处采取"喷

水、湿化、冲洗、清扫"等安全有效措施综合治理，有效降低杨柳飞絮污染。

【林长制工作】 年内，西城区按照《关于全面建立林长制实施意见》总要求，制订《北京市西城区林长制办公室北京市西城区人民检察院关于建立"林长制+检察"协同工作机制的意见》。落实从区级总林长到社区"一长两员"（社区林长、绿管员、护绿员）五级林长管理机制（区总林长、副总林长、林长、街道林长、社区林长），建立健全"林长制+检察"协同工作机制，推动线索移送和信息共享。年内，将263个社区、5440处网格制订成册，形成"一图三表"（社区网格图、社区林长信息表、绿管员信息表、护绿员信息表）网格划分区域；在金融街开展林长制改革示范试点工作；区级以上林长巡林28次，街道级林长巡林225次。

【古树名木保护与管理】 年内，西城区严格落实古树保护管理机制，进一步压实古树保护属地责任，与全区15个街道办事处和蓟城山水集团重新签订《西城区古树名木保护管理责任书》，进一步明确古树保护管理的相关权利和义务。推动古树名木保护规划和生态环境整体保护试点工作落地，在天桥耕天下小区开展古树小区示

范建设，对小区内16株古树进行抢救复壮工作，建设古树文化宣传栏及小品等设施。聘请第三方公司对1656株区管古树名木的生长环境、生长势进行调查，科学评价古树名木生长状态，更新每株古树名木的管护档案。对辖区内109株濒危及保护方式不当的古树名木采取"一树一策"的方式进行复壮、修复。

【公园建设管理】 年内，西城区园林绿化局围绕迎接党的二十大和创建全国文明典范城区，开展"迎党的二十大 促公园高质量发展"专项行动和"文明游园我最美 生态文明我先行"主题宣传活动。积极推动疫情防控中的公园管理体制运行模式，各公园添置"智慧安全服务机器人"，提升门区出入管理效率；倡导文明游园，加强主题宣传，各公园开展主题宣传活动17次，张贴宣传海报262张次，电子大屏投放285次；在区属6个公园安装AED（自动体外除颤仪）急救设备，有效提升公园的应急救护能力和水平；完成全部公园配套用房清理整治任务，并组织开展第三次"回头看"；全年开展公园管理综合检查20余次，全面提升公园综合管理服务水平。

【依法行政和政务服务】 年内，西城区认真落实"接诉即办"

条例，进一步完善工作机制和办理流程，全年办理诉求516件。依法高效办理占用绿地、移伐树等行政许可1077件。组织开展"清风行动"和"绿箭行动"等联合执法，协调相关部门重点对药店、餐馆、工艺品店和原北京官园花鸟鱼虫市场等进行执法检查，查没、解救各类保护鸟类32只，其中国家级保护鸟类5只。开展批后监督，督促整改问题16处，收回金融街等11块临时占用绿地。办理人大代表建议2件、政协提案9件，督办完成市、区折子、实事15件。主动公开行政许可、工作动态等信息1235件，依申请公开信息15件。

【安全监管和应急处置】 年内，西城区持续推进安全风险评估和标准化建设工作，全面建立区属公园和绿化工程风险台账及风险动态更新机制。加强园林绿化系统安全监管，检查单位667家次，查出并整改隐患397处，整改率100%，实现安全零事故。在极端天气期间，协调蓟城山水集团出动抢险人员3025人次，处理树木倒伏、折枝、砸车、压房等险情582起，有效保障人民群众生命财产安全。

【常态化疫情防控】 年内，西城区根据疫情发展形势和市区防控工作要求，进一步健全工作机制，完善工作方案和应急

处置预案，压实"四方"责任（属地、部门、单位、个人），实现科学精准防控。各公园严格落实客流管控、测温、扫码、戴口罩入园和环境消杀等措施，及时劝阻扎堆聚集行为。抓好内部管控，实行办公区封闭管理，动态更新人员信息台账，及时、全面、主动做好涉疫排查，加强宣传动员，确保疫苗接种"应接尽接"，核酸检测"应检尽检"。西城区园林绿化区局机关和区公园管理中心党员干部积极响应上级号召，下沉社区支援疫情防控工作，参加大规模核酸检测、社区卡口值守等工作158天、3210人次，组织10名职工成立应急支援小组赴什刹海街道开展转运工作，4名职工担任集中隔离点点长。

【领导班子成员】
局长 党组书记 区绿化办主任 公园管理中心主任（兼）
一级调研员 吴立军
党组副书记 一级调研员
肖福来
二级调研员 王军
区绿化办副主任 副局长
二级调研员 朱延昭
副局长 三级调研员
王京起（2022年3月任）
副局长 二级调研员
朱桂林（女）（2014年5月任借调区环境办至2022年3月）
（西城区园林绿化局：
范慧英 供稿）

朝阳区园林绿化局

【概　况】 北京市朝阳区园林绿化局（简称：朝阳区园林绿化局），挂北京市朝阳区绿化委员会办公室（简称：朝阳区绿化办）牌子，是负责本区园林绿化工作的政府工作部门。主要职责是：贯彻执行国家和北京市城市绿化及林业工作方针、政策、法律、法规，根据首都绿化总体规划制订并实施本区绿化建设发展规划和年度计划，负责本区园林绿化建设和管理，负责组织协调全民义务植树活动及群众绿化工作，并负责直属事业单位建设和管理的政府职能部门，职能业务归市园林绿化局监督指导。截至2022年年底，全局在职职工638人，其中公务员38人，事业编600人；设置局机关科室10个；下设基层单位17个。

2022年，朝阳区继续推动公园绿地提质增效，实施地块绿化美化6处，建设全龄友好公园4个，屋顶绿化建设6处。加快推进城市公园开放管理，开放公园43处，开放公园总面积867.69公顷，拆除公园围栏36302延长米。创建首都绿化美化花园式社区8处，首都绿化美化花园式单位10家，森林村庄1个。

绿化造林　年内，朝阳区完成新一轮百万亩造林绿化334.33公顷，实施"留白增绿"复绿任务60公顷，占比106.89%。完成"揭网见绿"年度目标1189公顷，完成新一轮百万亩造林绿化334.33公顷。

资源安全　年内，朝阳区在24个街道新设立256个美国白蛾监测点。开展林草湿园数据与国土"三调"数据对接融合，完成3086块差异图斑的调查核实。完成全区森林防火视频监控设施项目建设，全区林地视频监控覆盖率达到85%。定期对8家野生动物驯养繁殖单位进行检查。野生动物行政立案14起。

（魏冬梅）

【平原生态林工作会】 3月8日，朝阳区园林绿化局组织召开2022年朝阳区平原生态林重点工作部署及培训会。会议重点解读《北京市朝阳区园林绿化局关于做好2022年朝阳区平原生态林经营管护重点工作的通知》，由高级工程师兰友林针对平原生态林森林经营方案和林分结构调整进行专项培训。朝阳区各乡主管绿化的领导及农服中心负责人约50人参加会议。

（黄珊）

【食用林产品抽样检查】 3—11月，朝阳区对辖区内11家食用林产品企业进行检查，出动人员100人次，累计排查60次。聘请专业机构开展辖区内果园土壤抽样工作，检测项目涵盖PH值、有效磷、速效钾、有机质等，抽取样品18批次，完成樱桃、苹果、枣、葡萄等果品检测，检测合格率100%。

（蔡继红）

【杨柳飞絮治理】 4月30日至5月2日，朝阳区在全区43个街乡、45个注册公园、4个专业队开展柳絮飞絮治理。每日不间断巡查，发现问题要求在30分钟内到达现场实施防治，出动巡查人员450余人次，巡视面积约60万平方米，出动作业人员600余人次，各类作业车辆300余次，完成高压喷水6万余株，地面湿化约40万平方米，飞絮清扫约45万平方米。

（黄珊）

【海棠花观赏期安全保障】 4月，为确保海棠花观赏期北京市朝阳区元大都城垣遗址公园的安全，保持公园良好秩序，结合疫情防控工作的要求，公园提前制订安全预案，利用公园内宣传栏等设备加强疫情防控宣传，提醒游客做好自身防护，不聚集、不扎堆、不接触野生动物。出入口安排值班人员看守，并进行扫码、测温，做到"入园必测"，门区设施定期消毒，拒绝不戴口罩者入园。通过公园人流量监控设备实时掌握园内游客数量，按照应急预案提前采取有效措施，加强引导，必要时采取限流等措施。

（赖兴友）

【创建国家森林城市】 4月，朝阳区举办区级创建国家森林城市大会。6月，邀请创森领域专家对全区相关单位就森林城市建设任务进行培训。9月底，在《国土绿化》杂志发表朝阳区创森专题文章《朝阳区在创森中展现新作为》。全年在温榆河公园、朝阳公园、奥森公园等17家公园安装创森主题广告193处，景观小品17处。开展创森宣传活动200余场；举办区级创森主题摄影作品征集、线上答题等活动；开展创森专题直播，线上观看累计达11万人次。朝阳创森以《国家森林城市测评体系操作手册》34项考核指标为导向，所有指标均已达标。

（张珊）

【森林火灾隐患排查整治和违规用火专项行动】 5月20日，朝阳区园林绿化局开展森林火灾隐患排查整治和查处违规用火行为专项行动，派出检查组228组、1455人次，排查火灾隐患74处，整改火灾隐患74处，发放整改通知书35份，建立火灾隐患排查整治台账13个，教育林地内吸烟人员436人次，教育野外烧烤人员62人次，发放森林防火宣传品124人次。

（张晋峰）

【南新园社区环境整治】 5月25日，朝阳区园林绿化局到南新园社区参与现场调度工

8月29日，朝阳区园林绿化局在红领巾公园举办生态小课堂活动（朝阳区园林绿化局 提供）

作，出动绿化作业人员543人次，车辆119车次，各类养护作业设备91台，整治绿地面积106242平方米，清理绿地杂物96吨，修剪树木725株，修剪绿篱4721延长米，修剪地被杂草42605平方米，栽植栾树及月季786株，栽植地被1500平方米，病虫害防治面积70242平方米，洗刷车辆305台。在

居民解除集中隔离前完成此次环境整治工作。

（黄珊）

【简化审批服务事项】 5月，朝阳区林地审批及绿地树木资源类审批全部实现电子证照。6月，根据市园林绿化局《关于调整林木移植审批事项的通知》，持续精简政务服务事项，配合全市范围内的审批服

5月25日，朝阳区园林绿化局在南新园社区指挥开展环境整治工作（朝阳区园林绿化局 提供）

务优化推进工作，取消原林木移植批准，将其服务内容整合至"林木采伐许可证核发"。

（任宇晴）

【国庆期间环境保障】 9月20日，朝阳区园林绿化局安排4个专业作业单位，养护作业人员2600余人，对全区专业绿地开展国庆期间环境保障工作。各养护单位领导带队、全员上岗，对重点区域、重点路段绿地开展环境巡视检查，加强绿化养护管理，统计所辖范围问题，全面开展自查自改工作。截至10月7日，出动巡查检查人员895人次、保障人员11900人次、养护车辆745台次，清理绿地卫生62.2万平方米，补植乔灌木1740余棵，完成草坪及其他地被补植约2020平方米。建立两支区级突击抢险队，处理全区绿地养护应急突发事件。

（黄珊）

【秋冬森林防火检查】 10月9—19日，朝阳区园林绿化局按照北京市2022年第3号总林长令和全区"百日攻坚"专项行动要求，全面推进全区秋冬季森林防灭火工作。朝阳区园林绿化局安全法制科、森林资源科（区林长办）和区园林绿化综合执法队相关工作人员，会同市公安局朝阳分局森林大队、朝阳区检察院第六检查部联合开展森林防火检查工作，分别到十八里店乡老君堂、小红门

乡鸿博公园、来广营地区奥森公园联合开展森林防火检查工作。

（张晋峰）

【市民花园节】 10月24日，首都绿化办主办的"市民花园节"活动在朝阳区望和公园举办。望和公园积极发挥朝阳区"互联网+全民义务植树"基地优势，响应"双碳"号召，童趣再生花园结合公园现有森林大篷车及沙坑，以森林大篷车、义务植树和碳中和宣传展

板为背景，以可再生利用材料为主，通过资源再利用，向市民传达低碳、绿色、环保的生活理念。

（董鑫）

【温榆河绿色长廊野生红角鸮栖息地保护】 年内，朝阳区园林绿化综合执法队加大对温榆河周边巡查检查力度，通过在红角鸮生活区域周边悬挂横幅、设立野生动物保护宣传警示牌等多种方式，广泛宣传野

10月24日，朝阳区园林绿化局在望和公园举办市民花园节活动（朝阳区园林绿化局 提供）

6月17日，朝阳区园林绿化局在温榆河绿色长廊开展野生红角鸮栖息地保护宣传活动（李亨达 摄影）

生动物保护的法律法规内容，重点宣传禁止破坏国家和地方重点保护野生动物繁衍生息场所的违法行为，提高居民法制意识和对野生动物资源的保护意识。

（英颋）

【美国白蛾治理】 年内，朝阳区园林绿化局积极听取国家林草局蹲点服务指导组督导、市美国白蛾防控专班意见建议，做好重点时期、敏感节点、重点地区的防控工作。在24个街道新设立256个美国白蛾监测点，截至2022年年底，美国白蛾发生面积63公顷，防治面积63公顷，实现第三代美国白蛾防治率100%。

（张磊）

【古树名木保护与宣传】 年内，朝阳区创建古树公园一处，占地1100平方米，专业技术复壮古树90株，涉及朝外、安贞等7个街乡属地。开展古树名木普法宣传活动，配合市园林绿化局完成新增纪念林现场核定任务。

（刘洋）

【配合城市建设】 年内，朝阳区园林绿化局配合北京市政建设交通疏堵项目、北京地铁建设项目、热力及燃气消隐工程、国网电力输变电工程及公交场站改造等各类重大工程，累计勘测现场80余次，勘测面积33700余平方米，移植树木588株，占用绿地面积7993.5平

方米，伐移树625株，占用绿地面积22113平方米。恢复往年占用绿地面积1500平方米。

（侯蕊）

【全民义务植树】 年内，朝阳区"互联网+全民义务植树"基地（望和公园）接待市民义务植树尽责35场次、1819人次，栽植树木830株，抚育山桃、接骨木、榆叶梅、樱花、连翘等苗木4324株，清扫绿地8200平方米，新增认养树木111株，发放首都全民义务植树尽责证书1110份，国土绿化荣誉证书150份。

（董鑫）

【林长制工作】 年内，朝阳区林长办以2022年1号、2号朝阳区总林长令的形式印发《2022年朝阳区林长制工作要点》《关于全面做好美国白蛾防控工作的通知》，完成《朝阳区关于北京市第2号总林长令落实情况的报告》，起草《关于全面加强党的二十大期间和秋冬季森林防灭火工作的通知》（朝阳区总林长令2022年第3号），安排部署全区党的二十大服务保障期间及今冬明春森林防灭火重点时段的相关工作。结合林长制工作的开展情况，调整区级林长责任区域和名单，增设区检察院检察长为区级林长，夯实"林长制+检察"机制监督职能。全年开展区级林长巡林工作8次、街道（乡）级林长巡林工作5000余

次、社区（村）级林长巡林工作3万余次，护林员巡林工作400万余次。

（任宇晴）

【平原重点区域造林绿化工程】 年内，朝阳区完成平原重点区域绿化工程。项目地点涉及崔各庄乡、孙河乡、将台乡、金盏乡、平房乡、王四营乡、管庄乡、黑庄户乡、十八里店乡、小红门乡。工程内容包括绿化工程、庭院工程、灌溉工程及土方工程，涉及面积408.73公顷。

（杨孟佳）

【十八里店乡代征绿地】 年内，朝阳区完成十八里店乡代征绿地工程。项目位于朝阳区十八里店乡，四环十八里店桥东南方向，东至京沪高速，西至祁家庄东路，北至祁家庄南路，南至货运铁路。工程由朝阳区园林绿化局立项，北京朝园弘园林绿化有限责任公司承建，北京中城建华工程咨询有限公司监理。工程施工包括绿化工程、庭院工程、给排水工程及电气工程，项目总投资1302万元，面积4.9公顷。

（杨孟佳）

【林荫路工程】 年内，朝阳区完成林荫路工程项目。工程位于豆各庄南一路，由朝阳区园林绿化局立项，北京朝园弘园林绿化有限责任公司承建，北京中景恒基工程管理有限公司监理。工程栽植乔木153株、

灌木5390株、地被3401平方米，投资约109.13万元。

（杨孟佳）

【全龄友好型公园项目】 年内，朝阳区实施全龄友好型公园建设任务约6.9公顷，包括弘善休闲公园一期、润清湖公园、青年汇绿地及修德颐养园，目前修德颐养园基本完工，其余3个地块正在施工过程中。工程由朝阳区园林绿化局立项，北京朝园弘园林绿化有限责任公司承建，北京中景恒基工程管理有限公司监理，项目投资约2228.61万元。

（杨孟佳）

【朝阳区"十四五"期间规划编制】 年内，朝阳区园林绿化局编制完成《北京市朝阳区"十四五"时期绿化发展规划》，为"十四五"期间科学推进大尺度绿化，均衡全区绿色空间布局，实现精细化管理等提供有力指导。

（梁甜甜）

【野生动物保护】 年内，朝阳区园林绿化局联合各街乡属地执法部门、市场监督管理部门、农业执法部门对重点林地、固定市场、农村集贸市场、自发市场、候鸟为主的野生动物迁飞停歇地、迁飞通道、集群活动区开展多次检查工作。涉及点位771处，出动执法人员1560人次，出动车辆622台次，没收野生动物89只、制品1件。累计接收

2月10日，朝阳区园林绿化局在朝阳区广渠东路救助国家二级重点保护野生动物——猕猴（李晨光 摄影）

并办理举报线索47件，其中行政立案14件，接救助动物诉求75起，累计救助动物16只。目前朝阳区园林绿化局局属在册陆生野生动物人工繁育单位8家，动物482只。

（任宇晴）

【郊野公园养护专题培训】 年内，朝阳区为加强全区郊野公园后期养护管理工作，提升郊野公园管理水平，组织开展"一制度六台账"、管理服务、地被植物应用与管理等专题培训。组织37家郊野公园管理负责人参加市园林绿化局相关工作培训6次。

（刘岩）

【森林防火】 年内，朝阳区园林绿化局以森林防火区划分和建立三级林长制责任体系为契机，指导各乡进一步健全森林防灭火长效机制，全面完成森林火灾风险普查，摸清森林火

灾风险隐患底数，完成区森林防火视频监控设施项目建设，全区林地视频监控覆盖率达到85%。深入开展查处违规用火行为专项行动，在本年度森林防火期，累计投入36408人次，森林防火巡查检查7644次，出动车辆4688车次。

（张晋峰）

【综合检查】 年内，朝阳区开展全区城镇绿地各季度养护综合检查和平原生态林两次综合检查，配合市园林绿化局完成市级养护管理综合检查。在8个乡组织开展林分结构调整133.33公顷，完成生物多样性保育小区建设3处，建成小微湿地7处，村头片林改造5处，生态林林下补植栓皮栎25000株，推进崔各庄乡和黑庄户乡两个市级示范性集体林场建设项目，有序、规范地探索发展林下经济26.67公顷，引入自主

研发的"朝阳区平原生态林检查项目"系统。

（黄珊）

【森林资源管理】 年内，朝阳区园林绿化局使用林地审核审批，永久占用林地审核6件，涉及林地面积10.13公顷；永久占用林地审批11件，占用林地面积3.16公顷；临时占用林地审批7件，占用林地面积2.35公顷；修筑直接为林业生产经营服务的工程设施占用林地批准11件，占用林地面积13.48公顷；林地备案7件，占用林地面积6.54公顷。林木移伐审批，林木采伐170件，采伐林木16091株（其中含限伐区审核代市园林绿化局发证许可11件，涉及采伐林木970株）；林木采挖移植231件，移植林木720794株。绿地及树木审核永久占用绿地27件，涉及绿地面积1.23公顷；临时占用绿地7件，占用绿地面积20.18公顷；审核砍伐树木许可6件，涉及树木2618株；审核移植树木许可10件，涉及树木16948株。绿地及树木移伐审批，审批临时占用绿地37件，涉及绿地面积2.41公顷；树木砍伐97件，砍伐树木398株；树木移植67件，移植树木882株。社会投资项目涉及审核审批许可10件，其中审核项目4件，涉及移植树木290株，砍伐树木95株；审批项目6件，涉及移植树木102株，砍伐树木54株。

（任宇晴）

【领导班子成员】

党委书记　局长　区绿化办主任

二级巡视员　王春增

驻区局纪检监察组组长

二级调研员　崔大明（女）

副局长　一级调研员　王文胜

副局长　二级调研员

王礼先（女）

副局长　三级调研员　李大鹏

副局长　胡峭寒

（朝阳区园林绿化局：魏冬梅供稿）

海淀区园林绿化局

【概　况】 北京市海淀区园林绿化局（简称：海淀区园林绿化局），挂北京市海淀区绿化委员会办公室（简称：海淀区绿化办）牌子、北京市海淀区林长制办公室（简称海淀区林长办）牌子，是负责本区园林绿化工作的政府工作部门。下辖4个事业单位：区园林绿化服务中心、区林业工作总站、区公园管理中心、区湿地和野生动植物保护管理中心。

2022年，全区森林面积15254.06公顷，湿地面积949公顷，森林覆盖率35.41%，湿地保护率34.67%；城市绿化覆盖面积14070.13公顷，绿地面积13732.22公顷，绿化覆盖率51.79%，绿地率50.57%，人均绿地面积43.97平方米，人均公园绿地面积14.88平方米（人均公园绿地面积按市统计局发布的2022年常住人口数据计算），公园绿地500米服务半径覆盖率92.17%。

绿化建设　年内，海淀区完成绿化292.91公顷，其中新增林地绿地264.99公顷、改造林地绿地27.92公顷，栽植乔灌木16万余株。

绿色产业　年内，海淀区注册苗木生产企业23家，苗圃面积212.11公顷，实际育苗面积146.33公顷，苗木花卉总产量0.49万株。有本地蜂农户8户，蜂群300群，蜂蜜产量6000千克，年收入20万元。

资源安全　年内，海淀区推进全区林长制责任体系建设，落实森林火灾防控和以生物防治、物理防治为主的林木有害生物绿色防控措施，加强野生动植物保护和园林绿化综合执法，维护绿化资源和森林生态安全。

（解晋红　白云　潘瑞敏　徐薇）

【全民义务植树】 4月2日，中央军委机关各部门领导到海淀区京张铁路遗址公园（一期）植树点参加首都义务植树活动，栽种油松、白皮松、银杏等树苗1500余株。4月3日，海淀区开展以"创国家森林城市建生态美丽海淀"为主题的第38个首都义务植树日活动，区委、区政府、区人大常委会、区政协班子领导和区法院、区检察院领导及机关干部职工300人，在园外园生态环境提升四期工程（石渠公园）植树点，栽植华山松、元宝枫、丝棉木、栾树、海棠等苗木800余株。以"互联网+全民义务植树"基地（海淀公园、金源娱乐园）为平台，通过网上预约集中开展抚育管理等义务尽责活动，设立现场植树尽责点30余个，参与人数11.53万余人，栽植苗木5万余株，养护抚育苗木120.17万株，清扫绿地570.68万平方米。4月11日，全国政协机关干部职工到海淀区西山国家森林公园参加义务植树活动，栽植白皮松、山桃、流苏、连翘等苗木1000余株。年内，新建"互联网+全民义务植树"基地9处，其中区级1处（圆明园公园）、街乡级4处（马甸公园、中关村公园、苏家坨镇锦绣大地公园、上庄镇东马坊公园）、社村级4处（复兴路23号社区、三环中路43号院社区、永定路西里社区、学院路街道七六八厂社区）。

（于帅宇）

【海淀区"十四五"时期园林绿化行动计划编制】 4月15日，海淀区园林绿化局编制完成《北京市海淀区"十四五"时期园林绿化行动计划》。根据行动计划，到"十四五"期末，全区生态空间格局持续优化，公园绿地与城市更加开放

融合，生态价值高效转换，生态效益充分彰显。

（张倩）

【林长制工作】 4月19日，海淀区签发第1号总林长令，要求贯彻落实林长制巡林制度、量质并重做好绿化建设、加强园林绿化资源保护、持续推动创建国家森林城市目标落实。年内，海淀区设立以区委书记和区长为总林长的区级林长17名，镇（街道）级林长250名，村（社区）级林长730名。截至2022年年底，区级林长完成巡林22次，镇（街道）级林长完成巡林2242次；施划林长制网格1182个；设立林长制公示牌613块，公示三级林长姓名、管护目标和资源分布等情况，接受全社会监督；开展林长制培训2次，受众覆盖全部村（社区）级林长、林管员、护林员2746名。6月27日，海淀区第2号总林长令《关于全面做好美国白蛾防控工作的通知》签发。10月14日，海淀区第3号总林长令《关于全面加强党的二十大期间和秋冬季森林防灭火工作的通知》签发。

（门鹤鸣）

【绿化美化先进集体创建】 年内，海淀区创建首都全民义务植树先进单位4个，即北京市海淀区公园管理中心、北京市海淀区西北旺镇农业综合服务中心、北京市海淀区人民政府羊坊店街道办事处城市管理办

公室（城管）、北京市海淀区人民政府北太平庄街道办事处；创建首都绿化美化先进单位4个（北京市海淀区园林绿化局、北京市新海园林工程有限公司、北京如景生态园林绿化有限公司、北京市海淀区圆明园管理处）；创建首都绿化美化花园式社区1个（海淀区花园路街道北三环中路43号院社区）；创建首都森林城镇1个（北京市海淀区苏家坨镇）；创建首都绿化美化花园式单位1个（海淀区学院路街道五道口嘉园小区）。翠湖湿地公园获得"首都生态文明宣传教育基地"称号。

（于帅宇 刘筱竹）

【新一轮百万亩造林绿化工程】 年内，海淀区完成新一轮百万亩造林绿化249.18公顷，其中平原重点区域造林182.96公顷、城区绿化66.22公顷，全部为新增造林绿化，17项绿化工程累计栽植乔灌木15.6万余株。

（潘瑞敏）

【"留白增绿"专项行动】 年内，海淀区开展"留白增绿"专项行动，利用拆违腾退地、城市边角地实施公园和造林绿化建设，完成绿化面积20.11公顷，涉及海淀区园外园生态环境提升四期工程和2022年海淀区平原重点区域造林绿化工程2个项目72个点位。

（潘瑞敏）

【"揭网见绿"专项行动】 年

内，海淀区开展"揭网见绿"专项行动，结合地块类型，采取永久绿化、临时绿化、简易绿化、地面硬化等多种多元、分类治理的方式实现"揭网见绿"，完成揭网面积597.24公顷（市级任务438公顷，完成率136.4%），包括长安街沿线重点区域3.66公顷，涉及全区23个街镇438个点位。

（潘瑞敏）

【森林健康经营示范工程】 年内，海淀区完成山区森林健康经营项目任务200公顷，其中永久性示范区17.6公顷、一级经营作业区40.07公顷、二级经营作业区142.33公顷。项目位于苏家坨镇大工村、北安河村、七王坟村，建设内容包括林木抚育建设和配套设施建设。林木抚育完成59.93公顷，疏伐119.87公顷，人工促进天然更新58.13公顷，修枝17.60公顷，林缘建设补植花灌木300株。配套设施完成修建作业步道2703米，设置工程牌匾2个、指路牌5个，建成小动物饮水处2处。

（徐薇）

【林分结构调整】 年内，海淀区完成平原生态林林分结构调整200.70公顷，其中苏家坨镇63.58公顷、温泉镇55.42公顷、上庄镇33.11公顷、四季青镇13.59公顷、西北旺镇32.33公顷、东升镇2.67公顷，同步建成示范区1处。根据林分现状的调查结果，确定生长快、郁闭度达到0.7以上的林木作为调整对象进行伐除和移植，伐除18975株、移植5419株。完成绿隔地区公园林分结构调整面积12.63公顷，其中八家郊野公园8.21公顷、丹青圃公园3.77公顷、平庄郊野公园0.65公顷。

（徐薇）

【村头片林建设】 年内，海淀区完成平原生态林村头片林改造提升工程，涉及3处共4.15公顷（上庄镇2处3.65公顷、北京西农投资有限责任公司1处0.50公顷），移植林木33株，栽植林木38株，栽植播种各类地被6410平方米，修建园路340延长米，新增座椅16套、垃圾桶6个、标示牌2个。

（徐薇）

【平原生态林地多功能建设】 年内，海淀区营建生物多样性保育小区3处29.28公顷，其中苏家坨镇6.73公顷、温泉镇11.52公顷、北京西农投资有限责任公司11.03公顷。建成小微湿地7处250平方米、本杰士堆12个、人工鸟巢30个、昆虫旅馆16个，种植食源性蜜源性植物6200株。

（徐薇）

【林下补栎】 年内，海淀区完成林下补植栎类容器苗2.5万株，其中东升镇600株、海淀镇300株、上庄镇3800株、四季青镇4400株、苏家坨镇6200株、温泉镇3500株、西北旺镇4700株、海淀区市政服务集团有限公司1300株、北京西农投资有限责任公司200株。

（徐薇）

【林业碳汇】 年内，海淀区园林绿化局完成2021—2022年生态碳汇能力评估与碳中和能力提升项目，形成《海淀区园林绿化资源碳汇能力评估报告》《北京市海淀区园林绿化应对气候变化行动计划》（2021年—2025年）和《海淀区园林绿化增汇减排管理路径与技术措施研究报告》。研究报告显示，近15年间全区林地、绿地、湿地等资源的年度碳汇能力持续增加；2021年全区林地、绿地、湿地等全口径碳库资源的年度碳汇量达到12.95万吨二氧化碳（约占全市同期全口径碳汇量的1.58%）。

（赵险峰）

【园林绿化资源监管】 年内，海淀区园林绿化局开展国家森林督查、市规划自然资源委海淀分局移交卫片、草地变化图斑、创无违建涉林图斑核实以及2020—2021年森林督查、市森林资源管理审计、区自然资源审计问题整改等8项工作，核实下发、移交变化图斑2369处；整改完成历史遗留问题106处，收回或恢复林地面积29.69公顷。开展林地调整备案，完成西北旺镇百旺种植园、上庄镇蔬艺园项目规划范围内需占用的Ⅳ级林地占补平衡，调整备案Ⅳ级林地2处，其中调出Ⅳ级林地65561.4平方米、调入林地66219.55平方米。完成北京市园林绿化资源智慧管理平台林地动态监测图斑核查，通过影像判读、外业核实、业务叠加分析等方式，核实全区2022年林地、草地、湿地、绿地监测图斑374块；完成国家森林资源智慧管理平台林地动态监测图斑核查，涉及图斑219个、面积224.54公顷，其中林木减少199.72公顷、涉及图斑189个，林木更新22.6公顷、涉及图斑15个，无变化图斑5个2.04公顷；开展46个样地因子调查，完成样地图斑信息核实；开展354个未成林造林地块、造林地块和新增公园地块数据整合，完成数据补充调查，形成2022年森林资源台账和数据集。开展湿地图斑监测，核实现地变化图斑，形成湿地资源数据库，全区湿地资源保有量949公顷，湿地保有率为34.67%。

（白云 徐薇 刘筱竹）

【生态林地管护】 年内，海淀区纳入生态林地补偿机制政策林地总面积6802.78公顷（其中精品公园239.32公顷、一般公园317.74公顷、一级林地180.06公顷、二级林地971.56公顷、三级林地1869.38公顷、四级林地737.12公顷、五级林地2474.73公顷、城区绿化无

等级林地12.87公顷），落实生态林地补偿机制政策，拨付政策资金32994.30万元；因新生违章建筑、征占用林地、养护不到位等问题扣减政策资金约1670万元。完成林地巡查73.48万公顷，清理杂草4337公顷，修剪乔灌木246万株，补植乔灌木4.7万株，伐除乔灌木18975株，移植乔灌木5419株，浇水7200公顷，清理及粉碎绿化废弃物1.53万吨。拨付生态公益林促进发展机制资金125.09万元，涉及面积1985.52公顷。纳入海淀区森林保险的森林面积3443.53公顷，发生极端天气理赔情况7次，累计理赔金额3.7万元。

（徐薇 白云）

【农村街坊路绿化管理】 年内，海淀区纳入农村街坊路绿化管理绿地涉及2个镇7个村，绿地面积13.05公顷；下拨街坊路绿化管护资金76.21万元。完成街坊路绿化季度检查4次，检查养护情况基本良好，检查结果综合评定合格。

（徐薇）

【花卉布置】 年内，海淀区园林绿化局投资2068.26万元，完成花卉布置工程36653.31平方米，涵盖紫竹桥区、中关村大街、北坞村路、北清路、西三环路、中关村西区、香山路等路段，其中地栽花卉布置面积26070.39平方米，补植草坪320.8平方米，花钵花卉布置面

积10594.92平方米。

（于帅宇）

【森林防火】 年内，海淀区园林绿化局强化火情预警预报，落实24小时值班值守制度，发布橙色预警5次23天，全年无火情火警。完善森林智慧防火示范区建设，在四季青镇、北林大实验林场、西山林场重点林区新建5路视频监控并联网使用，启动全区防火路及配套设施勘察体检并形成体检报告。发挥"林长制+检察长"协同工作机制，会同区检察院等部门联合开展清明节前森林防火安全专项检查；开展林区输配电设施火灾隐患专项排查治理行动、森林火灾隐患排查整治，开展查处违规用火行为专项行动，涉及9个街镇、13个企事业单位和部队，排查整改隐患27处；制订区级专项行动方案1个、乡镇级专项行动方案13个，组织46个组次281人次进行森林火灾隐患全面调查摸底，排查森林火灾隐患6处，整改火灾隐患6处。加强巡护巡查，利用无人机高频次巡护，凤凰岭无人机巡护小组共巡护212天，巡护飞行736小时，发现违规用火行为8次；累计车辆巡护289次，出动人员776人次，检查瞭望塔171次，检查林地1366.67公顷，下发隐患通知书75份。举办森林防火宣传活动14次，在西山国家森林公园等地开展集

中防火宣传；在防火路两侧、景区、公园等处安装69套森林防火宣传牌；开展森林火险形势讲解及案例分析、火险避险与自救、火灾扑救技术战术及装备使用等培训；印发宣传手册2万份，发放宣传品1万个、宣传折页8000份、森林防火告知单500份，悬挂宣传横幅85条，设立警示展板24套，受教育群众达10万余人。

（封国剑）

【林木有害生物防控】 年内，海淀区设置林业有害生物监测测报点740个，其中美国白蛾监测测报点304个，松墨天牛200个，红脂大小蠹、白蜡窄吉丁等其他虫害监测点236个，监测到美国白蛾成虫7492头，巡查发现美国白蛾幼虫危害树木9137株（同比上年减少50.07%）。推行释放生物天敌、悬挂物理防控产品、飞机防治等绿色防控措施，释放周氏啮小蜂、管氏肿腿蜂、异色瓢虫等生物天敌6.06亿头，围阻隔胶带1000余卷，悬挂国槐小卷蛾、白蜡窄吉丁诱捕器6500套，放置各类粘虫板30000张，绿色防控面积3673.33公顷；完成春、夏、秋三季飞防作业110架次、防治面积1.1万公顷。开展林业有害生物应急除治，出动区级应急队伍144次，出动人员295人次，除治面积9.6公顷，累计防治面积2.43万公顷。组织开展

美国白蛾防治知识"下基层 进一线"、防控技术"一对一"等培训10期，参训6200余人。通过海淀报、"海淀创森"公众号发布美国白蛾宣传报道16期，发放宣传海报4100余张、宣传手册40000余份。

（徐薇）

【植物检疫监管】 年内，海淀区开展松材线虫病专项普查，调查地块5259个，调查松科植物125万余株，发现疑似松树1456株，取样送检246份，未发现松材线虫病疫情。重点保护一级、二级松科古树，悬挂趋避剂295个。开展苗木检疫9起，检疫苗木、花灌木1.3万余株。开展苗木检疫复检累计30批次，抽查株数5815株，均未发现检疫性有害生物。

（徐薇）

【野生动植物保护】 年内，海淀区建立完善野生动植物基础数据库，记录野生植物120科421属755种；记录陆生野生动物资源28目80科403种，包括北京市新记录鸟种3种（冠鹪莺、黑脸噪鹛、紫背椋鸟）。组织实施海淀区生物多样性分析与评价项目，选择全区21个点位开展维管植物、苔藓植物、哺乳动物、两栖动物、鱼类、昆虫、大型真菌、外来入侵等9个类群的调查，获得调查记录6855条。开展海淀区生物多样性保育小区示范点建设，建成中关村森林公园、中

关村软件园、影湖楼公园、中央党校、锦秋家园、北京一零一中学6个生物多样性保育小区示范点。开展大西山野生动物监测，布设红外相机82台，累计拍摄照片22844张，拍摄到野生动物32种。加强野生动物保护管理，妥善处置海淀区野生动物事件590起，救助野生动物474只，处置死亡动物36只；设置野生动物疫源疫病监测点5个，观测野生动物20余万只；检查陆生野生动物人工繁殖场所、陆生野生动物疫源疫病监测站、野生动物市场经营场所122次。开展"国际生物多样性日""野生动植物日""北京爱鸟周""诗经植物文化游"等公益讲解，通过《生态环境教育进课堂》在线直播等宣传活动，多渠道宣传野生动植物保护知识和理念。

（刘筱竹 门鹤鸣）

【古树名木保护与管理】 年内，海淀区加强古树名木保护工作。全区共有古树名木15065株，其中古树14944株、名木121株；完成古树名木健康体检，精细化体检1926株，基础体检13139株，体检覆盖率达100%，古树名木生长良好率在94%以上；制订"一树一策"，完成300株衰弱、濒危、重点点位古树复壮；创新古树保护新模式，建设完成世纪新景园古树社区。

（刘筱竹 门鹤鸣）

【园林绿化综合执法】　年内，海淀区园林绿化局开展园林绿化行政处罚案件查处工作，办理园林绿化行政案件25起，涵盖林政、野保、种苗林保等领域。其中涉林地林木案件18起、涉野生动物及其制品案件4起、涉林保案件3起，罚款79万余元，恢复林地4000余平方米，责令补种树木1100余株，没收国家重点保护野生动物4只；完成北京市首起美国白蛾防治不力案件和海淀区园林绿化行业首例生态环境损害赔偿案件。配备启用移动执法终端设备，移动执法终端检查单推送率达20%以上。组织开展代号为"清风行动"的打击破坏野生动植物资源违法犯罪行为联合行动，累计完成执法行动65次，日常巡查检查850次，出动执法人员1755人次、车辆351台次，检查栖息地、易发盗猎（采）点、自发鸟市、各类市场、交通集散地等157处，立案查处野生动物行政案件4起，收缴非法猎具9个（张），收缴野生动物12只、野生动物制品30件、野生植物50株。开展代号为"2022绿剑行动"的打击破坏野生动植物资源违法犯罪行为联合行动，累计完成执法行动105次，日常巡查检查2050次，出动执法人员3568人次、车辆1523台次，检查栖息地、易发盗猎（采）点、自发鸟市、各类市场、交通集散地等187处，处置舆情44件。开展代号为"网盾行动"的打击整治网络非法野生动植物交易联合行动，累计日常巡查检查279次，出动执法人员655人次、车辆279台次，监督检查商户1227家，检查水族馆、花鸟鱼虫市场、渔具店、互联网企业255个（次），处置舆情1件。

（庞晓岚）

【行政许可】　年内，海淀区园林绿化局受理行政许可及服务事项1249件，发放各类许可证照及复函1024件，接待咨询人员4245人次、办公电话及网络咨询5328人次，办理接诉即办225件。承接市园林绿化局下放权限3项，落实"双公示一公开"推送"信用海淀"信息905项。办理使用林地项目46件、审批林木伐移364件、公共绿地占用67件、树木伐移498件、工程建设涉及城市绿地树木（社会投资项目）4件。办理建设工程附属绿地咨询项目50件；技术指导项目43件，其中多规平台办结32件、园林绿化资源动态监管系统办结5件、协调回函6件。批准猎捕野生动物2项，涉及野生动物650只。办理"林草种苗生产经营许可证"许可事项6件，签发产地检疫合格证9份。

（白云　徐薇）

【审查公共绿地绿化设计方案】　年内，海淀区园林绿化局审查园外园生态环境提升五期工程（功德寺地区）、五一渠生态治理工程、"清河之洲"（树村段）滨水绿廊景观提升工程等22项公共绿地绿化设计方案，均取得市园林绿化局批复，总面积170.25公顷。

（张倩）

【代征绿地收缴】　年内，海淀区园林绿化局接收中国宋庆龄基金会文化娱乐用地项目代征城市绿化用地、海淀区西北旺镇永丰产业基地（新）H地块的土地一级开发项目代征城市绿化用地（一期）、海淀区苏家坨镇中关村创新园内F地块土地一级开发项目（一期）等代征绿地（腾退地块）17项，总面积88.36公顷。推进代征绿地确权工作，取得温泉镇中心区C地块项目等3个代征绿地划拨决定书。

（张倩）

【种苗产业】　年内，海淀区注册苗木生产企业23家，苗圃面积212.11公顷，实际育苗面积146.33公顷，苗木花卉总产量0.49万株。

（徐薇）

【蜂产业】　年内，海淀区有本地蜂农户8户，蜂群300群，蜂蜜产量6000千克，年收入20万元。在北京市组织的蜂产品质量监督检验中，抽查2个蜂蜜样本，经谱尼测试集团股份有限公司检测，均符合国家要求。

（赵险峰）

【领导班子成员】

局长　党组书记　区绿化办主任

王志伟（2022年2月免）

王艳龙（2022年2月任）

副局长

张雅菊（女）　邢晓燕（女）

王家宝

田文革（2022年4月退休）

杨颖（女）（2022年12月任）

（海淀区园林绿化局：

罗勇　供稿）

丰台区园林绿化局

【概　况】　北京市丰台区园林绿化局（简称：丰台区园林绿化局），挂北京市丰台区绿化委员会办公室（简称：丰台区绿化办）牌子，是负责本区园林绿化工作的政府工作部门。内设办公室、绿化工作办公室、林业科等12个职能科室，机关行政编制40名，实有34名；新成立园林绿化综合执法队，行政执法编制23名，实有人数6名。下设3个事业单位：区林业工作站，事业编制53名，实有45名（自然减员至30名）；区公园管理中心，事业编制242名，实有230名（自然减员至180名）；区园林绿化服务中心，事业编制189名，实有161名（自然减员至150名）。

2022年，全区森林面积8524.17公顷，湿地面积1003公顷，森林覆盖率27.9%，湿地保护率66.64%；绿地面积7775.27公顷，公园绿地面积2446.32公顷，城市绿化覆盖率47.85%。

绿化造林　年内，丰台区完成新一轮百万亩造林200.67公顷，"留白增绿"完成21.69公顷，"战略留白"完成32.25公顷，完成小微绿地19个地块11.17公顷主体建设。通过城市代征地绿化、小微绿地、"留白增绿"建设等项目形成29处公园绿地。

绿色产业　年内，丰台区花卉种植面积为0.35万平方米，主要种植盆栽花卉及花坛植物等，生产盆栽花卉1.2盆，总产值36万元。

资源安全　年内，丰台区未发生森林火灾，林业有害生物成灾率、测报准确率、无公害防治率、敏感地区美国白蛾等食叶害虫平均寄主叶片保存率均达标。

公园风景区　年内，丰台区行业注册公园25家，占地面积1429.09公顷，其中5个为收费公园及风景区，其余20个为免费公园（其中5个是郊野公园）。共有精品公园11个，市级重点公园3个，4A级旅游景区5个。

【全民义务植树活动】　年内，丰台区完成全国人大常委会领导、区委、区政府、区人大常委会、区政协班子领导两场重大义务植树活动的筹备和服务保障工作。组织各类义务植树主题活动37次，其中，国家级领导参加植树活动1次、区领导参加1次。接待2.2万人次，新植树木2218株，养护树木1.2万株。

【新一轮百万亩造林工程】　年内，丰台区完成新一轮百万亩造林200.67公顷，2018—2022年累计完成1073.33公顷，累计栽植各类苗木50万株，超额完成任务，新一轮百万亩造林圆满收官。"留白增绿"建设完成21.69公顷，超额0.41公顷，"战略留白"建设完成32.25公顷。

【南苑湿地森林公园建设】　年内，丰台区南苑森林湿地公园实现先行启动区B地块、城市森林片区、森林湿地片区137.87公顷集中连片。其中，森林湿地片区（D地块）59.7公顷建设完成；开展先行启动区A地块方案优化调整工作，建设面积达53.3公顷，完成总量的90%；城市森林片区（C地块）53.5公顷，于3月底开工建设，目前完成总量的75%；槐房片区35.07公顷，于8月开工建设，目前完成建设任务的60%。

【全龄友好型公园建设】　年内，丰台区建设全龄友好型公园2处，分别为万芳亭公园和岳各庄公园。万芳亭公园改造总面

丰台区南苑森林湿地公园D地块建设效果图（丰台区园林绿化局 提供）

积10.6公顷，项目采取不闭园和分期、分区域施工策略，6月9日开工，9月6日一期区域（园内东部区域）完工并对游客开放，二期区域（园内西部区域）年底完工。岳各庄公园改造总面积8.4公顷，实施闭园改造，6月中旬开工，年底完工。

【创建国家森林城市】 年内，丰台区将创建国家森林城市任务中43个未达标项目分解为四大类：道路林带提升建设工程、河流绿化提升建设工程、科普系统建设工程、公园绿地建设工程，均已完工。自8月1日起，北宫国家森林公园、北京园博园，通过赠票形式免费向公众开放，最大限度实现绿色惠民。丰台区不断加大创森宣传力度，依托花卉优势，通过花艺阳台、邻里花园、百园地图打卡等活动，打造创森百日公益行动，让百姓感受森林城市的美好。

【丽泽商务区绿化建设】 年内，丰台区城市运动休闲公园（二期）于9月19日进场施工，绿化面积10.46公顷，目前已完成总工程量的30%，滨水文化公园（二期）绿化面积25.34公顷，已收到市发展改革委初步设计概算批复，正在组织施工和监理招标工作；金中都城遗址公园项目深化设计方案内容基本确定，已向市园林绿化局上报金中都城遗址公园设计方案和总平面图，按照市园林绿化局初步意见修改完善；开展一期二期公园配套建筑方案优化工作。

【绿化美化先进集体创建】 年内，丰台区创建3个花园式单位（太平桥街道万泉盛景园小区、花乡街道中国人民解放军66284部队、青塔街道西府颐园悦和园）；3个花园式社区（太平桥街道天伦北里社区、青塔街道阅园社区、新村街道三环新城第一社区）；1个首都森林城镇（北宫镇）。

【丰台区"十四五"时期园林绿化规划编制】 年内，丰台区编制印发《十四五时期丰台区

丰台区岳各庄公园全龄友好公园建设效果图（丰台区园林绿化局 提供）

园林绿化发展规划》，推动全区建立"一轴、两带、四区、多廊、多园"的绿色发展格局。编制《南中轴绿廊公共空间实施方案》和《北京市丰台区绿地系统规划》初稿，强化重点片区引领，塑造魅力城市风貌区，构建科学合理的生态格局。

【园林绿化资源管护】 年内，丰台区对958公顷城市公共绿地及区管14条河道258公顷河道绿地进行养护管理。及时更新维修各类设施设备，科学合理做好绿地升级，升级特级绿地18块、一级绿地3块、二级绿地9块。监督指导全区山区生态林、郊野公园、平原生态林、平原造林、园博绿道、美丽乡村的养护工作，5800公顷，1998个地块，80多家养护单位，3000余名生态林管护员落实各季度养护措施。

全年完成平原生态林林分结构调整19处，调整面积166.67公顷，完成村头片林任务建设3处，建设生物多样性保育小区3处，实施林下补植栓皮栎幼苗25000株；组织开展山区生态公益林健康经营任务68.12公顷，完成国家级公益林抚育任务33.33公顷。

【古树名木保护】 年内，丰台区开展古树名木及生境整体保护试点建设，完成古树生境保护小区3处：南水北调办公区古国槐，造甲村古树组团生境保护，岱王庙古国槐。完成古树复壮115株。完成填水泥、钉钢板保护问题专项整改18株。

【代征绿地收缴】 年内，丰台区完成国望府、葆台村回迁安置住宅、西三环南路16号项目、石榴庄村旧村改造项目C区S-41-1地块、石榴庄B地块绿化用地3、城乡一体化石榴庄村旧村改造项目（B区）S-21地块代征地收缴，总面积77150.42平方米。

【环境保障】 年内，丰台区完成纪念抗日战争爆发85周年、党的二十大等重大活动、节日环境保障任务。纪念全面抗战活动景观布置主要范围在宛平城及其周边和联络线，布置栅栏花槽5600个、地栽花卉5处2000余平方米，累计栽摆花卉约50万株。党的二十大环境保障主要在丰台区重要门户节点、交叉路口及桥区、环线以点、线、面相结合的花坛花卉进行景观布置，完成点位布置28处，摆花4796平方米、栽植花卉6129平方米、摆放立体花卉700平方米、悬挂国旗2022面。

【行政许可审批】 年内，丰台区完成行政许可手续609件，为37个重点工程办理行政许可手续104件，保障重点工程按时开工建设；为13个社会投资项目办理行政许可20件，确保招商引资项目高效平稳落地；为66家单位和个人办理安全消隐类行政许可132件，保障企业群众生命财产安全。全年服务各类单位和个人203家，接待企业群众咨询1200余人次。完成"多规合一"平台推送项目会商意见审核106件，其中初审会商意见审核73件，绿地

丰台区金茂府小区小微绿地建设效果图（丰台区园林绿化局 提供）

率审核33件。签发《林草种子生产经营许可证》6份，专门经营不再分装的包装种子备案1份；产地检疫苗木275万余株，98.98公顷，签发产地检疫合格证5份。

【行政执法】 年内，丰台区累计完成3151次行政执法检查。对2个在施工地及3个林产品公司进行"双随机"检查，检查结果合格。开展打击野生动物非法贸易的专项执法行动，针对高频问题点位联合公安、城管等相关部门联合执法，开展执法检查27次，包括专项执法13次，联合执法14次。全年累计立行政案件24件，其中野生动植物类案件6件，林木林地类案件18件。下达《行政处罚决定书》14件，处罚金约105万元，其中野生动物类罚金约7万元，林木林地类罚金约97万元，林保种苗类罚金1万元；责令补种树木35株，责令恢复林业植被和生产条件6处，救助野生动物13只，没收野生动物及其制品3件；收回林地371平方米；林地补办手续2453.19平方米。

【公园管理与服务】 年内，丰台区将疫情防控作为公园管理的重要任务，严格落实防疫要求，动态调整防控措施，加大巡查检查力度。指导全区行业注册公园做好垃圾分类、文明

游园、安全生产、游客服务保障等相关工作。科学推动全区公园绿地建立围栏台账，制订推进计划，先在嘉圃公园进行试点。全区行业注册公园、郊野公园等30家公园，全年接待游客量1357.6万人次。

【森林防火】 年内，丰台区对各属地森防指挥部进行调整和新建，森林防火形势总体平稳，森林防火期"零火情"发生。对照区森防指挥部架构，抓好重要节点、重点区域燃放烟花爆竹祭祀等违规用火行为检查；各单位加大防火巡查看护力量，累计出动检查人员2000余人次，车辆400余次，巡查里程3600余千米。升级改造8座森林防火瞭望塔的视频监控，新建2处无人值守防火塔。开展全区森林防火"百日行动"专项工作，扎实做好林区输配电设施火灾隐患专项排查治理，全区野外火源治理和查处违规用火行动上账隐患12处，全部完成整改。

【林长制工作】 年内，丰台区建立林长制组织体系、管控体系、实施体系、监督体系，完善林长制网格划分工作。制订《丰台区街镇林长、社区（村）林长履职规范（试行）》，设计开发"丰台行"林长制小程序。建立林长制目标责任制、"林长+检察长"

协同机制，本区林长制考核评估机制在两个街镇开展试点。全年签发总林长令4次，区级林长巡林39次，各街镇林长巡林1037次，社区林长巡林12828次。在重点地块树立林长制公示牌805个，开展专题宣传活动3次，发放宣传材料1000份。

【林木有害生物防控】 年内，丰台区建立美国白蛾"8小时"应急处置机制，同时各街镇自查自检，采取"查、治、剪"三步骤措施，开展拉网式巡查除治。全年出动查防人员4.16万人次，巡查里程17.13万千米，监测到美国白蛾成虫8415头、幼虫受害树木3941株。采取性信息素诱集、灯光诱杀、剪枝、树干围环等措施作业面积7073.33公顷次，释放天敌昆虫1.05亿头、生物防治340公顷，出动车辆7329车次、地面喷药防治23566.67公顷次，飞机喷药45架次、作业面积4500公顷次。开展松林春秋季两次松材线虫病疫情普查909.93公顷，发现枯死松树1221株，采样送检样本260个，未检测出松材线虫。

【果品安全】 年内，丰台区完成各类水果检测158个批次，检测全部合格，同时配合市级果品抽检检测24个批次完全符合食用标准。严格落实无公害

11月7日，丰台区园林绿化局在王佐镇长青路北侧林地开展有害生物越冬基数调查（丰台区园林绿化局 提供）

生产质量标准，其中金果果业的产品完成合格证的申办持有，全年累计共发放和使用合格证1200张。

【野生动植物资源保护】 年内，丰台区加大陆生野生动物疫源疫病监测和野生动物救助工作。密切关注野生动物健康状况，防范野生动物疫病疫情发生，累计向市、区报送每日情况报告600余份。做好陆生野生动物的救护工作，及时处理社会、市民各类陆生野生动物救助电话，妥善接收受伤、受困以及市民救助的候鸟等陆生野生动物，累计救助陆生野生动物150余只，并新建1处区内野生动物救护站点。

【湿地资源保护】 年内，丰台区园林绿化局开展湿地生态系统监测20个，面积10.67公顷。

对南苑森林湿地公园、永定河湿地、莲花池公园、北宫国家森林公园4个丰台区典型湿地进行湿地生态系统监测。完成王佐镇泉湖驿站小微湿地修复7000余平方米。结合"北京湿地日""世界湿地日"《湿地保护法》实施等时间节点，积极开展湿地保护宣传活动，提升群众对湿地保护的了解认知和保护意识。

【领导班子成员】

党组书记 局长 区绿化办主任
刘立宏
党组成员 副局长 边钰
林晶（女）（2022年7月免）
石金荣（女）
高明亮（2022年11月任）
谢屹（挂职）（2022年9月任）

（丰台区园林绿化局：
窦洁 供稿）

石景山区园林绿化局

【概　况】 北京市石景山区园林绿化局（简称：石景山区园林绿化局），挂北京市石景山区绿化委员会办公室（简称：石景山区绿化办）牌子，是负责本区园林绿化工作的政府工作部门。主要承担城市园林绿化、林业行政管理职责和森林防火职责。内设6个机构，分别为：综合办公室（主体责任办公室）、绿化发展科、规划审批科（法制科）、建设管理科（林业有害生物防疫检疫科）、资源执法科、财务审计科，行政编制23名。下设3个全额拨款事业单位，分别为：综合服务中心、森林防护中心、绿化养护中心。目前有干部、职工94人，其中行政编制人员22人，事业编制人员72人。

绿化造林 年内，石景山区园林绿化局打造石龙匝道、阜石路冬奥特色景观大道、"一起向未来"冬奥主题花坛等精品景观，为场馆周边城市绿化景观注入冬奥元素；完成"五一""十一"等重要节日花卉布置及党的二十大环境保障工作。完成新一轮百万亩造林年度任务指标，净德寺公园绿化建设工程年内竣工；完成"留白增绿"及3条林荫路建设任务并完成市级平台销账；实施"揭网见绿"150.23公顷；推进小微绿地，实施长安街街旁绿地、金顶社区公园及苹果园南路S1线高架桥下空间绿地全龄友好公园建设；推进衙门口城市森林公园建设工程及永引渠南岸城市森林项目2022年腾退地块续建，完成建设任务8.06公顷。

资源安全 年内，石景山区建立区、街道、社区三级责任体系，落实林长制目标责任，建立"林长制+检察"协同工作机制，推进园林绿化资源重点保护和高质量发展。推进生态资源精细化管理，规范城市绿地养护预算运行管理，提升公共绿地管护水平，有序推进群明湖、石景山景观公园、首钢厂东门广场绿地以及五一剧场和制粉车间周边绿地的接收工作，积极稳妥推动绿地社会化管理试点工作。开展"绿剑行动""清风行动"等联合执法行动，打击野生动物非法贸易。加大古树管护工作力度，提高古树管护单位责任意识。强化森林防火队伍建设，做好森林高火险期、重点节假日、敏感时段和重点地区的森林防灭火工作，做好森林防火宣传月活动，集中力量组织风险隐患排查。

（郑文靖）

【创森普法宣传进校园活动】3月1日，第九个"世界野生动植物日"，石景山区园林绿化局、市园林绿化综合执法大队、石景山区教委等单位联合在人大附中石景山学校开展主题为"小手拉大手 争做护鸟小先锋"的普法宣传活动。活动结合保障冬残奥会，聚焦春季候鸟迁徙安全、自发鸟市整治，与"清风""绿剑"专项行动同步推进。通过现场互动、现场答疑等形式，为在校师生讲解市、区常见的破坏野生动物资源违法行为，普及"一法、一决定、一条例"等法律法规。运用"线下+线上"多种形式，通过"一个孩子带动一个家庭，一个学校带动一片区域"的方式，形成市区联合多部门协作的野生动物保护普法宣传长效机制，筑牢首都生态安全屏障。活动展出宣传展板4块，发放野生动物保护、创建国家森林城市宣传材料2000余份。

（王宏彬）

【全民义务植树宣传】3月12日，中国植树节当日，石景山区绿化办在北京国际雕塑公园设宣传主会场，设置义务植树宣传展板、开展创森及义务植树有奖问答、儿童园艺绘画涂鸦等活动。在区政府院内设置宣传角，向机关干部职工发放义务植树、家庭养花知识、古树保护等宣传材料2000份。开展石景山区全民义务植树40周年书画作品巡展，精选

装裱80幅作品，在区文化中心、园艺驿站、街道进行展示，宣传义务植树和生态文明成果。全区9个街道以"中国植树节""首都全民义务植树日""世界地球日"为节点，开展义务植树宣传活动27场次，发放义务植树尽责、古树保护、家庭养花知识等宣传材料2.5万份。

（黄乐）

【重大义务植树活动】4月3日，石景山区在净德寺遗址公园组织开展"履行植树义务 打造秀水石景山"为主题的义务植树活动。区委、区政府、区人大常委会、区政协班子领导、北京园博园、区绿化委员会成员、驻区企事业单位及部队领导60余人参加活动，栽植油松、白皮松、国槐、白蜡、山桃等树木200株。4月13日，石景山区在北京冬奥公园与国家体育总局冬运中心联合举办"双奥石景山 冰雪向未来"群众冰雪活动，"中国冰雪冠军林"正式落成，武大靖、任子威、苏翊鸣等冬奥冠军种植国槐、白皮松等18株。

（黄乐）

【义务植树尽责活动】年内，石景山区依托"互联网+全民义务植树"基地平台，在衙门口城市森林公园分别以"履行植树义务 打造秀水石景山""一起来植树 一起向未来""珍爱地球 人与自然

和谐共生"为主题，开展义务植树尽责活动16场，中央、市、区等机关、企业、团体以及个人近1000人参与植树和抚育劳动。全区9个街道、首钢、教委系统、驻区企业分别结合"春植""夏认""秋抚""冬防"时间节点，组织社区居民、干部职工、在校师生参与多种形式的义务植树尽责劳动。首次引入与"互联网+全民义务植树"双秀公园基地的跨区合作模式。全年新植树木0.8万株，抚育树木93万株，32.2万人次参与各类义务植树尽责活动。

（黄乐）

【松材线虫防控普查】 9月6日，石景山区园林绿化局开展松材线虫病普查工作，出动普查人员275人次、车辆275车次；普查重点公园12处，主要交通干线绿化带、居民区松林及松木面积达203公顷。普查发现全枯死松树168株，半枯死松树61株，取样检测5批次共计45株，均未发现松材线虫病。

（张莉非）

【"北京湿地日"主题宣传】 9月18日，石景山区在永定河休闲森林公园举行第十届"北京湿地日"主题宣传暨"首都市民最喜爱的鸟"评选结果发布活动。区委常委、副区长、副总林长李先侠出席活动。活动现场公布"首都市民最喜爱的鸟"活动最终结果，展出首

都市民最喜爱的30种鸟类摄影作品。

（王宏彬）

【古树保护小区】 9月23日，石景山区古建群古树保护小区项目正式开工。项目位于石景山半山腰，保护范围约2.42公顷，东、南至首钢园现状道路，西至石景山古建群外边缘，北至石景山功碑阁。古建群古树保护小区共有古树10株，其中古侧柏9株，古槐树1株，扎根于崖壁的古侧柏，有3株树龄在300年以上，素有"灵根古柏"之美誉。项目按照"一树一策"的原则，对古树进行保护复壮，并对古树周边丛生杂树进行清理。增设植物茎秆液流监测设备，监测古树的叶片蒸腾情况，为古侧柏的抗旱、抗逆性研究提供科学数据，同时在保护小区内设立古树科普宣传牌。

（郑文靖）

【森林防火责任落实】 9月28日，石景山园林绿化局组织14家有林单位防火负责人开展以"森林火灾预防与控制"为主题的专项培训工作。9月29日，石景山区园林绿化局召开区森林防火指挥部全体成员会议，传达全国、北京市秋冬季森林草原防灭火工作会议精神，确定秋冬季森林防火工作目标和任务。14家有林单位签订防火责任书，全面落实林长制，确定"一长两员"森林防

火巡护网格化管理责任。森林公园、风景名胜区等自然保护地和有林单位进一步落实森林防火主体责任，加密防火巡护，林场半专业扑火队伍随时待命。全年印发森林防火相关方案及通知22份。

（唐晓晨）

【园艺驿站活动】 10月25日，石景山第七家园艺驿站——"永森园园艺驿站"在永定河休闲森林公园正式挂牌成立。年内，石景山区6家园艺驿站组织开展101场线上、线下园艺活动，线下参与人数2390人次，线上参与2504人次，发布信息阅读量13863人次。各驿站参与首都绿化办举办的自然笔记学习制作，提交作品90件；组织群众参与市民园艺风采展示大赛，提交摄影及短视频作品近70件；参与"花开四季 园满京城"2022北京市民花园节活动，在永定河休闲森林公园设置分会场，协助筹备开幕式并设计制作4处不同风格的迷你花园进行现场展示和交流互动。

（黄乐）

【创建国家森林城市】 11月，石景山区被正式授予"国家森林城市"称号，国家森林城市创建工作圆满收官。全年新建和改造大型城市公园25座、社区公园、口袋公园与小微绿地54处，新增和改造提升绿地总面积近400公顷，森林覆盖率

达到31.49%，"山、河、轴、链、园"的绿色生态体系基本构建完成，形成"山环水绕，绿轴穿城，绿链串园"的森林城市空间格局，实现"森林石景山 生态复兴城"的森林城市建设愿景。

（郑文靖）

【森林督查及森林资源管理工作】 年内，石景山区开展森林督查及森林资源管理"一张图"年度更新。下达森林督查图斑36个。其中，6月下旬下达第一期森林督查图斑34个，10月旬下达第二期森林督查图斑2个。10月20日完成包括图斑核查、现地核查、数据收集整理、更新小班区划调整、完善森林资源信息，标注国土现状地类、修正林地落界错误边界，森林资源调入调出及成果提交工作。全年完成36个疑似图斑合法性审核工作，其中经合法性审查，将1处图斑地类改变为公园绿地。

（陈泽林）

【花园城市创建】 年内，石景山区创建花园式单位1个（中海景山府）、花园式社区1个（古城街道北辛安铁辛社区）。

（黄乐）

【古树保护】 年内，石景山区完成《石景山区古树名木保护规划（2021—2035）》编制工作；与9个街道、39家管护单位签订管护责任书；利用古树名木体检全覆盖成果，按照

"一树一策"原则实施142株古树保护性复壮和环境整治，加装围栏、警示牌、避让牌；研究古树及周边环境整体保护新模式，完成首钢园"灵根古柏"古树保护小区试点建设；建立区级古树巡查队伍，开展日常巡查检查100余次，下达整改通知书20件，移交违法线索4件；联合公安、城管执法部门以"执法+宣传"的模式，多次开展保护专项行动。

（郑文靖）

【林长制工作】 年内，石景山区落实落细林长制目标责任，建立区、街道、社区三级责任体系及"林长制+检察"协同工作机制，推进园林绿化资源重点保护高质量发展。全年发布区级总林长令3道，各级林长完成巡林7900余次，累计巡林3万余千米。

（王苗苗）

【森林防火督查】 年内，石景山区在防火期对14家有林单位和冬奥场馆周边红光山、四平山等重点区域进行全覆盖、高频次防火督查。区、局两级领导带队检查累计36次，全年开展森林防火检查368次，开具防火检查单86次，巡查里程9382千米。组织成员单位、有林单位联合开展森林火灾处置演练5次，有效提高森林火灾应急处置能力。

（唐晓晨）

【森林火灾隐患排查】 年内，

石景山区园林绿化局编制《石景山区林区输配电设施火灾隐患专项排查治理的行动方案》和《石景山区森林野外火源排查整治和查处违规用火行为专项行动方案》。各单位按照实施方案迅速开展专项行动，结合排查工作各有林单位采取"一割、二清、三运"的方法，提前清理林下可燃物。排查隐患7处，治理完成7处，按时保质保量完成全部工作。全年清理可燃物103.86公顷，清理1374车次，防火隔离带8.5千米。

（唐晓晨）

【森林防火设施建设】 年内，石景山区园林绿化局对101.7千米光纤进行日常巡查维护，有效降低森林防火监测系统故障发生频率和缩短抢修时效。全年全区森林防火形势总体上平稳有序，森林防火灭火体制机制运行良好，无森林火情火灾发生。

（唐晓晨）

【野生动物救助】 年内，石景山区园林绿化局开展野生动物救助32次，共34只。其中，救助猫头鹰、豹纹陆龟、灰鹦鹉、啄木鸟、乌东鸟、日本松雀鹰等国家二级重点保护野生动物14只；救助戴胜和夜鹭，北京市重点保护野生动物2只；救助喜鹊、斑鸠、杜鹃等"三有保护动物"12只；救助其他动物6只，妥善处理野猪闯入融景城小区突发事件。

（陈泽林 常亮）

【野生动物疫源疫病监测】 年内，石景山区设有老山、法海寺、南大荒3处市级野生动物疫源疫病监测站，依托京津冀野生动物资源监管工作平台，科学监测重点区域野生动物资源情况。自1月1日起，各监测站共开展监测活动360天，累计出动监测人员720余人次，监测野生动物65958只，未发现疑似异常情况。

（常亮）

【野生动物执法检查】 年内，石景山区累计出动行政执法检查人员、森林干警、第三方巡查人员3200余人次，出动车辆705台次，巡逻检查里程8230余千米，检查野生动物经营场所536次，对福寿岭自发鸟市、双峪自发鸟市和京西玉泉花卉市场等可能存在野生动物非法交易的重点场所进行定点设防。制订石景山区野生动物保护专项执法行动工作方案，联合公安、城管和属地街道等相关部门，依据各执法部门职责，对辖区内商铺、药店、饭店、市场等处进行拉网式联合执法，严厉打击野生动物违法交易和破坏野生动物资源违法犯罪行为。

（陈泽林 常亮）

【林地资源日常巡查及管理工作】 年内，石景山区开展林地资源日常巡查。聘请第三方10名保安协助区园林绿化局做好林业资源、野生动物保护日常巡查、巡护工作。主要任务是结合森林资源年度动态监测评价工作进行重点巡查；结合比对结果对部分疑似图斑协助进行外业调查；针对易发侵占林地行为的重点地区、点位（浅山区、集体林地和西山林场交接处、区界交汇处等）和农贸市场、自发市场易发生非法交易鸟类等野生动物违法犯罪行为的重点时段进行巡查巡护；协助执法人员开展联合专项执法活动。

（陈泽林 常亮）

【美国白蛾防控工作】 年内，石景山区园林绿化局持续开展以美国白蛾为主的林木有害生物防控工作。以林长制为抓手，建立联防机制，成立防治工作组，形成"区主责、街道运行、社区落实"的工作机制。全区9个街道共设置林业有害生物监测测报点75个，监测面积249.7公顷。成立应急抢险队2支，30余人严格履行绿色防控、药品防控、生物防控、物理防控。购置周氏啮小蜂3亿头，按照虫情物候期分2~3次进行投放，同时购置药品9.98吨，下发至各街道和有林单位。全年未出现大规模虫情。

（张莉非）

【杨柳飞絮防治工作】 年内，石景山区园林绿化局完善杨柳飞絮防治体系，将专业应急防治服务队伍与社会化参与防治相结合，有序推进杨柳飞絮综合防治工作。在春季飞絮高发期，采取湿化绿地、树木喷水、道路湿化清扫的方式对杨柳飞絮进行防治。全区各街道、环卫中心、消防支队出动高压喷水车498辆、喷雾车173车次、清扫车2597车次，处理雌株10500株，面积9.55公顷，湿化绿地449.29公顷，出动清扫人员25586人次，火患巡视人员87人次，巡查面积263公顷。

（张莉非）

【绿化环境综合治理】 年内，石景山区园林绿化局围绕北京冬奥会和冬残奥会园林绿化环境保障任务，积极开展绿化环境综合治理。完成排患消隐、防寒防盐、树木修剪、病虫害防治、绿地保洁、安全作业等各项工作内容，确保绿地管护工作有序安全推进；应对大风、大雨、大雪等极端天气，做好应急处置准备，细化预案、人员、物资、器材等各项保障措施，完成各项绿化养护及环境保障任务。全年新增特级绿地2处、64.46公顷；新增一级绿地4处、34.3公顷。

（张莉非）

【石景山区绿化委员会调整】 年内，石景山区完成区绿化委员会成员调整工作，区委副书记、区长李新任主任，区委常委、副区长李先侠、陆军政治工作部群工联络局副局长喻龙、中部战区联合参谋部直属工作局副局长李亚东、首钢集团有限公司党委常委、副总经理胡雄光任副主任。区政府各委、办、局、处，各街道办事处，各人民团体，驻区有关单位主要领导45人担任委员。

（郑文靖）

【森林防火宣传】 年内，石景山区园林绿化局制订《石景山区森林防火宣传方案》，组织各街道和各有林单位在属地内开展森林防火宣传活动。全年开展防火宣传活动共计21轮次，发放森林防火宣传物品、宣传材料1.1万余份，宣传教育群众达7000余人次。在主要路口安装防火宣传牌35块，在林区小道和游客频繁通过的区域悬挂小型防火宣传牌570余块。

（唐晓晨）

【领导班子成员】

党组书记 李元员

局长 区绿化办主任 毛轩

副局长 白建锋

聂纪军（2022年3月任）

翟源（2022年7月青海挂职）

二级调研员 杨占泉

三级调研员

任久生（2022年3月退休）

（石景山区园林绿化局：
郑文靖 供稿）

门头沟区园林绿化局

【概 况】 北京市门头沟区园林绿化局（简称：门头沟区园林绿化局），挂北京市门头沟区绿化委员会办公室（简称：门头沟区绿化办）牌子，是负责本区园林绿化工作的政府工作部门。全系统现有职工189人。局机关内设10个机构，包括办公室、人事教育科、绿化科（义务植树办公室）、生态保护科、森林资源管理科、产业发展科（科技科）、计财科、城镇园林科、行政审批科、森林防火工作科。局管理行政执法机构一个（区园林绿化综合执法队）。直属事业单位6个（不含7个镇级基层林业工作站），包括区公园管理中心、西峰寺林场、区林业站（区林业调查队）、森林防火事务中心、林长制事务中心、门城地区林业站。

2022年，门头沟区森林覆盖率48.65%。绿化覆盖面积2161.51公顷，园林绿地面积2185.12公顷；绿地率51.45%，绿化覆盖率50.87%，人均绿地面积55.2平方米，人均公园绿地面积26.08平方米。

绿化造林 年内，门头沟区完成义务植树28.3万株，森林抚育59.8万株。创建首都森林村庄4个，创建花园式单位2个，创建花园式社区4个。完成2022年新一轮百万亩造林工程建设任务，完成森林健康经营林木抚育5800公顷，国家级公益林管护1066.67公顷。

绿色产业 年内，门头沟区完成老北京水果示范基地建设项目。完成"两田一园"田间设施升级改造补贴项目。完成9个镇新型集体林场组建，发展林下经济800公顷。完成食用林产品安全监测及"双随机一公开"检查工作。全区送检的樱桃、杏、桃、梨、葡萄等11类样品合格率达到100%。开展全区果农、蜂农科学素质培训工作累计500人次，开展科普活动2次，组织无公害果园技术人员参加"北京市食用林产品安全管理培训班"1次。

资源安全 年内，门头沟区开展森林防火宣传3次，累计发放防火宣传品5000份，发送防火提示短信250万条。新建防火宣传警示牌80块，防火宣传横幅60条、安装防火语音宣传杆50根。全年执法检查1987次，累计出动执法人员3997人次、执法车辆1993台次。受理行政案件72起，罚款共计45万余元。区园林绿化局综合执法队执法检查1987次，其中，涉林检查792次、野生动物检查423次、防火检查772次，累计出动执法人员3997人次，执法车辆1993台次。牵头组织了门头沟区"2022清风行动""2022绿剑行动"、打击非法自发早市等3项联合执法检查行动，参与打击非法盗采、109新线联合执法检查等4项行动，累计出动执法人员82人次，检查车辆43台次。

【"世界野生动植物日"主题宣传活动】 3月3日，门头沟区园林绿化局联合区公园管理中心、区公安分局在黑山公园，开展"世界野生动植物日"主题宣传活动，发放环保手提袋、海报、帽子、宣传手册等各类宣传品6000余份，宣传受众达1500余人次。

【义务植树日宣传活动】 4月3日，门头沟区园林绿化局在滨河世纪广场公园门口开展全民义务植树日宣传活动。活动现场向市民发放"义务植树宣传口号""北京野生鸟类图谱""野生动物保护条例""林木病虫害防治手册""森林防火宣传材料""国家和北京市野生动物名录"宣传折页及绿色生态购物袋9种2.7万份。

【全民义务植树活动】 4月8日，门头沟区委、区政府、区人大常委会、区政协班子领导与各驻区部队等100余人在京浪岛文化体育公园参加以"创建国家森林城市 履行义务植树责任"为主题的全民义务植

树活动，栽植白皮松、西府海棠、金枝国槐、樱花、碧桃等树木230余株。4月11日，门头沟区园林绿化局联合区人民检察院在王平镇联合举行"公益诉讼生态修复基地"揭牌仪式暨"检察园林携手共建 合力守护绿水青山"植树活动，栽植法桐、云杉、碧桃、西府海棠等100余株。

【美国白蛾防控】 5月17日，门头沟区美国白蛾防控专班对七彩花田街心公园、雅安路与华园路交口的美国白蛾测报点进行巡查，在七彩花田街心公园测报点发现1例白蛾。

【野生动物救助】 6月15日，门头沟区园林绿化局和清水镇政府会同北京市野生动物救护中心，在清水镇田寺村内救助受伤野生动物——黑鹳。

【打击非法流动鸟市】 7月28日，门头沟区园林绿化局执法队联合区公安分局、区市场监督管理局、区农业农村局、区城管执法局、大峪街道办事处、区公园管理中心，召开打击非法流动鸟市工作协调会。7月31日，相关职能部门开展第一次联合执法行动，出动执法人员18人、执法车辆5台，未发现野生动物非法交易行为。

【治理游商联合执法】 9月18

日，门头沟区园林绿化局联合区公安分局、区市场监督局、区城管执法监察局、大峪街道办事处、区农业农村局以及相关执法队，在滨河世纪广场公园南门开展治理游商联合执法行动。现场劝阻摆摊人员20余人，清除游商摊10余处，基本清除园内游商扰民、占道现象。

【古树名木保护科普宣传】 9月29日，门头沟区园林绿化局联合区公安分局森林公安大队、区城市管理综合行政执法局在黑山公园开展以"保护古树名木 共享绿水青山"为主题的古树名木保护科普宣传周活动。发放宣传材料、宣传品4200余份，宣传受教民众约3700人次。

【"2022绿剑行动"联合执法检查】 10月23日，门头沟区园林绿化局联合区公安分局、区市场监督管理局、区城管执法局、大峪街道办事处，开展"2022绿剑行动"联合执法检查，对非法占道经营的自发早市进行集中整治，出动执法人员12人，协管人员16人，执法车辆5辆，未发现违法野生动植物及其制品的非法交易行为。

【荣获"国家森林城市"称号】11月3日，国家林草局公布新一批26个"国家森林城市"名单，门头沟区被授予"国家森

林城市"称号。

【林长制考核调度】 11月8日，门头沟区副总林长、副区长马强主持召开门头沟区林长制考核工作专题调度会，区园林绿化局、财政局、水务局、生态环境局、百花山管理处及区林长制办公室相关领导参加会议。

【湿地分级分类管理】 12月27日，门头沟区园林绿化局印发《门头沟区第一批区级湿地名录》《门头沟区湿地保护管理工作联席会议制度》《门头沟区湿地保护管理规定（试行）》等文件，依托"世界湿地日""北京湿地日"，开展湿地保护宣传活动。

【田间设施升级改造补贴项目】 年内，门头沟区园林绿化局基本完成"两田一园"田间设施升级改造补贴项目主体建设。项目涉及潭柘寺镇桑峪村和妙峰山镇桃园村紫云山庄2个地块，面积31公顷，种植作物以果树为主。建设项目总投资95.50万元。

【新型集体林场建设】 年内，门头沟区园林绿化局完成9个镇新型集体林场建设，发展林下经济800公顷。建成百亩以上林下经济示范基地两个，分别位于斋堂镇和妙峰山镇新型集体林场。

【铁路沿线通道绿化工程】 年内，门头沟区园林绿化局完成"一线四矿"铁路沿线通道绿化总工程量的96%。工程位于门头沟区龙泉镇、妙峰山镇、王平镇、大台地区，总面积90.06公顷。4月12日开工，预计2023年1月27日完工。

【森林防火宣传】 年内，门头沟区园林绿化局与移动公司、联通公司合作，累计发送森林防火提示短信250万条。向各镇下发森林防火宣传牌80块、宣传横幅60条，安装智能防火宣传语音杆60根。组织开展3次森林防火宣传活动，发放各类宣传品及《致全区人民的一封信》3000余份。各林场、公园在重点林区、主要路口、明显位置，通过悬挂横幅、张贴标语营造良好的森林防火氛围。

【创建文明城市】 年内，门头沟区各公园通过摆放宣传展板、喇叭广播等方式加强对游客的文明引导。摆放《文明游园倡议书》《公园游客守则》《不文明游园清单》展板15块，更新创建文明城市广告23处，制作精神文明宣传栏12个，垃圾分类展板1处，各类提示牌11处，更换灯体广告100余张，围挡喷绘布316.5平方米，发放喇叭扩音器10个、文明引导员袖标50个。全年组织各类创建文明城市主题活动

6次，参与人数100余人次。

【公园绿化日常养护】 年内，门头沟区园林绿化局公园管理中心养护133处公园绿地，总面积567.95万平方米，其中，特级绿地91.77万平方米，一级绿地422.48万平方米，二级绿地11.62万平方米，三级绿地42.08万平方米。分为三个标段进行，一标段面积约182.88万平方米，二标段面积约189.13万平方米，三标段面积约195.94万平方米。

【林地行政审批】 年内，门头沟区园林绿化局审批占用林地（1公顷及以下）2件，面积0.37公顷，收取植被恢复费80.04万元；审批临时占用林地4件，面积6.85公顷，收取植被恢复费1221.73万元；审批直接为林业生产服务7件，面积2.10公顷。审批林木采伐43件，采伐总株数9640株，总蓄积1277.39立方米；林木移植23件，移植总株数4534株；审核审批城市树木砍伐47件，砍伐树木312株；树木移植2件，移植树木5株。

【森林防火隐患排查】 年内，门头沟区园林绿化局派出检查组68组、245人次，开展野外火源督导检查28次，开展林区输配电督导检查15次，排查野外火源隐患14处，排查林区输

配电设施火灾隐患60处，发放整改通知书4份，处理并教育违规人员4人，完成治理并销账74处，整改率100%。

【林业有害生物监测】 年内，门头沟区园林绿化局完成病虫害监测面积165426.8公顷，监测覆盖率100%。林业有害生物成灾率控制在1‰以下，测报准确率达到95%以上，种苗产地检疫率达100%，无公害防治率达到95%以上。全年累计投入防控资金450余万元，区级财政对各乡镇林业有害生物防控提供应急资金约20万元。

【野生动植物保护】 年内，门头沟区园林绿化局会同百花山管理处推进《迎豹回家——门头沟区野生动植物栖息地保护与恢复行动计划（2022—2027年）》的实施。完成野生动物侵害农作物补偿许可314件，涉及补偿金27.55万元。建立区野生动物（陆生）救助站，救助野生动物近90只，其中国家一级重点保护野生动物黑鹳、金雕2只。

【林地保护和利用规划编制】 年内，门头沟区园林绿化局组织完成《北京市门头沟区林地保护和利用规划（2021—2035年）》试点编制工作，统筹分析国土"三调"数据和现行林保规划等10类数据，协调保护和发展的关系，重新调整确定林地范围和保护等级，实现"多规合一"一张底图管理。

【现代国有林场创建】 年内，门头沟区园林绿化局组织西峰寺林场编制完成《门头沟区西峰寺林场创建国有林场实施方案》，推进2021-2022国有林景观提升改造项目2个，通过抚育、间伐、定株、补植、修建森林步道等措施，经营国家公益林面积1666.67公顷。

【自然保护地整合优化】 年内，门头沟区园林绿化局组织完成《门头沟区风景名胜区整合优化预案》，调整优化潭柘—戒台、东灵山—百花山2处市级风景名胜区的边界。

【领导班子成员】
党组书记 局长 区绿化办主任 二级巡视员 周玉勤（2022年8月任二级巡视员）
副局长 一级调研员
王进亮
副局长 三级调研员
苏海联（女） 王绍辉
副局长
杨东升（2022年9月免区绿化办主任，任副局长）
二级巡视员 杨树国（2022年6月免，2022年6月任区督查办二级巡视员，2022年9月退休）
一级调研员 孙龙 郭英帅
二级调研员 李宝锁
三级调研员 陈文清
区园林绿化中心主任（副处级）
王进恺（女）

（门头沟区园林绿化局：杨超 供稿）

房山区园林绿化局

【概 况】 北京市房山区园林绿化局（简称：房山区园林绿化局），挂北京市房山区绿化委员会办公室（简称：房山区绿化办）牌子，是负责本区园林绿化工作的政府工作部门。机关设置党政办公室（内部审计科）、人事科、园林管理科、绿化联络科、林政资源科、造林营林科、产业发展科、森林防火科及园林绿化综合执法队。直属事业单位即公益一类（全额）事业单位14个。截至2022年年底，编制人数360人，实有人数331人。

2022年，房山区完成新一轮百万亩造林绿化工程2628.7公顷，其中平原造林197.67公顷，浅山台地造林586.67公顷，浅山荒山造林1266.67公顷。森林健康经营5933.33公顷。公路河道绿化30千米，彩叶工程200公顷。播草盖沙333.33公顷。完成"战略留白"临时绿化36公顷。

绿化造林 年内，房山区新建绿地12.3公顷。全区移交代征绿地9.41公顷。建成小微绿地12.3公顷。完成"留白增绿"任务20公顷。全区29.52万人履行植树义务，新植苗木10万株；接待社会单位及家庭110个约7500人。全年创建首都绿化美化花园式单位4个、首都森林村庄5个、首都绿化美化花园式社区2个、园艺驿站2个。

绿色产业 年内，房山区新发展果树1.93公顷，栽植各类果树0.28万株，推广有机化栽培282.27公顷，施用有机肥400万千克。果品产量1348.50万千克、果品产值0.48亿元。全区90个观光果园采摘量50.28万千克，采摘收入438.10万元，接待游人16.74万人次。全区育苗单位118家，办证面积472.06公顷，总产苗量816.35万株。全区蜂群总数2.98万群，蜂蜜产量66.25万千克，蜂产业总值达到1445.66万元。全区花卉企业21个，花卉市场1个，鲜切花产量29.5万支，花卉从业人员256人。

资源安全 年内，房山区完成林木有害生物防治3.78万公顷，其中飞机防治2万公顷，飞行200架次；人工地面防治1.78万公顷，投入人工15.6万人次。全区林地绿地林业有害生物监测覆盖率达到100%，舆情处置率100%，林木有害生物成灾率为零。实施科技项目12个（延续3个、新立9个）。组织专家下乡活动，开展培训10期，培训709人次。办结行政处罚案件23起；处罚责任单位10个，违法行为人13人，罚款38.60万元，补种树木200株。审核、审批征占用林地及林木、树木伐移许可共854件，征占用林地面积300.84公顷，批准伐移树木32.25万株。办理Ⅳ级备案管理林地项目9件，占用林地面积20.80公顷。新建瞭望塔1座、翻建瞭望塔3座，检查站5座，新增防火公路19.8千米，开设防火隔离带181万延长米，清理林间可燃物27300公顷，累计发放宣传画、宣传信18.5万张。

（侯明月）

【黑鹳现身房山区周口店】 2月，近20只国家一级重点保护野生动物黑鹳现身房山区周口店，包括成年黑鹳和亚成体黑鹳。房山区黑鹳种群常年分布于拒马河流域、大石河流域、牛口峪水库，自2020年永定河生态补水后也有黑鹳分布，此次大规模种群现身周口店河流域尚属首次。

（梁子一）

【组建杨柳飞絮应急队伍】 3月29日，房山区园林绿化局组建5支杨柳飞絮应急防治队伍，重点针对杨柳飞絮高发区域展开应急保障、指导协助、日常巡防，对市、区级巡查通报问题点进行降絮处置，确保在30分钟内完成到达现场、降絮清理工作。与市属单位、驻区部队等有关部门协调解决飞絮问题，缓解飞絮对人居环境造成的环境污染和公共安全危害。

（刘颖）

【支援基层核酸检测】 4月26日，房山区园林绿化局积极响

4月19日，房山区园林绿化局对白杨路进行杨柳飞絮治理（房山区园林绿化局 提供）

应"上一线 做贡献"应对新型冠状病毒疫情防控支援基层核酸检测活动，抽调局系统50名符合相关要求的男职工，分成21个小组，下沉到房山区琉璃河镇21个村进行核酸检测服务。

（侯梦璐）

【房山森林城市主题公园建成开放】 4月，房山森林城市主题公园建成开放。公园位于房山区长阳镇稻田村长韩路东侧，面积约40公顷。公园兼具科普、休闲、健身等多种功能，在满足全龄化需求的同时，植入生态理念、采用生态铺装，使用植物有机覆盖物1200平方米、建筑垃圾再生骨料1220立方米、建筑垃圾再生砖7000平方米、种植节水型地被10838平方米。

（杨肖萌）

【"五一"花卉景观布置】 5月，房山区园林绿化局开展"五一"花卉景观布置扮靓城市街景。在房山区府前广场、昊天公园、文体公园等点位开展节日期间花卉景观布置，设计景观小品，使用矮牵牛、一串红、南非万寿菊等22个花卉品种，栽摆花卉77万株，公园、广场、重要街道及点位栽摆面积达1.38万平方米。

（聂颖）

【熙悦天街商圈景观效果提升】 6月20—22日，房山区园林绿化局主动服务，助企纾困，对熙悦天街周边约5万平方米绿地进行集中整治，提升周边商圈整体景观效果，采用不同季节开花的宿根植物混合种植，形成自然花境微景观。出动养护管理工人1350人次，修剪草坪、绿篱8000平方米、树木2000株，新植草坪6000平方米，种植火炬花、百子莲、观赏草等20余种地被花卉2.5万余株，铺设木栈道约200平方米，设置林间卵石步道1200平方米。

（杨肖萌）

【拒马河水生野生动物自然保护区管理】 6月26—29日，房山区园林绿化局联合属地政府针对在保护区内野营野餐、烧烤、违法打捞等行为开展专项检查，对涉水地段不文明行为进行及时劝阻。累计开展日

4月3日，房山城市森林主题公园建成开放（房山区园林绿化局 提供）

房山区熙悦天街商圈绿化景观治理前后对比（房山区园林绿化局 提供）

常巡查39次，出动人员120人次，发放督促整改通知单19份，告知书19份，劝阻不文明行为60余次。

（李翠）

【助农解决时令水果销售难题】6月，房山区园林绿化局结合新冠病毒疫情形势，成立工作专班，掌握果品种植户果品滞销情况，坚持政府引导、企业运作、以商促农模式，采取镇属企业及合作社收购储存、区内单位爱心采买、组织果园与区内保供商超"农超对接"等多种措施，累计进行技术指导75次，向果农发放农药215箱，土壤净化剂500千克，生物菌剂1080千克，生物有机肥43吨，帮扶果农销售水果61.75吨，惠及果园36家。

（刘颖）

【古树村庄建设】7月21日，房山区首个古树村庄在张坊镇北白岱村正式建成。房山区园林绿化局全面强化古树名木保护，主动创新保护模式，开展古树村庄试点项目建设，科学保护树体，拓展保护范围，改善整体生境；有机结合民生，留住村民乡愁；赓续历史文化，传承生态文明。发掘"村庄－古树"历史交织点，设置LOGO景墙、文化牌匾、铺装挡墙等景观载体，增强古树保护氛围，呈现地域文化特色，彰显人文魅力。

（王思思）

【园林绿化环境综合整治大会战】7月，房山区园林绿化局开展园林绿化环境综合整治大会战。对公园、城市绿地、平原生态林等辖区内重点养护地块，开展巡查检查，组织养护队伍对绿地、林地、行道树进行清理、补种、防治、复壮，解决问题304个。

（甄鸿海）

【"北京大熊猫公园"建设筹备指挥部正式启用】8月，房山区园林绿化局完成"北京大熊猫公园"筹备指挥部建设并正式启用。进一步完善办公条件，修缮加固原有管理用房，为指挥部办公提供用房280平方米。优化周边环境，营造办公氛围，以地被绿植、花卉为主打造多层次植被景观，栽植细叶芒、荷兰菊、金光菊、泽兰、狼尾草等草花20种、450平方米，栽植竹子1100株，设置大熊猫主题景观雕塑5个。

（王娜）

【上方山国家森林公园罕现热带苔藓植物"光苔"】10月，根据中国科学院植物研究所苔

7月21日，房山区在张坊镇北白岱村建成首个古树村庄（房山区园林绿化局 提供）

房山区北京大熊猫科研繁育基地指挥部（房山区园林绿化局 提供）

薛调查团队公布的工作成果，在上方山国家森林公园范围内发现一种热带苔藓植物——光苔，这是北京市首次发现该物种，也将光苔属分布范围扩大到了北温带，上方山成为光苔目前在世界地理分布的最北端。

（李晓鹏）

【全国林草系统先进集体】 年内，在人力资源社会保障部、国家林草局联合组织开展的全国林草系统先进集体、劳动模范和先进工作者评选活动中，房山区园林绿化局作为唯一区属单位，经全国林草系统评选表彰工作领导小组审核通过，被授予2022年度全国林草系统先进集体荣誉。

（孙少婷）

【新一轮百万亩造林绿化工程收官】 年内，房山区新一轮百万亩造林绿化工程总任务量为2533.33公顷，占北京市10000公顷任务量的25.3%，涉及全区20个乡镇、街道及单位。截至2022年年底，完成2626.67公顷，超额完成目标任务，栽植油松、白皮松、山桃、山杏等各类苗木203万余株。

（王娜）

【平原生态林养护管理】 年内，房山区园林绿化局结合创建国家森林城市、创建全国文明城区要求，实施平原生态林精细化管护14660公顷，培育多功能效益平原森林，调整林分结构1307公顷，开展市、区

级林分质量提升示范区建设4处，实施村头片林改造提升8处，建设林下广场39处，营造生物多样性保育小区15处。

（张宇行）

【园艺驿站建设】 年内，房山区园林绿化局新建两处园艺驿站，截至2022年年底，有园艺驿站7处。合理配置多媒体设备、动植物标本等科普宣教设施，保障各驿站满足30人以上科普宣教活动需求。遵循"公益 共享 自然 绿色"的理念，举办多种形式园艺活动，举办插花培训、垃圾分类换绿植、观鸟研学、植物蓝晒、植物扎染、非遗拓印、夜探自然、农事劳动等活动30余场，参与人数达500余人次。

（王思思）

【公园景观提升建设】 年内，房山区园林绿化局实施"一园一景"公园绿地主题化建设，重点完成府前广场、时光公园、昊天广场、长阳公园等10处公园广场改造项目。实施"一路一策"景观提升建设项目，重点完成月华大街、凯旋大街、京周路等10余条城市道路微景观建设。增加公园服务功能的多样性和便捷性，完成文体公园、北潞园健身公园等3处全龄友好公园改造，增加游园乐趣。

（杨肖萌）

【林长制工作】 年内，房山区林长制办公室制订印发《房山

区林长履职工作规范》《房山区林长制年度督查考核实施方案（试行）》，制订《房山区"十四五"林长制目标责任书》及相关工作方案；区总林长签发了2道区级总林长令，区级林长累计巡林39次，乡镇级林长累计巡林3000余次、村级林长累计巡林25000余次；区副总林长及各区级林长召开林长制工作调度会22次，听取各级林长制工作开展、制度执行情况汇报。全面建立"一长两员"（"一长"：村及社区级林长；"两员"：林管员、护林员）网格化管理体系，完成林长制网格划分工作，划分网格1398个，设立区级林长25人，乡镇级林长292人，村级林长603人，林管员620人，护林员7583人，设置林长制公示牌528块。

（王硕）

【行政执法】 年内，房山区园林绿化局加大打击破坏森林和野生动物资源违法行为力度，严把案件质量关、巡查执法关、宣传培训关，提升林业综合执法业务水平。全年累计办结林业行政案件23件，罚款38.6万余元。开展联合执法行动4次，日专项巡查检查14次，出动执法人员45人次，检查栖息地、易发盗猎点、自发鸟市、各类市场、进京卡口、交通集散地等12处。组织或参加培训活动2次，开展宣传活动4次，

发放宣传资料400余份。

（刘星）

【领导班子成员】

党组书记　局长　区绿化办主任
李军

一级调研员　朱凯

党组副书记　副局长　张雷

工会主席　张凯军

副局长　张文玉

副局长　梁丽芳（女）

（房山区园林绿化局：
侯明月　供稿）

通州区园林绿化局

【概　况】　北京市通州区园林绿化局（简称：通州区园林绿化局），挂北京市通州区绿化委员会办公室（简称：通州区绿化办）牌子，是负责本区园林绿化工作的政府工作部门。主要职责：负责通州区园林绿化相关工作，设5个内设机构、1个行政执法单位以及11个局属事业单位。

2022年，通州区森林总面积30553.33公顷，森林覆盖率33.78%；人均公园绿地面积18.75平方米，公园绿地500米服务半径覆盖率91.2%，城区绿化覆盖率50.95%。

绿化造林　年内，通州区完成造林任务1000公顷。2018—2022年，通州区围绕"两带一环一心"绿色空间格局，完成造林任务9033.33公顷。结合新一轮百万亩造林，落实"疏整促"专项行动，完成年度"留白增绿"任务83.4公顷、"揭网见绿"任务653.67公顷、"战略留白"任务13.13公顷，完成张采路、朝阳北路林荫路改造提升。

绿色产业　年内，通州区在册苗圃106家，分布在潞县镇、于家务回族乡、永乐店镇等8个乡镇，苗圃育苗总面积1048.36公顷，苗木产量250.49万株，实际用苗量17.52万株。果树产业总产值19642万元；花卉及其他观赏植物种植产值3801万元；水果种植面积1026公顷，产量2134万千克；干果种植面积61公顷，产量60万千克；花卉种植面积1541026平方米。

资源安全　年内，通州区园林绿化局印发《通州区森林经营方案（2021—2030年）》，做好森林资源图斑调查核测工作，累计完成调查图斑2.82万个。严格开展占地资源审核和土地流转管理，做好各类生产性林木（树木）伐移、征收林地绿地及其他涉林涉绿审核审批工作，受理并审批城区树木伐移99件、林木伐移1613件；审批占用或征收征用林地6件、审批面积9.51公顷；出具产地检疫合格证134个、林木种子生产经营许可证65个。开展台湖古树公园建设，联合区公安分局、区城管执法局等部门开展专项整治行动10次，加强全区140株古树保护。

【国家森林城市创建】　11月2日，通州区被正式授予"国家森林城市"称号，成为北京市第一个获评"国家森林城市"的平原区。

【全民义务植树】　年内，通州区园林绿化局以第38个全民义

通州区创建国家森林城市宣传风景墙　（刘玉松　摄影）

4月2日，通州区在张家湾公园开展大型春季义务植树活动（通州区园林绿化局 提供）

务植树日为契机，推进"互联网+义务植树"基地建设；保障133名共和国部长参与首都义务植树尽责；开展"创新尽责形式 共建美丽通州"大型义务植树活动及各类义务植树尽责活动260余场，完成植树100万株，全区义务植树尽责率达90%以上。

【绿化工程建设】 年内，通州区园林绿化局全面完成漫春园、玉春园、漪春园、万春园、通燕高速北侧绿地5处全龄友好化公园改造，打造"和园"等小微绿地3处。推进梨园主题公园、商务富锦公园进场施工。打通小中河、中坝河、运潮减河、大运河等164千米绿道断点。建成25处村头微型公园；创建花园式社区1个，花园式单位1个，森林村庄5个，森林城镇1个。推进工程实名制管理，加强工程质量监管和大气污染专项治理。

【北京城市副中心道路端头断带绿化工作】 年内，通州区园林绿化局完成东六环西侧路、京榆旧线、芙蓉东路、通胡大街、新华大街、京津公路等9条主要道路绿化端头、断带的花箱布置。布置花箱4600个，种植月季约6.3万株。其中新华东西街布置常规花箱和异形花箱1100个，月季1.4万株。

【打造北京城市副中心首个碳循环公园】 年内，通州区园林绿化局在西马庄公园引入绿色科技"碳循环技术"：所有植物的养护均不施用化肥、农药，而是通过BECCUS技术，将园林废弃物如枯枝落叶等进行热处理后，形成植源生态肥，反哺林地，有效捕捉城市二氧化碳等温室气体，增加植物生长蓄积量和林地碳储量，实现碳循环。

【潮白河国家森林公园概念规划】 年内，通州区园林绿化局配合市园林绿化局编制完成《潮白河国家森林公园概念规划》，并开展前期工作研究。

【国家5A级旅游景区建设】 年内，通州区园林绿化局组建北京（通州）大运河文化旅游景

北京市通州区大运河文化旅游景区（北区）——文庙景观（凌福平摄影）

区管理中心,做好智慧景区、创建宣传、全套VI设计及相关产品制作、咨询服务及设备采购4个软件项目建设,景区北区已试运行,并接受文化和旅游部初步检验。

【重大活动服务保障】 年内,通州区园林绿化局完成北京冬奥会和冬残奥会火炬传递路线周边和重点道路景观提升工作。保障国庆节、党的二十大等重要节点绿化景观效果,在新华大街、新华南北路交叉口、通济路等地摆放立体景观花坛2座、花卉容器200组、栽植花卉约8000平方米。

【林长制工作】 年内,通州区开展区级林长巡林27次(含总林长),街道乡镇级林长巡林264次,村社区级林长巡林33000余次。实施林长制、田长制、河长制"三长联动、一巡三查"试点,探索"林长制+检察"模式。开展"守好身边绿""枯枝死树清理"专项行动,解决专项问题8个,清理枯死树5398株。落实林长制培训机制,为北京城市副中心园林绿化精细化管理培养1600余名人才。

(李影)

【森林生态功能提升】 年内,通州区园林绿化局开展林分结构调整1953.33公顷,疏伐林木25.32万株,移植林木1.37万株。实施春季和雨季补砾9.85万株,整体成活率在85%以上。实施地被景观提升353.33公顷。建成22处生物多样性保育小区,11处森林高质量发展示范区。

【集体林场分级分类管理】 年内,通州区17920公顷生态林全部移交集体林场分级分类管理,推进马驹桥镇、漷县镇等8个乡镇的示范性集体林场建设,通州区成为全市率先将生态林全部移交集体林场养护管理的区域,带动"绿岗"就业5000余人,本地劳动力占比近九成。

【绿色产业】 年内,通州区园林绿化局完成林下经济示范点前期调研,稳步推进潞城镇、于家务回族乡、漷县镇约100公顷林下经济试点建设工作,探索森林资源可持续利用和长期经营。全力保障优质林产品安全供给,完成北京冬奥会和冬残奥会水果、干果供应基地遴选保障;组织实施通州区老北京水果张家湾葡萄示范基地建设;加大食用林产品风险监测和检测力度,开展食用林产品进口冷链及相关从业人员风险排查专项行动,强化食用林产品质量安全管理。

【土壤污染调查】 年内,通州区编制实施《通州区园林绿化局2022年土壤污染防治工作方案》,在全区70个点位开展土壤污染调查。

【森林防火】 年内,通州区园林绿化局在防火期内及重大节日期间开展巡查检查。出动护林员5606人次,组成巡逻队5690支,参与巡逻3.52万人次;对重点林区、野外火源管控、重点时期看护、应急值守等情况进行专项督查,发现并整改各类隐患108处,完成排查整改树线火灾隐患319处,涉及隐患树木1.45万棵;利用森林防火视频监控及通信系统,实现林区全天候森林火情24小时不间断探测,提升森林防火监测预警和早期处理能力;做好极端天气应对,发布大风、雨雪等自然灾害预警40余次;围绕消防、防汛、安全知识等内容开展培训10余场。

【林木有害生物防治】 年内,通州区园林绿化局建设林木智能保护基站6个,开展154架次飞防作业,防控面积约15400公顷次。完成美国白蛾等重大林业有害生物普查、预防和除治任务49286.67公顷次,有害生物防治测报准确率达95%,无公害防治率达95%,成灾率控制在1‰以下。

【杨柳飞絮治理】 年内,通州区园林绿化局采取疏枝修剪、高位嫁接、湿化清扫等措施治理杨柳飞絮。累计出动清扫车、高压喷水车、雾炮车等防治车辆670车次，在岗园林工作人员700人次，绿地湿化面积累计2000万平方米，完成6.2万株杨柳树雌株打针治理。

【野生动物保护】 年内，通州区园林绿化局挂牌成立北京潞湾国家级野生动物疫源疫病监测站点。开展"清风行动""绿剑行动"等专项执法，救护野生动物186只。

【公园管理】 年内，通州区园林绿化局做好重大节假日游园管理工作，保障1189万人次顺畅游园；深化公园分级分类，发布公园名录，普及公园管理条例，提高居民文明游园意识；建立协作机制，与市公安局通州分局等六部门完善公园执法联动机制，不文明游园行为大幅减少。

【获奖情况】 年内，通州区园林绿化局被全国绿化委、人力资源社会保障部、国家林草局授予"全国绿化先进集体"称号；被北京2022年冬奥会和冬残奥会组织委员会运动会服务部、北京2022年冬奥会和冬残奥会组织委员会疫情防控办公室授予"服务保障贡献集体"称号；通州区园林绿化局义务植树科、通州区林业保护站被

市园林绿化局、市人力资源社会保障局授予"北京市园林绿化工作先进集体"称号。

【领导班子成员】

党组书记
郭军（2022年6月任）

局长 党组副书记 区绿化办主任 胡克诚

副局长 工会主席 张宝常

副局长
王岩（女）（2022年11月免）
李扬 高琼
雷海（2022年11月任）

挂职副局长 魏昀赟（女）

（通州区园林绿化局：李影供稿）

顺义区园林绿化局

【概 况】 北京市顺义区园林绿化局（简称：顺义区园林绿化局），挂北京市顺义区绿化委员会办公室（简称：顺义区绿化办）牌子，是负责本区园林绿化工作的政府工作部门。机构设置为6科1室1队，即办公室、党建工作科、规划发展科、绿化美化科、资源管理科（行政审批科）、产业发展科、公园和保护地管理科、园林绿化执法队；5个科级事业单位，即林业技术服务中心、林业植物检疫和保护工作站、北大沟林场、绿化美化服务中

心、林长制管理事务中心。总人数128名，其中行政编制干部25人，执法编制14人，工勤3人，事业编制干部86人，截至2022年年底，有副高级职称4名、中级职称5名、初级职称8名。

绿化造林 年内，顺义区完成新一轮百万亩造林绿化建设任务982.61公顷，涵盖全区19个镇。实施小微绿地、城市森林等建设工程，公园绿地500米服务半径覆盖率提升至92.7%。举办实体义务植树活动160场，实体活动接待人员1.64万人，全区参加义务植树尽责人数16.1万人，抚育各类树木1.6万余株。创建首都绿化美化花园式社区2个、首都绿化美化花园式单位2个、首都森林城镇1个、首都森林村庄5个。

绿色产业 年内，顺义区果品产量3135.51万千克，产值1.5亿元。全区花卉种植面积800公顷，产值2.99亿元，生产鲜切花78万支，盆栽植物4395万盆，观赏苗木376万株。在册苗圃企业259个，苗圃面积3229.87公顷，在圃苗木株数1453.4万株。

资源安全 年内，顺义区设立林木有害生物监测测报点114个，对美国白蛾、松褐天牛、春尺蠖、国槐尺蠖等25个主要虫种进行监测。全年完成山区生态林林木抚育总面积202.12公顷，已连续22年无森林火灾。

（高鹏）

【杨柳飞絮治理】 年内，顺义区完成杨柳飞絮治理项目，采取生物防治方式，治理杨柳树10.6万株。治理范围涉及顺义城区及街镇重点区域（公园、医院、学校、重点道路等）。

（王守信）

【"留白增绿"专项工作】 年内，顺义区完成"留白增绿"专项市级任务，面积47.1公顷。其中北石槽镇1.97公顷、北小营镇3.94公顷、大孙各庄镇6.70公顷、高丽营镇13.07公顷、龙湾屯镇2.04公顷、马坡镇1.45公顷、木林镇5.68公顷、南彩镇0.81公顷、南法信镇0.11公顷、张镇1.30公顷、赵全营镇10.03公顷。

（王守信）

【小微绿地】 年内，顺义区完成小微绿地建设工程总用地面积3.87公顷，涉及双丰街道、后沙峪镇等6个地块。建设内容包括绿化工程、庭院工程、给排水工程和电气工程，目前已完成主体栽植任务。

（王守信）

【代征绿地移交】 年内，顺义区签订代征绿地移交书28件，涉及马坡镇、仁和镇、高丽营镇、天竺镇、李桥镇、后沙峪镇等，面积共计41.99公顷。

（王守信）

【新型集体试点林场】 年内，顺义区新增3个镇级新型集体林场，19个乡镇全部建成新型集体林场，养护面积达13853.33公顷，用工人员达到3586人。

（王守信）

【"揭网见绿"专项工作】 年内，顺义区完成"揭网见绿"479个地块，面积1116.94公顷，完成率为117.57%。主要见绿方式为：简易绿化、硬化、农业种植。

（王守信）

【温榆河公园顺义一期二期工程建设】 年内，顺义区完成温榆河公园顺义一期二期工程建设。一期工程2020年8月开工建设，2022年4月30日基本完工（不含200平方米以上建筑），工程北至机场北线，南至龙道河，东至白良路，西至高白路，建设规划面积82公顷，批复总投资约4.79亿元（其中工程投资3.45亿元，征地拆迁费约1.34亿元）。一期于2022年7月16日开园试运营，2022年9月10日正式开园。二期工程占地面积约6.68平方千米（可实施范围约4.42平方千米），包括京承高速以东顺义园林二期工程（1.46平方千米，含古城村范围）、温榆河生态治理工程（1.87平方千米）、京承高速以西蓄滞洪区工程（1.09平方千米）。温榆河公园顺义二期工程（含蓄滞洪区）范围北至十三支渠、南至京密路、西至鲁疃西路南延、东至规划榆阳路，批复总投资约267152.36万元。建设内容包括蓄滞洪工程、绿化工程、庭院工程、建筑工程、智慧工程以及周边外部市政配套工程等。

（王守信）

【助力城镇绿化建设】 年内，顺义区园林绿化局与乡镇和街道精准对接7次，主要对接事项3件，组织实施前景路东侧土地裸露问题，对该地块进行临时绿化，有效助力相关镇和街道开展城镇绿地项目建设、代征绿地规范管理等工作。

（王守信）

10月31日，顺义区园林绿化局工作人员在南彩镇栽植华山松（顺义区园林绿化局 提供）

10月9日，顺义区园林绿化局对南彩镇全国政协纪念林开展养护管理验收工作（顺义区园林绿化局 提供）

【纪念林管理】 年内，顺义区绿化办明确全区两块重点纪念林（南彩镇全国政协林和共青林场国家领导人植树林）的管理部门和责任单位，分别与北京市南彩镇政府和北京市共青林场管理处签订管理责任书，明确相关权利和责任。顺义区两块重点纪念林养护属地单位高度重视，管理到位，树木生长良好。

（庞丽）

【义务植树】 年内，顺义区举办实体义务植树活动160场，实体活动接待人员1.64万人，顺义区参加义务植树尽责人数16.1万人。举办区级"中国植树节""首都全民义务植树日"活动。2家区级"互联网+义务植树"基地（东郊森林公园、马坡城市森林公园）和3处社会尽责接待点（鲜花港、和谐广场、东江公园）完成尽责接待任务，全年接待60余家单位，2000余人次，抚育各类树木16000余株。

（庞丽）

【义务植树登记考核试点】 年内，顺义区开展义务植树登记考核管理系统填报培训1次，400余人参加。截至2022年年底，顺义区700余家单位进行系统登记并考核通过，全区义务植树尽责率达89.2%。

（庞丽）

【废弃矿山养护管理】 年内，顺义区完成废矿山修复养护管理工作29.46公顷，涉及5个镇，其中：牛栏山镇14.98公顷，北石槽镇11.06公顷，龙湾屯镇1.9公顷，大孙各庄镇0.74公顷，张镇0.78公顷（其中大孙各庄镇0.38公顷、张镇0.78公顷为8月新增移交矿山生态林）。落实属地管理责任，区级全面巡查检查2次，有效提升全区废弃矿山生态恢复养护管理水平。

（庞丽）

【生态文明宣传教育】 年内，顺义区在汉石桥湿地、北京国际鲜花港两个市级生态文明宣传教育基地，开展"爱鸟护鸟和谐共生"爱鸟周宣传活动、春季环志、生态导览、彩绘春天自然笔记、云直播中式盆景制作等线上、线下活动80余场

顺义区张镇集体林场内养护工人正在刨除杂草（顺义区园林绿化局提供）

次，8.5万余人参与活动。

（王宏青）

【园艺驿站试点】 年内，顺义区持续推进园艺驿站试点建设工作，新建4家园艺驿站（空港街道裕祥花园社区园艺驿站、石园街道仓上二社区园艺驿站、李桥镇杰微小院园艺驿站、龙湾屯镇龙湾巧嫂园艺驿站），园艺服务辐射半径更加优化。全区15家园艺驿站开展线上线下插花培训、生态宣传、义务植树、垃圾分类换绿植、多肉DIY盆栽种植、东方插花、非遗文化传承、自然笔记等各类特色园艺活动400场次，受益群众达2万余人。

（王宏青）

【市民花园节顺义分会场工作】 年内，顺义区作为2022年市民花园节4个分会场之一，15家园艺驿站分为6个小组，联合设计呈现了《童趣乐园》《匠心花园》《卉雅小舍》《秋野雅苑》《采菊东篱下，悠然见南山》《书香花园》等别具巧思、亮点纷呈的精彩作品。

（王宏青）

【村庄绿化美化】 年内，顺义区不断推进美丽乡村绿化美化建设，完善美丽乡村绿化美化长效养护监督管理机制，建立顺义区美丽乡村绿化美化长效养护管理台账，对1000余公顷美丽乡村绿化美化长效管护地块实施常态化监督检查。

（王宏青）

【创建国家森林城市】 年内，顺义区召开创建国家森林城市工作动员部署大会及专题会议。根据创森总体规划任务安排，建设期（2020—2022年）涉及37家成员单位233项具体任务，已完成225项，正在组织实施5项，未开工3项。顺义区高标准建设首家国家森林城市体验中心。开通运营"顺义创森"微信公众号，展示创森亮点。开展创森标语征集、创森主题摄影作品征集，分别获得14万余人次和11万余人次关注。

（葛立良）

【城镇绿地养护管理】 年内，顺义区园林绿化局研究制订《顺义区城镇绿地养护监督管理工作机制（试行）》，强化行业监管和技术指导，组织完成年度城镇绿地日常养护、专项治理、行业培训等工作。顺利完成北京冬奥会和冬残奥会、国庆节等重大活动及节日期间的绿化景观环境布置及保障工作。

（王宏青）

【城镇园林绿化动态管理考评系统】 年内，按照《顺义区园林绿化局关于北京市城镇园林绿化动态管理考评系统问题整改工作的实施方案》的要求，顺义区建立行业监管调度机制，全年处理完成200件，系统问题整改率100%。

（王宏青）

【城市森林二期三期建设】 年内，顺义区完成城市森林二期三期全部建设任务。二期项目总用地面积113870.73平方米，其中后沙峪地块总面积84180.6平方米，仁和地块总面积29690.13平方米。城市森林三期10公顷完成主体栽植及天竺镇、后沙峪镇2千米健身步道铺设。

（王宏青 王守信）

【新一轮百万亩造林工程】 年内，顺义区完成新一轮百万亩造林绿化任务982.61公顷，涉及城市森林（三期）建设工程10公顷，平原重点区域造林绿化工程3.8公顷，南彩银杏主题公园建设工程113公顷，涵盖全区19个镇。

（邢红燕）

【平原生态林管护】 年内，顺义区平原生态林养护面积17974.68公顷，完成林分结构调整1120公顷，建设保育小区17处，村头片林12处，林下补栎10.6万株，促进林木高质量发展；同时开展促进农民就业增收工作，吸收当地农民5145人参与养护工作，发挥平原生态林生态效益和社会效益。

（邢红燕）

【老北京水果示范基地】 年内，顺义区在龙湾屯镇山里辛庄村酥梨生产示范区建设老北京水果示范基地，项目基地面积48公顷，涉及农户78户。以"花里梨乡"为主题特色，结合乡村资源，深挖产业特色，从改良土壤提升果品质量、病虫害绿色防控、提升果品安全管理、品牌宣传推介、包装设计制作等方面，促进村民实现共同富裕，助力休闲农业和酥梨产业发展。

（李九仁）

【果品质量安全】 年内，顺义区完成区级林产品抽样检测1200份，市园林绿化局林产品抽样检测任务600余份，完成区食药安办检测任务560份，检测结果全部符合相关标准。对10家果品生产基地进行食用林产品质量安全追溯试点，实现产品全程可追溯；开展土壤检测工作，累计检测100份土壤样本，检测内容为农残、重金属、除草剂、养分等，检测结果未发现存在污染情况；推广林产品合格证制度，在辖区内建立10个合格证使用试点基地，在辖区内的大型合作社、观光采摘园宣传推广合格证制度，累计发放合格证不干胶、合格证二联单、合格证登记记录、宣传折页、合格证打印机等10万余份。

（李九仁）

【果树产业面源污染防治】 年内，顺义区实施果树产业面源污染防治项目。向2662.29公顷果园发放有机肥及防控农药，持续降低化肥、化学农药的使用量，实现减量增效，发放有机肥39927.82吨、杀虫剂甲氨

2月25日，顺义区园林绿化局在龙湾屯镇举办樱桃管理技术培训会（顺义区园林绿化局 提供）

基阿维菌素苯甲酸盐11980.3千克、杀菌剂唑醚·戊唑醇5590.8千克，受益果农2700余户。

（李九仁）

【果农培训】 年内，顺义区开展设施樱桃栽培管理技术、设施樱桃夏季管理技术、秋季苹果管理技术、食用林产品质量安全追溯等培训工作，全年累计培训500人次。

（李九仁）

【协会监管】 年内，顺义区园林绿化局监督指导果树产业协会、林果产业协会、樱桃产业协会、苗木产业协会、汉石桥湿地保护协会和花卉协会6个协会的规范管理，按时召开理事会，完善相关制度，完成培训及年检工作，促进协会工作规范化、制度化、科学化发展。

（李九仁）

【花卉产业】 年内，顺义区花卉种植面积800公顷，产值2.99

亿元。生产鲜切花78万支，盆栽植物4395万盆，观赏苗木376万株。

（杜静）

【种苗产业】 年内，顺义区在册苗圃企业259家，苗圃面积3229.87公顷，在圃苗木株数1453.4万株，办理林木种子生产经营行政许可44件。全年完成28处规模化苗圃日常检查与验收工作，总面积1154.95公顷。

（刘猛）

【行政审批】 年内，顺义区办理林木采伐许可605件，涉及林木18.8万余株，办理林木移植许可54件，涉及林木1.3万余株。审批占用、临时占用林地16件，面积10.71公顷，收缴植被恢复费3112.53万元；办理修筑直接为林业生产经营服务的工程设施占用林地的审批1件，面积0.19公顷。办理（城区）树木砍伐91件，涉及树木

452株，办理树木移植许可17件，涉及树木135株；临时占用绿地许可1件，面积387平方米；办理简易低风险项目1个，涉及砍伐树木11株。各类审批事项审批率100%。

（崔贤）

【野生动物保护】 年内，顺义区监测野生动物（鸟类）493970只，未发现野生动物异常等情况，救助野生动物18只。开展"绿剑行动"和"清风行动"联合检查，出动执法人员184人次，车辆46车次，检查养殖单位、商场、酒楼、饭店等重点部位92次。开展"世界野生动植物日""爱鸟周""野生动物保护宣传月"等野生动植物保护宣传和联合执法活动。拉挂条幅2条，摆放展板11块，发放野生动物保护宣传材料、宣传品500余份，接受现场咨询100余人次。在野生动物集中分布区和

明显位置设立40块宣传牌。利用微信、短视频等平台，进行野生动物保护宣传。

（崔贤）

【园林绿化资源监测】 年内，顺义区完成园林绿化资源调查监测工作。核实林、草、湿地变化图斑13510个，绿地变化图斑107个，样地调查174个（森林样地150个、草地样地13个、湿地样地11个）。全面掌握园林绿化资源现状和变化情况，形成园林绿化资源调查监测成果，同步支撑2022年度国土变更调查，科学评价园林绿化资源数量、质量和生态状况，为开展园林绿化资源保护修复、监督管理、林长制督查考核、实施碳达峰碳中和战略等提供决策支撑。

（崔贤）

【政务服务】 年内，顺义区园林绿化局完成政务服务各项工作任务80余项，连续一年

在顺义区监督检查月报中排名第一。平台建设方面配合建设"一体化"平台，政策兑现平台等多平台应用，梳理亲清政商关系、清理隐性壁垒、修改事项目录系统、更新行政许可；体系建设方面完成电子印章、档案、证照等多项一网通办改革举措。优化营商环境方面统筹抓好"9+N"5.0及新版营商环境创新试点任务清单和新一轮营商环境评价、政策宣传解读、培训工作。行政审批制度改革方面以多维度联动改革和规范化制度化为主，改革进入快车道，全力推进"告知承诺""一网通办""并联审批""全程网办""电子证照""非禁免批""证照分离"等多项审批制度改革。

（崔贤）

【多规合一平台验审工作】 年内，顺义区园林绿化局在北京市工程建设项目多规协同会商系统内，会商办结项目80件。

（崔贤）

【古树名木管护】 年内，顺义区现有古树61株，其中一级古树有22株，二级古树有39株，分布在11个镇、3个街道内，由29个责任单位和4名个人分别进行管护。现有名木225株，位于共青林场内，由共青林场进行管护。开展古树生境改善保护试点工程顺义区古树村庄建设项目，已完成竣工验收。根据全区古树名木体检

7月31日，顺义区园林绿化局在和谐广场开展野生动物保护宣传活动（顺义区园林绿化局 提供）

情况，筛选第一批12株衰弱、濒危的古树开展抢救复壮工作。联合区城管执法局对全区古树名木执法检查1次，联合区检察院、公安分局、城管执法局普法宣传2次，设立展板20块，派发宣传材料、宣传品500余份。

（崔贤）

【森林督察】 年内，顺义区完成森林督察疑似违法图斑整改查处工作，立案73起，收回林地面积30.08公顷，涉及的95块疑似违法图斑全部完成整改，整改率100%。全年顺义区涉及森林督察变化图斑684块，通过实地调查、矢量数据分析、资料收集等工作环节，自查确定仅64块图斑疑似存在违法问题，占比率不足10%，疑似违法图斑数量较上年下降32.63%。

（崔贤）

【森林火灾防控】 年内，顺义区全区上下逐级签订森林防火责任书1000余份，先后召开专题会议5次，下发通知16次。区园林绿化局执法队深入辖区片林、地块开展检查监督森林火灾隐患消除工作，开展防火检查60余次，出动检查人员200余人次，发现并消除森林火灾隐患42处，清理林下可燃物2100余公顷。同时组建一支35人的森林防火预警巡查队，每天分3组对全区43个防火点位进行24小时不间断巡查。

（刘彪）

【病虫害检疫及防治】 年内，顺义区完成以美国白蛾为主的林业有害生物防治34000公顷次。对全区259家在册苗圃3229.87公顷进行实地踏查，检查苗木病虫害发生情况，开展产地检疫，杜绝带疫苗木运出辖区。签发产地检疫调查表291份，签发产地检疫合格证317份，发放电子标签12.4万个，签发调运检疫植物检疫证书146份。

（刘猛）

【林木病虫害预测预报】 年内，顺义区设立林木有害生物监测测报点114个，其中国家级监测点1个，市级监测点38个，区级监测点75个，对美国白蛾、松褐天牛、春尺蠖、国槐尺蠖等25个主要虫种进行监测，并根据监测结果向国家森防网上报虫情信息13条。

（刘猛）

【山区生态公益林抚育】 年内，顺义区完成生态林林木抚育总面积202.12公顷，地点位于顺义区龙湾屯镇。抚育措施包括定株、疏伐、补植和剩余物处理等。

（刘猛）

【国家级标准化林业站建设】 年内，顺义区完成北石槽、赵全营镇、北小营镇、李桥镇国家级标准化林业站建设工作。

（刘猛）

【编制汉石桥湿地市级自然保护区总体规划】 年内，顺义区完成汉石桥湿地市级自然保护区总体规划编制工作，9月26日取得市园林绿化局和市规划自然资源委的批复。

（赵亚男）

【自然保护地整合优化与"三区三线"划定工作】 年内，顺义区园林绿化局对自然保护

9月29日，顺义区园林绿化局在牛栏山镇北孙各庄村古银杏公园举办古树名木保护宣传活动（顺义区园林绿化局 提供）

国家级标准化林业站——李桥镇林业站建站（顺义区园林绿化局 提供）

地整合优化后范围与"三区三线"范围进行衔接，经与区规自分局、汉石桥湿地、属地政府充分沟通，进一步明确自然保护地优化整合后的面积及边界，完善整合优化矢量数据，自然保护地整合优化后范围已全部纳入生态保护红线。

（赵亚男）

【湿地保护宣传】 年内，顺义区利用"世界湿地日"开展湿地保护宣传工作。利用公众号宣传《湿地保护法》、普及湿地知识、展示湿地美景；举办"北京湿地日"主题宣传活动，线上、线下同时进行，提高社会公众的参与感。

（赵亚男）

【自然保护地监督检查】 年内，顺义区园林绿化局坚持以"绿盾"和"湿地动态监测工作"为牵引，根据《北京市自然保护地监督管理办法（试行）》《北京市自然保护地2022年工作要点》相关要求制订本年度专项检查方案，着重对法律法规和制度落实、人员力量配备、规划编制和实施、保护巡护、生物多样性监测、生态旅游和科普宣教等方面开展的工作进行监督。

（赵亚男）

【全龄友好公园建设】 年内，顺义区打造顺义公园（东南门）为全龄友好型公园。改造内容包括公园入口人车分离、增设绿化隔离、改部分停车场为游客活动空间、保证老年、儿童、残障人士等弱势群体的需求，全方位提升不同人群对公园绿地的体验感。

（赵亚男）

【公园疫情防控】 年内，顺义区累计检查公园百余次，重点对门区设置、工作人员自身防护、保障设备、隔离区域设置、引导扫码等工作进行检查。全年公园疫情防控工作进行良好，未有重大安全隐患。

（赵亚男）

【减围栏、促联通】 年内，顺义区园林绿化局根据实际情况共优化围挡（网）1587米。

（赵亚男）

【林长巡林调度】 年内，顺义区2位区总林长、2位区副总林长和其他24位区级林长全年完成巡林调度工作33次。全区220位镇（街）级林长履职尽责共巡林4400余次，571位村（社区）级林长共巡林32000余次，协调解决重点工程建设、森林防火、违法占用林地绿地、林地卫生、危树枯死树清理等问题21000余个。

（纪旭）

【林长制区级考核】 年内，顺义区印发《北京市顺义区林长制年度督查考核实施方案（试行）》，将林长制实施运行、国土绿化、资源保护管理、野生动植物保护、森林防火、林木有害生物、园林绿化行政执法、产业发展和食用林产品安全和创建国家森林城市等纳入林长制考核指标，对全区19个镇、6个街道和共青林场的镇（街道）级林长进行督查考核。

（纪旭）

【林长制公示牌设立】 年内，顺义区在村（社区）、公园、古树名木、有林单位和林场等5类地区设立林长制公示牌646块。公布三级林长信息，明确林长职责和责任区域等信息。

（纪旭）

【领导班子成员】

党组书记 局长 区绿化办主任
二级巡视员
刘晨光（2022年7月免）

党组书记 局长
区绿化办主任
张香东（2022年7月任）

副局长（正处级） 张巍

副局长 三级调研员 唐波涛

副局长 郭启志

一级调研员 乔荣臣

二级调研员 闫兆兵

办公室主任 四级调研员
李洋（女）

工会主席 四级调研员
张雪梅（女）

一级调研员 刘明忠 孙海江

二级调研员 郭振东

正处级领导干部
吴清绪（2022年7月免）

（顺义区园林绿化局：
高鹏 供稿）

大兴区园林绿化局

【概　况】 北京市大兴区园林绿化局（简称：大兴区园林绿化局），挂北京市大兴区绿化委员会办公室（简称：大兴区绿化办）牌子，是负责本区园林绿化工作的政府工作部门。机构设置为8科1室1队，即党政办公室（安全生产科）、人事科教科、绿化建设科、产业发展科、林政资源科、园林规划科、绿化联络科、综合计财科、内部审计科、园林绿化综合执法队；8个科级事业单位，即区林业工作站、区林业保护站、区园林绿化安全防火事务中心、区林场、区六合庄林场、区花卉技术推广示范站、区果林研究所、区月季产业促进中心。总人数192名，其中行政编制干部20人，执法编制13人，机关工勤2人，事业编制干部157人，截至2022年底，共有正高级职称4名、副高级职称28名、中级职称65名、初级职称4名。

绿化造林 年内，大兴区实施百万亩造林绿化工程660余公顷。完成揭网见绿工作885.49公顷，完成率102.37%，其中，在机场周边重点范围内绿化160公顷，有效提升机场门户区景观效果。完成铁路沿线绿化环境提升工程39.4公顷、公共绿地改造提升工程13.78公顷、屋顶绿化建设工程0.62公顷，兴亦路拆墙透绿工程完成建养移交。

绿色产业 年内，大兴区建立全市第一家001号园林绿化专家工作站。新增果品生产基地3个，引进梨、桃等优新品种3700株，推广土壤改良、节水灌溉、蜜蜂授粉、果园生草等技术1333.33公顷，完成常规果园改造提升及高效密植果园提质增效200公顷，试验示范BLOF土壤改良技术2公顷。在月季文化节、梨花节、葡萄节等文化活动中宣传地区特色资源，促进农民增收约5000万元。

资源保护 年内，大兴区调整林分结构1066.67公顷，伐移树木13.84万株，补植乡土树种22万余株，改造全龄友好公园2处，完成公园绿地质量等级评定复核62处。建成全区首

10月1日，大兴区委领导到魏善庄镇半壁店森林公园开展巡林工作（周葛 摄影）

个园林绿化生态系统监测站——魏善庄针阔混交监测站，搭建保育小区16处、小微湿地22处，完成长子营湿地保护恢复。实施林业有害生物防控3.53万公顷，加大京冀交界联防联治和外来入侵物种普查。全区有11处集体林场已挂牌，吸纳本地劳动力就业4000余人。

【国家森林城市创建宣传活动】年内，大兴区举办城市创森主题宣传活动30余场，通过报刊、新媒体客户端、电视媒体宣传国家森林城市创建工作20余次，"大兴创森"微信公众号发布信息400余条。发布创森广告1400余处，张贴宣传品22461张。

【林长制工作】 年内，发布大兴区第1号、2号、3号总林长令，签订目标责任书，各级林长全年巡林3.3万余次。制订《镇（街道）级林长巡查工作台账》《村（社区）级林长巡查工作台账》《林管员、护林员巡查记录表》，发布工作专刊11期，增设公示牌684块。

【服务保障】 年内，大兴区完成党和国家领导人到大兴区开展义务植树活动等服务保障工作。压实领导干部"一岗双责"，在"北京冬奥会和冬残奥会""两会"等重大活动期间开展安全生产、森林防火、疫源疫病专项检查300余次。响应大兴区疫情防控号召，增援179名力量执行任务3191次，全力维护健康稳定形势。

【依法行政】 年内，大兴区完成绿地认建认养及公园配套用房出租清理整治，整改公园绿地隐患206个。审核发放林木采伐许可证498件、林木移植许可证139件。严厉打击野生动物违法犯罪行为，救助野生动物51只，围绕"爱鸟月""生态环境日"等开展森林法、野保等宣传活动12次。

【森林防火】 年内，大兴区成立园林绿化综合执法队，依法依规办理林业行政违法案件8起，罚款7.1万元。推进森林防火预警监测基础设施建设，及时掌控火情动态，排查隐患300余处，湿化林地1.93万公顷，实现防火期内无森林火灾发生。

【全民义务植树】 年内，大兴区开展各类尽责活动240场，涉及造林绿化、抚育管护、志愿服务等五类形式，实体参与尽责6000余人次，植树6000余株，抚育面积25.43公顷，通过捐资尽责形式，捐资9万余元。开展线上、线下"云植树"活动，累计3.6万人在线观看。

【古树名木保护】 年内，大兴区推进安定镇前安定村、魏善庄镇大狼垡村古树名木主题公园建设。做好古树名木体检和保护规划编制，古树名木宣传故事册编撰制作等。有序推进市级重点纪念林信息复核、2021年新增纪念林认定，11处市级重点纪念林和19处区级纪念林管护情况良好。

4月16日，财政部干部职工及家属到六合庄林场参加首都义务植树活动（周葛 摄影）

【城乡绿化美化建设与管理】年内，大兴区创建花园式社区6个、森林村庄6个、花园式单位3个。新建园艺驿站3家，开展园艺文化活动90余场，受众近9000人次。组织"大兴区花园式社区主题花园网络设计票选比赛"，获评作品16个，落地社区花园4个。

【果树产业】年内，大兴区完成食用林产品质量安全追溯体系的试点推广。对全区重点果品生产基地进行现场检查，完成梨、桃、葡萄、樱桃、枣、杏等食用林产业抽样检测500批次，均未出现农残超标现象。与区农业农村局等部门配合，完成1100余个"不纳创建类"农业设施图斑资料的审核和平台认定。

【花卉产业】年内，大兴区完成基础设施提升项目，改造提升温室供暖设备。组织企业参加北京2022春秋两季新优花卉品种展示推介会，参展品种22个。策划组织2022年北京大兴月季文化节开幕式及系列活动，进一步普及月季知识。

【党组织建设】年内，大兴区园林绿化局围绕党的二十大精神、《中国共产党章程》等内容，组织开展学习培训30次。主动参与基层治理，抓好"双百双千"帮扶，到狼垡一村与村委成员座谈交流，开展节前慰问等活动6次。

【干部队伍建设】年内，大兴区园林绿化局完成园林绿化综合执法队过渡期9名人员的公务员登记、备案，办理人事、档案、工资手续，安置木检站未过渡人员7人。2022年执法队补录公务员2人、调入3人，局机关调入公务员4人、职级晋升4人、选拔任用正科级干部3人、事业单位调入9人、交流轮岗科级干部2人、一般干部8人，选派优秀干部参加区委巡察工作1人，组织各类干部素质培养和能力提升培训5期次。

【机构调整】年内，大兴区园林绿化局根据森林公安转隶、执法改革等实际情况，完成相关机构的调整，党政办公室加挂安全生产科牌子、局巡查大队更名为园林绿化安全防火事务中心，梳理并明确机构职责。

【老干部工作】年内，大兴区园林绿化局走访慰问离退休干部和离休干部遗属，开展"喜迎二十大 共筑中国梦"老干部摄影作品征集等活动，累计参加人员20人次。

【工会组织】年内，大兴区园林绿化局组织职工开展线上健步走、龙舟赛、冰壶及读书、学习二十大书法比赛等活动，丰富职工生活。

【纪检监察】年内，大兴区园林绿化局组织召开党风廉政建设工作会、警示教育专题学习、从严治党专题研究会，推动责任层层落实到位。建立财务、内审、工会、党政办密切协作机制，健全采购管理、三公经费使用、"三重一大"事项廉政风险防控等规章制度，强化内部综合管理。开展监督检查20余次，组织开展干部任前谈话29人次、廉政谈话158人次，配合纪检监察派驻组开展专项检查，促进从严治党责任落到实处。

【领导班子成员】
党组书记 局长 区绿化办主任
侯劲松
副局长
欧小平 张健 王海龙
李辉（女）（2022年8月任）
三级调研员 潘宝明

（大兴区园林绿化局：闫鹤 供稿）

北京经济技术开发区城市运行局

【概　况】　北京经济技术开发区城市运行局（简称经开区城市运行局）负责北京经济技术开发区城市运行管理政策研究制订及规划编制工作，推进城市运行管理的规范化、标准化及信息化。主要职责是：组织建立市政基础设施管理体系，对市政基础设施进行管理、养护，市容环境卫生管理和城市环境综合治理工作；负责园林绿化工作，承担园林绿化生态保护修复养护和城市绿化美化工作；负责交通基础设施、交通运输业的行业管理及交通综合治理工作；负责水务管理，承担水土保持、河湖管理以及水资源开发、利用、管理、保护等工作。

2022年，经开区城市运行局全面落实生态保护"双长制"，提升区域生态环境质量；建立林木有害生物防治工作专班，有效控制虫害暴发；加快推进公园城市建设，完成河西区6处口袋公园设计工作；完成道路景观提升，推进绿色城市建设。

【林长制落实】　年内，经开区城市运行局修订《经开区关于全面建立林长制实施方案》和配套制度；建立经开区"林长制+检察"工作机制，各级林长积极履责，全年开展巡林284次；召开区级林长调度会，专题部署美国白蛾防治、杨柳飞絮治理、绿化防火等专项工作；结合经开区实际，强化与河湖长高效联动，实现一巡多查；开展林长制工作宣传，在区重点区域设立林长制公示牌59块；在国际企业文化园试点企业林长模式。

【林木有害生物防控】　年内，经开区城市运行局成立林木有害生物防治工作专班，在60平方千米范围内设置监测点位111个。推进精准防控，根据虫情发展，启动开展应急普防，实现防治窗口期全覆盖，全年林木防控单位出动巡查车辆371车次，巡查人员742人次。

【口袋公园建设】　年内，经开区城市运行局推进河西区口袋公园改造提升建设工作，完成设计方案编制工作，方案通过专家评审会和管委会专题会，移交至建设部门实施后续工程建设工作。

【杨柳飞絮治理】　年内，经开区城市运行局编制印发《北京经济技术开发区综合治理杨柳飞絮工作方案》，细化各单位、各标段杨柳飞絮综合防治的工作内容。组织排查杨柳雌株40341株，完善台账并进行位置标注和树木标记，标准化、精细化开展湿化作业，持续深化推进杨柳飞絮防治工作。

【绿化景观提升】　年内，经开区城市运行局打造季相分明、花期连续、色彩斑斓的道路景观，全年栽植宿根花卉及开花地被13700平方米，时令花卉14955平方米，灯笼墙花箱168个。逐步更新地被及绿植，提升绿化景观，年内更新地被22.08公顷。

【领导班子成员】
党支部书记　局长　段青松
副局长
肖怡宁　胡志山　翟乾　姚静
（北京经济技术开发区城市运行局：张萌　供稿）

昌平区园林绿化局

【概　况】　北京市昌平区园林绿化局（简称：昌平区园林绿化局），挂北京市昌平区绿化委员会办公室（简称：昌平区绿化办）牌子，是负责本区园林绿化工作的政府工作部门。设置内设机构10个：办公室（安全生产科）、义务植树科、生态建设管理科、产业发展科、综合管理科、城镇绿化管理科、森林资源管理科（林长制工作科）、政工科、森林防火科、园林绿化综合执法队。下属事业单位9个，编制人数270人，实有人数226人（初级工程师65人、中级工程师55人、高级工程师18人），研究生学历17人，本科学历126人，大专及以下学历83人。截至2022年底，昌平区森林覆盖率48.63%，森林面积656285.7公顷。

　　绿化造林　年内，昌平区完成平原重点区域造林绿化工程33.67公顷；完成战略留白临时绿化项目87.53公顷；完成揭网见绿地块684个，见绿面积716.59公顷，完成比例达110.2%。公园绿地500米服务半径覆盖率93.09%、人均公园绿地面积17.02平方米，城市绿化覆盖率达到49.06%。

　　绿色产业　年内，昌平区

果品总产量989.8万千克，产值11401.4万元。完成老果园更新发展34公顷，其中更新发展矮化苹果、樱桃、"京白梨"等优势树种27.15公顷。花卉种植面积217.2公顷，总产值12191.55万元，销售额6942.26万元。

　　公园服务　年内，昌平区公园接待游客1265.27万人次。劝阻不文明游园3万余人次，张贴宣传通知700余张。

【森林健康经营】　年内，昌平区园林绿化局完成生态效益促进发展机制森林健康经营工程林木抚育（含国家重点公益林抚育）2866.7公顷，其中，一级经营区林木抚育面积266.7公顷，二级经营区林木抚育面积1046.7公顷，三级经营区林木抚育面积1553.3公顷，建立市级山区林木抚育经营示范区2处。

【大运河源头遗址公园一期工程】　年内，昌平区园林绿化局完成大运河源头遗址公园一期工程主体建设任务。项目位于昌平区城南街道化庄社区东侧龙山东麓，总占地面积约11.6公顷。建设内容包括拆除及土方工程、绿化工程、庭院工程、给排水工程和电气工程。项目总投资3606.65万元，其中工程费为3115万元，工程建设其他费为386.6万元，预备费为105.05万元，资金由区财政解决。工程于11月中旬完成主体

建设任务。

【昌平区回龙观F03地块公园项目】　年内，昌平区园林绿化局完成回龙观F03地块公园项目建设。项目位于回龙观镇，西至良庄西街、东至科星西路、北侧紧邻北京京都儿童医院、南侧为龙跃苑东二区。总面积52256平方米，其中绿化工程绿化面积42240.20平方米，项目总投资1537.37万元。累计完成整理绿化用地36690平方米，乔木1268株、常绿树354株、花灌木1754株、色带1250平方米，地被37000平方米。公园于7月正式投入使用。

【昌平苹果文化节】　年内，昌平区举办第十九届昌平区苹果文化节。针对冰雹强降水及新冠病毒疫情双重不利影响，推出多项惠农助农措施，保障全区苹果采摘销售平稳有序；组织开展惠农助农果品销售、果品加工开发、宣传报道等多场次活动；开发苹果汁、苹果烘焙食品5款；吸引游客7.5万人次。

【苹果产业】　年内，昌平区苹果产量525.6万千克，产值5286.3万元。更新发展矮砧苹果2.83公顷，苗木保存率普遍在90%以上；累计完成苹果套袋9438.1万个。

【花卉产业】　年内，昌平区花

10月1日，北京昌平第十九届苹果文化节在北京农业嘉年华园区举办，图为乐多港分会场（昌平区园林绿化局 提供）

昌平区满园春花卉种植中心盆花生产景观图（昌平区园林绿化局 提供）

卉种植总面积147.9公顷，自主研发盆花新品种35个，引进盆花新品种11个、切花新品种16个。受新冠病毒疫情影响，一、二季度及年末花卉出现滞销情况，全年产值10531.12万元，销售额5046.37万元。

【花卉展示与宣传】 年内，昌平区筛选出52个花卉新优品种参加北京市春、秋季新优花卉品种展示推介会以及中国农民丰收节金秋消费季活动，其中8个为自育品种。

【花农技术培训指导】 年内，昌平区入户指导培训花农近300人次；利用网络开展线上培训11次，涉及68个课题，培训花农近700人次。根据实际生产情况线上、线下双渠道同时展开花卉生产技术指导。

【森林火灾防控】 年内，昌平

区园林绿化局围绕林区输配电设施火灾隐患专项排查治理行动、野外火源治理和查处违规用火行为专项行动，促进各项防范及应急处置措施落实到位，在森林防火宣传月及清明节前夕等重点时段，加强防火宣传，营造人人参与的森林防火氛围。清理林下可燃物约14069公顷，开设防火隔离带约2438.8公顷。

【行政执法】 年内，昌平区园林绿化局综合执法队立案156件，其中林地林木类案件（含2021年国家森林督查图斑案件）145件，野生动物类案件10件，森林防火类案件1件。结案145件，行政处罚约170万元。

【果品质量安全认证与管理】年内，昌平区园林绿化局对19家单位进行无公害、绿色和有机果品认证及复查换证。其中，首次认证单位8家，复查换证单位11家；在全区范围内抽检樱桃、杏、桃、李、葡萄、枣、板栗、核桃、柿子、苹果等果品样品668份，按无公害果品标准检测农药残留，监测果品质量安全。

【果农技术培训】 年内，昌平区园林绿化局开展冬剪、花期管理、着色管理等培训指导、座谈研讨45场次，培训果农3800人次，发放技术资料1200

9月1日，昌平区园林绿化局在十三陵镇开展果树管理技术培训（昌平区园林绿化局 提供）

多份，定期到10个镇、21个示范果园开展关键期技术培训指导和示范。

【林木有害生物防控】 年内，昌平区园林绿化局完成美国白蛾防控面积20843.33公顷次，白蜡窄吉丁防控面积64公顷次，红脂大小蠹防控面积100公顷次，松材线虫病松林监测

面积5770公顷。林业有害生物防治率100%，无公害防治率99.95%，测报准确率96.66%，种苗产地检疫率100%，全年未发生林业有害生物灾害。

【林木伐移管理】 年内，昌平区园林绿化局发放林木采伐许可证244件，采伐林木和采挖移植共计368859株，蓄积量

16191.92立方米。严格执行限额采伐管理，树木砍伐审批82件、619株，树木移植20件、486株。

【野生动物保护】 年内，昌平区园林绿化局累计监测野生鸟类30余万只，未发现野生动物传播疫源疫病异常现象。配合北京市野生动物救助中心科学开展野生动物紧急救助和临时收容工作50次。

【古树名木管理】 年内，昌平区园林绿化局在建设完成十三陵镇康陵村、流村镇白羊城村古树村落及南口镇檀峪村古树主题公园的基础上，新建十三陵镇德陵村、南口镇花塔村古树村落，持续推进古树保护新模式；对明十三陵管理中心管护范围内122株存在树体支撑老化、树洞、枯枝等不利于古树正常生长因素和安全隐患的古树实施抢救复壮工程；区园林绿化局与区城管执法局、森林公安大队等职能部门协调联动，开展全国古树名木保护科普宣传周活动及联合执法检查，共同推动辖区内古树名木保护管理工作。

【领导班子成员】
党组副书记 局长 区绿化办主任 徐强（2022年12月免党组副书记）
党组副书记 一级调研员

6月17日，国家林草局生物灾害防控中心工作人员到昌平区督导美国白蛾防控工作（王松 摄影）

许正锋（2022年12月任）
党组书记
马传亮（2022年11月退休）
党组副书记 张树玲（女）
副局长 徐晓春 王霞（女）
马军 辛欣（女）

（昌平区园林绿化局：袁媛
供稿）

平谷区园林绿化局

【概　况】 北京市平谷区园林绿化局（简称：平谷区园林绿化局），挂北京市平谷区绿化委员会办公室（简称：平谷区绿化办）牌子，是负责本区园林绿化工作的政府工作部门。内设办公室、绿化科、行政审批科、综合管理科、森林防火科5个科室；管理行政执法机构1个，区园林绿化综合执法队；所属全额事业单位8个，包括区林业综合管理中心、区林业资源管理中心、区自然保护地管理中心、区园林绿化建设管理事务中心、区森林防火应急指挥中心、区园林绿化局综合服务中心、区国有林场管理中心、区金海湖风景名胜区林场，其中区国有林场管理中心、区金海湖风景名胜区林场为全额拨款独立核算事业单位。

2022年，全区森林面积6.3万公顷，活立木总蓄积量203.88万立方米；全区森林覆盖率66.52%。城镇园林资源绿化覆盖面积1966.66公顷，公园绿地面积957.4公顷，公园绿地500米服务半径覆盖率95.07%，绿化覆盖率50.78%，人均公园绿地面积21平方米。

绿化造林 年内，平谷区完成新一轮百万亩造林面积647.74公顷，其中绿化造林工程645.13公顷，小微绿地建设工程2.61公顷；全区完成"留白增绿"3.56公顷，栽植绿化乔木32.44万株，涉及全区13个乡镇、1个街道。完成森林健康经营林木抚育项目2000公顷。创建首都森林村庄4个、首都绿化美化花园式单位2个、首都绿化美化花园式社区1个。

绿色产业 年内，平谷区有苗圃47个，育苗面积482.01公顷，苗木总产量146.38万株。办理林木种子生产经营许可证42家，标签使用率达到100%。有花卉企业2个，花农55户，花卉从业人员89人，专业技术人员3人，种植面积172300平方米，花卉年产值501.41万元。有养蜂专业合作社5个，养蜂协会1个，全区蜂群总规模2.5万群，在册登记蜂农262户。年产蜂蜜16.8万千克，蜂王浆0.55万千克，巢蜜2.1万千克，蜂蜡0.12万千克，养蜂总收入745万元。

资源安全 年内，平谷区71座预警监测基站、150座防火检查站视频监控系统24小时监测，28部电台每日早、晚调度，8座人工瞭望塔增加瞭望频次，2459名生态林管护员、50名巡查员全部到岗。办理林业行政案件立案18起，处罚金额33.75万元。

【森林防火工作检查】 1月1日，平谷区总林长、区长吴小杰带队到东高村镇森林防火检查站检查值班值守、巡查巡护、进山管控等情况。强调要严格火源管控，充分发挥生态林管护员的作用，强化各进山路口的巡查管护，发现险情及时报告、及时处置。

【森林防火工作】 1月27日，平谷区森林防火办公室组织召开春节及冬奥期间森林防灭火工作部署会。平谷区副区长李子腾出席会议，强调要为北京冬奥会和冬残奥会的顺利召开保驾护航。3月10日，平谷区政府召开森林防火重点时期工作动员部署会。区长吴小杰参加并要求巡查员、瞭望员做好巡查检查工作，引导文明出游。3月31日，平谷区森林防火办公室在刘家店镇开展森林灭火应急演练，平谷区园林绿化局、区森林消防综合应急救援大队等相关单位参加演练。通过模拟刘家店镇丫髻山太极广场西侧附近发生森林火情，检验各属地及周边乡镇的火情报告与通报、联合灭火处置等方面的综合协调及处置能力。

【可燃性祭品禁烧】 年内，平谷区研究制订《平谷区2022年度高火险关键期及清明节期间森林防火工作方案》《2022年度清明节期间森林防火安全大检查工作方案》，明确清明节期间森林防火重点工作任务。通过"幸福平谷"微信公众平台发布《清明节森林防火倡议书》，倡导文明祭扫。设立森林防火语音宣传杆和森林防火警示牌。干部职工全员停休，开展监督检查，重点检查散坟及周边管控、可燃物清理与湿化工作和生态林管护员、巡查员上岗履职情况。

【全民义务植树】 年内，平谷各乡镇街道组织开展义务植树活动151次，区直属单位开展社区补植、林木抚育活动40次，成功举办区四大门义务植树活动。全区全年完成新植树木11.4万株，抚育树木67万株。

【野生动物救助】 年内，平谷区园林绿化局救助野生动物137只，其中国家二级重点保护野生动物26只，北京市一级重点保护野生动物6只，北京市二级保护野生动物45只。全年开展2次放生活动，放生野生动物34只。区内3个陆生野生动物疫源疫病监测点，监测到各种鸟类962035只，金海湖国家级监测站采集野生鸟类粪样240份，送检均无异常。

【野生动物巡查执法】 年内，平谷区对公园、湿地等野生动物迁徙、栖息地开展野外宣传、巡查工作，对野生动物驯养繁殖场所、经营场所、集市加强检查，联合区政法、公安、交通等部门开展代号"绿剑行动""网盾行动"专项打击行动，对全区集贸市场、饭店、大集进行联合宣传检查5次，出动50余人次。

【林长制工作】 年内，平谷区林长制办公室发布平谷区2022年总林长令3期，划分责任网格712个，实现区、镇（街道）、村（社区）三级林长全覆盖。区级林长召开会议14次，完成巡林工作20次。印发《平谷区2022年度林长制工作要点及任务清单》，制订林长制工作督查考核实施细则；建立"林长制+检察"和"林长制+检察+公安+城管"工作机制，启动林长制改革试点（峪口镇）。

【园林绿化资源年度监测调查】 年内，平谷区园林绿化局与市规划自然资源委平谷分局、各乡镇街联合开展全区园林绿化资源年度监测工作。调查样地76块（其中森林样地70块、草地样地5块、湿地样地1块），调查林地变化图斑747个，绿地变化图斑27个。

【林木伐移管理】 年内，平谷区园林绿化局审批规划林地929件，619277株，1820.99立方米。审批非规划林地23件，2789株，122.22立方米。征占用林地93件，12930.6立方米，68023株。

【古树名木管理】 年内，平谷区园林绿化局完成全区58株古树日常养护工作，其中联合执法部门巡查检查4次，应急抢险一次。组织古树宣传活动8次，联合执法部门宣传5次，对58株古树病虫害防治3次，完成刘店镇、大华山镇、马坊镇、金海湖镇等10个乡镇21株古树打磨杀菌、防腐补树洞、做围栏、支撑拉纤等复壮措施。完成南独乐河镇峨眉山村古井边、王辛庄镇齐各庄村古树景观提升工作以及镇罗营镇老果树保护示范点工作。

【林业行政执法检查】 年内，平谷区园林绿化局办理林业行政案件立案18起，其中结案12件，中止调查3件，不予行政处罚1件，正在办理中的案件2件，共计处罚金额33.75万元。完成24家苗圃企业苗木质量"双随机"执法检查。联合市场管理局对35家企业开展园林绿化行业"双随机一公开"执法检查。完成48家企业绿化工程质量执法检查。组织完成人均160件执法检查量，执法检查项触及率达到90%，录入平台1379件；完成人均处罚量2起案件，参与执法率达到100%的绩效考核任务。立案查处上级交办的违法图斑182个，其中不予行政处罚86个，撤案85个，中止调查3个，正在办理3个。

【自然保护区建设】 年内，平谷区园林绿化局完成《北京四座楼市级自然保护区总体规划（2021—2030年）》。

【集体林场建设】 年内，平谷区园林绿化局完成峪口镇、大华山镇和王辛庄镇集体林场注册。招收79名本地农民工就近就业，逐步推进管护权移交。

【生态林补偿资金发放】 年内，平谷区园林绿化局经平谷区财政局惠民统发平台，完成市、区两级补偿资金2539.25万元的发放，资金由乡镇录入上报，通过三个批次直接拨付到集体经济组织成员手中。

【森林病虫害防治】 年内，平谷区园林绿化局组织飞机防控春尺蠖、美国白蛾、栎纷舟蛾40架次，防控面积4000公顷，防控区域包括东高村镇、马坊镇、马昌营镇、大兴庄镇、峪口镇、山东庄镇等。美国白蛾防治14333.33公顷次，生物防控美国白蛾释放周氏啮小蜂1亿头。林木常规病虫害防治2942.67公顷次，其中春尺蠖防治1773.33公顷次，栎粉舟蛾防控800公顷次，白蜡窄吉丁336公顷次，双条杉天牛防控33.33公顷次。全区林木病虫无公害防治率达到96%。同时完成全区8464.67公顷松林松材线虫病春秋两季普查任务。

【森林病虫害监测】 年内，平谷区园林绿化局有国家、市、区级测报点118个。林业有害生物监测以美国白蛾、春尺蠖为重点，在危险性林业有害生物发生危害期内，及时将调查结果填入监测统计表，测报准确率95%。结合本区林业有害生物发生实际，对京平高速、顺平路、密三路、大秦铁路、新老平蓟路等设置巡查路线11条，山区乡镇的油松侧柏片林、橡栎林等重点区域监测，成灾率在0.99‰以下。

【种苗产地检疫】 年内，平谷区园林绿化局严格遵守植物检疫各项规定，派专职检疫员做好种苗产地检疫工作；在春季造林前对全区重点苗圃全面检疫，开具产地检疫合格证80份、调运检疫合格证4份、填写产地检疫调查表34份、发放电子标签13300个、复检苗木6.3万株。种苗产地检疫率100%。

【杨柳飞絮治理】 年内，平谷区园林绿化局对重要道路两侧杨柳雌株进行适当疏枝修剪、对城区及周边的4.5万株杨柳树雌株注射花芽分化抑制剂，同时采取"喷水 湿化 清扫"等多种措施进行精准治理，降低飞絮对市民生活的影响。

【公园分类分级】 年内，平谷区园林绿化局认真贯彻执行《北京市公园分类分级管理办法》。对全区41个公园和1个市级风景区进行分类分级初步评定工作。 其中按公园类别认定，综合公园1个，社区公园9个，游园14个，生态公园14个，自然公园及风景区4个。按公园级别认定，一级公园3个，二级公园7个，三级公园20个，四级公园8个，4家自然公园未定级。

【重大节日活动景观布置】 年内，平谷区园林绿化局为迎接党的二十大召开，营造喜庆热烈的国庆节日氛围，在府前街与文化南街交叉口东北侧绿地布置"和谐宜居"立体主题花坛一座，在迎宾环岛、大龙环岛、千里马环岛、文化公园、府前街等重要节点进行花卉布置，摆放时令花卉约148000株。

【局领导班子成员】
党组书记 局长 区绿化办主任
于清德（2022年5月任党组书记）

党组书记

孙静（2022年5月免）

副局长 赵雪松 张辉

张玉芳 刘福山

程小琴（2022年5月免）

（平谷区园林绿化局：李奇岩
供稿）

怀柔区园林绿化局

【概 况】北京市怀柔区园林
绿化局（简称：怀柔区园林绿
化局），挂北京市怀柔区绿化
委员会办公室（简称：怀柔区
绿化办）牌子，是负责本区园
林绿化工作的政府工作部门。
机关行政编制27名，设办公
室、规划发展科、生态保护修
复科、绿化科、园林科、森林
资源管理科、园林绿化综合执
法队、森林防火科、机关党委
9个科室。怀柔区园林绿化局
（怀柔区绿化办）有事业单位
24个，事业编制304名。截至
2022年年底，全局在职正式职
工320人。

2022年，怀柔区森林面积
163971.47公顷，森林覆盖率
77.24%，位列全市第一；人均
公园绿地面积28.34平方米，位
列全市第二。公园500米服务
半径覆盖率达到91.97%。

绿化造林 年内，怀柔
区完成新一轮百万亩造林工
程674.65公顷，全部为新增造
林，栽植乔木38万余株、灌
木12万余株，总投资约3.2亿
元。完成2022年森林健康经营
林木抚育项目8446.67公顷和
国家级公益林管护工程建设任
务2380公顷。创建首都森林村
庄5个（喇叭沟门满族乡喇叭
沟门村、长哨营满族乡榆树湾
村、汤河口镇庄户沟门村、渤
海镇兴隆城村、渤海镇四渡河
村）、花园式单位3个（中国
科学院国家空间中心办公区、
北京京北职业技术学院、北房
镇北房村委会）、花园式社区
1个（杨宋镇凤翔社区）。

绿色产业 年内，怀柔区
干鲜果品产量16166.4吨。林木
种子生产经营企业115家，总
面积551.2公顷，苗木总产量
335万株。

资源安全 年内，怀柔区
完成生物防治面积680公顷，
物理防治63.3公顷，人工地
面防治10066公顷，飞机防治
13600公顷；全区生态公益林
156406.72公顷。接林业报案
112件，处理率100%。查办112
件，查办率100%；全区发生
各类火情13起，出动车辆96车
次，出动人员770余人次，未
出现人员伤亡情况。

【**市级自然保护区总体规划报审
工作**】1月，怀柔区园林绿化局
在全市率先完成两处市级自然
保护区总体规划报审工作，并
于12月7日获市园林绿化局、市
规划自然资源委批复。

【**全民义务植树活动**】 4月2
日，怀柔区开展"同植科学林
共建科学城"全民义务植树活
动。区领导以及自然资源部、
中国科学院等43家单位、180
余人参加活动。全年9万余人
参加义务植树，完成植树任务
42.1万余株。其中新植10.2万
株，其他折合31.9万株。

【**迎宾路门户（四角）景观提
升工程**】4月18—30日，怀柔
区园林绿化局实施迎宾路门户
（四角）景观提升工程，面积
约0.33公顷。实施地点为迎宾
路南路口（原迎宾环岛路口）
四个角绿地，实施内容为栽植
点景大树，更新草坪花卉，投
资约70万元。

【**发展林下经济**】 4月，怀柔
区雷西沟中药材种植基地荣获
"第五批国家林下经济示范基
地"称号。全年怀柔区新发展
林下经济1674.64公顷，涵盖10
个镇乡、18个行政村。

【**小微绿地工程**】 7—12月底，
怀柔区园林绿化局实施科学城
小微绿地建设工程、怀柔区庙
城镇小微绿地建设工程，总面
积约3公顷。其中科学城小微
绿地面积约1.5公顷，庙城小微
绿地面积约1.5公顷。栽植乔
木700余株，栽植灌木1000余

株，完成地被植物1.2公顷。

【全龄友好公园改造建设工程】8月，怀柔区全龄友好公园改造工程开工建设，工程投资约500万元，总面积约5公顷。改造内容为：补齐绿化、增加出入口、修复廊架与现有铺装、进行道路路径优化、完善无障碍通行、更换老旧座椅、增加儿童活动设施及休息设施、球场修缮，放置人工鸟巢增加生物多样性。

【创建国家森林城市】 11月初，怀柔区顺利通过国家林草局考核验收，被国家林草局授予"国家森林城市"称号。

【"留白增绿"和"揭网见绿"专项行动】 年内，怀柔区园林绿化局完成"留白增绿"任务30.94公顷，完成率110.5%，涉及杨宋、桥梓等9个镇乡和怀柔科学城。完成"揭网见绿"地块174个，面积257.1公顷，完成率107.1%。涉及14个镇乡（街道）、2个公司（科学城公司、长城伟业公司）。

【森林防火】 年内，怀柔区10支森林消防队伍出动车辆5132车次，人员30407人次，巡查207922.53千米，在巡查过程中发现森林防火隐患975起。其中禁止野外用火196起，纠正火险隐患400起（含乱堆乱放），发现管护员脱岗、离岗、不尽责379次，通知相关属地政府立即整改，并对涉及点位的生态林管护员进行处罚。对各镇乡及有林单位进行防火检查67次，发现隐患共计80余处，开具隐患整改通知书8份，森林防火检查整改单67份，整改完成率达到100%。

【集体林场】 年内，怀柔区园林绿化局新增4个镇乡集体林场（雁栖镇、九渡河镇、北房镇、杨宋镇集体林场），各集体林场管理制度体系基本建立。各新型集体林场承担新一轮百万亩造林管护工程2058.97公顷，占总面积的50.41%；承担山区森林经营任务6880公顷，占建设总面积的63.55%。集体林场带动就业2370人，其中本地就业2342人，本地用工率98.8%。参保就业人数332人。

【林业有害生物防治】 年内，怀柔区园林绿化局设置林业有害生物测报监测点221个，覆盖全区14个镇（乡）、13个有林单位，监测覆盖率100%。监测面积16万余公顷，重点监测美国白蛾、红脂大小蠹、松褐天牛、苹果蠹蛾、橘小实蝇等林果有害生物35种。发放各种监测诱捕器械460套、诱芯385个、诱液45千克。监测员通过手机App软件、微信、信件等方式，上报数据2671份。发布林业有害生物发生动态和趋势预报16条，及时准确指导防控工作。

【林木食叶害虫越冬基数调查工作】 年内，怀柔区园林绿化局开展林木食叶害虫越冬基数调查工作。设置越冬基数标准样地80块，调查株数1885株。

【野生动物保护】 年内，怀柔区园林绿化局依托两处市级监

怀柔区获国家森林城市称号荣誉牌（赵川迪 摄影）

测点持续开展野生动物疫源疫病监测，制订野生动物疫源疫病应急预案，未发生异常情况。建立野生动物救助档案，累计救助野生动物89只，其中国家二级重点保护野生动物30只，北京市级保护动物32只，国家"三有"保护动物27只。开展怀柔区陆生野生脊椎动物——鸟类和小型哺乳动物资源专项调查以及AI鸟类智慧监测专项调查。

【古树名木保护】　年内，怀柔区园林绿化局与镇乡、街道、管护责任单位签订《古树名木保护管理责任书》，制订《怀柔区园林绿化局打击破坏古树名木违法犯罪活动专项整治行动方案》，联合怀柔区城管执法部门开展执法检查工作，建立联合检查机制。开展一系列古树名木抢救复壮项目，对衰弱、存在安全隐患的古树采取复壮措施，消除安全隐患。建立区级古树巡查队伍，对全区在册的3108株古树开展巡查。积极探索古树名木及生境整体保护试点，在雁栖镇北湾村古树乡村，围绕"让古树活起来"开展系列宣传活动，邀请古树专家对古树管护相关人员进行专业培训。推进古树名木的新增工作，新增古树2株。

【自然保护区遗留问题整改及生态修复】　年内，怀柔区园林绿化局完成2019年、2020年喇叭沟门自然保护区问题点位整改项目、自然保护地大检查问题整改项目。拆除喇叭沟门自然保护区核心区老旧院落两处、清除实验区私搭乱建、地面硬化等各类设施4处，总面积0.25公顷，绿化修复3.9公顷，栽植油松、柳树、金叶榆等绿化苗木4756株。

【公园绿地养护管理】　年内，怀柔区园林绿化局开展城区各公园、街道绿地的绿化养护工作，修剪树木、花灌7.2万余株、绿化带65.2公顷，改造提升现状绿地8.66公顷。

【生态林管护】　年内，怀柔区园林绿化局完成平原生态林养护总面积4066.67公顷；完成林

中国最美槲树——怀柔区宝山镇对石村槲树（宝山镇人民政府 提供）

怀柔区平原生态林示范区景观（刘春颖 摄影）

分结构调整151.38公顷。开展两处平原生态林村头片林改造提升工作，总面积4.03公顷。建设完成生态保育小区3个，完成平原生态林林分质量提升试验示范区面积76.84公顷，完成林下补栎2.3万株。在市园林绿化局2022年度平原生态林养护管理考核中，以综合评分90.74的成绩，位居全市第二。生态保育小区，被评为"北京市2022年平原生态林十佳生物多样性保育小区"。1家管护单位评选为"2022年度平原生态林十佳巡护管理先进单位"，1名养护人员被评为"2022年度平原生态林十佳巡护员"。

【杨柳飞絮治理】 年内，怀柔区杨柳飞絮防治工作出动高压喷水车1073车次、雾炮车28车次、喷水处理杨柳树雌株82.13万株次，杨柳树雌株修剪整形4762棵，总作业人数15742人。完成杨柳雌株资源调查26.37万株，其中杨树雌株19.7万株，柳树雌株6.67万株；完成重点区域（包括城区及周边、高架桥沿线、科学城、示范区、影视基地等）杨柳雌株标牌标注9.07万株（标注总量9.82万株），完成标注总量的92%。抑制剂防治雌株注射6496株；出动应急高压水车49台班，有效缓解杨柳飞絮扰民。

【蜂产业示范项目】 年内，

怀柔区园林绿化局开展多箱体成熟蜂蜜养殖技术试验示范项目，示范推广"南繁北养""强群采蜜"现代模式，主要内容包括引进意蜂强群150群，采购移动平台1个以及技术推广培训，项目投资约94.51万元。引进意蜂强群100群，在桥梓镇苏峪口村平原造林地块示范养殖；推广普通意蜂230群，蜂农养蜂户26户，鼓励蜂农更新技术科学养殖；引进智能蜂箱2个，多箱体成熟蜂蜜养殖技术培训1次，发

5月16日，怀柔区园林绿化局工作人员在府前东街进行杨柳飞絮治理作业（钟永富 摄影）

4月13日，怀柔区园林绿化局工作人员在苏峪口蜂产业项目基地检查蜜蜂养殖情况（钟永富 摄影）

放《中国成熟蜂蜜生产技术》近60册。

【板栗园林废弃物循环利用】年内，怀柔区园林绿化局继续利用有机肥堆制技术，利用板栗产生园林废弃物栗篷粉碎后进行堆肥，先后进行两次试验，共堆制肥约2.5吨。

【林长制工作】年内，怀柔区级林长巡林巡查60次、镇乡街道及区级有关单位林长巡林巡查600余次、村（社区）级林长巡林巡查22000余次。划分林管员、护林员管护责任网格1766个。建立"林长+检察长"机制，认真履行组织协调、督查督办职能。区级总林长郭延红、于庆丰发布怀柔区总林长令，对全区森林防灭火、加快林长目标责任制建立和积极做好美国白蛾等林业有害生物防控等重点工作进行部署。

【林政资源管理】年内，怀柔区园林绿化局受理林木伐移申请386件，其中采伐申请349件，移植申请14件，退件23件。其中批准采伐349件，采伐林木1196908株，18376.82立方米；林地采伐审批318件，1191320株，18185.49立方米；批准移植14件，移植林木8974株；不予批准林木采伐23件，1566株，1025.68立方米。

【领导班子成员】

党组书记　局长　区绿化办主任
郭小卫
党组成员　副局长
秦建国　刘国柱　张勇
副局长　崔尚武
二级调研员　陈志刚
张晓辉（2022年3月任）
四级调研员
景海燕（女）　汪俊梅
（怀柔区园林绿化局：王剑供稿）

密云区园林绿化局

【概　况】　北京市密云区园林绿化局（简称：密云区园林绿化局），挂北京市密云区绿化委员会办公室（简称：密云区绿化办）牌子，是负责本区园林绿化工作的政府工作部门。主要职责是：负责全区营林造林、推进林业产业发展、森林防火、林政资源管理、林业有害生物防控和城镇绿化美化管理等工作。内设办公室、机关党委、计财科、综合业务科、行政审批科、园林绿化综合执法队6个行政科室，设园林绿化工程事务中心、有害生物防治检疫中心、国有林场总场、蜂产业发展促进中心、森林防火中心、自然保护区管理与野生动植物保护中心、城镇绿化服务中心、生态林管护中心、园林改革事务中心、林业工作站、果树技术开发中心、潮白河林场、雾灵山自然保护区管理处、锥峰山林场、白龙潭林场、五座楼林场、云蒙山自然保护区管理处17个事业单位。

2022年，密云区森林覆盖率70.13%，林木绿化率75.3%，湿地保护率97.21%，绿化覆盖率57.07%。

绿化造林　年内，密云区完成新一轮百万亩造林354.8公顷，森林健康经营林木抚育6533.3公顷、国家级公益林管护抚育2306.6公顷。全年接待社会各界和区内各单位开展义务植树活动210次，参与人数10万余人，栽植、抚育苗木30万余株。

绿色产业　年内，密云区果树面积达到3万公顷，打造出新城子苹果、黄土坎鸭梨、穆家峪红香酥梨等一批密云特色林果品牌。制订蜂产业发展三年行动计划，高效规划三年蜂产业发展方向。

资源安全　年内，密云区森林火灾视频高山监控探头达到149个，视频监控覆盖度达到90%，首次实现无森林火警、无森林火灾的"双无目标"。

【新一轮百万亩造林工程】　年内，密云区园林绿化局完成新一轮百万亩造林绿化工程354.8公顷，总投资4523.7万元，涉及不老屯、大城子、冯家峪

雾灵山森林景观（密云区园林绿化局 提供）

穆家峪、石城、新城子6个镇16个行政村。栽植完成率为100%，累计栽植各类苗木27万余株，于5月31日在全市范围内率先完成建设任务。5年来累计完成新造林5333.33公顷。

【森林健康经营林木抚育项目】年内，密云区园林绿化局完成森林健康经营林木抚育项目6533.3公顷，总投资4200.3万元，涉及北庄镇、不老屯镇、大城子镇、东邵渠镇、冯家峪镇、高岭镇、巨各庄镇、穆家峪镇、石城镇、西田各庄镇10个镇107个村。其中定株666公顷，间伐2000余公顷，补植1333公顷，人工促进天然更新2666公顷，建设景观步道109千米，设置永久性示范区两处。本区作业方案设计在全市评审得分中位列第一。

【国家级公益林管护抚育项目】年内，密云区园林绿化局完成公益林管护抚育项目2306.6公顷，总投资1959.79万元，涉及新城子镇、古北口镇、太师屯镇3个镇23个村。其中间伐800公顷、补植666.67公顷。设立永久性示范区两处，设计作业、景观步道32.8千米，建设内容为林木抚育、林间作业道、宣传牌示、游憩区、座椅、垃圾桶等。

【"留白增绿"和"揭网见绿"专项工作】年内，密云区园林绿化局实施园林领域"留白增绿"10.63公顷，已全部完成销账。实施"揭网见绿"地块101个，图斑面积246万平方米，完成任务率100%，在全市领先完成工程任务。

【全民义务植树】年内，密云区园林绿化局在新城子镇、西田各庄镇等地，开展"一起来植树一起向未来"主题义务植树活动。全年组织义务植树活动160次，实体活动接待5000人；全区各镇（街）组织义务植树90次，参加义务植树尽责人数11.7万人；全区栽植苗木15万株，抚育修枝20.1万株。

【国家森林城市创建】年内，密云区园林绿化局执行《密云区国家森林城市建设总体规划（2018—2035）》，规划建设实际完成率为146.53%，自评创森36项指标全部达到国家标准。11月3日，密云区被授予

密云区溪翁庄镇白草洼村森林抚育项目景观（密云区园林绿化局 提供）

4月9日，密云区在新城子镇古柏公园举办首都义务植树活动（密云区园林绿化局 提供）

"国家森林城市"称号。

【城镇绿化美化】 年内，密云区园林绿化局接收代征绿地10块，总面积17.93公顷。取得土地划拨决定书的绿地3块。

【社区环境美化】 年内，密云区园林绿化局完成创建首都绿化美化花园式单位6个、首都绿化美化花园式社区2个、首都森林村庄6个。充分发挥4处

7月28日，密云区云末文化园艺驿站组织插花活动（密云区园林绿化局 提供）

园艺驿站面向基层、面向群众的优势，组织线上、线下各项活动72场，参与活动的居民约5100人次。

【果品产业】 年内，密云区果树面积达到3万公顷，涉及7万农户。打造出新城子苹果、黄土坎鸭梨、穆家峪红香酥梨等一批密云特色林果品牌，其中黄土坎鸭梨、石峨御皇李子、大城子红肖梨、坟庄核桃被列

入《老北京果品资源名录》，收录到北京市系统性农业文化遗产资源名录，并入选农业农村部《全国地域特色农产品普查备案名录》。实现年果品产量5549万千克，年产值近4.5亿元，通过网络培训、微信平台、电话答疑等方式为果农传授果树管理技术，培训果农4000多人次。全区形成以板栗为主导的"一主、二优、三特色"果品产业格局。

【蜂产业】 年内，密云区现有蜂农2145户，蜂群12.35万群，占全市蜂群总量的45.2%，是"北京市养蜂第一大区"。建成国家级蜂产品标准化示范基地、绿色无公害蜂产品生产基地、蜂产品深加工基地、西方蜜蜂良种繁育基地和成熟蜜生产基地等22个基地。制订蜂产业发展三年行动计划，高效规划三年蜂产业发展方向。与中国农业科学院达成合作意向，将密云区打造成为"蜜蜂科学中心""蜜蜂科普中心"和"蜜蜂国家窗口"。发放高产蜜王2000只，浆王2000只。组织蜂农参加成熟蜜生产技术培训900余人次；建立密云蜂蜜生产标准和产品质量标准，密云蜂蜜和密云荆条蜜被纳入中国真实蜂蜜核磁图谱库，为全国真实蜂蜜检测提供标准。与中国农业科学院蜜蜂研究所合作，在合作社示范蜂场和

部分养蜂大户蜂场进行现场多箱体成熟蜂蜜技术指导800余人次；在密云蜂业抖音平台录制22期成熟蜜生产技术培训视频。举办"5·20世界蜜蜂日"主题活动，通过微信公众号和抖音直播开展，累计观看量达4500人次。

【森林防火】 年内，密云区园林绿化局建成集太空卫星遥感、空中无人机巡查、高点探头监测、重点区域视频监控、地面林长制网格化巡护的五位一体森林防火防控网格。森林火灾视频高山监控探头总数149个，视频监控覆盖度达到90%左右，通过红外和烟感两种模式24小时不间断自动监测。充分发挥16支管护专业队378名队员和5122名生态林管护员的森林防火队伍作用，与林长制相结合，强化巡逻巡护，严格野外用火管理。召开防火专题会议8次，下发转发指导性文件14次，指导各镇、林场签订责任书6508份。全区累计发放宣传材料20余万份，开展森林防火宣传活动30余场次，发送预警提示短信200万余条。清理可燃物面积6466.67公顷，出动人员400余人次，检查单位、点位1500余处。全年首次实现无森林火警、无森林火灾的"双无目标"。

【林长制工作】 年内，密云区

新城子镇"九搂十八杈"古柏公园景观（密云区园林绿化局 提供）

园林绿化局制订《密云区2022年林长制工作要点》《密云区2022年度林长制工作方案》《密云区林长制目标责任督查考核管理办法（试行）》《密云区2022年度林长制考核实施方案》等文件。完成全区网格划分任务，累计划分网格1400个。区总林长2名、区副总林长2名、区级林长16名、镇级林长218名、村级林长413名、4907名生态林管护员构成林长制组织体系，累计设置林长制公示牌247块，成为全市首个完成林长制公示牌设立区。

【古柏公园建设】 年内，密云区园林绿化局在新城子镇启动"九搂十八杈"古树保护复壮工程，依托古柏遗产及其文化影响，整合周边林地资源，建设古柏公园，占地21.33公顷，成为北京市首家古柏公园。

【古树保护】 年内，密云区1206株古树全部完成健康体检工作，建立健全"一树一档"制度，每株古树明确管护责任人，并建立古树名木智慧系统平台，依据《密云区"十四五"古树名木保护规划》《古树名木健康状况体检报告》，科学制订《2022年古树保护复壮项目实施方案》。

【野生动植物保护】 年内，密云区园林绿化局开展野生动物救助活动114次，救助动物35种118只，其中国家级保护动物32只、市级保护动物62只。全区77个监测点，监测到鸟类316种。更新《北京市密云区陆生野生动物名录（鸟类）》，更新后记录鸟类21目、71科、404种，其中有国家一级重点保护野生动物21种、国家二级重点保护野生动物68种、北京

4月12日，密云区园林绿化局在太师屯公园开展野生动物宣传活动（密云区园林绿化局 提供）

市级保护鸟类99种。

【种苗产业】 年内，密云区园林绿化局开展苗木质量检查134批次，迎接市级苗木质量监管成员单位赴密云抽查1次。1—10月，对符合申办条件的生产经营者受理许可事项38件，其中新办"林草种子生产经营许可证"6件，延续25件，变更7件。全区在册苗圃企业127个，总面积290.4公顷，总产苗量251万株，产值1.6亿元，全年销售苗木12.3万株，销售额400万元。

【林木有害生物防控】 年内，密云区园林绿化局设测报点108个，悬挂黑光灯1000台，发放美国白蛾、松褐天牛等诱芯诱液、诱捕器475套，诱虫板2000张，开展物理防治病虫害共计1853.67公顷。开展"5·25植物检疫宣传日"活动，第

二、第三代美国白蛾防控关键技术培训活动，发放宣传品、宣传海报3500份。

【涉林案件查处】 年内，密云区园林绿化局录入行政检查1800次，受理线索86条，办理林业行政案件112件，无公害处理非国家重点保护野生动物33只，收缴国家二级重点保护野生动物2只，罚款金额451458.11元。

【林政资源管理】 年内，密云区园林绿化局完成城市树木砍伐移植审批37件，其中砍伐32件、移植5件，涉及砍伐移植树木320余株。办理林地占用审批及备案75件，涉及林地面积48.87公顷，收取植被恢复费6879.8万元。推进"零跑腿""一网通办"审批流程，提高审批效率。

【领导班子成员】

党组书记 局长 区绿化办主任

田立文（2022年2月免）

齐超（2022年2月任）

党组成员 二级调研员 佟犇

党组成员 副局长

张国田 李志新 王春平

一级调研员

白明祥（2022年3月退休）

二级调研员 孙忠民

王国林（2022年4月任）

张金英（2022年4月任，2022年9月退休）

（密云区园林绿化局：

李中南 供稿）

延庆区园林绿化局

【概　况】 北京市延庆区园林绿化局（简称：延庆区园林绿化局），挂北京市延庆区绿化委员会办公室（简称：延庆区绿化办）牌子，是负责本区园林绿化工作的政府工作部门。主要职责是：负责全区营林造林、林业产业发展、森林防火、林政资源管理、林业有害生物防控和城镇绿化美化管理等工作。机关内设办公室、绿化科、林业科、森林资源管理科（行政审批科）、自然保护地管理科、防火安全科和人事科7个科室，另设区园林绿化综合执法队（正科级）。下设园林管理中心、果品产业服

务站（食用林产品质量安全管理事务中心）、种苗花卉产业服务站、林业工作站、林业保护站、林业产业促进中心、园林绿化事务服务中心、园林绿化监测中心、森林资源管护中心、国有林场管理中心、林长制工作中心、园林绿化宣传中心12个事业单位。全局核定行政编制27名，实有25人；行政执法专项编制20人，实有18人；事业编制423名，实有348人，高级职称在聘17人，中级职称在聘67人。

2022年，延庆区园林绿化局承办区政府折子工程13项、民生实事2项，涉及林业产业发展、城区景观提升、美丽乡村建设、景观服务保障、森林资源保护等方面；结合龙庆峡森林公园建设、延海花园建设、平原生态林养护工程，建成19个村头公园；完成《建成区绿色隔离体系规划》编制工作；全力推进2022年国家森林城市复审准备工作。全区森林面积达到12.29万公顷；活立木蓄积量达到528.9万立方米；森林覆盖率达到61.63%；人均公园绿地45.53平方米；公园绿地500米服务半径覆盖率增加到97.72%，"一核、一环、三带、五廊、十园、多点"的森林空间格局基本形成。

绿化造林 年内，延庆区完成新一轮百万亩造林主体栽植任务1066.67公顷；龙庆峡森林公园景观提升工程460公顷；森林健康经营工程7000公顷、国家级重点公益林管护工程1933.33公顷、彩色树种造林工程266.67公顷。开展平原生态林养护工程13200公顷。完成延海花园二期建设工程；创建花园式单位1个、首都森林村庄7个；完成"揭网见绿"任务41.9公顷、"留白增绿"1.01公顷；开展义务植树活动200余场，参与人数14.4万人；完成"下花园"古树村庄建设；建成19个村头公园；完成《建成区绿色隔离体系规划》编制工作。

绿色产业 年内，延庆区完成延庆特色小果类品种展示园建设，收集延庆及周边地区特色小果类品种70余个；完成林下经济种植133.33公顷；加快推进老旧果园更新改造提升、老北京水果示范基地建设86.67公顷；举办2022年澜湄水果节、北京首届林果花草蜂产业峰会等特色节庆；指导15个乡镇集体林场完成组建，2个区级集体林场完成下沉；各集体林场已吸纳本地农民2900余人就近就地绿岗就业。

资源安全 年内，延庆区有效使用林长制智慧平台，开展林地绿地整治，完成全年度乡镇级林长制工作考核，初步形成"林长制＋检察"工作机制。完成15个乡镇森林防火监控分中心并投入使用；严格查处涉林违法犯罪案件，办理林业行政案件9起，审批占用林地项目10件，办理林木采伐审批436件；持续推进自然保护地整合优化，自然保护地联合执法机制切实落地；完成百康湿地生态修复项目；结合国土"三调"，完成《新一轮林保规划》主体编制；2022年森林督查问题图斑195个，12月底基本完成整改；开展森林资源、固定样地及森林资源动态监测，完成外业调查及数据上传工作；在平原生态林管护中建设生物多样性保育小区4个；对40余种林业有害生物进行监测巡查，全区林业有害生物成灾率控制在1‰以下，是北京唯一一个美国白蛾非疫区。

【全民义务植树】 年内，延庆区开展义务植树活动200余场，参加义务植树人数27.5万人，累计完成义务植树任务82.5万株，其中新植树木9万株。

【首都绿化美化创建】 年内，延庆区创建首都绿化美化花园式单位1个（北京龙庆首创污泥处理技术有限责任公司）；创建首都森林村庄7个（八达岭镇小浮沱村、康庄镇马营村、张山营镇小河屯村、千家店镇下湾村、沈家营镇下花园村、大庄科乡铁炉村、珍珠泉乡转山子村）。

【城区绿化】 年内，延庆区园林绿化局全面提升城区绿化景观，大力改善街道、广场、村镇周边环境。总计更换行道树1400株、补植绿篱7.05万株、栽植地被花卉81万株、铺草坪4万平方米；整治黄土露天树池铺碎石6122个。完成"七一"、"十一"、党的二十大等重要节点城区公园绿地环境布置和保障任务，对公园、广场、街道实施精细化管理，增加临时管护人员，修缮维护公园座椅、垃圾桶、小围栏等公共设施，修剪树木，改善黄土露天环境。

【新一轮百万亩造林】 年内，延庆区园林绿化局完成新一轮百万亩造林绿化任务1066.67公顷，涉及11个乡镇、2个项目。其中平原重点区域造林绿化工程（圃改林）1000公顷，山前平缓地造林工程66.67公顷，完成总任务的100%。

【"留白增绿"工程】 年内，延庆区园林绿化局完成"留白增绿"专项工程1.01公顷。工程全部位于千家店镇，充分利用村庄周围拆迁腾退地，为村民提供更多绿色空间。

【延海花园（百村百园）绿化建设工程二期】 年内，延庆区园林绿化局完成延海花园建设总工程量的79%。永宁镇、康庄镇等6个乡镇建设已完工并进行预验收。

【林业有害生物测报】 年内，延庆区园林绿化局设置固定监测点280个、巡查路线75条、悬挂诱捕器610套、胶带围环800多株、粘板1730张，设置太阳能诱虫灯38台，对美国白蛾、松材线虫病、红脂大小蠹、苹果蠹蛾、桃小食心虫、春尺蠖、纵坑切梢小蠹等30多种林业有害生物进行测报与监测巡查。开展越冬基数调查1次，发布林业有害生物预报趋势2次，上报市级测报信息49期，区内发布林保虫情信息51期、2480份。

【林业有害生物检疫】 年内，延庆区开展产地检疫苗圃41家、苗木2458.5万株；复检苗木51车、2.69万株。开具产地检疫合格证319份，苗木95.6万株、草坪3万平方米；开具植物检疫证书4份，苗木8068株；枯死木鉴定84份，树木1.5万株。

【林业有害生物防治】 年内，延庆区围裹胶带2340余卷，树木9万株，防治春尺蠖146.67公顷；悬挂黄绿色粘虫板1.02万张，悬挂红色粘虫板1.4万张，悬挂黄色粘虫板800张，防治落叶松叶蜂、蚜虫、粉虱类刺吸害虫；悬挂诱捕器1675套防治纵坑切梢小蠹、松梢螟和红脂大小蠹；释放花绒寄甲10000头，管氏肿腿蜂50万头，蒲螨2亿头，躅螨5000头，释放异色瓢虫卵卡25万头，周氏啮小蜂1.4亿头，防治蚜虫、白蜡窄吉丁、天牛类害虫，防治面积554公顷。

【美国白蛾防控】 年内，延庆区园林绿化局在重点区域设置美国白蛾固定监测点120个，通过悬挂诱捕器监测到美国白蛾成虫80头，涉及康庄、永宁、沈家营、井庄等13个乡镇

延海花园绿化建设工程（二期）绿化景观（延庆区园林绿化局 提供）

38个点位。全区设置主要巡查路线10条，出动6000人次，2080车次，监测巡查22000千米，对幼虫和幼虫网幕不间断开展巡查，未发现网幕和幼虫危害。

【松材线虫病预防】 年内，延庆区园林绿化局设置25个松墨天牛监测点对松材线虫病开展监测，出动无人机10架次，巡查面积10066.67公顷，核实30架次。全区未发现此检疫病害。

【京津冀协同防控工作】 年内，延庆区园林绿化局与河北省张家口、怀来、赤城、崇礼等市县开展联合踏查1次、开展经验交流1次。与赤城、怀来、涿鹿开展虫情信息交流8次，绘制延怀赤三区县松材线虫寄主分布图1张。支援河北张家口市崇礼、怀来、赤城、涿鹿、小五台、宣化等区县及保护区防治药品9吨，防控器械260件。

【杨柳飞絮防控】 年内，延庆区园林绿化局完成杨柳雌株喷水湿化3.1万株，雌株修剪818株，药剂注射5014株，出动水车680车次。做到"应湿尽湿，应扫尽扫"，未出现飞絮中度以上情况。

【食用林产品质量安全管理】年内，延庆区园林绿化局完成

食用林产品安全检测工作，抽样147份，其中风险监测79份，监督抽检8份，快速检测60份。杏、葡萄样品抽检合格率100%。在果园推行农产品合格证制度的实施，为15家公司（合作社）发放打印器材和纸张。为29家公司（合作社）发放2021年认证基地奖励资金40.2万元。新增1家林产品追溯基地〔碧森园生物科技（北京）有限公司〕。

【果树培训示范推广】 年内，延庆区园林绿化局组织果树专家深入乡镇现场开展果树修剪与技能培训36次，培训果农636人次，培养技术骨干6人。推广果树花果管理高效技术两项，应用面积26.67公顷；向甘肃武威地区推广葡萄优新品种2个，推广设施葡萄栽培面积4公顷。

【退耕还林后续政策落实工作】年内，延庆区园林绿化局制订下发《北京市延庆区退耕还林后续政策落实工作乡镇考核评分标准》，完成年度退耕还林区级核查及市级复查。验收合格的退耕还林后续政策面积2863.37公顷，涉及15个乡镇、230个村、25737个地块、11512户退耕户。其中流转为公益林地块面积为352.76公顷，生态经济兼用林面积

2510.61公顷。

【林长制工作】 年内，延庆区园林绿化局落实区、镇、村三级林长常态化巡林工作，区级林长巡林25次，乡镇（街道）级林长巡林1687次，村（社区）级林长巡林11768次。开展常态化林地绿地整治，排查整改侵占林地、林地内堆放垃圾等各类问题点位2393个。

【森林资源管理】 年内，延庆区园林绿化局完成审批占用林地项目14件，审批面积28.65公顷，收取森林植被恢复费3175.85万元；办理林木采伐审批482件，采伐林木22265.02立方米，166935株；办理林木移植36件，移植林木12523株；办理危险树木砍伐审批29件，批准砍伐树木225株；批准树木移植2件14株；完成工程项目绿化审查16件；完成回复会商意见22件；完成生态公益林保险13.29万公顷，完成灾害预警理赔19.93万元。

【自然保护地】 年内，延庆区园林绿化局开展自然保护地优化整合工作，编制《延庆区自然保护地整合优化预案》。开展自然保护地日常管理检查指导80余次，开展联合执法行动10次，杜绝砍伐、放牧、狩猎、捕捞挖沙等活动；开展野生动物疫情监测检查100余次，劝阻500余人，立案12起；完成

百康湿地生态修复项目总任务的70%；举办自然保护地宣传10场，发放宣传材料4000余册，发放宣传品1000余份。

【野生动物疫源疫病监测与宣传】 年内，延庆区园林绿化局积极做好野生动物疫源疫病监测工作，设立国家级监测点1个，市级监测点4个，每天巡查两次，巡查记录和台账齐全；重点对野猪进行巡查防控，加大对湿地公园、森林公园、动物园（野生动物园）、花鸟市场等人与野生动物密切接触区域的巡查力度。结合"爱鸟周""湿地日"等活动，开展野生动物宣传活动。展示宣传展板、发放宣传材料和纪念品等2000余份。

【园林绿化外来入侵物种及草原有害生物普查】 年内，延庆区园林绿化局完成园林绿化外来入侵物种及草原有害生物普查工作，踏查面积113397.33公顷。发现外来入侵植物116种，包括牵牛、药用蒲公英、圆叶牵牛、大麻、曼陀罗、意大利苍耳、苘麻、原野菟丝子等。普查工作于7月开始，10月结束。

【新型集体林场建设】 年内，延庆区园林绿化局编制实施《延庆区新型集体林场建设实施方案》；完成15个乡镇集体林场组建，2个区级集体林场下沉工作；延庆镇、张山营镇、旧县镇、沈家营镇4个集体林场纳入2022年市级示范性集体林场建设；各集体林场吸纳本地农民就近就业2900余人，其中2000余人享受北京市最低工资上浮1.2倍的工资待遇，并缴纳"五险一金"。

【园艺推广活动】 年内，延庆区园林绿化局创建绿色时蔬特色驿站1处（绿富隆园艺驿站）；推进"园艺进生活"系列活动，开展少儿插花系列、手工创作系列、森林体验系列等室内外体验活动100场次，参与人数5350人次；举办生态文化创意大赛，40个获奖作品在夏都公园展出。

【古树名木保护】 年内，延庆区园林绿化局完成《延庆区古树名木2022—2035保护规划编制》；完成古树水泥填补树洞治理项目，开展古树复壮18株；加强日常检查，下发整改通知书15份，开展执法检查行动两次，普法宣传两场，发放宣传材料500余份；推广古树文化旅游资源，培育大庄科霹破石——奇石神树网红打卡地、金秋网红打卡地；完成下花园古树村庄创建，并获评延庆十大古树村落。

【森林防火】 年内，延庆区园林绿化局新建语音宣传杆63根、远红外视频监控97处，设立监控探头31处、防护网16.2千米，更新防火宣传牌200块，完成防火公路建设24.35千米；完成10个乡镇森林防火监控分中心（井庄镇、康庄镇、旧县镇、大庄科乡、珍珠泉乡、延庆镇、大榆树镇、八达岭镇、张山营镇、香营乡）建设并投入运行；完成延庆区防火监控系统和400兆数字通信系统建设。组织大规模集中宣传活动3次，发放防火宣传册、防火布袋等物品25万份。本防火年度内制止野外用火395起，未发生森林火灾。

【绿化资源监测】 年内，延庆区园林绿化局开展样地监测、图斑监测、林业资源调查工作，完成外业调查及数据上传工作；完成林地"一张图"与国土图斑差异核实工作；完成湿地资源本地资源数据复核工作。

【园林绿化行政执法】 年内，延庆区园林绿化局严格查处涉林违法犯罪案件。办理林业行政案件9起，其中滥伐林木案件1起、毁坏林地案件4起、拒不服从自然保护区管理案件2起、森林防火案件1起，猎捕杀害野生动物案件1起。收缴罚款88272元，责令补种树木14株。

【果品产业】 年内，延庆区园

林绿化局更新老旧果园50.53公顷、改造提升低效果园99.93公顷；在八达岭镇里炮村新建6.67公顷老北京水果基地，对刘斌堡乡山西沟村8公顷国光苹果进行提质增效；开展延庆特色小果类品种展示园建设项目，收集八棱脆海棠、沙果等特色小果类品种78个。举办延怀河谷葡萄文化节、牡丹文化节、澜湄水果节、北京首届林果花草蜂产业峰会等特色节庆，促进农民增收。

【林业产业】 年内，延庆区园林绿化局监管指导花卉种植面积1000公顷，发展郁金香种质资源6.67公顷（延庆镇唐家堡村）；全区蜂群总量5300群，分布范围涉及15个乡镇，带动农民就业210余户；新发展林药、森林旅游和林粮等林下经济704.28公顷，其中栽植艾草、板蓝根、射干等经济作物143.45公顷；完成30家办证苗木企业核查，29家规模化苗圃验收工作；开展林果花草蜂种业资源调查，初步建立林草花果蜂种质资源台账。

【龙庆峡森林公园景观提升工程】 年内，延庆区园林绿化局完成龙庆峡森林公园景观提升工程。工程北起旧小路、南至八峪路，东西到双龙路，面积459.33公顷，涉及张山营、旧县、沈家营3个乡镇，补植彩色树种，建设轻、慢行道路系统、休闲空间，打造以自然要素为特色的多彩森林郊野公园。

【山区林木抚育项目】 年内，延庆区园林绿化局实施森林健康经营林木抚育项目7000公顷，涉及井庄镇、千家店镇、四海镇、大庄科乡、旧县镇、永宁镇、珍珠泉乡7个乡镇；国家级公益林管护工程1933.33公顷，涉及千家店镇、刘斌堡乡、四海镇、珍珠泉乡、井庄镇、大庄科乡6个乡镇；彩色树种造林266.67公顷，主要位于南山环线两侧八达岭镇、大榆树镇，栽植元宝枫、黄栌等苗木8万余株。

【平原生态林养护工程】 年内，平原生态林养护面积11866.67公顷，涉及13个乡镇，主要抚育措施为林地保洁、杂草清理、日常巡查、浇水、修树盘松土、补植、树木修剪等。

【领导班子成员】
党组书记 局长 区绿化办主任
徐志中（2022年9月免）
胡巧立（2022年11月任）
党组副书记
杨立宏（2022年9月免）
张璞（2022年9月任）
党组成员 副局长 庞月龙
吴永平 史冬梅（女）
党组成员
王晓旭（2022年9月任）
（延庆区园林绿化局：
刘艳萍 供稿）

建设中的龙庆峡森林公园（延庆区园林绿化局 提供）

荣誉记载

2021年度首都绿化美化先进集体

（一）首都全民义务植树先进单位（共计188个）

中直机关

中办警卫局服务处玉泉山管理科

中宣部机关服务中心行政一处

中央统战部机关服务中心服务一处

中央政法委机关服务中心综合管理处

团中央机关服务中心行政服务处

光明日报服务中心综合服务处

经济日报社服务中心行政处

中央国家机关

全国人大机关服务中心办公室

科技部绿化委员会办公室

国家安全部行政管理局五处

人力资源社会保障部绿化委员会办公室（机关服务中心行政处）

交通运输部绿化委员会办公室

国资委冶金机关服务中心行政处

税务总局机关服务局数据中心后勤管理处

国管局中央国家机关公务员住宅建设服务中心项目一处

中国工程院办公厅综合处（行政后勤处）

国防科工局国家核安保技术中心后勤保障处

国家林草局机关绿化委员会办公室

《国土绿化》杂志社

中信集团党委党群工作部社会公益处

国家开发银行总务部行政事务管理处

中国光大银行办公室综合研究处

驻京解放军、武警部队

中国人民解放军66136部队

中国人民解放军66444部队

中国人民解放军32081部队支援保障营

中国人民解放军61001部队保障部运输营房处

中国人民解放军95820部队

中国人民解放军95865部队13分队运输营房科

中国人民解放军96944部队

中国人民解放军96901部队33分队

中国人民解放军32701部队军事设施建设处

中国人民解放军91638部队

中国人民解放军92354部队

武警北京市总队执勤第十五支队

武警北京市总队机动第四支队

中国人民解放军66403部队

中国人民解放军32177部队

市人大

市人大常务委员会农村办公室法规处

市人大常务委员会综合保障中心

市政府

市政府办公厅办公室

市政府办公厅秘书四处

市政府办公厅秘书五处

市政协

市政协人口资源环境和建设委员会办公室

市政协中山堂管理服务中心

市委宣传部

市委网信办网络评论工作处

北京广播电视台新闻广播中心

中国电影博物馆保障部

新京报社深度报道部

市政法委

市公安局警务保障部行政处行政管理一科

市人民检察院行政事务管理部

延庆区人民法院综合办公室

北京市天堂河强制隔离戒毒所

市发展改革委

市发展和改革委员会区域发展处

市教委

北京大学校园服务中心绿化环卫管理科

清华大学修缮校园管理中心园林科

中国传媒大学后勤保障处

北京印刷学院后勤处物业服务中心

中国戏曲学院后勤管理处

北京舞蹈学院后勤基建处

北京信息科技大学后勤管理处

北京财贸职业学院后勤基建处

北京政法职业学院综合服务中心

市科委

市科委行政事务服务中心

市经济和信息化局

北京市大数据中心综合部

市财政局

市财政局自然资源和生态环境处

市财政局机关服务中心

市生态环境局

市生态环境保护科学研究院生态保护与环境规划研究所

市生态环境局综合事务中心

市规划自然资源委

市规划和自然资源委地质勘查管理处

市住房城乡建设委

市住房城乡建设委保障房标准与评审处

市城市管理委

市城市管理委员会环境建设规划发展处

市交通委

市交通委员会工会

市交通运输综合执法总队十六支队

市交通委员会昌平公路分局

市农业农村局

市农业技术推广站

市水生野生动植物救护中心

市商务局

北京市对外贸易学校

市卫生健康委

首都医科大学附属北京朝阳医院

首都医科大学附属北京妇产医院

北京急救中心

市审计局

市审计局第八派出局

市民政局

北京SOS儿童村

市国资委系统

首钢集团有限公司矿业公司

北京金泰港物流有限公司

北京市自来水集团有限责任公司大兴分公司

北京奔驰汽车有限公司

北京瑶台温泉酒店有限公司

北京金都园林绿化有限责任公司

北京房地兴业投资管理有限公司

北京市首发天人生态景观有限公司

北京水产集团有限公司

北京长阳农场有限公司绿化管理分公司

市税务局

国家税务总局北京市税务局机关服务中心

国家税务总局北京经济技术开发区税务局

市市场监管局

市市场监督管理局综合事务中心

市应急管理局

市消防救援总队训练与战勤保障支队

市应急局应急管理部森林消防局机动支队

二大队

市广播电视局

市广播电视局综合事务中心

市广播电视局宣传中心

市文物局

市文物局综合事务中心

北京大觉寺与团城管理处

市体育局

北京什刹海体育运动学校

市统计局

市统计局综合事务中心

市地方金融监督管理局

中国农业银行股份有限公司北京海淀支行

市政务服务局

市市民热线服务中心网络工作处

市机关事务局

北京宽沟会议中心

市总工会

首都医科大学附属北京康复医院

团市委

北京市航天中学

市妇联

房山区城关街道办事处妇联

大兴区六合庄林场妇联

东城区龙潭街道光明社区妇联

市公园管理中心

市颐和园管理处

市北海公园管理处

市投资促进局

ABB（中国）有限公司工会

北京电力公司

国网北京市电力公司后勤工作部

东城区

市规划和自然资源委员会东城分局

东城区城市管理委员会

东城区东四街道办事处

东城区融媒体中心

北京光明小学

西城区

西城区融媒体中心

西城区人民政府金融街街道办事处

西城区人民政府西长安街街道办事处

西城园林绿化有限责任公司

朝阳区

朝阳区孙河乡人民政府

朝阳区东风乡人民政府

朝阳区金盏乡人民政府

朝阳区黑庄户乡人民政府

北京市绿林源苗木销售中心

海淀区

海淀区苏家坨镇人民政府

北京市第一〇一中学

北京市上地实验学校

首都师范大学附属中学（北校区）

海淀区人民政府花园路街道办事处

海淀区人民政府永定路街道办事处

海淀区人民政府学院路街道办事处

丰台区

中国人民解放军66481部队保障部

丰台区教育委员会

北京丽泽金融商务区管理委员会

石景山区

北京市石景山区融媒体中心

共青团石景山区委员会

中国人民解放军66736部队

门头沟区

共青团门头沟区委员会

门头沟区区委编办

门头沟区融媒体中心

门头沟区医疗保障局

房山区

房山区国有资产监督管理委员会

房山区拱辰街道办事处

中国原子能科学研究院社会事务管理部

中煤北京煤矿机械有限责任公司

通州区

通州区妇联

通州区体育局

通州区市场监督管理局

通州区金融办

通州区临河里街道办事处

通州区住房和城乡建设委员会

通州区教委

通州区融媒体中心

顺义区

顺义区卫生健康委

顺义区后沙峪镇政府

顺义区南法信镇政府

顺义区李桥镇镇政府

顺义区龙湾屯镇政府

昌平区

共青团北京市昌平区委员会

昌平区公园绿地管理中心

昌平区明十三陵管理中心

昌平区十三陵镇农业服务中心

大兴区

北京市京南风景园林绿化工程有限公司

大兴区礼贤镇人民政府

大兴区北臧村镇人民政府

大兴区生态环境局

大兴区机关事务管理服务中心

平谷区

国家统计局平谷调查队

平谷区机关事务管理服务中心

平谷区科学技术和工业信息化局

平谷区城市管理委员会

怀柔区

怀柔区喇叭沟门乡人民政府

怀柔区雁栖镇人民政府

自然资源部机关服务局办公室

北京第二外国语学院后勤与基建处

密云区

密云区城市管理综合行政执法局

密云区职业学校

密云区石城镇人民政府农业农村服务中心

北京云末文化传播有限公司（云末文化园艺驿站）

延庆区

延庆区大庄科乡人民政府

延庆区刘斌堡乡人民政府

延庆区人力资源和社会保障局

延庆区张山营镇东门营村

（二）首都绿化美化先进单位（共计51个）

东城区

东城区绿化二队

西城区

西城区人定湖公园管理处

西城区万寿公园管理处

朝阳区

朝阳区崔各庄乡（地区）社会公共事务服务中心

北京朝来森林公园管理有限公司

朝阳区十八里店乡（地区）社会公共事务服务中心

北京美睿文化艺术中心有限公司

海淀区

海淀区林业工作总站

丰台区

北京花乡花木集团有限公司

丰台区园林绿化局

丰台区园林绿化服务中心

石景山区

北京首钢园林绿化有限公司

石景山区公园管理中心

石景山区园林绿化局

门头沟区

门头沟区园林绿化局

门头沟区水务局

门头沟百花山管理处

房山区

房山区科学技术委员会

房山区十渡镇农业农村办公室

房山区窦店镇农业农村办公室

顺义区

顺义区城市管理委城市道路与交通设施管理事务中心

市交通委员会顺义公路分局

顺义区园林绿化服务中心

昌平区

昌平区回天地区公园绿地管理中心

昌平区平原造林管理中心

北京市美昌然园林工程有限责任公司

大兴区

大兴区六合庄林场

大兴区园林服务中心绿化队

大兴区林业工作站

平谷区

平谷区园林绿化局

平谷区平谷镇农业农村办公室

平谷区大兴庄镇城乡建设和农业农村办公室

怀柔区

北京怀资园林绿化工程有限公司

北京雁栖岛生态园林发展有限公司

怀柔区园林绿化工程质量监督站

密云区

密云镇人民政府农业农村服务中心

密云区太师屯镇农业农村服务中心

密云区雾灵山林场

延庆区

北京延庆康庄集体林场

北京路桥海威园林绿化有限公司

中交隧道工程局有限公司——国家高山滑雪中心第二标段项目经理部

市交通委

北京交通发展研究院慢行交通团队

市水务局

北京市南水北调环线管理处

市园林绿化局

市园林绿化局防治检疫处

北京市野生动物救护中心

市园林绿化局森林防火事务中心（北京市航空护林站）

北京松山国家级自然保护区管理处（北京市松山林场管理处）

北京市京西林场管理处

市公园管理中心

北京植物园管理处

北京市园林学校

园林绿化社会团体

北京绿化基金会

（三）首都绿化美化花园式社区与单位（共计100个）

1. 首都绿化美化花园式社区（共计40个）

东城区

东城区东花市街道忠实里社区

西城区

西城区金融街街道民康社区

朝阳区

朝阳区东湖街道办事处望京西园社区

朝阳区望京街道办事处望京西园四区社区

朝阳区八里庄街道办事处罗马嘉园社区

朝阳区大屯街道办事处育慧西里社区

朝阳区太阳宫地区办事处尚家楼社区

朝阳区常营地区办事处万象新天社区

朝阳区来广营地区办事处清友园社区

朝阳区小红门地区办事处中海城社区

海淀区

海淀区羊坊店街道海军机关大院社区

海淀区西三旗街道枫丹丽舍社区

海淀区马连洼街道如缘居社区

丰台区

丰台区新村街道三环新城第二社区

丰台区新村街道三环新城第三社区

丰台区太平桥街道万润社区

丰台区青塔街道长安新城第一社区

石景山区

石景山区苹果园街道边府社区

门头沟区

门头沟区龙泉镇中门寺南坡社区二区

门头沟区王平镇河北社区

房山区

房山区长阳镇云湾家园社区

房山区向阳街道富燕新村第一社区

通州区

通州区临河里街道合生滨江帝景社区

顺义区

顺义区空港街道满庭芳社区

顺义区后沙峪镇蓝尚家园社区

顺义区双丰街道香悦第二社区

昌平区

昌平区史各庄街道领秀慧谷社区

昌平区龙泽园街道龙泽苑东区社区

大兴区

大兴区黄村地区办事处华远和煦里社区

大兴区庞各庄镇富力华庭苑社区

大兴区高米店街道香留园社区

大兴区高米店街道茉莉社区

大兴区旧宫地区办事处盛悦居社区

大兴区旧宫地区办事处紫郡府社区

大兴区瀛海镇金茂嘉园社区

平谷区

平谷区夏各庄镇知义园社区

怀柔区

怀柔区庙城镇金山社区

密云区

密云区果园街到博润园社区

密云区鼓楼街到车站路南区社区

延庆区

延庆区沈家营镇天成家园南社区

2. 首都绿化美化花园式单位（共计60个）

东城区

融创物业服务集团有限公司北京分公司使馆壹号院项目管理区

西城区

西城区人民检察院

朝阳区

保利物业管理（北京）有限公司保利嘉园服务中心

北京仲量联行物业管理服务有限公司第一分公司公园大道部

北京森茂物业管理有限公司华瀚国际项目部

北京森和物业管理有限公司金蝉南里项目部

北京汇晨朝来老年公寓有限公司

北京市朝阳来广营农工商实业总公司

北京市首创吉润物业管理有限公司格林莱雅项目部

北京融尚物业管理有限公司华彩国际公寓项目部

中材国际贸易（北京）有限公司中材国际大厦

浦项置业（北京）有限公司

海淀区

海淀区甘家口街道机械院社区

北京开放大学

海淀区海淀街道万柳家园

海淀区学院路街道柏儒苑二期小区

海淀区东升镇奥北科技园

北京四季青公共服务管理集团有限公司

丰台区

北京市凉水河管理处大红门闸站办公区

北京市凉水河管理处洋桥橡胶坝站办公区

中华人民共和国审计署机关服务局服务二部

北京新城康景物业管理有限公司

丰台区青塔街道蔚园22号院

石景山区

北京华美天祥投资管理公司金府南路89号院

门头沟区

门头沟区智慧摇篮紫荆幼儿园

中国人民解放军93658部队62分队

房山区

中国社会科学研究院大学后勤处

国家税务总局北京市房山区税务局

北京高端制造业（房山）基地管理委员会

北京海聚博源科技孵化器有限公司

通州区

通州区潞源街道办事处

北京保障房中心机构公租中心 含英园五区

北京保障房中心机构公租中心 含英园八区

北京市第五中学通州校区

顺义区

北京环卫集团环卫装备有限公司

北京顺义李桥集体林场

昌平区

昌平区史各庄街道领秀慧谷北区社区

昌平区龙泽园街道国风美唐臻观社区

昌平区回龙观街道回龙观新村社区

大兴区

北京师范大学大兴附属小学

大兴区十一建华实验幼儿园

中国人民武装警察部队第五军事监狱

北京京南风景园林绿化工程有限公司

大兴区第一中学（西校区）

长亦兴园林绿化中心

平谷区

平谷区大华山镇小峪子村民委员会

北京野馨科技发展有限公司

北京绿谷光明电力工程有限公司

北京金塔仙谷度假小镇建设开发有限公司

北京市平谷区职业学校

怀柔区

中国石化销售股份有限公司技术培训中心

北京市怀源供水有限公司

北京罗麦科技有限公司

密云区

北京铂云蓝山教育科技有限公司

北京永林盛苗木花卉有限公司

保利物业管理（北京）有限公司

中国邮政集团公司北京市密云区分公司巨各庄支局

北京润之都葡萄种植专业合作社

北京久运河谷葡萄种植专业合作社

延庆区

延庆区档案史志馆

（四）首都森林城镇（共计6个）

朝阳区

朝阳区孙河乡

海淀区

海淀区上庄镇

通州区

通州区永乐店镇

顺义区

顺义区南彩镇

昌平区

昌平区十三陵镇

大兴区

大兴区北臧村镇

（五）首都森林村庄（共计50个）

朝阳区

朝阳区来广营乡清河营村

朝阳区黑庄户乡幺铺村

海淀区

海淀区上庄镇八家村

海淀区上庄镇西辛力屯村

海淀区苏家坨镇七王坟村

海淀区苏家坨镇车耳营村

丰台区

丰台区南苑街道槐房村

丰台区卢沟桥街道大瓦窑村

门头沟区

门头沟区雁翅镇房良村

门头沟区雁翅镇河南台村

门头沟区妙峰山镇岭角村

门头沟区妙峰山镇桃园村

房山区

房山区大石窝镇王家磨村

房山区琉璃河镇立教村

房山区周口店镇山口村

房山区南窖乡南窖村

通州区

通州区永乐店镇小南地村

通州区永乐店镇老槐庄村

通州区潞城镇东堡村

顺义区

顺义区马坡镇石家营村

顺义区高丽营镇北王路村

顺义区张镇港西村

顺义区赵全营镇西绛州营村

顺义区李桥镇南庄头村

昌平区

昌平区十三陵镇康陵村

昌平区十三陵镇燕子口村

昌平区小汤山镇酸枣岭村

昌平区小汤山镇葫芦河村

大兴区

大兴区安定镇后安定村

大兴区北臧村镇巴园子村

大兴区黄村镇前大营村

大兴区魏善庄镇李家场村

大兴区长子营镇赤鲁村

大兴区庞各庄镇鲍家铺村

平谷区

平谷区大兴庄镇良庄子村

平谷区黄松峪乡塔洼村

平谷区镇罗营镇西寺峪村

平谷区平谷镇下纸寨村

平谷区夏各庄镇张各庄村

平谷区峪口镇蔡坨村

怀柔区

怀柔区渤海镇铁矿峪村

怀柔区喇叭沟门满族乡孙栅子

怀柔区桥梓镇北宅村

密云区

密云区大城子镇庄户峪村

密云区大城子镇高庄子村

密云区巨各庄镇蔡家洼村

延庆区

延庆区大庄科乡东王庄村

延庆区张山营镇佛峪口村

延庆区四海镇大吉祥村

延庆区井庄镇东沟村

（首都绿化美化先进集体：方芳 供稿）

2021年度首都绿化美化先进个人

中直机关

陈命军　吴佳豹　鲁婷婷　王　伟

陈真真　康　洋　胡　璐　冯　利

中央国家机关

薄燕金　徐晓艳　郭永兴　宋　欣

胡莉萍　赵明建　王雪波　孙　柏

张冬革　吴广阔　王燕茹　王舒藜

许翠芳　马书强　韩运磊　郝　卓

刘原生　张立鑫

驻京解放军、武警部队

武　鑫　杨　鑫　任开良　孟佳明

李　威　于子程　陈　勇　王一凡

于明辉　徐骁涵　马艳波　包新雨

黄秋恒　韩　群　潘建华　刘国梁

喻　龙　刘洪斌　周　冰　赵福祥

市人大

李　男

市政府

苏　宁　胡俊峰

市政协

程　静

市委宣传部

张振中　李　欣　张道斌　朱六一

市政法委

李　洋　刘星罡

市发展改革委

夏铭君　王　玲

市教委

杨小东　徐艺蕾　赵　楠　刘　江

田红洁　王瑞青　韩　有　郭　志

郑宏伟　方观喜　王　巍　胡　波

王　佳　邹　翔

市科委

刘　佳

市经济和信息化局

刘燕梅

市民委

刘崇尧

市财政局

巨鸿谦　潘　英　邱丽华

市生态环境局

曹志萍　刘　然　赵文慧

市规划自然资源委

金明丽　朱新世

市住房城乡建设委

凌学东　谭　祺

市城市管理委

张　胜　宋晶阳

市交通委

周　洋　易　煜　张江成

市农业农村局

杜建平　杨士军

市水务局

郝玉英

市商务局

李　敏

市卫生健康委

高　路　杜连海

市审计局

李雪松

市民政局

张 伟

市司法局

窦中岳

市国资委

张一峰　瞿 原　周建勇　李海峰

郎五富　邓 卓　郭 威　申永红

于艳艳　杨 超　王士宽　李正恒

方珍意　孙建成　田路强　王 力

赵文涛　杨大勇　孙国华　刘伟瑞

市税务局

张君倩　刘亚军

市市场监管局

孟凡蕊　王 浩

市应急管理局

康毓波　谷 成

市广播电视局

杨子君　邢敬华

市文物局

郑建辉　曾旖旎

市体育局

张 硕

市统计局

周 琼

市园林绿化局

宋学民　杨振威　李卫兵　姚士才

李世安　刘军朝　张清臣　梁龙跃

王怀民　王 轲　张 墨　郭 杨

涂圣军　王 功　郭 娜　梁崇波

季 云　马 蕴　王 娟　姚永刚

宋 顺　朱松梅　吴 迪　郭晋旭

张 璐　尚文博

市地方金融监督管理局

张静文　薛伊尧

市政务服务局

马 露

市机关事务局

于志文　刘彦虎

市信访办

吕利群

市医保局

王 忆

市总工会

董晓辉　葛春雨

团市委

张 蕊　洪 艳　程 成　路 明

市妇联

张宝银　王旭丽　王秀娟　李常秦

市残联

王 拴

市台联

徐妍妮

市公园管理中心

肖 洋　李 雪　赵海红　周明洁

王树标　徐凤良　刘 军　刘建新

马润松　常少辉

市投资促进服务中心

司 阳

市气象局

叶彩华

北京海关

赵 博

北京电力公司

王旭晨　王卫东

园林绿化社会团体

冯 慧　赵玉斌　马润国　申倩倩

罗春宇

市园林绿化集团

戚 涛　刘 健　刘忠海

东城区

田 宇　王志宝　栾英麟　孟庆慧

高 婷	董明月	刘 娜	赵怡静
王 超	李 健	朱 江	王天罡
李泽远	裴真艺	陈 雷	刘学斌
邢天怿	张志鹏程	王 昊	罗丽红

西城区

彭 博	吴在方	孙建国	杨 坡
施翠玲	商志刚	杜嘉琪	刘晓旭
刘 伟	李旭耀	杨昌林	钱 军
贾志远	王治锟	马 峻	张正旸
王吉顺	董峥祎	吴旻昊	马常旭

朝阳区

刘 旭	董 鑫	董 亮	胡嘉斌
王小红	刘 佳	李 伟	赵海云
董 亮	张 静	刘 刚	张 宏
尹荃蕾	胡市委	刘伯文	栗泽桐
欧阳文	余雪梅	刘宣炜	尤秀海
石 伟			

海淀区

杨彬彬	唐景山	张 慧	焦庆辉
郑昊然	陈 霞	张永乐	刘素芳
贠 萌	王博宇	刘 郁	王晓星
郝春生	孙 博	邵晓伟	肖恋沙
李兆颖	黄 然	王思思	米振刚
周汉标			

丰台区

王彦超	汪雪超	李 悦	刘晨曦
余 超	马玉川	宋云波	宋 喆
齐 畅	崔士民	范先元	曾凡红
林巧玲	梁志会	魏克章	孟 靖
康 森			

石景山区

郑文靖	何竹清	杨海锋	雷锋利
郭 超	葛雪梅	唐晓晨	赵义民
陈 砥	张昭阳	周国强	庞 伟
罗周智	高 进	庞献辉	李 丽

门头沟区

赵腾飞	高文章	赵 静	姜 山

王秀玲	刘 杰	刘建华	李志鹤
周宝杰	付民成	孙 贺	林 琳
何维彬	杨 杰	刘 芬	聂淑芳
师 磊			

房山区

王建队	穆希满	张 鹏	杨东升
张树楠	梁淑贤	郭凤超	张艳望
谈 杰	王 强	石 光	陈广连
张建军	范振宽	张 舞	王博华
梁会强	韩清军		

通州区

王冬生	任 鹏	刘 炜	刘 利
邓长荣	季永翠	张亚婧	杨艳锋
赵 然	张锁友	李 响	杨 华
何 亮	王 颖	聂建国	白冬生
王岩森	王爱东		

顺义区

董 璇	范中松	宋炳玉	李承霖
杨进东	亓 赟	王新明	吴 倩
张跃超	刘金磊	佟慧超	肖 男
周晨光	张俊杰	穆兴华	李 伟
茹立军			

昌平区

陈璇雯	李华堂	马 利	何立琛
袁宝庆	孙 珂	王世升	王 飞
马晓磊	崔 超	赵 健	刘新宇
赵晶晶	徐 昶	王 雄	许 晨
李 欣			

大兴区

王春晖	张 健	王爱军	于 良
徐 蕾	张裔雯	闫 鹤	卢梦童
刘 伟	荆博文	王 伟	郝海亮
薄晓然	于艳辉	邱 鹏	胡冀宁
张晓军	刘 辉		

平谷区

代香军	王新会	王 鑫	孙 静
费莹莹	王占江	赵山河	杨新明

王一硕	陈剑锋	张标立	王建宇	孙　航	赵香君	宋保义	张春满
贾如成	赵春雷	陈连华	王山全	李光英	孙凤校	果长城	周铁军

怀柔区

				王　华	高未来	张申寿	赵清泉
魏海波	蒋海鹏	徐　然	孙美腾	张如泉			
王玉东	安　杰	张　璐	石佳金				

延庆区

于国江	张　闽	霍燕妮	姜绍博	闫承宝	杨海青	王长民	胡秀臣
李汉萍	卢建国	郑　州	王瑞福	高　峰	魏正君	刘伯钊	张芬芬
钟永富	田晓明			王丽华	韩自强	栾永泽	高　丽

密云区

罗　丹	罗卫国	胡德芳	王　威	闫卫霞	张　利	黄宗辉	许立双
				耿聪颖			

（首都绿化美化先进个人：方芳　供稿）

统计资料

2022年北京市森林资源情况统计表

指标名称		林地和湿地面积		林木蓄积			发展水平	
		森林面积	湿地面积	活立木蓄积量	乔木林蓄积量	其他林木蓄积量	森林覆盖率	湿地保护率
计量单位		公顷	公顷	万立方米	万立方米	万立方米	%	%
代码		1	2	3	4	5	6	7
北京市	1	855655.29	60948.00	3924.12	3373.75	550.37	44.80	82.31
东城区	2	281.80		4.86	1.99	2.87	6.74	
西城区	3	150.84		4.63	0.76	3.87	3.00	
朝阳区	4	10842.57	1148.00	138.10	104.92	33.18	23.84	100.00
丰台区	5	8524.17	1103.00	63.31	41.41	21.90	27.90	66.64
石景山区	6	2655.42	199.00	21.92	13.69	8.23	31.47	46.23
海淀区	7	15254.06	949.00	117.93	86.13	31.80	35.41	34.67
门头沟区	8	70432.65	1542.00	255.13	240.59	14.54	48.65	70.49
房山区	9	76285.96	5361.00	296.84	231.94	64.90	38.24	89.44
通州区	10	30527.47	5701.00	241.16	188.64	52.52	33.70	94.21
顺义区	11	32250.17	4941.00	292.37	243.89	48.48	31.63	38.15
昌平区	12	65285.70	3386.00	244.14	167.73	76.41	48.63	43.03
大兴区	13	36660.42	3207.00	245.51	186.40	59.11	35.37	81.23
怀柔区	14	164524.18	4838.00	565.53	535.94	29.59	77.50	89.79
平谷区	15	63075.68	2740.00	203.88	182.07	21.81	66.52	47.55
密云区	16	155616.94	20825.00	592.80	555.68	37.12	69.91	97.87
延庆区	17	123287.26	5008.00	636.01	591.97	44.04	61.80	92.47

（北京市森林资源情况：解莹 供稿）

2022年北京市城市绿化资源情况统计表

指标名称		绿化覆盖面积	绿地面积						绿化水平				
			绿地面积总和	公园绿地	防护绿地	广场绿地	附属绿地	区域绿地	绿化覆盖率	绿地率	公园绿地500米服务半径覆盖率	人均绿地面积	人均公园绿地面积
计量单位		公顷	公顷	公顷	公顷	公顷	公顷	公顷	%	%	%	平方米	平方米
代码		1	2	3	4	5	6	7	8	9	10	11	12
北京市	1	99008.49	93558.10	36899.61	13693.34	14.67	34467.10	8483.38	49.77	47.05	88.70	42.85	16.89
东城区	2	1485.34	1110.54	641.82		1.33	467.39		35.48	26.70	96.03	15.88	9.12
西城区	3	1,625.29	1103.47	551.41			552.06		32.16	22.00	97.74	10.11	5.01
朝阳区	4	16003.48	16077.23	6409.25	2115.40	0.72	5747.81	1804.05	48.08	48.33	92.15	46.74	18.62
丰台区	5	9596.00	7775.27	2446.32	1000.75		3564.42	763.78	47.85	38.78	92.25	38.65	12.16
石景山区	6	4605.32	4423.58	1372.20	1857.68		913.13	280.57	54.62	52.47	99.32	78.59	24.37
海淀区	7	14070.13	13732.22	4649.43	1383.57		5767.48	1931.74	51.79	50.57	92.17	43.97	14.88
门头沟区	8	2161.51	2185.12	1032.67	577.87	0.08	517.15	57.35	50.87	51.45	92.85	55.20	26.08
房山区	9	9151.35	8441.57	1820.37	2685.83	3.40	3333.77	598.20	51.60	47.60	90.00	64.39	13.89
通州区	10	8926.29	7675.42	3456.15	1568.21	2.94	2621.86	26.26	50.95	43.82	91.24	41.65	18.75
顺义区	11	8273.08	7659.46	3073.86	587.93		3459.33	538.34	56.57	52.39	92.89	57.82	23.20
昌平区	12	6011.06	5893.30	3874.66	31.84		1846.40	140.40	49.24	48.27	93.58	26.00	17.09
大兴区	13	9128.73	9633.81	2954.33	1833.63	6.01	2946.99	1892.85	46.50	49.08	92.27	48.39	14.84
怀柔区	14	2337.63	2410.97	1247.45	35.80	0.19	946.23	181.30	52.81	54.48	92.13	54.93	28.42
平谷区	15	1966.66	1745.18	957.40	4.20		675.62	107.96	50.78	45.06	95.07	38.27	21.00
密云区	16	2120.78	1935.43	837.37	10.63		926.85	160.58	58.83	53.69	85.34	36.80	15.92
延庆区	17	1545.84	1755.53	1574.92			180.61		53.62	60.90	97.72	51.05	45.78

（北京市城市绿化资源情况：解莹 供稿）

2022年北京市营造林生产情况统计表

指标名称	代码	人工造林	飞播造林	封山育林			退化林修复	人工更新	森林抚育	林木种苗		
				无林地和疏林地封山育林	有林地和灌木林地封山育林	新造幼林地封山育林				林木种子产量	苗木产量	育苗面积
计量单位		公顷	公顷	公顷	公顷	公顷	公顷	公顷	公顷	吨	株	公顷
代码		1	2	3	4	5	6	7	8	9	10	11	12
北京市	1	10120								90480	0.0611	48054785	10542.47
朝阳区	2	267								1635		220477	235.23
丰台区	3	174								1738		912611	172.92
石景山区	4	8								38		7745	22.67
海淀区	5	249								1418		470182	146.33
门头沟区	6	625								7925		1120356	106.41
房山区	7	2629								10821		8163501	472.05
通州区	8	896								6377		2504849	1048.31
顺义区	9	983								6509		14534000	3229.87
昌平区	10	251								7290		678937	852.15
大兴区	11	628								6889		3511651	1435.22
怀柔区	12	675								12085		3346587	536.75
平谷区	13	648								3595		2415000	482.01
密云区	14	355								11008		2615074	372.27
延庆区	15	1096								13152		7220415	1299.78
市局直属单位	16	638									0.0611	333400	130.50

（北京市营造林情况：解莹 供稿）

附　录

北京市园林绿化局（首都绿化办）领导名录

（2022年）

邓乃平　党组书记　局长（主任）（2022年7月免）

高大伟　党组书记（2022年8月任）　副局长（2022年8月免）

张　勇　党组成员　市公园管理中心党委书记、主任

洪　波　党组成员　市纪委监委一级巡视员（2022年7月免）

廉国钊　党组成员　副主任（首都绿化办）

林晋文　党组成员　副局长（2022年7月任）

廖　全　党组成员　市纪委市监委驻局纪检监察组组长（2022年7月任）

沙海江　党组成员　副局长

洪　波　市纪委市监委　一级巡视员

朱国城　党组成员　副局长（2022年2月免）　一级巡视员（2022年2月任）

蔡宝军　一级巡视员（2022年11月退休）

贲权民　二级巡视员

周庆生　二级巡视员

王小平　二级巡视员

刘　强　二级巡视员

（市园林绿化局领导名录：任津萱　供稿）

北京市公园管理中心领导名录

（2022年）

张 勇　党委书记　主任

张亚红　党委委员　副主任

李 高　党委委员　副主任

杨 华　党委委员　副主任（2022年8月任）

赖和慧　党委委员　总会计师

李爱兵　党委委员　副巡视员（2022年9月任党委委员）

（市公园管理中心领导名录：姚硕 供稿）

北京市园林绿化局（首都绿化办）
处室领导名录

（2022年）

姓 名	职务职级	任现职时间
袁士保	办公室主任、一级调研员	2017年11月
薛 洋	办公室副主任	2022年3月
唐晓川	办公室副主任	2022年12月
施 海	法制处处长、一级调研员	2019年12月—2022年2月
施 海	二级巡视员	2022年2月
李 欣	法制处处长	2022年3月
王 岚	法制处副处长	2022年12月
武 军	研究室主任	2021年6月
付 丽	研究室副主任	2022年3月
杨志华	二级巡视员	2021年2月—2022年9月
陈长武	联络处处长	2021年6月
李 勇	联络处副处长	2019年4月
孟繁博	联络处副处长	2020年12月
刘丽莉	义务植树处处长、一级调研员	2020年3月—2022年10月
常祥祯	义务植树处处长	2022年12月
李 涛	义务植树处副处长	2019年4月
方 芳	义务植树处副处长	2020年12月
姜浩野	规划发展处处长	2021年6月
王建炜	规划发展处副处长	2017年1月—2022年2月
杜万光	规划发展处副处长	2022年12月
王金增	生态保护修复处处长、一级调研员	2019年12月

（续表）

姓　名	职务职级	任现职时间
杨　浩	生态保护修复处副处长	2019年4月
朱建刚	生态保护修复处副处长	2020年12月
刘明星	城镇绿化处处长、一级调研员	2021年6月
宋学民	城镇绿化处副处长	2017年1月—2022年2月
高　然	城镇绿化处副处长	2019年4月
曹　睿	城镇绿化处副处长	2022年12月
孔令水	森林资源管理处处长、一级调研员	2021年6月—2022年09月
孔令水	森林资源管理处（林长制工作处）处长、一级调研员	2022年09月
李　伟	森林资源管理处（林长制工作处）副处长	2022年2月
林大影	森林资源管理处（林长制工作处）副处长	2022年3月
张志明	野生动植物和湿地保护处处长、一级调研员	2019年12月
纪建伟	野生动植物和湿地保护处副处长	2021年11月
周彩贤	自然保护地管理处处长、一级调研员	2019年12月
冯　达	自然保护地管理处副处长	2020年3月
彭　强	公园管理处处长	2021年6月
刘　静	公园管理处副处长	2020年12月
曾小莉	国有林场和种苗管理处处长	2019年12月
沙海峰	国有林场和种苗管理处副处长	2020年12月
朱绍文	防治检疫处处长、一级调研员	2021年6月
薛　洋	防治检疫处副处长	2019年3月—2022年3月
常祥祯	防治检疫处副处长，保留正处长级待遇	2022年6月—2022年12月
侯　智	行政审批处处长	2021年6月
张　墨	行政审批处副处长	2022年3月
单宏臣	产业发展处处长	2020年3月—2022年12月
单宏臣	产业发展处处长、一级调研员	2022年12月
解　莹	产业发展处副处长	2019年4月—2022年11月
张俊民	产业发展处副处长	2022年12月
陈峻崎	林业改革发展处处长	2021年6月
姜英淑	科技处处长	2019年12月—2022年12月

（续表）

姓　名	职务职级	任现职时间
姜英淑	科技处处长、一级调研员	2022年12月
张　博	科技处副处长	2022年3月
吴海红	应急工作处处长、一级调研员	2019年12月
陈　鹏	应急工作处副处长	2022年3月
姜国华	森林防火处处长	2020年9月—2022年12月
姜国华	森林防火处处长、一级调研员	2022年12月
高　杰	森林防火处副处长	2020年12月—2022年2月
韩彦斌	森林防火处副处长	2020年9月
吴根松	森林防火处副处长	2022年11月
王继兴	总工程师、一级调研员	2020年3月—2022年2月
王继兴	二级巡视员	2022年2月
高春泉	计财（审计）处处长、一级调研员	2020年12月
董印志	计财（审计）处副处长	2016年5月—2022年2月
解　莹	计财（审计）处副处长	2022年11月
张　静	计财（审计）处副处长	2020年12月
杨　博	人事处处长、一级调研员	2020年12月
姚立新	人事处副处长	2020年3月
陈　朋	人事处副处长	2022年3月
李福厚	二级巡视员	2021年2月—2022年9月
王　军	机关党委专职副书记（党建工作处处长）、一级调研员	2021年6月
乔　妮	团委书记	2019年4月—2022年9月
乔　妮	团委书记、党建工作处副处长	2022年9月
李宏伟	机关纪委书记、一级调研员	2019年12月
李继磊	巡察工作办公室副主任	2020年12月—2022年2月
刘彩丽	巡察工作办公室副主任	2022年9月
侯雅芹	二级巡视员	2021年2月
吕红文	工会专职副主席、一级调研员	2021年6月
叶向阳	离退休干部处处长、一级调研员	2021年6月
李　辉	离退休干部处副处长	2022年3月

（处室领导名录：任津萱　供稿）

北京市园林绿化局（首都绿化办）直属单位一览表

（2022年）

单位名称	地 址	电 话
北京市园林绿化综合执法大队	西城区裕民中路8号	84236161
北京市林业工作总站 （北京市林业科技推广站）	西城区裕民中路8号	84236007
北京市园林绿化资源保护中心 （北京市园林绿化局审批服务中心）	西城区裕民中路8号	84236486
北京市园林绿化大数据中心	东城区安外小黄庄北街1号	84236770
北京市园林绿化宣传中心	西城区裕民中路8号	84236251
北京市园林绿化局综合事务中心	东城区安外小黄庄北街1号	84236923
北京市园林绿化局财务核算中心	西城区裕民中路8号	84236391
北京市绿地养护管理事务中心	北京市昌平区小汤山镇沟流路95号	61711843
北京市园林绿化工程管理事务中心	海淀区西三环中路10号	88653909
北京市园林绿化产业促进中心 （北京市食用林产品质量安全中心）	西城区裕民中路8号	84236226
北京市野生动物救护中心	西城区裕民中路8号	89451195
北京市园林绿化局森林防火事务中心 （北京市航空护林站）	昌平区邓南路29号	89711863
北京市园林绿化规划和资源监测中心 （北京市林业碳汇与国际合作事务中心）	西城区裕民中路8号	84236334
北京市园林绿化科学研究院	朝阳区花家地甲7号	64717640
北京市八达岭林场管理处	八达岭林场路18号院	69135435
北京市十三陵林场管理处	昌平区北郝庄村南	89708203
北京市西山试验林场管理处	海淀区香山旱河路6号	62591354
北京市大安山林场管理处	房山区良乡拱辰北大街33号	89354583

（续表）

单位名称	地 址	电 话
北京市共青林场管理处	顺义区双河路路北	61496208
北京市京西林场管理处	门头沟区中门寺街7号	69858709
首都绿色文化碑林管理处	海淀区黑山扈北口19号	62870640
北京松山国家级自然保护区管理处 （北京市松山林场管理处）	延庆区张山营镇松山管理处	69112804
北京市永定河休闲森林公园管理处	石景山区京原路55号	88957379

（直属单位一览表：任津萱 供稿）

北京市园林绿化局（首都绿化办）
所属社会组织名单

（2022年）

序号	社会组织名称	监管方式	联系处室	联系人	联系电话
1	北京绿化基金会	业务主管	联络处	杨振君	13901135576
2	北京园林学会	业务主管	城镇绿化处	许超	13811789176
3	北京野生动物保护协会	业务主管	野生动植物和湿地保护处	潘红	13520428911
4	中华民族园管理处	业务主管	公园管理处	杨岭	13801060435
5	北京林业有害生物防控协会	业务主管	防治检疫处	李喜华	18910398709
6	北京果树学会	业务主管	产业发展处	杨媛	13811854921
7	北京花卉协会	业务主管		郑奎茂	13683695433
8	北京酒庄葡萄酒发展促进会	业务主管		刘俐媛	13521281196
9	北京市盆景艺术研究会	业务主管		石毅	13501339771
10	北京屋顶绿化协会	业务主管	科技处	王仕豪	13681440715
11	北京林学会	业务主管		夏磊	13911365026
12	北京树木医学研究会	业务主管		张瑞国	13366995618
13	北京生态文化协会	业务主管	宣传中心	黄建华	18610583498

（社会组织名单：任津萱 供稿）

城镇绿地质量等级核定一览表

（2022年）

单位	绿地名称	面积（平方米）	绿地类别	评定结果
东城区	崇文门西大街	8300	公共绿地	特级
	广渠门北滨河路东侧广渠明珠绿地	3539	公共绿地	特级
	体育馆西路	7032	公共绿地	特级
	龙潭东路西侧（光明桥至广渠门桥）领行国际绿地	2814	公共绿地	特级
	广渠门内滨河路	8775	公共绿地	特级
	两广路分车带增加绿地	3891.07	公共绿地	特级
	南二环南侧国药控股绿地	5318	公共绿地	特级
	园林绿化管理中心绿地	880	公共绿地	特级
	两广路两个口袋公园	4830	公共绿地	特级
	东四块玉口袋公园	914	公共绿地	特级
	青年湖公园绿地	84735	公共绿地	特级
	天坛东里街心绿地	7645	公共绿地	一级
	110路公交场站腾退后增加绿地	3100	公共绿地	一级
	南二环南侧天鹅湖酒店东侧绿地	1960	公共绿地	一级
西城区	手帕口北街	27790	公共绿地	特级
	西什库大街	9729	公共绿地	特级
	鼓楼西大街	17754	公共绿地	特级
	地安门外大街	7951	公共绿地	特级
	国家大剧院周边绿地	39786.51	附属绿地	特级
	白云观路	2700	公共绿地	一级
	白云观南里路	655	公共绿地	一级
朝阳区	东一处	97658.38	公共绿地	一级
	金玲狮园	83174.28	公共绿地	一级
	东坝南二街	32031.25	公共绿地	一级
	京哈铁路沿线双花园代征绿地	18191.21	公共绿地	一级

（续表）

单位	绿地名称	面积（平方米）	绿地类别	评定结果
海淀区	蓝靛厂公园	79364	公共绿地	特级
	百旺茉莉园	36464.54	公共绿地	特级
	北京育英学校校园绿地	28347	附属绿地	特级
	巴沟山水园北园	14787.92	公共绿地	一级
	百旺公园东园	120500	公共绿地	一级
	小月河滨水绿地	51375.67	公共绿地	一级
	厢黄旗公园南园	21743	公共绿地	一级
	百旺茉莉园东园	7520	公共绿地	一级
	皇后店公园	162000	公共绿地	一级
	西翠路	17926.51	公共绿地	一级
	增光路	21251.14	公共绿地	一级
	永定路（北太平路－太平路）	2611	公共绿地	一级
	永定路（金沟河路－阜石路）	5294	公共绿地	一级
	万泉河路行道树	1600	公共绿地	一级
	芙蓉里社区	34100	附属绿地	一级
	港沟路行道树	1200	公共绿地	一级
	南长河公园东园	41086	公共绿地	一级
	清林苑	12256.48	公共绿地	一级
	倒座庙北路行道树	450	公共绿地	一级
丰台区	右安门康养休闲绿地	1800	公共绿地	特级
	亚林花园	2587	公共绿地	特级
	丰宜公园	54349	公共绿地	特级
	草桥东路	26541.9	公共绿地	特级
	草桥西路	6514.25	公共绿地	特级
	镇国寺北街	9158.28	公共绿地	特级
	康辛路（东段）	3060.4	公共绿地	特级
	日月同辉景观绿地	40633.5	公共绿地	特级
	京开辅路西侧	61944.3	公共绿地	特级
	玫瑰园周边绿地	69267.3	公共绿地	特级
	丽泽旺泉代征地	9726	公共绿地	特级

（续表）

单位	绿地名称	面积（平方米）	绿地类别	评定结果
丰台区	东管头代征地	9194	公共绿地	特级
	青秀城	41795.5	公共绿地	特级
	岳各庄花园	12540	公共绿地	特级
	岳各庄批发市场南侧	27500	公共绿地	特级
	西山墅公园	6500	公共绿地	特级
	东河沿代征绿地绿化工程	22016.8	公共绿地	特级
	沃丹园	6472	公共绿地	一级
	军民融合绿地	4735.7	公共绿地	一级
	康辛路	24213	公共绿地	一级
	六圈永旺梦乐城代征地	6069.64	公共绿地	一级
石景山区	石景山区衙门口森林公园一标	244781	公共绿地	特级
	石景山区衙门口森林公园二标	399815	公共绿地	特级
	石景山区衙门口森林公园三标	174968	公共绿地	一级
	2021年留白增绿项目——首钢东南区（京源路南侧）	27168	公共绿地	一级
	旺景公园	122200	公共绿地	一级
	石龙路节点立交绿化	18701	公共绿地	一级
通州区	通州区城市二期绿地	24666.67	公共绿地	特级
	休闲公园（二期）（商务区地块）	22799	公共绿地	特级
	通瑞嘉苑代征绿地	7974	公共绿地	特级
	阿尔法社区公园	9752.47	公共绿地	特级
	内环路2021年新增道路绿化	6846.5	公共绿地	特级
	梨园中路道路绿化（含梨园东里500米见绿、玉桥斜街、东西向乔庄南路）	12994	公共绿地	特级
	三角地公园（内环路和京津公路交叉口西北角）	7307.86	公共绿地	特级
	通州区梨园文化休闲公园	101414.87	公共绿地	特级
	阳光会议中心新增绿地	5099	附属绿地	特级
	乔庄北街东西段新增绿地	1128	公共绿地	特级
	西海子公园一期（飞地一地块）	4883	公共绿地	特级
	宋梁路提升绿地	43693	公共绿地	特级
	六环西辅路2021年新增道路绿化	30348	公共绿地	一级
	永顺城市公园东侧绿地	169405.22	公共绿地	一级

（续表）

单位	绿地名称	面积（平方米）	绿地类别	评定结果
通州区	运河中学周边路绿化	2966.54	公共绿地	一级
	2021年城市副中心全龄友好公园绿地（玉春园）	42960	公共绿地	一级
	环城生态景观带二期张家湾绿地（瓜厂、烧酒巷地块）	84716.71	公共绿地	一级
	通州区职工周转房南区公园绿地01	13491.6	公共绿地	一级
	通州区职工周转房南区公园绿地02	109989.48	公共绿地	一级
	张家湾公园一期02北大门、茅草轩	31144.36	公共绿地	一级
	通州区文化旅游区公共绿地（环球影城外围）三标段绿地	51131	公共绿地	一级
	后场西路道路绿化	13893.5	公共绿地	一级
	云端东路道路绿地	896.75	公共绿地	一级
	云端中路道路绿地	789.5	公共绿地	一级
	京哈高速北侧路道路绿地	12643.5	公共绿地	一级
	云端西路道路绿地	1262.5	公共绿地	一级
	通州区文化旅游区公共绿地（环球影城外围）一标段绿地	51710	公共绿地	一级
	通州区文化旅游区公共绿地（环球影城外围）二标段绿地	81455	公共绿地	一级
房山区	紫瑞公园	14363.7	公共绿地	一级
	天恒社区公园（南区）	10697	公共绿地	一级
	金林嘉苑东北、东南绿地	16541.16	公共绿地	一级
	金樾公园	28397.37	公共绿地	一级
	长兴公园	12240.83	公共绿地	一级
	曦樾公园	12124.84	公共绿地	一级
	金燕湖周边及燕华园	27896	公共绿地	一级
	燕房路绿化	27050	公共绿地	一级
	昊天大街	71424	公共绿地	一级
	加州水郡森林公园	49900	公共绿地	一级
门沟头区	2021年门城地区（北部）代征绿地	50283	公共绿地	一级
	2021年门城地区（南部）及潭柘寺中心区C地块代征绿地	70922	公共绿地	一级
	潭柘寺中心区A、D地块代征绿地	97540	公共绿地	一级

（续表）

单位	绿地名称	面积（平方米）	绿地类别	评定结果
昌平区	花雨汀北侧边角地	1020	公共绿地	一级
	南环大桥西南侧街角绿地	760	公共绿地	一级
	龙水路中央隔离带	316	公共绿地	一级
平谷区	工商局门口（林荫北二街）	1967.7	公共绿地	一级
大兴区	滨河运动公园一期	70728	公共绿地	特级
	龙河路公园	15031.34	公共绿地	一级
	兴源幸福城小区西侧绿地	7713	公共绿地	一级
	明发广场东侧绿地	15340	公共绿地	一级
	金科嘉苑小区东侧、西侧、北侧绿地	24870	公共绿地	一级
	东配套区京开高速于天河西路西北区域规划公园绿地	9005	公共绿地	一级
	市民公园	113339	公共绿地	一级
	世界之花公园	207878	公共绿地	一级
	聚贤公园北区	288194.77	公共绿地	一级
	聚贤公园南区	230041.15	公共绿地	一级
	五福堂公园	213506.7	公共绿地	一级
怀柔区	雁栖河城市生态廊道建设工程一期启动区项目园林工程	318600	公共绿地	一级
	综合极端条件装置项目园林绿化等景观改造提升工程（不含代征绿地）	77000	公共绿地	一级
	怀柔区2021年小微绿地建设工程（二期）	18580	公共绿地	一级
北京经济技术开发区	成寿寺路	6110.87	公共绿地	特级
	A18绿地	26000	公共绿地	特级
	博兴三路（新增）	164.25	公共绿地	特级
	科创十三街（新增）	1034	公共绿地	特级
	科创十四街（新增）	3755	公共绿地	特级
	科创十一街（经海一路至经海九路）	9681.85	公共绿地	一级
	科创十四街（经海一路至经海路）	3846.1	公共绿地	一级
	科创十五街（经海路－排干渠西路）道路绿化	3740	公共绿地	一级
	博兴九路（泰河路西延－凉水河一街）道路绿化	2471.9	公共绿地	一级
	博兴十路（泰河路西延－凉水河一街）道路绿化	3565	公共绿地	一级
	凉水河二街（博兴八路－博兴十路）道路绿化	3950.8	公共绿地	一级

（续表）

单位	绿地名称	面积（平方米）	绿地类别	评定结果
首发集团	大羊坊桥	230215	公共绿地	一级
	晋元桥	142551	公共绿地	一级
	亦庄桥	63530	公共绿地	二级
	西红门南桥	102644	公共绿地	二级
	李营桥	34122	公共绿地	二级
	狼垡桥	25731	公共绿地	二级
	宛平桥	66027	公共绿地	二级
	衙门口桥	145632	公共绿地	二级
	七棵树桥	30593	公共绿地	二级
北投集团	城市绿心森林公园5地块	104656	公共绿地	一级
北京市绿地养护管理事务中心	行政办公区水系绿地	133564.5	公共绿地	特级
	行政办公区市政府绿地	138302	公共绿地	特级
	行政办公区南区绿地	244946	公共绿地	特级
	行政办公区清风路绿地	15401	公共绿地	特级
	行政办公区临镜路绿地	14789	公共绿地	特级
	行政办公区宏安街绿地	17361	公共绿地	特级
	行政办公区北区道路绿地	46043	公共绿地	特级
	千年城市守望林绿地	338400	公共绿地	特级
	行政办公区（郝家府、东夏园）地铁口绿地	2395.62	公共绿地	特级
	行政办公区市委附属绿地（A1、2.0）	62795	附属绿地	特级
	行政办公区市政府附属绿地（A2、2.0）	49184.4	附属绿地	特级
	行政办公区人大附属绿地（A3、2.0）	30401	附属绿地	特级
	行政办公区政协附属绿地（A4、2.0）	38802	附属绿地	特级
	行政办公区住建委附属绿地（B1、2.0）	15863.5	附属绿地	特级
	行政办公区发改委附属绿地（B2、2.0）	12080.3	附属绿地	特级
	行政办公区规自委附属绿地（B3、2.0）	19091.05	附属绿地	特级
	行政办公区财政局附属绿地（B4、2.0）	15180	附属绿地	特级
	潞县遗址公园一、二标	236082	公共绿地	特级
	镜澄街3号院	49638.3	附属绿地	特级
	C系列一期附属绿地	9991	附属绿地	特级

单位	绿地名称	面积（平方米）	绿地类别	评定结果
北京市绿地养护管理事务中心	A5区域绿地	65000	附属绿地	特级
	崇善南街	1952	公共绿地	一级
	崇善中街	1899	公共绿地	一级
	崇善北街	1983	公共绿地	一级
	郝家府路	666	公共绿地	一级
	郝家府西路	755.49	公共绿地	一级
	通运东路	19279	公共绿地	一级
	仁和西路	390	公共绿地	一级
	涌翠西路	4582	公共绿地	一级
	涌翠东路	5827	公共绿地	一级
	辛安屯街	2340	公共绿地	一级
	览秀西路	1667.35	公共绿地	一级
	览秀东路	1635.62	公共绿地	一级
	景行路	1776	公共绿地	一级
	胡各庄路	2107	公共绿地	一级
	胡各庄西巷	196	公共绿地	一级
	潞源南街	2830	公共绿地	一级
	含英东路、西路	3831.9	公共绿地	一级
	潞源中街	1765	公共绿地	一级
	镜澄街	1868.82	公共绿地	一级
	镜澄街周边临时绿化	69000	公共绿地	二级

（城镇绿地质量等级： 胥心楠 供稿）

北京市公园名录

（1050家）

（截止到2022年年底）

序号	所属区/单位	公园名称	类型	级别	地址	主管单位
1	市公园管理中心	颐和园	历史名园	一级	海淀区宫门前街甲23号	北京市公园管理中心
2		天坛公园			东城区天坛路甲1号	北京市公园管理中心
3		北海公园			西城区文津街1号	北京市公园管理中心
4		中山公园			东城区中华路4号	北京市公园管理中心
5		香山公园			海淀区香山买卖街40号	北京市公园管理中心
6		景山公园			西城区景山西街44号	北京市公园管理中心
7		国家植物园（北园）			海淀区香山卧佛寺路	北京市公园管理中心
8		北京动物园			西城区西直门外大街137号	北京市公园管理中心
9		陶然亭公园			西城区太平街19号	北京市公园管理中心
10		紫竹院公园			海淀区中关村南大街35号	北京市公园管理中心
11		玉渊潭公园			海淀区西三环中路10号	北京市公园管理中心
12	东城区	柳荫公园	综合公园	一级	东城区安定门外黄寺大街8号	东城区园林绿化局
13		青年湖公园			东城区青年湖南街15号	东城区园林绿化局
14		龙潭公园			东城区龙潭路18号	东城区园林绿化局
15		龙潭西湖公园			东城区龙潭路甲1号	东城区园林绿化局
16		龙潭中湖公园			东城区左安门内大街19号	东城区园林绿化局
17		永定门公园（东城）			东城区东滨河路18号	东城区园林绿化局
18		东单公园	社区公园	一级	东城区大华路4号	北京市园林绿化局
19		南馆公园			东城区东直门内西羊管胡同甲1号	东城区园林绿化局
20		玉蜓公园			东城区东滨河路17号	东城区园林绿化局
21		地坛园外园		二级	东城区和平里西街	东城区园林绿化局

（续表）

序号	所属区/单位	公园名称	类型	级别	地址	主管单位
22	东城区	二十四节气公园	社区公园	二级	东城区永定门东街南侧	东城区园林绿化局
23		菖蒲河公园			东城区天安门东侧	王府井建设管理办公室
24		东四奥林匹克社区公园			东城区豆瓣胡同2号楼东南侧	东城区园林绿化局
25		北二环城市公园			东城区旧鼓楼大街到雍和宫桥南侧	东城区园林绿化局 东城区环卫中心
26		前门公园			东城区前门箭楼周边	东城区园林绿化局
27		桃园公园（东城）			东城区永定门东翅膀南侧	东城区园林绿化局
28		安德城市森林公园			东城区北中轴与北二环交叉口东北角	东城区园林绿化局
29		西革新里城市休闲公园			东城区马家堡东路西侧	东城区园林绿化局
30		燕墩公园			东城区永定门外大街永定门地铁站西侧	东城区园林绿化局
31		新中街城市森林公园			东城区新中街东巷6号	东城区园林绿化局
32		大通滨河公园		三级	东城区通惠河北路北京机务段西侧	东城区园林绿化局
33		环二环城市绿道社区公园			东城区鼓楼桥东侧至朝阳门文化部北侧	东城区园林绿化局
34		环二环城市绿廊社区公园			东城区东便门桥~永定门桥河道两岸	东城区园林绿化局
35		玉河公园			东城区帽儿胡同	东城区园林绿化局
36		明城墙遗址社区公园			东城区泡子河东巷59号	东城区园林绿化局
37		建国门西北角社区公园			东城区建国门内大街与建国门北大街交叉口西北	东城区园林绿化局
38		亮马河公园			东直门外斜街至亮马河南岸	东城区园林绿化局
39		松林里公园			东城区南二环陶然亭桥至永定门桥	东城区园林绿化局
40		北京市劳动人民文化宫	历史名园	一级	东城区天安门东侧	北京市总工会
41		地坛公园			东城区安定门外大街	东城区园林绿化局
42		北京明城墙遗址公园	专类公园	一级	东城区崇文门东大街9号	东城区园林绿化局

序号	所属区/单位	公园名称	类型	级别	地址	主管单位
43		皇城根遗址公园	专类公园	二级	东城区长安街至平安大道	东城区东华门街道办事处、东城区景山街道办事处
44		燕墩遗址游园		二级	东城区燕墩遗址北大磨坊附近	东城区园林绿化局
45		蟠桃宫游园			东城区崇东大街东南侧	东城区园林绿化局
46		广渠秋韵游园			东城区广渠门东南侧	东城区园林绿化局
47		景泰公园		三级	东城区京津城际铁路南侧	东城区园林绿化局
48		清水苑小游园			东城区使馆壹号院东侧、北侧	东城区园林绿化局
49		安贞桥西南角小游园			东城区安贞桥西南角	东城区园林绿化局
50		校尉胡同小游园			东城区协和医院西门路西侧	东城区园林绿化局
51		四块玉游园			东城区龙潭路西段南北侧	东城区园林绿化局
52		前门东大街街心花园			东城区前门东大街南侧	东城区园林绿化局
53		正义路小游园			东城区东长安街至前门东大街	东城区园林绿化局
54		朝阳门桥西北侧小游园			东城区人保大厦和中海油大厦前	东城区园林绿化局
55	东城区	华城公园	游园		东城区水上华城小区东侧	东城区园林绿化局
56		自然博物馆公园			东城区自然博物馆南侧	东城区园林绿化局
57		龙潭东路游园			东城区龙潭东路怡龙别墅旁	东城区园林绿化局
58		左安西里游园		四级	东城区左安门桥西	东城区园林绿化局
59		东直门桥西北侧小游园			东城区中石油大厦前	东城区园林绿化局
60		东四十条桥西北侧小游园			东城区来福士至船级社东侧	东城区园林绿化局
61		朝阳门桥西南侧小游园			东城区凯恒大厦至SOHO红线外东侧	东城区园林绿化局
62		天安门东南角小游园			东城区前门东大街与广场东侧路交叉口东	东城区园林绿化局
63		中轴路小游园			东城区安华桥地铁站D口南侧	东城区园林绿化局
64		建国门健身乐园			东城区建国门北顺城街19号	东城区园林绿化局
65		万国公寓小游园			东城区东直门外小街18号东侧	东城区园林绿化局
66		灯市口小游园			东城区地铁5号线灯市口站c口北侧	东城区园林绿化局

序号	所属区/单位	公园名称	类型	级别	地址	主管单位
67		农总行小游园			东城区建国门内大街69号西侧	东城区园林绿化局
68		工体小游园			东城区工体北路与工体西路交叉口西南角	东城区园林绿化局
69		同仁小游园			东城区同仁医院东院区西侧	东城区园林绿化局
70		都市馨园休闲广场			东城区东茶食胡同与五老胡同交汇处	东城区园林绿化局
71		珠市口东大街休闲广场			东城区磁器口至珠市口	东城区园林绿化局
72		前门东路北部花园			东城区前门东路东侧鲜鱼口路口南北两端	东城区园林绿化局
73		广渠春晓游园			东城区广渠门立交桥东北角	东城区园林绿化局
74		领行国际游园			东城区广渠门桥西南侧	东城区园林绿化局
75	东城区	华城小游园	游园	四级	东城区水上华城小区南侧	东城区园林绿化局
76		四块玉小游园			东城区龙潭路路南	东城区园林绿化局
77		天坛西小游园			东城区天坛公园西门南角	东城区园林绿化局
78		祈年大街小游园			东城区祈年大街与珠市口东大街交叉口东南角	东城区园林绿化局
79		金鱼池小游园			东城区天坛公园北门西北角	东城区园林绿化局
80		天坛北路街心花园			东城区天坛路东北侧	东城区园林绿化局
81		同心园（东城）			东城区白桥大街边防局北侧	东城区园林绿化局
82		广渠门小游园			东城区广渠门桥西北侧	东城区园林绿化局
83		检察院外侧小游园			东城区北京市检察院东门南侧	东城区园林绿化局
84		坝桥金色小游园			朝阳区香河园北里5号楼西	东城区园林绿化局
85		百花深处小游园			朝阳区当代MOMA西侧	东城区园林绿化局
86		金中都公园			西城区广安门南街64号	北京蓟城山水投资管理集团有限公司
87		永定门公园（西城)			西城区永定门东滨河路18号	北京蓟城山水投资管理集团有限公司
88	西城区	宣武艺园	综合公园	一级	西城区槐柏树街12号	西城区公园管理中心
89		白云公园			西城区真武庙路四条8号	北京蓟城山水投资管理集团有限公司
90		北滨河公园			西城区德胜街道安德路102号北滨河公园	北京蓟城山水投资管理集团有限公司

（续表）

序号	所属区/单位	公园名称	类型	级别	地址	主管单位
91		双秀公园	综合公园	一级	西城区北三环中路20号	北京金都园林绿化有限责任公司
92		人定湖公园			西城区德外安德路六铺炕大街15号	西城区公园管理中心
93		万寿公园			西城区白纸坊东街甲29号	西城区公园管理中心
94		顺城公园	社区公园	一级	西城区西二环沿线东侧（官园桥—复兴门）	北京蓟城山水投资管理集团有限公司
95		长椿苑公园			西城区长椿街9号	北京蓟城山水投资管理集团有限公司
96		莲花河城市休闲公园			西城区广安门外大街以北的护城河东西两岸	北京蓟城山水投资管理集团有限公司
97		北京滨河公园			西城区广安门北街甲一号	北京蓟城山水投资管理集团有限公司
98		翠芳园			西城区宣武门西大街24号楼前	北京蓟城山水投资管理集团有限公司
99		南礼士路公园			西城区南礼士路58号	北京蓟城山水投资管理集团有限公司
100		德胜公园			西城区德胜门东大街南侧	北京蓟城山水投资管理集团有限公司
101	西城区	玫瑰公园			西城区马甸桥东北角	北京蓟城山水投资管理集团有限公司
102		官园公园			西城区后广平胡同36号	北京蓟城山水投资管理集团有限公司
103		金融街中心公园			西城区金城坊街2号	北京蓟城山水投资管理集团有限公司
104		广宁公园			西城区广内大街报国寺门外西南侧	北京蓟城山水投资管理集团有限公司
105		德胜苑			西城区马甸桥西南角	北京蓟城山水投资管理集团有限公司
106		北展后湖社区公园			西城区北展北街北侧	北京蓟城山水投资管理集团有限公司
107		小马厂社区公园			西城区小马厂南里3号楼东至玺源台小区立体停车楼北侧	北京蓟城山水投资管理集团有限公司
108		潭西胜境公园			西城区德胜门西大街甲5号	北京蓟城山水投资管理集团有限公司
109		珠市口西大街社区公园			西城区珠市口西大街南侧	北京蓟城山水投资管理集团有限公司
110		逸骏园			西城区会城门桥东、莲花池东路的南侧	北京蓟城山水投资管理集团有限公司

（续表）

序号	所属区/单位	公园名称	类型	级别	地址	主管单位
111		天桥南大街游园	社区公园	一级	西城区天桥南大街两侧	北京蓟城山水投资管理集团有限公司
112		月坛公园	历史名园	一级	西城区月坛北街甲6号	西城区公园管理中心
113		什刹海公园			什刹海历史文化旅游风景区内	北京蓟城山水投资管理集团有限公司
114		北京大观园		一级	西城区南菜园西街12号	北京天桥盛世投资集团有限责任公司
115		西便门城墙遗址公园			西城区西二环路西便门桥东侧（宣武门西大街-广安门北滨河路）	北京蓟城山水投资管理集团有限公司
116		北营房城市森林公园	专类公园		西城区阜外大街国宾酒店西侧	北京蓟城山水投资管理集团有限公司
117		新街口城市森林公园			西城区新街口北大街西侧	北京蓟城山水投资管理集团有限公司
118		逸清园城市森林公园		二级	西城区白云桥西南、小马厂东里10号楼旁	北京蓟城山水投资管理集团有限公司
119		常乐坊城市森林公园			西城区广外街道红莲南路欧园北欧印象小区东侧	北京蓟城山水投资管理集团有限公司
120	西城区	广阳谷城市森林公园			西城区广安门内大街49号	北京蓟城山水投资管理集团有限公司
121		地安门内大街游园			西城区地安门内大街东侧	北京蓟城山水投资管理集团有限公司
122		茶马街游园			西城区常青藤家园小区南门至茶马街道路最西段	北京蓟城山水投资管理集团有限公司
123		天宁寺休闲游园			西城区广安门北街北侧	北京蓟城山水投资管理集团有限公司
124		虎坊路游园			西城区虎坊桥西北角	北京蓟城山水投资管理集团有限公司
125		先农坛神仓游园	游园	一级	西城区育才学校门口	北京蓟城山水投资管理集团有限公司
126		手帕口桥南游园			西城区朗琴国际大厦东侧	北京蓟城山水投资管理集团有限公司
127		红山游园			西城区西堤红山小区东侧	北京蓟城山水投资管理集团有限公司
128		蓟丘游园			西城区广安门北滨河路东侧甘雨桥南侧	北京蓟城山水投资管理集团有限公司
129		大红罗游园			西城区大红罗厂街与西什库街交叉口的西南角	北京蓟城山水投资管理集团有限公司

（续表）

序号	所属区/单位	公园名称	类型	级别	地址	主管单位
130		东福寿里游园			西城区地铁北海北A口向西	北京蓟城山水投资管理集团有限公司
131		平安里游园			西城区平安里路口东北角	北京蓟城山水投资管理集团有限公司
132		复兴门桥西北角游园			西城区复兴门桥西北角	北京蓟城山水投资管理集团有限公司
133		白云观游园			西城区白云观街7号	北京蓟城山水投资管理集团有限公司
134		都城隍庙游园			西城区复兴门金融大街33号通泰大厦对面	北京蓟城山水投资管理集团有限公司
135		人定湖北巷游园			西城区人定湖北巷西侧	北京蓟城山水投资管理集团有限公司
136		教场口街游园			西城区教场口街与弘慈巷交叉路口	北京蓟城山水投资管理集团有限公司
137		西章胡同游园			西城区新街口西里三区18号	北京蓟城山水投资管理集团有限公司
138		东光胡同游园			西城区东光胡同	北京蓟城山水投资管理集团有限公司
139	西城区	西直门内大街游园	游园	一级	西城区西直门内大街241号	北京蓟城山水投资管理集团有限公司
140		建成园			西城区展览路与西直门外南大街交叉路口	北京蓟城山水投资管理集团有限公司
141		五栋大楼游园			西城区车公主北里中路西侧	北京蓟城山水投资管理集团有限公司
142		车公庄大街游园			西城区车公庄大街党校北门	北京蓟城山水投资管理集团有限公司
143		龙头井游园			西城区地安门西大街北侧	北京蓟城山水投资管理集团有限公司
144		北大医院游园			西城区西什库大街东侧	北京蓟城山水投资管理集团有限公司
145		广顺苑			西城区右安门东街与半步桥交叉口	北京蓟城山水投资管理集团有限公司
146		白纸坊西街游园			西城区白纸坊西街十路总站西侧	北京蓟城山水投资管理集团有限公司
147		右安闻莺游园			西城区右安门西街物资学校南门外	北京蓟城山水投资管理集团有限公司
148		教子胡同游园			西城区教子胡同北头东侧	北京蓟城山水投资管理集团有限公司

序号	所属区/单位	公园名称	类型	级别	地址	主管单位
149		天宁塔影游园			西城区广安门外闪靓汽车修理店北侧	北京蓟城山水投资管理集团有限公司
150		广外湾子路口游园			西城区广安门外街道湾子路口西南角	北京蓟城山水投资管理集团有限公司
151		京韵园			西城区珠市口大街纪晓岚故居西侧	北京蓟城山水投资管理集团有限公司
152		棉花片游园		一级	西城区骡马市大街北侧	北京蓟城山水投资管理集团有限公司
153		蜡烛园			西城区珠市口大街纪晓岚故居对面	北京蓟城山水投资管理集团有限公司
154		月亮湾公园			西城区煤市街北口	北京蓟城山水投资管理集团有限公司
155		百花园			西城区樱桃斜街	北京蓟城山水投资管理集团有限公司
156		和平门游园			西城区前门西大街97号	北京蓟城山水投资管理集团有限公司
157		南线阁街游园			西城区南线阁街与白广路二条交叉口往南200米	北京蓟城山水投资管理集团有限公司
158	西城区	复兴门游园	游园		西城区复兴门外大街2号东侧	北京蓟城山水投资管理集团有限公司
159		南新华街游园			西城区南新华街	北京蓟城山水投资管理集团有限公司
160		牛街游园			西城区牛街礼拜寺旁	北京蓟城山水投资管理集团有限公司
161		二里沟游园			西城区展览路街道文兴街与三里河路交叉口	北京蓟城山水投资管理集团有限公司
162		东官房游园		二级	西城区地铁6号线北海北站	北京蓟城山水投资管理集团有限公司
163		南堂游园			西城区大方胡同南侧	北京蓟城山水投资管理集团有限公司
164		南礼士路游园			西城区南礼士路与月坛南街交叉口西南角	北京蓟城山水投资管理集团有限公司
165		黄寺大街游园			西城区黄寺大街写字楼前	北京蓟城山水投资管理集团有限公司
166		白广路游园			西城区白广路与白纸坊西街交叉口	北京蓟城山水投资管理集团有限公司
167		右内大街游园			西城区右内大街万和世家对面	北京蓟城山水投资管理集团有限公司

（续表）

序号	所属区/单位	公园名称	类型	级别	地址	主管单位
168	西城区	先农坛西路游园	游园	二级	西城区燕京北街尽头	北京蓟城山水投资管理集团有限公司
169		青年游园			西城区广内大街祥达大厦东侧	北京蓟城山水投资管理集团有限公司
170		沈家本故居游园			西城区沈家本故居门前	北京蓟城山水投资管理集团有限公司
171		景山游园			西城区景山东街	北京蓟城山水投资管理集团有限公司
172	朝阳区	奥林匹克森林公园	综合公园	一级	朝阳区科荟路33号	朝阳区国资委
173		朝阳公园			朝阳区朝阳公园南路1号	朝阳区国资委
174		庆丰公园			朝阳区东三环中路厂坡村街甲2号	朝阳区园林绿化局
175		大望京公园			朝阳区望京东路甲6号	朝阳区园林绿化局
176		团结湖公园			朝阳区团结湖南里16号	朝阳区园林绿化局
177		朝阳区红领巾公园			朝阳区后八里庄5号	朝阳区园林绿化局
178		四得公园			朝阳区将台西路9号	朝阳区园林绿化局
179		北小河公园			朝阳区师家坟村156号	朝阳区园林绿化局
180		望和公园			朝阳区北四环东路77号	朝阳区园林绿化局
181		兴隆公园			朝阳区高碑店兴隆庄甲8号	朝阳区高碑店地区办事处
182		古塔公园			朝阳区王四营乡高碑店路东侧	朝阳区王四营乡公园管理中心
183		将府郊野公园（一至三期）			朝阳区东八间房临甲10号	朝阳区将台乡公共事务服务中心
184		将府公园（四期）			朝阳区东八间房临甲10号	朝阳区将台乡公共事务服务中心
185		温榆河公园(朝阳)		二级	朝阳区来广营北路与滨河路交叉路口南侧	北京昆泰控股集团有限公司
186		望湖公园	社区公园	二级	朝阳区望湖北路51号	朝阳区园林绿化局
187		立水桥公园			朝阳区明天第一城社区汤立路两侧	朝阳区园林绿化局
188		东一处公园			朝阳区重兴寺东路交叉口北200米	朝阳区园林绿化局
189		润泽公园			朝阳区水岸中街	北京润泽庄苑房地产开发有限公司

（续表）

序号	所属区/单位	公园名称	类型	级别	地址	主管单位
190		万和桐城公园			朝阳区南湖区西路220号	朝阳区园林绿化局
191		望承公园			朝阳区望京南湖渠西路220号	朝阳区园林绿化局
192		太阳宫花园			朝阳区太阳宫北街2号院	朝阳区园林绿化局
193		仰山公园			朝阳区安立路30号	朝阳区园林绿化局
194		儿童主题公园			朝阳区四季星河路甲1号	朝阳区园林绿化局
195		华汇紫薇公园		二级	朝阳区北四环小营北路8号	朝阳区园林绿化局
196		瑞竹园			朝阳区京承高速与来广营西路交叉路口往东北约130米	朝阳区园林绿化局
197		百子湾公园	社区公园		朝阳区后现代城C区南侧	朝阳区园林绿化局
198		望京SOHO和趣园			朝阳区望京街10号	朝阳区园林绿化局
199		十友园			朝阳区来广营北路北纬40度小区后身	朝阳区园林绿化局
200		丽都公园			朝阳区芳园西路6号	朝阳区园林绿化局
201		金隅南湖公园			朝阳区阜通西大街20号	朝阳区园林绿化局
202	朝阳区	望京体育公园			朝阳区望京湖光中街	朝阳区园林绿化局
203		弘善城市休闲公园		三级	朝阳区左安路21号	朝阳区园林绿化局
204		常营保利公园			朝阳区长顺路东100米	朝阳区园林绿化局
205		翠城公园			朝阳区东垡头路70号	朝阳区园林绿化局
206		坝河休闲公园			朝阳区西坝街丽湾家园西南侧	朝阳区园林绿化局
207		暖山生态公园			朝阳区双桥东路与康中街交叉口东北100米	朝阳区园林绿化局
208		日坛公园	历史名园	一级	朝阳区日坛北路6号	朝阳区园林绿化局
209		元大都城垣（土城）遗址公园（朝阳段）		一级	朝阳区安外小关街甲38号	朝阳区园林绿化局
210		京城森林郊野公园			朝阳区平房乡黄杉木店路两侧	朝阳区平房乡社会公共事务中心
211		小武基公园	专类公园	二级	朝阳区小武基与垡头路交叉路口往东120米	朝阳区十八里店乡公共事务中心
212		朝来森林公园（三期）			朝阳区顺白路	朝阳区来广营乡人民政府
213		官庄公园			朝阳区广化大街	朝阳区王四营乡公园管理中心

（续表）

序号	所属区/单位	公园名称	类型	级别	地址	主管单位
214		东风公园			朝阳区东风乡将台洼村	朝阳区东风乡公共事务中心
215		鸿博郊野公园			朝阳区小红门乡小红门南里	朝阳区小红门乡（地区）社会公共事务服务中心
216		镇海寺郊野公园			朝阳区小红门乡牌坊村	朝阳区小红门乡（地区）社会公共事务服务中心
217		勇士营郊野公园		二级	朝阳区来广营地区北苑东路	朝阳区来广营乡公共事务中心
218		京城槐园郊野公园			朝阳区姚家园路辅路	朝阳区平房乡社会公共事务中心
219		平房公园			朝阳区朝阳北路亮马厂东侧	朝阳区平房乡社会公共事务中心
220		白鹿郊野公园			朝阳区王四营乡柏阳景园北侧	朝阳区王四营乡公园管理中心
221		京城梨园郊野公园			朝阳区平房路东幺家店路北	朝阳区平房乡社会公共事务中心
222	朝阳区	东坝郊野公园	专类公园		朝阳区东坝乡康各庄路南	朝阳区东坝乡社会公共事务中心
223		常营公园			朝阳区幺家店路	朝阳区常营乡公共服务中心
224		朝来森林公园			朝阳区来广营地区新勇路	朝阳区来广营乡公共事务中心
225		金田郊野公园			朝阳区于家围北村478号	朝阳区豆各庄乡（地区）公共事务服务中心
226		太阳宫公园		三级	朝阳区太阳宫中路甲6号	朝阳区太阳宫乡人民政府
227		老君堂郊野公园			朝阳区十八里店乡老君堂村五环近康华桥	朝阳区十八里店乡公共事务中心
228		海棠郊野公园			朝阳区老君堂村	朝阳区十八里店乡公共事务中心
229		清河营郊野公园			朝阳区北苑东路四号	清河营郊野公园管理处
230		黄草湾郊野公园			朝阳区大屯乡北五环路南	北京华汇房地产开发中心
231		杜仲公园			朝阳区三间房乡	朝阳区三间房乡人民政府

（续表）

序号	所属区/单位	公园名称	类型	级别	地址	主管单位
232		京城体育郊野公园	专类公园	三级	朝阳区姚家园路73号	朝阳区平房乡社会公共事务中心
233		百花郊野公园			朝阳区高碑店乡北花园村内	朝阳区高碑店地区办事处
234		太阳宫体育休闲公园			朝阳区太阳宫北街西坝河路	朝阳区太阳宫乡人民政府
235		八里桥公园			朝阳区瑞祥北街	朝阳区管庄乡人民政府
236		华茂绿线休闲园	游园	三级	朝阳区立通路西侧	朝阳区园林绿化局
237		大屯阳光休闲园			朝阳区安立路68号	朝阳区园林绿化局
238		昆泰休闲公园			朝阳区望京启阳路2号	朝阳区园林绿化局
239		小红门芳林园			朝阳区城外果园路	朝阳区园林绿化局
240		会议中心休闲园		四级	朝阳区来广营西路88号东侧	朝阳区园林绿化局
241		家乐福休闲园			朝阳区北四环东路与北四环东路出口北侧	朝阳区园林绿化局
242		劲松百环休闲园			朝阳区武圣北路东侧绿地	朝阳区园林绿化局
243	朝阳区	利星行休闲园			朝阳区广顺南大街8号	朝阳区园林绿化局
244		绿影园			朝阳区大屯科学园南里中街南沙滩小区	朝阳区园林绿化局
245		丁香园			朝阳区将台乡驼房营路西侧	朝阳区园林绿化局
246		裘马都休闲园			朝阳区尚家楼路2号东南侧	朝阳区园林绿化局
247		左家庄科普廉政文化园			朝阳区香河园路与左家庄西街交汇处东侧	朝阳区园林绿化局
248		首城国际休闲园			朝阳区广渠路36号院	朝阳区园林绿化局
249		小关奥林匹克文化游园			朝阳区安苑路17号	朝阳区园林绿化局
250		紫檀休闲园			朝阳区紫檀博物馆东侧绿地	朝阳区园林绿化局
251		何里栖地公园	生态公园	二级	朝阳区马泉营西路1号	六合怡景园里绿化有限公司（林场）
252		四合公园			朝阳区四户庄村	朝阳区黑庄户乡农业综合服务中心
253		孙河郊野公园			朝阳区孙河乡孙河村	朝阳区孙河乡社会事务服务中心
254		马家湾湿地公园		三级	朝阳区大鲁店北路	朝阳区园林绿化局

序号	所属区/单位	公园名称	类型	级别	地址	主管单位
255		西小口公园			海淀区西三旗街道兴林嘉园南侧	海淀区公园管理中心
256		玲珑公园			海淀区八里庄北里3号	海淀区公园管理中心
257		荷清园公园			海淀区荷清路清华大学北侧	海淀区公园管理中心
258		马甸公园			海淀区马甸桥西北角	海淀区公园管理中心
259		北坞公园	综合公园	一级	海淀区颐和园西门外	海淀区公园管理中心
260		百旺公园			海淀区太舟坞路与马连洼西路交叉口北150米	海淀区公园管理中心
261		温泉公园			海淀区温北路温泉镇政府东西两侧	海淀区公园管理中心
262		海淀公园			海淀区新建宫门路2号	海淀区公园管理中心
263		巴沟山水园			海淀区蓝靛厂北路东侧	海淀区公园管理中心
264		长春健身园			海淀区万柳西路西侧	海淀区公园管理中心
265		王庄公园			海淀区清华东路南侧	海淀区公园管理中心
266		定慧公园			海淀区定慧东街西侧万寿路1号院	海淀区公园管理中心
267	海淀区	五棵松奥林匹克文化公园			海淀区复兴路与西四环中路交汇	海淀区公园管理中心
268		幸福花园			海淀区上地南路硅谷亮城西北50米	海淀区公园管理中心
269		厢黄旗公园			海淀区厢黄旗东路柳浪家园西侧	海淀区公园管理中心
270		同泽秋园	社区公园	一级	海淀区苏家坨镇柳泉路同泽园西里社区西侧	海淀区公园管理中心
271		会城门公园			海淀区双贝子坟路与会城门公园北路交汇	海淀区公园管理中心
272		北极寺公园			海淀区北四环健翔桥与G6京藏高速交叉口	海淀区公园管理中心
273		中央电视塔公园			海淀区西三环中路中央电视塔附近	海淀区公园管理中心
274		小营公园			海淀区营福路与前屯路交汇西南角	海淀区公园管理中心
275		燕清文化体育公园			海淀区毛纺路橡林郡南侧	海淀区公园管理中心
276		美和园公园			海淀区安宁庄西路与小营西路交叉口	海淀区公园管理中心

（续表）

序号	所属区/单位	公园名称	类型	级别	地址	主管单位
277		同泽春园			海淀区苏家坨前沙涧苏四路	海淀区公园管理中心
278		阳光星期八公园			海淀区玉泉路和金沟河路交汇处东南角	海淀区公园管理中心
279		南长河公园			海淀区半壁街西南侧（蓝靛厂南路至西三环北路沿线）	海淀区公园管理中心
280		车道沟公园			海淀区蓝靛厂南路与彰化路交叉口西北角	海淀区公园管理中心
281		金源娱乐园		一级	海淀区蓝晴路东侧	海淀区公园管理中心
282		田村城市休闲公园			海淀区西五环西侧晋元桥西南角	海淀区公园管理中心
283		蓝靛厂公园			海淀区西四环北路中国人民大学附属小学西南侧约80米	海淀区公园管理中心
284		东升文体公园			海淀区宝盛东路	海淀区东升镇农业综合服务中心
285	海淀区	中华世纪坛公园	社区公园		海淀区玉渊潭南路	北京市园林绿化局
286		翠微烟雨公园			海淀区翠微路甲2号旁	北京市园林绿化局
287		碧水风荷公园			海淀区清河小营桥西侧	海淀区公园管理中心
288		闵庄公园			海淀区闵庄路与民航路交叉口西400米路南	海淀区四季青镇林业管理服务中心
289		百旺家苑公园			海淀区马连洼西路与天秀北路交叉口东北角	海淀区园林绿化服务中心
290		西三旗公园			海淀区永泰庄东路与宝盛路交叉口	海淀区西三旗街道办事处
291		上地公园			海淀区上地三街西南角	海淀区上地街道办事处
292		百旺茉莉园			海淀区永丰南路北侧	海淀区公园管理中心
293		中银公园		二级	海淀区永丰路中国银行西侧	海淀区园林绿化服务中心
294		温泉体育中心公园			海淀区温泉镇白家疃路东侧	海淀区园林绿化服务中心
295		曙光文化广场			海淀区蓝靛厂西路1号汇佳幼儿园南侧	海淀区曙光街道办事处
296		小天鹅公园			海淀区玉渊潭南路与西三环中路交汇西北角	海淀区公园管理中心
297		清河翠谷公园			海淀区G6辅路与小营西路交汇	海淀区公园管理中心

（续表）

序号	所属区/单位	公园名称	类型	级别	地址	主管单位
298		南长河公园东园	社区公园	二级	海淀区高粱桥斜街至北京展览馆后湖北岸	海淀区公园管理中心
299		畅春新园体育休闲广场		三级	海淀区畅春园路西苑操场98号	海淀区海淀镇汇苑农工商公司
300		圆明园遗址公园	历史名园	一级	海淀区清华西路28号	海淀区人民政府
301		妙云寺公园			海淀区四季青镇玉泉山路与玉西路交汇	海淀区公园管理中心
302		香山革命纪念馆公园			海淀区一棵松路与卧佛寺西路交叉口东南侧	海淀区园林绿化服务中心
303		梅园			海淀区玉西路	海淀区公园管理中心
304		南旱河公园			海淀区门头新馨西街门头馨园南区西北侧约70米	海淀区公园管理中心
305		元大都城垣（土城）遗址公园（海淀段）			海淀区北土城西路南侧	海淀区公园管理中心
306	海淀区	翠湖国家城市湿地公园		一级	海淀区上庄镇翠湖北路	海淀区湿地与野生动植物保护管理中心
307		中坞公园			海淀区北坞村路	海淀区公园管理中心
308		船营公园			海淀区昆明湖路33号	海淀区公园管理中心
309		两山公园			海淀区颐西路旁	海淀区公园管理中心
310		茶棚公园	专类公园		海淀区北坞嘉园南小街西口	海淀区四季青镇人民政府
311		影湖楼公园			海淀区四季青镇万安东路	海淀区公园管理中心
312		东升八家郊野公园			海淀区后八家东路与后八家路交叉口向东100米	海淀区东升镇农业综合服务中心
313		树村郊野公园			海淀区树村路农大南路交叉口东	海淀区海淀镇农业综合服务中心
314		光合公园			海淀区北清路与稻香湖路交叉口西南角	海淀区园林绿化局
315		塔院城市森林公园		二级	海淀区东升镇健翔桥以北、清华东路以南	海淀区公园管理中心
316		丹青圃郊野公园			海淀区四季青镇闵庄路北侧	海淀区四季青镇林业管理服务中心
317		西冉城市休闲公园			海淀区德顺北路德顺园北侧约60米	海淀区四季青镇林业管理服务中心
318		平庄郊野公园		三级	海淀区四季青镇旱河路旁	海淀区四季青镇林业管理服务中心

序号	所属区/单位	公园名称	类型	级别	地址	主管单位
319		华宇园			海淀区中关村南大街辅路华宇购物中心西侧	海淀区园林绿化服务中心
320		农影园		一级	海淀区中关村南大街农影社区西侧	海淀区园林绿化服务中心
321		民院游园			海淀区中关村南大街民族学院东门	海淀区园林绿化服务中心
322		丰滢公园			海淀区丰豪东路与永嘉南路交叉口西南方向100米	海淀区公园管理中心
323		朱各庄街心花园			海淀区朱各庄路与万寿路交叉路口西侧	海淀区万寿路街道办事处
324		安宁庄游园			海淀区安宁庄西路与安宁庄南路交叉口西南角	海淀区公园管理中心
325		毛纺路游园			海淀区毛纺路与橡树湾交汇	海淀区园林绿化服务中心
326		凤仪佳苑游园			海淀区苏二路与同泽园路交汇	海淀区公园管理中心
327		秀慧园			海淀区恩济东街北口公交站西侧	海淀区园林绿化服务中心
328	海淀区	辛店家园游园	游园		海淀区西北旺镇友谊路以西，皇后店南路与辛店北小街之间	海淀区公园管理中心
329		西木休闲公园			海淀区西四环137号院南侧	海淀区田村路街道办事处
330		茶棚公园北园		二级	海淀区茶棚路西侧	海淀区公园管理中心
331		林语园			海淀区黑龙潭路与冷泉路交汇	海淀区公园管理中心
332		院士公园			海淀区中关村南路与中关村南三街交汇	海淀区中关村街道办事处
333		顺馨园			海淀区北三环西路大钟寺东侧	海淀区中关村街道办事处
334		知春公园			海淀区政府机关幼儿园南侧	海淀区中关村街道办事处
335		双榆树公园			海淀区民政局婚姻登记处南侧	海淀区中关村街道办事处
336		巴沟山水园北园			海淀区巴沟路西侧尽头路北	海淀区公园管理中心
337		集成电路花园			海淀区北清路南侧中关村集成电路设计园旁	海淀区园林绿化服务中心
338		阜玉园			海淀区玉海园五里北侧	海淀区园林绿化服务中心

（续表）

序号	所属区/单位	公园名称	类型	级别	地址	主管单位
339		德馨园			海淀区首师大附中北部校区东南侧	海淀区园林绿化服务中心
340		安河园			海淀区安河家园八里东侧	海淀区苏家坨镇林业工作站
341		哲学公园			海淀区颐和园路与海淀路交叉口东南角	海淀区园林绿化服务中心
342		翠北园			海淀区沙阳路与信苑西路交汇	海淀区公园管理中心
343		用友园		二级	海淀区北清路南侧用友产业园旁	海淀区园林绿化服务中心
344		白家疃游园			海淀区温泉镇御风路	海淀区园林绿化服务中心
345		双紫花园			海淀区昆玉河东侧	海淀区园林绿化服务中心
346		前沙涧游园			海淀区苏家坨镇苏家坨北路	海淀区公园管理中心
347		中关村广场	游园		海淀区丹棱街1号领展购物广场东北侧	海淀区海淀街道办事处
348		亮丽园公园			海淀区青龙桥街道颐和园路188号	海淀区青龙桥街道办事处
349	海淀区	海淀南路带状花园			海淀区海淀南路辅路北侧	海淀区海淀街道办事处
350		田村山体育公园			海淀区阜石路5号	海淀区田村路街道办事处
351		永泰庄街心公园		三级	海淀区永泰庄路与前屯路交汇	海淀区西三旗街道办事处
352		永泰社区公园			海淀区永泰东里南侧	海淀区西三旗街道办事处
353		上地爱之园			海淀区上地南路与上地东二路交汇	海淀区上地街道办事处
354		大有北里滨河园		四级	海淀区大有北里社区南门外	海淀区马连洼街道市民诉求处置中心
355		怡丽北园怡乐园			海淀区蓝靛厂北路火器营桥西怡丽北园小区东北侧	海淀区曙光街道办事处
356		功德寺公园			海淀区北五环，西临六一幼儿园及青龙桥村委会	海淀区园林绿化局
357		中关村森林公园	生态公园	一级	海淀区唐家岭土井村路	海淀区西北旺镇农业综合服务中心
358		北京凤凰岭景区			海淀区凤凰岭路19号	北京西农投资有限责任公司

序号	所属区/单位	公园名称	类型	级别	地址	主管单位
359	海淀区	阳台山自然风景区	生态公园	一级	海淀区苏家坨镇阳台山路西50米	海淀区苏家坨镇人民政府
360		百望山森林公园			海淀区西北旺镇黑山扈北口19号	北京市园林绿化局
361		太舟坞公园		二级	海淀区画眉山东路南侧	海淀区园林绿化服务中心
362		东马坊村公园			海淀区上庄镇翠湖南路南侧	海淀区上庄镇林业水务管理服务中心
363		南沙河滨水公园			海淀区上庄镇上庄水库南岸	海淀区上庄镇林业水务管理服务中心
364		西辛力屯村公园			海淀区上庄镇西辛力屯村村委会北侧	海淀区上庄镇林业水务管理服务中心
365		杨家庄村公园		三级	海淀区杨家庄社区路南侧	海淀区温泉镇农村合作经济经营管理站
366		北京西山国家森林公园(昌华景区)	自然（类）公园	国家级	海淀区香山南路南河滩	北京市园林绿化局
367		鹫峰国家森林公园			海淀区秀峰寺路5号	北京林业大学
368	丰台区	丰台花园	综合公园	一级	丰台区西四环南路60号	丰台区园林绿化局
369		东高地公园		二级	丰台区航天微电子东侧	丰台区园林绿化局
370		南苑公园		三级	丰台区南苑西路5号	丰台区园林绿化局
371		万芳亭公园			丰台区南三环西路3号	丰台区园林绿化局
372		丰台科技园生态主题公园	社区公园	三级	丰台区科兴路1号	丰台区看丹街道办事处
373		石榴庄公园			丰台区南苑乡石榴庄金桥西街南150米	丰台区石榴庄街道办事处
374		丰益公园			丰台区西三环南路丰益桥西北角	丰台区园林绿化局
375		南垣秋实公园			丰台区大红门东桥西北角	丰台区园林绿化局
376		花乡特色花卉公园			丰台区六圈路南侧	丰台区园林绿化局
377		林木家园公园			丰台区南四环中路以北，嘉园路以西	丰台区园林绿化局
378		三营门公园			丰台区南苑路三营门公交车站东侧	丰台区园林绿化局
379		百米芳华园			丰台区南二环玉蜓桥东侧绿地	丰台区园林绿化局

（续表）

序号	所属区/单位	公园名称	类型	级别	地址	主管单位
380		马家堡休闲公园		三级	丰台区南四环公益桥东南侧绿地	丰台区园林绿化局
381		六里桥城市休闲森林公园			丰台区六里桥西南角	丰台区园林绿化局
382		嘉囿城市休闲公园			丰台区马家堡西路甲2号	丰台区园林绿化局
383		桃园公园（丰台）			丰台区东高地街道万源南里小区桃园公园甲1号	丰台区东高地街道办事处
384		小瓦窑公园			丰台区芳林苑至丰胜站加油站	丰台区园林绿化局
385		郑常庄公园			丰台区卢沟桥乡郑常庄村	丰台区园林绿化局
386		岳各庄城市休闲森林公园			丰台区岳各庄村	丰台区园林绿化局
387		王佐休闲公园			丰台区长青路南侧，南宫璐北侧	丰台区园林绿化局
388		翡翠山休闲公园			丰台区南宫路北侧，迎宾东路西侧	丰台区园林绿化局
389		银地休闲公园	社区公园		丰台区银地西路西侧绿地	丰台区园林绿化局
390	丰台区	华凯花园			丰台区京港澳高速北侧，小屯路西侧	丰台区园林绿化局
391		宛平苑公园		四级	丰台区宛平城东门外	丰台区园林绿化局
392		小屯路休闲公园			丰台区京港澳高速北侧，小屯路西侧	丰台区园林绿化局
393		园博府休闲公园			丰台区园博西二路西侧，长顺一路南侧	丰台区园林绿化局
394		长体城市休闲公园			丰台区长辛店	丰台区园林绿化局
395		青秀城休闲公园			丰台区青秀城西区西侧绿地	丰台区园林绿化局
396		瓦林苑小游园			丰台区吴家村路	丰台区卢沟桥街道办事处
397		玉璞园			丰台区西局后街8号	丰台区卢沟桥街道办事处
398		长辛店城市森林公园			丰台区张家坟路张家坟北里东南	丰台区园林绿化局
399		张家坟静欣苑公园			丰台区云岗北环路南侧	丰台区园林绿化局
400		莲花池公园	历史名园	一级	丰台区西三环中路38号	丰台区园林绿化局

（续表）

序号	所属区/单位	公园名称	类型	级别	地址	主管单位
401		世界花卉大观园			丰台区南四环中路235号	丰台区玉泉营街道办事处
402		北京园博园		一级	丰台区北宫镇射击场路15号	丰台区人民政府
403		南宫世界地热博览园			丰台区王佐镇南宫南路1号	丰台区王佐镇人民政府
404		御康郊野公园			丰台区花乡六圈村丰葆路168号	丰台区看丹街道办事处
405		北天堂郊野公园			丰台区左堤路与地铁7号线交叉口西南角	丰台区宛平街道办事处
406		大瓦窑郊野公园			丰台区大瓦窑北路	丰台区卢沟桥街道办事处
407		北京世界公园			丰台区花乡大葆台158号	丰台区花乡街道办事处
408		中国人民抗日战争纪念雕塑园		二级	丰台区卢沟桥城南街77号	丰台区人民政府
409		绿堤郊野公园			丰台区左堤路	丰台区宛平街道办事处
410	丰台区	高鑫郊野公园	专类公园		丰台区花乡高立庄村	丰台区花乡街道办事处
411		看丹郊野公园			丰台区看丹南路路南	丰台区看丹街道办事处
412		榆树庄郊野公园			丰台区看丹路418号甲1号	丰台区看丹街道办事处
413		绿源公园			丰台区小屯路西、京石高速路北	丰台区园林绿化局
414		长辛店二七公园			丰台区长辛店桥西花园南里甲一号	丰台区园林绿化局
415		天元郊野公园			丰台区青塔西路	丰台区卢沟桥街道办事处
416		海子郊野公园		三级	丰台区花乡新发地村	丰台区花乡街道办事处
417		万丰郊野公园			丰台区京石路以北，万丰路以西	丰台区园林绿化局
418		经仪郊野公园			丰台区张仪村西路	丰台区卢沟桥街道办事处
419		槐新郊野公园			丰台区槐房西路北口	丰台区南苑街道办事处

（续表）

序号	所属区/单位	公园名称	类型	级别	地址	主管单位
420		桃苑郊野公园	专类公园	三级	丰台区南四环南侧	丰台区南苑街道办事处、丰台区和义街道办事处
421		晓月郊野公园			丰台区宛平城园博大道	丰台区宛平街道办事处
422		嘉河公园			丰台区南三环右安南桥西南侧	丰台区园林绿化局
423		花飞蝶舞公园			丰台区南四环大红门桥西北角	丰台区园林绿化局
424		玉兰香雪公园			丰台区警备西路南侧	丰台区园林绿化局
425		椿林叠翠公园			丰台区大红门桥西南角	丰台区园林绿化局
426		红门佳荫公园			丰台区大红门村	丰台区园林绿化局
427		槐房公园			丰台区任家庄路与槐房南路交叉口东南角	丰台区园林绿化局
428		南庭新苑公园			丰台区南庭新苑北区南门外	丰台区园林绿化局
429		郭公庄公园			丰台区花乡郭公庄村	丰台区园林绿化局
430		纪家庙游园			丰台区花乡纪家庙村	丰台区园林绿化局
431		太平花园			丰台区广安路南侧	丰台区园林绿化局
432	丰台区	红门霞栖公园			丰台区大红门南地铁C口周边	丰台区园林绿化局
433		成寿寺林里乐园			丰台区方宝苑小区南侧	丰台区园林绿化局
434		龙河春绯公园	游园	三级	丰台区龙和路南侧，小龙河北侧	丰台区园林绿化局
435		福海公园			丰台区丰海南街与大红门路路口西南角	丰台区园林绿化局
436		科丰桥游园			丰台区四环路科丰桥周边	丰台区园林绿化局
437		南厢大绿地游园			丰台区南二环菜户营桥东北侧	丰台区园林绿化局
438		万柳小游园			丰台区南三环北冷冻厂宿舍至商品市场	丰台区园林绿化局
439		青秀城小游园			丰台区京开辅路西侧，青秀城东区东侧	丰台区园林绿化局
440		郁芳城市休闲公园			丰台区樊家村路北侧	丰台区园林绿化局
441		丽泽城市休闲公园			丰台区丽泽路顺驰蓝调小区西侧	丰台区园林绿化局
442		诺德中心小游园			北京汽车博物馆南侧绿地，诺德中心周边	丰台区园林绿化局
443		正阳桥东侧小游园			丰台区西南四环正阳桥东侧	丰台区园林绿化局

序号	所属区/单位	公园名称	类型	级别	地址	主管单位
444		正阳桥西侧小游园			丰台区西南四环正阳桥西侧	丰台区园林绿化局
445		彩虹家园小游园		三级	丰台区程庄路东侧，彩虹家园小区西侧	丰台区园林绿化局
446		广安路南侧小游园			丰台区广安路南侧，电力医院东侧	丰台区园林绿化局
447		同健园			丰台区望园北路北侧，丰台第二幼儿园南侧	丰台区园林绿化局
448		南粤园			丰台区南粤苑宾馆西侧	丰台区园林绿化局
449		怡馨花园			丰台区东高地红绿灯北侧，小龙河南侧	丰台区园林绿化局
450		炫彩园			丰台区西四环内青塔公交车站东侧	丰台区园林绿化局
451		丰台芳菲园			丰台区北京教育学院附属丰台实验学校东侧	丰台区园林绿化局
452		朱南社区公园			丰台区牤牛河西侧，张家坟四里社区东侧	丰台区园林绿化局
453	丰台区	郭庄子城市休闲森林公园	游园		丰台区卢沟桥路	丰台区园林绿化局
454		岳各庄小游园			丰台区京石辅路北侧市场南	丰台区园林绿化局
455		宛平小游园			丰台区晓月东路东侧，铁道西侧	丰台区园林绿化局
456		天伦锦城小游园		四级	丰台区天伦锦城南门南侧	丰台区园林绿化局
457		怡心园			丰台区玉蜓桥西侧200米路南	丰台区园林绿化局
458		开阳桥小游园			丰台区南二环开阳桥东南角及西南角	丰台区园林绿化局
459		翠林万米小游园			丰台区右外大街东侧，凉水河南侧	丰台区园林绿化局
460		洋桥小游园			丰台区南三环洋桥东北侧	丰台区园林绿化局
461		玉林小游园			丰台区凉水河北侧	丰台区园林绿化局
462		顶秀公园			丰台区宋庄路东侧，金桥东街北侧	丰台区园林绿化局
463		榴彩公园			丰台区榴乡桥西北侧	丰台区园林绿化局
464		林枫园			丰台区公益西桥地铁站东侧	丰台区园林绿化局
465		丽泽旺泉公园			丰台区万泉盛景园西侧绿地	丰台区园林绿化局

序号	所属区/单位	公园名称	类型	级别	地址	主管单位
466		东管头小游园			丰台区丰管路南侧，恒福北街北侧	丰台区园林绿化局
467		南营公园			丰台区长辛店北二路南侧	丰台区园林绿化局
468		右外街心花园			丰台区右安门桥西南侧	丰台区园林绿化局
469		凉水河小游园			丰台区洋桥南侧，凉水河东侧	丰台区园林绿化局
470		沃丹园			丰台区榴乡路东南侧	丰台区园林绿化局
471		福顺里小游园			丰台区福顺里小区南侧	丰台区园林绿化局
472		角门小游园	游园	四级	丰台区马家堡东路西侧、角门地铁站南侧	丰台区园林绿化局
473		同乐园			丰台区芳群路东侧、方庄办事处北侧	丰台区园林绿化局
474	丰台区	康润城市森林公园			丰台区丰园路东侧，高鑫家园北侧	丰台区园林绿化局
475		绿洲家园小游园			丰台区张仪村路东侧	丰台区园林绿化局
476		精图小游园			丰台区太平桥街道办事处东侧	丰台区园林绿化局
477		叠翠公园			丰台区云岗北环路北侧	丰台区园林绿化局
478		青龙湖公园		二级	丰台区王佐镇怪村西	丰台区王佐镇人民政府
479		千灵山公园	生态公园	三级	丰台区王佐镇西庄店村北	丰台区王佐镇人民政府
480		云岗森林公园		四级	丰台区云岗街道	丰台区云岗街道人民政府
481		枫林杏苑公园			丰台区长辛店镇太子峪村	丰台区园林绿化局
482		北宫国家森林公园	自然（类）公园	国家级	丰台区长辛店镇大灰厂东路55号	丰台区园林绿化局
483		小青山公园	综合公园	二级	石景山区西北部	石景山区园林绿化局
484		新安公园			石景山区北辛安路与石景山路东北角	石景山区园林绿化局
485	石景山区	古城公园		一级	石景山区古城南路1号	石景山区公园管理中心
486		槐香园	社区公园	二级	石景山区政达路南侧，银河东街路西	石景山区园林绿化局
487		芳菲园			石景山区玉泉西街路西北侧	石景山区园林绿化局

序号	所属区/单位	公园名称	类型	级别	地址	主管单位
488		半月园公园			石景山区银河南街与鲁谷南路路口	石景山区园林绿化局
489		金顶山公园		二级	石景山区苹果园路与金顶东街十字路口东北侧	石景山区园林绿化局
490		高科技园区社区公园			石景山区双园路路南	石景山区园林绿化局
491		旺景公园			石景山区鲁谷路与石槽中街的丁字路口西南	石景山区园林绿化局
492		金顶画枫社区公园			石景山区苹果园南路与金顶东街丁字路口东北侧	石景山区园林绿化局
493		西现代城社区公园			石景山区阜石路北侧，法院西侧	石景山区园林绿化局
494		奈伦熙府社区公园			石景山区苹果园南路铁道南侧，奈伦熙府小区北墙外	石景山区园林绿化局
495		高井公园			石景山区高井路与石门路十字路口西北角	石景山区园林绿化局
496		青年林公园			石景山区香山南路东头路北，射击场东侧	石景山区园林绿化局
497	石景山区	锦绣公园	社区公园	三级	石景山区潭峪路与秀府路丁字路口西南角	石景山区园林绿化局
498		晋元纤红园			石景山区石景山游乐园西门对面	石景山区园林绿化局
499		西山枫林社区公园			石景山区八大处路与永引渠北路十字路口东北角	石景山区园林绿化局
500		茂华公园			石景山区阜石路南侧的茂华大厦周边	石景山区园林绿化局
501		保险产业园区余山微塘园			石景山区金府路与金王府街十字路口西北角	石景山区园林绿化局
502		京西商务中心社区公园			石景山区古城南街路西，古汇路南侧	石景山区园林绿化局
503		衍青园			石景山区鲁谷大街与鲁谷东街交叉口西北角	石景山区园林绿化局
504		融景绿波公园			石景山区景阳东街与京原路交汇口两侧	石景山区园林绿化局
505		黄庄绿地公园		四级	石景山区京九高铁线南侧	石景山区园林绿化局
506		重聚园社区公园			石景山区黄庄绿地公园西侧	石景山区园林绿化局
507		田村山社区公园			石景山区田村山体育中心对面	石景山区园林绿化局

（续表）

序号	所属区/单位	公园名称	类型	级别	地址	主管单位
508	石景山区	八大处公园	历史名园	一级	石景山区八大处路3号	石景山区人民政府
509		石景山雕塑公园			石景山区八角南路49号	石景山区公园管理中心
510		石景山游乐园		一级	石景山区石景山路25号	石景山区园林绿化局
511		北京国际雕塑公园	专类公园		石景山区石景山路2号	石景山区公园管理中心
512		松林公园		二级	石景山区石景山路与京原路交叉口西南角	石景山区园林绿化局
513		老山城市休闲公园			石景山区上庄大街6号	石景山区公园管理中心
514		复兴花园		二级	石景山区北京首钢国际工程技术有限公司西侧	石景山区公园管理中心
515		郎园			石景山区上庄大街路东	石景山区园林绿化局
516		阜石路花语公园			石景山区阜石路路南	石景山区园林绿化局
517		平坡草树城市森林公园			石景山区苹果园南路天宇市场西侧	石景山区园林绿化局
518		广宁路小微公园			石景山区高井路与广宁路路口东南公厕旁	石景山区园林绿化局
519		云林花谷园			石景山区园林小区西侧、石景山路北侧	石景山区园林绿化局
520		杨北社区休闲公园			石景山区阜石路北侧杨庄东街西侧	石景山区园林绿化局
521		香茗拾景园	游园		石景山区体育场南街路东	石景山区园林绿化局
522		苹果园公园			石景山区苹果园南路北侧	石景山区园林绿化局
523		永引渠刘娘府公园		三级	石景山区永引渠北路路北，刘娘府北街路东，金府南路路南	石景山区园林绿化局
524		游乐园南绿轴锦绣公园			石景山区石景山游乐园南门南，石景山路路北	石景山区园林绿化局
525		永引渠水闸公园			石景山区永引渠北路路北，刘娘府北街路西，金府南路路南	石景山区园林绿化局
526		永引寻芳公园			石景山区实兴北街路东，永引渠北路路北	石景山区园林绿化局
527		陆军总部游园			石景山区石门路联勤部前	石景山区园林绿化局
528		永引叠翠公园			石景山区永引渠北路路北，实兴北街路西，金府南路路南	石景山区园林绿化局

序号	所属区/单位	公园名称	类型	级别	地址	主管单位
529	石景山区	八大处小白楼游园	游园	四级	石景山区八大处路与北京军区南门路口西南角	石景山区园林绿化局
530		落樱绿屿滨河游园			石景山区燕堤南路路北	石景山区园林绿化局
531		北重北游园			石景山区聚兴路西端南侧	石景山区园林绿化局
532		老年青松健身园			石景山区景阳东街路东南口	石景山区园林绿化局
533		莲石路游园			石景山区西起五环桥东至鲁谷大街	石景山区园林绿化局
534		莲花池快速路游园			石景山区西起五环桥东至鲁谷大街	石景山区园林绿化局
535		永定河休闲森林公园	生态公园	一级	石景山区京原路55号	北京市园林绿化局
536		老山城市休闲公园南区		三级	石景山区石景山路（长安街西延）北侧	石景山区园林绿化局
537		法海寺森林公园			石景山区翠微山南麓模式口28号	石景山区公园管理中心
538	门头沟区	滨河世纪广场公园	综合公园	一级	门头沟区滨河路22号	门头沟区公园管理中心
539		永定河公园		二级	门头沟区滨河路永定楼	门头沟区公园管理中心
540		葡山公园		三级	门头沟区葡萄嘴环岛北侧	门头沟区公园管理中心
541		幸福广场公园			门头沟区石门营环岛南侧	门头沟区公园管理中心
542		黑山公园	社区公园	一级	门头沟区黑山大街12号	门头沟区公园管理中心
543		门头沟区滨河公园			门头沟区双峪路20号	门头沟区公园管理中心
544		福鼎公园		三级	门头沟区水闸桥南	门头沟区公园管理中心
545		福亭公园			门头沟区水闸桥南	门头沟区公园管理中心
546		门头沟区迎宾公园			门头沟区永定镇侯庄子村六环路东	门头沟区公园管理中心
547		福幼公园			门头沟区迎宾东街与龙兴南一路交汇处	门头沟区公园管理中心
548		石门营公园		四级	门头沟区石门营环岛东侧	门头沟区公园管理中心

（续表）

序号	所属区/单位	公园名称	类型	级别	地址	主管单位
549		大峪一小运动公园	社区公园	四级	门头沟区永定大峪一小北侧	门头沟区公园管理中心
550		葡东公园			门头沟区葡萄嘴环岛葡东小区北侧	门头沟区公园管理中心
551		绿海运动公园	专类公园	三级	门头沟区永定镇体北路北大坑以南	门头沟区公园管理中心
552		京浪岛文化体育公园		四级	门头沟区三家店水闸北端4501国道西侧	门头沟区公园管理中心
553		中天公园			门头沟区滨河居住区内承泽苑路西	门头沟区公园管理中心
554		京门铁路遗址公园			门头沟区城子大街北侧供电所以南	门头沟区公园管理中心
555		立思辰公园		三级	门头沟区德露苑小区南侧	门头沟区公园管理中心
556		长城公园			门头沟区城子大街北侧	门头沟区公园管理中心
557		晨曦公园			门头沟区黑河沟畔河滩邮政局东侧	门头沟区公园管理中心
558	门头沟区	西苑公园			门头沟区葡萄嘴环岛东南角	门头沟区公园管理中心
559		冯村公园	游园		门头沟区冯村大桥西侧	门头沟区公园管理中心
560		窑神庙公园			门头沟区圈门里黑河沟北	门头沟区公园管理中心
561		石泉公园			门头沟区门头沟路龙门新区B1小区	门头沟区公园管理中心
562		光荣院公园		四级	门头沟区档案馆南侧	门头沟区公园管理中心
563		新桥苑公园			门头沟区圈门里黑河沟北	门头沟区公园管理中心
564		新桥公园			门头沟区新桥大街三角地	门头沟区公园管理中心
565		黑山安置房公园			门头沟区采空棚户区黑山安置房地块	门头沟区公园管理中心
566		阳光公园			门头沟区铁路遗址公园北侧	门头沟区公园管理中心
567		永定河滨水森林公园	生态公园	四级	门头沟区永定镇侯庄子桥南至西峰寺沟	门头沟区公园管理中心

序号	所属区/单位	公园名称	类型	级别	地址	主管单位
568		戒台寺郊野公园	生态公园	四级	门头沟区永定镇X021京昆路	门头沟区公园管理中心
569	门头沟区	潭柘寺景区	自然（类）公园	市级	门头沟区潭柘寺镇潭柘寺景区	门头沟区国资委
570		妙峰山森林公园			门头沟区涧沟村	门头沟区妙峰山镇人民政府
571		夕阳红公园	综合公园	一级	房山区大件路大石河桥南侧	房山区水务局
572		房山区红领巾公园			房山区大件路大石河桥北侧	房山区水务局
573		房山新城滨水森林公园			房山区长阳镇清苑北街	房山区水务局
574		良乡大学城公园			房山区拱辰街道致美南、北街两侧	房山区园林绿化局
575		长阳公园			房山区长阳镇长兴西街东侧	房山区园林绿化局
576		燕山公园			房山区燕山迎风中路14号	房山区燕山办事处
577		赛纳园		二级	房山区刺猬河沿河两岸	房山区园林绿化局
578		燕怡园			房山区燕山燕东路3号	房山区燕山办事处
579		白水寺公园		三级	房山区燕山中路西北侧	房山区燕山办事处
580		迎宾公园	社区公园	二级	房山区城关街道燕房路、京周路交汇处	房山区园林绿化局
581	房山区	府前广场			房山区政通路与拱辰北大街交汇处东南侧	房山区园林绿化局
582		温馨公园			房山区京周路大石河桥北侧	房山区水务局
583		清水熙森林公园			房山区世茂维拉小区西侧	房山区园林绿化局
584		广阳城森林公园			房山区阜盛西街西侧	房山区园林绿化局
585		金隅公园			房山区长阳镇南广阳城小区南侧	房山区园林绿化局
586		朝曦公园			房山区城关街道东大街北侧	房山区园林绿化局
587		鹭园休闲公园			房山区长虹路与京周路夹角处	房山区园林绿化局
588		全龄友好休闲公园			房山区京周路与良坨路交汇处东北侧	房山区园林绿化局
589		加州水郡森林公园			房山区加州水郡西区西侧	房山区园林绿化局
590		燕华园			房山区燕山工体街西侧	房山区燕山办事处
591		金樾公园		三级	房山区良乡镇金樾和著东侧	房山区园林绿化局

（续表）

序号	所属区/单位	公园名称	类型	级别	地址	主管单位
592		下坡店休闲公园			房山区窦店镇下坡店村	房山区园林绿化局
593		长兴公园			房山区长阳镇篱笆园路	房山区园林绿化局
594		紫瑞公园			房山区阎村镇公主坟村	房山区园林绿化局
595		曦樾花园			房山区长阳镇国际花园小区南侧	房山区园林绿化局
596		饶乐府公园			房山区城关街道依山路东侧	房山区园林绿化局
597		依山路公园			房山区城关街道依山路东侧	房山区园林绿化局
598		天恒社区公园			房山区周口店镇政府东侧	房山区园林绿化局
599		圣水嘉名公园			房山区城关街道依山路东侧	房山区园林绿化局
600		丁家洼公园			房山区城关街道依山路东侧	房山区园林绿化局
601		长阳时光公园			房山区长虹东路与阜盛大街交汇处西北侧	房山区园林绿化局
602		伊林郡公园			房山区首创伊林郡小区北侧	房山区园林绿化局
603		长阳体育公园			房山区长阳镇怡和路北侧	房山区园林绿化局
604	房山区	北潞园休闲公园	社区公园	三级	房山区京周路与良坨路交汇处西北侧	房山区园林绿化局
605		天恒休闲公园			房山区拱辰街道荷园南路北侧	房山区园林绿化局
606		琨廷社区公园			房山区窦店镇北京城建琨廷B区南侧	房山区园林绿化局
607		阎村休闲公园			房山区阎村公租房南侧	房山区园林绿化局
608		全龄友好健身公园			房山区西潞街道京周路616总站旁	房山区园林绿化局
609		窦店公园			房山区窦店镇窦店村	房山区窦店镇人民政府
610		长育休闲公园			房山区城关街道洪寺村、西环路西侧	房山区城关街道办事处
611		宏塔公园			房山区燕房路宏塔路口	房山区燕山办事处
612		康泽休闲公园			房山区康泽路建邦华庭南侧	房山区园林绿化局
613		云峰寺休闲公园			房山区周口店镇万科七橡墅东侧	房山区园林绿化局
614		清苑休闲公园			房山区燕保阜盛家园北侧	房山区园林绿化局
615		国誉府公园			房山区文昌路东侧、国誉府小区南	房山区园林绿化局

序号	所属区/单位	公园名称	类型	级别	地址	主管单位
616		九洲溪雅苑社区公园	社区公园	三级	房山区长阳镇九洲溪雅苑南侧绿地	房山区园林绿化局
617		加州水郡社区公园			房山区长阳镇加州水郡麦当劳西侧	房山区园林绿化局
618		大董村休闲公园		四级	房山区良乡五中北侧	房山区园林绿化局
619		张家场悦畅园			房山区长阳镇张家场小区西	房山区长阳镇人民政府
620		双泉河公园			房山区燕山双泉西路与双泉路交叉口东南100米	房山区燕山办事处
621		青龙湖社区公园			房山区青龙湖镇青龙湖社区南侧	房山区园林绿化局
622		中华石雕艺术园	专类公园	三级	房山区大石窝镇石窝村	房山区大石窝镇人民政府
623	房山区	昊天广场	游园	三级	房山区拱辰南大街西侧	房山区园林绿化局
624		互联网公园			房山区阎村镇京周辅路大窦桥西侧200米	房山区园林绿化局
625		翠林漫步公园			房山区拱辰街道翠林漫步北区西侧	房山区园林绿化局
626		窦店森林公园			房山区窦店镇房窑路与京港澳高速交口西北角	房山区园林绿化局
627		部长林公园			房山区长阳国际花园北侧	房山区园林绿化局
628		奥特莱斯休闲公园			房山区长阳镇首创奥特莱斯东北侧	房山区园林绿化局
629		朗悦公园			房山区文昌东路与阜盛大街交汇处东北侧	房山区园林绿化局
630		长阳国际小游园			房山区长政南街与怡和南路交汇处东南侧	房山区园林绿化局
631		旭辉游园			房山区长虹东路旭辉天地加油站旁	房山区园林绿化局
632		高佃休闲公园		四级	房山区长韩路靠山居·艺墅小区南侧	房山区园林绿化局
633		马各庄休闲公园			房山区城关街道马各庄安置房南侧	房山区园林绿化局
634		康馨园			房山区良官路与白杨路交叉口东北角	房山区园林绿化局
635		鸣翠园			房山区昊天大街东侧吴店河旁	房山区水务局

序号	所属区/单位	公园名称	类型	级别	地址	主管单位
636		窦店人民公园			房山区窦店镇大窦路70号	房山区窦店镇人民政府
637		合景领峰休闲公园			房山区京良路北侧、合景领峰南侧	房山区园林绿化局
638		广阳城社区小公园			房山区长阳镇广阳城地铁站北侧	房山区园林绿化局
639		海悦休闲公园			房山区京周路与大件路交汇处东北角	房山区园林绿化局
640		碧桃园	游园	四级	房山区城关街道青年南路与兴房大街交汇处西侧	房山区园林绿化局
641		永乐园			房山区城关街道南大街与兴房大街交汇处	房山区园林绿化局
642		芭蕾雨小游园			房山区长阳镇地铁篱笆房轻轨站南侧路西	房山区园林绿化局
643		长阳一村公园			房山区长阳大街与阳光北大街交汇处西南侧	房山区园林绿化局
644		长阳家园公园			房山区长阳镇阳光北大街西侧	房山区园林绿化局
645	房山区	五朵金花游园			房山区拱辰南大街与长虹路交汇处东北侧	房山区园林绿化局
646		伟业嘉园游园			房山区伟业嘉园小区东北角	房山区园林绿化局
647		青龙湖森林公园	生态公园	一级	房山区良坨路东侧	房山区青龙湖镇人民政府
648		羊头岗森林公园		三级	房山区城关街道羊头岗村	房山区园林绿化局
649		北京房山长泉水国家湿地公园			房山区长沟镇云居寺路与泉水河西路路口向西500米	房山区长沟镇人民政府
650		上方山国家森林公园			房山区韩村河镇圣水峪村	房山区园林绿化局
651		霞云岭国家森林公园		国家级	房山区霞云岭乡	房山区霞云岭乡人民政府
652		石花洞景区	自然（类）公园		房山区河北镇南车营村	房山区石花洞风景名胜区管理处
653		房山世界地质公园博物馆			房山区长沟镇六甲房村	北京市房山世界地质公园管理处
654		圣莲山地质公园		市级	房山区史家营乡柳林水村	房山区史家营乡人民政府
655		仙栖洞景区			房山区张坊镇东关上村	房山区张坊镇东关上村村委会

（续表）

序号	所属区/单位	公园名称	类型	级别	地址	主管单位
656	房山区	云居寺景区	自然（类）公园	市级	房山区大石窝镇水头村南	房山区文化和旅游局
657	通州区	城市绿心森林公园	综合公园	一级	通州区京塘路与通怀路交叉口西北角	北京市园林绿化局
658		大运河森林公园			通州区宋梁桥南400米	通州区园林绿化局
659		宋庄文化公园			通州区潞苑北大街与潞邑东路交叉口西北角	通州区宋庄镇人民政府
660		永顺公园			通州区永顺镇西马庄村	通州区园林绿化局
661		运潮减河公园			通州区堡龙路北、耿庄桥以东（近武夷花园）	通州区园林绿化局
662		运河公园			通州区芙蓉西路9号	通州区国资公司
663		商务富锦公园		二级	通州区温榆河左堤路（朝北8080附近）	通州区园林绿化局
664		六环西辅路带状社区公园	社区公园	一级	通州区六环西辅路东侧	通州区园林绿化局
665		龙旺庄社区公园			通州区潞苑东路与通燕高速辅路交叉口西北角	通州区园林绿化局
666		漫春园			通州区果园环岛漫春园(葛布店南里西100米)	通州区园林绿化局
667		亲子园			通州区武夷花园水仙园北侧	通州区园林绿化局
668		阿尔法社区公园		二级	通州区梨园镇梨园万盛北街小稿村	通州区园林绿化局
669		海子墙社区公园			通州区马驹桥镇兴华中街与漷马路交叉口东南角	通州区马驹桥镇人民政府
670		惠兰美居社区公园			通州区朝阳北路与潞苑中路交叉口东北角	通州区园林绿化局
671		梨园南街带状社区公园			通州区梨园南街（自滨河路至九周东路）	通州区园林绿化局
672		台湖镇体育休闲社区公园			通州区台湖镇朱家垡村西北侧	通州区台湖镇人民政府
673		新地家园社区公园			通州区新地国际家园北侧	通州区园林绿化局
674		漪春园			通州区运河西大街141号西侧	通州区园林绿化局
675		玉春园			通州区运河西大街与玉桥中路交汇口西南侧	通州区园林绿化局

序号	所属区/单位	公园名称	类型	级别	地址	主管单位
676		漷县圣火社区公园	社区公园	四级	通州区漷县镇人民政府南侧	通州区漷县镇人民政府
677		梨园主题公园			通州区八通轻轨临河里站南侧	通州区园林绿化局
678		西海子公园		一级	通州区西海子西路10号	通州区园林绿化局
679		张家湾公园			通州区里二泗南路北50米	通州区园林绿化局
680		刘庄公园	专类公园		通州区潞苑北大街和潞苑东路交汇处北	通州区永顺镇人民政府
681		潞城药艺公园		二级	通州区潞城中路3号北侧	通州区潞城镇人民政府
682		潞城党建公园			通州区潞城中路与榆兴路交叉口东南角	通州区潞城镇人民政府
683		八通线带状公园			通州区八通线沿线	通州区园林绿化局
684		芙蓉路健身园			通州区芙蓉路和胡通大街交叉路口西北角	通州区园林绿化局
685		芙蓉路休闲园			通州区芙蓉路和胡通大街交叉路口东北角	通州区园林绿化局
686	通州区	国防广场口袋公园			通州区黄桥胡同与吉祥路交叉口东北角	通州区园林绿化局
687		乐居园			通州区新城乐居南区东侧	通州区园林绿化局
688		潞苑北大街带状公园			通州区潞苑北大街南侧	通州区园林绿化局
689		绿韵园			通州区华远铭悦园东侧	通州区园林绿化局
690		秋枫园	游园	二级	通州区京榆旧线与潞苑中路交叉口东北角	通州区园林绿化局
691		三角地公园			通州区九棵树东路92号东侧	通州区园林绿化局
692		通广嘉园口袋公园			通州区通广嘉园小区西北门对面	通州区园林绿化局
693		通燕高速带状公园			通州区K2清水湾小区南侧，通燕高速北侧	通州区园林绿化局
694		万春园			通州区玉桥中路与运河西大街交叉口西北角	通州区园林绿化局
695		西营前街口袋公园			通州区玉带河东街与玉桥西路交汇处附近西南	通州区园林绿化局
696		杨坨城市森林游园			通州区玉带河大街与紫运中路交叉口东南角	通州区园林绿化局

（续表）

序号	所属区/单位	公园名称	类型	级别	地址	主管单位
697		杨庄公园		二级	通州区通朝北小街与五里店西路交叉路口往北约130米	通州区园林绿化局
698		政府大街广场公园			通州区云景东路与云景南大街交叉口西南角	通州区园林绿化局
699		八里桥游园	游园	三级	通州区永顺镇永顺村京通高速西马庄收费站出口南侧	通州区园林绿化局
700		萧太后河公园			通州区张采路与张台路交叉口西北角	通州区张家湾镇人民政府
701		永乐文化广场公园			通州区永乐店镇镇政府对面	通州区永乐店镇人民政府
702	通州区	同心园（通州）		四级	通州区车站路43号	通州区园林绿化局
703		东郊森林公园（通州）		一级	通州区宋庄镇草尹路小中河桥西800米	通州区园林绿化局
704		台湖公园			通州区台湖镇九周路与张台路交叉口西南角	通州区台湖镇人民政府
705		永乐生态公园	生态公园	三级	通州区永乐店镇永乐南二街4号南侧	通州区永乐店镇人民政府
706		上营柳树林公园		四级	通州区滨河中路与梨园南街交叉路口西北角	通州区永顺镇人民政府
707		宋庄镇奥运森林公园			通州区宋庄镇创业园路与葛渠路交叉口东南角	通州区宋庄镇人民政府
708		顺义公园			顺义区光明南街26号	顺义区园林绿化服务中心
709		仁和公园（顺义）		一级	顺义区仁和公园(顺康路西)	顺义区园林绿化服务中心
710		减河五彩园	综合公园		顺义区右堤路（俸伯桥-双兴桥）	顺义区园林绿化服务中心
711		卧龙公园			顺义区顺白路2号	顺义区园林绿化服务中心
712	顺义区	金牛山公园		二级	顺义区金牛北路	顺义区牛栏山镇人民政府
713		双兴公园			顺义区右堤路西200米	顺义区园林绿化服务中心
714		减河凤凰园	社区公园	一级	顺义区滨河北路北侧东起双兴桥，西至草桥	顺义区园林绿化服务中心
715		潮白柳园			顺义区右堤路（俸伯桥-彩虹桥）	顺义区园林绿化服务中心

（续表）

序号	所属区/单位	公园名称	类型	级别	地址	主管单位
716		顺义新城生态休闲公园			顺义区昌金路与右堤路交叉口东北300米	顺义区园林绿化局
717		兴峪城市森林公园			顺义区京密路与火沙辅线交叉路口往西南约270米	顺义区园林绿化局
718		光明文化广场			顺义区光明文化广场(府前街南)	顺义区园林绿化服务中心
719		怡园		二级	顺义区新顺南街6号	顺义区园林绿化服务中心
720		牛栏山镇文体活动广场公园			顺义区昌金路张庄家园西北侧	顺义区牛栏山镇人民政府
721		双阳公园	社区公园		顺义区双阳公园(杨镇中心小学东110米)	顺义区杨镇镇人民政府
722		马坡中晟馨园社区公园			顺义区西马坡村南路7号	顺义区园林绿化局
723		龙腾世纪文化广场公园			顺义区后沙峪镇	顺义区后沙峪镇人民政府
724		空港街道安华街居住区公园			顺义区安华街9号	顺义区空港街道城市管理办公室
725	顺义区	牛栏山龙湖小区社区公园		三级	顺义区牛山镇下坡屯村昌金南潮海洋加油站东侧附近	顺义区园林绿化局
726		顺义区天竺镇公园			顺义区天竺镇文化广场	顺义区天竺镇人民政府
727		马坡镇鲁能7号院社区公园			顺义区马坡镇顺恒大街东段北侧鲁能7号院	顺义区园林绿化局
728		北京国际鲜花港		一级	顺义区杨镇鲜花港南路9号	北京顺义文化旅游投资集团有限公司
729		花博会主题公园	专类公园		顺义区后沙峪地区安平街临3号	顺义区园林绿化服务中心
730		顺义奥林匹克水上公园		三级	顺义区白马路19号	北京顺义文化旅游投资集团有限公司
731		马坡城市森林公园		一级	顺义区坤安路与顺恒大街交叉口东北	顺义区马坡镇人民政府
732		李遂镇和谐广场	游园	二级	顺义区顺平南线附近	顺义区李遂镇人民政府
733		采风广场			顺义区俸伯	顺义区南彩镇人民政府
734		三山园		三级	顺义区光明三山园(顺义公园西南150米)	顺义区园林绿化服务中心

（续表）

序号	所属区/单位	公园名称	类型	级别	地址	主管单位
735		北石槽镇公园			顺义区天北路中国石化海力加油站对面	顺义区北石槽镇人民政府
736		北京醇园	游园	三级	顺义区光明北街至胜利小区	顺义区园林绿化服务中心
737		李遂镇中心公园			顺义区李魏路	顺义区李遂镇人民政府
738		东郊森林公园顺义园			顺义区东六环路	顺义区园林绿化服务中心
739		顺义和谐广场公园		一级	顺义区仁和镇复兴村和北兴村	顺义区园林绿化服务中心
740		北京温榆河公园（故城记忆）			顺义区后沙峪镇天北路321号	顺义区园林绿化服务中心
741	顺义区	汉石桥湿地公园	生态公园	二级	顺义区杨镇沙子营村西500米临61号	北京顺义文化旅游投资集团有限公司
742		南彩镇东江公园			顺义区东江头东路	顺义区南彩镇人民政府
743		顺义滨河森林公园		三级	顺义区俸伯桥东左堤辅路	顺义区园林绿化服务中心
744		马坡千亩森林公园			顺义区顺白路西侧中晟馨苑对面	顺义区马坡镇人民政府
745		龙湾屯镇双源湖公园		四级	顺义区龙湾屯镇龙湾屯村	顺义区龙湾屯镇人民政府
746		张镇浅山公园			顺义区S305(顺平路)	顺义区张镇镇人民政府
747		北京市共青滨河森林公园	自然（类）公园	市级	顺义区仁和镇双河大街	北京市园林绿化局
748		翡翠公园			大兴区双高路163号	大兴区园林服务中心
749		念坛公园			大兴区黄村镇新源大街	大兴区园林服务中心
750		清源公园			大兴区黄村镇清源西路南侧	大兴区园林服务中心
751	大兴区	永兴河湿地公园	综合公园	一级	大兴区生物医药基地	大兴区园林服务中心
752		康庄公园			大兴区康庄路2号	大兴区园林服务中心
753		金星公园			大兴区滨河街	大兴区园林服务中心
754		高米店公园			大兴区辅高路与金星路路口	大兴区园林服务中心

（续表）

序号	所属区/单位	公园名称	类型	级别	地址	主管单位
755		滨河运动公园	综合公园	一级	大兴区兴业大街和双高路交叉口	大兴区园林服务中心
756		黄村公园			大兴区黄村镇兴丰北大街3号	大兴区园林服务中心
757		兴旺公园			大兴区兴旺路	大兴区园林服务中心
758		兴华公园			大兴区西红门欣宁街北口	大兴区园林服务中心
759		狼垡公园			大兴区芦花路与狼垡东路交叉路口往北约100米	大兴区黄村镇人民政府
760		九龙口公园	社区公园	一级	大兴区西红门京开高速西侧大兴——丰台交界南	大兴区园林服务中心
761		街心公园			大兴区兴丰大街中段197号	大兴区园林服务中心
762		枣林公园			大兴区黄村镇兴丰北大街	大兴区园林服务中心
763		梧桐公园			大兴区东渠路北侧，天成花园东路东侧	大兴区亦庄镇人民政府
764	大兴区	金融街南园		二级	大兴区生物医药基地新源大街金融街小区南侧	大兴区园林服务中心
765		国际港休闲园			大兴区兴华大街与康庄路路口西南角	大兴区园林服务中心
766		龙河路休闲园			大兴区龙河路与黄村大街东北角	大兴区园林服务中心
767		三合庄休闲园			大兴区兴旺路与三合路路口	大兴区园林服务中心
768		首邑溪谷休闲园			大兴区兴旺路与金星路路口东南角	大兴区园林服务中心
769		德寿寺公园			大兴区旧宫镇德寿寺西街东侧	大兴区旧宫镇人民政府
770		亦庄公园			大兴区三台山路与亦庄桥交叉路口往西南约210米	大兴区亦庄镇人民政府
771		兴海公园（大兴）		三级	大兴区西红门镇星海家园星苑对面	大兴区西红门镇人民政府
772		新三余公园			大兴区金西路与五环交叉口西北侧，新三余村东口	大兴区西红门镇人民政府
773		兴海休闲公园			大兴区瀛海镇京福路西侧	大兴区瀛海镇人民政府
774		地铁文化公园	专类公园	一级	大兴区西红门镇欣宁街与宏康路交叉口	大兴区园林服务中心
775		团河遗址公园			大兴区西红门镇团河行宫遗址公园	大兴区园林服务中心

（续表）

序号	所属区/单位	公园名称	类型	级别	地址	主管单位
776		世界月季主题园	专类公园	一级	大兴区魏北路28号	大兴区魏善庄镇人民政府
777		北京野生动物园			大兴区榆垡镇万亩林	大兴区文化和旅游局
778		孙村公园		二级	大兴区南中轴路	大兴区黄村镇人民政府
779		旺兴湖郊野公园（一期）			大兴区旧宫镇	大兴区旧宫镇人民政府
780		旺兴湖郊野公园（二期）			大兴区旧宫镇	大兴区旧宫镇人民政府
781		旧宫城市森林公园			大兴区旧宫镇集贤村	大兴区旧宫镇人民政府
782		亦新郊野公园		三级	大兴区大羊坊桥五环上口北侧	大兴区亦庄镇人民政府
783		大兴区新城体育公园			大兴区兴华大街2段15号新城体育中心西侧	大兴区体育局场馆管理中心
784	大兴区	物美绿地广场	游园	二级	大兴区兴丰大街与黄村大街路口东南侧	大兴区园林服务中心
785		三合小游园		三级	大兴区兴旺路三合庄小区西侧	大兴区园林服务中心
786		市场东巷游园			大兴区京开路工商局东侧	大兴区园林服务中心
787		大兴桥游园			大兴区京开路与林校北路路口西南角	大兴区园林服务中心
788		宇丰苑游园			大兴区京开路大兴桥东南角	大兴区园林服务中心
789		兴丰街小乐园			大兴区兴丰大街与林校北路东北角	大兴区园林服务中心
790		保利春天里游园			大兴区生物医药基地新源大街保利春天里小区西侧	大兴区园林服务中心
791		保利茉莉游园			大兴区兴华大街（北兴路—香园路）西侧	大兴区园林服务中心
792		金融街西游园			大兴区生物医药基地新源大街金融街小区西侧	大兴区园林服务中心
793		云立方西游园			大兴区生物医药基地天水大街云立方小区西侧	大兴区园林服务中心
794		云立方东游园			大兴区生物医药基地新源大街云立方小区东侧	大兴区园林服务中心
795		天宫院地铁C口游园			大兴区生物医药基地新源大街天宫院地铁C口	大兴区园林服务中心

（续表）

序号	所属区/单位	公园名称	类型	级别	地址	主管单位
796		天宫院地铁B口游园			大兴区生物医药基地新源大街天宫院地铁B口	大兴区园林服务中心
797		天宫院地铁D口游园			大兴区生物医药基地新源大街天宫院地铁D口	大兴区园林服务中心
798		大庄小区南侧游园			大兴区生物医药基地永大路大庄小区南侧	大兴区园林服务中心
799		康乃馨小游园			大兴区成庄南巷康乃馨小区东侧	大兴区园林服务中心
800		熙悦春天游园			大兴区通武线保利首开熙悦春天小区南侧	大兴区园林服务中心
801		石化西游园			大兴区兴业路与丽园路交叉口东南角	大兴区园林服务中心
802		滨河坊游园			大兴区龙河路滨河坊小区东北角	大兴区园林服务中心
803		清源路1号小微绿地	游园	三级	大兴区清源路（兴丰大街-兴华路）路北	大兴区园林服务中心
804		清源佳园东游园			大兴区双河北里二巷清源佳园小区东侧	大兴区园林服务中心
805		海户新村小游园			大兴区双河北里东街海户新村	大兴区园林服务中心
806	大兴区	尚城小区游园			大兴区观音寺东街双河南里尚城小区东侧	大兴区园林服务中心
807		八小游园			大兴区红楼西巷八小西侧	大兴区园林服务中心
808		高米店北站广场游园			大兴区香园路高米店北站西北出口西侧广场	大兴区园林服务中心
809		高米店南站广场游园			大兴区金星西路高米店南站东南出口东侧	大兴区园林服务中心
810		采育文化广场			大兴区采育镇采华路与采辛路交叉口东南	大兴区采育镇人民政府
811		樱花公园			大兴区文化园东路1号	大兴区亦庄镇人民政府
812		西红门生态休闲公园		一级	大兴区京开高速双星桥东西两侧北兴路北	大兴区西红门镇人民政府
813		狼垡城市森林公园	生态公园		大兴区芦求路与京良路交叉口两侧	大兴区黄村镇人民政府
814		北臧村郊野公园		二级	大兴区北臧村镇西大营村西	大兴区北臧村镇人民政府
815		安定绿馨公园			大兴区安定镇加油站东	大兴区安定镇人民政府

序号	所属区/单位	公园名称	类型	级别	地址	主管单位
816		半壁店森林公园	生态公园	三级	大兴区黄村南10公里半壁店地区	大兴区魏善庄镇产业发展服务中心（林业）
817		东西芦垡村头公园		四级	大兴区南中轴路	大兴区魏善庄镇产业发展服务中心（林业）
818	大兴区	东沙窝村头公园			大兴区魏善庄镇中轴路与庞安路交叉口东北角	大兴区魏善庄镇产业发展服务中心（林业）
819		安定御林古桑园	自然（类）公园	国家级	大兴区安采路	大兴区安定镇人民政府
820		大兴杨各庄湿地公园		市级	大兴区青云店镇杨各庄村东	大兴区大兴区青云店镇人民政府
821		昌平公园	综合公园	一级	昌平区鼓楼南街28号	昌平区园林绿化局
822		南口公园			昌平区南口镇西大桥桥西	昌平区园林绿化局
823		天通艺园			昌平区太平庄东路	昌平区园林绿化局
824		东小口城市休闲公园			昌平区东小口镇东小口沟南侧	昌平区园林绿化局
825		霍营公园			昌平区霍营街道紫金新干线一区东侧	昌平区园林绿化局
826		贺新公园		二级	昌平区东小口镇森林大第小区东侧	昌平区园林绿化局
827		回龙园公园			昌平区龙泽园街道风雅园二区东侧	昌平区园林绿化局
828		赛场公园		二级	昌平区综合体育馆西侧	昌平区园林绿化局
829	昌平区	永安公园			昌平区南环路北侧	昌平区园林绿化局
830		亢山广场			昌平区亢山路东侧	昌平区园林绿化局
831		高教园学府公园	社区公园		昌平区高教园北三街北侧	昌平区园林绿化局
832		小汤山镇文化广场			昌平区小汤山镇政府西侧，顺沙路北侧	昌平区园林绿化局
833		景文公园		三级	昌平区南丰路与怀昌路交叉口东北侧	昌平区园林绿化局
834		东亚上北街头游园			昌平区龙泽园街道东亚上北小区南门南侧	昌平区园林绿化局
835		兆丰公园			昌平区高教园南三街与兆丰家园路交叉口东南角	昌平区园林绿化局
836		金域华府东侧游园			昌平区龙域东一路与龙域中街交叉口东北侧	昌平区园林绿化局

序号	所属区/单位	公园名称	类型	级别	地址	主管单位
837		东小口森林公园（二期）	专类公园	二级	昌平区东小口镇立军路北侧	昌平区园林绿化局
838		半塔郊野公园			昌平区东小口镇回南路北侧	昌平区园林绿化局
839		太平郊野公园			昌平区东小口镇太平庄中街南侧	昌平区园林绿化局
840		回龙观体育文化公园		三级	昌平区回龙观西大街与文化西路交叉口东南侧	昌平区体育局
841		东小口森林公园（一期）			昌平区东小口镇立军路西侧	昌平区园林绿化局
842		巩华游园	游园	三级	昌平区北沙河中路与于善街东北角	昌平区园林绿化局
843		佰嘉城西侧游园			昌平区G6西辅路与回南北路交叉口东南侧	昌平区园林绿化局
844		百泉庄小游园			昌平区马池口镇水南路与京新高速交叉处西北角	昌平区园林绿化局
845		龙山华府小游园			昌平区城南街道白浮泉路龙山华府小区东南侧	昌平区园林绿化局
846	昌平区	西关三角地小游园			昌平区城北街道政府街西路与城角西路交汇处	昌平区园林绿化局
847		西环里小游园			昌平区城北街道北环路与西环路交汇处西侧	昌平区园林绿化局
848		学府公园			昌平区城北街道府学路5号	昌平区园林绿化局
849		美唐臻观西侧游园			昌平区科星西路与龙跃街交叉口东北侧	昌平区园林绿化局
850		美唐臻观东侧游园			昌平区美唐臻观小区东侧	昌平区园林绿化局
851		金域华府北侧游园			昌平区龙域环路北侧	昌平区园林绿化局
852		硕泽口袋游园			昌平区天通苑西一区东门南侧	昌平区园林绿化局
853		北京风景小游园		四级	昌平区南邵镇北京风景小区南侧、西侧、北侧	昌平区园林绿化局
854		政府街地下停车场小游园			昌平区人民政府对面	昌平区园林绿化局
855		永安小游园			昌平区城北街道鼓楼南街与南环路交汇处两侧	昌平区园林绿化局
856		住总万科东侧游园			昌平区龙域环路与龙域东一路交叉口西南侧	昌平区园林绿化局
857		沙河高教园北三街南侧小游园			昌平区高教园北三街南侧	昌平区园林绿化局

序号	所属区/单位	公园名称	类型	级别	地址	主管单位
858	昌平区	昌平新城滨河森林公园	生态公园	一级	昌平区昌崔路甲198号东侧	昌平区园林绿化局
859		未来科学城滨水公园			昌平区未来科学城大道北侧	昌平区园林绿化局
860		凤山公园		三级	昌平区城南街道白浮泉路东端南侧化庄社区	昌平区园林绿化局
861		百善中心公园			昌平区昌百路与顺沙路交叉口东北角	昌平区园林绿化局
862		官牛坊城市森林公园			昌平区保利陇上居住区西侧	昌平区园林绿化局
863		十三陵国家森林公园（蟒山景区）	自然（类）公园	国家级	昌平区南口镇、十三陵镇、兴寿镇	北京市园林绿化局
864		定陵景区			昌平区十三陵镇定陵景区	明十三陵管理中心
865		居庸关长城景区			昌平区南口镇居庸关景区	明十三陵管理中心
866		大杨山国家森林公园			昌平区延寿镇百合村、木厂村	昌平区延寿镇人民政府
867		静之湖森林公园		市级	昌平区兴寿镇桃峪口村静之湖休闲山庄	昌平区兴寿镇人民政府
868		白虎涧森林公园			昌平区阳坊镇白虎涧村北京后花园风景区	昌平区阳坊镇人民政府
869	平谷区	平谷世纪广场	综合公园	一级	平谷区府前西街5号	平谷区城市管理委员会
870		泰和公园	社区公园	二级	平谷区平谷镇平安街村	平谷区园林绿化局
871		马坊镇中心公园		三级	平谷区马坊镇金河南街	平谷区马坊镇人民政府
872		峪口广场			平谷区峪口镇峪口村	平谷区园林绿化局
873		马坊镇小梨公园			平谷区马坊镇金河北街	平谷区马坊镇人民政府
874		马坊镇金平公园			平谷区金河北街与小屯新路交叉路口西侧	平谷区马坊镇人民政府
875		张各庄人民公园			平谷区夏各庄镇村西	平谷区夏各庄镇人民政府
876		鱼子山街心公园			平谷区山东庄镇鱼子山村	平谷区山东庄镇人民政府
877		马昌营村公园		四级	平谷区马昌营镇马昌营村	平谷区马昌营镇马昌营村委会
878		东鹿角街心公园			平谷区平谷镇东鹿角村	平谷区平谷镇人民政府

（续表）

序号	所属区/单位	公园名称	类型	级别	地址	主管单位
879		问墨公园			平谷区老干部局西侧	平谷区园林绿化局
880		向阳公园			平谷区都丽豪庭南侧	平谷区园林绿化局
881		柳荫公园（平谷）		二级	平谷区平中西侧	平谷区园林绿化局
882		五中公园			平谷区金乡西小区五中对面	平谷区园林绿化局
883		兴谷广场			平谷区平翔路兴谷环岛	中关村科技园平谷园管委会
884		山东庄绿宝石广场			平谷区山东庄镇府前街9号	平谷区山东庄镇人民政府
885		兴旺广场			平谷区兴谷东路兴旺环岛	中关村科技园平谷园管委会
886		小官庄公园	游园	三级	平谷区峪口镇顺平路云峰寺	平谷区峪口镇人民政府
887		仁和公园（平谷）			平谷区仁和小区对面	平谷区园林绿化局
888		岳各庄公园			平谷区法院西侧对面	平谷区园林绿化局
889		西寺渠法制文化广场			平谷区西寺渠村	平谷区平谷镇西寺渠村委会
890	平谷区	南独乐河中心公园		四级	平谷区南独乐河村农商银行北侧	平谷区南独乐河镇人民政府
891		南独乐河镇政府公园			平谷区南独乐河村农商银行北侧	平谷区南独乐河镇人民政府
892		赵各庄街心公园			平谷区赵各庄村	平谷区平谷镇人民政府
893		文化公园		一级	平谷区西寺渠早市南	平谷区园林绿化局
894		平谷湿地公园			平谷区王辛庄镇王辛庄村南湿地公园	平谷区园林绿化局
895		阅景公园		二级	平谷区北二环路西端北侧	平谷区园林绿化局
896		惠民公园			平谷区平谷镇供暖公司北侧	平谷区园林绿化局
897		莲花潭公园	生态公园		平谷区莲花潭村北	平谷区园林绿化局
898		泃月公园			平谷区平谷镇岳各庄村西	平谷区园林绿化局
899		夏各庄滨水生态休闲公园		三级	平谷区夏各庄镇夏各庄村	平谷区园林绿化局
900		泃东公园			平谷区周村东	平谷区园林绿化局
901		沟水湾公园			平谷区南宅村西	平谷区园林绿化局

序号	所属区/单位	公园名称	类型	级别	地址	主管单位
902	平谷区	沟北公园	生态公园	三级	平谷区下纸寨村南	平谷区园林绿化局
903		塔山公园			平谷区东高村东	平谷区园林绿化局
904		安固公园			平谷区安固村东	平谷区园林绿化局
905		石岗公园			平谷区夏各庄北	平谷区园林绿化局
906		碣山文化园		四级	平谷区金海湖镇东上营村北	平谷区园林绿化局
907		黄松峪国家森林公园	自然（类）公园	国家级	平谷区黄松峪乡	平谷区黄松峪乡人民政府
908		北京市马坊小龙河湿地公园		市级	平谷区密三路两侧小龙河沿岸	平谷区马坊镇人民政府
909		丫吉山森林公园			平谷区丫吉山林场大虫峪分区	平谷区园林绿化局
910		金海湖景区			平谷区金海湖镇金海湖景区坝前广场1号	平谷区金海湖镇人民政府
911	怀柔区	第四次世界妇女大会纪念公园	综合公园	一级	怀柔区怀柔镇石厂村东	怀柔区园林绿化服务中心
912		滨湖公园			怀柔区泉河街道迎宾路东	怀柔区园林绿化服务中心
913		怀柔城市森林公园		二级	怀柔区怀柔镇张各长村	怀柔区园林绿化服务中心
914		水库周边景观带公园		二级	怀柔区水库周边	怀柔区园林绿化服务中心
915		凤翔公园	社区公园	三级	怀柔区杨宋镇杨宋庄村	怀柔区杨宋镇人民政府
916		庙城城镇森林公园			怀柔区庙城镇焦村	怀柔区庙城镇人民政府
917		慧友文化广场公园			怀柔区桥梓镇前桥梓村	怀柔区桥梓镇人民政府
918		后桥梓文化广场公园			怀柔区桥梓镇后桥梓村北	怀柔区桥梓镇人民政府
919		怀柔乡土植物科普园	专类公园	二级	怀柔区迎宾南路	怀柔区园林绿化服务中心
920		怀柔青春公园	游园	二级	怀柔区西园路	怀柔区园林绿化服务中心
921		怀柔迎宾公园			怀柔区商业街东口	怀柔区园林绿化服务中心
922		迎宾环岛公园			怀柔区迎宾环岛	怀柔区园林绿化服务中心

序号	所属区/单位	公园名称	类型	级别	地址	主管单位
923		华欣湾游园			怀柔区庙城镇怀长路	怀柔区园林绿化服务中心
924		泉河二区东侧游园			怀柔区怀柔镇开放路	怀柔区园林绿化服务中心
925		丽湖嘉园居住区游园			怀柔区怀柔镇南关街	怀柔区园林绿化服务中心
926		兴隆庄村公园		三级	怀柔区怀柔镇兴隆庄村	怀柔区怀柔镇人民政府
927		庙城法治公园			怀柔区庙城镇庙城村	怀柔区庙城镇人民政府
928		怀柔-雁栖精神文明建设主题公园			怀柔区雁栖镇开发区路口南侧	怀柔区雁栖镇人民政府
929		八旗文化广场公园			怀柔区喇叭沟门满族乡人民政府对面	怀柔区喇叭沟门满族乡人民政府
930		鹰手营公园			怀柔区喇叭沟门满族乡人民政府	怀柔区喇叭沟门满族乡人民政府
931		芦庄村公园			怀柔区怀柔镇芦庄村	怀柔区怀柔镇人民政府
932	怀柔区	百芳园	游园		怀柔区北房镇政府北侧	怀柔区北房镇人民政府
933		北年丰村东公园			怀柔区杨宋镇北年丰村	怀柔区杨宋镇人民政府
934		高两河村东公园			怀柔区庙城镇高两河村村北	怀柔区庙城镇人民政府
935		怡然公园			怀柔区桥梓镇前茶坞村西	怀柔区桥梓镇人民政府
936		沙峪村东公园		四级	怀柔区渤海镇沙峪村东	怀柔区渤海镇人民政府
937		兴海公园			怀柔区渤海镇渤海所村	怀柔区渤海镇人民政府
938		法制廉政公园			怀柔区怀北镇邓各庄村	怀柔区怀北镇人民政府
939		十二生肖公园			怀柔区怀北镇大水峪村604号	怀柔区怀北镇人民政府
940		汤河口村东公园			怀柔区汤河口镇汤河口村	怀柔区汤河口镇人民政府
941		汤河口桥头公园			怀柔区汤河口镇汤河口村	怀柔区汤河口镇人民政府

序号	所属区/单位	公园名称	类型	级别	地址	主管单位
942		汤河口大集公园	游园	四级	怀柔区汤河口镇汤河口村	怀柔区汤河口镇人民政府
943		满乡文化园			怀柔区长哨营满族乡长哨营村政府南街南侧	怀柔区长哨营满族乡人民政府
944		怀柔滨河森林公园		二级	怀柔区庙城镇高两河村村北	怀柔区园林绿化服务中心
945		苗营村上公园		三级	怀柔区喇叭沟门满族乡苗营村	怀柔区喇叭沟门满族乡人民政府
946		北宅百亩公园			怀柔区桥梓镇北宅村	怀柔区桥梓镇人民政府
947		明星公园			怀柔区桥梓镇北宅村东	怀柔区桥梓镇人民政府
948		绿林公园			怀柔区桥梓镇北宅村南	怀柔区桥梓镇人民政府
949		红林村村西蓄水池公园			怀柔区桥梓镇红林村	怀柔区桥梓镇人民政府
950		前辛庄村湖边公园			怀柔区桥梓镇前辛庄村	怀柔区桥梓镇人民政府
951	怀柔区	黄花城村西公园	生态公园		怀柔区九渡河镇黄花城村	怀柔区九渡河镇人民政府
952		九渡河村东小公园			怀柔区九渡河镇九渡河村	怀柔区九渡河镇人民政府
953		吉寺村西公园		四级	怀柔区九渡河镇吉寺村	怀柔区九渡河镇人民政府
954		神庙公园			怀柔区渤海镇南冶村	怀柔区渤海镇人民政府
955		马到成功公园			怀柔区渤海镇马道峪村	怀柔区渤海镇人民政府
956		乡村公园			怀柔区渤海镇庄户村	怀柔区渤海镇人民政府
957		栗花沟公园			怀柔区渤海镇渤三路边	怀柔区渤海镇人民政府
958		杨树下敛巧饭公园			怀柔区琉璃庙镇杨树下村	怀柔区琉璃庙镇人民政府
959		双文铺公园			怀柔区琉璃庙镇双文铺村	怀柔区琉璃庙镇人民政府
960		后河套公园			怀柔区琉璃庙镇碾子湾村后河套村	怀柔区琉璃庙镇人民政府

（续表）

序号	所属区/单位	公园名称	类型	级别	地址	主管单位
961		狼虎哨林下休闲公园	生态公园	四级	怀柔区琉璃庙镇狼虎哨村	怀柔区琉璃庙镇人民政府
962		八宝堂湿地公园			怀柔区琉璃庙镇双文铺村八宝堂村	怀柔区琉璃庙镇人民政府
963		汤河口河边公园			怀柔区汤河口镇汤河口村	怀柔区汤河口镇人民政府
964		三块石公园			怀柔区宝山镇三块石村	怀柔区宝山镇人民政府
965		碾子浅水湾公园			怀柔区宝山镇碾子村	怀柔区宝山镇人民政府
966		转年鸽子堂公园			怀柔区宝山镇转年鸽子堂村	怀柔区宝山镇人民政府
967	怀柔区	崎峰山国家森林公园	自然（类）公园	国家级	怀柔区琉璃庙镇	怀柔区琉璃庙镇人民政府
968		喇叭沟门国家森林公园			怀柔区喇叭沟门满族乡	怀柔区喇叭沟门满族乡人民政府
969		慕田峪长城景区		市级	怀柔区渤海镇慕田峪村	怀柔区园林绿化局
970		银河谷森林公园			怀柔区汤河口镇	怀柔区汤河口镇人民政府
971		龙门店森林公园			怀柔区宝山镇	怀柔区宝山镇人民政府
972		琉璃庙湿地公园			怀柔区琉璃庙镇	怀柔区琉璃庙镇人民政府
973		汤河口湿地公园			怀柔区汤河口镇	怀柔区汤河口镇人民政府
974	密云区	密虹公园	综合公园	一级	密云区果园街道新西路	密云区园林绿化服务中心
975		滨河公园			密云区果园街道城后街	密云区园林绿化服务中心
976		明珠生态休闲公园			密云区十里堡镇河槽村明珠花园小区门前	密云区园林绿化局
977		冶仙塔文化休闲公园			密云区檀营地区冶仙塔路	密云区园林绿化服务中心
978		白河城市森林公园		二级	密云区密云镇新西路	密云区园林绿化服务中心
979		太师屯世纪体育公园			密云区太师屯政府西	密云区园林绿化局
980		高岭公园			密云区高岭镇府前路西	密云区园林绿化局

（续表）

序号	所属区/单位	公园名称	类型	级别	地址	主管单位
981		太扬公园	综合公园	三级	密云区鼓楼街道滨河路	密云区园林绿化服务中心
982		上河湾公园			密云区密云镇白云街	密云区园林绿化服务中心
983		月季公园			密云区鼓楼街道新南路	密云区园林绿化服务中心
984		飞鸿世纪园			密云区鼓楼街道新南路	密云区园林绿化服务中心
985		时光公园		一级	密云区鼓楼街道密关路	密云区园林绿化服务中心
986		云启公园			密云区鼓楼街道密关路	密云区园林绿化服务中心
987		长虹公园			密云区鼓楼街道密关路	密云区园林绿化服务中心
988		密西公园			密云区果园街道城后街	密云区园林绿化服务中心
989	密云区	山水公园	社区公园		密云区密云镇密关路	密云区园林绿化服务中心
990		唐源公园			密云区果园街道城后西街	密云区园林绿化服务中心
991		爱心公园		二级	密云区鼓楼街道新东路	密云区园林绿化服务中心
992		迎宾路公园			密云区鼓楼街道滨河路	密云区园林绿化服务中心
993		密云人民公园			密云区溪翁庄镇溪翁庄村	密云区园林绿化局
994		古北口历史文化公园			密云区古北口镇古北口村	密云区园林绿化局
995		檀营满蒙文化园		三级	密云区檀营地区新檀路	密云区园林绿化服务中心
996		现代公园			密云区果园街道水源路	密云区园林绿化服务中心
997		法制公园			密云区鼓楼街道行宫街	密云区园林绿化服务中心
998		奥林匹克全民健身园	专类公园	一级	密云区鼓楼街道密关路	密云区园林绿化服务中心
999		小蜜蜂主题公园			密云区果园街道康居路	密云区园林绿化服务中心
1000		潮河体育休闲公园		三级	密云区潮河下游部分河段	密云区园林绿化服务中心

（续表）

序号	所属区/单位	公园名称	类型	级别	地址	主管单位
1001	密云区	阳光公园	游园	二级	密云区鼓楼街道鼓楼西大街	密云区园林绿化服务中心
1002		玉兰公园			密云区鼓楼街道新中街	密云区园林绿化服务中心
1003		云水公园			密云溪翁庄镇溪翁庄村	密云区园林绿化局
1004		碧水公园			密云潮汇大桥与右堤路交叉口	密云区园林绿化服务中心
1005		绿地小区公园			密云区果园街道新西路	密云区园林绿化服务中心
1006		西门桥北公园			密云区鼓楼街道密关路	密云区园林绿化服务中心
1007		密云七小公园			密云区鼓楼街道阳光街	密云区园林绿化服务中心
1008		清水湾公园			密云区密云镇白云北街	密云区园林绿化服务中心
1009		密云区兴云三角地公园			密云区果园街道新南路	密云区园林绿化服务中心
1010		车站路公园			密云区鼓楼街道新北路	密云区园林绿化服务中心
1011		云北公园			密云区鼓楼街道京沈路	密云区园林绿化服务中心
1012		白河公园			密云区密云镇密关路	密云区园林绿化服务中心
1013		檀西公园			密云区檀营地区檀西路	密云区园林绿化服务中心
1014		银河公园			密云区果园街道康居路	密云区园林绿化服务中心
1015		长城公园		三级	密云区密云镇密关路	密云区园林绿化服务中心
1016		西铁立交桥公园			密云区果园街道密西路	密云区园林绿化服务中心
1017		密云新城滨河森林公园	生态公园	三级	密云区潮白河汇合口周边	密云区园林绿化服务中心
1018		黑龙潭景区	自然（类）公园	市级	密云区石城镇大关桥西侧	密云区园林绿化局
1019		红门川湿地公园			密云区穆家峪镇邓达路	密云区园林绿化服务中心
1020		古北口森林公园			密云区古下线古北口	密云区园林绿化局

（续表）

序号	所属区/单位	公园名称	类型	级别	地址	主管单位
1021		夏都公园	综合公园	一级	延庆区延庆镇湖北西路2号	延庆区园林绿化局
1022		妫川广场			延庆区中踏广场南侧，湖北西路北侧	延庆区园林绿化局
1023		香水苑公园			延庆区高塔街50号	延庆区园林绿化局
1024		江水泉公园			延庆区广兴街北延，延庆镇八达岭温泉度假村北侧	延庆区园林绿化局
1025		集贤城市森林公园			延庆区庆园街东端路北	延庆区园林绿化局
1026		百泉公园		二级	延庆区南菜园南二区西侧、汇川街东侧	延庆区园林绿化局
1027		恒润公园	社区公园	一级	延庆区恒安中街三巷北侧	延庆区园林绿化局
1028		延庆迎宾公园		三级	延庆区妫水南街东侧、迎宾环岛东南角	延庆区园林绿化局
1029		北京世园公园	专类公园	一级	延庆区延庆镇百康路一号院	延庆区园林绿化局
1030	延庆区	园林绿化局路侧口袋公园	游园	四级	延庆区东环城路园林绿化局路侧	延庆区园林绿化局
1031		118酒店路侧口袋公园			延庆区东环城路118酒店路侧	延庆区园林绿化局
1032		公交总站口袋公园			延庆区东环城路路侧	延庆区园林绿化局
1033		建材城路口口袋公园			延庆区东环城路路侧	延庆区园林绿化局
1034		敬老院路侧口袋公园			延庆区东环城路路侧	延庆区园林绿化局
1035		邮局路东口袋公园			延庆区庆园街路侧	延庆区园林绿化局
1036		一小路口口袋公园			延庆区玉皇阁大街路侧	延庆区园林绿化局
1037		庆隆街路口口袋公园			延庆区庆隆街路侧	延庆区园林绿化局
1038		三里河湿地公园	生态公园	二级	延庆区三里河村南侧	延庆区园林绿化局
1039		妫水公园		三级	延庆区康安大桥西	延庆区园林绿化局
1040		生态走廊公园		四级	延庆区滨河南、北路道路两侧	延庆区园林绿化局
1041		硅化木景区	自然（类）公园	国家级	延庆区千家店镇下德龙湾村北	延庆区千家店镇人民政府
1042		八达岭国家森林公园			延庆区八达岭森林公安派出所南	北京市园林绿化局
1043		野鸭湖国家湿地公园			延庆区康庄镇刘浩营村西	北京八达岭文旅集团
1044		八达岭长城景区			延庆区八达岭镇	八达岭长城管理处

序号	所属区/单位	公园名称	类型	级别	地址	主管单位
1045	延庆区	龙庆峡景区	自然（类）公园	市级	延庆区旧县镇古城水库	延庆区国资委
1046	经济开发区	南海子公园	综合公园	一级	大兴区瀛海镇黄亦路16号	北京南海子投资管理有限公司
1047		国际企业文化园		二级	北京经济技术开发区文化园路	经开区城市运行局
1048		博大公园			北京经济技术开发区天华南路	经开区城市运行局
1049		通明湖公园	社区公园	二级	北京经济技术开发区科创十七街	经开区城市运行局
1050		海棠公园			北京经济技术开发区科慧大道	经开区城市运行局

索 引

后 记

　　《北京园林绿化年鉴》是由北京市园林绿化地方志编纂委员会主持编纂，北京市园林绿化地方志编纂委员会办公室承办编纂的年度性资料文献。

　　《北京园林绿化年鉴2023》的顺利编辑出版，是在市园林绿化局党组的正确领导下，全市园林绿化部门和有关单位各级领导、特约编辑、撰稿和编审人员辛勤劳动的成果。在此，我们谨对各位同仁长期不懈给予年鉴事业的关心、支持和奉献表示衷心的感谢！

　　《北京园林绿化年鉴2016》《北京园林绿化年鉴2018》分别荣获第二届、第三届北京市年鉴编校质量评比二等奖，《北京园林绿化年鉴2022》荣获第四届北京市年鉴编校质量评比三等奖。

　　2023卷基本保持《北京园林绿化年鉴2022》的总体框架结构，并根据年鉴体例和业务情况作了局部调整和修改，总字数约70万字，插图349幅。由于我们的编辑水平所限，仍有疏漏或欠妥之处，望各级领导和读者予以指正，以利改进。

北京市园林绿化地方志编纂委员会办公室

2023年12月30日